校企合作双元开发新形态“互联网+”创新型教材
高等职业教育机械设计制造类技能型人才培养实用教材

机械制图（含习题集）

（智媒体版）

主　　编　郑宗慧　刘雨婷
副 主 编　梅秋平　胡钰雯　柳光利　余晓庆
主　　审　黎孝龙

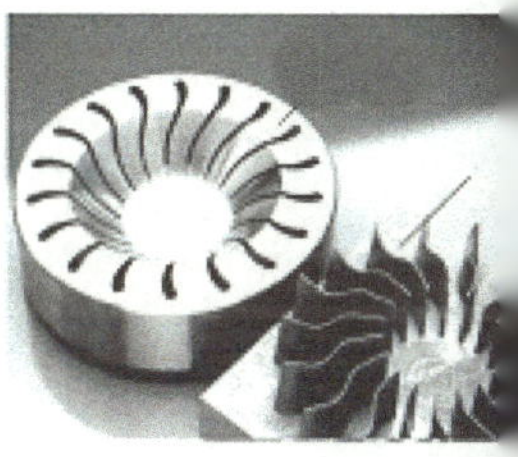

西南交通大学出版社
·成　都·

图书在版编目（CIP）数据

机械制图：含习题集：智媒体版. 1，机械制图 / 郑宗慧，刘雨婷主编. —成都：西南交通大学出版社，2022.6（2024.7 重印）
校企合作双元开发新形态“互联网 +”创新型教材 高等职业教育机械设计制造类“十四五”技能型人才培养规划教材
ISBN 978-7-5643-8749-5

Ⅰ. ①机… Ⅱ. ①郑… ②刘… Ⅲ. ①机械制图 – 高等职业教育 – 教材 Ⅳ. ①TH126

中国版本图书馆 CIP 数据核字（2022）第 102568 号

校企合作双元开发新形态“互联网 +”创新型教材
高等职业教育机械设计制造类技能型人才培养实用教材

Jixie Zhitu（Han Xitiji）（Zhimeiti Ban）
机械制图（含习题集）（智媒体版）

主编 郑宗慧 刘雨婷

责任编辑 李 伟
封面设计 何东琳设计工作室

出版发行 西南交通大学出版社
（四川省成都市金牛区二环路北一段 111 号
西南交通大学创新大厦 21 楼）
邮政编码 610031
发行部电话 028-87600564 028-87600533
网址 http://www.xnjdcbs.com
印刷 四川玖艺呈现印刷有限公司

成品尺寸 185 mm × 260 mm
总印张 31.75
总字数 672 千
版次 2022 年 6 月第 1 版
印次 2024 年 7 月第 4 次
书号 ISBN 978-7-5643-8749-5
套价 78.00 元

课件咨询电话：028-81435775
图书如有印装质量问题 本社负责退换

前言
PREFACE

根据教育部印发的《职业院校教材管理办法》《普通高等学校教材管理办法》《“十四五”职业教育规划教材建设实施方案》和“机械制图”课程标准，本书从“实用为主，必须、够用为度”的原则出发，为适应机械类专业的“机械制图”教学要求编写而成。随着职业教育教学改革的不断深入，“机械制图”课程在教学时数和教学内容方面有了很大变化，各学校对“机械制图”课程教学内容的要求不尽相同，使用本书时可根据各自的需要对教材内容作适当删减。

本书适当简化了画法几何的内容，加强了基本理论应用、绘图方法和技能的有关内容，目的是注重解决工程实际问题能力的培养。此外，鉴于各学校当前“机械制图”教学课时的调整，对于大多数学校当前不讲授的教学内容，如第三角画法等本书没有编写。本书文字力求简明扼要，通俗易懂。对于一些绘图时难以看懂的投影图附加了立体图，以帮助学生理解。

本书教学课时为 80～90 学时，适合职业教育学校机械大类专业选用及有关专业工程技术人员参考。本书由重庆机电职业技术大学机械工程学院郑宗慧、刘雨婷担任主编，梅秋平、胡钰雯、柳光利、余晓庆担任副主编，黎孝龙担任主审。本书编写分工如下：胡钰雯编写第一章、第二章，梅秋平编写第三章、第四章，郑宗慧编写第五章、第六章，余晓庆编写第七章、第八章，柳光利编写第九章、第十章，刘雨婷编写第十一章。

当前“机械制图”课程教学基本上都独立设置制图实训周，各专业又都期望实训内容与自己的专业内容相关，因此本书没有设置实训周教学内容，有关实训周指导教材可另外选择。

由于编者水平有限，书中疏漏和不足之处在所难免，欢迎使用本书的读者批评指正。

编　者

2022 年 3 月

数字资源列表

序号	章节	资源名称	资源类型	页码
1	第一章	圆弧连接 1	动图	17
2		圆弧连接 2	动图	18
3		圆弧连接 3	动图	18
4	第二章	斜投影法	动图	29
5		正投影法	动图	29
6		单面投影	动图	31
7		点的三面投影	视频	34
8		六棱柱投影	动图	44
9		棱锥表面取点	动图	46
10		圆柱的投影	动图	47
11		圆柱面上取点	动图	48
12		圆球的投影	动图	50
13	第三章	圆柱的截交线	视频	57
14		磨具顶针的截交线	视频	61
15		形体间产生交线的情况	视频	66
16		相贯线	视频	67
17	第四章	轴测图	动图	77
18		斜二测	动图	83
19	第五章	形体分析法读图	视频	87
20		组合体三视图的画法	视频	90
21		组合体三视图的画法及尺寸标注	视频	93
22		补画组合体的视图	视频	98

续表

序号	章节	资源名称	资源类型	页码
23	第六章	基本视图的形成	视频	106
24		基本视图的投影规律	视频	106
25		机构的剖切	视频	115
26		断面图	视频	120
27	第七章	车螺纹	视频	129
28		螺栓连接	视频	137
29		螺柱连接	视频	137
30		螺钉连接	视频	138
31		键连接	视频	145
32		绘制弹簧	视频	153
33	第八章	轴	视频	159
34		泵盖	视频	159
35		拨叉	视频	160
36		泵体	视频	161
37	第九章	装配展开画法	视频	203
38		球阀装配	视频	211

目录

CONTENTS

绪论

一、本课程的研究对象

“机械制图”是一门研究阅读和设计表达工程图样的技术基础课。在工程设计或产品设计中，设计者通过图样来表达自己的设计思想；在生产过程中，制造者根据图样制造产品；在研究某些问题时，往往用图形交流各自的意图，图样具有用语言文字无法表达的功能。所以，图样是当今信息社会的重要载体，人们常常把“图样”称为工程界的“技术语言”，每个工程技术人员都必须掌握和运用这种“语言”。

“机械制图”课程的主要内容包括国家标准《机械制图》《技术制图》及其他相关标准的规定；投影原理与方法，投影制图；机器零件和部件的构形表达；尺寸的标注方法；各种技术要求，尺规绘图、徒手绘图和计算机绘图等。在学习本课程之后，还要结合有关后续课程的学习及生产实践等环节，才能深刻领会、熟练掌握阅读和设计表达工程图样。

二、本课程的目的和任务

作为职业本科院校机械类专业的学生，掌握机械图样的绘制方法和培养能够应对工作需要的读图能力，是接受学校后续课程教学和适应将来工作需要的必备基础。人们只有具备了对语言的理解和叙述能力才能进行有效地交流沟通。在机械行业中，只有掌握了机械制图这门“工程语言”，才能有效地学习机械专业的各种知识。学习并掌握这门工程语言，就是本课程的目的。本课程的任务如下：

（1）培养工程意识和执行国家标准的意识，具有查阅有关标准及手册的能力；

（2）学习正投影法基本理论及其应用，具有图解空间几何问题的初步能力；

（3）培养手工仪器绘图及徒手绘图等综合绘图能力，掌握较强的绘图方法和技能、技巧；

（4）培养对空间形体的形象思维能力和创造性构形设计能力；

（5）培养绘制和阅读中等复杂程度零件图及装配图的能力；

（6）培养学生认真负责的工作态度和严谨细致的工作作风。

三、本课程的学习方法

本课程是一门既有系统理论，又有较强实践性的技术基础课，在空间想象及动手能力相结合方面与其他基础课有很大不同，因此，必须做到：

（1）重视基本理论，掌握投影法的特性，注意视图投影规律的对应关系，这对学好本课程具有决定意义；

（2）练好基本功，由物到图，由图想物，反复训练，边看、边想、边画，眼到、心到、手到，力求达到手随心欲、心随手至之境界，这些是学好本课程的关键；

（3）认真听课，及时复习，按教学进度独立完成一定数量的练习和作业，以巩固学习效果；

（4）严格遵守《技术制图》和《机械制图》国家标准中的有关规定，学会查阅资料和有关标准；

（5）自觉培养自学能力、创新能力，以及分析问题和解决问题的能力。

第一章 制图的基本知识与技能

学习目标

1. 掌握国家标准关于图纸幅面、比例、字体、图线、尺寸标注的基本规定；
2. 能够正确使用一般绘图工具及仪器；
3. 掌握平面图形的基本作图方法和尺寸标注；
4. 了解徒手绘制草图的基本方法。

技能目标

1. 理解国家标准的作用，掌握并严格遵守国家标准的基本规定；
2. 掌握几何图形的作图方法，具备分析平面图形的能力。

导　读

工程图样是现代化生产中的重要技术资料，是表达和交流设计思想的工具，被称为工程界的语言。《技术制图》国家标准是基础技术标准，在内容上具有统一性和通用性，它涵盖了汽车、机械、建筑、水利、电气等行业，在制图标准体系中处于最高层次；《机械制图》国家标准是机械专业制图标准。《技术制图》和《机械制图》国家标准是绘制机械图样的根本依据，工程技术人员必须严格遵守有关规定。因此，每一位工程技术人员都必须严格遵守《机械制图》国家标准中的相关规定，熟悉和掌握有关基本知识和技法，为后续学习和应用打下基础。

本章重点介绍国家标准《机械制图》中的有关规定、绘图工具的使用、绘图基本技能、平面图形的绘图方法和尺寸标注的基本知识。

第一节 机械制图的一般规定

国家标准（简称国标）有三种执行方式：代号 GB（强制性国家标准）、GB/T（推荐性国家标准）、GB/Z（指导性国家标准）。

一、图纸幅面及图框格式（GB/T 14689—2008）

为了便于图样的绘制、使用和保管，图样均应画在规定幅面和格式的图纸上。

1. 图纸幅面

图纸幅面是图纸的大小规格，即矩形图纸的长度和宽度组成的图面，其尺寸用 $B \times L$ 表示（B 为图纸的宽度，L 为图纸的长度）。为了合理利用图纸和便于图样管理，国标中规定了 5 种基本幅面，其代号分别为 A0、A1、A2、A3、A4。绘图时应优先选用国标中规定的基本幅面尺寸（见表 1-1）。必要时，也允许以基本幅面的短边的整数倍加长幅面，以利于图纸的折叠和保管。

表 1-1 基本幅面 单位：mm

幅面代号		A0	A1	A2	A3	A4
幅面尺寸 $B \times L$		841×1189	594×841	420×594	297×420	210×297
周边尺寸	a	25				
	c	10			5	
	e	20		10		

绘制机械图样时，应优先采用规定的基本幅面。必要时，也允许选用表 1-2 中所规定的加长幅面。加长幅面的尺寸是由基本幅面的短边成整数倍增加后得到的。

表 1-2 基本幅面与加长幅面 单位：mm

第二选择		第三选择			
幅面代号	$B \times L$	幅面代号	$B \times L$	幅面代号	$B \times L$
A3×3	420×891	A0×2	1 189×1 682	A3×5	420×1 486
A3×4	420×1 189	A0×3	1 189×2 523	A3×6	420×1 783
A4×3	297×630	A1×3	841×1 783	A3×7	420×2 080
A4×4	297×841	A1×4	841×2 378	A4×6	420×1 261
A4×5	297×1 051	A2×3	841×1 261	A4×7	420×1 471
		A2×4	841×1 682	A4×8	420×1 682
		A2×5	841×2 102	A4×9	420×1 892

2. 图框格式

无论图纸是否装订，都必须用粗实线画出图框，其格式分为不留装订边和留装订边两种，优先采用不留装订边格式，如图 1-1 和图 1-2 所示，其尺寸均按表 1-1 中的规定。但应注意，同一产品的图样只能采用一种格式。

有时为了复制或缩微摄影的方便，还采用对中符号。对中符号是从周边画入图框内约 5 mm 的一段粗实线，如图 1-1（b）所示。

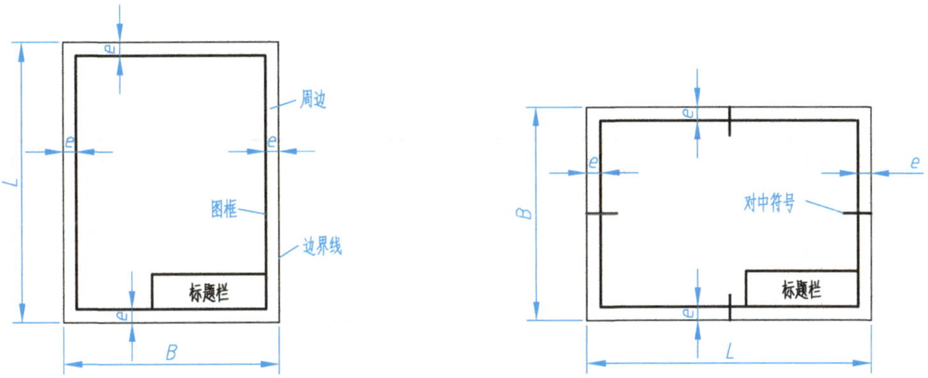

（a）　　（b）

图 1-1　无装订边的图纸格式

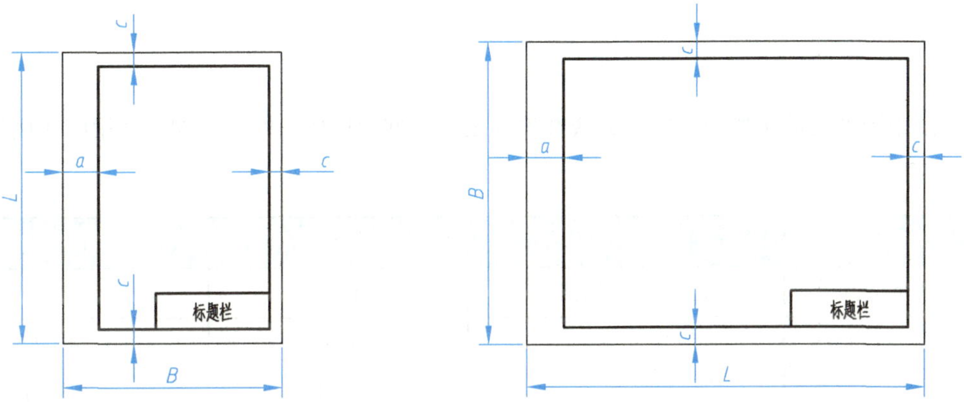

（a）　　（b）

图 1-2　有装订边的图纸格式

3. 标题栏（GB/T 10609.1—2008）及明细表（GB/T 10609.2—2009）

每张图样上都应有标题栏，用来填写图样上的综合信息，标题栏配置在图纸的右下方，其格式如图 1-3（a）所示。明细栏是装配图中才有的。在学校的制图作业中，标题栏也可采用图 1-3（b）所示的简化形式。标题栏中文字方向必须与看图方向一致，标题栏内一般图名用 10 号字书写，图号、校名用 7 号字书写，其余都用 5 号字书写。

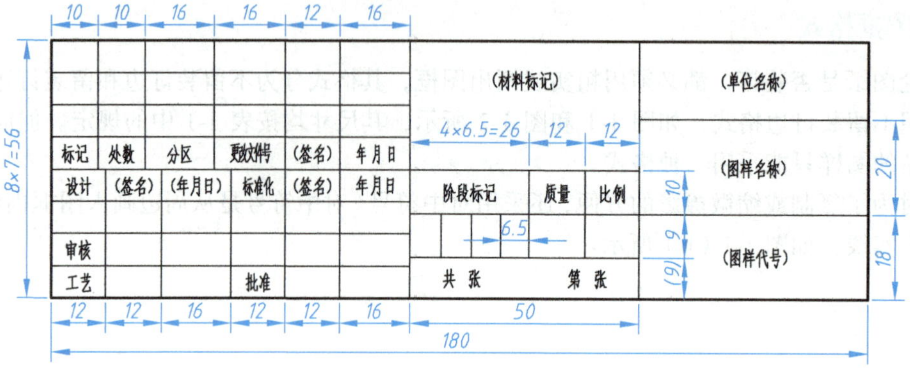

(a)

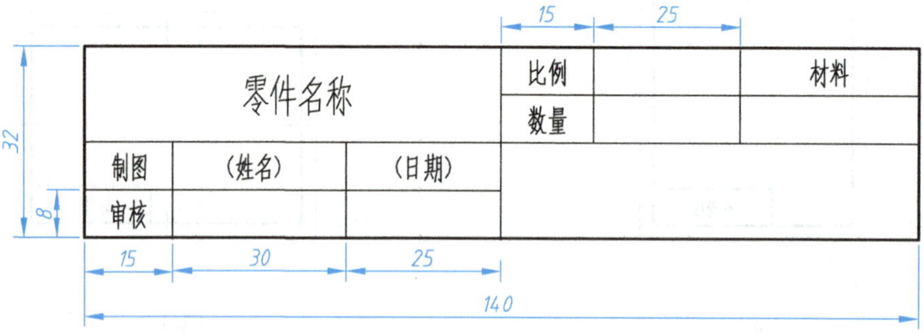

(b)

图 1-3　标题栏的格式

二、比例（GB/T 14690—1993）

图中图形与其实物相应要素的线性尺寸之比，称为比例，即图 : 物。常用的比例见表 1-3。

表 1-3　比例系列

种　类	定　义	优先选择系列	允许选择系列
原值比例	比值为 1 的比例	1 : 1	
放大比例	比值大于 1 的比例	5 : 1 2 : 1 5×10^n : 1 2×10^n : 1 1×10^n : 1	4 : 1 2.5 : 1 4×10^n : 1 2.5×10^n : 1
缩小比例	比值小于 1 的比例	1 : 2 1 : 5 1 : 2×10^n 1 : 5×10^n	1 : 1.5 1 : 2.5 1 : 3 1 : 4

续表

种　类	定　义	优先选择系列	允许选择系列
缩小比例	比值小于 1 的比例	$1:1\times10^n$	$1:6$ $1:1.5\times10^n$ $1:2.5\times10^n$ $1:3\times10^n$ $1:4\times11^n$ $1:6\times12^n$

比例一般分为原值比例、缩小比例及放大比例三种类型。绘制图样时，尽可能采用原值比例，以便从图中看出实物的大小。根据需要也可采用放大或缩小的比例，但不论采用何种比例，图中所注尺寸数字仍为机件的实际尺寸，且图样按比例放大或缩小，仅限于图样上各线性尺寸而与角度无关。绘制同一机件的各个视图应采用相同的比例，并在标题栏中统一填写，当某个视图采用了不同的比例时，必须在该图形的上方加以标注。

三、字体（GB/T 14691—1993）

字体是指图中文字、字母、数字的书写形式。在图样上除了要用图形来表达零件的结构形状外，还必须用文字、字母及数字来说明零件的大小和技术要求等内容，它是图样的重要组成部分。

（1）图样中书写的字体必须做到：字体端正、笔画清楚、排列整齐、间隔均匀。

（2）字体的号数，即字体的高度（单位为毫米），分别为 20 mm、14 mm、10 mm、7 mm、5 mm、3.5 mm、2.5 mm、1.8 mm 八种，字体的高宽比例约为 $1/\sqrt{2}$ 。

（3）汉字：应写成长仿宋字体，高度不应小于 3.5 mm，并应采用国家正式公布的简化字。

汉字要求写得整齐匀称。书写长仿宋体的要领：横平竖直、注意起落、结构匀称、填满方格。图 1-4 为长仿宋体字示例。

10号字

字体端正　笔画清楚

排列整齐　间隔均匀

7号字

结构匀称　填满方格　横平竖直　注意起落

5号字

国家标准机械制图技术要求公差配合表面粗糙度倒角其余

图 1-4　长仿宋字体示例

（4）数字及字母：分 A 型和 B 型。A 型字体的笔画宽度 $d = h/14$，B 型字体的笔画宽度 $d = h/10$。数字和字母可写成直体和斜体，斜体字的字头向右倾斜，与水平线成 75°角。拉丁字母以直线为主体，减少弧线，以便书写及计算机绘图。罗马数字上的横线不连起来。国家标准规定的数字和字母的书写示例如表 1-4 所示。

用作指数、分数、极限偏差、注脚等的字母及数字，一般采用小一号的字体，字体组合应用示例如表 1-4 所示。

表 1-4　字体示例

字　体		示　例
长仿宋体汉字	5 号	学好机械制图，培养和发展空间想象能力
	3.5 号	重庆机电职业技术大学
拉丁字母	大写	*ABCDEFGHIJKLM ABCDEFGHIJKLM*
	小写	*abcdefghijklm abcdefghijklm*
阿拉伯数字	直体	1234567890
	斜体	*1234567890*
字体应用示例		10JS5(±0.03)　M24-6h　R8　10^3　S^{-1}　5%　D_1　T_d　380 kPa　m/kg
		$\phi 20^{+0.010}_{-0.023}$　$\phi 25\frac{H6}{f5}$　$\frac{\text{II}}{1:2}$　$\frac{3}{5}$　$\frac{A}{5:1}$　$\sqrt{Ra6.3}$　460 r/min　220 V　l/mm

四、图线（GB/T 4457.4—2002）

图样中采用的各种形式的线，称为图线。

1. 基本线型

在机械制图中常用的线型有实线、虚线、点画线、双点画线、波浪线、双折线等，它们的使用在国标中都有严格的规定（见表 1-5），使用时应严格遵守。

表 1-5　基本线型及应用

图线名称	线　型	线　宽	一般应用
粗实线	d	d	可见轮廓线、螺纹牙顶线、螺纹长度终止线、齿顶圆、剖切符号用线等
细实线		$d/2$	尺寸线、尺寸界线、剖面线、引出线、螺纹牙底线、重合断面轮廓线、可见过渡线、辅助线、不连续同一表面连线等
波浪线			断裂处边界线、视图与剖视分界线

续表

图线名称	线型	线宽	一般应用
双折线		d/2	断裂处边界线
细虚线	4~6 1		不可见轮廓线
细点画线	15~30 3		轴线、对称中心线、分度圆（线）
细双点画线	~20 5		相邻辅助零件的轮廓线、可动零件的极限位置轮廓线、轨迹线、毛坯图中制成品的轮廓线
粗虚线	4~6 1	d	允许表面处理的表示线
粗点画线	15~30 3		限定范围表示线（特殊要求）

2. 图线宽度

图线分为粗、细两种。粗线的宽度 *d* 应按图样的大小和复杂程度，在 0.5 ~ 2 mm 选择，细线的宽度约为 *d*/2。图线宽度的推荐系列为 0.18 mm、0.25 mm、0.35 mm、0.5 mm、0.7 mm、1 mm、1.4 mm、2 mm。粗实线的宽度通常采用 0.7 mm 或 0.5 mm，与之对应的细实线宽度为 0.35 mm 或 0.25 mm。

图线在图样中的应用如图 1-5 所示。

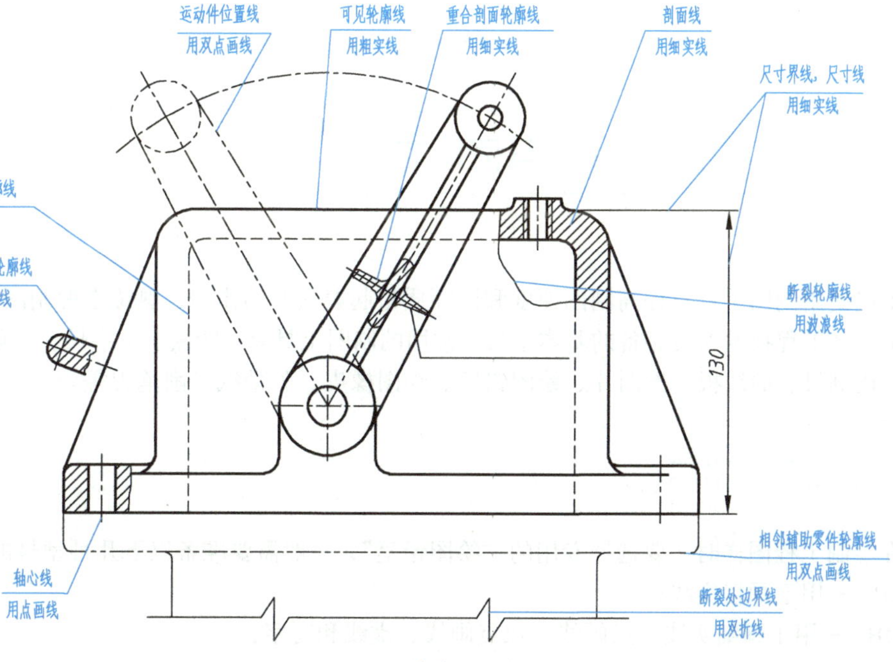

图 1-5　图线应用示例

在图 1-5 所示的零件视图上，粗实线表示该零件的可见轮廓线；虚线表示不可见轮廓线；细实线表示尺寸线、尺寸界线、指引线及剖面线；波浪线表示断裂处的边界线及视图和剖视的分界线；细点画线表示对称中心线及轴线；双点画线表示相邻辅助零件的轮廓线及极限位置轮廓线。

3. 图线的画法（见图 1-6）

（1）同一图样中同类图线的宽度应基本一致。虚线、点画线及双点画线的线段长度和间隔应各自大致相等。

（2）绘制圆的对称中心线时，圆心应为线段的交点。点画线和双点画线的首末两端应是线段而不是点，且应超出图形外 2 ~ 5 mm。

（3）在较小的图形上绘制点画线或双点画线有困难时，可用细实线代替。

（4）细虚线、点画线、双点画线相交时，应该是线段相交。当细虚线是粗实线的延长线时，在连接处应断开。

（5）当各种线型重合时，应按粗实线、虚线、点画线的优先顺序画出。

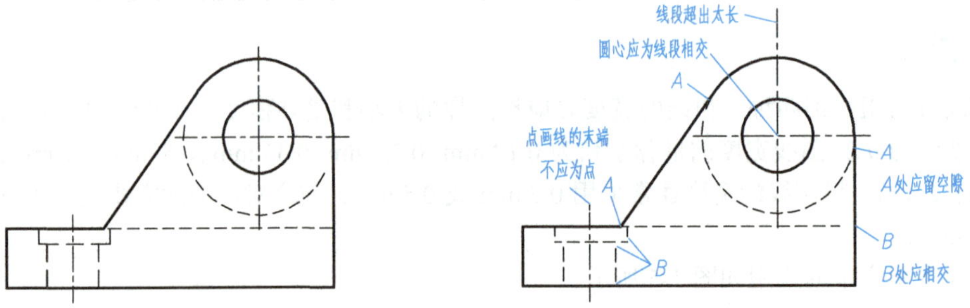

（a）正确　　（b）错误

图 1-6　图线交接处的画法

第二节　制图工具及其使用方法

正确使用制图工具对提高制图速度和图面质量起着重要的作用，熟练掌握制图工具的使用方法是一名工程技术人员必备的基本素质。常用的制图工具有：图板、丁字尺、三角板、圆规、分规、比例尺、曲线板、擦图片、绘图铅笔、绘图橡皮、胶带纸、削笔刀等。

一、铅笔和铅芯

在绘制工程图样时，要选择专用的“绘图铅笔”，一般需要准备以下几种型号的绘图铅笔：

2B——用于画粗实线；

HB——用于画细实线、点画线、双点画线、虚线和写字；

H 或 2H——用于画底稿。

H 前的数字越大，铅芯越硬，画出来的图线就越淡；B 前的数字越大，铅芯越软，画出来的图线就越黑。由于圆规画圆时不便用力，因此圆规上使用的铅芯一般要比绘图铅笔软一级。用于画粗实线的铅笔和铅芯应磨成矩形断面，其余的磨成圆锥形，如图 1-7 所示。铅笔应从无硬度标记的一端削起。

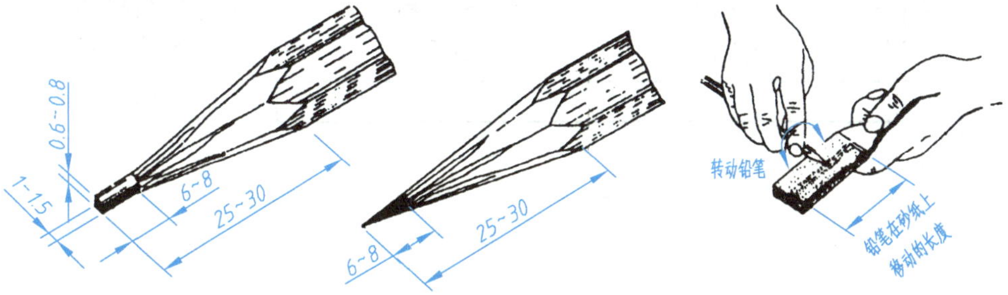

（a）磨成矩形　　（b）磨成锥形　　（c）钢笔的磨法

图 1-7　铅笔的削法

画线时，铅笔在前后方向应与纸面垂直，而且向画线前进方向倾斜约 30°，如图 1-8 所示。当画粗实线时，因用力较大，倾斜角度可小一些。画线时用力要均匀，匀速前进。

二、图板、丁字尺和三角板

图板根据大小有多种型号，图板的短边为导边；丁字尺是用来画水平线的，丁字尺的上面那条边为工作边。

如采用预先印好图框及标题栏的图纸进行绘图，则应使图纸的水平图框线对准丁字尺的工作边后，再将其固定在图板上，以保证图上的所有水平线与图框线平行。如采用较大的图板，为了便于画图，图纸应尽量固定在图板的左下方，但须保证图纸与图板底边有稍大于丁字尺宽度的距离，以保证绘制图纸上最下面水平线的准确性。

用丁字尺画水平线时，用左手握住尺头，使其紧靠图板的左侧导边做上下移动，右手执笔，沿丁字尺工作边自左向右画线。当画较长的水平线时，左手应按住丁字尺尺身。画线时，笔杆应稍向外倾斜，尽量使笔尖贴靠尺边，如图 1-8 所示。画垂直线时，手法如图 1-9 所示，自下往上画线。

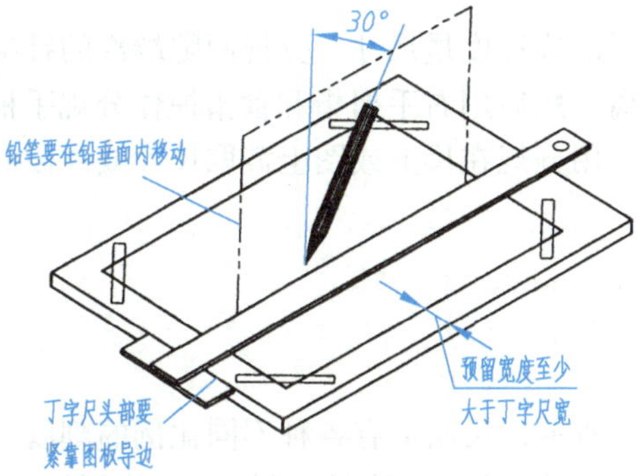

图 1-8　用丁字尺画水平线

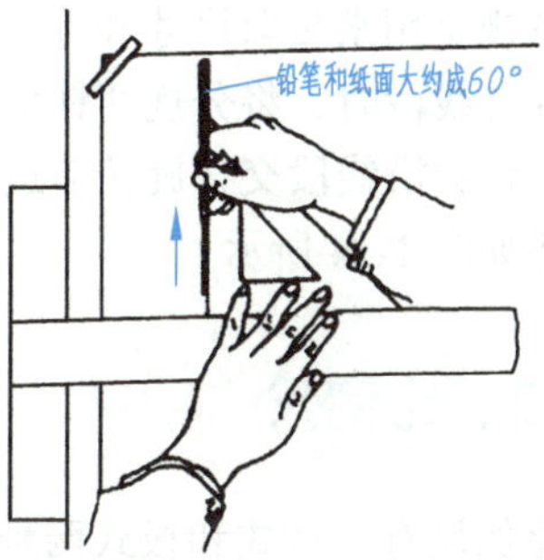

图 1-9　用丁字尺画垂直线

三角板有 45°和 30°/60°两块。三角板与丁字尺配合使用可画垂直线及 15°倍角的斜线，如图 1-10（a）所示；或用两块三角板配合画任意角度的平行线，如图 1-10（b）所示。

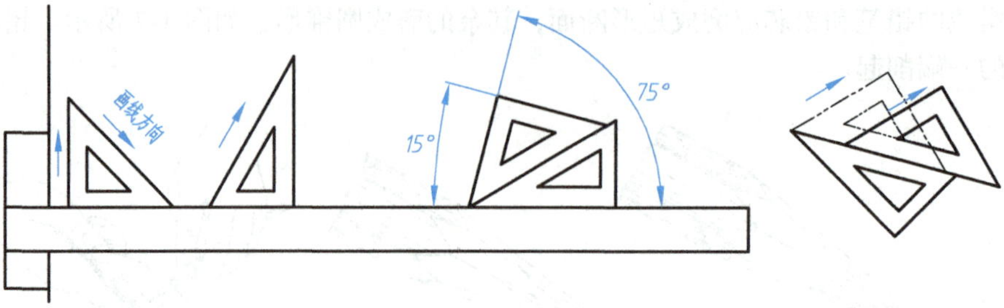

（a）　　　　（b）

图 1-10　三角板的使用

三、圆规和分规

1. 圆　规

圆规是画圆和圆弧的工具。画图前，圆规固定腿上的钢针（带有台阶的一端）应调整到比铅芯稍长一些，以便在画圆或圆弧时，将针尖插入圆心中。钢针的另一端作分规时使用，如图 1-11 所示。

在画粗实线圆时，圆规的铅芯应比画相应粗直线的铅笔芯软一号；同理，画细实线圆时，也应使用比画相应细实线软一号的铅芯。

使用圆规时，应尽可能使钢针和铅芯插腿垂直于纸面。画小圆时，可用点（弹性）圆规；画大圆时，可用延伸杆来扩大其直径，如图 1-12 所示。

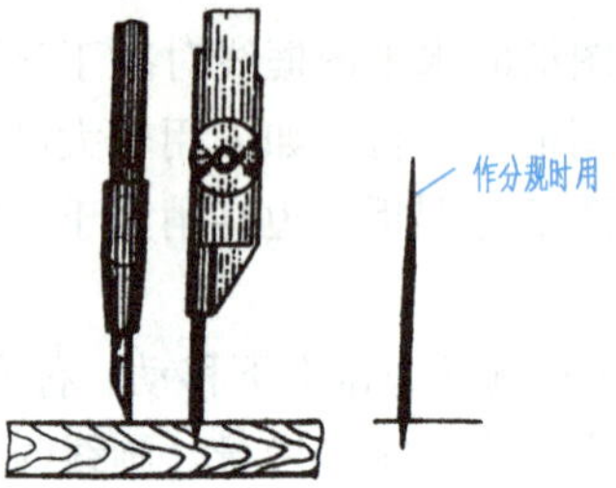

图 1-11　圆规钢针、铅芯及位置调整

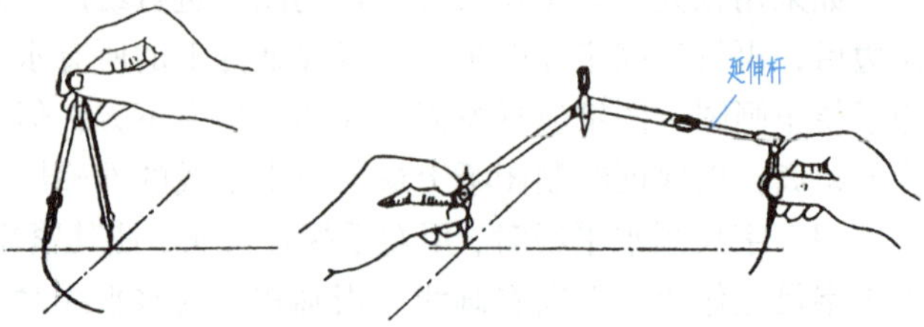

图 1-12　圆规的使用

2. 分　规

分规是用来量取尺寸和等分线段的工具。为了准确地度量尺寸，分规两腿端部的针尖应平齐。等分线段时，将分规两针尖调整到所需的距离，然后用右手拇指和食指捏住分规手柄，使分规两针尖沿线段交替旋转前进，如图 1-13 所示。用分规在尺上或图上截取尺寸或线段的方法和手势如图 1-14 所示。

四、比例尺

比例尺有三棱式和板式两种，如图 1-15（a）所示，尺面上有各种不同比例的刻度。在用不同比例绘制图样时，只要在比例尺上的相应比例刻度上直接量取长度即可，加快了绘图速度，如图 1-15（b）所示。

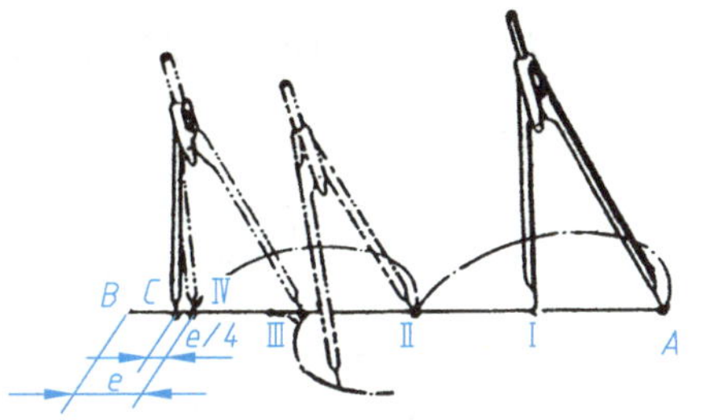

图 1-13　用分规等分线段

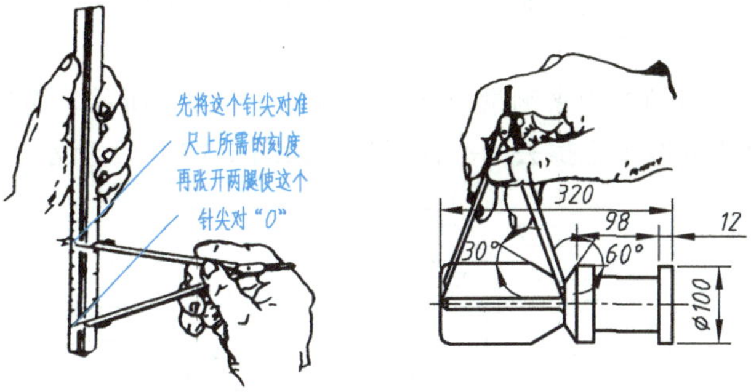

图 1-14　用分规截取线段

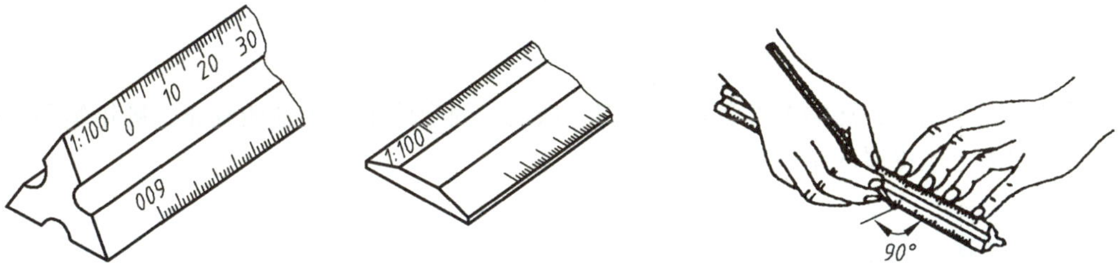

（a）　　　　　　　　　　　　（b）

图 1-15　比例尺及其使用方法

五、曲线板

曲线板是一种具有不同曲率半径的模板，用来绘制各种非圆曲线。使用曲线板时，应先定出曲线上若干点，徒手用铅笔把各点轻轻地连接起来，再选择曲线板上曲率合适的部分逐段描绘，如图 1-16 所示。每一段中，至少有 4 个点与曲线板吻合，每描一段线要比曲线板吻合的部分稍短，留一部分待在下一段中与曲线板再次吻合后描绘（即“找四连三，首尾相叠”），这样才能使所画的曲线连接光滑。

（a）　　　　　　（b）

图 1-16　曲线板及其使用

六、其他绘图用品

绘图模板是一种快速绘图工具，上面有多种镂空的常用图形、符号或字体等，能够方便地绘制针对不同专业的图案，如图 1-17（a）所示。使用时笔尖应紧靠模板，才能使画出的图形整齐、光滑。

量角器用来测量角度，如图 1-17（b）所示。简易的擦图片是用来防止擦去多余线条时把有用的线条也擦去的一种工具，如图 1-17（c）所示。

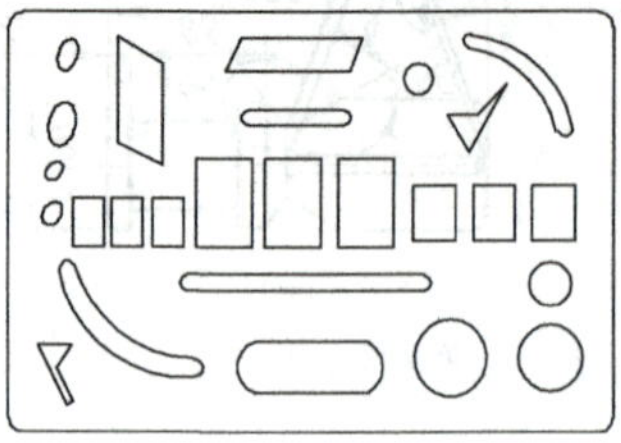

（a）绘图模板

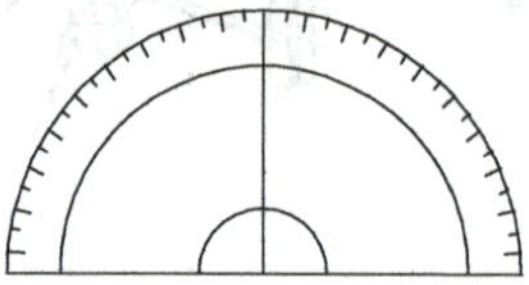

（b）量角器

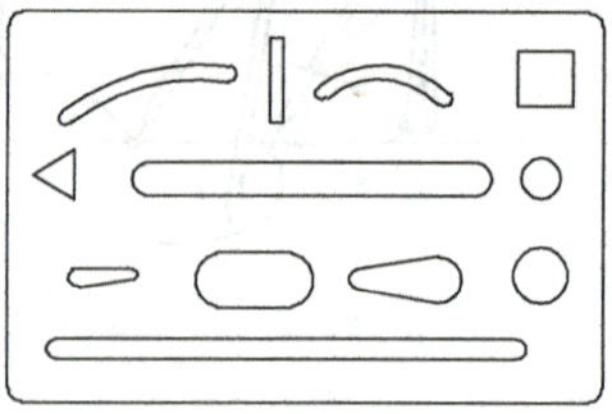

（c）擦图片

图 1-17　其他绘图工具

另外，在绘图时，还需要准备削铅笔刀、橡皮、固定图纸用的透明胶布、磨铅笔用的砂纸以及清除图面上橡皮屑的小刷等。

第三节　基本几何作图

机件的形状虽然多种多样，但都是由各种几何形体组合而成的，它们的图形也是由一些基本的几何图形组成的。因此，熟练掌握基本几何图形的画法，是绘制机械图样的基础。在制图过程中，常会遇到等分线段、等分圆周、作正多边形、画斜度和锥度、圆弧连接及绘制非圆曲线等几何作图问题。

一、等分已知线段

已知线段 AB，现将其五等分，作图过程如图 1-18 所示。

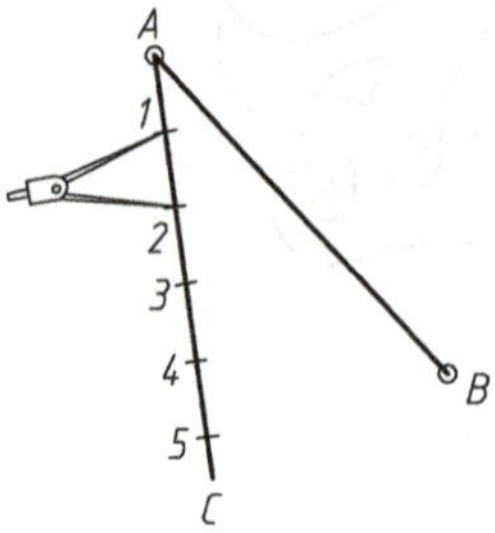

（a）过 AB 线段的一个端点 A 作一与其成一定角度的直线段 AC，然后在此线段上用分规截取 5 等分

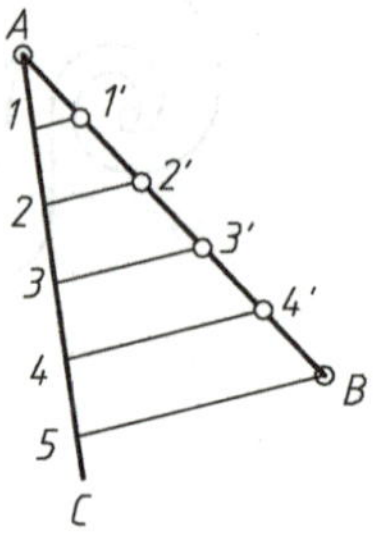

（b）将最后的等分点 5 与原线段的另一端点 B 连接，然后过各等分点作此线段 $5B$ 的平行线，与原线段的交点即为所需的等分点

图 1-18　等分线段

二、等分圆周作正多边形

1. 已知一半径为 *R* 的圆，求作其内接正六边形

（1）用圆规作图。分别以圆的直径两端 *A* 和 *D* 为圆心，以 *R* 为半径画弧交圆周于 *B*、*F*、*C*、*E*，依次连接 *A*、*B*、*C*、*D*、*E*、*F*、*A*，即得所求正六边形（见图 1-19）。

（2）用三角板配合丁字尺作图。用 30°和 60°三角板与丁字尺配合，也可作圆内接正六边形或外切正六边形（见图 1-20）。

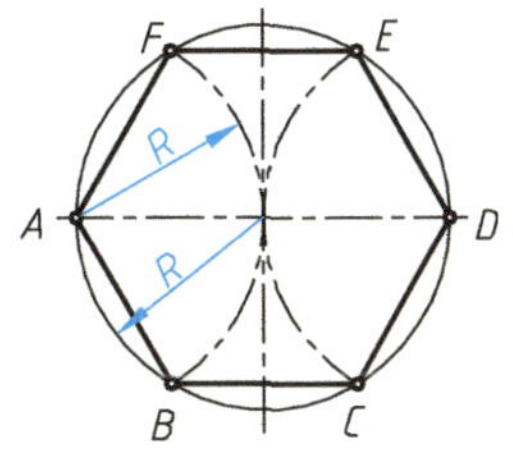

图 1-19 用圆规作圆内接正六边形

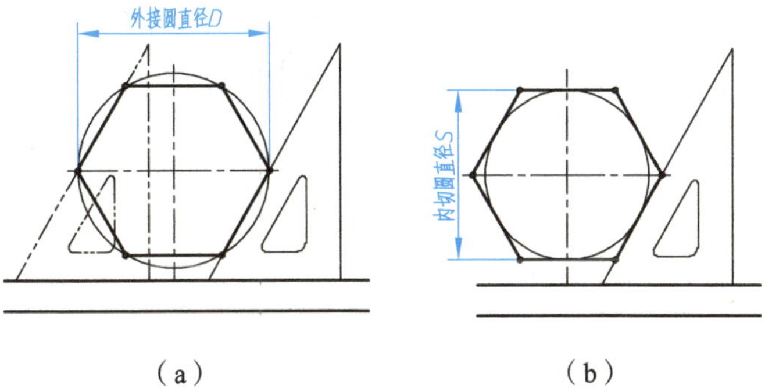

图 1-20 用丁字尺、三角板作圆内接或圆外切正六边形

2. 已知一半径为 *R* 的圆，求作圆内接正五边形

五等分圆周并作正五边形，可用分规试分，也可按下述方法作图（见图 1-21）。

（1）平分半径 *OB* 得点 O_1；

（2）在 *AB* 上取 $O_1K = O_1D$ 得点 *K*；

（3）以 *DK* 为边长等分圆周得 *E*、*F*、*G*、*H*，依次连线即得圆内接正五边形。

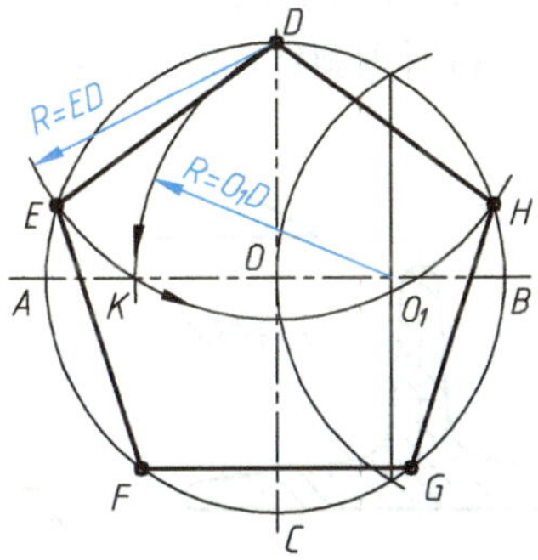

图 1-21 正五边形的画法

3. 正 *n* 边形的画法

若已知圆周半径为 *R*，求作圆内接正 *n* 边形，作图步骤（设求作正七边形）如下（见图 1-22）：

（1）将直径 *AN* 作 7 等分；

（2）以 *N* 为圆心，*NA* 为半径作圆弧交水平中心线的延长线于点 *M*；

（3）自 M 与 AN 上的奇数或偶数点（如 2、4、6 点）连接并延长与圆周相交得 B、C、D，再作它们的对称点，依顺序连接即得正七边形。

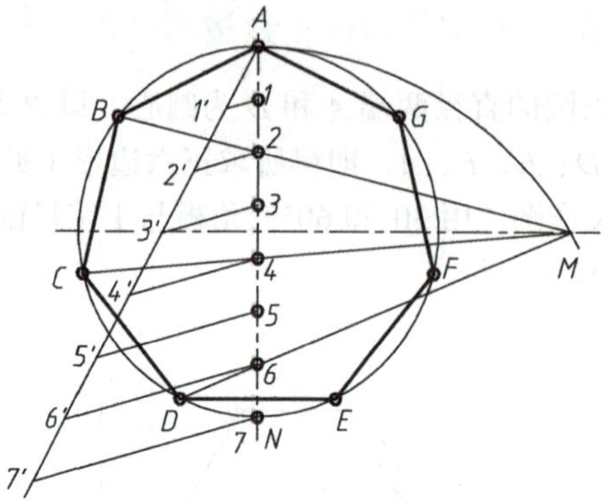

图 1-22　正七边形的画法

三、斜度与锥度

1. 斜　度

斜度是指一直线（或平面）对另一直线（或平面）的倾斜程度，其大小用两直线（或平面）夹角的正切来表示，如图 1-23（a）所示，通常以 1∶n 的形式标注。

$$斜度=\tan\alpha=\frac{H}{L}$$

标注斜度时，在数字前应加注斜度符号“∠”，符号“∠”的指向应与直线或平面倾斜的方向一致，如图 1-23（b）所示。

若要对直线 AB 作一条斜度为 1∶10 的倾斜线，则作图方法为：先过点 B 作 $CB\perp AB$，并使 CB∶AB＝1∶10，连接 AC，即得所求斜线，如图 1-23（c）所示。

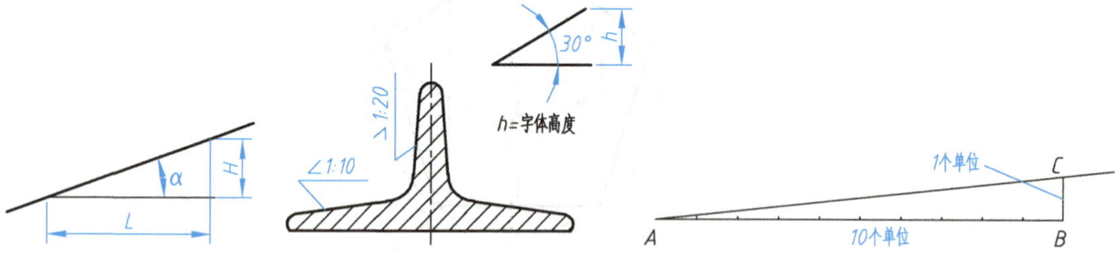

（a）　（b）　（c）

图 1-23　斜度、斜度符号和斜度的画法

2. 锥　度

锥度是指正圆锥的底圆直径 D 与该圆锥高度 L 之比；而对于圆台，则为两底圆直径之差（$D-d$）与圆台高度 l 之比，即

$$正圆锥锥度=\frac{D}{L}=2\tan\alpha$$

$$圆台锥度 = \frac{D-d}{l} = 2\tan\alpha$$

其中，α 为 1/2 锥顶角，如图 1-24（a）所示。

锥度在图样上的标注形式为 1∶n，且在此之前加注锥度符号，如图 1-24（b）所示。符号尖端方向应与锥顶方向一致。

若要求作一锥度为 1∶5 的圆台锥面，且已知底圆直径为ϕ，圆台高度为 L，则其作图方法如图 1-24（c）所示。

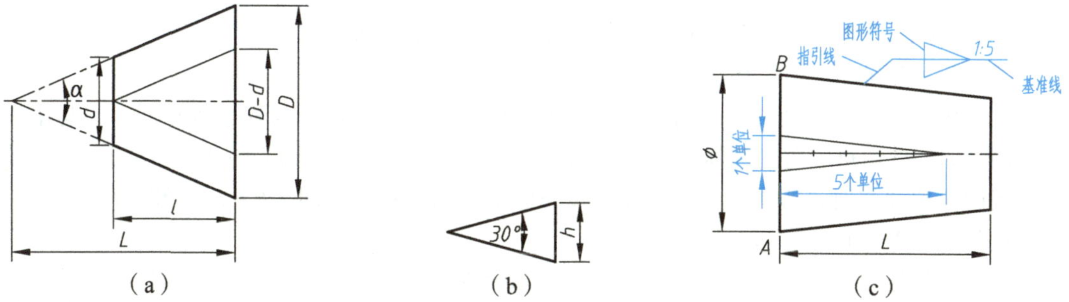

图 1-24　锥度、锥度符号和锥度的画法

四、圆弧连接

工程图样中的大多数图形是由直线与圆弧、圆弧与圆弧连接而成的。圆弧连接，实际上就是用已知半径的圆弧去光滑地连接两已知线段（直线或圆弧）。其中，起连接作用的圆弧称为连接弧。这里讲的连接，指圆弧与直线或圆弧和圆弧的连接处是相切的。因此，在作图时，必须根据连接弧的几何性质，准确求出连接弧的圆心和切点的位置。

常见的圆弧连接的形式有：

1. 用圆弧连接两已知直线

设已知连接圆弧的半径为 R，则用该圆弧将直线 L_1 及 L_2 光滑连接的作图方法（图 1-25）如下：

（1）作直线Ⅰ和Ⅱ分别与 L_1 和 L_2 平行，且距离为 R，直线Ⅰ和Ⅱ的交点 O 即为连接圆弧的圆心；

（2）过圆心 O 分别作 L_1 和 L_2 的垂线，其垂足 a 和 b 即为连接点（即切点）；

（3）以 O 为圆心，R 为半径画圆弧 ab。

当两已知直线垂直时，其作图方法更为简便，如图 1-25（b）所示。

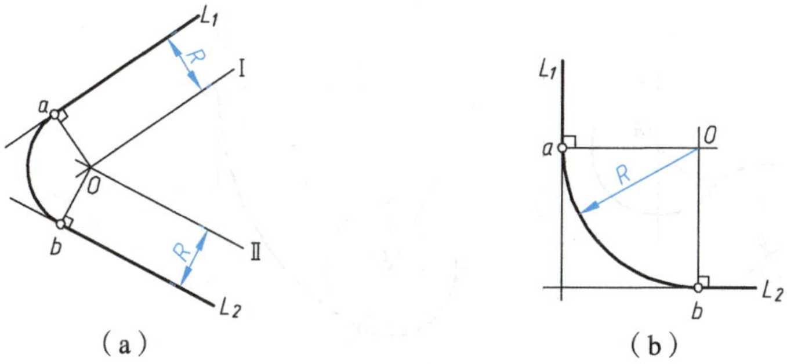

图 1-25　用圆弧连接两已知直线

圆弧连接 1

2. 用圆弧连接两已知圆弧

该连接形式可分为外连接、内连接和内外连接三种情况。

（1）外连接：连接圆弧同时与两已知圆弧相外切。由初等几何知，两圆弧外切时，其切点必位于两圆弧的连心线上，且落在两圆心之间。因此，用半径为 R 的连接圆弧连接半径为 R_1 和 R_2 的两已知圆弧，其作图步骤如下[见图 1-26（a）]：

① 分别以 O_1 和 O_2 为圆心，$R+R_1$ 和 $R+R_2$ 为半径作弧相交于 O，交点 O 即为连接圆弧的圆心；

② 连接 O_1O 和 O_2O 分别与已知圆弧相交得连接点 a 和 b；

③ 以 O 为圆心，R 为半径作弧 ab 即为所求。

（2）内连接：连接圆弧同时与两已知圆弧相内切。其作图原理与外连接相同。只是由于两圆弧内切时，其切点应落在两圆弧连心线的延长线上（即两圆弧的圆心位于切点的同侧），故在求连接圆弧的圆心时，所用的半径为连接弧与已知弧的半径差，即 $|R-R_1|$ 和 $|R-R_2|$，作图方法如图 1-26（b）所示。

（3）内外连接：当连接圆弧的一端与一已知弧外连接，另一端与另一已知弧内连接时，称为内外连接。其作图方法如图 1-26（c）所示。

圆弧连接 2

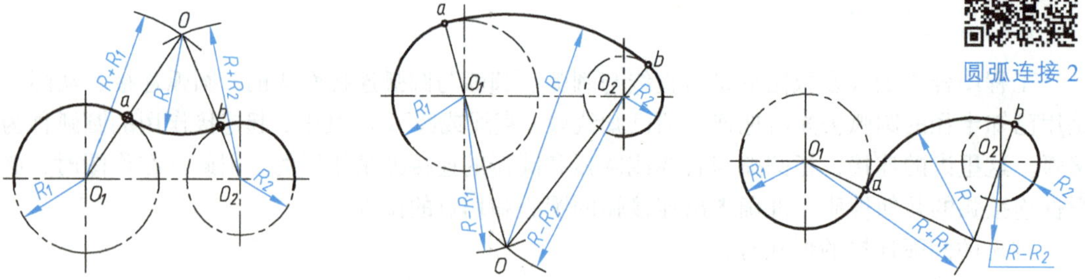

（a）外连接　　（b）内连接　　（c）内外连接

图 1-26　用圆弧连接两已知圆弧

3. 用圆弧连接一已知直线和一已知圆弧

连接圆弧的一端与已知直线相切而另一端与已知圆弧外连接（或内连接），可综合利用圆弧与直线相切以及圆弧与圆弧外连接（或内连接）的作图原理，其作图方法如图 1-27 所示。

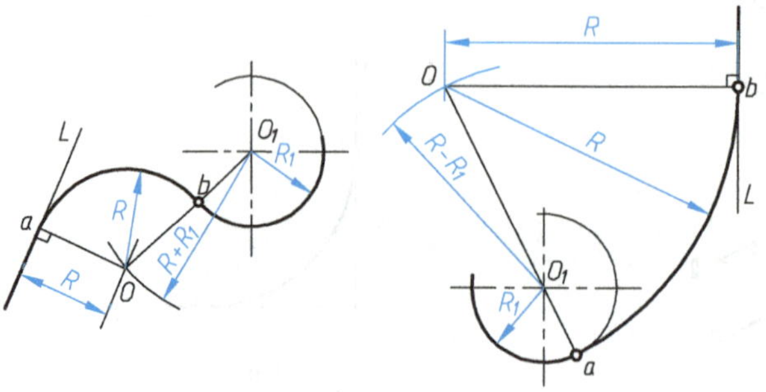

图 1-27　用圆弧连接一已知直线和一已知圆弧

圆弧连接 3

五、工程上常见的平面曲线

工程上常见的平面曲线有椭圆、抛物线、双曲线、渐开线、阿基米德螺旋线等。表 1-6 中介绍了两种画椭圆的方法及渐开线的作图方法。

表 1-6 常见平面曲线的画法

<table>
<tr><th colspan="2">作图方法</th><th>曲 线</th></tr>
<tr><td>同心圆法画椭圆</td><td>（1）以 O 为圆心，长轴 AB 和短轴 CD 为直径作两个同心圆；
（2）由 O 作若干放射线与两同心圆相交；
（3）由各交点作长、短轴的平行线，即可分别交得椭圆上的各点；
（4）用曲线板顺序连接各点即得椭圆</td><td>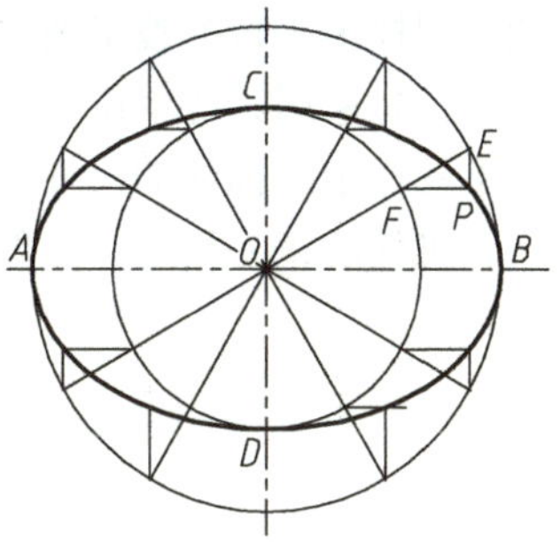
</td></tr>
<tr><td>四心法近似画椭圆</td><td>（1）长轴 AB 与短轴 CD 互相垂直平分，连接 AC，取 $CM=OA-OC=CA_1$；
（2）作 AM 的中垂线交两轴于 O_1 和 O_3，取其对称点 O_2 和 O_4；
（3）分别以 O_1 和 O_2 为圆心，O_1C 为半径作弧交 O_1O_3、O_1O_4 的延长线于 E、F，交 O_2O_3、O_2O_4 的延长线于 G、H。以 O_3、O_4 为圆心，O_3A 为半径画弧 EG 和 FH 即得椭圆</td><td>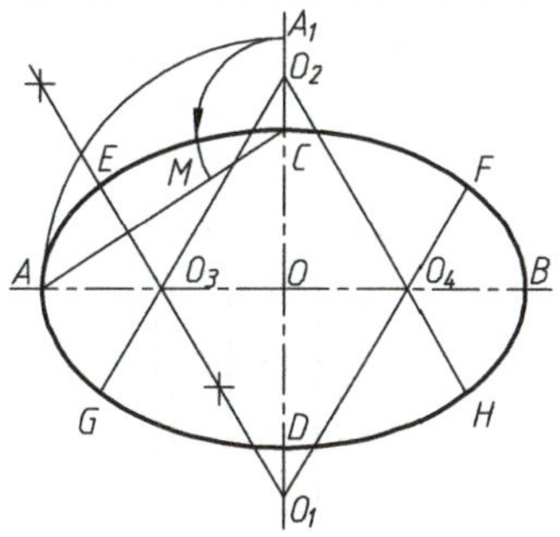
</td></tr>
<tr><td>圆的渐开线</td><td>当一直线在一定圆（基础）上做无滑动滚动时，直线上一点的运动轨迹即为该圆的渐开线。其作图方法如下：
（1）画出基圆，将基圆圆周分成若干等分，并将基圆圆周的展开长度（πD）也分成数目相同的等分（如 12 等分）；
（2）在圆周上各等分点处，按同一方向作圆的切线；在第一条切线上取长度 $=\dfrac{1}{12}\pi D$，得点 Ⅰ，在第二条切线上取长度 $=\dfrac{2}{12}\pi D$，得点 Ⅱ……依此类推；
（3）用曲线板依次连接所得各点即可</td><td>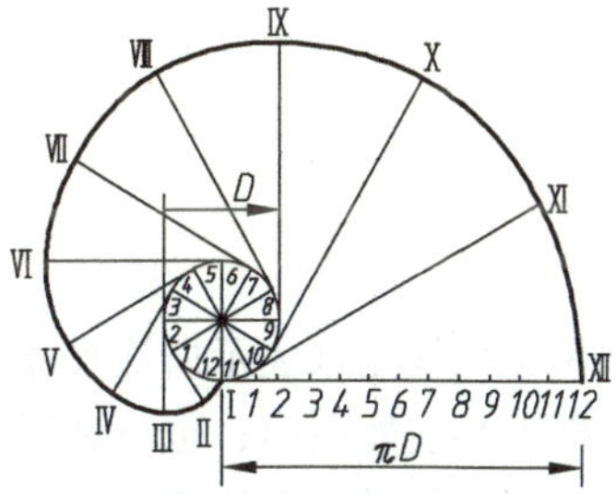
</td></tr>
</table>

第四节 一般尺寸注法

尺寸标注是机械图样中非常重要的内容。图形只能表达机件的形状，而大小和相对位置必须通过标注尺寸来确定。尺寸标注一般应做到：正确、齐全、清晰和合理。标注尺寸应严格遵守国家标准所规定的规则和方法，绘图时必须严格遵守。

一、基本规则

（1）机件的真实大小应以图样上所注的尺寸数值为依据，与图形的大小及绘图的准确度无关。

（2）图样中（包括技术要求和其他说明）的尺寸，以毫米为单位时，不需标注计量单位符号或名称，如采用其他单位，则应注明相应的单位符号。

（3）图样中所标注的尺寸，为该图样所示机件的最后完工尺寸，否则应另加说明。

（4）机件的每一尺寸，一般只标注一次，并应标注在反映该结构最清晰的图形上。

二、尺寸标注的组成

一个完整的尺寸，由尺寸数字（包括符号）、尺寸线和尺寸界线组成，如图 1-28 所示。此三项内容被称为尺寸三要素。

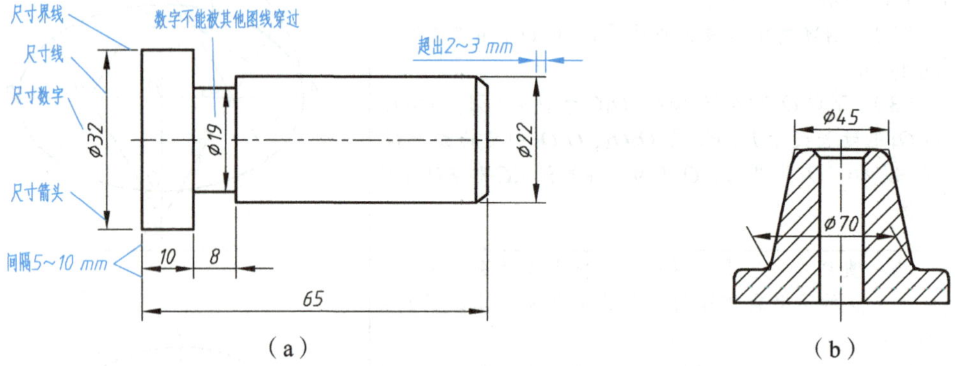

图 1-28　尺寸的组成

1. 尺寸界线

尺寸界线用来表示所注尺寸的范围。尺寸界线用细实线绘制，并应由图形的轮廓线、轴线或对称中心线处引出；也可利用轮廓线、轴线或对称中心线作尺寸界线。尺寸界线一般应与尺寸线垂直。如果轮廓线角度不大，与尺寸界线分辨不清，可将尺寸界线倾斜绘制，绘制的尺寸界线仍然要求平行，如图 1-28（b）所示。

2. 尺寸线

尺寸线用来表示所注尺寸度量的方向。用细实线绘制在两尺寸界线之间，不能用其他图线代替，也不得与其他图线重合或画在其延长线上。标注线性尺寸时，尺寸线必须与所标注的线段平行。在同一图样中，尺寸线与轮廓线以及尺寸线与尺寸线之间的距离应大致相当，一般以不小于 5 mm 为宜，如图 1-28（a）所示。

尺寸线终端可以用两种形式，如图 1-29 所示。机械图一般用箭头，其尖端应与尺寸界线接触，箭头长度约为粗实线宽度的 6 倍。土建图一般用 45°斜线，斜线的高度应与尺寸数字的高度相等。

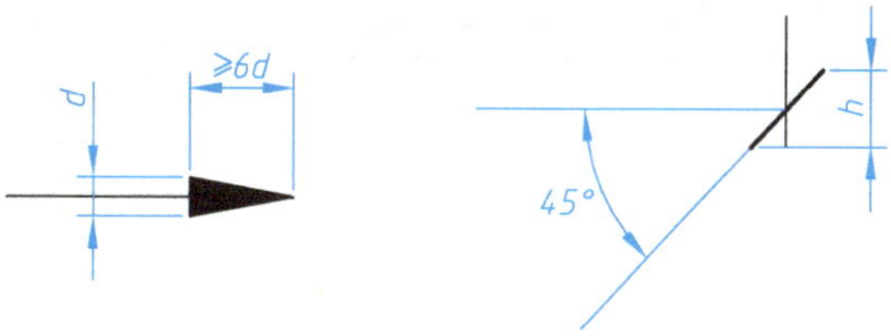

图 1-29　尺寸线终端的形式

3. 尺寸数字

尺寸数字表示尺寸度量的大小。线性尺寸的数字一般应注写在尺寸线的上方，或注写在尺寸线的中断处，尺寸数字不可被任何图线所穿过，如图 1-28 所示。

线性尺寸的数字方向，一般应按图 1-30 所示的方向注写，即水平方向的尺寸数字字头朝上；垂直方向的尺寸数字字头朝左；倾斜方向尺寸数字字头有朝上的趋势，如图 1-30（a）所示。应避免在图示 30°范围内标注尺寸，当无法避免时，可按图 1-30（b）所示的形式标注。

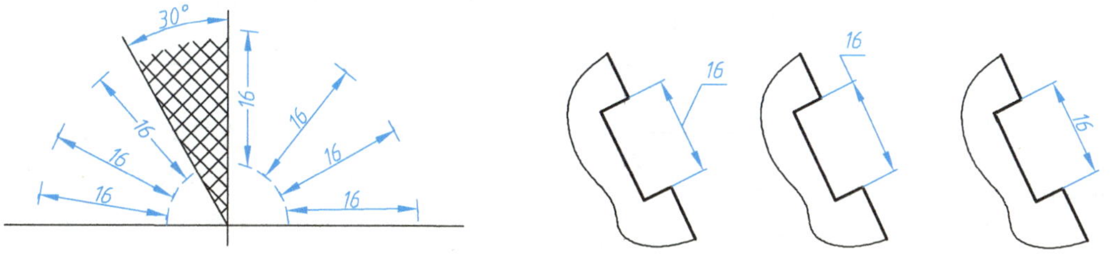

（a）　　（b）

图 1-30　线性尺寸数字的方向

三、常用尺寸注法

在实际绘图中，尺寸标注的形式很多，常用的尺寸标注方法如表 1-7 所示。

表 1-7　常用的尺寸标注方法

尺寸种类	图　　例	说　　明
圆和圆弧	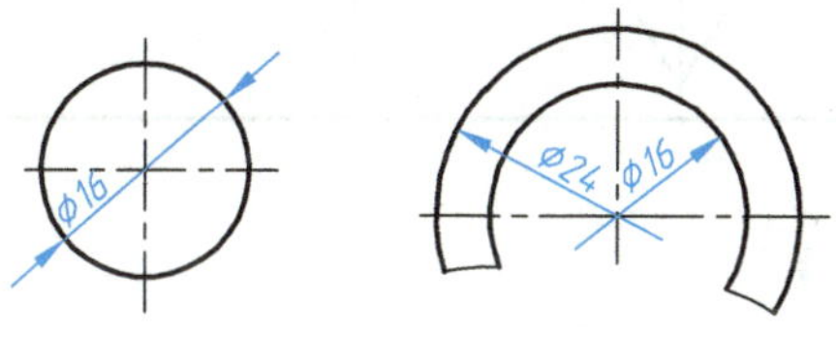	在直径、半径尺寸数字前，分别加注符号 ϕ、R； 尺寸线应通过圆心（对于直径）或从圆心画出（对于半径）

续表

尺寸种类	图　　例	说　　明
大圆弧	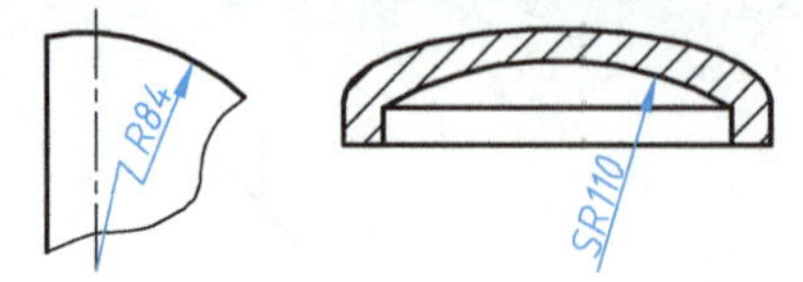	需要标明圆心位置，但圆弧半径过大，在图纸范围内又无法标出其圆心位置时，用左图； 不需标明圆心位置时，用右图
角度	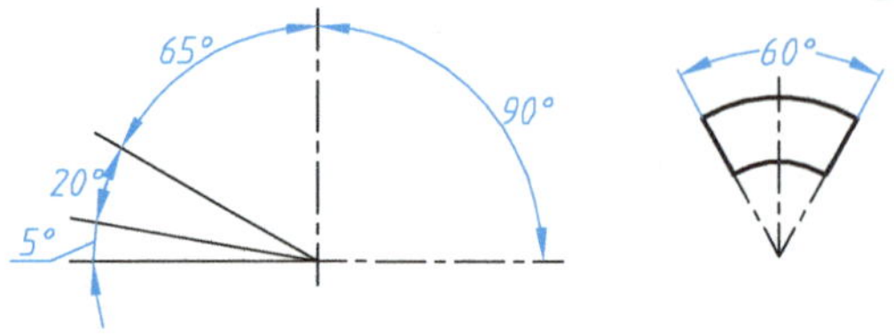	尺寸界线沿径向引出；尺寸线为以角度顶点为圆心的圆弧。尺寸数字一律水平书写，一般写在尺寸线的中断处，也可注在外边或引出标注
小尺寸和小圆弧	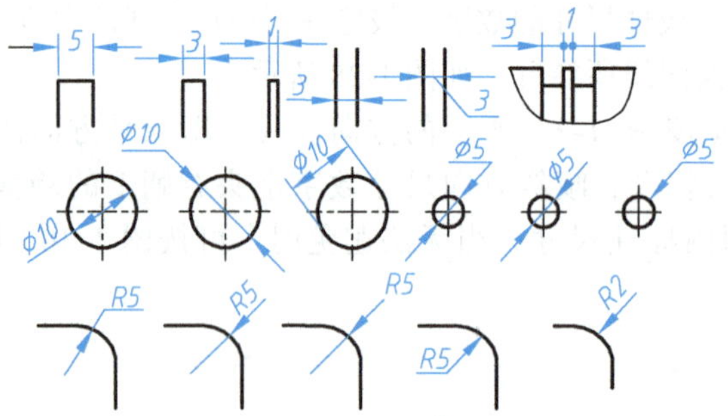	位置不够时，箭头可画在外边，允许用小圆点或斜线代替两个连续尺寸间的箭头。 在特殊情况下，标注小圆的直径允许只画一个箭头；有时为了避免产生误解，可将尺寸线断开
对称尺寸	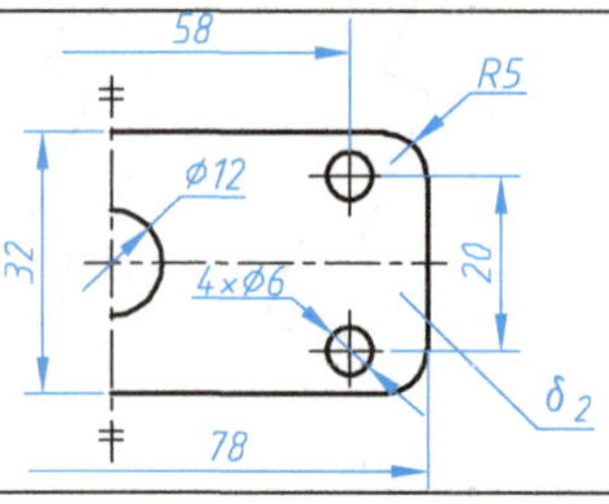	对称机件的图形如只画出一半或略大于一半时，尺寸线应略超过对称中心线或断裂线。此时只在靠尺寸界线的一端画出箭头
球　面	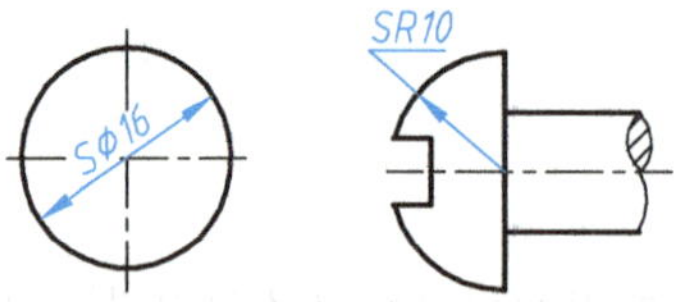	一般应在“φ”或“R”前面加注符号“S”。但在不致引起误解的情况下，也可不加注
弧长和弦长	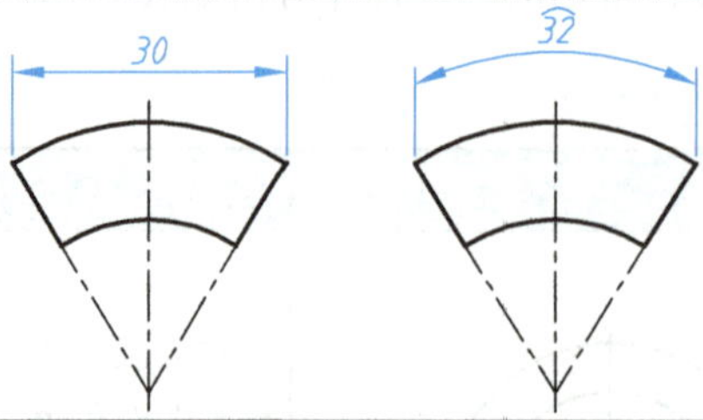	尺寸界线应平行于该弦的垂直平分线；表示弧长的尺寸线用圆弧，同时在尺寸数字上加注“⌒”

四、标注尺寸的符号及缩写词

标注尺寸的符号及缩写词应符合表 1-8 所示的规定。

表 1-8　尺寸标注常用符号及缩写词

名　称	符号或缩写词	名　称	符号或缩写词	名　称	符号或缩写词
直径	ϕ	正方形	□	均布	EQS
半径	R	45°倒角	C	厚度	t
球直径	$S\phi$	深度	↧	埋头孔	⌵
球半径	SR	沉孔或锪平	⌴		

第五节　平面图形的尺寸分析和线段分析

平面图形一般包含一个或多个封闭图形，而每个封闭图形又由若干线段（直线、圆弧或曲线）组成，故只有首先对平面图形的尺寸和线段进行分析，才能正确地绘制图形。

一、平面图形的尺寸分析

尺寸按其在平面图形中所起的作用，可分为定形尺寸和定位尺寸两类。现以图 1-31 所示的手柄图形为例进行分析。

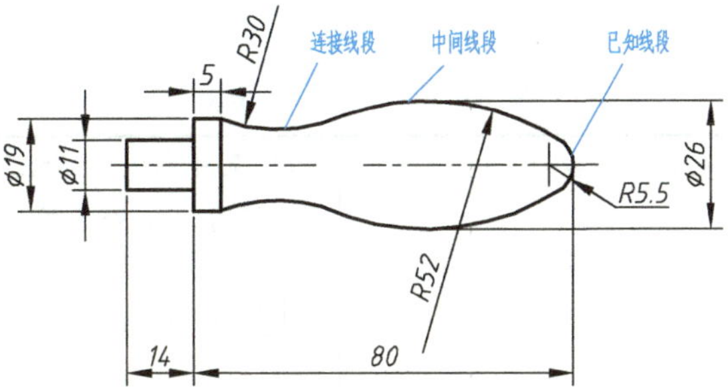

图 1-31　手柄

1. 定形尺寸

确定平面图形上几何元素大小的尺寸称为定形尺寸，如直线的长短、圆弧的直径或半径以及角度的大小等，如图 1-31 中的ϕ11、ϕ19、ϕ26 和 R52 等。

2. 定位尺寸

确定平面图形上几何元素间相对位置的尺寸称为定位尺寸，如图 1-31 中的 80。

3. 尺寸基准

基准就是标注尺寸的起点。对于平面图形来说，常用的基准是：对称图形的对称线，圆的中心线，左、右端面，上、下顶（底）面等，如图 1-31 中的中心线。

二、平面图形的线段分析

平面图形中的线段（直线或圆弧）按所标尺寸的不同可分为三类：

1. 已知线段

有足够的定形尺寸和定位尺寸，能直接画出的线段称为已知线段，如图 1-31 中的直线段 14、*R*5.5 圆弧等。

2. 中间线段

有定形尺寸，但缺少一个定位尺寸，必须依靠其与一端相邻线段的连接关系才能画出的线段称为中间线段，如图 1-31 中的线段 *R*52。

3. 连接线段

只有定形尺寸，而无定位尺寸（或不标任何尺寸，如公切线）的线段称为连接线段，必须依靠其余两端线段的连接关系才能确定画出，如图 1-31 中的线段 *R*30。

三、平面图形的作图步骤

在对其进行线段分析的基础上，应先画出已知线段，再画出中间线段，后画出连接线段，具体作图步骤见表 1-9。

表 1-9　手柄的作图步骤

① 定出图形的基准线，画已知线段。 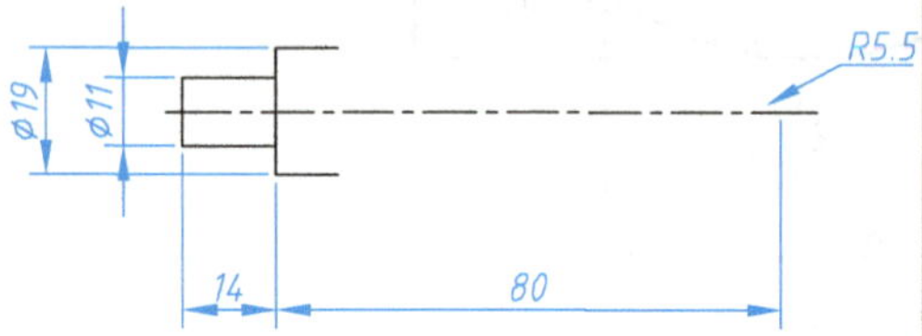	② 画中间线段 *R*52，分别与相距 26 的两根平行线相切，与 *R*5.5 圆弧内切。 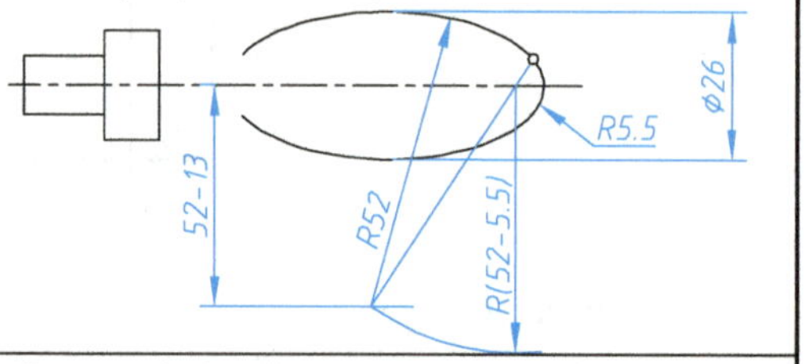
③ 画连接线段 *R*30，分别与相距 14 的两根平行线相切，与 *R*52 圆弧外切。 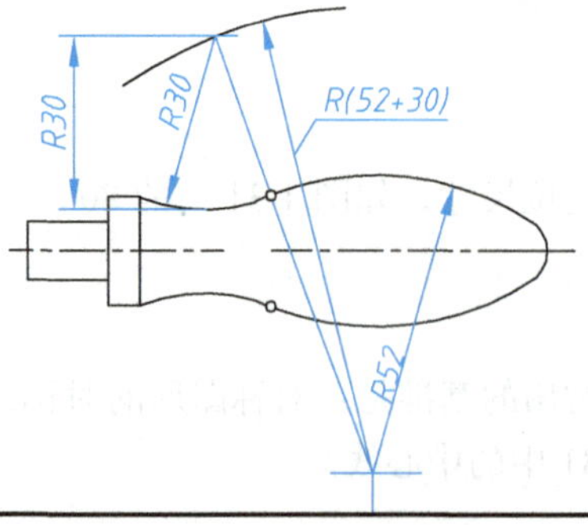	④ 擦去多余的作图线，按线型要求加深图线，完成全图。 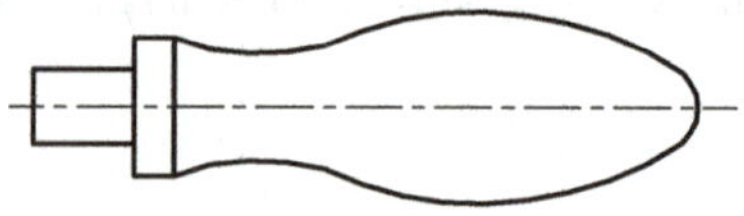

四、平面图形的尺寸标注

图形和尺寸的关系极为密切。绘制平面图形时，要根据所给尺寸分析其各类线段，因此，能否正确绘出图形，要看所给尺寸是否足够或有无多余；而在为所画图形标注尺寸时，则首先要根据所画图形的特点选定尺寸基准，把构成该图形的主要轮廓线定为已知线段，注出相应的定形、定位尺寸；然后根据线段类别，定出中间线段与连接线段，注出相应的尺寸。此时应特别注意不能有多余尺寸。图 1-32 为一些常见平面图形的尺寸标注，供读者参考。

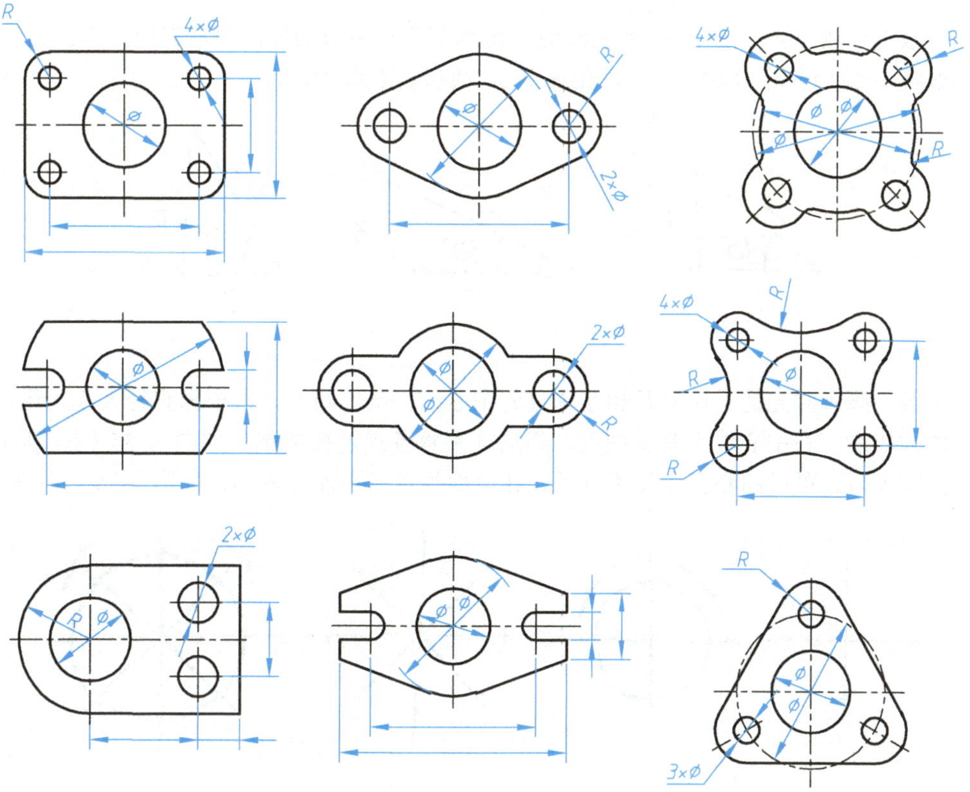

图 1-32　平面图形尺寸标注举例

第六节　徒手绘图的方法

徒手绘图是指只用铅笔、橡皮和纸张来绘制草图的方法。草图是指以目测估计图形与实物的比例，按一定画法要求徒手（或部分使用绘图仪器）绘制的图。

徒手绘图所使用的铅笔，铅芯削成圆锥形，用于画中心线和尺寸线的削得较细，用于画可见轮廓线的削得较粗。

徒手绘图是一项重要的基本技能，要不断地实践才能逐步提高。各种图线的画法如下：

（1）直线：徒手画直线的手势如图 1-33 所示，运笔力求自然，眼睛应朝着前进方向，随时留意线段终点。画长线时可目测在直线中间定出几个点，然后分段画出。

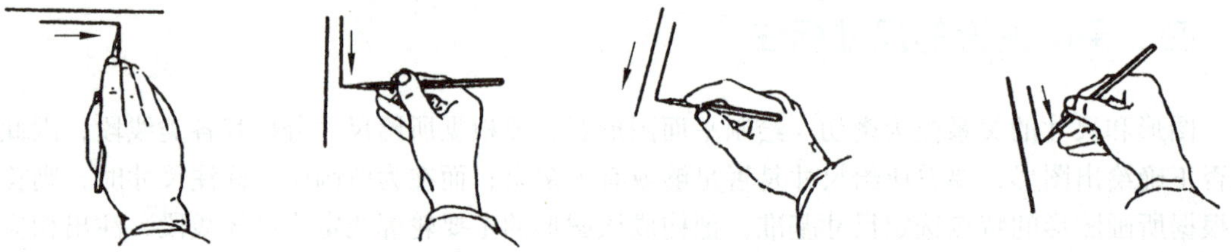

图 1-33　徒手画直线的手势

画与水平线成 30°，45°，60°的斜线时，可利用两直角边的比例关系近似画出，如图 1-34 所示。如画 10°和 15°等角度线时，可先画出 30°线后再等分求得。

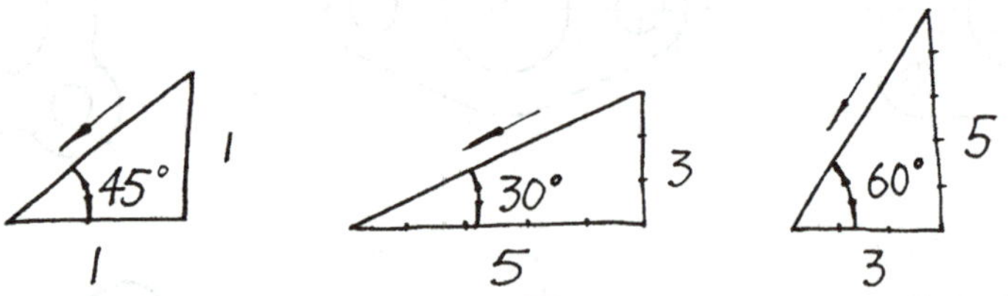

图 1-34　徒手画特殊角度

（2）圆：画圆时先徒手作两条相互垂直的中心线，定出圆心，再根据直径大小，用目测估计半径的大小后，在中心线上截得四点，然后徒手将各点连接成圆，如图 1-35（a）所示。当所画的圆较大时，可过圆心多作几条直径，在上面找点后再连接成圆，如图 1-35（b）所示。

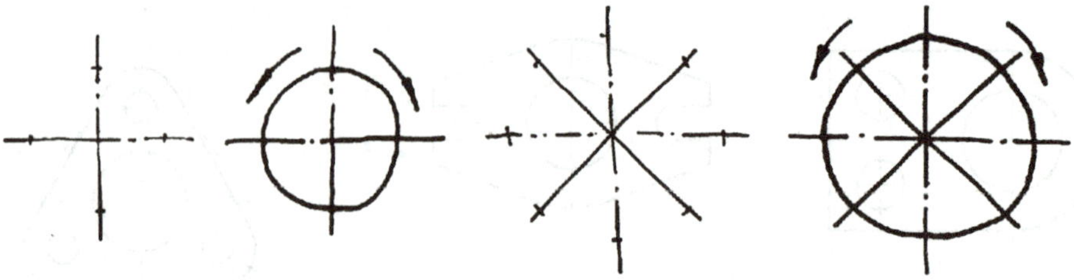

图 1-35　徒手画圆的方法

（3）圆角：先目测在分角线上选取圆心位置，使它与角的两边的距离等于圆角的半径。过圆心向两边引垂直线定出圆弧的起点和终点，并在分角线上定出一圆周点，然后徒手作圆弧把这三点连接起来，如图 1-36 所示。

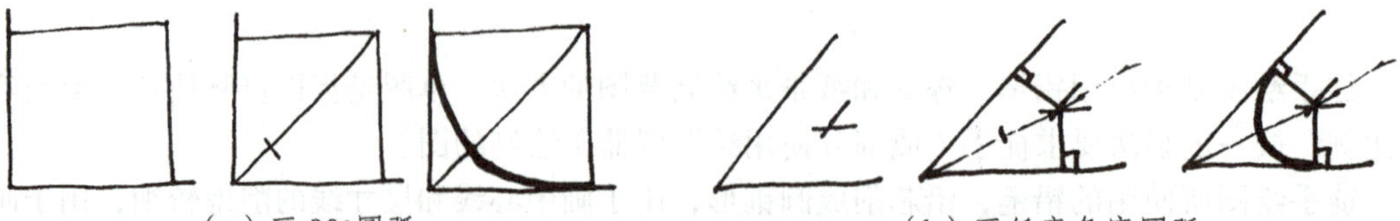

图 1-36　画圆角的方法

（4）椭圆：先画出椭圆的长短轴，并且测定出其端点位置，过这四点画一矩形，再与矩形相切画出椭圆，如图 1-37 所示；也可利用外接菱形画四段圆弧构成椭圆。

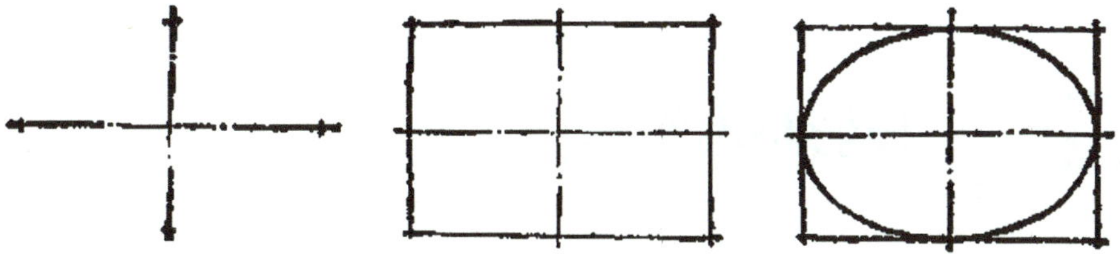

图 1-37　画椭圆的方法

（5）徒手绘图图例：初学徒手绘图，最好在方格纸上练习，待有一定熟练程度后再用空白纸绘图。图 1-38 就是在一张方格纸上绘制的木模草图。

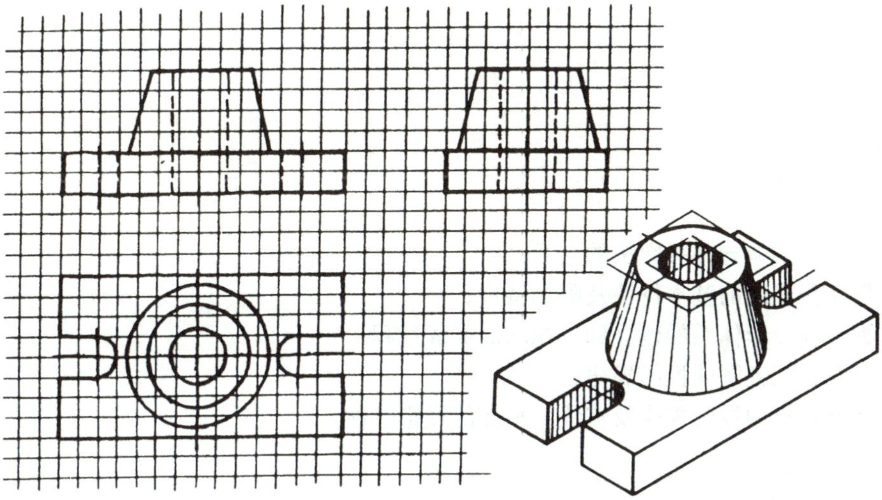

图 1-38　徒手绘图图例

第二章 投影基本知识

学习目标

1. 了解投影的概念和投影法的分类；
2. 掌握正投影法的基本特性及附加特性；
3. 掌握三面投影体系的建立和三视图的形成过程；
4. 熟练掌握三视图的投影规律；
5. 熟练掌握点的投影规律及直线、平面的投影特性。

技能目标

1. 掌握投影规律中的“宽相等”，并熟练运用于作图中；
2. 具备对立体表面几何元素进行投影分析的能力。

导　读

投影法是在平面上表示空间形体的基本方法，它广泛应用于机械图样中；点、直线和平面是组成形体的最基本的空间几何元素。本章研究运用正投影法表达空间形体的图示方法及点的投影规律、直线和平面的投影特性。

第一节 投影法概述

一、投影法基本概念

在日常生活中，人们可以看到太阳或灯光照射物体时，在墙壁或地面上出现了物体的影子，这是一种自然的投影现象。根据这种现象，人类经过科学总结影子与物体的几何关系，创造了把空间物体表示在平面上的方法，即投射线通过物体，向选定的平面投射并在该平面上得到图形的方法，称之为投影法。

在投影法中，得到投影的平面（P）称为投影面；发自投射中心且通过物体上各点的直线称为投射线，投射线可以是平行的，或者是从一个中心点发出的；在投影面上得到的图形称为投影图（投影），如图 2-1 所示。

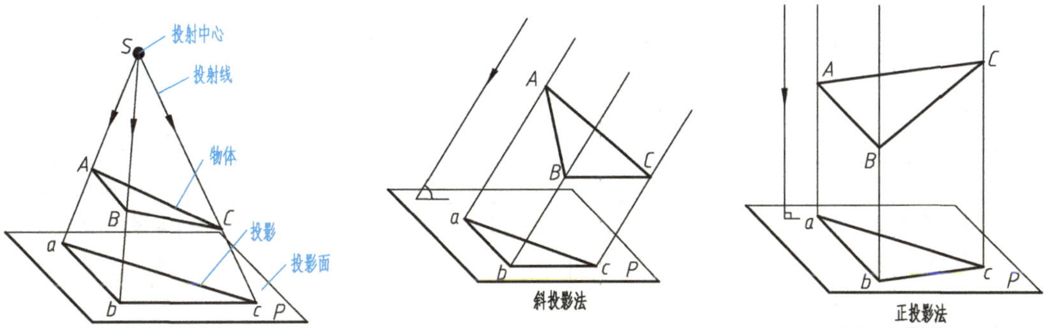

（a）中心投影法　　（b）平行投影法

图 2-1　投影法及分类

斜投影法　正投影法

二、投影法的种类

由于投射线的不同，投影法一般可分为中心投影法和平行投影法两类，如图 2-1 所示。

1. 中心投影法

投射线相交于一点的投影法称为中心投影法，如图 2-1（a）所示。投射线的交汇点称为投影中心，如图 2-1（a）中的 S 点。用中心投影法绘制出的图形，符合人们的视觉规律，因此经常用此方法绘制一些需要强调视觉效果的图形，比如建筑效果图等。由于用中心投影法绘制图形，方法复杂，效率低，又不容易进行尺寸标注，所以在机械制图中很少使用此方法。

2. 平行投影法

投射线相互平行的投影法（或投射中心位于无限远处）称为平行投影法。在平行投影法中，根据投射线是否垂直投影面，又分为两种：斜投影法和正投影法，如图 2-1（b）所示。

正投影：平行投射线垂直于投影面，如图 2-1（b）所示，由此法得到的投影图称为正投影图。

斜投影：平行投射线不垂直于投影面，如图 2-1（b）所示，用此法得到的图形称为斜投影图。

由于用正投影法得到的正投影图能真实地表达空间物体的形状和大小，不仅度量性好，作图也比较方便，故在机械工程图中广泛应用。因此，本课程主要研究正投影法。今后除特别说明外，所述投影均指正投影。

3. 投影法的应用

投影法的应用示例见表 2-1。

表 2-1　投影法应用与图例

投影法	投影图名	图　例	投影面个数	特点与应用
中心投影法	透视图		单个	近大远小，直观逼真，但作图复杂，度量性差，多用于建筑等效果图
平行投影法	轴测图	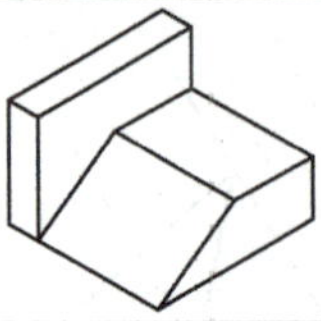	单个	直观性强，但没有透视图逼真，度量性差，多用于工程辅助图样
	多面正投影图	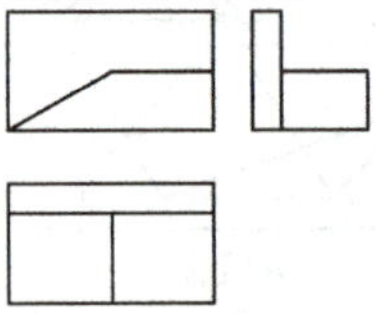	多个	度量性好且作图容易，但直观性较差，主要用于工程图样的绘制

三、正投影的基本特性

正投影图度量性好、作图简便。正投影的基本特性见表 2-2。

表 2-2　正投影的基本特性

投影性质	从属性	平行性	定比性
图例	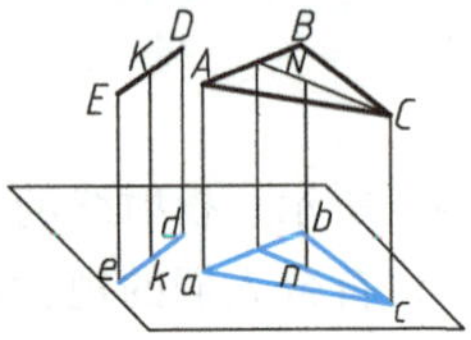	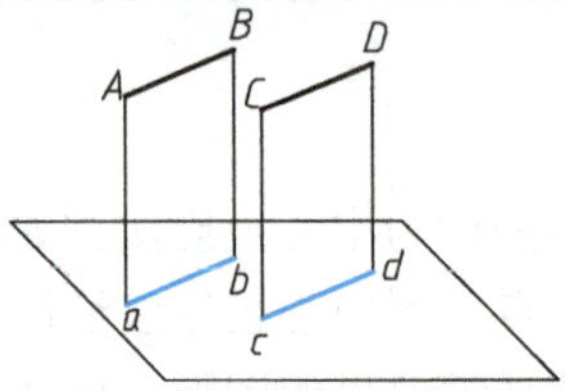	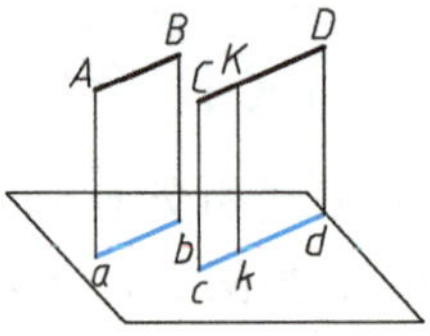
说明	点在直线（或平面）上，则该点的投影一定在直线（或平面）的同面投影上	空间平行的两直线，其在同一投影面上的投影一定相互平行	点分线段之比，投影后比值不变；空间平行两线段之比，投影后该比值不变

投影性质	真实性	积聚性	类似性
图例	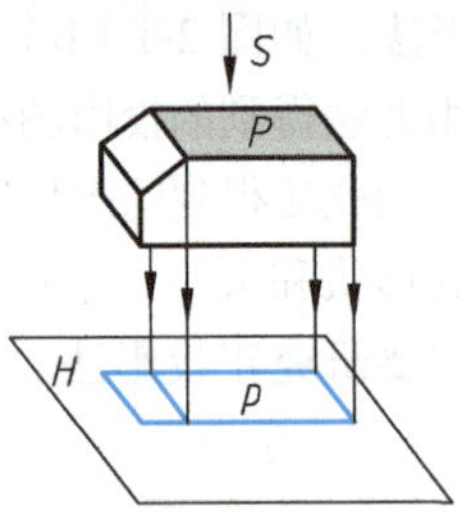	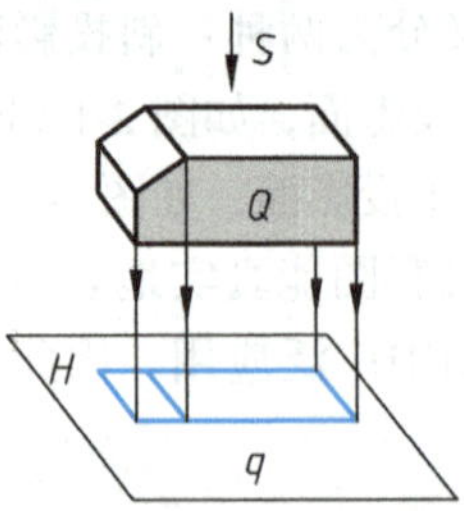	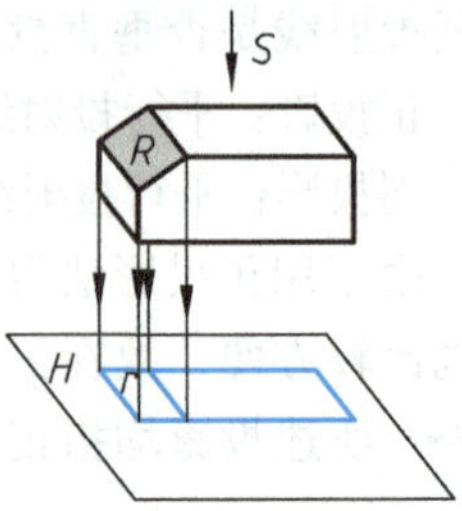
说明	直线、平面平行于投影面时，其投影反映实长和实形	直线、平面垂直于投影面时，直线投影积聚成点，平面投影积聚成直线	平面倾斜于投影面时，其投影形状与原形状类似

第二节 三视图的形成及投影规律

一、三视图的形成

1. 单面投影

如图 2-2（a）所示，点的投影仍为点。设投射方向为 S，空间点 A 在投影面 H 上有唯一的投影 a。反之，若已知点 A 在 H 面的投影 a，却不能唯一确定点 A 的空间位置（如 A_1、A_2），由此可见，点的一个投影不能确定点的空间位置。

同样，仅有物体的单面投影也无法确定空间物体的真实形状，如图 2-2（b）所示。结构形状不同的 A、B、C 物体在 W 面却得到了相同的投影。这样，空间形体与投影之间没有一一对应关系。为此，必须增加投影面的数量。

单面投影

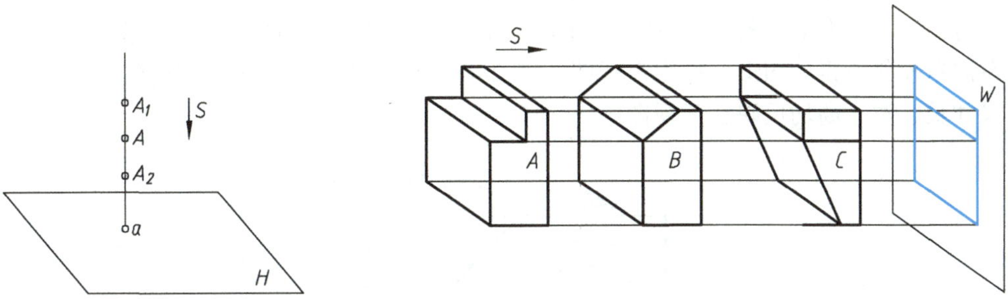

（a） （b）

图 2-2 单面投影

2. 三面投影

三个相互垂直的投影面 V、H 和 W 构成三投影面体系，如图 2-3 所示。正立放置的 V 面称为正立投影面，简称正面；水平放置的 H 面称为水平投影面，简称水平面；侧立放置的 W 面称为侧立投影面，简称侧面。投影面的交线称为投影轴，即 OX、OY、OZ，三投影轴的交点 O 称为投影轴原点。

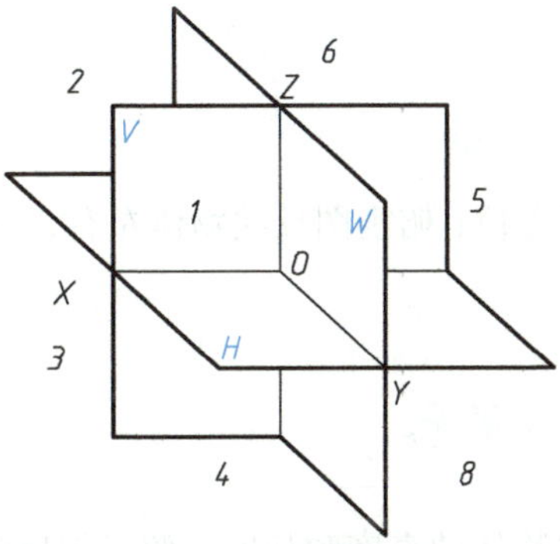

图 2-3 三投影面体系

三面投影体系将空间分为 8 个区域，称为分角。国家标准《图样画法》(GB/T 17451—1998) 规定，技术图样优先采用第一角画法，必要时才允许使用第三角画法，本书主要讨论第一分角画法。

如图 2-3 所示，将物体置于第一分角后，分别在三个方向得到正投影图。为了把物体的三面投影图画在同一平面内，国家标准规定 *V* 面保持不动，*H* 面绕 *OX* 轴向下旋转 90°（与 *V* 面重合），*W* 面绕 *OZ* 轴向右旋转 90°（与 *V* 面重合）。这样，*V*-*H*-*W* 展开后就得到了物体的三面投影图，如图 2-3 所示。其中 *OY* 轴随 *H* 面旋转时以 OY_H 表示，随 *W* 面旋转时以 OY_W 表示。投影图大小与物体相对于投影面的距离无关，即改变物体与投影面的相对距离，并不会引起图形的变化。所以，在作图时一般不画出投影面的边界甚至投影轴，如图 2-3 所示。

3. 三视图的形成

所谓视图，实际上就是物体的正投影。如图 2-4 所示，将物体放在三投影面体系中，用正投影法向三个投影面投影，就得到了物体的三面投影。三面投影图也称三面视图，简称三视图。物体在 *V*、*H* 和 *W* 面上的三个投影图，通常称为物体的三视图。其中，正面投影，即从前向后投射所得图形，称为主视图；水平投影，即从上向下投射所得的图形，称为俯视图；侧面投影，即从左向右投射所得的图形，称为左视图。图 2-4 所示，即为三视图的配置关系。物体的三度空间尺寸长、宽、高均反映在三视图中。

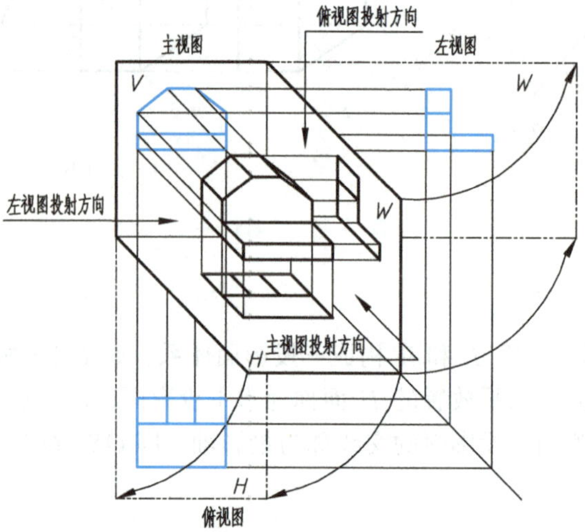

图 2-4　三面投影体系与三视图

4. 视图与物体之间的位置关系

主视图反映物体左右、上下方位；俯视图反映物体左右、前后方位；左视图反映物体上下、前后方位，如图 2-5 所示。

二、三视图之间的投影关系

如图 2-6 所示，主视图反映物体的高度和长度；俯视图反映物体的长度和宽度；左视图反映物体的高度和宽度。由此可得出三视图之间的投影关系：

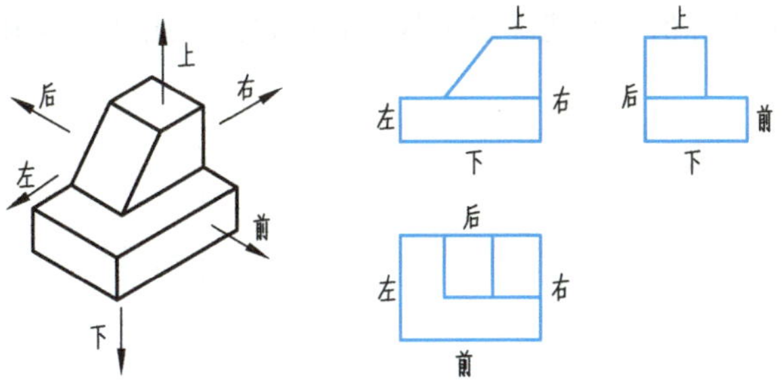

图 2-5　三视图上的方位

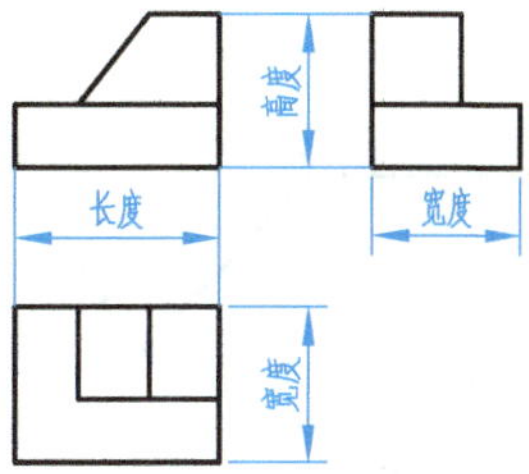

图 2-6　物体的投影关系

主、俯视图——共同反映物体的长度方向的尺寸，简称“长对正”；

主、左视图——共同反映物体的高度方向的尺寸，简称“高平齐”；

俯、左视图——共同反映物体的宽度方向的尺寸，简称“宽相等”。

“长对正、高平齐、宽相等”反映了物体上所有几何元素三个投影之间的对应关系。三视图之间的这种投影关系是画图时必须遵循的投影规律和读图时必须掌握的要领。

第三节　点、直线、平面的投影规律

前面已研究了物体与视图之间的对应关系，但为了迅速而准确地表达空间形体，就必须进一步研究构成形体的最基本的几何元素（点、线、面）的投影规律。只要按照投影规律绘制出各个点的投影，即可绘制出各条直线的投影，同时也就绘制出了形体各表面的投影，进而绘制出整个形体的投影。因此，研究点、线、面的投影是学习机械制图的基础。

一、点的投影

1. 点的三面投影

如图 2-7 所示，由空间点 A 分别向 H、V 和 W 面投影，可得到 A 点的水平投影 a、正面投影 a'和侧面投影 a''。图中每两条投射线确定一个平面，如向 V 面投影的投射线和向 H 面投影的投射线组成了一个平行于 W 面的平面；向 V 面投影的投射线和向 W 面投影的投射线组成了一个平行于 H 面的平面；向 H 面投影的投射线和向 W 面投影的投射线组成了一个平行于 V 面的平面。这三个平面与三条投影轴分别相交于 a_X、a_Y和 a_Z，以空间点 A、三个投影 a、a'和 a''以及 a_X、a_Y、a_Z和原点 O 为顶点可构成一个长方体。其垂足 a、a'和 a''即为点 A 在 H 面、V 面和 W 面上的投影。空间点用大写字母如 A、B 表示，水平投影用相应的小写字母表示，正面投影用相应小写字母加一撇表示，侧面投影用相应小写字母加两撇表示。a 称为点 A 的水平投影；a'称为点 A 的正面投影；a''称为点 A 的侧面投影。

2. 点的投影规律

从图 2-7 中可以看出空间点 A 在三投影面体系中有唯一确定的一组投影（a，a'，a''），反

之如已知点 A 的三面投影，即可确定点 A 的坐标值，也就确定了其空间位置。因此可以得出点的投影规律：

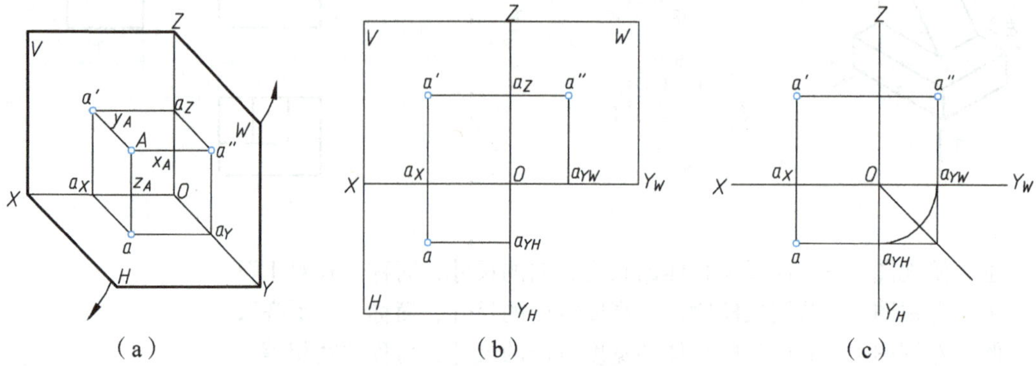

图 2-7　点的三面投影

（1）点在 V 面与 H 面的投影连线垂直于 OX 轴，即 $aa' \perp OX$ 轴。

（2）点在 V 面与 W 面投影连线垂直于 OZ 轴，即 $a'a'' \perp OZ$ 轴。

（3）点在 H 面投影到 OX 轴的距离等于点在 W 面投影到 OZ 轴的距离。

点的三面投影

实际上，上述点的投影规律也体现了三视图的“长对正、高平齐、宽相等”。作图时，为了表示 $aa_X = a''a_Z$ 的关系，常用过原点 O 的 45°辅助线把点在 H 面与 W 面投影关系联系起来，如图 2-7（c）所示。点的三个坐标值（x，y，z）分别反映了点到 W、V、H 面之间的距离。根据点的投影规律，可由点的坐标画出三面投影，也可根据点的两个投影作出第三投影。

【例 2-1】已知点 A 的两面投影和点 B 的坐标为（25，20，30），求点 A 的第三面投影及点 B 的三面投影，见图 2-8（a）。

分析：

（1）求 A 点的侧面投影。

先过原点 O 作 45°辅助线。过 a 作平行于 OX 轴的直线与 45°辅助线相交于一点，过交点作垂直于 OY_W 的直线，该直线与过 a' 平行于 OX 轴的直线相交于一点即为所求侧面投影 a''。

（2）求 B 点的三面投影。

在 OX 轴上取 $Ob_X = 25$ mm，得点 b_X，过 b_X 作 OX 轴的垂线，取 $b'b_X = 30$ mm，得点 b'，取 $bb_X = 20$ mm，得点 b；同求点 A 的侧面投影一样，可求得点 B 的侧面投影 b''。答案见图 2-8（b）。

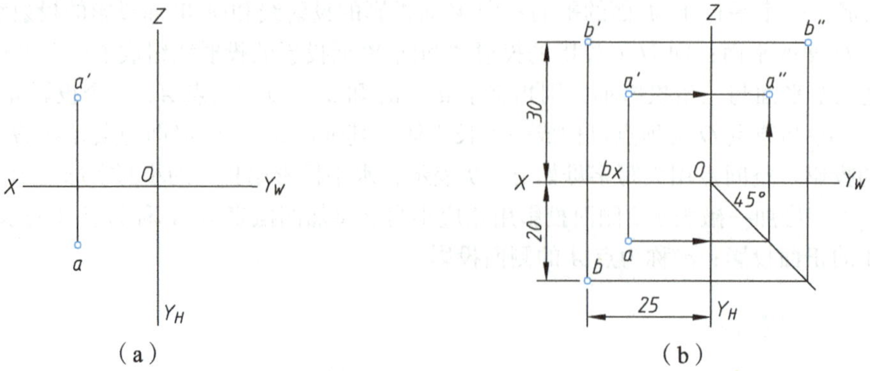

图 2-8　求作点的投影

3. 重影点及两点的相对位置

（1）重影点。

若空间两点的某一投影重合在一起，则这两点称为对该投影面的重影点。如图 2-9 所示，在三棱柱上两点 *A*、*C* 为 *H* 面的重影点。重影点的可见性由两点的相对位置判别，对 *V* 面、*H* 面和 *W* 面的重影点分别为前遮后、上遮下、左遮右，不可见点的投影字母加括号表示。

空间点的相对位置，可以在三面投影中直接反映出来，如图 2-9（b）所示，在三棱柱上的两点 *A*、*B*，在 *V* 面上反映两点上下、左右关系，在 *H* 面上反映两点左右、前后关系，在 *W* 面上反映两点上下、前后关系。

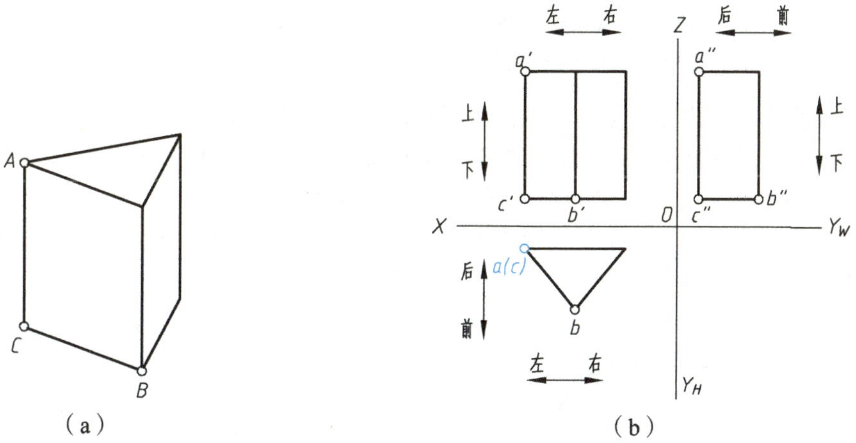

图 2-9 重影点及两点相对位置

（2）两点相对位置关系。

空间两点的左右关系由正面（*V* 面）和水平面（*H* 面）投影判断，*X* 值大则在左边，如图 2-10 所示，*A* 点在 *B* 点的左边。

空间两点的前后关系由侧面（*W* 面）和水平面（*H* 面）投影判断，*Y* 值大则在前边，如图 2-10 所示，*A* 点在 *B* 点的前边。

空间两点的上下关系由正面（*V* 面）和侧面（*W* 面）投影判断，*Z* 值大则在上边，如图 2-10 所示，*A* 点在 *B* 点的下边。

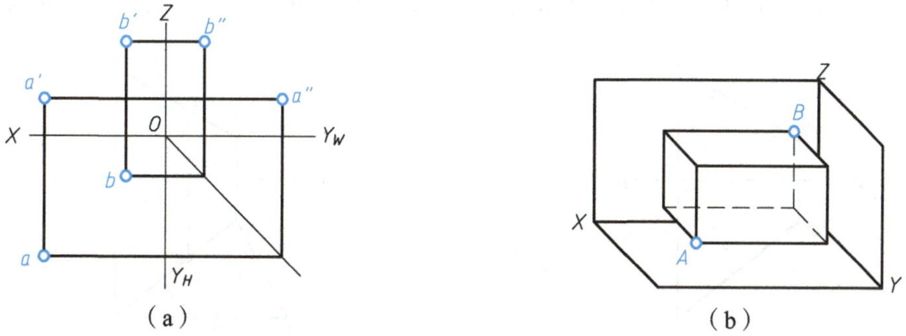

图 2-10 判断两点相对位置关系

二、直线的投影

1. 一般位置直线及直线上点的投影

直线的投影一般仍为直线。由几何学可知，空间两点决定一条直线，因此要作直线的投影，只需作出直线段上两点的投影（两点在同一投影面上的投影称为同面投影），如图 2-11 所示。

一般位置直线对三个投影面都倾斜，其三面投影仍为直线。直线对 H、V、W 面的倾角用 α、β、γ 来表示，则直线的投影与其实长有如下关系：

$$ab = AB\cos\alpha < AB$$

$$a'b' = AB\cos\beta < AB$$

$$a''b'' = AB\cos\gamma < AB$$

点在直线上，由正投影的基本性质可知，应有下列投影特性：

（1）点的投影必在直线的同面投影上（从属性）。如图 2-11 所示，在直线 AB 上有一点 M，点 M 的三面投影 m、m'、m''分别在直线 AB 的同面投影 ab、$a'b'$、$a''b''$上。

（2）点分线段之比等于其投影之比（定比性）。如图 2-11 所示，点 M 分 AB 成 AM 和 BM，有 $AM:BM = am:bm = a'm':b'm' = a''m'':b''m''$。

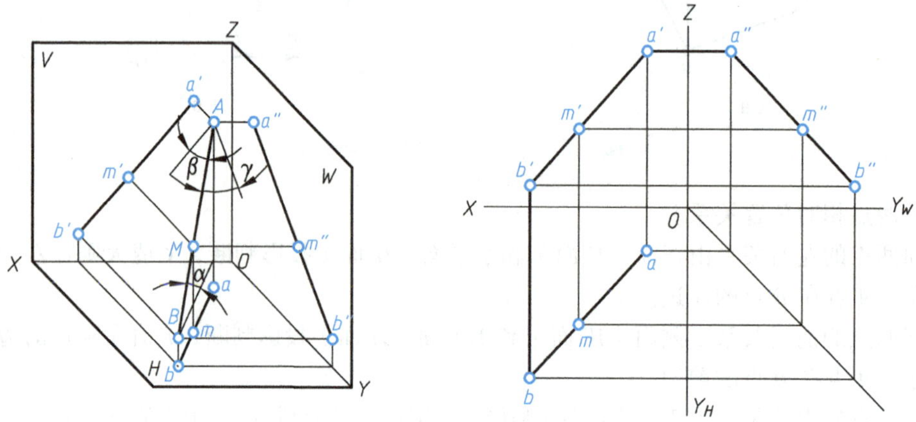

图 2-11　直线及直线上点的投影

【例 2-2】如图 2-12（a）所示，已知点 C 分 AB 为 $AC:BC = 3:2$，求点 C 的投影。

（a）　　（b）

图 2-12　求直线上点的投影

分析：根据直线上点的投影特性，可将 AB 的任一投影分成 3∶2，求得点 C 的一个投影，利用从属性，求出点 C 的另一投影。

作图步骤如下[见图 2-12（b）]：

（1）过 a 作任意直线，并截取 5 个单位长度，连接线 $5b$；

（2）过 3 作 $5b$ 的平行线，交 ab 于 c；

（3）由 c 作投影连线，交 $a'b'$于点 c'。

2. 特殊位置直线及其投影特性

（1）平行于一个投影面而与另外两个投影面倾斜的直线称为投影面平行线。投影面平行线有水平线、正平线和侧平线三种。

投影面平行线的投影特性（正平线、水平线、侧平线）见表 2-3。

表 2-3　投影面平行线的投影

名称	立体图	投影图	投影特性
正平线	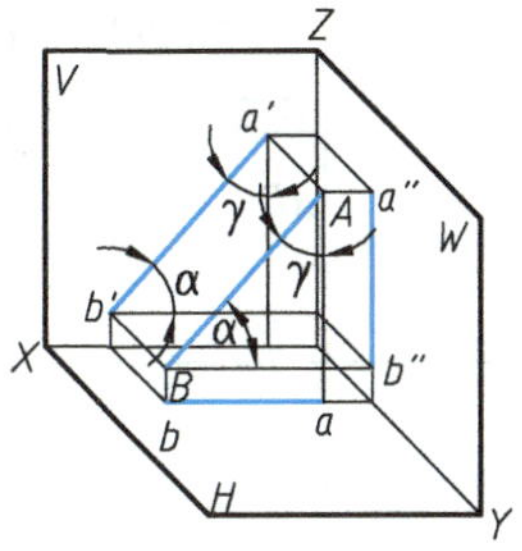	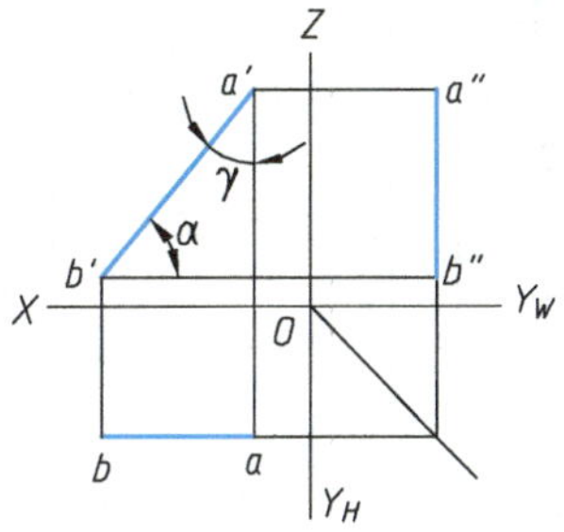	（1）$a'b'$ 反映实长和真实倾角 α、γ； （2）$ab // OX$，$a''b'' // OZ$，长度缩短
水平线	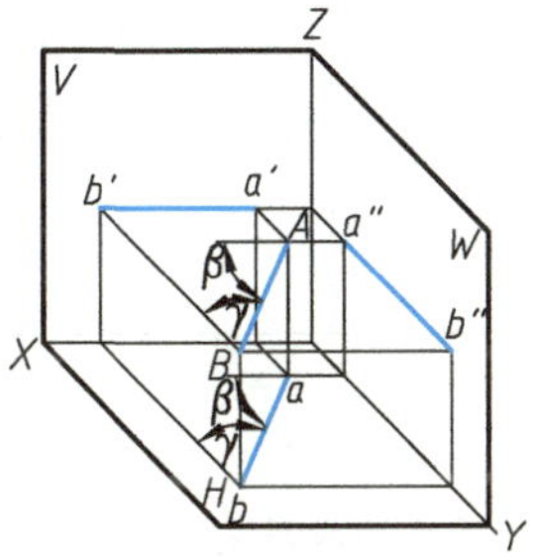	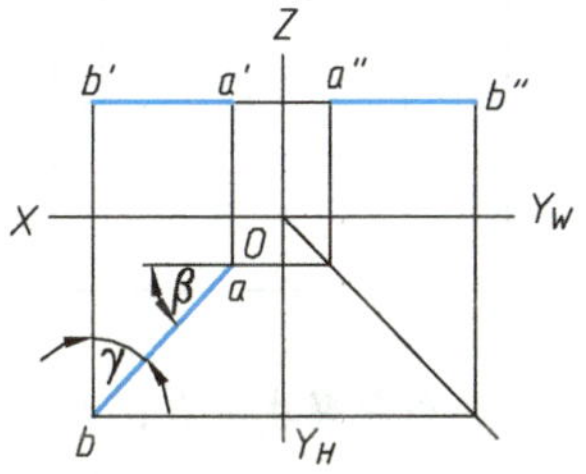	（1）ab 反映实长和真实倾角 β、γ； （2）$a'b' // OX$，$a''b'' // OY_W$，长度缩短
侧平线	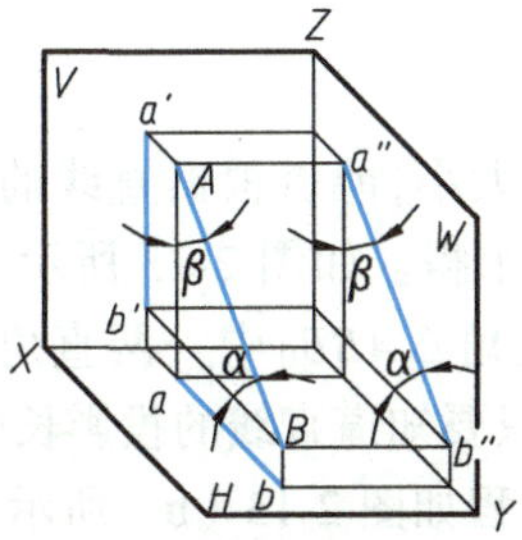	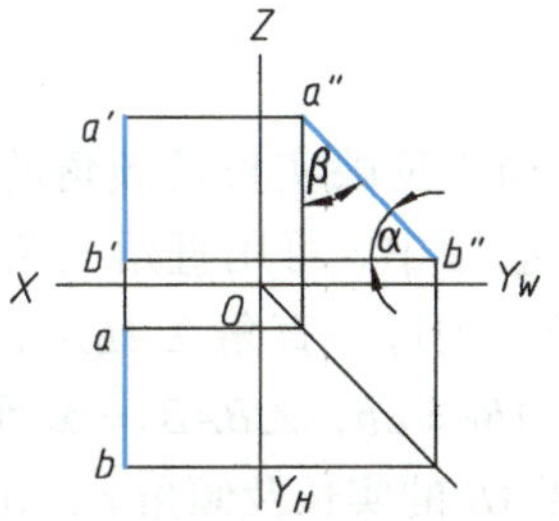	（1）$a''b''$反映实长和真实倾角 α、β； （2）$a'b' // OZ$，$ab // OY_H$，长度缩短
投影面平行线的投影特性： （1）直线在与其平行的投影面上的投影，反映该线段的实长及该直线与其他两个投影面的倾角； （2）直线在其他两个投影面的投影分别平行于相应的投影轴			

（2）垂直于一个投影面（必与另两个投影面平行）的直线称为投影面垂直线。投影面垂直线有铅垂线、正垂线和侧垂线三种。投影面垂直线的投影特性见表 2-4。

表 2-4　投影面垂直线的投影

名称	立体图	投影图	投影特性
正垂线	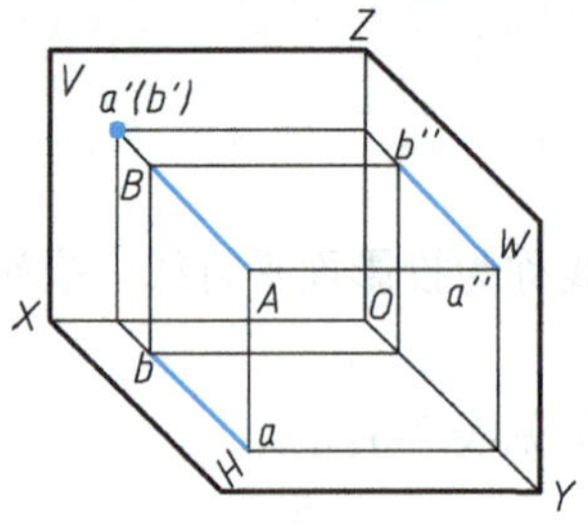	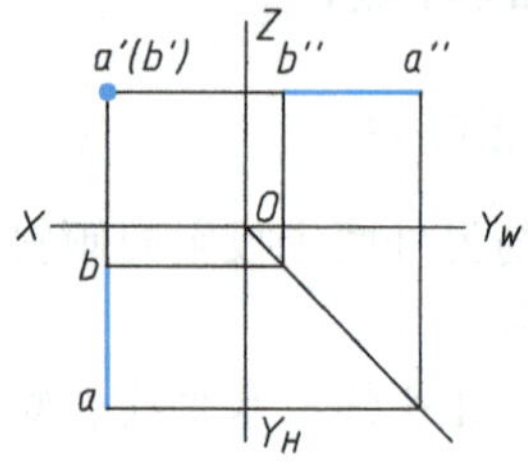	（1）$a'b'$积聚成一点； （2）$ab \perp OX$，$a''b'' \perp OZ$，且反映实长，即 $ab=a''b''=AB$
铅垂线	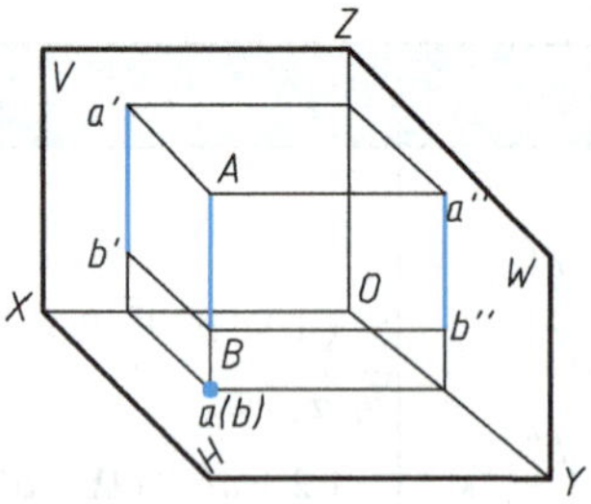	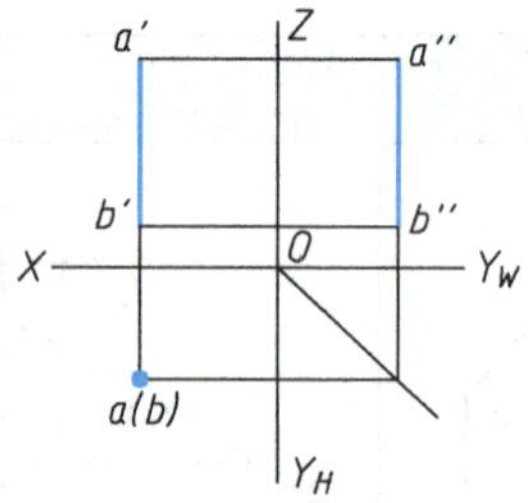	（1）ab 积聚成一点； （2）$a'b' \perp OX$，$a''b'' \perp OY_W$，且反映实长，即 $a'b'=a''b''=AB$
侧垂线	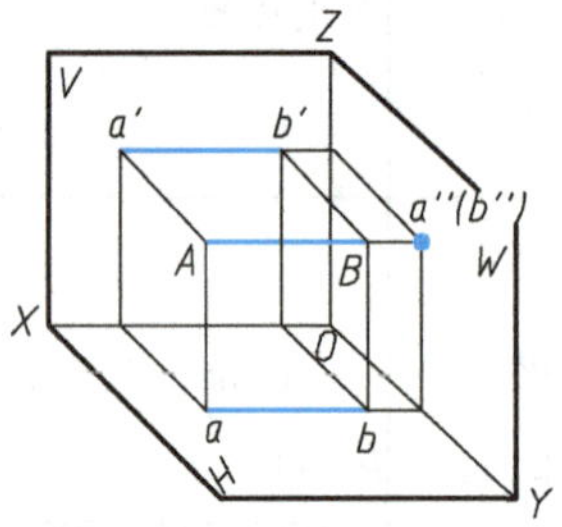	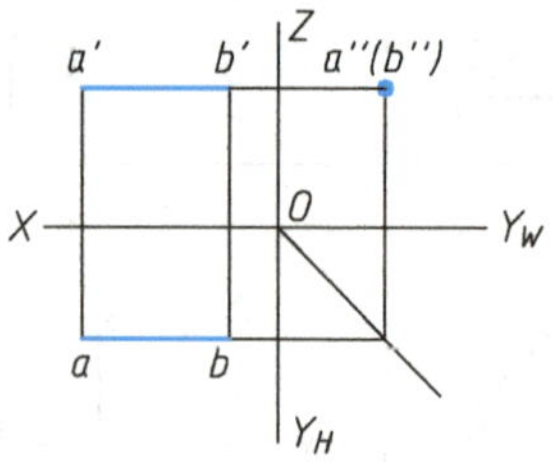	（1）$a''b''$积聚成一点； （2）$a'b' \perp OZ$，$ab \perp OY_H$，且反映实长，即 $ab=a'b'=AB$
投影面垂直线的投影特性： （1）直线在与其垂直的投影面上的投影积聚成一点； （2）直线在其他两个投影面的投影分别垂直于相应的投影轴，且反映该线段的实长			

3. 一般位置直线求实长和倾角

一般位置直线的三面投影均不反映实长及倾角的真实大小，能否根据直线的投影求其实长及倾角的真实大小呢？实际应用中，可用直角三角形法求得。如图 2-13 所示，AB 为一般位置的直线，过 A 作 $AB_0 /\!/ ab$，则得一直角$\triangle ABB_0$，在直角$\triangle ABB_0$中，两直角边的长度为 $BB_0=Bb-Aa=ZB-ZA=\Delta Z$，$AB_0=ab$，$\angle BAB_0=\alpha$。可见只要知道直线的投影长度 ab 和对该投影面的坐标差ΔZ，就可求出 AB 的实长及倾角 α，作图过程如图 2-13（b）所示。

同理，利用直线的 V 面投影和对该投影面的坐标差，可求得直线对 V 面的倾角 β 和实长，如图 2-13（c）所示。

同样可以求出直线对 W 面的倾角 γ，请读者自己分析。

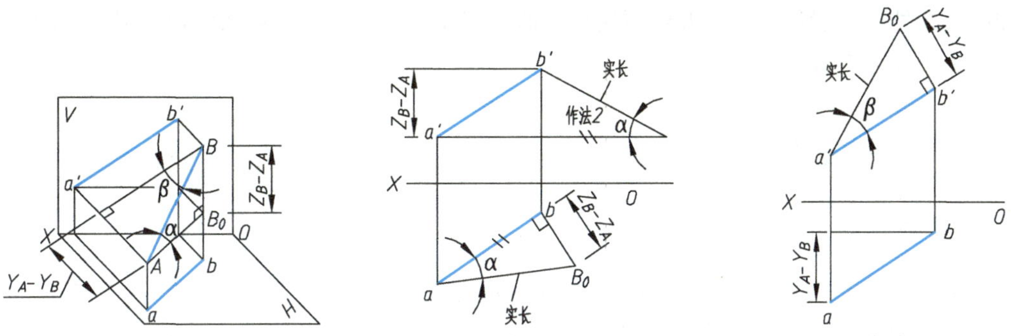

（a）（b）（c）

图 2-13　直角三角形法求实长及倾角

4. 两直线的相对位置

空间两直线的相对位置有相交、平行和交叉三种情况。交叉两直线不在同一平面上，所以称为异面直线。相交两直线和平行两直线在同一平面上，所以又称它们为共面直线。

两直线的相对位置投影特性见表 2-5。根据投影图可判断两直线的相对位置。

表 2-5　两直线的相对位置投影特性

名称	立体图	投影图	投影特性
平行两直线	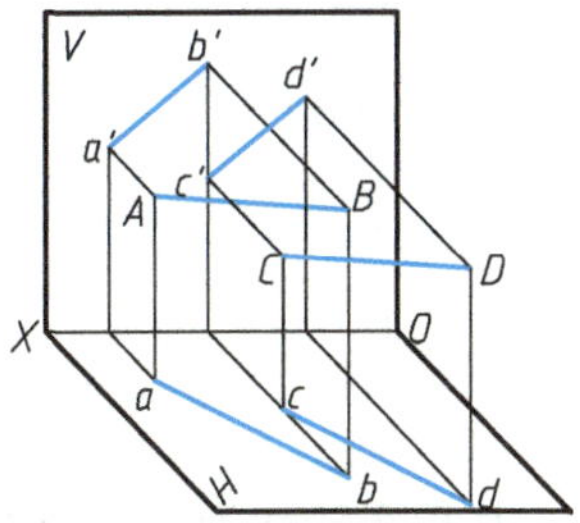	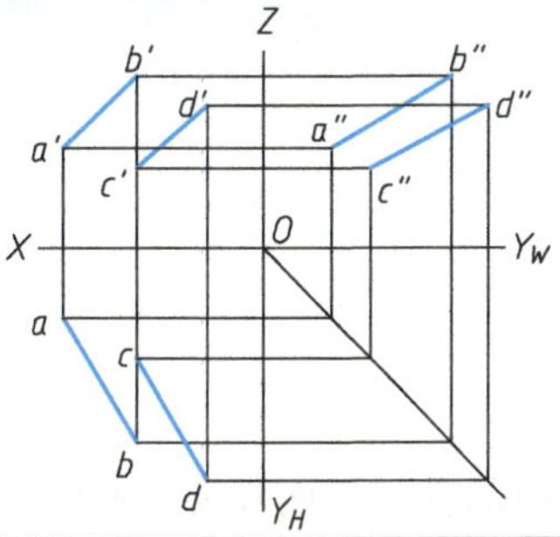	平行两直线的同面投影分别相互平行，且具有定比性
相交两直线	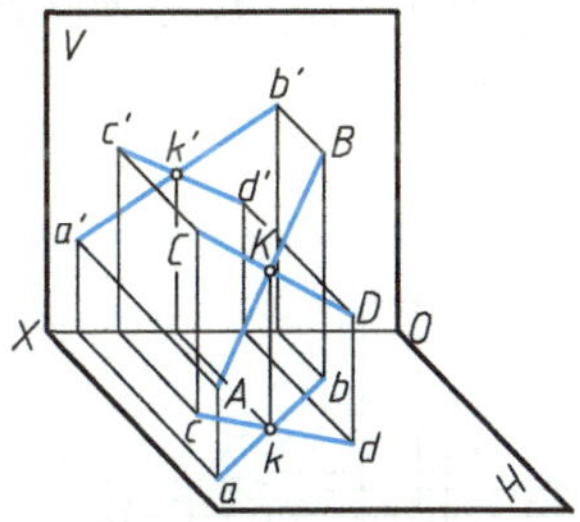	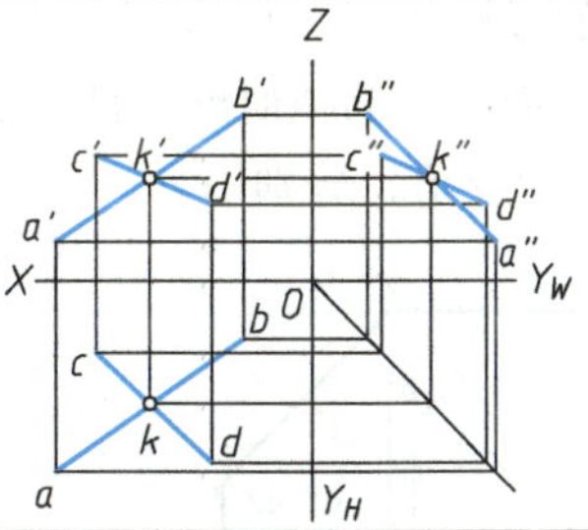	相交两直线的同面投影分别相交，且交点符合点的投影规律
交叉两直线	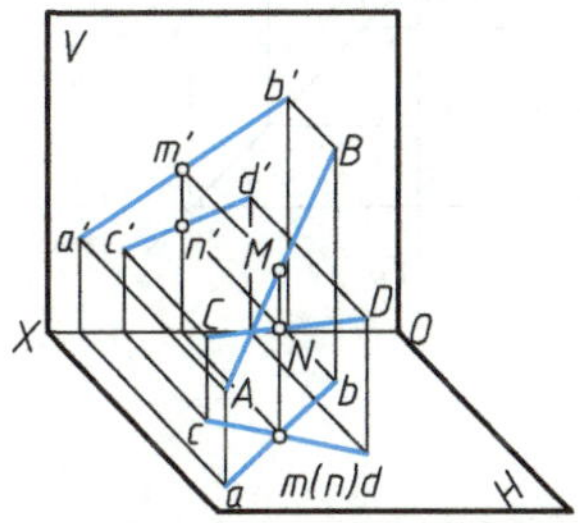	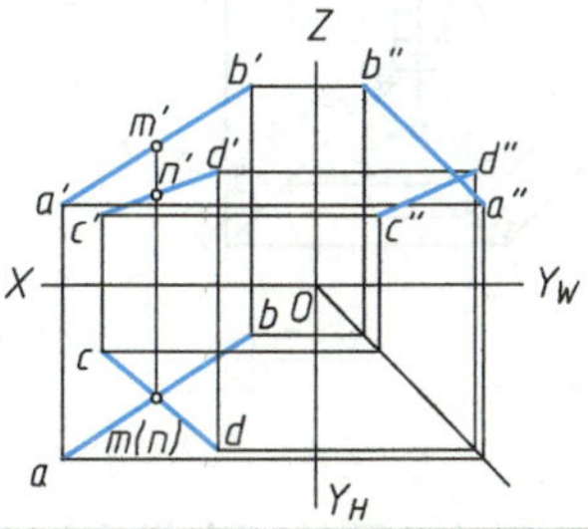	既不符合平行两直线的投影特性，又不符合相交两直线的投影特性

如两直线处于一般位置，一般由两面投影即可判断，若直线处于特殊位置，则需要利用三面投影或定比性等方法判断。

三、平面的投影

1. 平面的表示方法

平面可以用以下几何要素表示，如图 2-14 所示。

（1）不在同一直线上的三点[见图 2-14（a）]；

（2）一直线和直线外一点[见图 2-14（b）]；

（3）相交两直线[见图 2-14（c）]；

（4）平行两直线[见图 2-14（d）]；

（5）任意平面图形[见图 2-14（e）]。

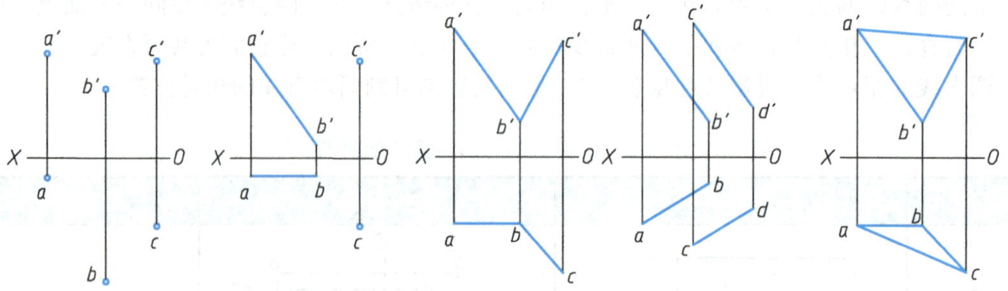

图 2-14　平面的表示法

2. 各种位置平面的投影特性

（1）一般位置平面。

对三个投影面都倾斜的空间平面称为一般位置平面。其投影特性为：三个投影都为缩小的类似形。一般位置平面的投影如图 2-15 所示，由于△*ABC* 对 *V*、*H*、*W* 面都倾斜，因此其三面投影都是三角形，为原平面图形的类似形，且面积比原图形小。

平面对 *H*、*V*、*W* 面的倾角，分别用 α、β、γ 来表示。

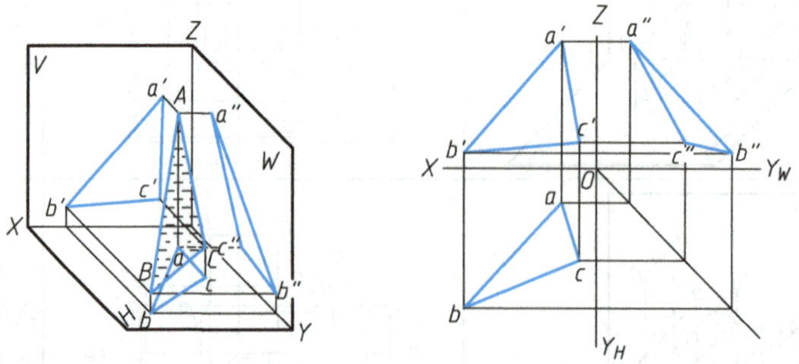

图 2-15　一般位置平面的投影

（2）投影面垂直面。

垂直于一个投影面而倾斜于另外两个投影面的平面称为投影面垂直面。投影面垂直面分为铅垂面、正垂面和侧垂面三种。表 2-6 列出了它们的直观图、投影图和投影特性。

表 2-6　投影面垂直面的投影

名称	立体图	投影图	投影特性
铅垂面	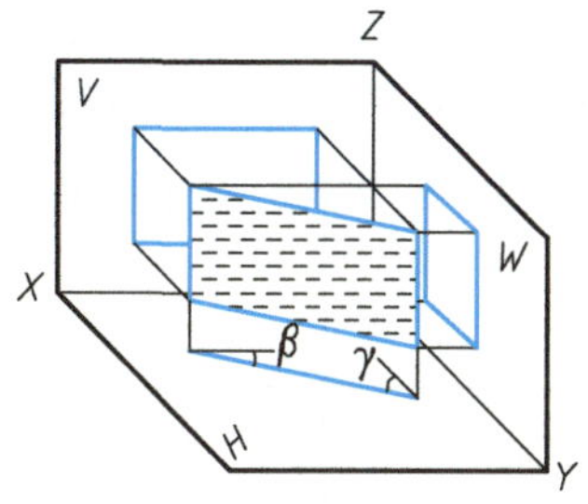	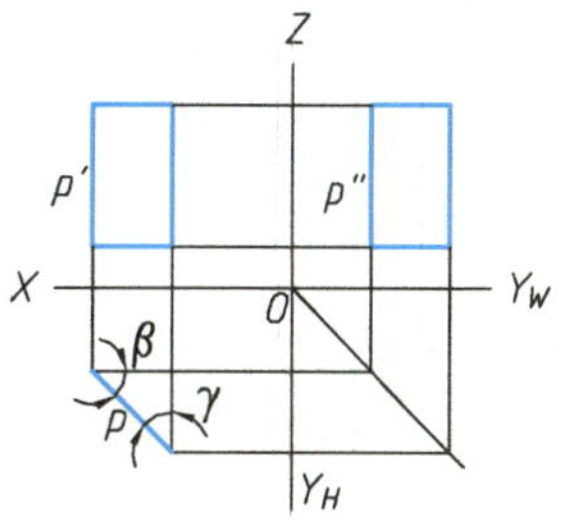	（1）水平投影积聚成一直线，并反映真实倾角 β、γ； （2）正面投影和侧面投影仍为平面图形，但面积缩小
正垂面	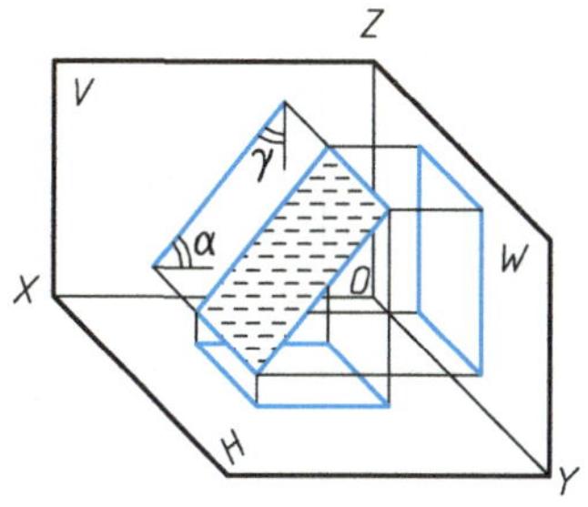	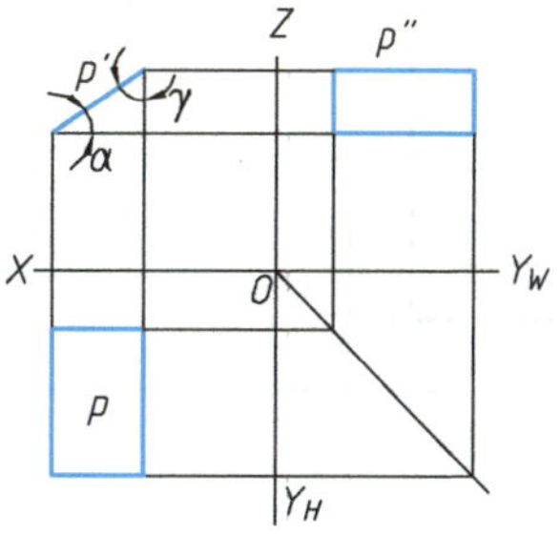	（1）正面投影积聚成一直线，并反映真实倾角 α、γ； （2）水平投影和侧面投影仍为平面图形，但面积缩小
侧垂面	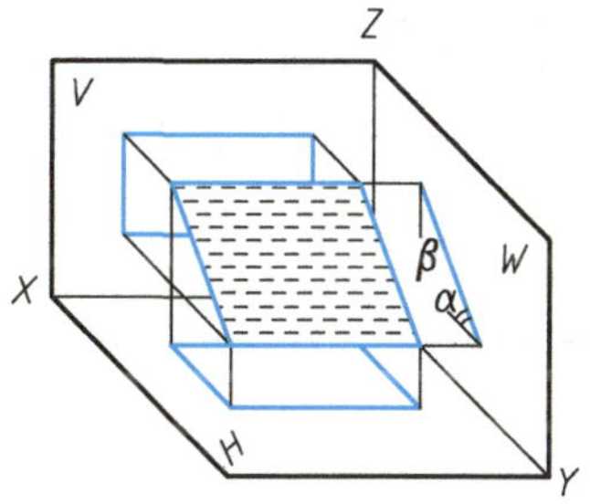	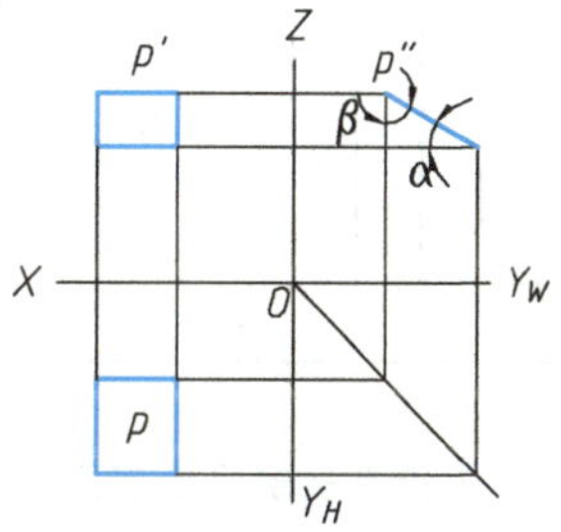	（1）侧面投影积聚成一直线，并反映真实倾角 α、β； （2）正面投影和水平投影仍为平面图形，但面积缩小
投影面垂直面的投影特性： （1）平面在与其垂直的投影面上的投影积聚成一直线，并反映该平面对其他两个投影面的倾角； （2）平面在其他两个投影面的投影都是面积小于原平面图形的类似形			

（3）投影面平行面。

平行于一个投影面而垂直于另外两个投影面的平面称为投影面平行面。投影面平行面分为水平面、正平面和侧平面三种。表 2-7 列出了它们的直观图、投影图和投影特性。

表 2-7 投影面平行面的投影

名称	立体图	投影图	投影特性
正平面	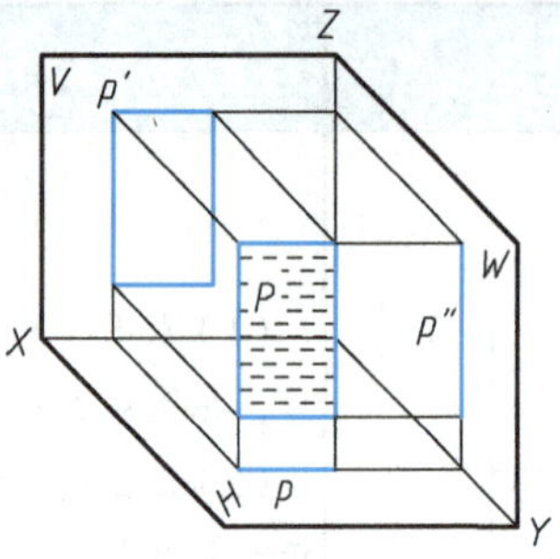	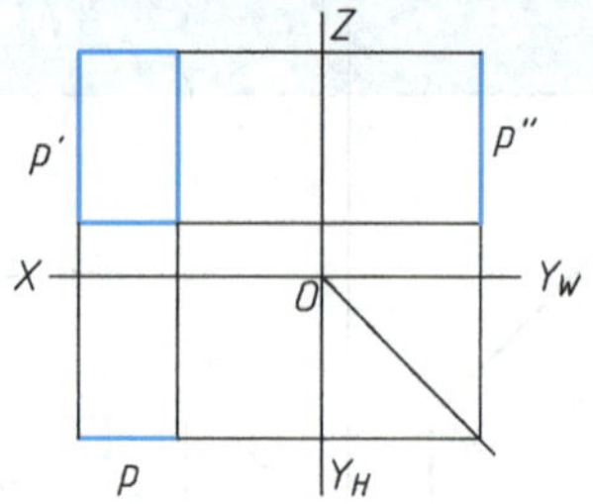	（1）正面投影反映实形； （2）水平投影平行于 OX、侧面投影平行于 OZ，并分别积聚成一直线
水平面	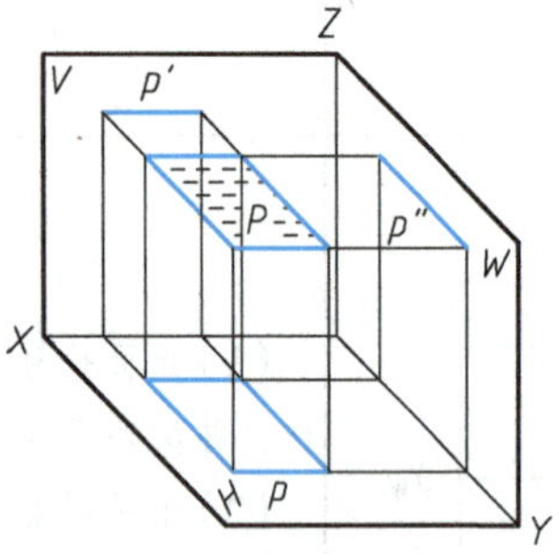	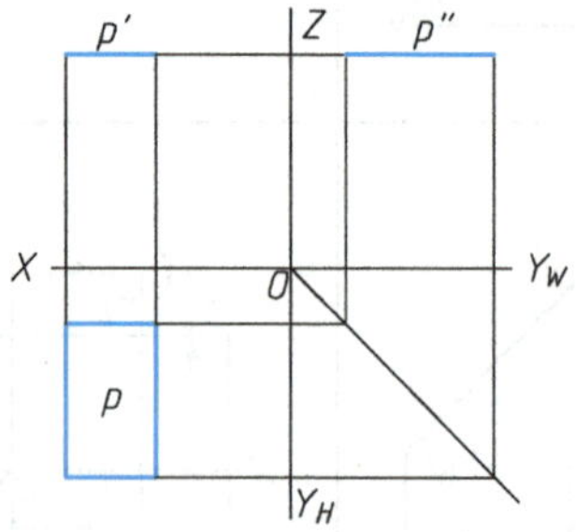	（1）水平投影反映实形； （2）正面投影平行于 OX、侧面投影平行于 OY_W，并分别积聚成一直线
侧平面	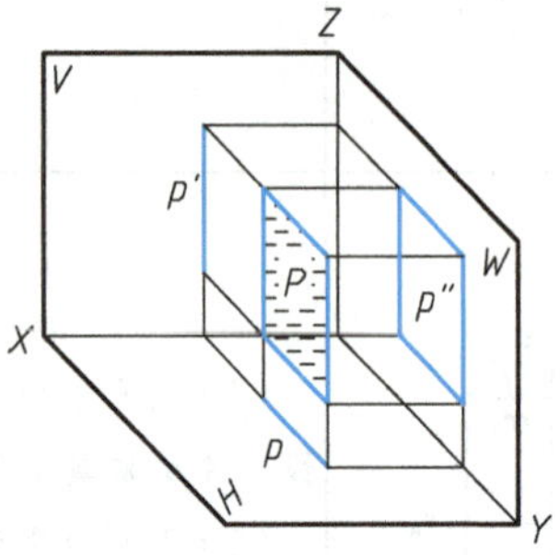	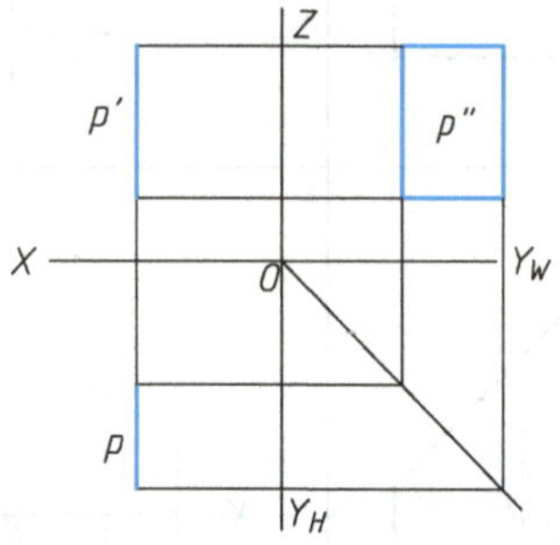	（1）侧面投影反映实形； （2）正面投影平行于 OZ、水平投影平行于 OY_H，并分别积聚成一直线
投影面平行面的投影特性： （1）平面在与其平行的投影面上的投影反映平面实形； （2）平面在其他两个投影面的投影都积聚成平行于相应投影轴的直线			

3. 平面内的点和直线

点属于平面的几何条件是：点必须在平面内的一条直线上。因此要在平面内取点，必须过点在平面内取一条已知直线。如图 2-16 所示，在△ABC 所确定的平面内取一点 N，点 N 取在已知直线 AB 上，即在 $a'b'$上取 n'，在 ab 上求取 n，因此点 N 必在该平面内。

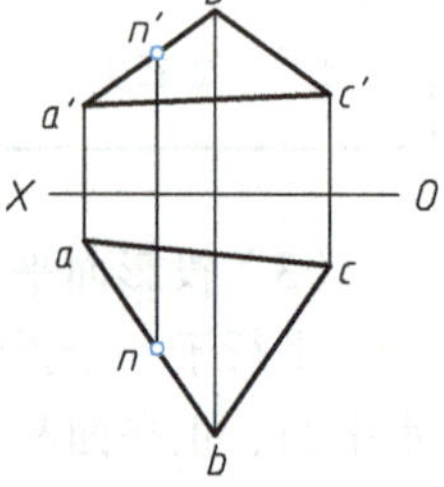

图 2-16 平面内取点

直线属于平面的几何条件是：该直线必通过此平面内的两个点或通过该平面内一点且平行于该平面内的另一已知直线。

依此条件，可在平面内取直线，如图 2-17（a）所示，在 DE 和 EF 相交直线所确定的平面内取两点 M 和 N，直线 MN 必在该平面内。图 2-17（b）为过点 M 作直线 $MN /\!/ EF$，则直线 MN 必在该平面内。

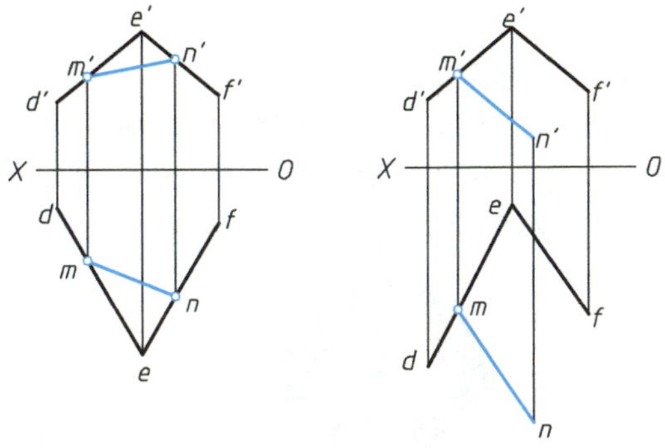

（a）　　　　　　　（b）

图 2-17　平面内取直线

在平面内取点和直线是密切相关的，取点要先取直线，而取直线又离不开取点。

【例 2-3】如图 2-18（a）所示，判断点 K 是否属于△ABC 所确定的平面。

分析：根据点在平面内的条件，假如点在平面内，则必属于平面内的一条直线上。判断方法是：过点 K 的一个投影在△ABC 作一直线 AK 交 BC 于 D，再判断点 K 是否在直线 AD 上。

作图过程如下[见图 2-18（b）]：连 a'、k'交 $b'c'$于 d'，过 d'作投影连线得 d，即求得 AD 的水平投影 ad。而点 K 的水平投影 k 不在 ad 上，故 K 点不属于平面△ABC。

【例 2-4】如图 2-19 所示，在平面 $ABCD$ 内求点 K，使其距 V 面为 15 mm、距 H 面为 12 mm。

分析：（1）在平面 $ABCD$ 内求点 K 距 V 面 15 mm，则点一定在距 V 面 15 mm 的正平线上。同理，又因点距 H 面 12 mm，则点一定在距 H 面 12 mm 的水平线上。平面上的正平线与水平线的交点即为所求点 K。

（2）作图步骤如下（见图 2-19）：先作正平线 MN 的水平投影 $mn /\!/ OX$，且距 OX 轴 15 mm，并作出 MN 的正面投影 $m'n'$。同理，作水平线 PQ 的正面投影 $p'q' /\!/ OX$，且距 OX 轴 12 mm。$m'n'$与 $p'q'$的交点即为 K 点的正面投影 k'，作投影连线交 mn 于 k，即点 K（k，k'）为所求。

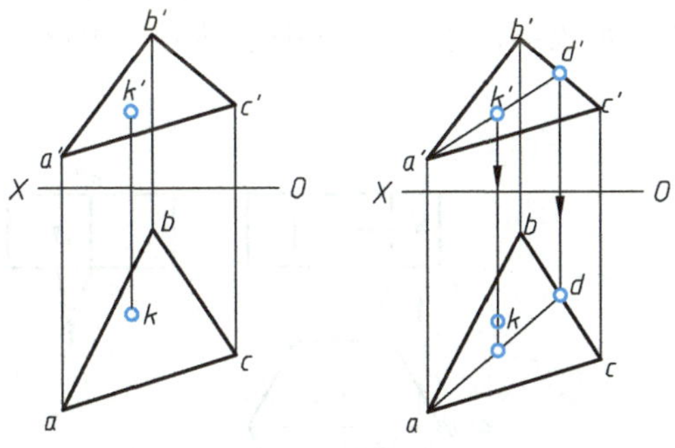

（a）　　　　　　　（b）

图 2-18　判断点是否在平面内

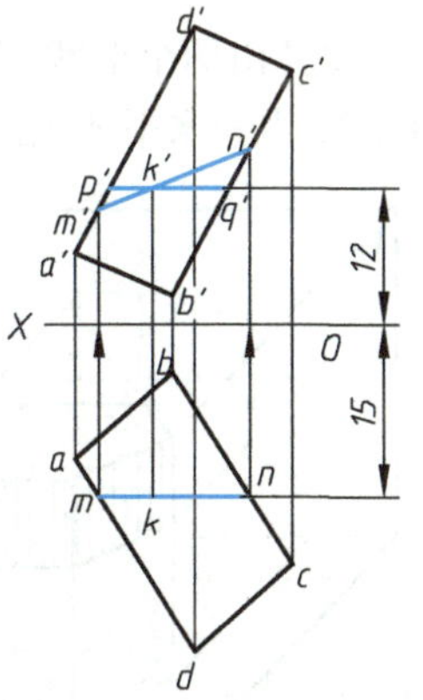

图 2-19　投影面平行线的应用

第四节 基本体的投影

按照一定规则形成的简单立体称为基本体。

机器零件无论其形状如何复杂，都可看成是由棱柱、棱锥、圆柱、圆锥、圆球、圆环等基本体按一定方式组合而成的。如图 2-20 是由基本体组合而成的机件。根据基本体在机件中所起的作用不同，常加工成带切口、穿孔的结构，从而形成带切口的基本体。

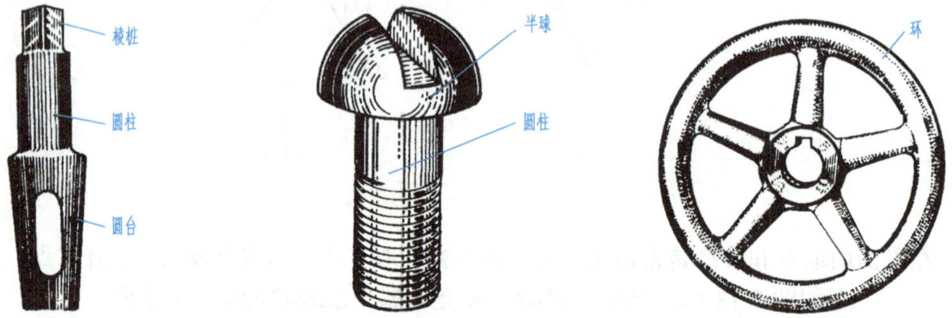

（a）（b）（c）

图 2-20 机件表面的几何形状

按表面性质的不同，基本体通常分为平面立体和曲面立体两类。本章研究上述两类立体的投影及立体表面取点、取线的作图方法。

一、平面立体的投影

平面立体是由平面围成的，平面立体上相邻两表面的交线称为棱线。常见的平面立体有棱柱和棱锥。

1. 棱 柱

六棱柱投影

（1）棱柱由两个形状、大小相同且平行的顶面、底面和若干个矩形棱面围成。

图 2-21 为一水平放置的正六棱柱和它的三面投影，它的顶面和底面为正六边形，且为水平

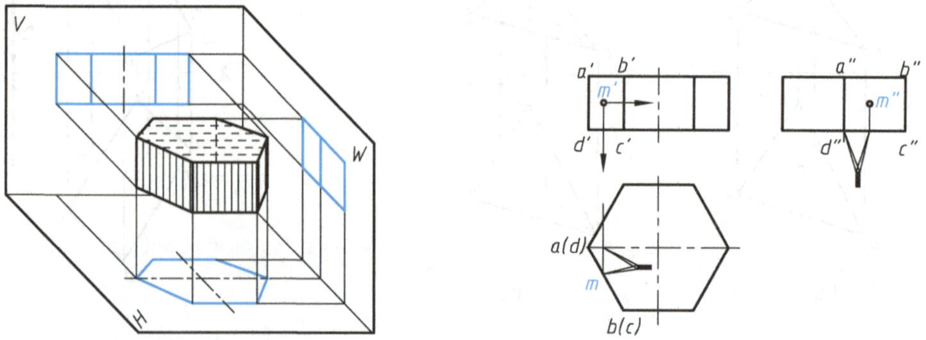

（a）（b）

图 2-21 六棱柱的投影及面上取点

面，水平投影反映实形，六个棱面为铅垂面，在水平投影面上的投影有积聚性。正面投影为三个相邻的矩形，中间矩形线框为前后棱面的投影，反映实形，左右两线框是其余四个棱面的投影，为类似形。侧面投影的两个相邻矩形，读者可自行分析。

作棱柱的三面投影时，一般先画有积聚性的投影，然后按投影关系，完成其他两面投影。

（2）棱柱表面上取点和取线。

在图 2-21 中，由于棱柱表面都处在特殊位置，所以棱柱表面上点的投影均可利用平面投影的积聚性来作图。在判断可见性时，若该平面处于可见位置，则该面上点的同面投影也可见，反之则不可见。有积聚投影的平面上的点的投影，不必判断其可见性。

如图 2-21（b）所示，已知正六棱柱棱面 *ABCD* 上点 *M* 的正面投影 m'，求该点的水平投影 *m* 和侧面投影 m''。

由于点 *M* 所属棱面 *ABCD* 为铅垂面，其水平投影有积聚性，因此点 *M* 的水平投影 *m* 必在该棱面积聚性投影 *abcd* 上，根据 m'、*m* 求出 m''，由于 *ABCD* 的侧面投影为可见，故 m''也为可见。

【例 2-5】设五棱柱的表面上有点 *A*、*B* 和线段 *CD*、*DE*，且 a'、b'、$c''d''$、$d''e''$为已知，如图 2-22（a）所示，试完成它们的其余两投影。

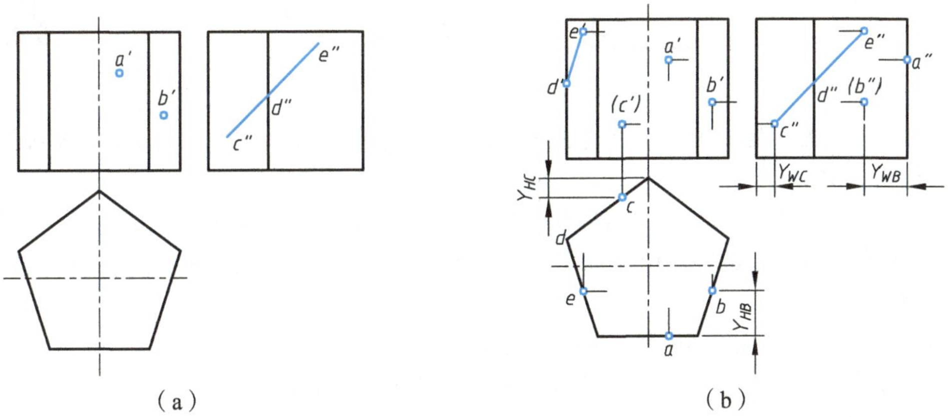

图 2-22　五棱柱面上取点、取线

分析：点 *A* 在五棱柱的前棱面上，由于该面的水平投影和侧面投影均有积聚性，可直接求得 *a*、a''；点 *B* 在右棱面上，而右棱面的水平投影有积聚性，故作图时利用积聚性先求 *b*，再根据 $Y_{HB}=Y_{WB}$和 b'求得 b''。由于右棱面在侧面投影上为不可见面，故 b''为不可见（加括号表示）。求作线段 *CD*、*DE* 的其余投影，需求出线段两端点的各投影，然后把同面投影相连。图中处在棱线上的点 *D* 可根据 d''直接求得 d'和 *d*；点 *C* 的两投影可由 $Y_{WC}=Y_{HC}$确定 *c* 后再求 c'，用同样的方法可求得 *e* 和 e'。连线时，由于 *CD* 所在棱面的正面投影不可见，故 $c'd'$为不可见，用虚线表示。

2. 棱　锥

（1）棱锥的投影。

棱锥是由一个多边形底面和若干个共顶点的三角形棱面所围成的。从棱锥顶点到底面的距离叫作棱锥的高。当棱锥底面为正多边形，各棱面是全等的等腰三角形时，称之为正棱锥。

图 2-23 所示为四棱锥及其投影，它的底面为水平面，其水平投影反映实形，前后棱面为侧垂面，其侧面投影有积聚性，其水平投影和正面投影为前后棱面的类似形；左右棱面为正垂面，其正面投影有积聚性，其余两投影为左右棱面的类似形。作图时，宜先画出棱锥底面的各投影，

然后画出锥顶的各投影，最后将它与底面各顶点的同面投影连接起来即可。

（2）棱锥表面上取点和取线。

设在四棱锥前棱面上有一点 C 的正面投影 c'（见图 2-24），求其水平投影 c 和侧面投影 c''。利用前棱面的侧面投影有积聚性，可先求出 c''，然后由 $Y_{WC} = Y_{HC}$ 和 c' 求得 c。若只给出四棱锥的正面投影和水平投影，且有一点 D 在前棱面上，d' 为已知，求 d 时，须在该棱面上过 D 作一辅助线（如 KM），即先过 d' 作 $k'm'$，然后求 km，则 d 必在 km 上，如图 2-24 所示。

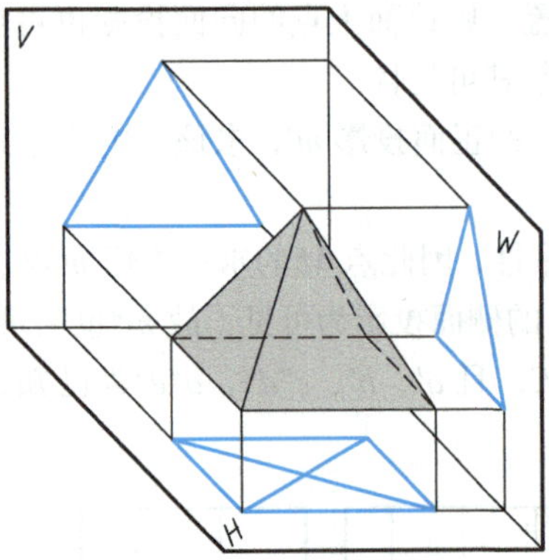

图 2-23　四棱锥投影

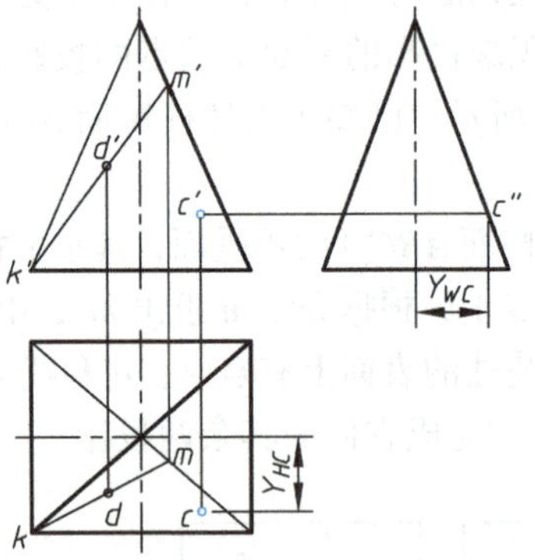

图 2-24　四棱锥的投影及面上取点

棱锥表面取点

【例 2-6】已知三棱锥表面上直线 HM、MN 的正面投影 $h'm'$、$m'n'$，试求其水平投影和侧面投影（见图 2-25）。

分析：由题设 $h'm' /\!/ a'b'$，且 AB 为水平线，故直线 HM 为棱面 SAB 上的水平线，即 $HM /\!/ AB$。MN 为棱面 SBC 上的一般位置直线，点 M 在棱线 SB 上，必须作辅助线求点 N 的其余投影。

作图步骤如下：

（1）由于点 M 在棱线 SB 上，根据 m' 先求出 m'' 后再求得 m；

（2）在水平投影上作 $hm /\!/ ab$，在侧面投影上作 $h''m'' /\!/ a''b''$；

（3）在棱面 SBC 上作辅助线 SD 确定点 N 的水平投影 n 和侧面投影 n''；

（4）分别连接点 M、N 的水平投影 mn 和侧面投影 $m''n''$；

（5）判别可见性，因棱面 SBC 的侧面投影不可见，故 $m''n''$ 亦不可见，应连虚线，如图 2-25（b）所示。

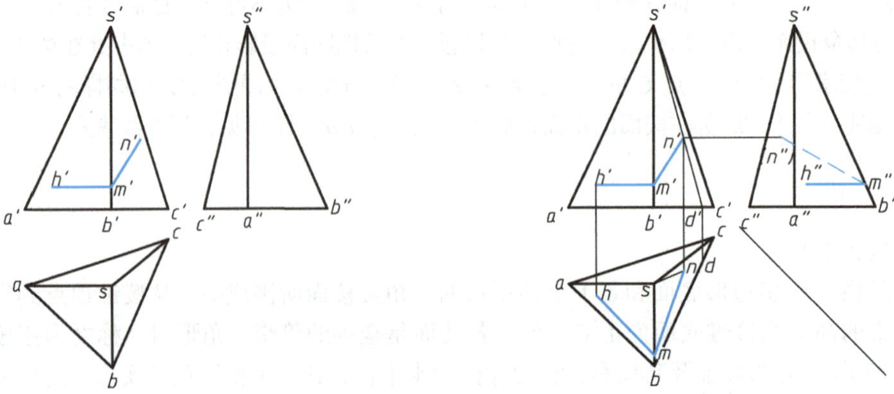

（a）　　　　　　　　（b）

图 2-25　三棱锥表面上取线

二、曲面立体的投影

曲面立体是由曲面或曲面和平面围成的，常见的曲面立体有圆柱、圆锥、圆球和圆环等。这些曲面都是由母线（直线或圆）绕某一轴线旋转而成的，所以又称为回转体。常见的四种回转面的形成方式见表 2-8。

表 2-8　四种回转面的形成方式

圆柱面	圆锥面	圆球面	圆环面
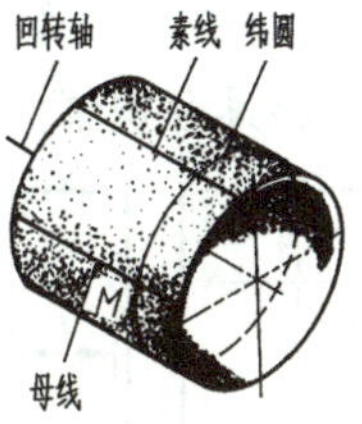	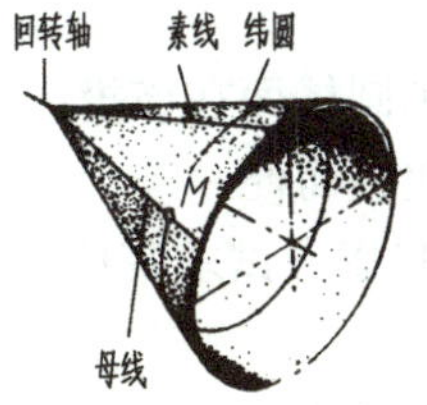	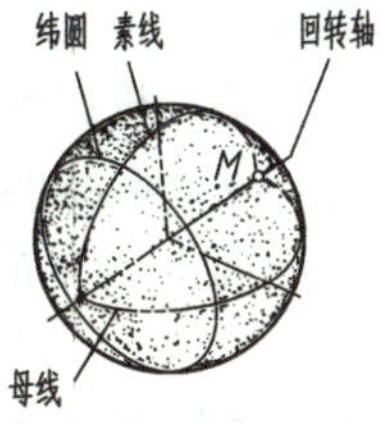	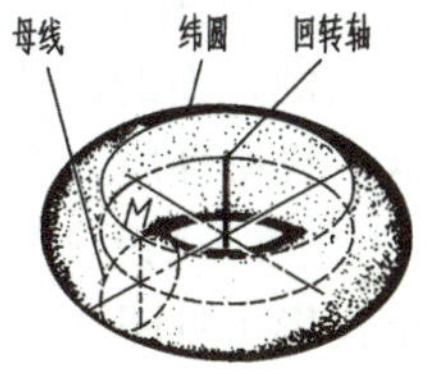

1. 圆　柱

圆柱是由圆柱面及顶圆平面和底圆平面围成的。圆柱面可看成是由一平行于轴线的直线母线绕轴线旋转而成的，如图 2-26（a）所示，它的三面投影见图 2-26（b）。圆柱曲面上所有的素线都平行于轴线。

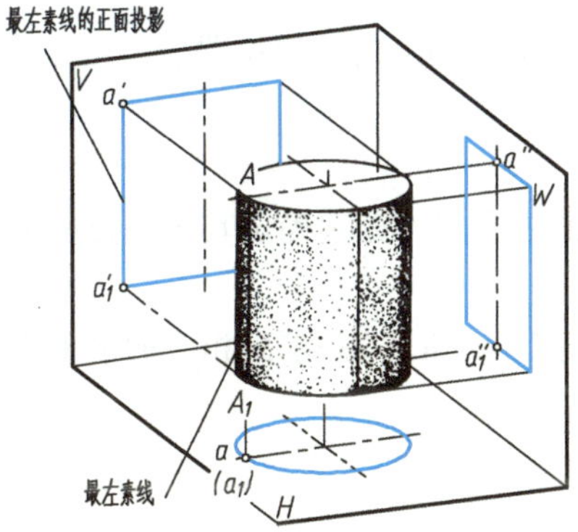

（a）

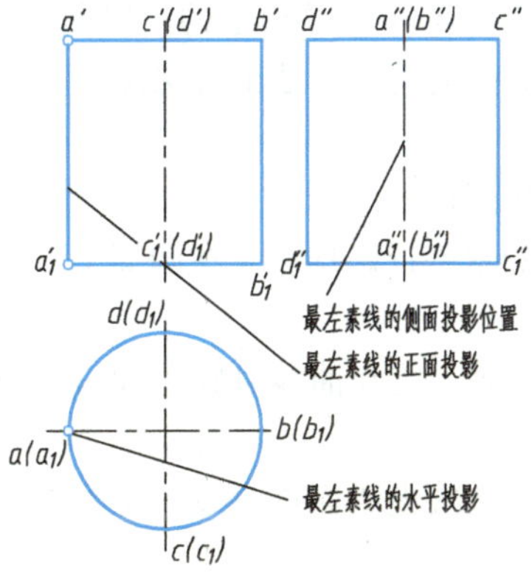

（b）

圆柱的投影

图 2-26　圆柱的投影

（1）投影分析及画法。

图 2-26（a）所示的圆柱轴线垂直于水平面，顶面和底面均为水平面，故其水平投影反映实形且重合；正面投影和侧面投影均积聚为平行于相应投影轴的直线段，且直线段长度等于顶圆、底圆的直径。因其轴线为铅垂线，圆柱面为铅垂曲面，其水平投影积聚为一圆，且与顶圆、底圆平面轮廓线的投影圆周相重合。圆柱面上所有素线为铅垂线，其水平投影积聚为点，且落在圆柱面的积聚投影圆周上；圆柱面的正面投影应画出该圆柱面正视转向轮廓线的正面投影。圆柱面上的最左、最右两条素线 AA_1 和 BB_1 是正视方向可见部分（前半个圆柱面）和不可见部分（后半个圆柱面）的分界线，称为正视转向轮廓线。这两条素线表示圆柱正面投影范围，其

正面投影 $a'a_1'$和 $b'b_1'$必须画出。这两条素线的水平投影积聚在圆周的最左点 a（a_1）和最右点 b（b_1）。其侧面投影 a''（b''）和 a_1''（b_1''）与圆柱轴线的侧面投影重合，省略不画。圆柱面的侧面投影应画出该圆柱侧视转向轮廓线的侧面投影，圆柱面上最前、最后两条素线 CC_1 和 DD_1 是侧视方向可见部分（左半个圆柱面）和不可见部分（右半个圆柱面）的分界线，称为侧视转向轮廓线。这两条素线表示圆柱侧面投影的范围，所以其侧面投影 $c''c_1''$和 $d''d_1''$必须画出。其水平投影积聚在圆周的最前点 c（c_1）和最后点 d（d_1）。其正面投影 $c'c_1'$和 $d'd_1'$与圆柱轴线的正面投影重合，省略不画。关于可见性问题，对正面投影来说，前半个圆柱面是可见的；在侧面投影中，左半个圆柱面是可见的。

（2）圆柱表面上取点和取线。

当圆柱面的回转轴线垂直于某一投影面时，则圆柱面在该投影面上的投影具有积聚性，利用这一投影性质，在圆柱面上取点、取线的作图比较简便。

【例 2-7】设已知从属于圆柱面上点 K 的正面投影，试求其他两个投影（见图 2-27）。

分析：由于（k'）不可见，故点 K 在圆柱面后半部，又因圆柱面的水平投影有积聚性，故点 K 的水平投影 k 必落在后半圆周的水平投影上。根据（k'）及 k 即可求出 k''，由于点 k 又在圆柱左半部，故其侧面投影 k''为可见。

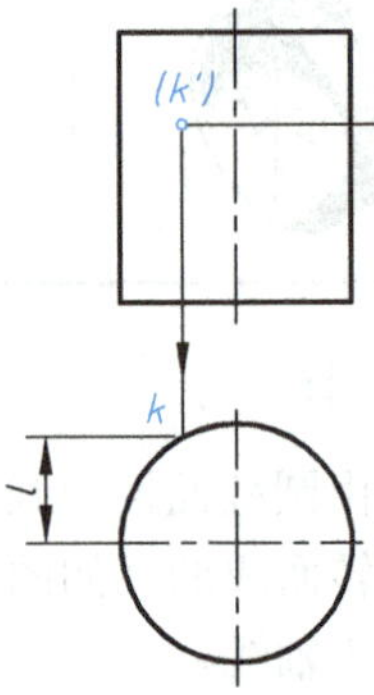

圆柱面上取点

图 2-27　圆柱面上取点

【例 2-8】补画圆柱的侧面投影，并求作圆柱面上线段 ABC 的其余两投影，如图 2-28（a）所示。

分析：线段 ABC 是前半个圆柱面上的一段曲线，点 A 和点 B 分别在圆柱的最左、最前素线上，处于特殊位置，点 C 处在圆柱面上的一般位置。

作图步骤如下：

（1）补画圆柱的侧面投影；

（2）点 A、B、C 的水平投影均积聚在圆周上，根据点的投影规律分别确定其水平投影和侧面投影；

（3）为使作图更准确，需在曲线 ABC 上取若干点（如点Ⅰ、Ⅱ），并求出相应的水平投影和侧面投影；

（4）区分可见性，依次光滑连点成线，见图 2-28（b）。

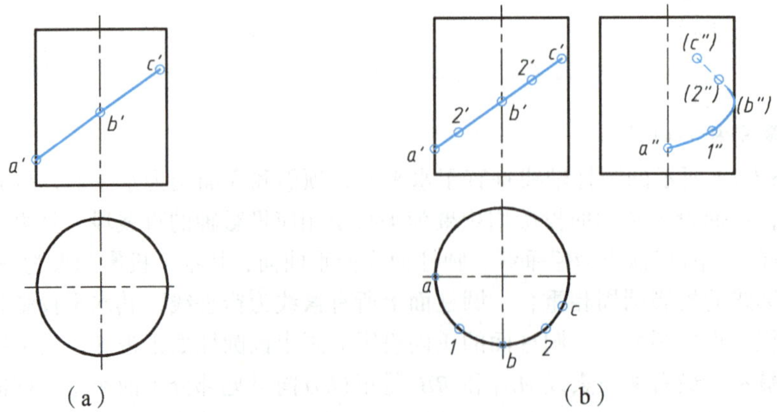

图 2-28　求作圆柱面上线段 ABC 的其余两投影

2. 圆　锥

1）圆锥的投影

圆锥是由圆锥面和底平面围成的。圆锥面可看成是由一与轴线相交的直母线绕轴线回转而成的，如图 2-29（a）所示。图 2-29（b）为轴线垂直于 H 面的圆锥的投影。由图 2-29（b）可见，圆锥面的三面投影都没有积聚性，正面投影和侧面投影中的左右外形线分别是圆锥面上最左、最右素线和最后、最前素线的投影，水平投影中圆的范围既是圆锥底面的投影，也是圆锥面的投影。

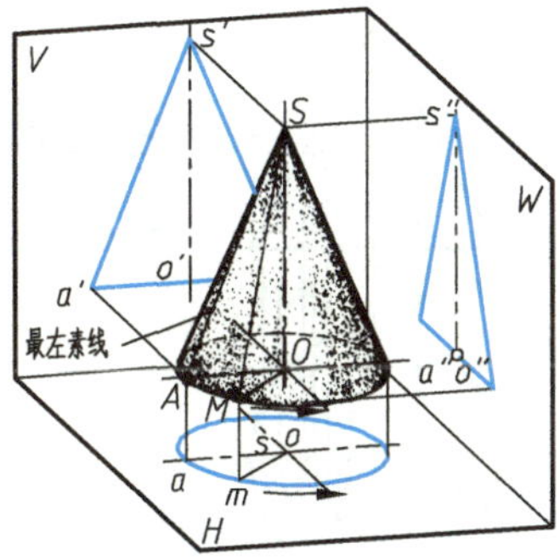

（a）

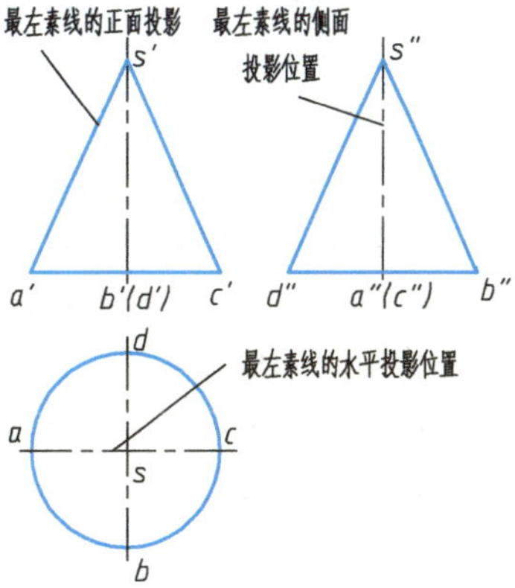

（b）

图 2-29　圆锥的投影

2）圆锥面上取点和取线

由于圆锥面的投影没有积聚性，故在圆锥面上取点、取线，必须通过在圆锥面上作辅助线的方法求解。既可过锥顶作直素线为辅助线，也可作纬圆为辅助线。如已知圆锥面上点 K 的正面投影 k'，试求其他两投影时，具体作法如下：

（1）过锥顶的素线法[见图 2-30（b）]：

① 由锥顶 s' 过 k' 作直线 $s'k'$ 并延长交底圆的投影于 e'；

② 求出点 E 的水平投影 e，并连 se；

③ 按点的投影规律在 se 上作 K 的水平投影 k；

④ 根据 k' 和 k 便可求得 k''。

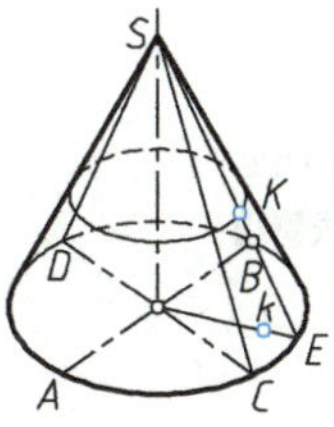

（a）

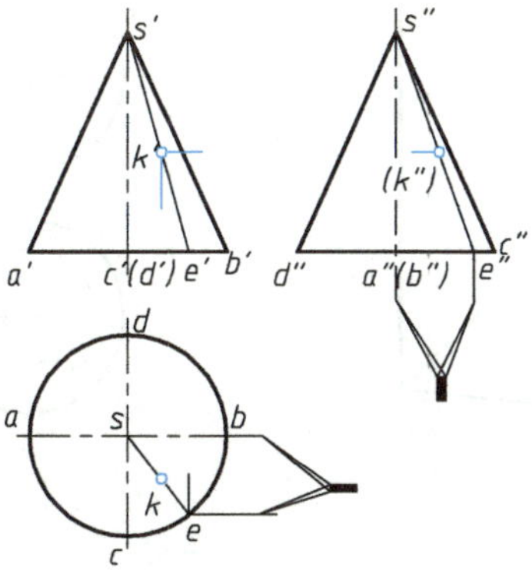

（b）

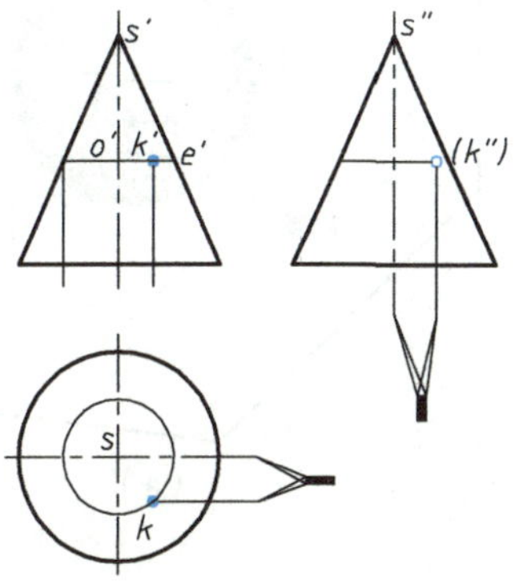

（c）

图 2-30　圆锥面上取点

（2）辅助纬圆法[见图 2-30（c）]：

① 过 k'作直线垂直于轴线的投影且与外形线相交于 e'，与轴线的投影相交于 o'，则 $o'e'$为辅助纬圆的半径；

② 在水平投影中，以 o 为圆心，$o'e'$为半径画圆，即是辅助纬圆的投影；

③ 根据 k'在辅助圆周上可得 k；

④ 由 k'和 k，便可作出侧面投影 k''。

【例 2-9】已知圆锥面上曲线 AE 的正面投影 $a'e'$（见图 2-31），试求其他两投影。

分析：将曲线 AE 看成由 n 个点（如 5 个点）组成，由于 $a'e'$可见，故曲线 AE 在圆锥前半部。作图：利用辅助纬圆法分别求出 A、B、C、D、E 五个点的其他两投影，然后依次连接成光滑曲线，点 C（c，c'，c''）属于圆锥面的左视转向线 $s1$，c''在 $s''1''$上，点 C 把曲线分成两部分，曲线 CE 在圆锥面的左半部分，其侧面投影 $c''e''$为可见，画成粗实线；曲线 AC 在圆锥面的右半部，其侧面投影 $a''c''$不可见，画成虚线，因此 c''是曲线侧面投影可见与不可见部分的分界点。

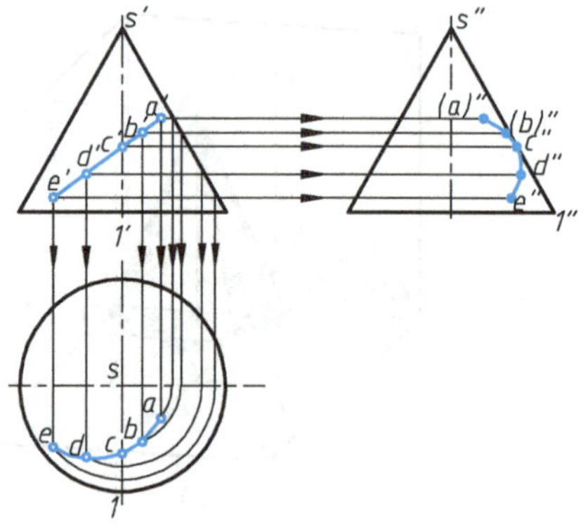

图 2-31　圆锥面曲线的投影

3. 圆　球

（1）圆球的投影。

一圆母线绕其通过圆心的轴线（直径）回转后形成的曲面称为圆球面，圆球面所围成的立体称圆球体，如图 2-32（a）所示。圆球的三面投影如图 2-32（b）所示，它们都是与球直径相等的圆。这三个圆分别为球面上平行于各投影面的最大圆的投影。其中，正面投影上的圆是前半球与后半球分界线（即主子午线）的投影，与它对应的水平投影重合在平行于 X 轴的中心线上，侧面投影重合在平行于 Z 轴的中心线上。至于水平投影、侧面投影上的圆及与之对应的其余两投影的位置，读者可自行分析。

圆球的投影

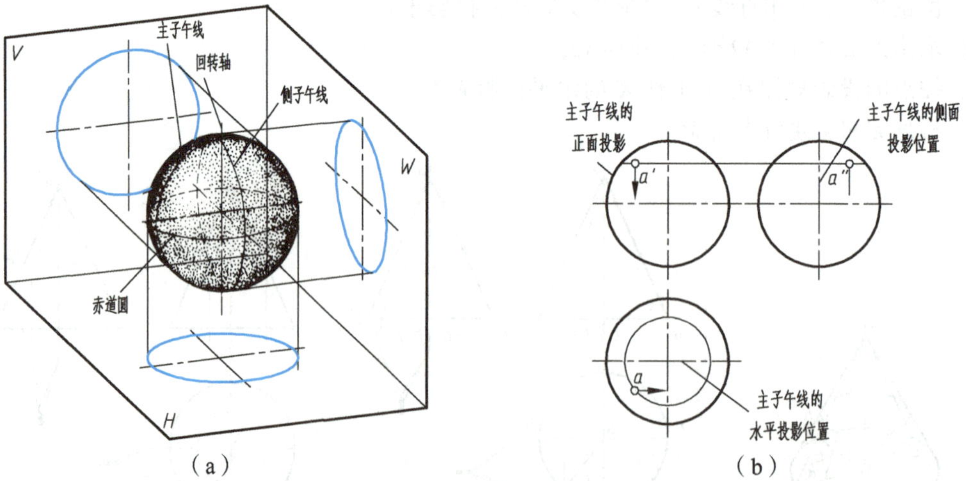

图 2-32　圆球的投影

（2）圆球面上取点和取线。

在圆球面上取点时，通常只能在球面上作辅助线圆，即可分别作出平行于三个投影面的圆。

如图 2-33 中的点 A，已知正面投影 a'，求 a 和 a''时，可过点 A 作平行于 H 面的圆为辅助圆，也可过 A 作平行于 W 面或平行于 V 面的圆为辅助圆，图中是通过点 A 作平行于 H 面的辅助圆而获得 a 和 a''。点 B 是处于主子午线上的特殊点，已知正面投影 b'，可直接求得 b 和 b''。

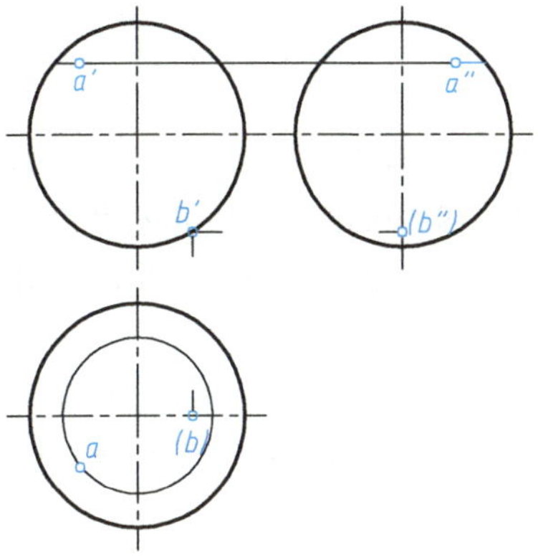

图 2-33　圆球面上取点

【例 2-10】已知半球面上点 A 及线段 BC、CD 的正面投影，补画半球的水平投影，并求点、线的其余两投影，如图 2-34（a）所示。

分析：点 A 是主子午线上的点，此点为特殊点，可直接求得其余两投影。线段 BC 是球面上平行于赤道圆的一段圆弧，其水平投影仍是一段圆弧，侧面投影是一段直线；线段 CD 是圆球面上倾斜于水平投影面和侧立投影面的一段圆弧，其水平投影和侧面投影均为一段椭圆弧。点 C 是特殊点，可直接求得 c 和 c''；点 D 属于一般点，需通过作辅助圆求 d 和 d''。为了作图准确起见，必须在圆弧 CD 上再取若干一般点（如点Ⅰ、Ⅱ），并采用辅助圆法求出它们的其余两投影，然后依次光滑连线。圆弧 CD 在右半球面上，其侧面投影为不可见，如图 2-34（b）所示。

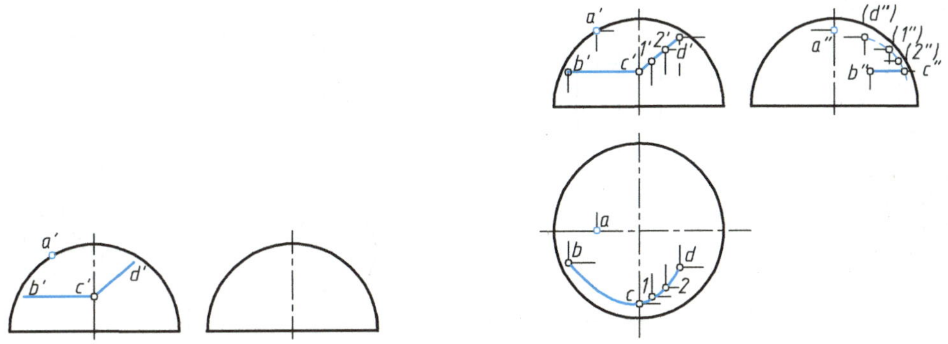

（a）　　　　（b）

图 2-34　求半球面上点、线的其余两投影

4. 圆　环

圆环是由环面围成的。环面可看作圆绕与圆共面但不过圆心的轴线旋转而成。图 2-35（a）为轴线垂直于 H 面的圆环的投影，靠近轴的半个环面为内环面，远离轴的半个环面称为外环面。图 2-35（b）为圆环的三面投影。

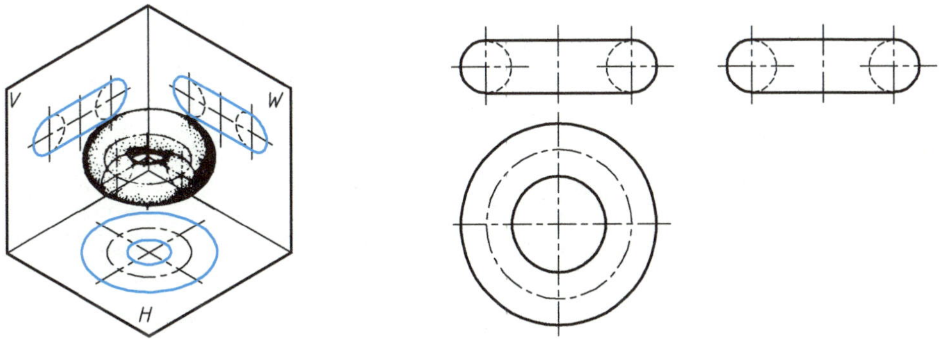

（a）　　　　（b）

图 2-35　圆环的投影

三、基本体的尺寸标注

基本体都有一定的长度、宽度和高度。在一般情况下，长、宽、高三个尺寸都要标注，如表 2-9 中的四棱柱。但有些基本体，这三个尺寸中的两个或三个是互相关联的，如表 2-9 中的六棱柱，正六边形的对角距与对边距相互关联（即 $16 = 18.48 \times \sin 60°$），故除标出六棱柱的高 8 以外，注上对边距 16，尺寸就完整了，（18.48）则为参考尺寸。圆柱、圆台等的尺寸，宜注在反映回转曲线的投影上，以便减少投影图的数目。对于圆球，只要画出一个投影，标注一个尺寸就行了。表 2-9 为常见基本体尺寸标注示例。

表 2-9　常见基本体尺寸标注示例

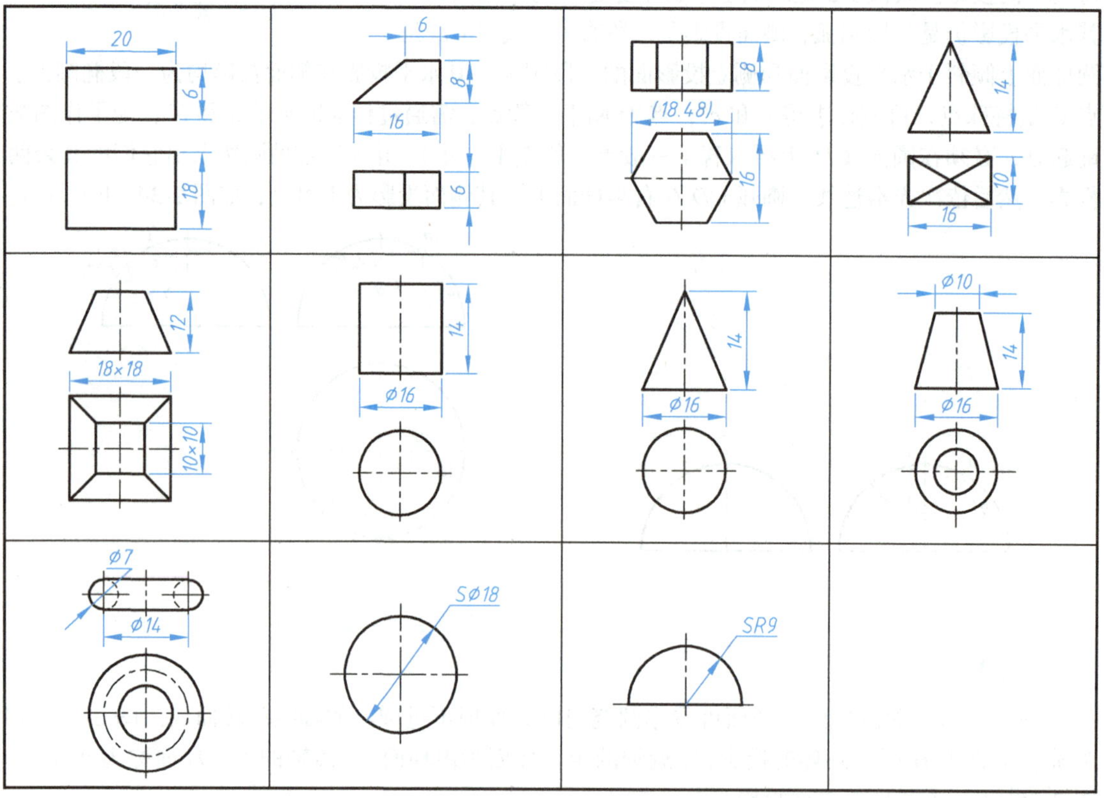

第三章 立体表面的交线

学习目标

1. 掌握立体表面截交线的概念及画法；
2. 掌握相贯线的概念及画法；
3. 掌握切割体与相贯体的基本尺寸标注；
4. 掌握简单平板类形体结构的三视图表达及尺寸标注。

技能目标

1. 能够正确分析立体表面上各种交线的形状，并熟练掌握交线的作图方法；
2. 熟悉相贯线的形成及表面形状特征，能够准确绘制立体相贯线；
3. 熟悉简单基本体、切割体及相贯体的尺寸标注；
4. 能够根据视图读懂平板类形体的结构，准确地标注简单平板类形体的尺寸。

导　读

工程中遇到的机件，不论其结构、形状多么复杂，一般都可以将其几何抽象为立体。根据立体表面的几何特征和成形过程，可将立体分为基本立体、切割体、相贯体和组合体。其中切割体、相贯体和组合体都是由基本体按一定的方式组合而成的立体。本章主要研究切割体和相贯体的形体特征、投影的画法和尺寸标注，以及简单平板类零件的形体特征和尺寸标注。

第一节 平面与立体相交

机械零件的结构是多种多样的，但这些零件往往不是单一或完整的基本立体，而是由平面与立体相交或立体与立体相交产生的，因此，这些零件表面会产生交线，其中由平面与立体表面相交而产生的交线称为截交线，由立体与立体表面相交而产生的交线称为相贯线，如图 3-1 所示。

为了清楚地表达出机件的形状，应正确地画出这些交线的投影。

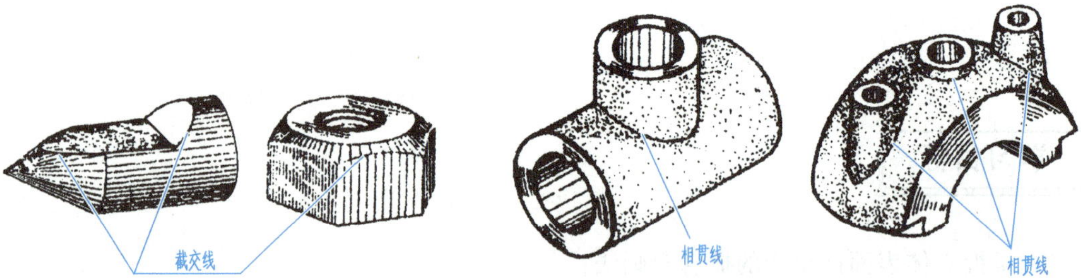

（a）　　　　（b）

图 3-1　立体表面的交线

一、概　述

平面与立体相交，即用平面截切立体，这个平面称为截平面，截平面与立体表面的交线称为截交线。截交线的形状与立体表面性质及截平面与立体的相对位置有关，但任何截交线都具有下列两个基本性质：

（1）封闭性。由于任何立体都占有一定的空间，所以截交线一般为封闭的平面图形。

（2）共有性。截交线是截平面和立体表面的共有线，截交线上的点是截平面与立体表面的共有点。

因此，求截交线可归结为求截平面与立体表面的一系列共有点，然后把它们按一定顺序连线即可。

二、平面与平面立体相交

平面与平面立体相交，即平面立体被平面截切，其截交线是平面多边形，多边形的各边是截平面与立体表面的交线，而多边形的顶点是立体上各棱线或底边与截平面的交点，因此平面体上截交线的求法可归结为求两平面的交线或直线与平面的交点问题。

在图 3-2 中，三棱锥被正垂面 P 截切，其截交线是三角形。三角形的三个顶点分别是三棱锥的三个棱与截

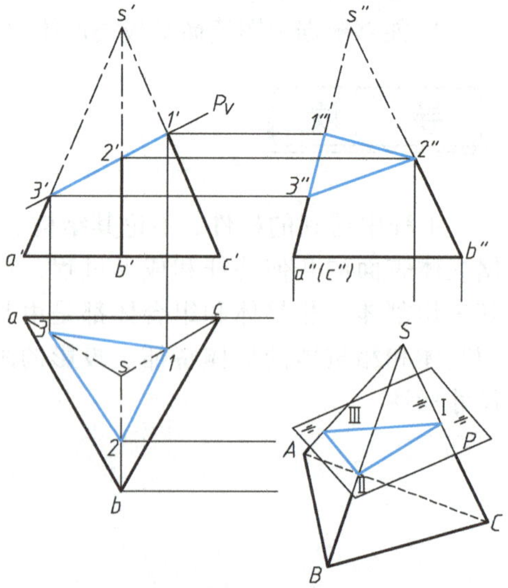

图 3-2　正垂面与三棱锥相交

平面的交点，三条边则分别是三棱锥的三个侧棱面与截平面的交线。由于截平面是正垂面，它的正面投影有积聚性，则截交线的正面投影与 P_V 重合，故只需求出截交线的水平投影和侧面投影。

其作图步骤如下：

（1）在正面投影上，直接标出各棱线与截平面 P_V 的交点 1′、2′、3′。

（2）根据 1′、2′、3′，由投影关系可求出水平投影 1、2、3 和侧面投影 1″、2″、3″，其中棱线 *SB* 是一侧平线，点Ⅱ的其他投影可先求 2″再求 2。

（3）依次连接各点的同面投影，并判别可见性。判别可见性的原则是：若截交线所在的立体表面可见，则截交线可见；否则为不可见。在本例中截交线的水平投影、侧面投影全都可见。

【例 3-1】补画被截四棱锥的水平投影和侧面投影，如图 3-3（a）所示。

分析：如图 3-3（a）所示，四棱锥被相交的水平面 *Q* 和正垂面 *P* 所截切。水平面 *Q* 与各棱面的交线的正面投影和侧面投影有积聚性，水平面投影反映实形。正垂面 *P* 与各棱面的交线在正面投影有积聚性。截平面与各侧棱的交点的投影在各棱的同面投影上。

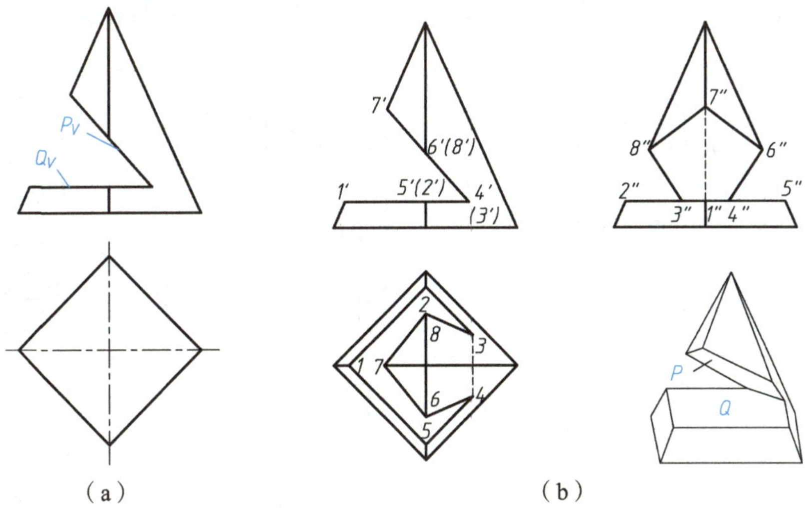

图 3-3　四棱锥被两平面所截切

作图步骤如下：

（1）在主视图中依次标出各侧棱与截平面的交点 1′、2′、3′、4′、5′、6′、7′、8′。按投影关系可直接求出平面 *P* 截四棱锥的截交线的水平投影 6、7、8。

（2）求平面 *Q*、*P* 截四棱锥的截交线的水平、侧面投影。由 1′在俯视图上求 1，由 1 作四边形与底面四边形对应边平行可得 2、5，平面 *Q* 与 *P* 的交线Ⅲ、Ⅳ的投影可由 3′、4′在俯视图上求得 3、4；侧面投影为 1″、2″、3″、4″、5″、6″、7″、8″。

（3）判别可见性，依次连接各点的同面投影。

（4）整理，擦去多余的线，完成作图，如图 3-3（b）所示。

三、平面与曲面立体相交

平面与曲面立体相交，即曲面立体被平面所截切，其截交线为封闭的平面曲线，或由曲线与直线围成的平面图形或平面多边形，其几何形状取决于曲面立体的形状和截平面与曲面立体的相对位置。

求曲面立体上的截交线，就是求截平面与立体上各被截素线的交点，可归结为求线面交点的问题。当截平面或被截曲面立体轴线处于垂直于投影面的特殊位置时，可利用投影的积聚性求出截交线的投影，而在一般的情况下则需要通过作辅助平面才能求出截交线的投影。

1. 平面与圆柱相交

平面与圆柱相交，即圆柱面被平面所截，根据平面与圆柱轴线的相对位置不同，其截交线形状有三种（见表 3-1）。当截平面与圆柱轴线垂直时，截交线为圆；当截平面与圆柱轴线平行时，截交线为一矩形；当截平面与圆柱轴线倾斜时，截交线为一椭圆，椭圆短轴的长度等于圆柱直径，长轴的长度取决于截平面与圆柱轴线夹角的大小。

表 3-1 圆柱面的截交线

截平面的位置	与轴线垂直	与轴线平行	与轴线倾斜
截交线的名称	圆	矩形	椭圆
立体图	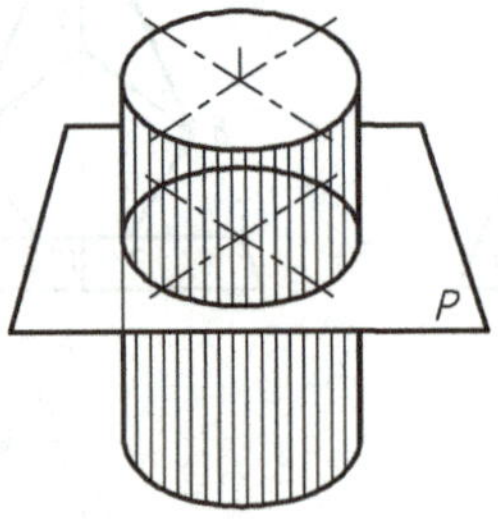	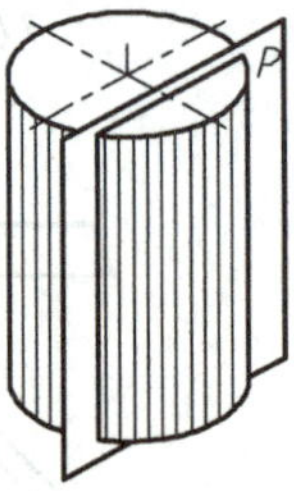	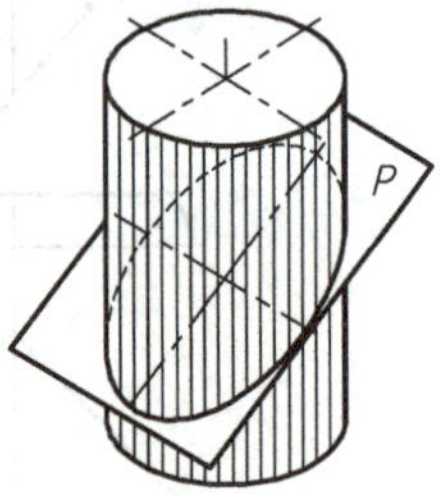
投影图	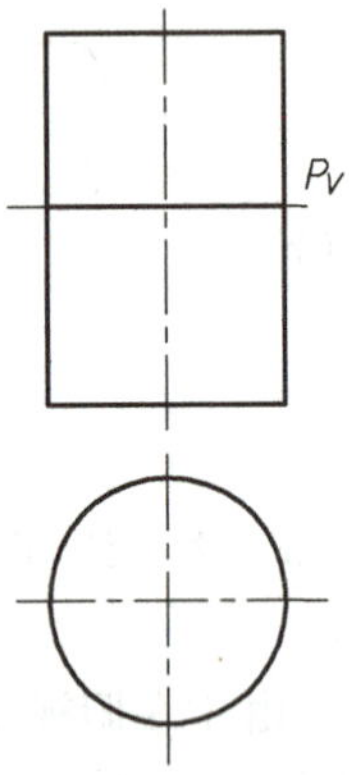	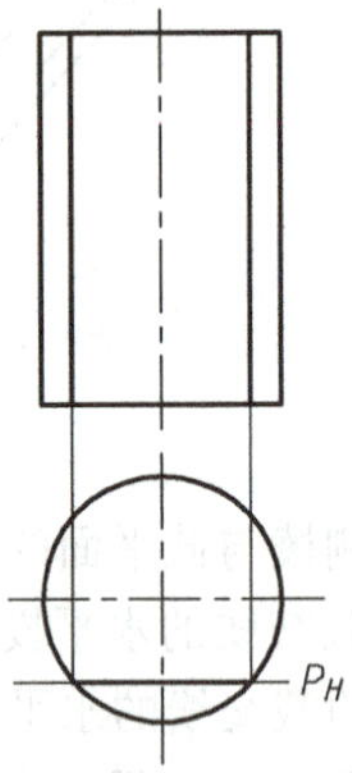	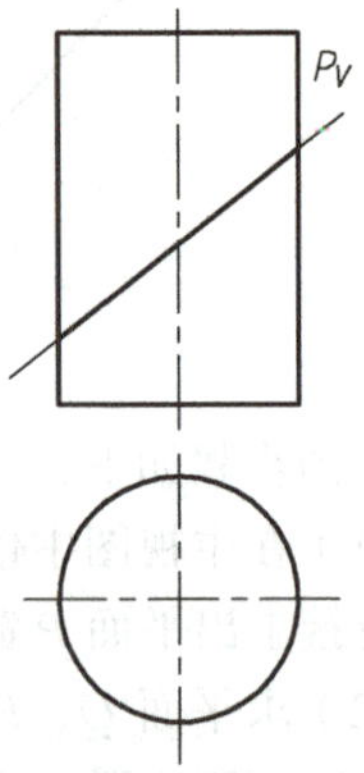

图 3-4 为正垂面截圆柱的投影。由图可知，截平面 P 倾斜于圆柱轴线且与圆柱面的所有素线都相交，截交线为完整的椭圆。又由于圆柱的轴线为铅垂线，截平面 P 为正垂面，因此截交线的正面投影积聚在线段 $a'b'$上，水平投影积聚在圆周上，故只需要求出交线的侧面投影。

具体作图步骤如下：

（1）画出完整圆柱的左视图后，求截交线上的特殊点。特殊点主要是转向轮廓线与截面的交点、极限点（最高、最低、最前、最后、最左、最右点）和椭圆长、短轴的端点等。在图 3-4

中，截交线上的点 A、B、C、D 分别是极限点，也是转向轮廓线上的点，还是椭圆长、短轴的端点。根据它们的正面投影和水平投影，按投影关系可直接求出侧面投影。

（2）求截交线上的一般点。为使作图准确，还要作出若干一般点的投影。为作图简便，一般选取椭圆上四个对称点Ⅰ、Ⅱ、Ⅲ、Ⅳ。同上，由 1′（2′）、3′（4′）和 1、2、3、4 可求出 1″、2″、3″、4″。

（3）依次光滑连接各点的投影，并判别可见性。在本例中截交线的侧面投影全都可见。

（4）整理轮廓，完成作图。侧面投影轮廓线应画到 c''、d'' 为止。

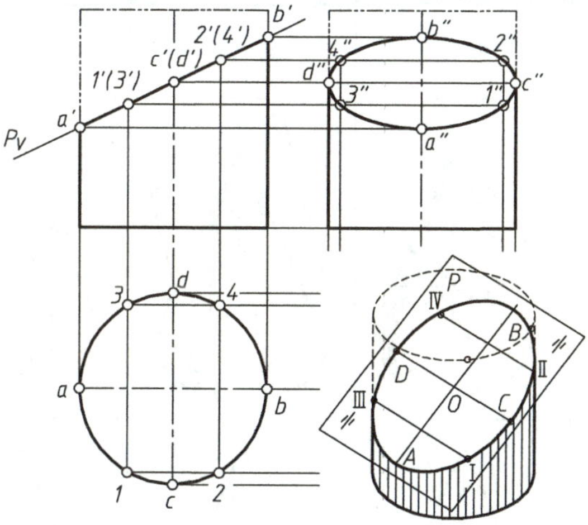

圆柱的截交线

图 3-4　圆柱的截交线

【例 3-2】求被截圆筒的水平投影和侧面投影（见图 3-5）。

分析：圆筒的上部开有一方槽，截平面 Q 为侧平面，Q 截圆筒的交线为直线；截平面 P 为水平面，P 截圆筒的交线为圆弧；平面 P、Q 彼此相交为直线段。

作图步骤如下：

（1）先画出完整圆筒的水平投影和侧面投影，再求切口的投影。由方槽的正面投影，先作方槽的水平投影，然后再由正面投影和水平投影作出方槽的侧面投影。

（2）判别可见性，并整理轮廓线，擦去多余的线，完成作图。

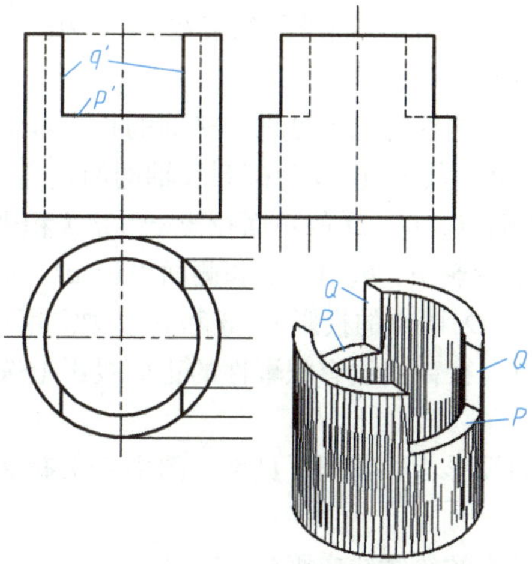

图 3-5　开方槽圆筒的截交线

2. 平面与圆锥相交

平面与圆锥相交，即圆锥面被平面所截切，根据截平面与圆锥的相对位置不同，其截交线形状有五种情况（见表 3-2）。

表 3-2　圆锥面的截交线

截平面的位置	与轴线垂直	与轴线倾斜且与所有素线相交	平行于任一素线	平行于轴线	通过锥顶
截交线名称	圆	椭圆	抛物线	双曲线	相交直线（两直素线）
立体图	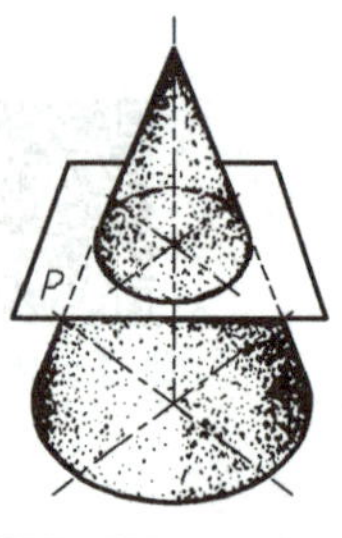	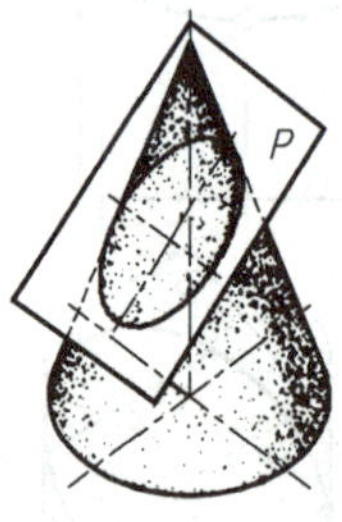	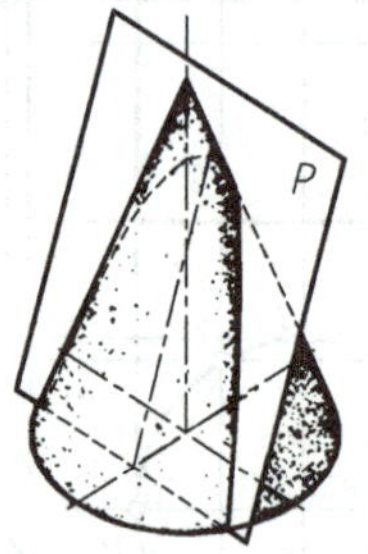	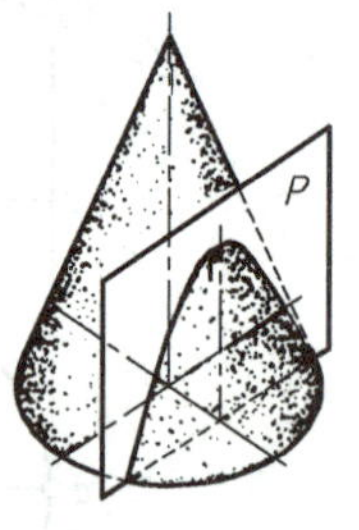	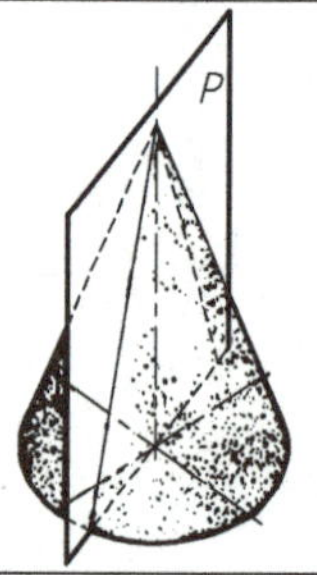
投影图	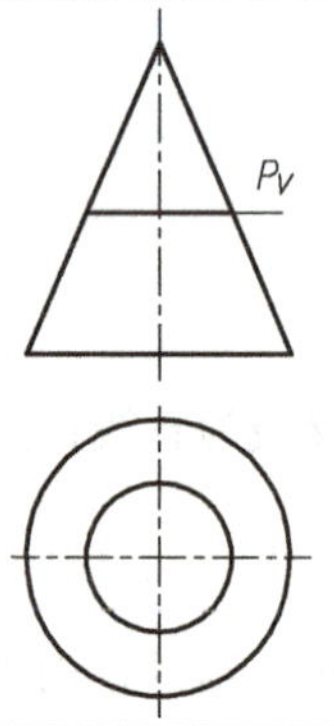	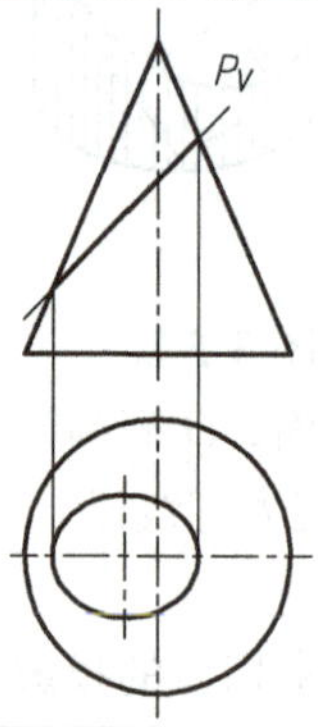	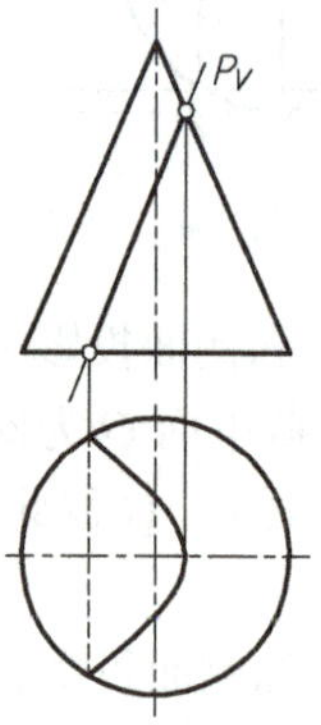	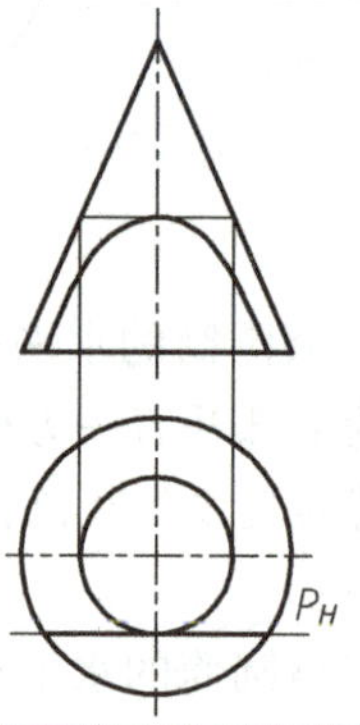	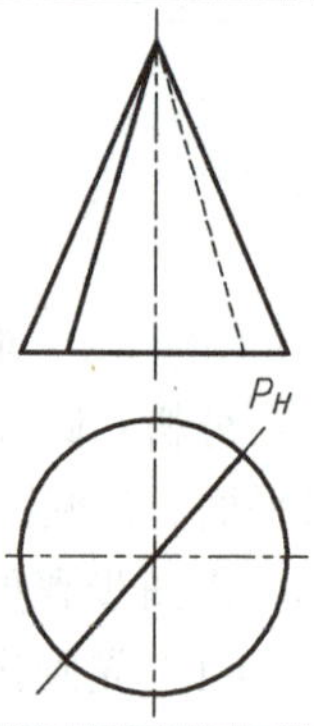

图 3-6 为正垂面截圆锥的投影。由图可知，截平面 P 与圆锥轴线倾斜，且与圆锥面的所有素线都相交，截交线为椭圆。截交线的正面投影积聚在 P_V 上为已知，故只需求作截交线的水平投影和侧面投影，具体作图步骤如下：

（1）求截交线上的特殊点。这些特殊点分别为椭圆的长、短轴端点 A、B、C、D，以及转向轮廓线与截平面的交点Ⅰ、Ⅱ。其中 A、B 为椭圆长轴的两端点，其正面投影 $a'b'$反映长轴的实长；C、D 为椭圆短轴的两端点，C、D 的正面投影 c'（d'）积聚在长轴正面投影 $a'b'$的中点处。A、B、Ⅰ、Ⅱ四点的水平投影 a、b、1、2 和侧面投影 a''、b''、$1''$、$2''$，可由它们的正面投影按投影关系直接求出。C、D 两点的投影 c、d 和 c''、d''需用辅助纬圆法求得。

（2）求截交线上的一般点。在截交线有积聚性的正面投影上选取一般点Ⅲ、Ⅳ，用辅助纬圆法求出 3、4、$3''$、$4''$。

（3）依次光滑连接各点的投影，并判别可见性。图中所求截交线的水平投影和侧面投影均为可见。

（4）整理轮廓线，侧面投影的轮廓线应画到 c''、d''为止。

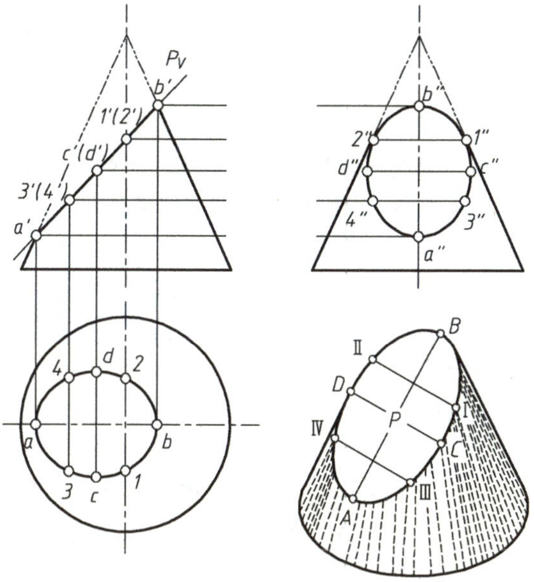

图 3-6　正垂面截圆锥的截交线

【例 3-3】补绘圆锥切口的水平投影和侧面投影，如图 3-7（b）所示。

分析：如图 3-7（b）所示，圆锥被正垂面 Q 和水平面 R 截切，平面 Q 通过锥顶，截交线是两条过锥顶的直线段；平面 R 的截交线是圆弧；平面 Q 与 R 的交线为正垂线 CB。

作图步骤如下：

（1）作平面 Q 的截交线。延长 Q_V 与底面正面投影相交，得到过锥顶的素线 SⅠ、SⅡ的正面投影 $s'1'$、($s'2'$)，由 $s'1'$、（$s'2'$）求出 $s1$、$s2$ 和 $s''1''$、$s''2''$，点 B、C 在 SⅠ、SⅡ上，由 b'、（c'）可得 b、c 和 b''、c''。

（2）作平面 R 的截交线。以 s 为圆心，sb 为半径画出交线圆弧的水平投影 cab；截交线的侧面投影积聚为一直线段。

（3）判别可见性，并整理，擦去多余的线，完成作图，如图 3-7（c）所示。

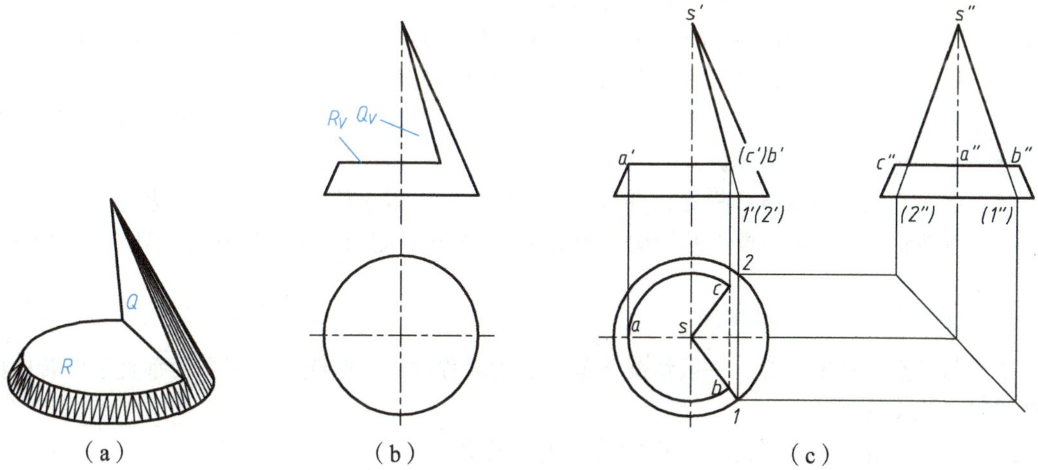

图 3-7　圆锥切口的投影

3. 平面与圆球相交

平面与圆球相交，即用平面截切圆球面，不论截平面处于任何位置，截交线都是圆。但根据截平面对投影面的相对位置不同，截交线的投影可以是直线段、圆或椭圆。当截平面平行于投影面时，截交线在该投影面上的投影反映实形，是圆；当截平面垂直于投影面时，截交线在该投影面上的投影积聚成一条直线段，线段长度为截交线圆的直径；当截平面倾斜于投影面时，截交线在该投影面上的投影为椭圆。

【例 3-4】求被切球面的正面投影和侧面投影（见图 3-8）。

分析：如图 3-8 所示，球面被铅垂面 P 所截切，截平面 P 与球面的交线在 H 面上的投影积聚在 P_H 上。因为截平面倾斜于正投影面和侧投影面，所以截交线的正面投影和侧面投影均为椭圆，可分别求出它们的长、短轴后作出。

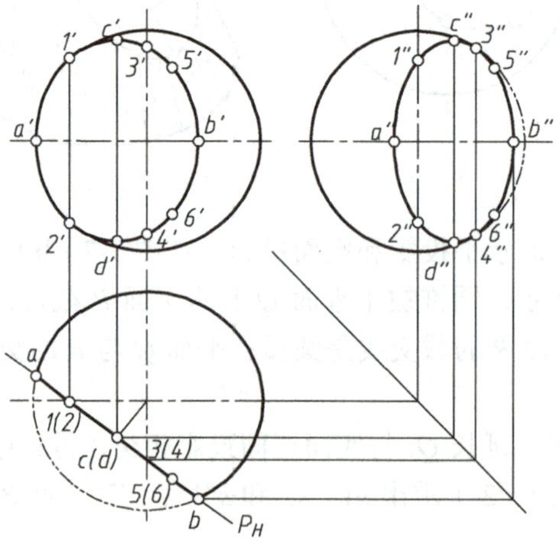

图 3-8　球面截交线的求法

作图步骤如下：

（1）求截交线上的特殊点。这些特殊点分别为椭圆的长、短轴端点 A、B、C、D，以及转向轮廓线与截平面的交点Ⅰ、Ⅱ、Ⅲ、Ⅳ。在水平投影上直接标出以上各点的投影 a、b、c、d、1、2、3、4，其中 c、d 在线段 ab 的中点处，C、D 两点的投影 c'、d'和 c''、d''可用辅助纬圆法求得。其他各点的投影，可由它们的水平投影按投影关系直接求出。

（2）求截交线上的一般点。在截交线有积聚性的水平投影上选取一般点Ⅴ、Ⅵ，用辅助纬圆法分别求出它们的其余两投影。

（3）依次光滑连接各点的投影，并判别可见性。图中所求截交线的投影均为可见。

（4）整理轮廓线，正面投影的轮廓应画到 1′、2′为止，侧面投影的轮廓应画到 3″、4″为止。

4. 平面与任意回转面相交

平面与任意回转面相交，一般情况下截交线为对称的平面曲线，当截平面垂直于回转曲面的轴线时，截交线是圆。

【例 3-5】求正平面与任意回转面的截交线（见图 3-9）。

分析：由图 3-9 可知，该立体是轴线垂直于水平面的任意回转面，截交线的水平投影积聚在 P_H 上，侧面投影积聚在 P_W 上，故只需求出截交线的正面投影。

（1）求截交线上的特殊点。最高点Ⅰ，最低点Ⅱ、Ⅲ的正面投影 1′、2′、3′可由投影关系直接求出。

（2）求截交线上的一般点。在侧面投影 P_W 上取一般点 4″（5″）、6″（7″），利用辅助纬圆法求出 4、5、6、7，再利用投影关系求出 4′、5′、6′、7′。

（3）光滑连接各个点的投影并判别可见性。由图可知截交线的正面投影全部可见。

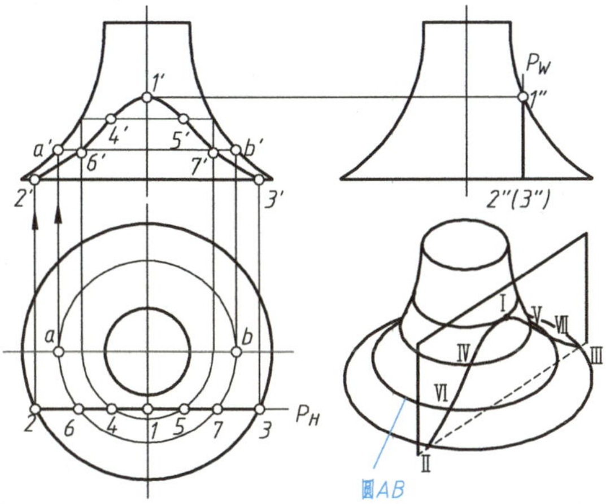

图 3-9　任意回转面的截交线

5. 平面与组合体相交

平面与组合体相交，即组合体被平面截切，其截交线一般是由若干段几何性质不同的直线或曲线围成的平面图形，每一段截交线的几何形状由所属基本体的性质及其与截平面的相对位置而定。因此，为了正确地画出组合体表面的截交线，首先必须进行形体分析，找出各基本体之间的分界线，然后分别求出这些基本体的截交线，并依次将其连接即可。

【例 3-6】求作磨具顶针的截交线（见图 3-10）。

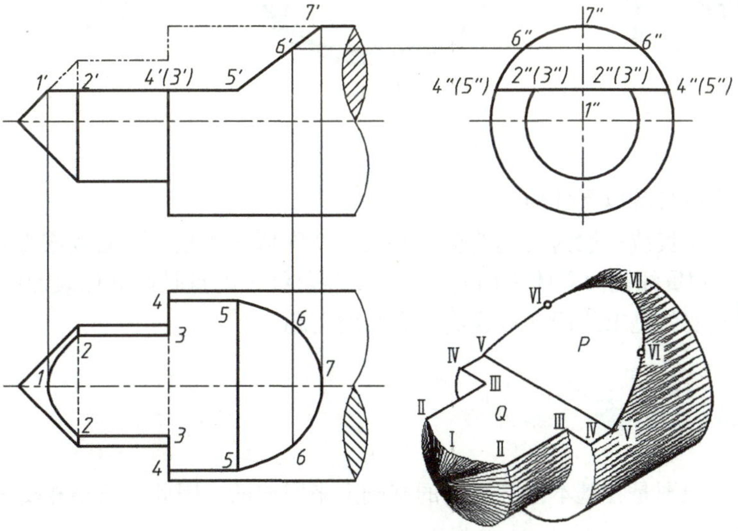

图 3-10　磨具顶针的截交线

磨具顶针的截交线

分析：如图 3-10 所示，磨具顶针是由同轴的圆锥、小圆柱和大圆柱组成的，且轴线垂直于侧面。水平截平面 Q 截圆锥的交线为双曲线，截圆柱面的交线为直线；正垂截平面 P 与大圆柱的轴线斜交，其交线为部分椭圆。平面 P、Q 的正面投影及平面 Q 的侧面投影均为有积聚性的直线段，圆柱面的侧面投影有积聚性，故截交线的正面投影和侧面投影为已知，只需求作交线的水平投影。

（1）在正面投影和侧面投影中分别标出点Ⅰ、Ⅱ、Ⅲ、Ⅳ、Ⅴ、Ⅵ、Ⅶ的投影，再利用投影关系求出它们的水平投影。

（2）区分可见性，依次光滑连接各点，完成作图。

第二节 立体与立体相交

一、概　述

立体与立体相交，在立体表面产生的交线称为相贯线，如图 3-11 所示。根据立体表面的性质，两立体相交可分为三种情况：（1）两平面立体相交；（2）平面立体与曲面立体相交；（3）两曲面立体相交。

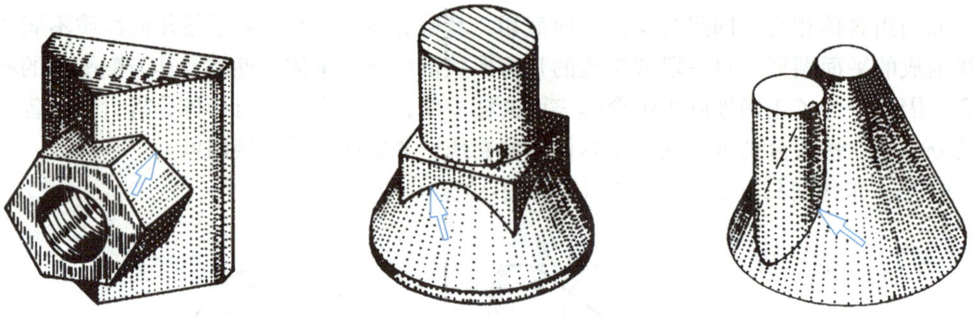

图 3-11　两立体相交时的交线

两回转体相交时具有以下性质：

（1）封闭性。相贯线一般为封闭的空间曲线，特殊情况下是平面曲线或直线。

（2）共有性。相贯线是两立体表面的共有线，相贯线上的点是两立体表面的共有点。因此，求相贯线的问题其实就是求线面交点或面面交线的问题。

二、相交体三视图

绘制相交体三视图是在基本体三视图的基础上来完成的。因此，绘制相交体三视图的一般方法步骤如下：

1. 形体分析

明确两个参与相交的基本体的类型、相对位置，进而确定相贯线的空间形状。注意，相贯线的形状不同，求相贯线的方法可能不同。

2. 作出基本体的三视图

遵照三视图之间的“三等”关系，分别作出参与相交的两基本体的三视图，并分析和表明可见性。

3. 求相交体表面的相贯线

相贯线是两相交基本体表面的共有线，也是区分两相交基本体表面的分界线；相贯线上的点是两相交基本体表面的共有点。在求相贯线时，应当充分利用基本体表面在视图中的积聚性、真实性作图，以提高作图的速度和正确性。

4. 检查并判别可见性，完成全图

对作图结果进行全面检查，尤其要注意检查三视图中是否有多线或漏线的情况，其可见性是否正确等。一旦发现错误，应当及时改正，保证最后得到的三视图正确和完整。

由此可见，要想画出相交体三视图，就必须求出相交体表面的相关线。下面将分三种情况进行讨论。

三、两平面立体的相贯线

一般情况下，两平面立体的相贯线是一条封闭的空间折线，如图 3-12 所示。折线的每一段都是一个立体与另一个立体表面的交线，折线的转折点是一个立体的某条棱线（或边线）与另一个立体表面的交点。在求两平面立体的相贯线时，一般是把它转化为用一个立体上的平面截切另一个平面立体并求其截交线的问题，之后还必须判别其可见性。

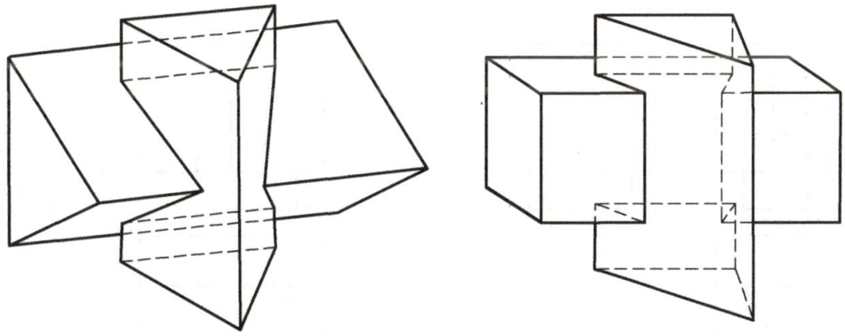

图 3-12　两平面立体相交时的相贯线

【例 3-7】作如图 3-13 所示的相交体三视图。

（1）形体分析。图 3-13 所示的相交体是一个三棱柱与一个四棱柱相交，相交体表面的相贯线是一条空间折线。由于三棱柱参与相交的表面只有三个侧面，因此，本题只要求出三个侧面与四棱柱表面的交线即可。

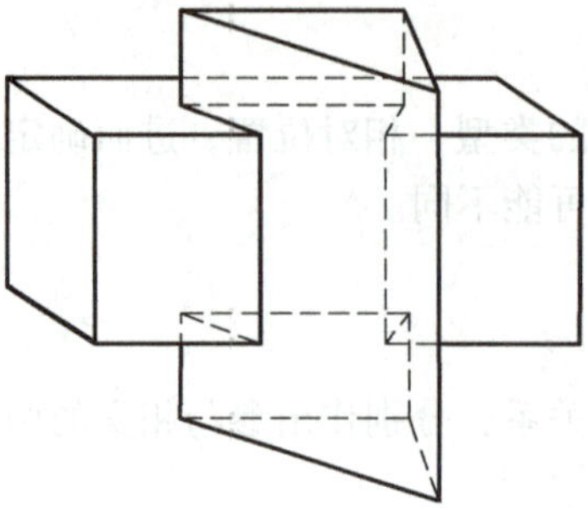

图 3-13　三棱柱与四棱柱相交

（2）作出基本体的三视图。遵照三视图的“三等”特性，分别作出三棱柱与四棱柱的三视图。这时，相交体的俯视图和左视图已经完成，只需求出主视图即可，如图 3-14（a）所示。

（3）求相交体表面相贯线。在主视图中，由于四棱柱的上下表面都具有积聚性，三棱柱的三个侧面和四棱柱的上下表面的交线都重合在一起，视图中已经画出。三棱柱左右两侧面与四棱柱前侧面的交线是可见的，故可以直接作出来。但是，三棱柱左右两条棱线中间部分因与四棱柱融为一体，因此在主视图中应该擦去，如图 3-14（b）所示。

（4）判别可见性。对于主视图来说，由于四棱柱的上下表面有一部分被三棱柱遮挡，故需要判别主视图的可见性。被三棱柱挡住的四棱柱上下表面部分应为虚线，如图 3-14（c）所示。

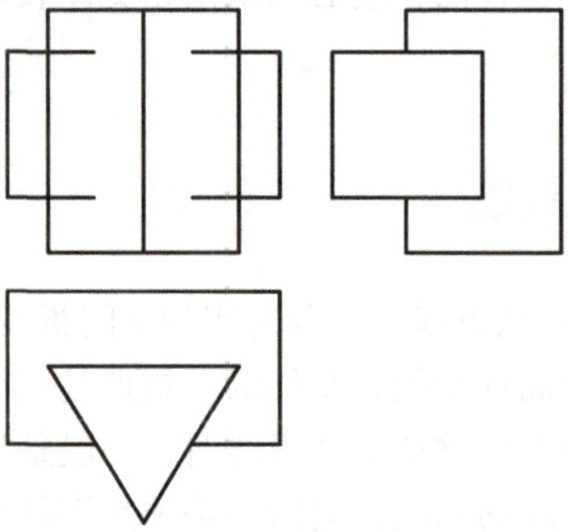

（a）

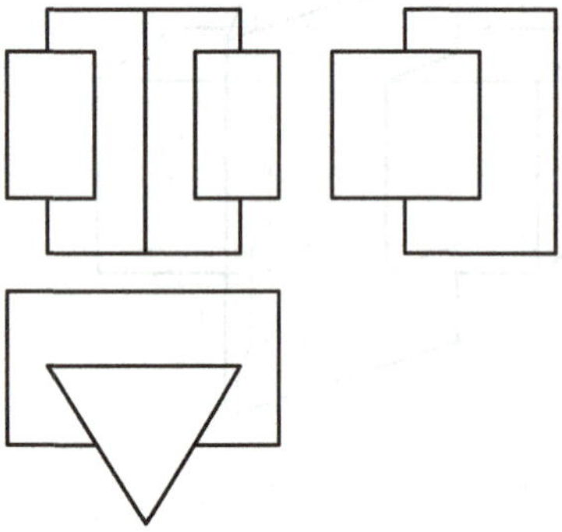

（b）

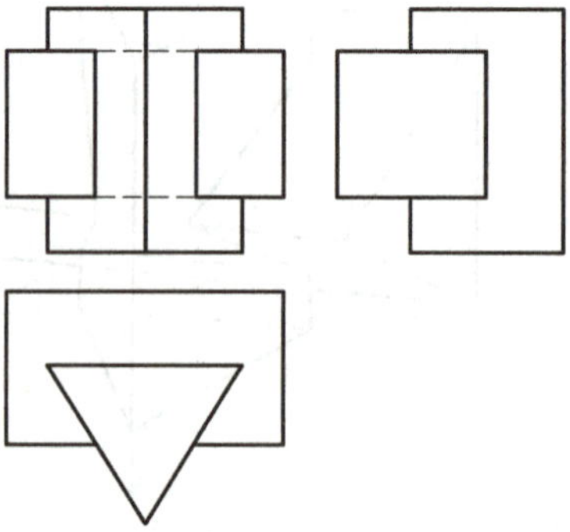

（c）

图 3-14　三棱柱与四棱柱相交作图步骤

值得说明的是，如果在一个基本体上切槽或者穿孔，相当于一个实体和一个虚体相交，其求表面相贯线的方法是一样的。但由于产生的相交体不同，所以画出的三视图也不同。例如，将图 3-15（a）所示的三棱柱换成虚体，即在四棱柱上用三棱柱切一个通槽，结果如图 3-15（b）所示。因此在绘制三视图时一定要进行形体分析，把形体的空间结构和形状想象出来，按照给出的方法与步骤作图。这就要求大家既要掌握解决问题的方法，又要做到认真细致、灵活运用。

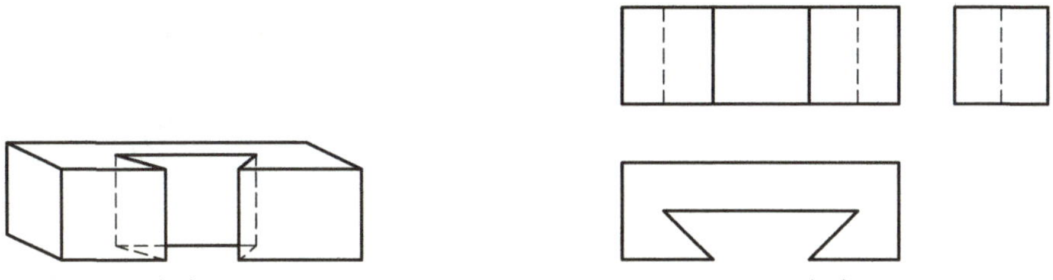

图 3-15　四棱柱上切槽

四、平面立体与回转体的相贯线

平面立体与回转体相贯可视为用平面立体的相关表面去截切回转体，因此，其相贯线是平面立体的相关表面分别与回转体表面相交所得的各段截交线，而各段截交线之间的连接点是平面立体的棱线（或边线）与回转体表面的交点，如图 3-16 所示。

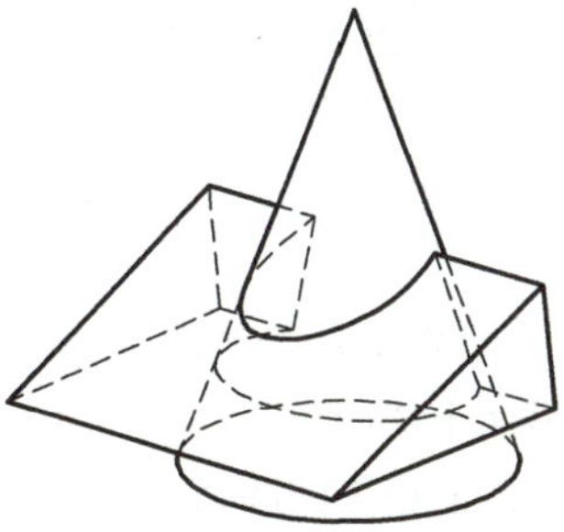

图 3-16　平面立体与曲面立体相交

【例 3-8】已知一个四棱柱和一个圆锥的三视图，其中四棱柱的前后表面延伸后正好通过锥顶，待定部分用细双点画线表示，试作出两立体相交后的三视图。

（1）形体分析。由已知条件可知，一个四棱柱与一圆锥相交，其表面相贯线是四棱柱的四个表面分别与圆锥表面相交所得的各段截交线，如图 3-17（a）所示。为此，可以把它转化为用四棱柱的四个表面分别截切圆锥求其截交线的问题。通过对模型进行分析可知，四棱柱的上下表面垂直于圆锥轴线，其截交线均为两段圆弧，而四棱柱的前后表面延伸后正好通过锥顶，它们与圆锥表面的截交线均为直线。再者，如果能够利用整个相交体在前后、左右方向的对称性，可以明显提高作图速度。

（2）求四棱柱上下表面与圆锥的截交线。用四棱柱上下表面截切圆锥，其截交线在俯视图上反映实形；在俯视图中只保留真正的截交线部分（四段圆弧），再求出其在主视图的对应部分，并判别可见性，如图 3-17（b）所示。

（3）求四棱柱前后表面与圆锥的截交线。在俯视图中，用粗实线分别连接四段圆弧对应的端点；在主视图中，用粗实线连接与上述四段圆弧相对应的四段图线的端点，即得到四棱柱前后表面与圆锥表面的截交线，如图 3-17（c）所示。

（4）判别可见性。对整个相交体的三视图进行检查并判别其可见性，把作图辅助线和不应有的图线擦去，所得到相交体三视图的正确结果如图 3-17（d）所示。

当平面立体与回转体相贯时，也经常会遇到在一个基本体上开槽或者穿孔的情况，这时在相交体的表面上也会产生相贯线。

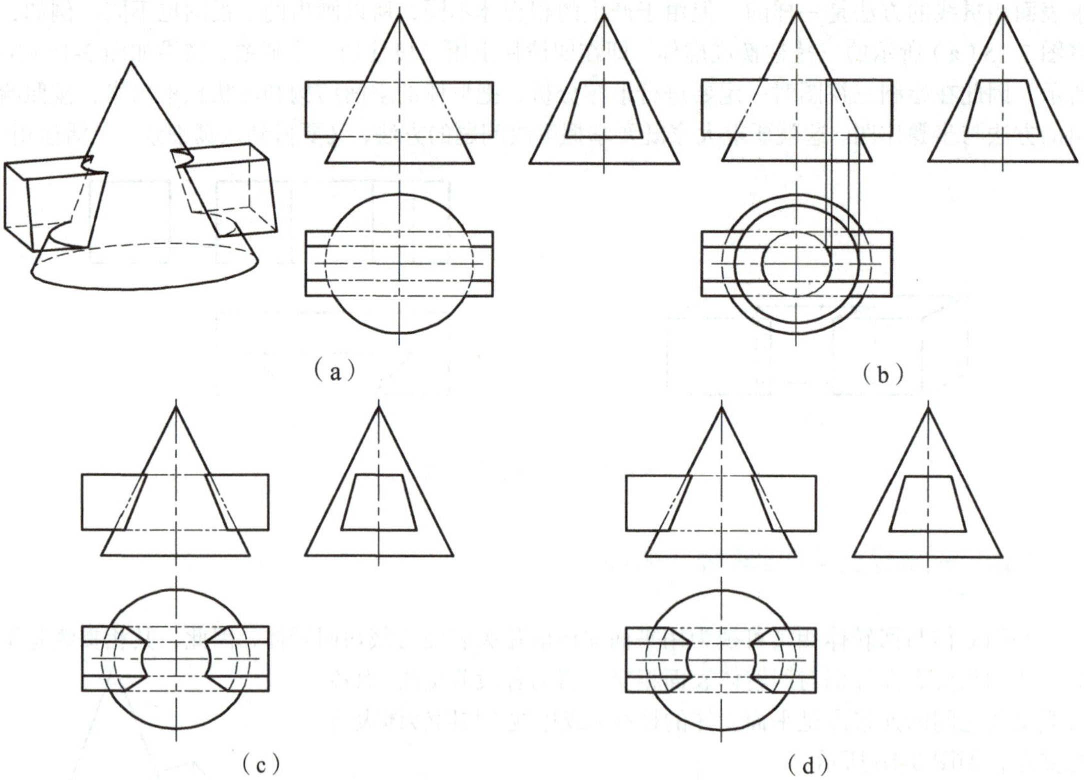

图 3-17　四棱柱与圆锥相交作图步骤

图 3-18 为半圆柱与四棱柱相交，其中两个棱面与圆柱轴线平行时，交线为两段平行直线；另两个棱面与圆柱轴线垂直，交线为两段圆弧。在题设情况下，相贯线的侧面投影积聚重合在圆柱侧面投影的圆弧上，水平投影积聚在矩形投影上。因此，需要求作的是正面投影。正面投影需要根据侧面、水平投影求出，具体如图 3-18（a）所示。图 3-18（b）为半圆柱面中间穿四棱柱孔，分析方法与 3-18（a）类似，但应该注意矩形孔在主左视图中的投影不可见，应画成虚线。

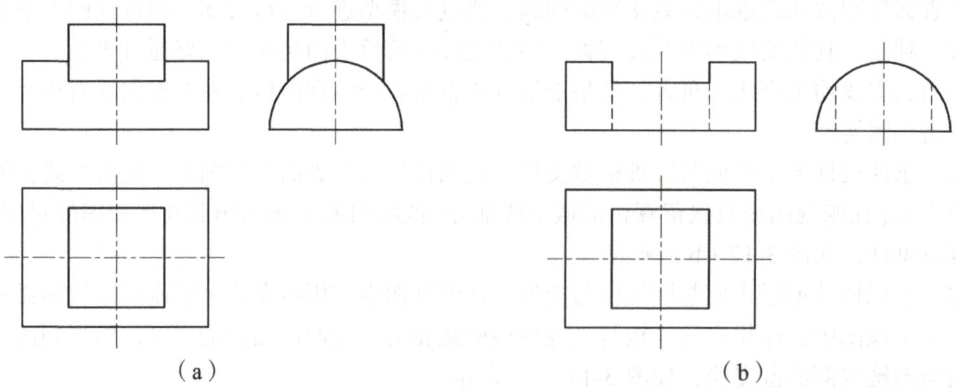

图 3-18　四棱柱与半圆柱面相交与挖切

五、求两回转体的相贯线

形体间产生交线的情况

求回转体的相贯线的方法有利用积聚性表面取点法和辅助平面法等。

1. 利用积聚性表面取点法

在相交的两回转面中，只要有一个是轴线垂直于投影面的圆柱面，则相贯线在该投影面上的投影与圆柱面的积聚性投影重合，因此相贯线的这个投影就是已知的。这时相贯线可视为另一回转体表面上的曲线，可利用面上取点法求出相贯线的其余投影。在图 3-19 中，有两个轴线垂直相交的圆柱体，相贯线为一封闭的空间曲线。大圆柱轴线垂直于 W 投影面，小圆柱轴线垂直于 H 投影面，所以相贯线的水平投影和小圆柱的水平投影重合，为一个圆；相贯线的侧面投影和大圆柱的侧面投影重合，为一段圆弧。因此，只需求出相贯线的正面投影。

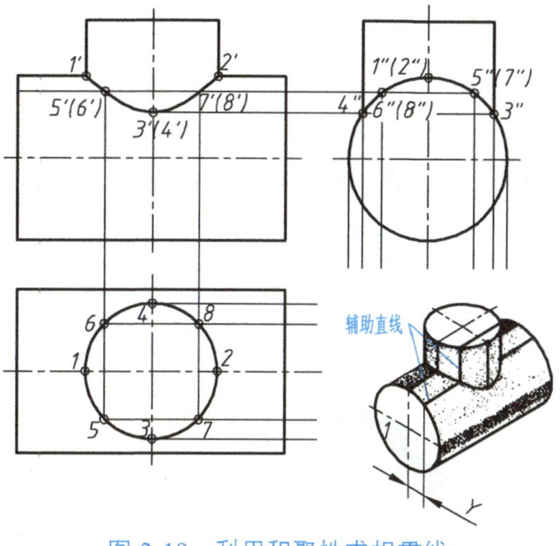

图 3-19　利用积聚性求相贯线

作图步骤如下：

（1）求特殊点。相贯线上的特殊点主要是转向轮廓线上的点和极限位置点。最高点Ⅰ、Ⅱ，最低点Ⅲ、Ⅳ，也是转向轮廓线上的点，它们的水平投影和侧面投影都已知，正面投影 1′、2′、3′（4′）可由投影关系直接求出。

（2）求一般点。在相贯线的水平投影上任取一般点 5、6、7、8，同上，可利用投影关系求出 5″（7″）、6″（8″）和 5′（6′）、7′（8′）。

（3）判别可见性，依次光滑连接各点。判别相贯线投影可见性的原则是：只有同时位于两立体可见表面的相贯线才是可见的。由图可知，该相贯线前后对称，故其正面投影虚线和实线重合。

两回转体相交，可能是立体的外表面相交，也可能是立体的内表面相交，因此就会出现图 3-20 所示的两外表面相交、外表面与内表面相交、两内表面相交三种形式。不管是哪种相交形式，只要相交的两个回转体表面的形状、相对尺寸大小及表面相对位置不变，则它们的相贯线形状和作图方法都是相同的。

相贯线

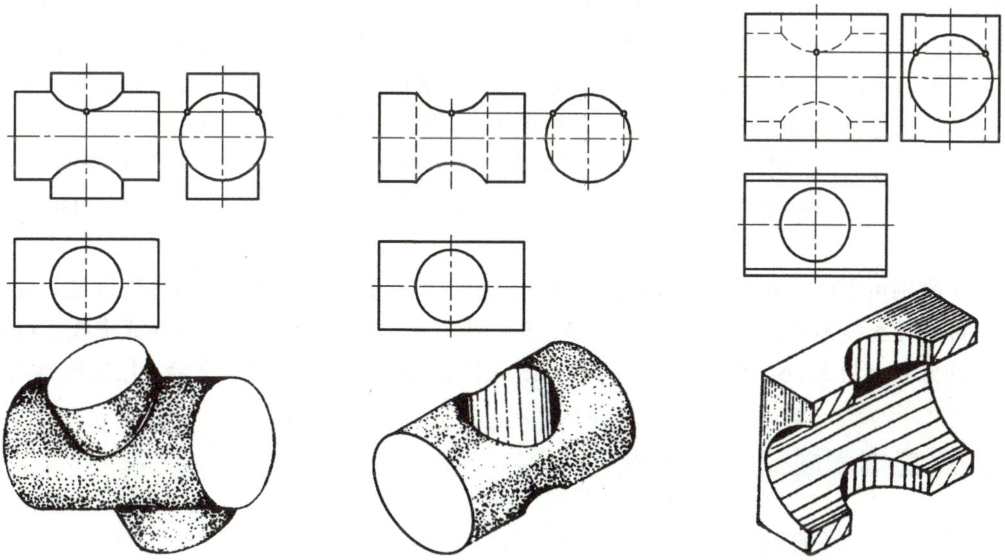

（a）　（b）　（c）

图 3-20　两圆柱面相交的三种形式

2. 用辅助平面法求相贯线

当相交的两个回转体的投影没有积聚性，它们的相贯线不能用表面取点法作图时，可采用辅助平面法。所谓辅助平面法，就是根据三面共点的原理，利用辅助平面求出两回转体表面上的若干共有点，从而求出相贯线的投影方法，如图 3-21 所示。

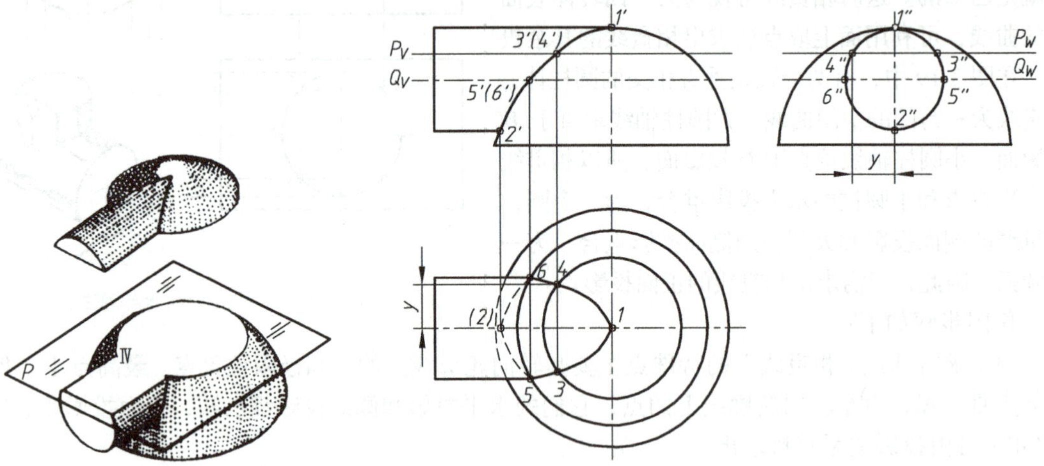

(a)　　　　(b)

图 3-21　圆柱与半圆球相交

为了作图简便，选择辅助平面时应遵守以下原则：即所选择的辅助平面与两相贯体的截交线的投影是最简单的直线或圆。

图 3-21 为圆柱与半圆球相交，由于圆柱的轴线垂直于侧面，相贯线的侧面投影积聚在圆周上，为已知，故只需求作相贯线的正面投影和水平投影。根据辅助平面的选择原则，在此选择水平面为辅助平面，具体作图步骤如下：

（1）求特殊点：由侧面投影可知，Ⅰ、Ⅱ、Ⅴ、Ⅵ分别是相贯线上的最高、最低和最前、最后点。由 1″、2″可直接求出 1′、2′和 1、2；点Ⅴ、Ⅵ的投影，可利用辅助平面法求出，过 5″、6″作水平辅助平面 Q，平面 Q 与圆柱面相交于最前、最后两条素线，与圆锥面相交于一水平纬圆，它们的水平投影的交点就是 5、6，再根据 5、6 在 P_V 上求出 5′、(6′)。

（2）求一般点：在侧面投影的适当位置作辅助水平面 P，平面 P 与圆柱面相交于两条素线，与圆锥相交于一水平纬圆，它们的水平投影的交点就是Ⅲ、Ⅳ点的水平投影 3、4，再根据 3、4 在 P_V 上求出 3′、(4′)。

（3）判别可见性，并光滑连接各点。在俯视图中，位于圆柱上半部的相贯线可见，位于圆柱下半部的相贯线不可见，故 6、4、1、3、5 可见，连成实线，5、(2)、6 连成虚线，可见与不可见的分界点为 5、6。相贯线前后对称，因此相贯线的正面投影前后重合，用实线画出。

六、立体表面交线的分析

1. 相贯线的特殊情况

（1）两同轴回转面的相贯线是垂直于轴线的圆。当它们的轴线平行于某投影面时，相贯线在该投影面上的投影积聚为垂直于轴线的直线段，如图 3-22 所示。

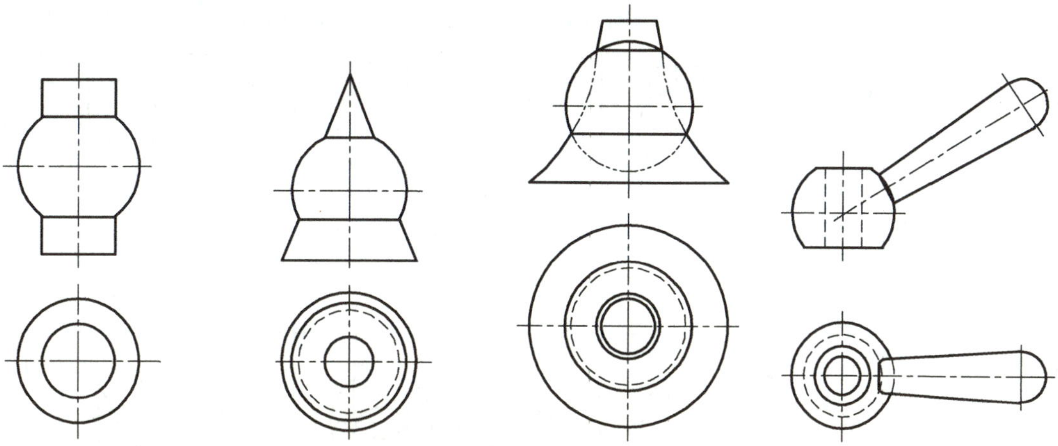

（a）　（b）　（c）　（d）

图 3-22　两同轴回转面的相贯线

（2）轴线相交的两回转面公切于一个球面时，其相贯线是平面曲线——椭圆。若两回转面的轴线都平行于某投影面，则相贯线在该投影面上的投影积聚为两相交的直线段，如表 3-3 所示。

表 3-3　公切于圆球时，圆柱与圆柱以及圆柱与圆锥的相贯线

表面性质相对位置条件	柱、柱相贯		锥、柱相贯	
	轴线正交	轴线斜交	轴线正交	轴线斜交
公切于一圆球	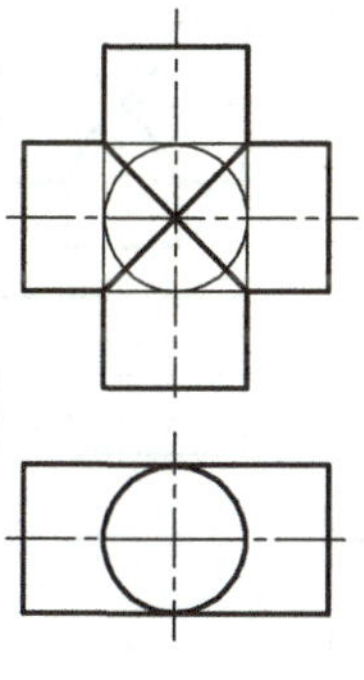	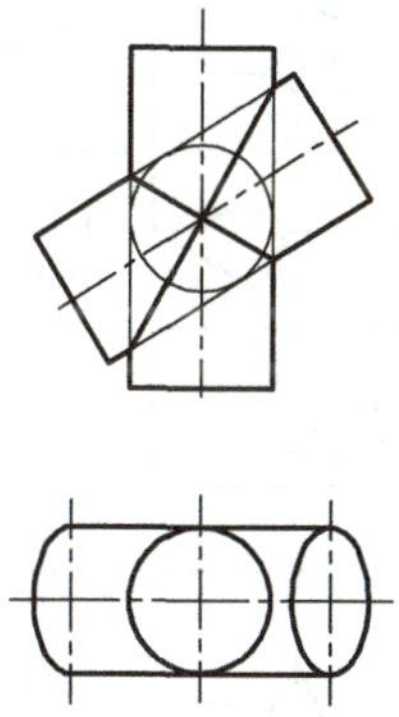	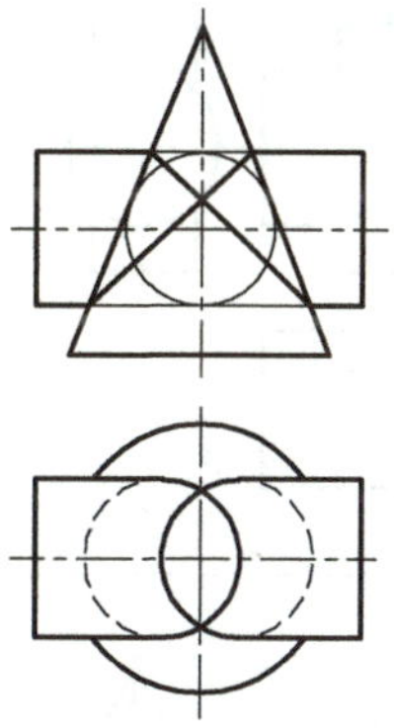	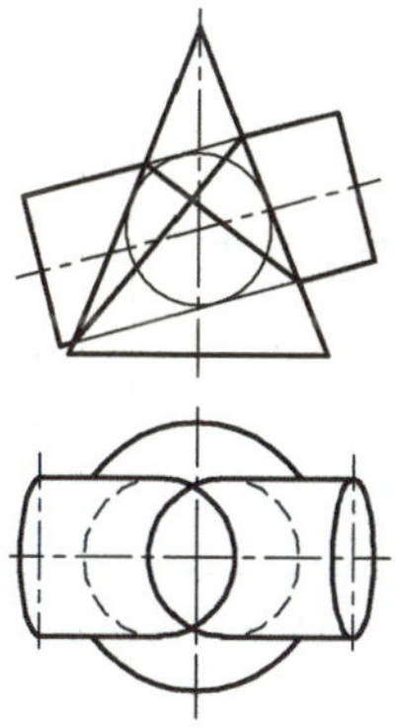

2. 影响相贯线形状的因素

影响相贯线形状的因素有：两相贯体表面的几何性质、两相贯体的相对尺寸大小和相对位置的变化情况。

（1）表 3-4 表示圆柱与圆柱、圆柱与圆锥轴线正交时，当其中一相贯体尺寸发生改变时，相贯线形状的变化趋势。

表 3-4　轴线正交时表面性质相同而尺寸相对变化对相贯线的影响

表面性质	直立圆柱的直径变化时		
柱、柱相贯	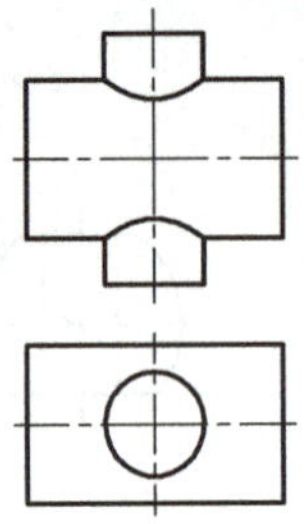	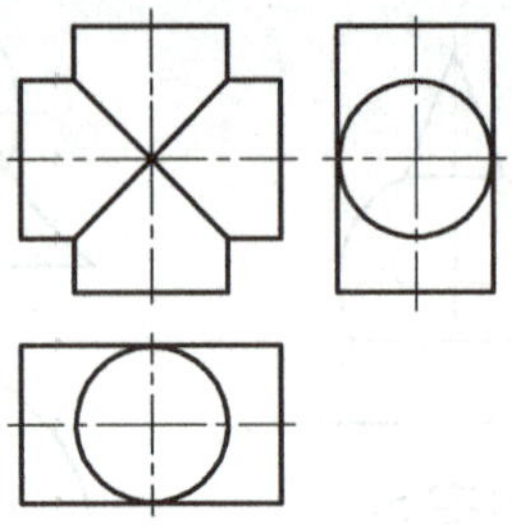	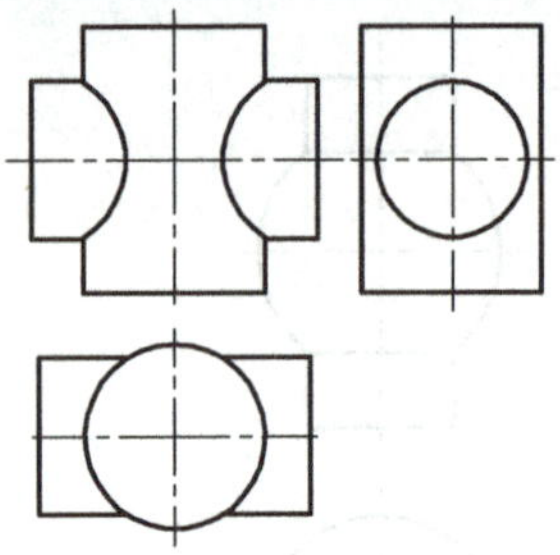
锥、柱相贯	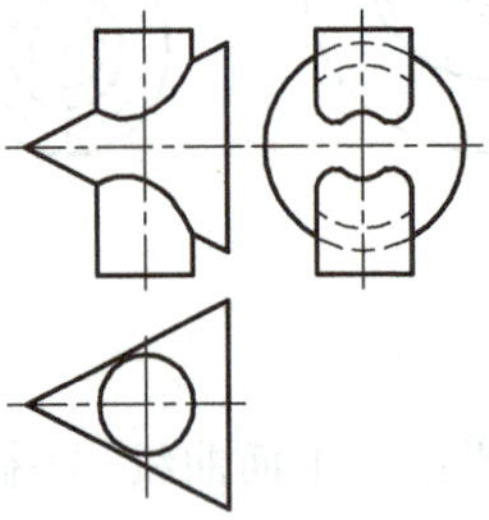	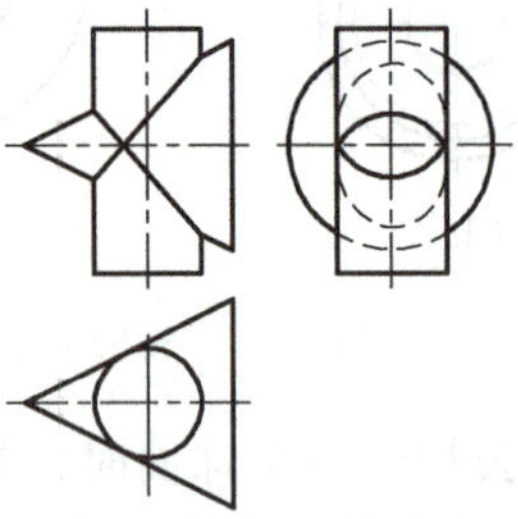	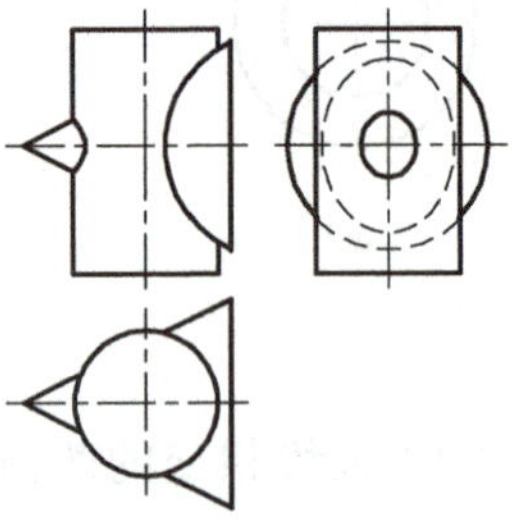

（2）表 3-5 表示圆柱与圆柱、圆柱与圆锥相交时，若它们的直径保持不变，而使它们的相对位置发生改变，比如正交、斜交和交叉三种情况，相贯线形状的变化情况。

表 3-5　相对位置变化对相贯线形状的影响

表面性质	轴线正交	轴线斜交	轴线交叉
柱、柱相贯	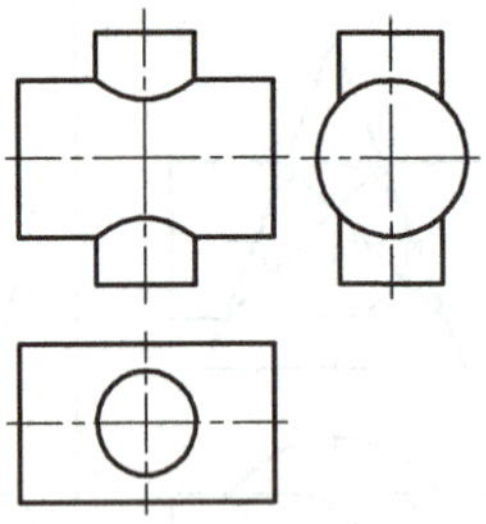	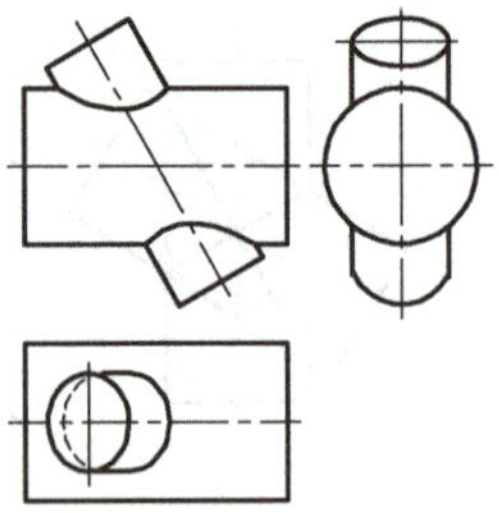	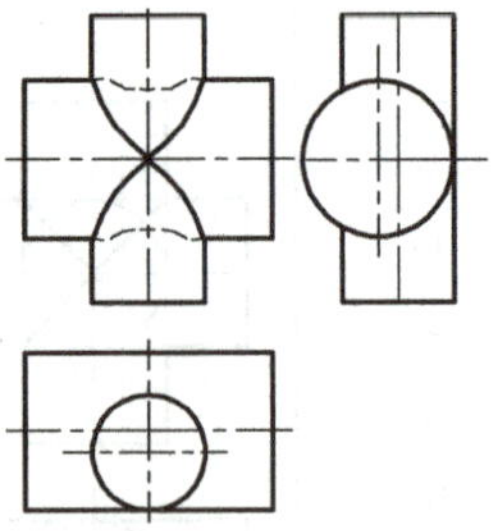
锥、柱相贯	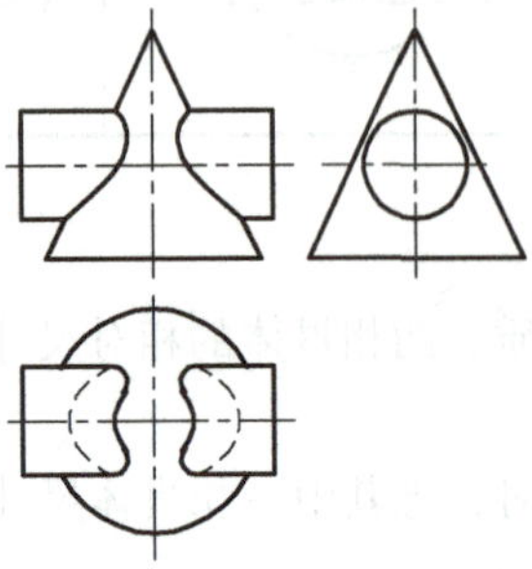	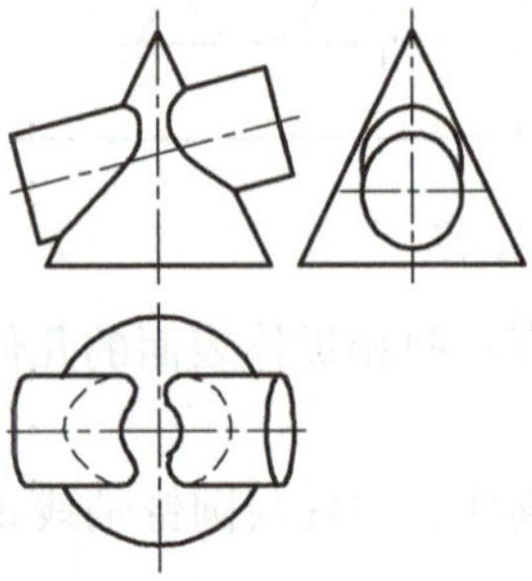	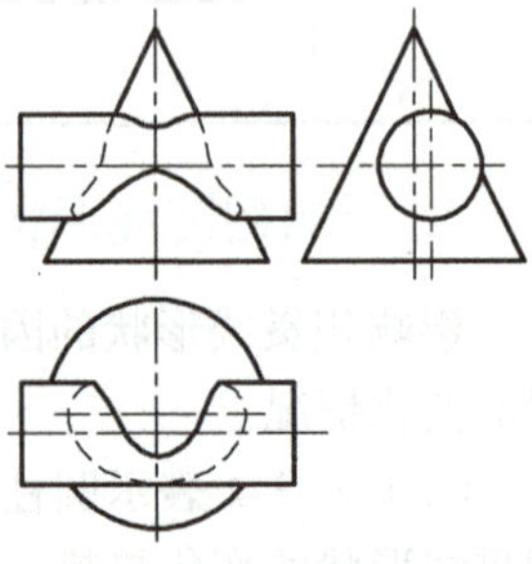

七、综合相交举例

机件往往都是由多个基本体构成的组合体，它们相交时产生的表面交线可能是相贯线，也可能是截交线，形成综合相交。画组合体的投影时，必先进行形体分析，找出存在截交和相贯关系的表面，应用截交线和相贯线的基本作图方法，逐一作出各条交线的投影。

【例 3-9】完成图 3-23（a）所示组合体的正面投影和水平投影。

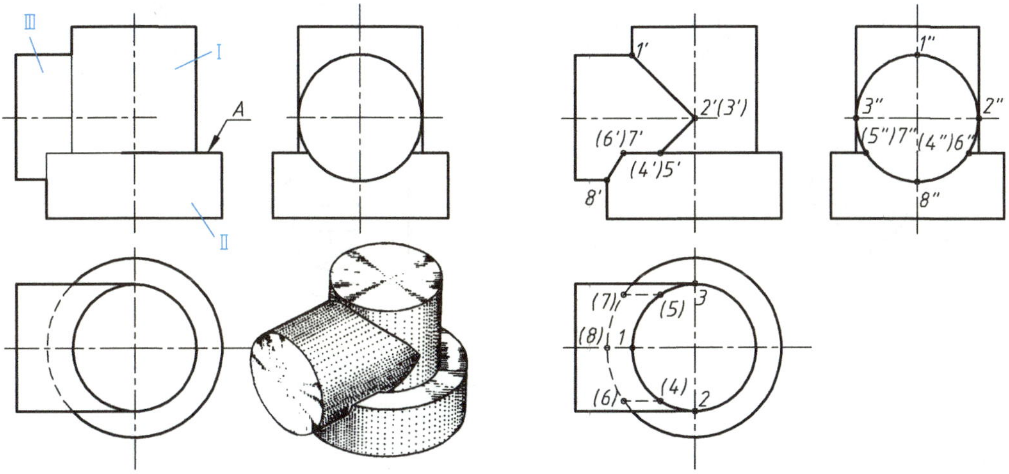

（a）　　　　　　　　　　　　（b）

图 3-23　组合体的表面交线（一）

分析：该组合体由两个同轴圆柱Ⅰ、Ⅱ和其左边的圆柱Ⅲ组合而成。圆柱Ⅰ与圆柱Ⅲ、圆柱Ⅱ与圆柱Ⅲ均为轴线垂直相交，且前者为两直径相等的圆柱相交，属于特殊相贯的情况，故需分别求作相贯线；圆柱Ⅱ的顶面 *A* 截切圆柱Ⅲ，还必须求作截交线。

作图步骤如下：

（1）求作圆柱Ⅰ和圆柱Ⅲ表面的相贯线上的点，可以利用积聚性直接作图。由侧面投影中的点 1″、2″、3″、4″、5″和水平投影中的点 1、2、3、4、5，便可求出其正面投影 1′、2′、（3′）、4′、（5′）。

（2）求作圆柱Ⅱ和圆柱Ⅲ两表面相贯线上的点，同样可利用积聚性先直接找到点Ⅵ、Ⅶ、Ⅷ的侧面投影 6″、7″、8″和水平投影（6）、（7）、（8）后，再求其正面投影 6′、（7′）、8′。

（3）求作圆柱Ⅱ顶面 *A* 与圆柱Ⅲ相交的截交线。平面 *A* 与圆柱Ⅲ的轴线平行，其交线是平行于轴线的两直线段，即侧垂线Ⅵ、Ⅳ和Ⅶ、Ⅴ。

（4）判别可见性，分段依次连线。由于相贯线前后对称，在正面投影上相贯线前后两部分重合，均画成粗实线，且直径相等的两圆柱的相贯线的投影为直线段。*A* 面截圆柱Ⅲ的截交线的水平投影不可见，应画成虚线，如图 3-23（b）所示。

【例 3-10】完成图 3-24 所示组合体的主、左两视图。

分析：该组合体由两个具有同心孔的圆柱 *A* 和 *B* 及半球 *C* 组合而成，其中 *A*、*B* 轴线垂直相交，且都通过球心。组合体外表面之间的交线包括圆柱 *B* 与 *A* 相交产生的空间曲线、圆柱 *B* 与半球 *C* 相交产生的半圆和圆柱 *B* 与半球 *C* 的左端面 *D* 相交产生的两直线段，其中圆柱 *B* 与半球 *C* 属于同轴回转体相交，相贯线为半圆。下面分析组合体内表面产生的交线，竖直圆孔与水平圆孔轴线垂直相交，且它们的直径相同，相贯线为两个半椭圆；竖直圆柱孔的下部又与外表面 A、C 及 C 的左端面 D 都相交，这些交线与圆柱 B 产生的交线类似。由于圆柱 B 的水平投影具有积聚性，圆柱 A 的侧面投影具有积聚性，因此该组合体交线的各面投影可利用积聚性求出，如图 3-24（b）所示。

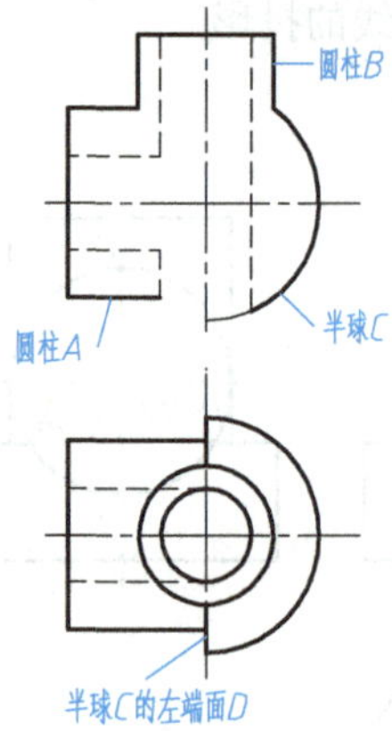

（a）

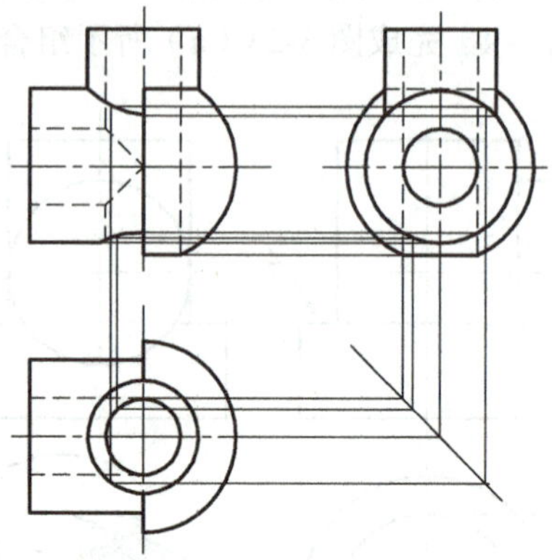
（b）

图 3-24　组合体的表面交线（二）

第三节　简单体尺寸标注

生产中，图上所标注的尺寸是工人制造零件的重要依据，标错一个，整个零件就可能报废。因此，标注尺寸时必须认真负责，一丝不苟，绝不能粗枝大叶。

标注尺寸的基本要求：

（1）正确：所注尺寸应符合国家标准《技术制图》中有关尺寸注法的基本规定。详见第一章内容。

（2）完全：尺寸必须标注齐全，不遗漏，不重复。

（3）合理：所注尺寸既能保证设计要求，又要符合加工、装配、测量等工艺要求。

（4）清晰：尺寸标注要布置匀称、清楚、整齐，便于阅读。

本节主要介绍切割体、相贯体和简单平板类形体的尺寸标注，初步理解尺寸标注的要求，为后续组合体尺寸标注打下基础。

一、切割体尺寸标注

切割体的尺寸标注是在基本体尺寸标注的基础之上完成的。切割体的尺寸由两部分组成：一是基本体的定形尺寸，二是确定截平面位置的定位尺寸。由于截平面与形体的相对位置确定后，截交线即被唯一确定，因此不应对截交线标注尺寸。

图 3-25 给出了几种典型切割体的尺寸标注。由此可以看出，恰当地标注尺寸，可以减少视图的数量，方便读图。

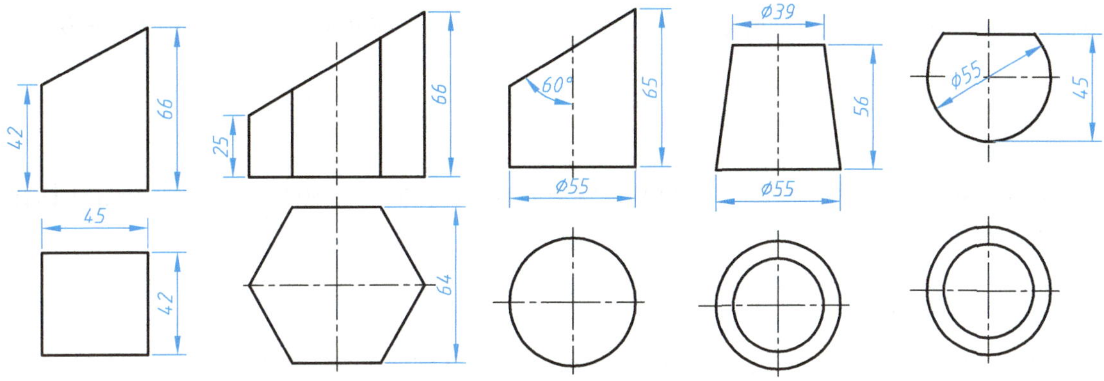

图 3-25　切割体的尺寸标注

二、相交体尺寸标注

相交体尺寸标注是在基本体尺寸标注的基础上完成的。相交体的尺寸由两部分组成：一是基本体的定形尺寸，二是确定两基本体相对位置的定位尺寸。其具体标注方法和步骤如下：

（1）形体分析——明确两个参与相交的基本体的类型、相对位置。

（2）选择尺寸基准——相交体需要三个方向的尺寸基准，即左右方向、前后方向和上下方向尺寸基准。一般情况下，应选择平面立体上的大端面、回转体的轴线作为尺寸基准。

（3）标注定形尺寸——为每个参与相交的基本体标注定形尺寸。

（4）标注定位尺寸——从已选择的尺寸基准出发，分别按照左右方向、前后方向和上下方向为每个参与相交的基本体标注定位尺寸。

（5）检查和调整——当相交体所需尺寸较多时，难免会出现差错或者出现尺寸放置位置不当的情况。这时就需要进行认真检查并改正错误，或者需要重新调整尺寸的放置位置，直至符合要求为止。

图 3-26 是几种相交体的尺寸标注，图中的箭头所指是为尺寸标注选择的尺寸基准。注意：当基本体的一端与另一基本体相切或者相交时，位于该方向的定形尺寸不能直接标注；当基本

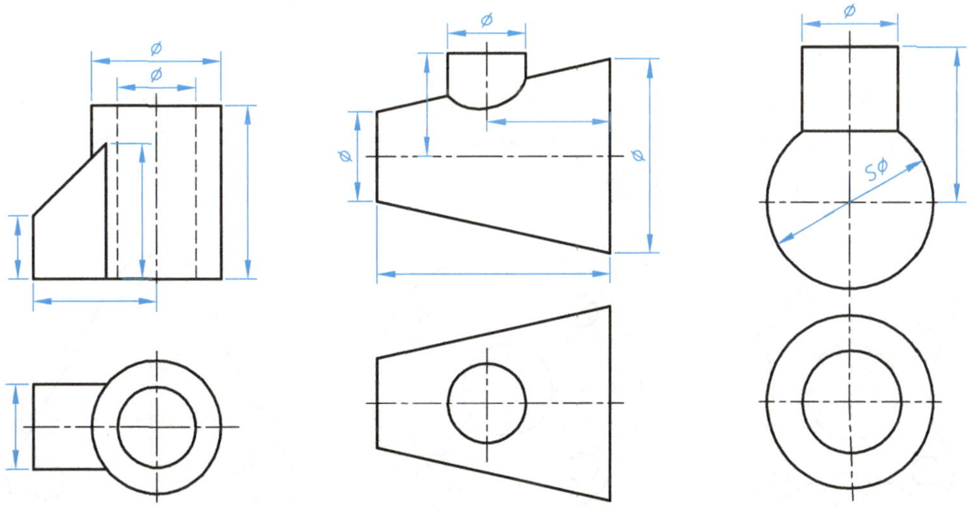

（a）平板与圆管相交　（b）圆柱与圆台相交　（c）圆柱与圆球相交

图 3-26　相交体的尺寸标注

体的端平面、对称平面或者回转轴线与尺寸基准重合时，位于该方向的定位尺寸则不需要标注。

三、简单平板类形体尺寸标注

由于平板类形体（俗称板子）在结构形状上的特殊性，其三视图的绘制及其尺寸标注具有非常强的规律性。

1. 平板类形体的三视图

平板类形体的形状特点是：在一个方向上的尺度与其他两个方向的尺度相比明显较小。平板类形体的结构特点是：在两个相互平行、距离比较小的表面上，往往分布着若干形状不同、大小不等的通孔或通槽，或者按一定规则分布着若干形状相同、大小相等的通孔或通槽等。

在绘制平板类形体的三视图时，经常有一个视图能够明确地反映出板子的实形，以及板子上各种孔或槽的形状、大小与分布情况；而另两个视图则主要反映该板子的厚度。因此，在实际当中经常只画两个视图，即一个视图反映其实形，另一个视图反映其厚度，如图 3-27 所示。

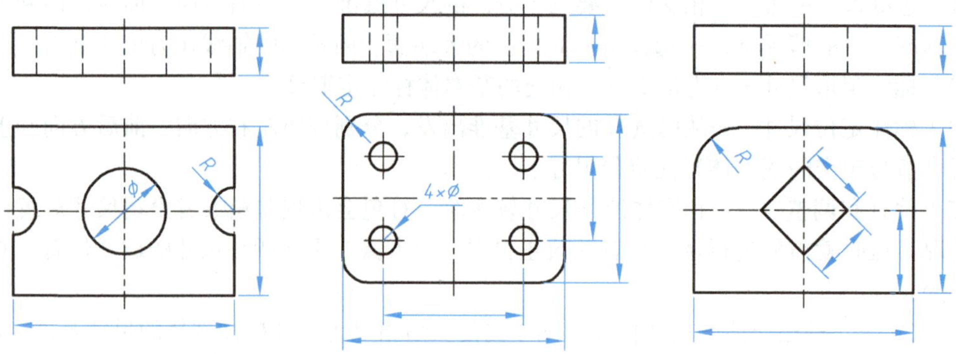

图 3-27　平板类形体的三视图及尺寸标注（一）

2. 平板类形体的尺寸标注

平板类形体的尺寸标注总的标注方法是：除平板的厚度尺寸需在其他视图上标注以外，其余尺寸（包括定形尺寸和定位尺寸）全部标注在反映平板实形的视图上，如图 3-28 所示。但在具体标注尺寸时，还必须坚持以下原则：

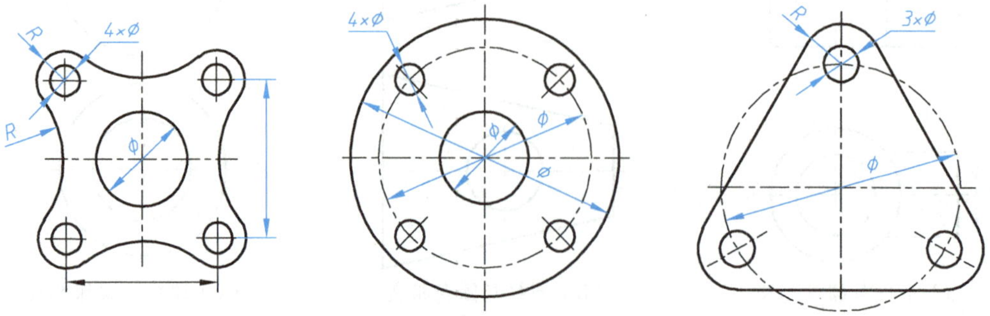

图 3-28　平板类形体的三视图及尺寸标注（二）

（1）如果平板上有 n 个相同的圆孔，一般需在其中一个圆上标注 $n\times\phi$，并标出这些圆孔的中心距；如果圆孔是沿圆周分布的，则需要标注（用点画线画出）其定位圆的直径。如果平板上有多个相同的回转面需要标注半径，并只需在其中一段圆弧标注 R，如图 3-28 所示。

（2）如果平板的端面为回转面，一般不标注其长度尺寸或宽度尺寸，而是标注其圆弧半径和圆心的定位尺寸，如图 3-29 所示。

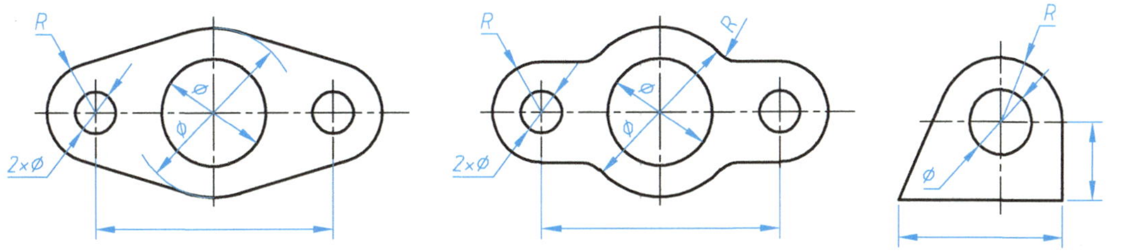

图 3-29　平板类形体的三视图及尺寸标注（三）

（3）对于平板上带有半圆形的长槽，一般只标注槽宽尺寸，而不标注圆弧的半径，如图 3-30 所示。

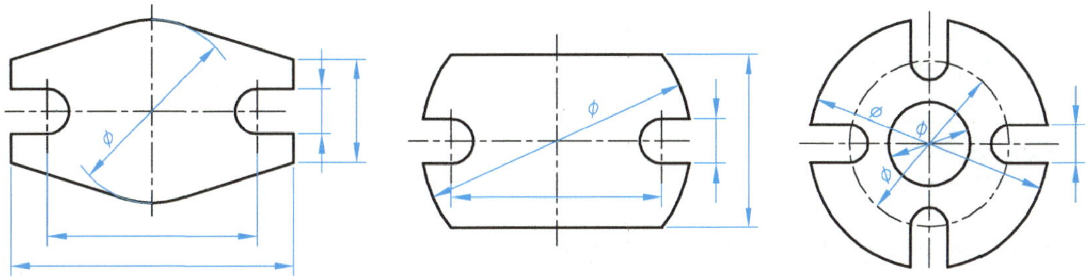

图 3-30　平板类形体的三视图及尺寸标注（四）

（4）当两个相对的圆弧半径相等且圆心重合时，应该标注两圆弧的直径，如图 3-31 所示。但是当两圆弧圆心不重合且不需要确定圆弧圆心，或者圆弧圆心位于形体之外而不便于定位时，可采用如下方式标注，如图 3-31 所示。

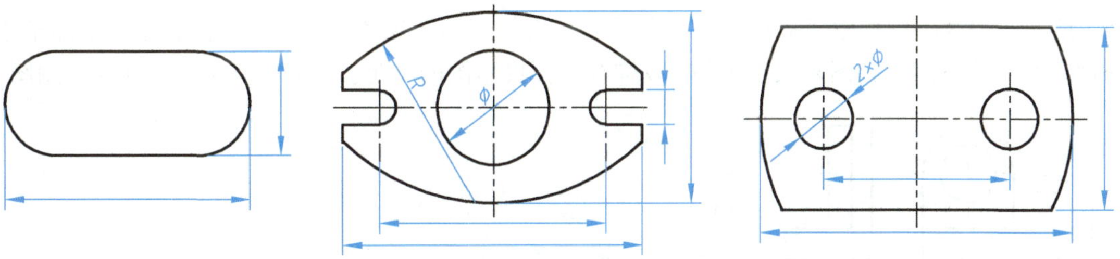

图 3-31　平板类形体的三视图及尺寸标注（五）

第四章 轴测图

学习目标

1. 了解轴测图的形成，轴间角、轴向伸缩系数的概念，以及轴测图的分类；
2. 掌握轴测图的投影特性及基本作图方法。

技能目标

1. 掌握轴测图的投影特性及基本作图方法；
2. 掌握正等测轴测图和斜二测轴测图的画法。

导 读

常用的零件图样是多面正投影图，多面正投影具有作图简便、度量性好等优点，如图 4-1（a）所示。但这种图样缺乏立体感，必须具有一定的图学知识才能看懂。为此，工程上还常用一种富有立体感的投影图来表达形体，以弥补多面投影图的不足。这种单面投影图称为轴测图。

（a）（b）（c）

图 4-1 多面正投影图与轴测图

轴测图是一种单面投影图，在一个投影面上能同时反映出形体三个坐标面的形状，并接近于人们的视觉习惯，形象、逼真，富有立体感。但是轴测图一般不能反映出形体各表面的实形，因而度量性差，同时作图较复杂。因此，在工程上常把轴测图作为辅助图样，来说明机器的结构、安装、使用等情况，在设计中，用轴测图帮助构思、想象形体的形状，以弥补正投影图的不足，如图 4-1（b）、（c）所示。

第一节 轴测图的基本知识

一、轴测图的形成和投影特性

如图 4-2 所示，轴测图是将形体连同其参考直角坐标系，沿不平行于任一坐标平面的方向，用平行投影法将其投射在单一投影面 P 上所得的图形。

在轴测投影中，投影面 P 称为轴测投影面，投射方向 S 称为轴测投射方向。由于轴测图是用平行投影法得到的，因此具有下列投影特性：

（1）平行性：形体上互相平行的线段，在轴测图上仍然互相平行。

（2）定比性：形体上两平行线段或同一直线上的两线段长之比，在轴测图上保持不变。

二、轴测轴、轴间角及轴向伸缩系数

轴测轴：空间直角坐标轴 OX、OY、OZ 在轴测投影面上的投影 O_1X_1、O_1Y_1、O_1Z_1。

轴间角：相邻两轴测轴之间的夹角，即角 $\angle X_1O_1Y_1$、$\angle X_1O_1Z_1$、$\angle Y_1O_1Z_1$。

轴向伸缩系数：轴测轴上单位长度与相应空间直角坐标轴上单位长度之比。

X、Y、Z 轴的轴向伸缩系数分别用 p、q、r 表示，$p = O_1C_1/OC$，$q = O_1G_1/OG$，$r = O_1H_1/OH$，如图 4-2 所示。

轴测图

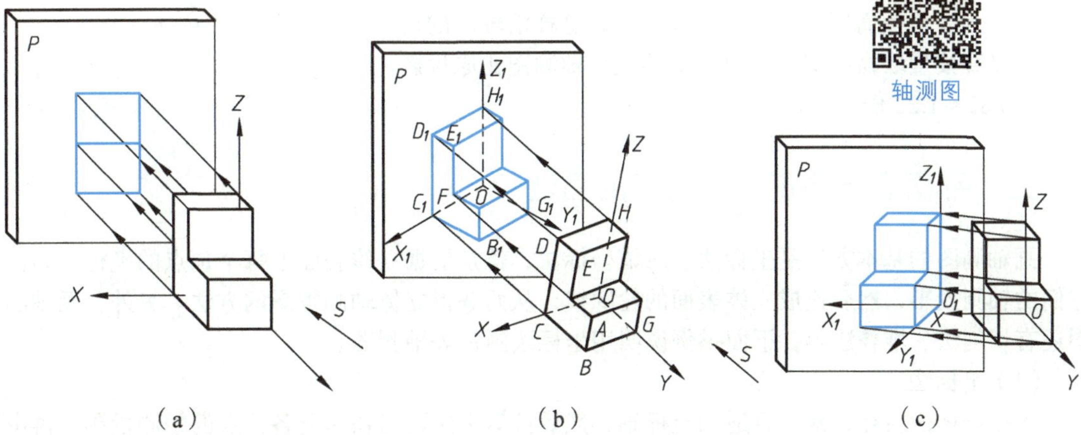

图 4-2 轴测图的形成

三、轴测图的分类

根据投射方向与轴测投影面是否垂直，可将轴测图分为两类。

1. 正轴测图

投射方向与轴测投影面垂直，即用正投影法得到的轴测图，如图 4-2（b）所示。

2. 斜轴测图

投射方向与轴测投影面倾斜，即用斜投影法得到的轴测图，如图 4-2（c）所示。

在上述两类轴测图中，根据轴向伸缩系数的不同，每类又可分三种。

（1）正（或斜）等轴测图：三个轴向伸缩系数都相等的轴测图，即 $p=q=r$。

（2）正（或斜）二轴测图：有两个轴向伸缩系数相等的轴测图，即 $p=q\neq r$，或 $p=r\neq q$，或 $p\neq r=q$。

（3）正（或斜）三轴测图：三个轴向伸缩系数均不相等的轴测图，即 $p\neq r\neq q$。

在工程上用得较多的是正等轴测图和斜二轴测图，本章主要介绍正等轴测图和斜二轴测图的画法。

第二节 正等轴测图的画法

一、轴间角和轴向伸缩系数

使直角坐标系的三条坐标轴 OX、OY、OZ 对轴测投影面的倾斜角相等，并用正投影法将物体向轴测投影面投射，所得到的图形称为正等轴测图，简称正等测。

如图 4-3 所示，正等轴测图的三个轴间角相等，均为 120°，规定 Z 轴是铅垂方向，根据理论计算，其轴向伸缩系数 $p=q=r\approx0.82$，为了作图简便，采用 $p=q=r=1$，这样沿轴向的尺寸就可以直接量取物体实长，但画出的正等轴测图比原投影放大 1/0.82≈1.22 倍。

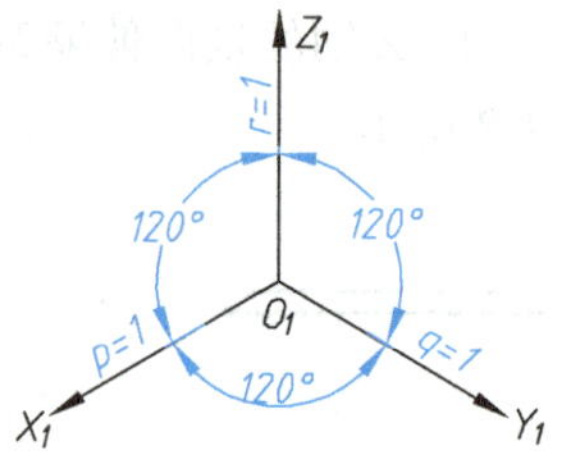

图 4-3 正等轴测图的轴间角和轴向伸缩系

二、平面立体的正等轴测图的画法

画轴测图的基本方法是坐标法。所谓坐标法，就是根据立体表面上每个顶点的坐标，画出它们的轴测投影，然后连成立体表面的轮廓线，从而获得立体轴测投影的方法。另外，画轴测图还有切割法、堆叠法等，下面举例说明用坐标法画正等轴测图。

（1）坐标法。

根据物体的特点，建立合适的坐标轴，然后按坐标法画出物体上各顶点的轴测投影，再由各轴测投影点连成物体的轴测图。

【例 4-1】如图 4-4 所示，已知正六棱柱的主、俯视图，求作其正等轴测图。

分析：

（1）在两视图上确定直角坐标系，坐标原点取为顶面的中心（见图 4-4）。

（2）画轴测轴，分别在 X_1、Y_1 方向量取长度 A、B，再利用平行性及六边形边长作出顶面的轴测投影，如图 4-5（a）、（b）所示。

（3）根据高度在 Z_1 方向截取 H，作出底面各点的轴测投影，如图 4-5（c）所示。

（4）连接边长与棱线，擦去作图线，即完成正六棱柱的正等轴测图，如图 4-5（d）所示。

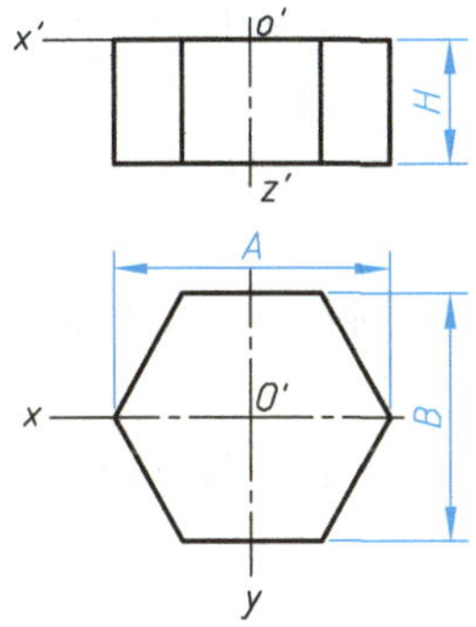

图 4-4　正六棱柱的视图

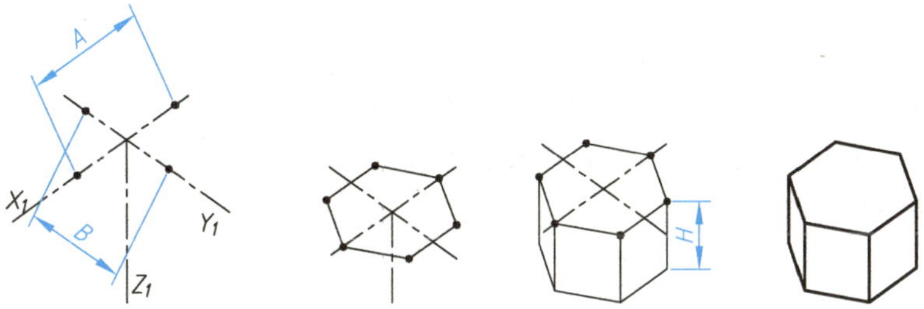

（a）　（b）　（c）　（d）

图 4-5　作正六棱柱的正等轴测图

轴测图的主要画法有切割法和叠加法。

切割法是对某些以切割为主的立体，可先画出其切割前的完整形体，再按形体形成的过程逐一切割而得到立体轴测图的方法。

叠加法是对某些以叠加为主的立体，可按形体形成的过程逐一叠加从而得到立体轴测图的方法。实际上，大多数立体既有切割又有叠加，在具体作图时切割法和叠加法总是交叉使用。

【例 4-2】根据视图[见图 4-6（a）]，作出立体的正等轴测图。

分析：

（1）切割法：先画长方体，然后逐步切割形体作图，步骤如图 4-6（b）~（e）所示。

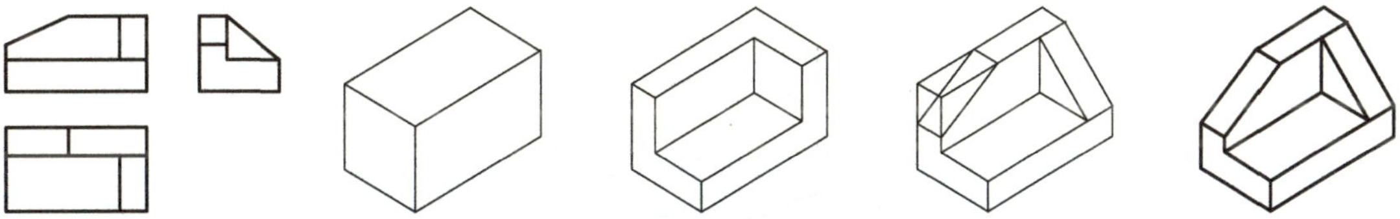

（a）　（b）　（c）　（d）　（e）

图 4-6　切割法作正等轴测图

（2）叠加法：先画长方体底板，再加立板，然后加上三角形斜块，步骤如图 4-7 所示。

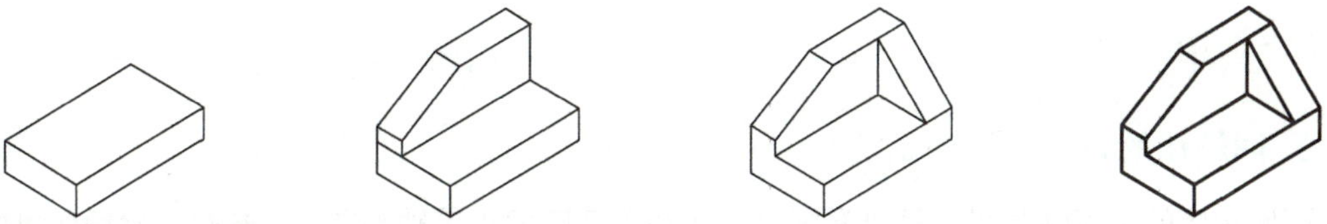

（a）　（b）　（c）　（d）

图 4-7　叠加法作正等轴测图

三、回转体的正等轴测图

作回转体的正等轴测图，关键在于画出立体表面上圆的轴测投影。

1. 平行于坐标面圆的正等轴测投影

圆的正等轴测投影为椭圆，该椭圆常采用菱形法近似画法，即用四段圆弧近似代替椭圆弧，不论圆平行于哪个投影面，其轴测投影的画法均相同，图 4-8（a）表示直径为 d 的水平圆。

（1）先确定原点与坐标轴，并作圆的外切正方形，切点为 a、b、c、d，如图 4-8（a）所示。

（2）作轴测轴和切点 a_1、b_1、c_1、d_1，通过切点作外切正方形的轴测投影，即得菱形。菱形的对角线即为椭圆长、短轴的位置，如图 4-8（b）所示。

（3）过 a_1、b_1、c_1、d_1 作各边垂直线，连接 o_3b_1、o_3c_1 与长轴相交，得圆心 o_2、o_4，如图 4-8（c）所示。

（4）以 o_1、o_3 为圆心，o_1a_1 为半径，作圆弧 a_1d_1、c_1b_1；以 o_2、o_4 为圆心，o_2a_1 为半径，作圆弧 a_1b_1、c_1d_1，连成近似椭圆，如图 4-8（d）所示。

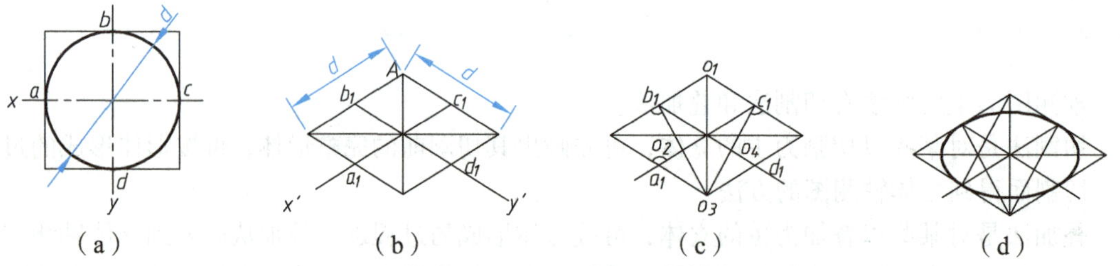

图 4-8　菱形法的近似椭圆画法

图 4-9 画出了平行于三个坐标面的圆的正等轴测图，它们都可用菱形法画出。只是椭圆的长、短轴的方向不同，并且三个椭圆的长轴构成等边三角形。

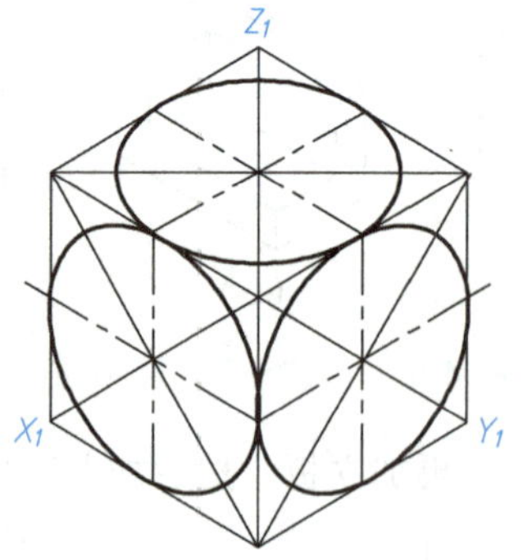

图 4-9　平行于三个坐标面的圆的正等轴测图

2. 回转体的正等轴测图画法

画回转体的正等轴测图，只要先画出底面和顶面圆的正等轴测图——椭圆，然后作出两椭圆的公切线即可。

【例 4-3】如图 4-10（a）所示，已知切割圆柱的主、俯视图，作出其正等轴测图。

分析：

（1）确定坐标系，原点选定为顶圆的圆心，*XOY* 坐标面与上顶圆重合，如图 4-10（a）所示。

（2）用菱形法画出顶圆的轴测投影——椭圆，将该椭圆沿 *Z* 轴向下平移 *H*，即得底圆的轴测投影；将半个椭圆沿 *Z* 轴向下平移 *H*/2，即得切口的轴测投影，如图 4-10（b）、（c）所示。

（3）作椭圆的公切线、截交线，擦去不可见部分，加深后即完成作图，如图 4-10（d）所示。

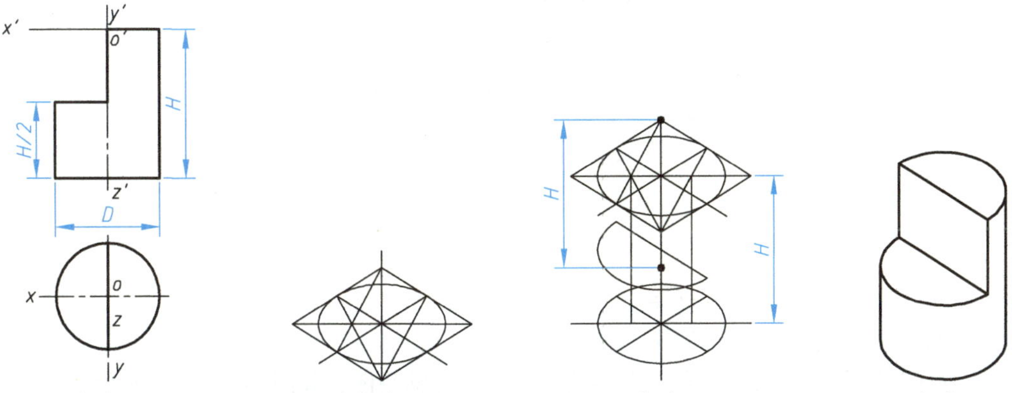

图 4-10　切割圆柱的正等轴测图画法

3. 圆角的正等轴测图画法

立体上 1/4 圆角在正等轴测图是 1/4 椭圆弧，可用近似画法作出，如图 4-11（a）所示。作图时根据已知圆角半径 *R*，找出切点 A_1、B_1、C_1、D_1，过切点分别作圆角邻边的垂线，两垂线的交点即为圆心，以此圆心到切点的距离为半径画圆弧即得圆角的正等轴测图。底面圆角可将顶面圆弧下移 *H* 即得，如图 4-11（b）、（c）所示。

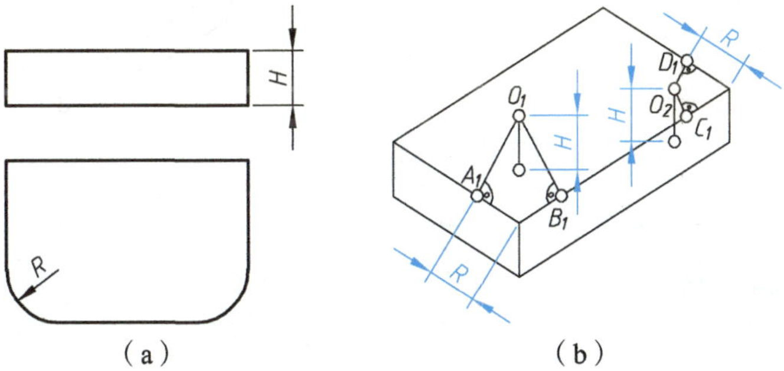

图 4-11　1/4 圆角的正等轴测图

四、组合体正等轴测图画法

【例 4-4】画出如图 4-12 所示的直角支板的正等轴测图。

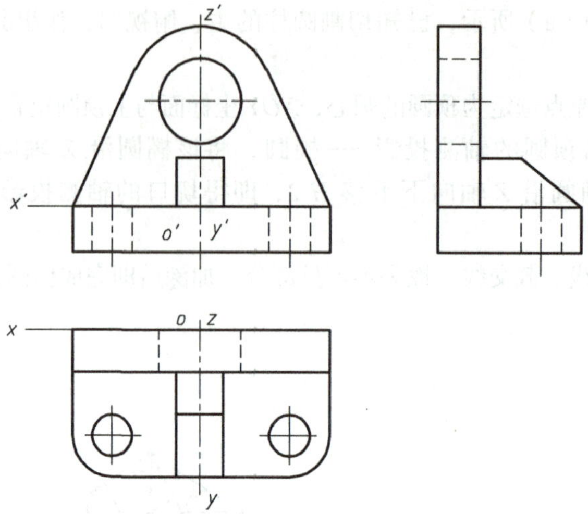

图 4-12　直角支板的视图

分析：

（1）在投影图上定出直角坐标系。

（2）画底板和侧板的正等轴测图，如图 4-13（a）所示。

（3）画底板圆角、侧板上圆孔及上半圆柱面的正等轴测图，如图 4-13（b）所示。

（4）画底板圆孔和中间肋板的正等轴测图，如图 4-13（c）所示。

（5）整理并加深即完成全图，如图 4-13（d）所示。

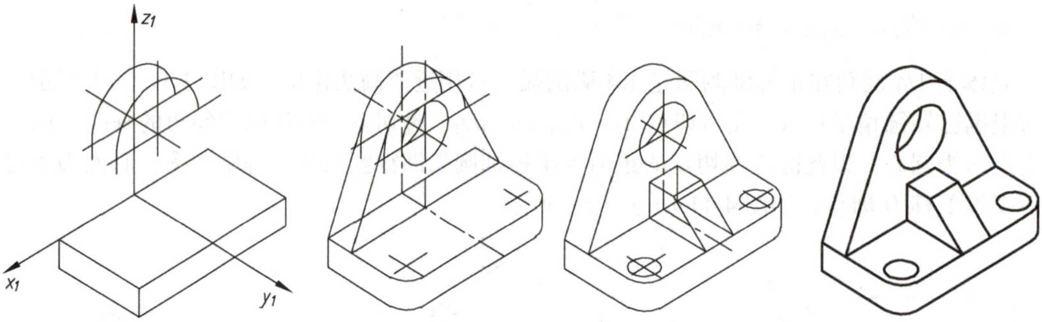

（a）　（b）　（c）　（d）

图 4-13　直角支板的正等轴测图

第三节　斜二轴测图的画法

一、轴间角和轴向伸缩系数

斜二轴测图是轴测投影面平行于一个坐标平面，且平行于坐标平面的那两个轴的轴向伸缩系数相等的斜轴测投影。如图 4-14（a）所示，一般选择正面 XOZ 坐标面平行于轴测投影面。因此，$p=r=1$，$\angle X_1O_1Z_1=90°$，只有 Y 轴的伸缩系数和轴间角随着投射方向的不同而变化。

为了使图形更接近视觉效果和作图简便，国家标准“投影法”中规定，斜二轴测图中，取 $q=0.5$，轴间角 $\angle X_1O_1Y_1=\angle Y_1O_1Z_1=135°$，如图 4-14（b）所示。

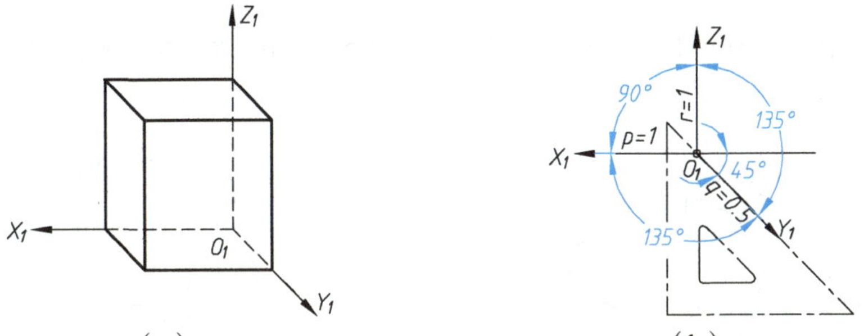

（a）　　　　　　　　（b）

斜二测

图 4-14　斜二测轴间角

二、斜二轴测图的画法

斜二轴测图能反映形体 XOZ 面及其平行面的实形，故特别适合于用来绘制只有一个方向有圆或曲线的形体。

【例 4-5】画出如图 4-15（a）所示端盖的斜二轴测图。

分析：由投影可知，端盖的形状特点是在一个方向有相互平行的圆。宜选择圆的平面平行于坐标面 XOZ，作图过程如图 4-15 所示。

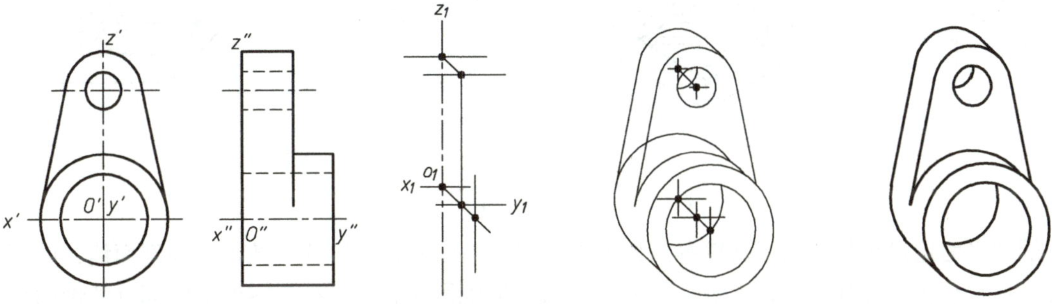

（a）选定坐标轴　（b）画轴测轴　（c）画两圆柱上的圆孔　（d）擦去多余线，加深完成作图

图 4-15　端盖的斜二轴测图画法

第四节　轴测图的剖视画法

在轴测图中，为了表达形体内部的结构形状，可假想用剖切平面沿坐标面方向将物体剖开，画成剖视轴测图。

一、画剖视轴测图的规定

1. 剖切平面的选择

为了清楚地表达物体的内外形状，通常采用两个平行于坐标面的垂直相交平面剖切物体的1/4，如图 4-16（a）所示。一般不采用单一剖切平面全剖物体，如图 4-16（b）所示。

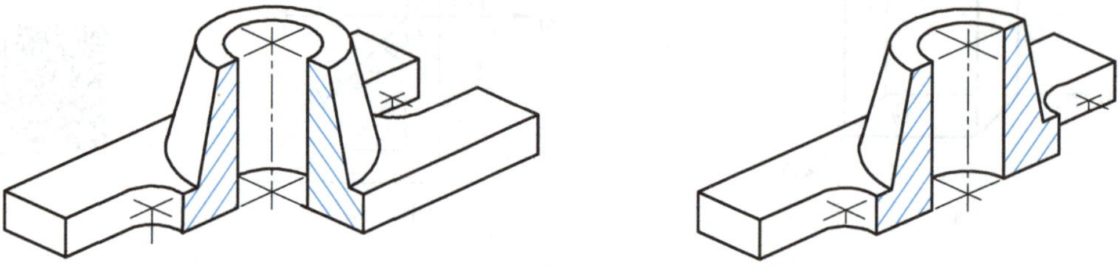

（a）　　　　（b）

图 4-16　轴测剖视图的剖切方法

2. 剖面线的画法

当剖切平面剖切物体时，断面上应画上剖面线，剖面线画成等距、平行的细实线，其方向如图 4-17 所示。

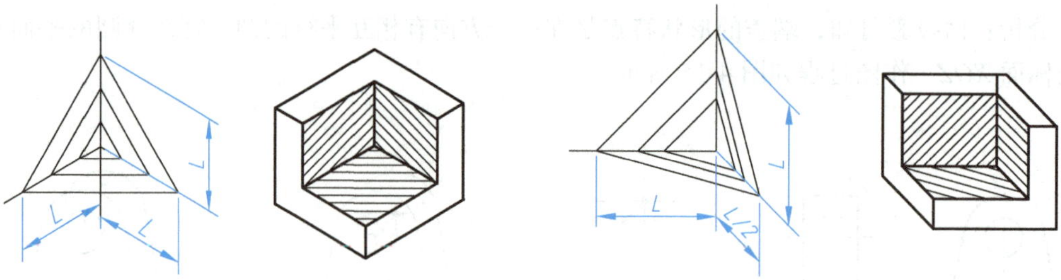

（a）　　　　（b）

图 4-17　轴测图中剖面线的画法

剖切平面通过机件的肋或薄壁等结构的纵向对称平面时，规定这些结构不画剖面线，而用粗实线将它与相邻部分分开，如图 4-18 所示。轴测装配图中，应将相邻零件剖面部分的剖面线方向或间距区别开，如图 4-19 所示。

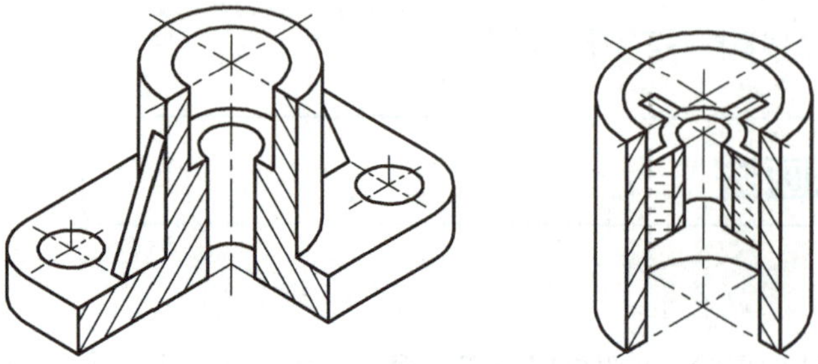

（a）　　　　（b）

图 4-18　轴测剖视中肋板和薄壁的剖切画法

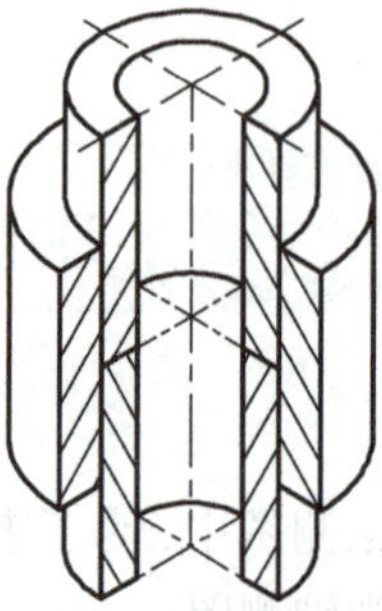

图 4-19　轴测装配图的画法

二、剖视轴测图的画法

画剖视轴测图的方法有两种：

（1）先画外形，后画剖面和内形，作图过程如图 4-20 所示。

（2）先画剖面，再画内、外形状，作图过程如图 4-21 所示。

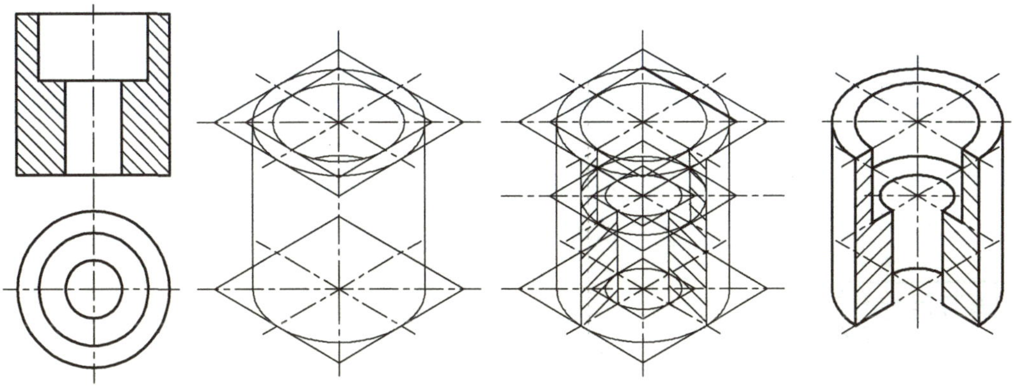

图 4-20　剖视轴测图画法（一）

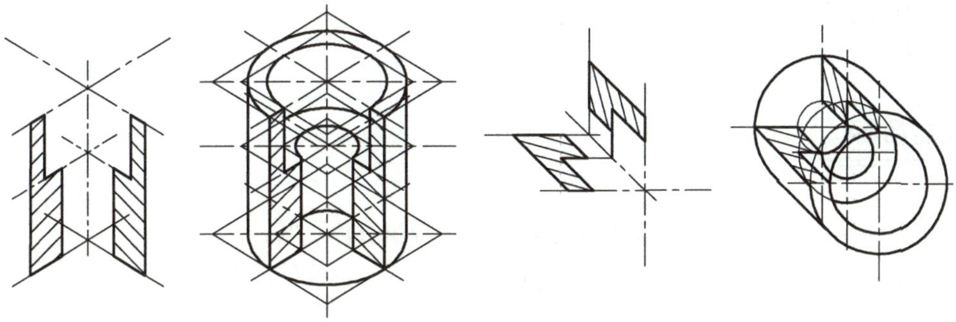

（a）　（b）　（c）　（d）

图 4-21　剖视轴测图画法（二）

第五章 组合体的投影

学习目标

1. 了解组合体的基本组合方式；
2. 掌握组合体表面连接关系及其画法；
3. 掌握组合体三视图画法及尺寸标注；
4. 掌握组合体读图方法。

技能目标

1. 学会利用形体分析法和线面分析法绘制和识读组合体视图；
2. 具备通过已知视图补画第三视图和补画视图中所缺图线的能力。

导　读

由多个基本形体按照一定的方式组合或由一个基本体切割而成的物体称为组合体。本章主要介绍运用形体分析法绘制组合体三视图、标注组合体尺寸以及读组合体视图的方法和空间形体设计的基本方法。

第一节 组合体的组成方式

一、组合体的形体分析

对于一般的机器零件，从结构的形成过程考虑，都可以把它分解成若干基本体，以便设计、研究和加工。在制图中，人们常常把机件分解成若干基本体或组成部分，通过分析各基本体或各组成部分的形状、相对位置及组成方式，逐步达到了解总体的目的，这种分析和思考的方法称为形体分析法。

如图 5-1 所示的支座，按结构可将其分解为底板Ⅰ、竖板Ⅱ和支承座Ⅲ三个主要组成部分，如图 5-1（a）所示。其中每一组成部分，例如支承座Ⅲ，又可把它看成是由一个四棱柱和一个半圆柱相结合，然后被截割去一个圆柱而成的形体，如图 5-1（b）所示。这样就把一个复杂的形体分解为几个较简单的形体，便于画图、读图和标注尺寸。

形体分析法是画图、读图和标注尺寸的基本方法。

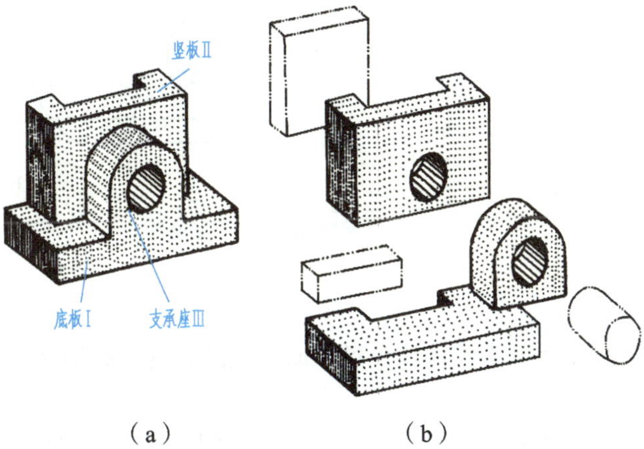

形体分析法读图

图 5-1　组合体的形体分析

二、组合体的组成方式

根据形体的组合特点，组合体的组成方式可以分为叠加类、切割类和综合类三种。

1. 叠加类

由若干基本形体相互叠加而形成的组合体，如图 5-2 所示。

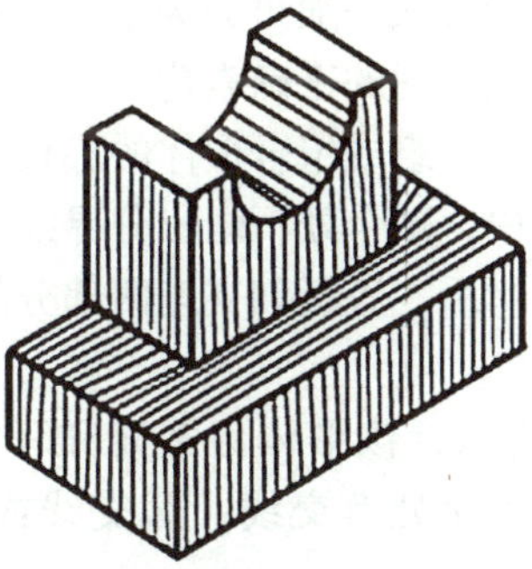

图 5-2　叠加形组合体

2. 切割类

切割是指把简单形体用平面或曲面切割去若干部分。如图 5-3（a）所示的镶块，就属于这种组成方式。图 5-3（b）是镶块的三面投影图。

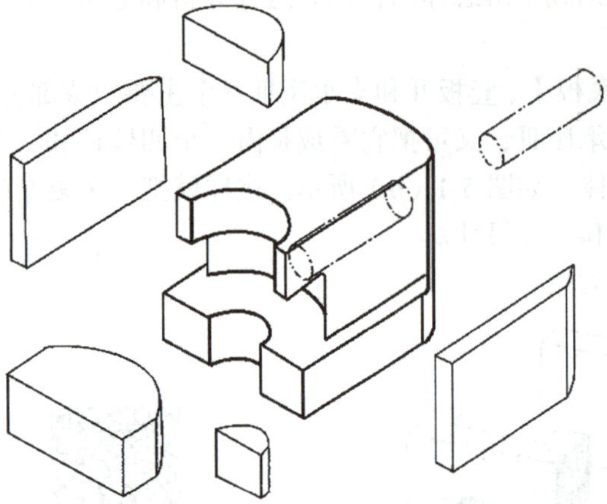
(a)

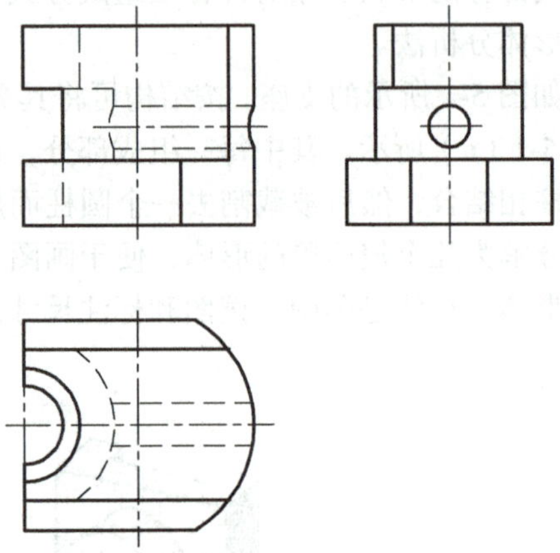
(b)

图 5-3　镶块及其三面投影图

3. 综合类

单一的叠加式或切割式的组合体均少见，而常见的是既有叠加又有切割的综合类组合体，如图 5-1 所示的支座。

组合体是一个整体。所谓“叠加”“切割”只是形体分析的具体体现，不能因此而增加组合体本身不存在的轮廓线；在许多情况下，同一组合体，既可以按“叠加”进行分析，也可以按“切割”进行分析，还可以视为综合类进行分析。

如图 5-3 所示的镶块，组成方式为“切割”方式，其实质与叠加基本相同。因此，在具体分析时，应以便于画图、看图和易于理解为原则。

三、组合体的表面连接关系

组合体中相邻两形体表面的连接形式一般可分为平齐、不平齐、相交与相切四种情况。搞清它们之间的关系，有利于组合体三视图的正确表达。

（1）两表面平齐。如图 5-4 所示，组成组合形体的底板和支座两部分宽度相等，叠加时，前后两个面平齐，所以在正面投影中，贴合处不画出分界线。

（2）两表面不平齐。如图 5-5 所示，底板和支座两部分的宽度不等，前表面不平齐，在正面投影中，贴合处必须画出分界线。

（3）两表面相交。如图 5-6 所示，该形体由圆筒和耳板组成，当两表面相交时，它们之间产生明显的转折，因此，在相交处有交线（截交线或相贯线）。在作图时应画出交线的投影。

（4）两表面相切。当平面与曲面或曲面与曲面相切时，两表面光滑过渡，如图 5-7 所示，耳板的侧面与圆柱面相切，相切处不应画线，耳板上、下面的正面投影和侧面投影画到切点 A 即可。

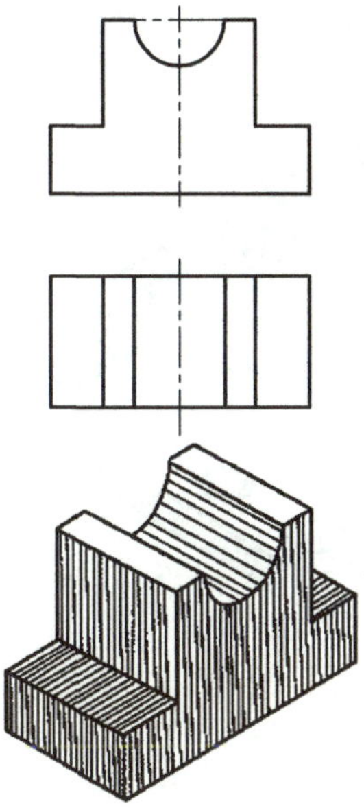

图 5-4　两表面平齐

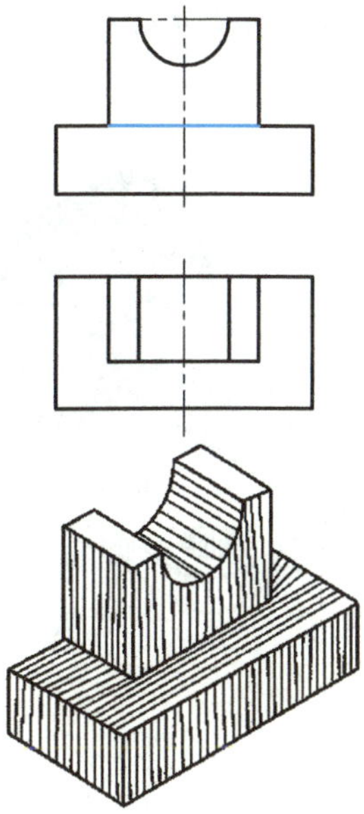

图 5-5　两表面不平齐

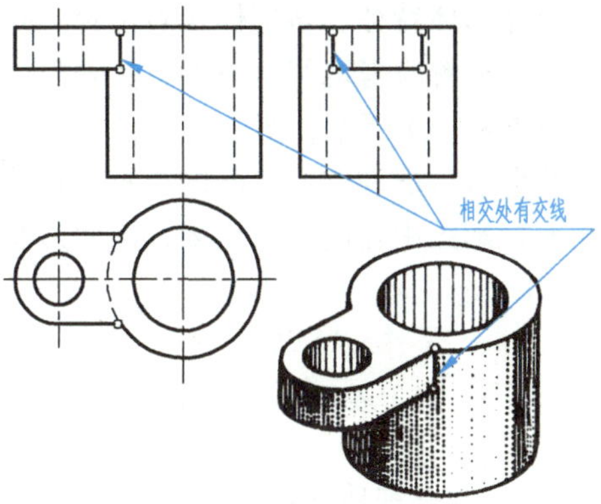

图 5-6　两表面相交处的画法

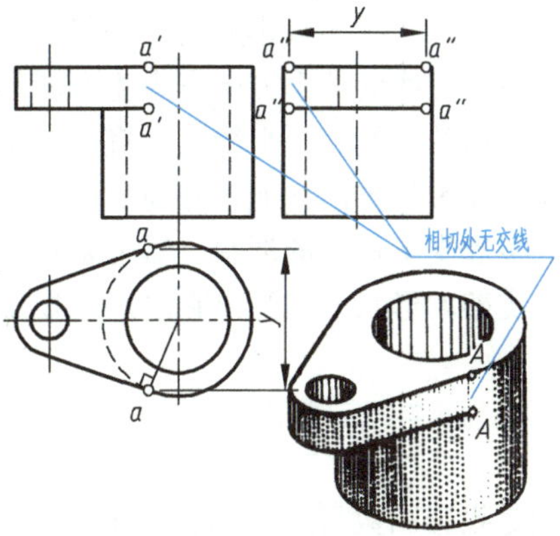

图 5-7　两表面相切处的画法

第二节　组合体三视图的画法

画组合体视图时，宜先对组合体进行形体分析，然后逐步画图。对于切割式的组合体，通常是先画出未切割时的完整基本体的三视图，然后，从有积聚性的投影开始画出切割后的各投影。下面以支架为例说明组合体视图的画图步骤。

一、进行形体分析

如图 5-8（a）所示的支架，采用形体分析法，可将它分解为底板、圆筒和两块支承板，如图 5-8（b）所示。该组合体的组成方式主要是叠加，圆筒在底板的右上方，并用两块支承板与之连接；支承板Ⅰ在底板的右上方，与圆筒相交；支承板Ⅱ在底板的后上方、圆筒的左方，其斜面与圆筒相切。

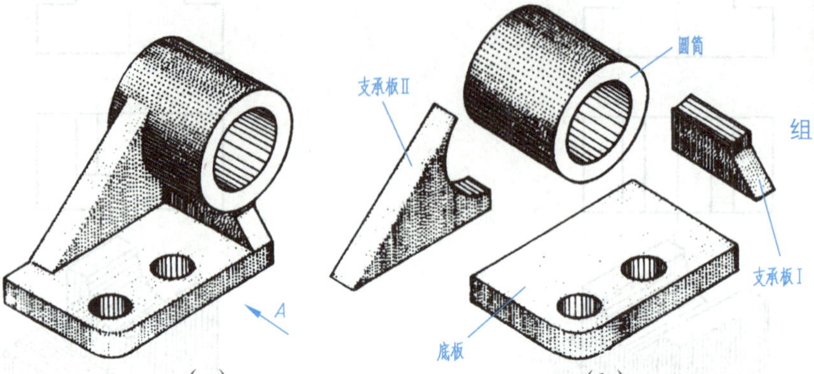

（a）（b）

图 5-8 支架及其形体分析

组合体三视图的画法

二、选择主视图投影方向

首先选择主视图投影方向，一般选择最能反映组合体形体特征、各形体相对位置，并能减少视图中的虚线的那个方向作为主视图的投影方向；如何放置应考虑组合体的自然安放位置，并使组合体的主要表面平行或垂直于基本投影面。如图 5-8（a）所示，图中箭头 *A* 所示方向作为主视图投影的方向，能较好地反映支架各组成部分的形状特征和它们之间的相对位置关系。由于底板和支承板Ⅰ的形状，需分别在水平投影和侧面投影图中才能反映出来，因此，要完整地表达支架的形状，需画出它的三面投影图。

三、画三面投影图

确定投影图数目后，再确定画图比例和图纸幅面大小，并合理地把各个投影图画在图纸上。在一般情况下，优先采用 1∶1 的比例，选用基本图纸幅面，幅面的大小应考虑有足够的位置画图、标注尺寸和画标题栏等。具体画图步骤如下（见图 5-9）：

（1）选比例、定图幅。在一般情况下，尽量采用 1∶1 的比例，也可根据组合体的复杂程度和大小选用其他比例。根据组合体的长、宽、高计算出三视图所占面积，并在各视图之间留出标注尺寸的位置和适当的距离以及画标题栏，选用基本图纸幅面。

（2）布图、画基准线。布图就是确定各个视图在图纸上的位置。布图时要注意各视图之间不要太挤，也不要太散。大致确定各视图的位置后，开始画作图基准线。如圆筒的中心线、轴线、底板底面或端面有积聚性的投影等，如图 5-9（a）所示。

（3）画主要组成部分的三视图。画图时，先从反映该部分形状特征的视图画起。例如，画圆筒时，先画主视图；画底板时，先画俯视图，如图 5-9（b）所示。

（4）画连接部分和其他细节的视图。画这些部分时，也应先画反映形状特征的视图。若各表面相交（或相切），则应按视图投影关系画出表面交线或切点的投影，如图 5-9（c）所示。

（5）检查并加深加粗图线。上述步骤中，为了避免图中发生错误，应先用细线画出底稿，经检查修改无误后，再按各线型要求加深加粗图线，如图 5-9（d）所示。

（6）标注尺寸（详见本章第三节）。

（7）按要求填写标题栏。

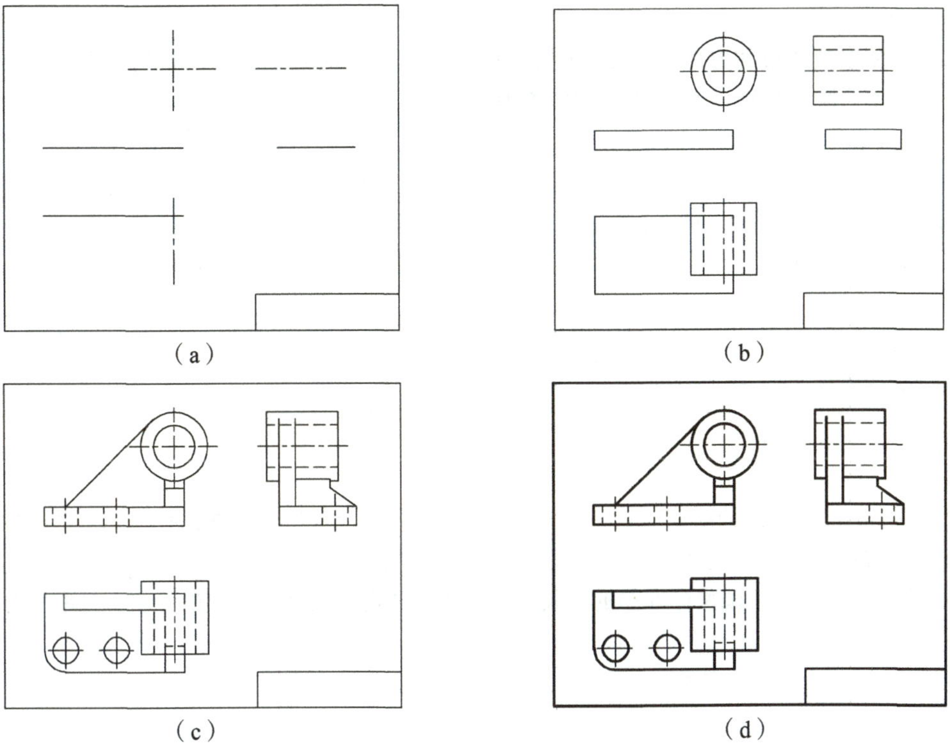

图 5-9　支架的画图步骤

【例 5-1】画出 5-10 所示组合体的三视图。

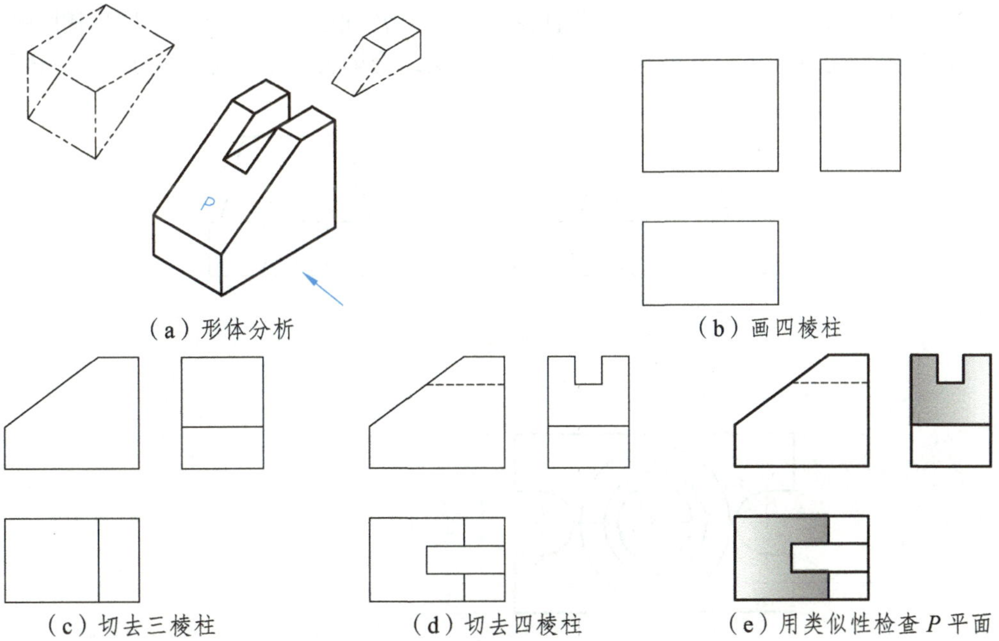

图 5-10　画组合体三视图的步骤

分析：

（1）形体分析。该组合体可看成是一个四棱柱切去了一个三棱柱和一个四棱柱形成的，如图 5-10（a）所示。

（2）选择主视图投射方向。图 5-10（a）中箭头所示方向为主视图的投射方向。

（3）布图、画基准线。具体作法如图 5-10（b）所示。

（4）逐个画出各形体的三视图。先画出四棱柱的三视图，如图 5-10（b）所示；再画出切去的三棱柱、四棱柱的三视图。画切去部分的投影时，应从具有积聚性的投影作起，再依次画出对应的其他投影，如图 5-10（c）、（d）所示。

（5）检查、加深。检查时应着重检查正垂面 P 在俯、左视图的类似性投影是否正确。

第三节 组合体的尺寸标注

视图只能表达组合体的结构形状，而各形体的真实大小及其相对位置，则要由尺寸来确定。组合体尺寸标注的基本要求是正确、完整、清晰，即所标注的尺寸数量齐全、无遗漏、不重复。所标尺寸应符合《机械制图》国家标准中的有关尺寸标注的规定，尺寸数字准确无误，且配置合理。

一、完整地标注尺寸

为了使尺寸标注完整，首先需对组合体进行形体分析，在熟悉基本体尺寸标注、带切口基本体尺寸标注的基础上，注全各组成部分的定形尺寸、定位尺寸和组合体的总体尺寸。

如图 5-11 所示的组合体，底板的长 46、宽 28、高 8，底板的左、右半圆形槽宽 10 及圆台上、下底面圆的外径尺寸 $\phi16$、$\phi24$，内孔直径 $\phi12$ 等均为定形尺寸；底板的半圆形槽圆弧中心之间的距离 36 为定位尺寸，尺寸 46、28 和 21 分别为组合体长、宽、高三个方向的总体尺寸。

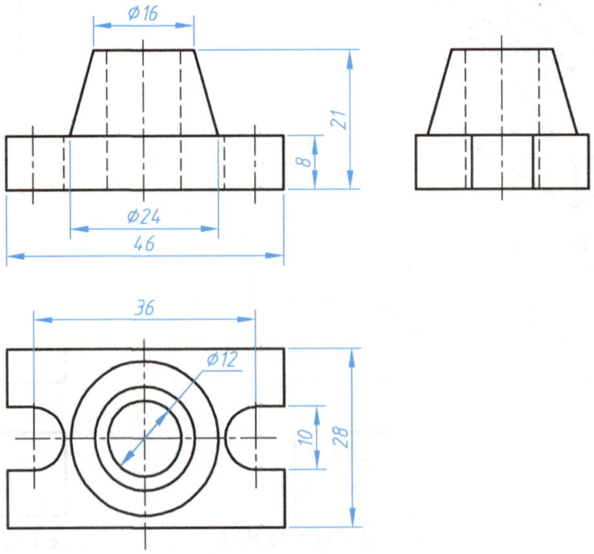

图 5-11　组合体尺寸标注

标注定位尺寸时，在组合体长、宽、高三个方向至少要分别选择一个尺寸基准。所谓尺寸基准，就是标注和度量尺寸的起点。选择的尺寸基准必须既体现组合体的组合特点，又方便制造和测量。因此，在组合体中通常以对称面、底面、端面或主要的轴心线等作为尺寸基准。

二、清晰地标注尺寸

为了使尺寸标注清晰，除了必须遵守国家标准的有关规定外，还要考虑尺寸的布局，标注尺寸应注意以下几点：

（1）同一形体的定形尺寸和定位尺寸，应尽量集中标注在反映该部分形状特征最明显的视图上（见图 5-12）。

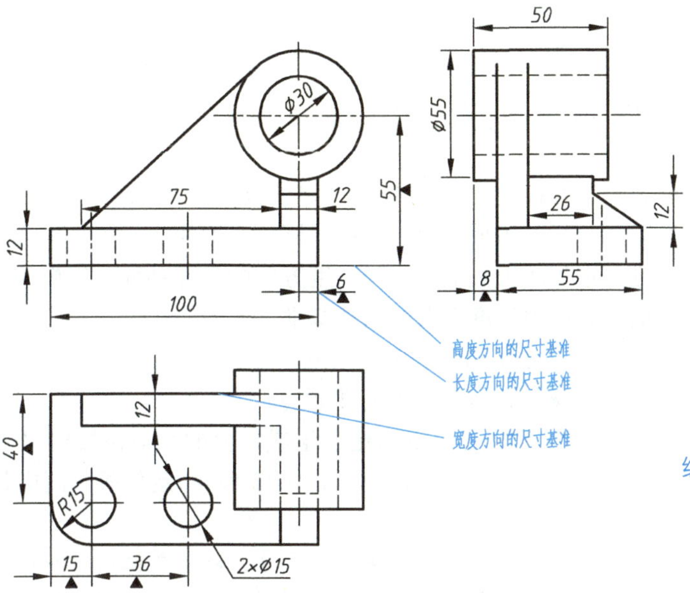

图 5-12　支座的尺寸标注

组合体三视图的画法及尺寸标注

（2）圆柱、圆锥等回转体的直径尺寸，应尽量标注在反映其轴线的投影图（非圆视图）上。圆弧半径尺寸必须注在反映圆弧实形的视图上。

（3）尽量避免在虚线上标注尺寸。

（4）应尽量把尺寸标注在视图的外边，与两投影有关的尺寸宜注在两视图之间。

（5）尺寸线与轮廓线或尺寸线之间的距离，一般取 5 ~ 7 mm，间距最好一致，且排列整齐，同一方向首尾相接的尺寸，应尽量配置在同一直线上。而同一方向有数个并列的平行尺寸时，较小尺寸应靠近图形，较大的依次向外排列。尽量避免尺寸线和尺寸线或尺寸界线相交。

（6）直径相同，在同一平面上均匀分布的孔组，只需标注一个孔的尺寸，再在直径符号“ϕ”前注明孔的个数（图 5-12 中尺寸 2 × ϕ15）。在同一平面上若干半径相同的圆角，不应在半径符号“R”前加注相同半径的个数。

三、尺寸的种类

根据尺寸的作用，可将其分为如下三类尺寸：

（1）定形尺寸。确定组合体各形体的大小和形状的尺寸称为定形尺寸。如图 5-12 中底板长、宽、高（100、55、12）。当两形体具有相同尺寸或有规律分布的相同形体时，可省略其中一个定形尺寸。

（2）定位尺寸。用来确定组合体各形体之间的相对位置的尺寸称为定位尺寸。定位尺寸一般和基准有关，两形体之间应有三个定位尺寸，若在某一方向叠加、挖切、共面、对称或同轴时可省略一个定位尺寸。如图 5-12 中底板上的小孔就省略了高度方向的定位尺寸。

（3）总体尺寸。表示组合体外形的总长、总宽和总高的尺寸称为总体尺寸。有时定形尺寸本身就是组合体的总体尺寸，故不必另标。

当组合体的一端（或两端）为回转面时，该方向上的总体尺寸一般不直接标注，而是由确定回转面的定位尺寸和回转体的定形尺寸来确定，如图 5-12 中总高尺寸是由 $55+\phi 55/2$ 确定的。

四、组合体尺寸标注的方法和步骤

下面以支架为例进行尺寸标注（见图 5-12）。其方法和步骤如下：

（1）进行形体分析。分析各组成部分（底板、圆筒、两块支承板）的形状和相对位置。

（2）选择尺寸基准。选用底板右端面作为长度方向的尺寸基准，底板的后端面作为宽度方向的尺寸基准，底板的下底面为高度方向的尺寸基准。

（3）标注定形尺寸。定形尺寸是用以确定各组成部分的形状大小的尺寸，如底板的尺寸 100、55、12 等，图中所有不带“▲”的尺寸都是定形尺寸。

（4）标注定位尺寸。定位尺寸是用以确定各组成部分的相对位置的尺寸，如圆筒由尺寸 55、8 和 6 定位，底板上两个 $\phi 15$ 的小孔由尺寸 15、36 和 40 定位等，图中带“▲”者均为定位尺寸。

（5）调整总体尺寸。由于采用形体分析法标注尺寸，标注总体尺寸时可能产生尺寸多余或矛盾，因此，必须进行调整。如在图 5-11 中，注底板的高度、圆台的高度，再注总高时，必须调整为只标注总高和底板的高度。图 5-12 中，由于支架的总长等于底板的长度 100 减去圆筒长度方向的定位尺寸 6 再加上圆筒直径 $\phi 55$ 的一半，总宽等于底板的宽度 55 加上圆筒宽度方向的定位尺寸 8，总高等于支架的中心高 55 加上圆筒直径 $\phi 55$ 的一半，因此该支架不必再另行标注总体尺寸了。

（6）检查修正。按组合体尺寸标注的要求仔细检查，如有重复或遗漏应进行修正。

第四节 读组合体视图

画图是将空间形体用正投影法表示成二维平面图，读图则是由已经画出的视图经过思考想象出空间物体的形状、结构，是从二维图形建立三维形体的过程。画图和读图是相辅相成的，读图是画图的逆过程。组合体读图最基本的方法也是形体分析法，线面分析法则是一种辅助的读图方法。

一、组合体读图的基本要领

1. 几个视图联系起来识读才能确定形体的形状

在机械图样中，机件的形状一般是通过几个视图来表达的，每个视图只能反映机件的一个方向的形状。因此，仅由一个或两个视图往往不能唯一确定形体形状。如图 5-13 所示，主视图和俯视图都是矩形框，而左视图反映不同的形状。由此可见，在看视图过程中，切忌仅凭一两个视图就臆想出形体的形状。必须把几个视图联系起来分析，这是看图的一条基本原则。

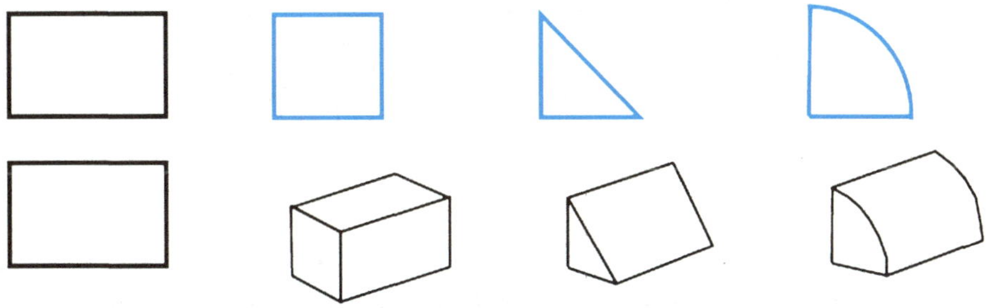

图 5-13　一两个视图不能确定物体的形状

2. 理解视图中线框和图线的含义

视图中的每个封闭线框，通常都是物体上一个表面（平面、曲面或平面与曲面光滑过渡）的投影。

若两线框相邻或大线框中套小线框，则表示物体上不同位置的两个面。既然是两个面，就会有左右、前后或上下之分，或者两个面相交。

视图中的每条图线，都有可能是立体表面有积聚性的投影，两平面的交线投影，也可能是曲面转向轮廓的投影，如图 5-14 所示。

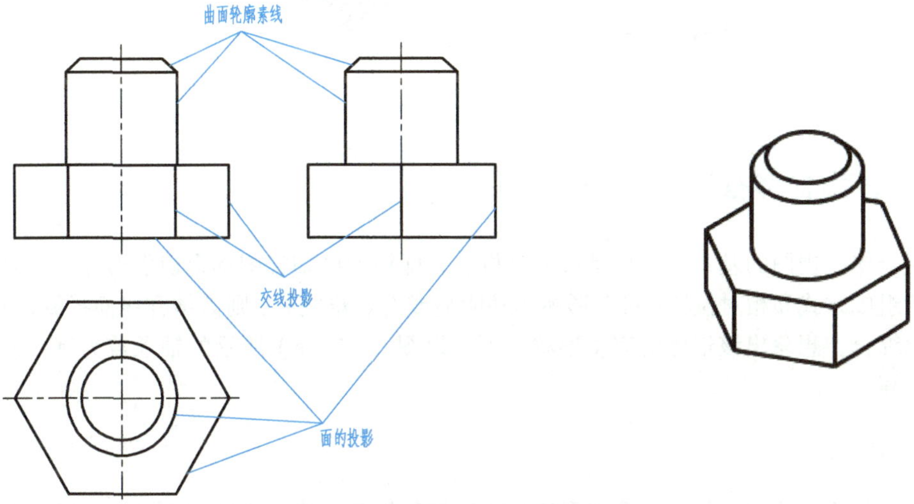

图 5-14　视图中图线和线框的含义

3. 从特征视图入手，想象各形体形状

以形状特征视图想象各形体的形状。组合体是由若干个简单形体组合而成的，故各形体的形状特征视图不一定集中在一个视图上，所以看图时，必须学会从各个视图中找出反映各部分形状特征的线框，以此线框为基础，结合其他两视图，想象该部分的形状，如图 5-15 所示。

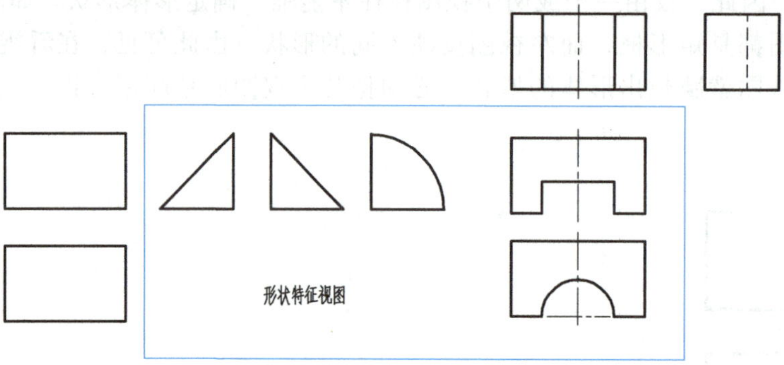

图 5-15　形状特征视图

以位置特征视图想象各部分的相对位置。在给定的三视图中，必有反映各形体相对位置最明显的视图，即位置特征视图。看图时，应根据位置特征视图，想象出组合体各部分的相对位置，如图 5-16 所示。

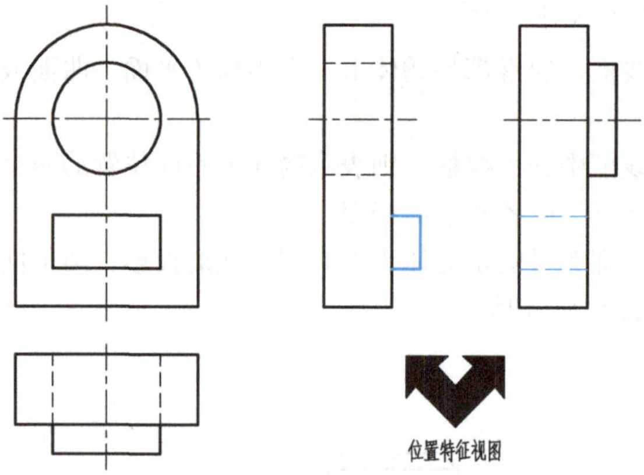

图 5-16　位置特征视图

二、看组合体视图的方法和步骤

看组合体三视图的基本方法仍是形体分析法，即根据已知视图逐个识别形体，并确定各形体之间的组成方式和相对位置。对于形体不甚明显或有疑难之处，则需结合线面投影进行分析，然后加以综合，想象出该形体的完整形状。下面以图 5-17（a）所示的轴承盖为例，说明看图的一般步骤：

1. 分线框

初步了解组合体的特征，并采用形体分析法把物体分解成若干组成部分。看图一般从正面

投影图入手，根据图 5-17（a）所示的正面投影图，可看出该组合体左右对称，组合形式主要为叠加式，整个组合体大致可分解成四个组成部分。

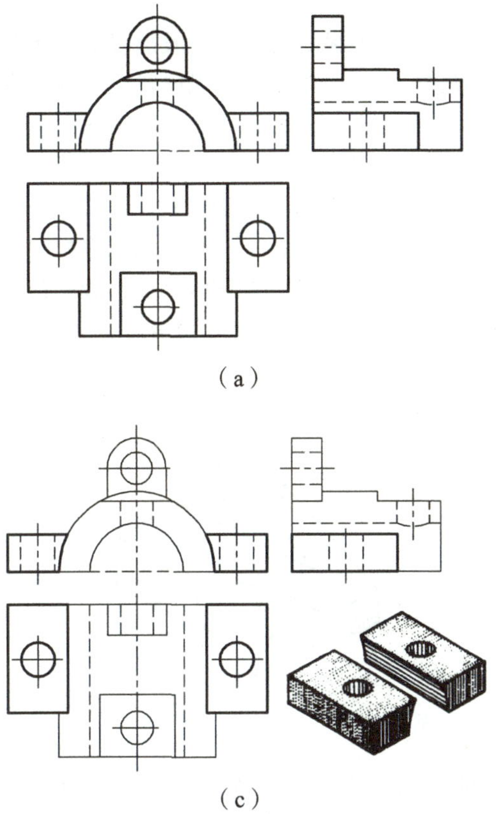

图 5-17　用形体分析法看图

2. 对投影，想简单形体

根据投影规律，逐步弄清楚各组成部分的形状。分析想象每一组成部分的形状时，可借助丁字尺、三角板和分规等工具，用“对线条”的方法，找出三个投影之间一一对应的关系，从而想象出各个组成部分的空间形状。在图 5-17 中，从图（b）至（d）用粗实线分别表示了半圆筒、连接板、支承板各组成部分的投影，并附有各部分的轴测图。

3. 综合起来想整体

深入看懂细节，综合想象整体形状，该形体以带切口的半圆筒为主体，半圆筒前上方切口的各切割平面与圆筒外表面产生交线，在切口上钻有小圆孔，圆孔与圆筒的内表面产生相贯线，圆筒左右与连接板相交，支承板与圆筒叠加，它们也分别产生交线。通过深入分析，最后想象出整个物体的形状，如图 5-18 所示。

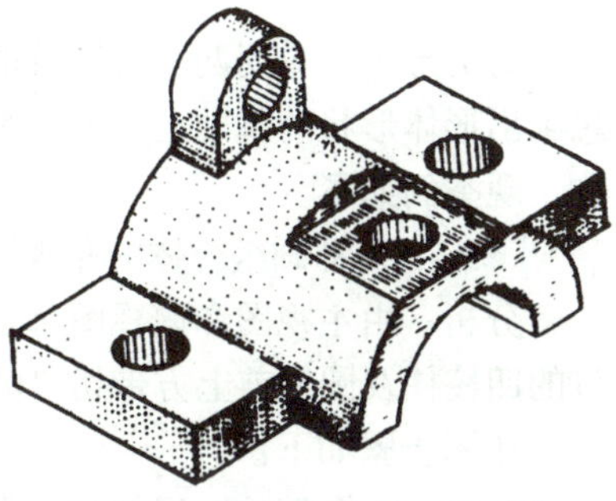

图 5-18　想象出的轴承盖形状

若组合体的形体组合比较清晰，各形体形状不太复杂，则采用形体分析法按上述步骤看图，在一般情况下能完全看懂。但是，对于形状和组成方式都比较复杂的形体，特别是对于切割式的形体，在看三视图时常常碰到一些难以看懂的线框和线条的投影，就必须进行线面分析。进行线面分析时，要以熟悉各种位置直线和平面的投影为基础，并注意掌握如下几点：

（1）一个线框表示形体上的一个表面。三视图上的每一个封闭线框，一般都表示形体上的一个表面。如图 5-19（a）所示，水平投影上标注的线框 a、p，按照投影规律找出这两个线框对应的正面投影和侧面投影，即可判断出线框 A 为水平面，线框 P 为正垂面。三视图中其余各线框可按此方法相应地作出判断，它们均表示形体上不同位置的面。

（2）相邻两线框表示形体上两个不同的表面。这两个表面可能相交，也可能不相交。若两表面相交，其共有线是交线的投影；若不相交，其共有线为两表面过渡的第三个表面的有积聚性的投影。图 5-19（a）中，正面投影有两相邻线框 q'和 c'，其公有线 $1'2'$为此两线框所代表的铅垂面 Q 和正平面 C 的交线ⅠⅡ的投影。而线框 c'和 b'中的共有线则是平面 A 的有积聚性的投影。

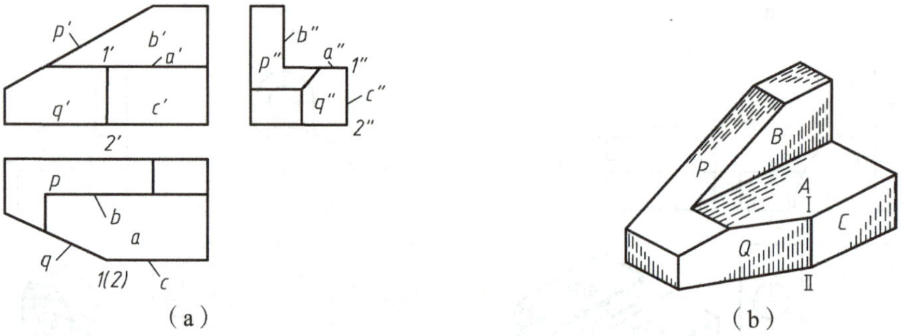

图 5-19　组合体的三视图

（3）正面投影上各线框表示形体上前、后位置不同的面，水平投影上各线框表示形体上、下位置不同的面，侧面投影上各线框表示形体左、右位置不同的面。要区分形体上各表面的上、下、左、右、前、后位置，也必须遵循投影规律，把几个投影联系起来分析判别。如正面投影上 c'和 b'两个线框所表示的平面 C 和 B，根据正面投影和水平投影可知它们互相平行，且 C 面在 B 面的前方。

看组合体的三视图常常是形体分析法和线面分析法并用，而且是以形体分析法为主，再辅以线面分析法。

三、根据已知的两个视图补画第三视图

补画组合体的视图

有的形体，只用两个视图就能完整地表达它的形状。在看懂两个投影，想象出形体形状的基础上，补画第三视图是加深投影概念和培养画图、看图能力的一种有效方法，现举例如下。

【例 5-2】补画组合体的左视图，如图 5-20（a）所示。

分析：由主视图和俯视图可知，此组合体由三个基本部分组成，即圆筒、圆筒左下方带切口的四棱柱及圆筒前上方带切口的凸台。

作图步骤如下：

（1）补画圆筒的左视图，如图 5-20（b）所示；

（2）补画带切口的四棱柱的左视图，如图 5-20（c）所示；

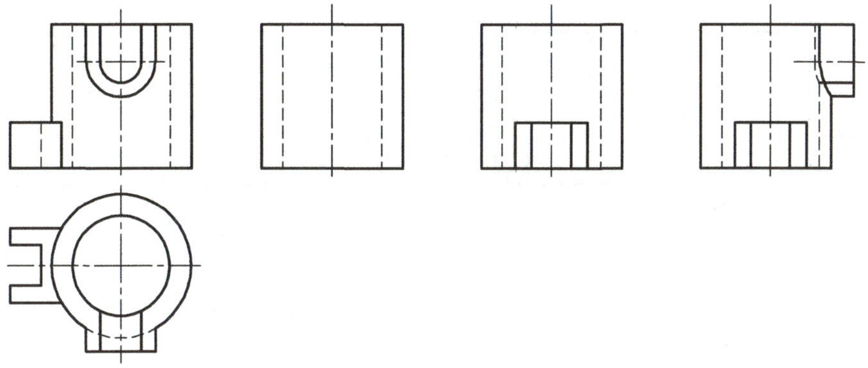

（a）　　（b）　　（c）　　（d）

图 5-20　补画侧面投影

（3）补画圆筒前上方带切口的“U”形凸台的左视图。此凸台由四棱柱和半个圆柱组合而成，不论是凸台外形还是类似凸台形状的切口，应注意其内外交线的投影的作法，如图 5-20（d）所示；最后加粗、加深图线则为其组合体的左视图。该组合体的形状如图 5-21 所示。

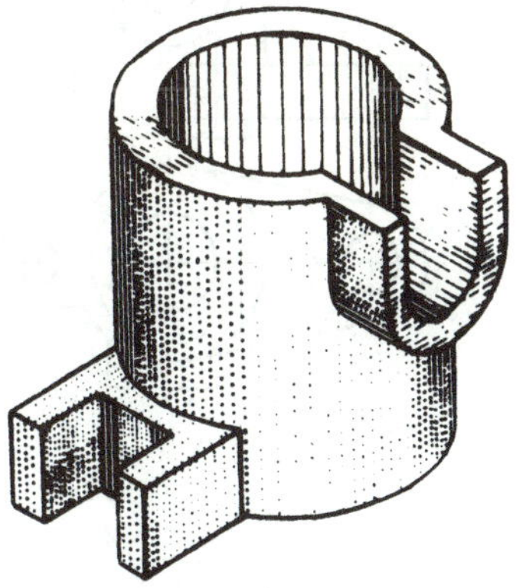

图 5-21　组合体

【例 5-3】已知支架的两面视图，补画左视图（见图 5-22）。

分析：根据已知的两面视图，对支架进行形体分析可知，该支架是由直立空心圆柱Ⅰ、扁空心圆柱Ⅱ、水平空心圆柱Ⅲ、底板Ⅳ、搭子Ⅴ和肋板Ⅵ六部分组成的。根据主视图和俯视图，分别想象出各组成部分的空间形状，如图 5-23 所示，并补画出它们的左视图。

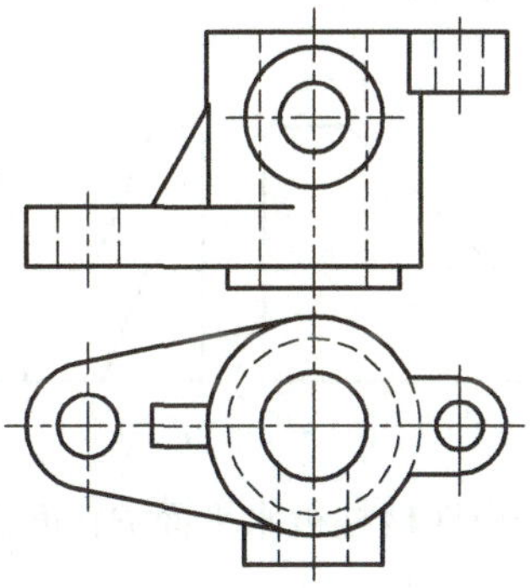

图 5-22　补画左视图

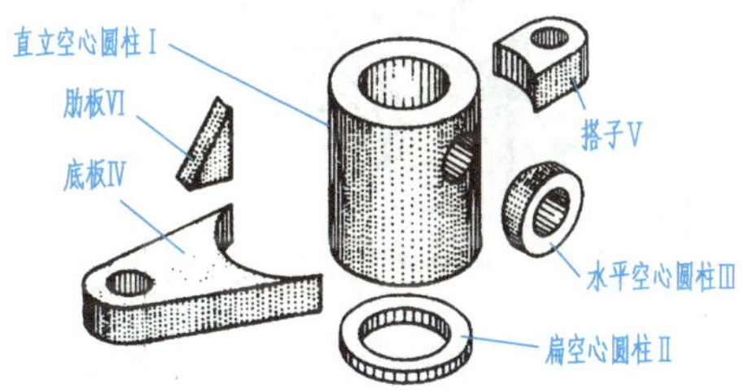

图 5-23　支架各组成部分的形状

作图步骤如下：

（1）从两面视图可知，支架的Ⅰ、Ⅱ两部分叠加在一起，故先补画直立空心圆柱Ⅰ和扁空心圆柱Ⅱ的左视图，如图 5-24（a）所示；

（2）补画水平空心圆柱Ⅲ的左视图，如图 5-24（b）所示；

（3）补画底板Ⅳ和搭子Ⅴ的左视图，如图 5-24（c）所示；

（4）补画肋板Ⅵ的左视图，如图 5-24（d）所示。

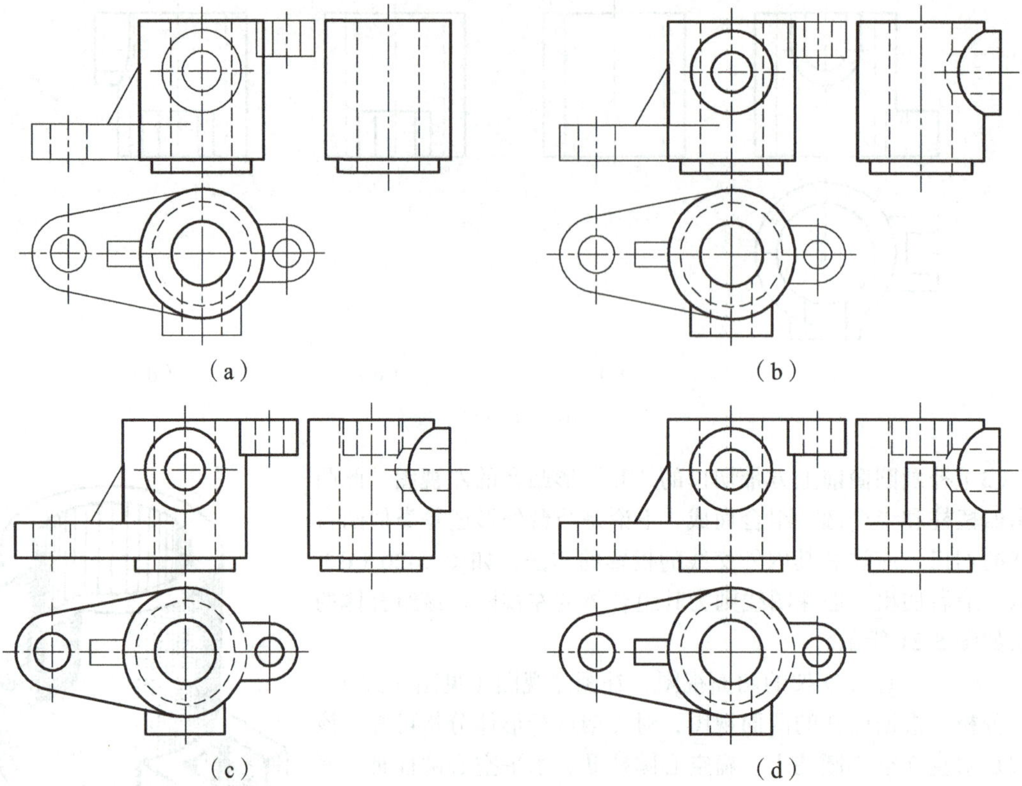

图 5-24　补画支架的左视图

根据视图中各组成部分的相对位置，综合起来想象出支架的整体形状，如图 5-25 所示。

【例 5-4】已知组合体的两面视图，补画其俯视图（见图 5-26）。

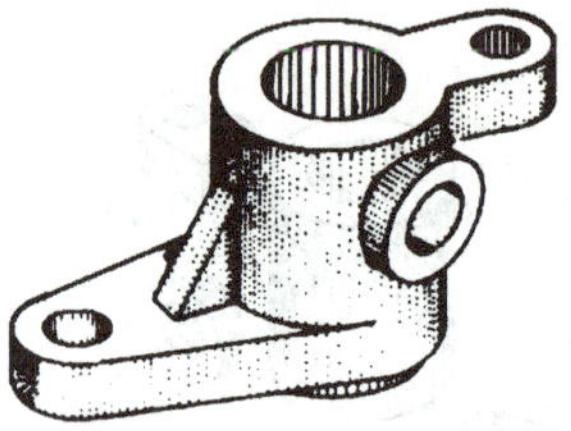

图 5-25　支架

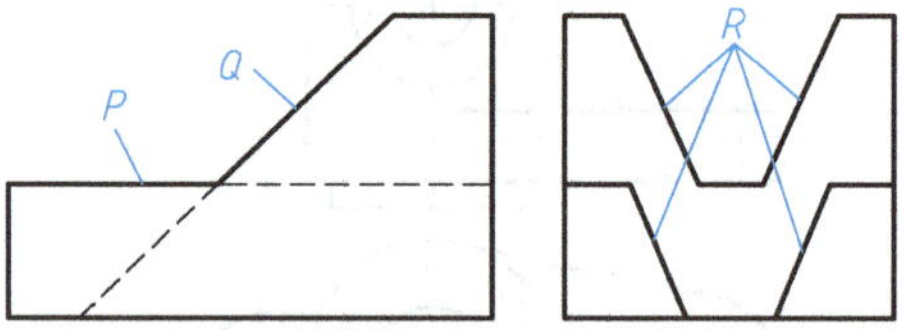

图 5-26　补画俯视图

分析：根据已知的两面视图，知该组合体属切割式，是由四棱柱被水平面 P、正垂面 Q 和侧垂面 R 等平面切割而成的。故看图时宜用线面分析法。

作图步骤如下：

（1）补画出切割前四棱柱的俯视图，如图 5-27（a）所示；

（2）依据投影面平行面的投影特性，补画出组合体上五个水平面的水平投影，如图 5-27（b）所示；

（3）依据投影面垂直面的投影特性，补画出组合体上四个侧垂面 R 的水平投影，如图 5-27（c）所示；

（4）根据一个线框表示一面，以 Q 面为例，检查补画出的水平投影正确与否。然后加粗加深图线，完成作图，如图 5-27（d）所示。综合起来想象该组合体的整体形状，如图 5-28 所示。

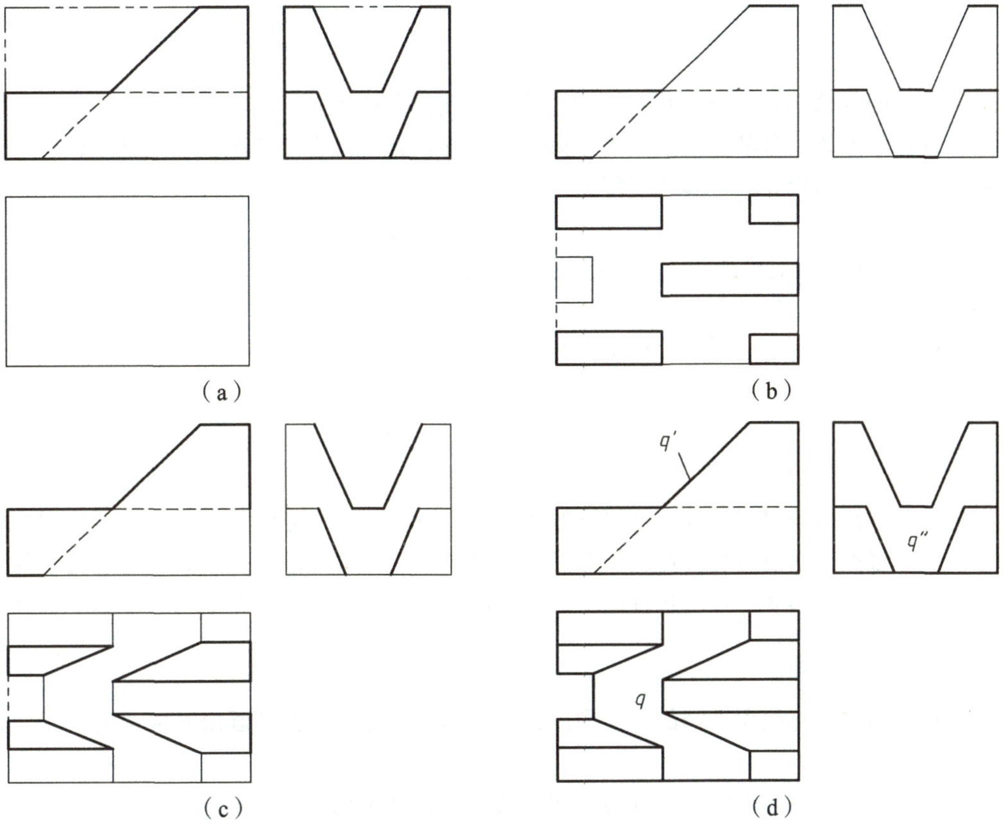

图 5-27　补画组合体的俯视图

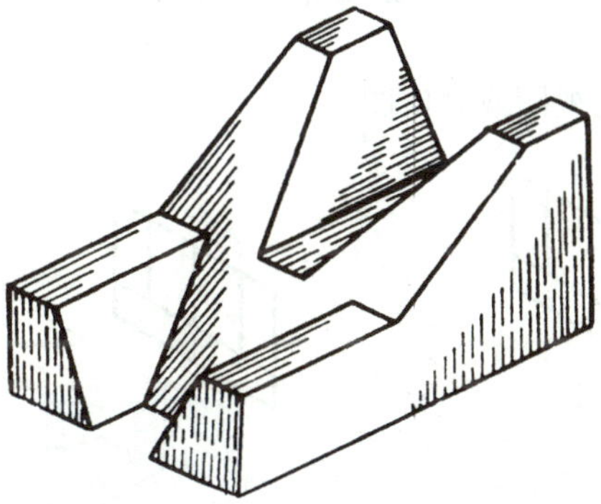

图 5-28　切割体

第五节　空间形体构思

空间形体构思是根据给定的视图，分析图中线、线框的含义，进行广泛的联想，构思出各种各样符合给定视图要求的形体，并画出所需视图。这个过程实质是对图线、线框的分析和应用，是一种开拓思维、丰富想象力的有效方法。

一、构形设计的基本原则

（1）设计的形体必须符合已知视图的形状要求及投影规律。

（2）设计的形体的各部分必须成为一体，不仅要符合生产实际情况，且尽可能体现工程产品或零部件的结构形状并满足其功能特点，便于加工。

（3）形体设计应多样化，具有创新性。在给定的条件下，构成一个组合体所使用的基本体的种类、组合方式、相对位置和表面连接关系尽可能多样式、有变化，构形过程中要积极思维，大胆创造，敢于突破常规。

（4）构形应体现稳定、平衡、运动、静止等造型艺术法则。

二、构思方法

在进行空间形体构思时，首先要对已知视图进行分析，分析方法除用形体分析法和线面分析法外，还应根据已知视图的特点，结合形象（抽象）的思维方法，对空间形体进行各种各样的设想，使所设想的形体符合已知视图，最后补出所求的视图。下面介绍构思方法、步骤。

1. 一面视图的构形

一面视图的构形是根据已知的一面视图，构想出多个形体，并补画出其他两面视图，其方法如下：

（1）观察、分析线框的组成，弄清各线框的性质，判定相邻线框之间的关系。

（2）推想构思，例如图 5-29 中，已知主视图由矩形线框组成，矩形线框可想象成矩形面、矩形面与圆柱面相切或圆柱面，同时可根据相邻线框表示不同位置的面，把这些面设计为凹凸、斜交等关系。

（3）归纳整理并画出它的视图或立体图。

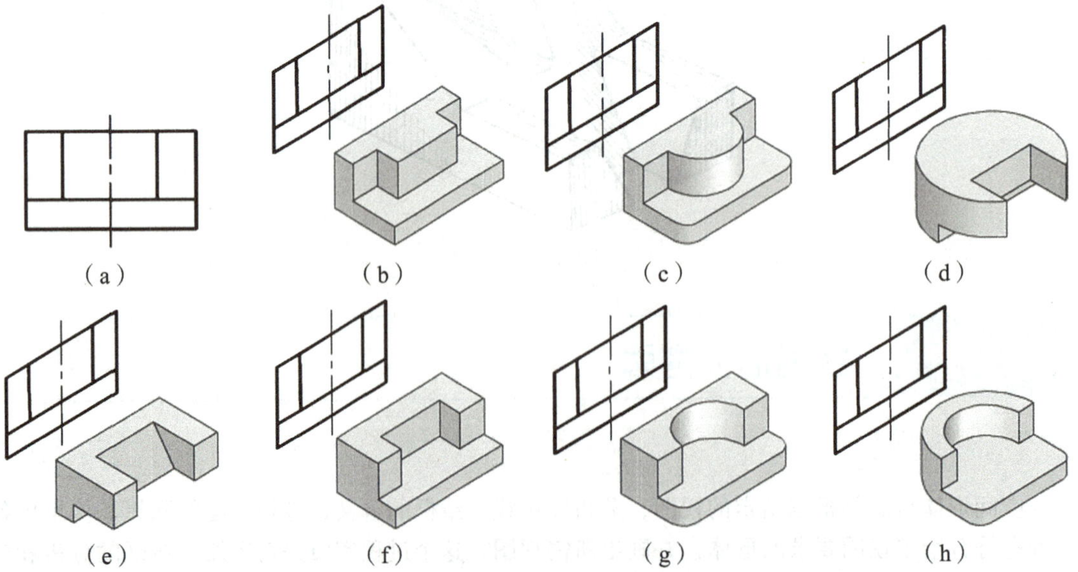

图 5-29　由一面视图构思各种形体

2. 两面视图的构形

【例 5-5】根据图 5-30 中的主、俯视图构思出不同的左视图。

分析：（1）分析视图。主视图 1′、2′、3′与俯视图无类似形线框对应，必然对应前、中、后三条横线，即三个封闭线框均表示三个正平面。由于形体有一定的厚度，三个线框可视为三部分形体。但利用“长对正”的投影规律无法分清各形体之间的相对位置。

（2）构思多种形体。如图 5-31（a）所示，设想形体分为前、中、后三层，线框 1′对前层，线框 2′对中层，线框 3'对后层，但这三个形体不能构成整体，各形体之间无稳定接触，故构思不能成立。

如图 5-31（b）所示，设想线框 1′占前、中、后三层，线框 2′占中、后两层，线 3′框占后层。这样设想三个形体既能组成整体，又符合原给定视图，设想成立。

如图 5-31（c）所示，设想线框 1′占中、后两层，线框 2′占前、中两层，线框 3′占中层，设想符合原给定视图要求，构思形体成立。

根据以上构思方法，同学们还可以构思出另外几种不同的形体。

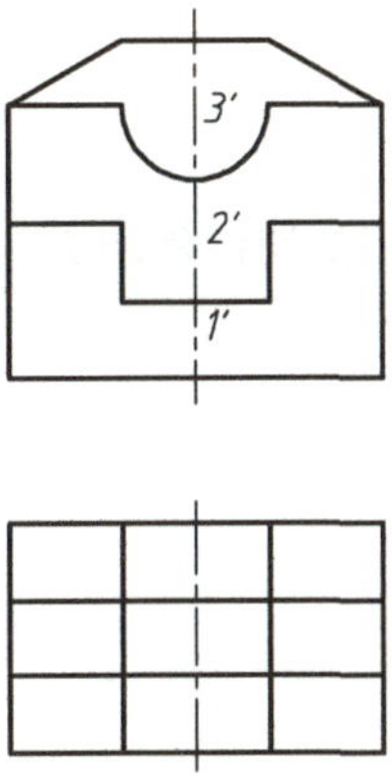

图 5-30　构思左视图

（a）　（b）　（c）

图 5-31　想象构思不同的形体

本例形体结构分为三层，又是柱状体，其左视图均为矩形线框组成的图形。先画出三个线框表示的正平面的投影，然后根据凹凸形体，分别完成形体 *b* 和 *c* 对应左视图的投影，并判断其可见性，如图 5-32 所示。

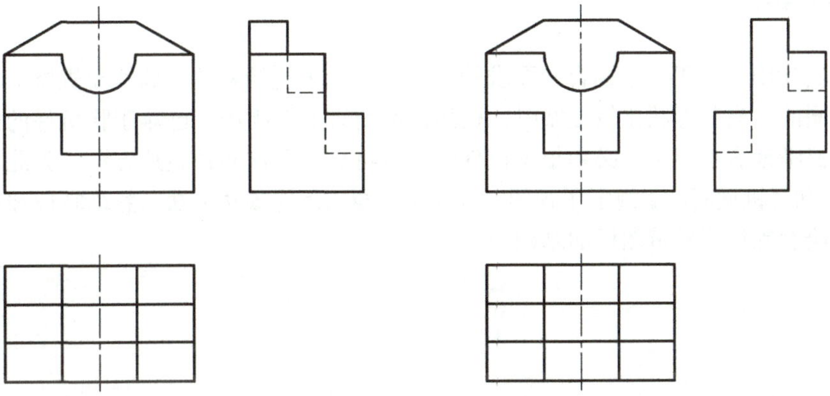

图 5-32　构思的两种形体

第六章 机件的表达方法

学习目标

1. 掌握六个基本视图、向视图、局部视图和斜视图的画法及标注；
2. 了解剖视图的基本概念，掌握单一剖切面、相交剖切面和平行剖切面剖切机件的方法，熟练掌握全剖视图、半剖视图和局部视图的画法；
3. 了解断面图的概念和种类，熟练掌握移出断面图的画法和标注；
4. 了解各种图样表达方法的适用范围；
5. 了解机件一些常用的规定画法和简化画法。

技能目标

1. 具备读多面正投影图的能力；
2. 能正确综合应用图样的表达方法，将机件的具体结构表达出来。

导　读

在生产实际中，由于使用场合和要求的不同，机件（包括零件、部件和机器）的结构形状也是各不相同的。当其形状比较复杂时，仅用前面所讲的三视图，已难于将机件的内外形状正确、完整、清晰地表示出来，必须根据机件的结构特点，采取多种表达方法。为此，国家标准《技术制图》和《机械制图》规定了视图、剖视图、断面图等表达方法。熟练掌握和应用这些表达方法，是绘制和识读机械图样的基础。

第一节 视 图

视图是用正投影法将机件向投影面投射所得的图形，主要用来表达机件的外部结构形状。它一般用来表示物体的可见部分，必要时才用虚线画出其不可见部分。视图分为基本视图、向视图、局部视图和斜视图。

一、基本视图

物体在基本投影面上的投影，称为基本视图。

在原有水平面、正面和侧面三个投影面的基础上，再增设三个投影面构成一个正六面体，正六面体的六个侧面称为基本投影面，如图 6-1 所示。将物体放在正六面体中间，分别向六个基本投影面投射，即得到六个基本视图，如图 6-2 所示。六个基本视图除了前面介绍的三个基本视图——主视图、俯视图和左视图外，新增加的基本视图是：

右视图——由右向左投射所得的视图。

仰视图——由下向上投射所得的视图。

后视图——由后向前投射所得的视图。

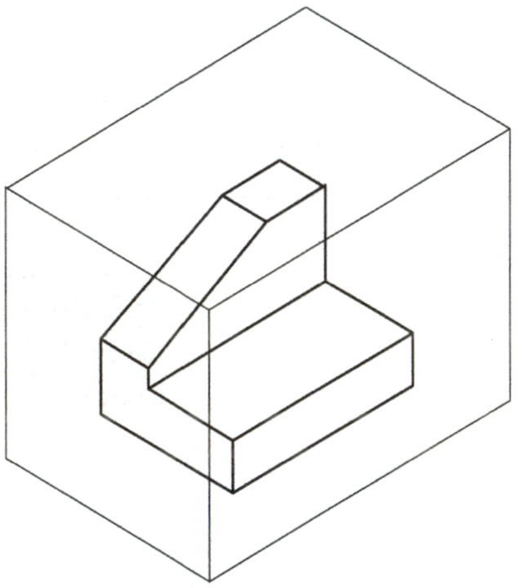

图 6-1　六个基本投影面

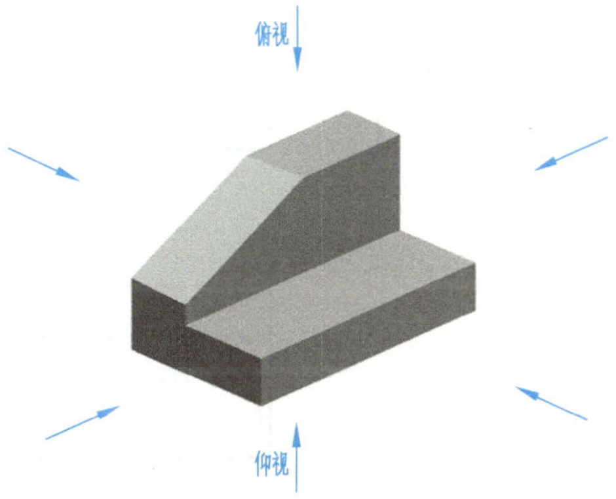

图 6-2　基本视图的投射方向

各基本投影面的展开方式如图 6-3 所示，即保持正投影面不动，其余各面按箭头所指方向展开，使之与正投影面共面，即得六个基本视图。展开后各视图的配置如图 6-4 所示。六个基本视图之间仍保持着与三视图相同的“长对正、高平齐、宽相等”的投影规律，即主视图、俯视图和仰视图长对正（后视图同样反映零件的长度尺寸），主视图、左视图、右视图和后视图高平齐，左视图、右视图、俯视图与仰视图宽相等。除后视图外，其他视图远离主视图的一边，仍然表示机件的前面，靠近主视图的一边，表示机件的后面；主后视图左、右方位相反。

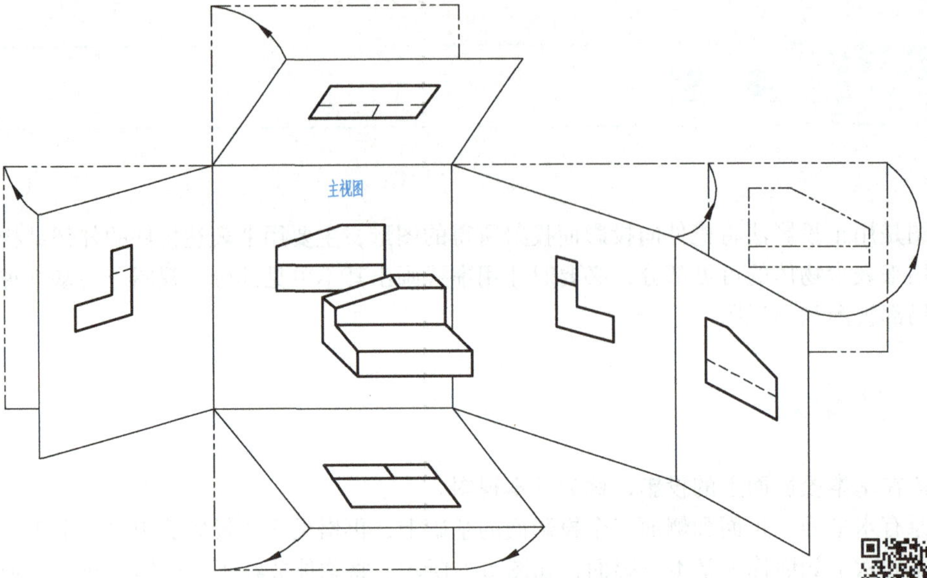

图 6-3　六个基本投影面的展开

基本视图的形成

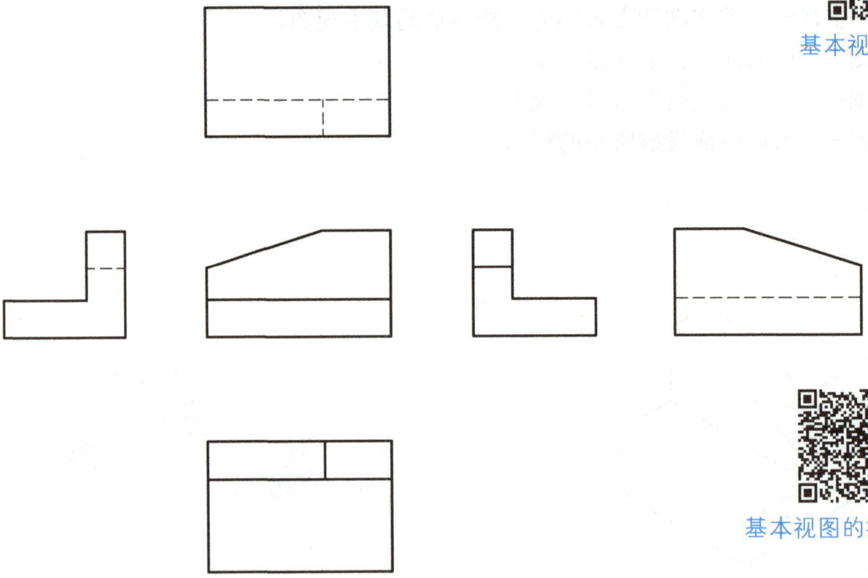

基本视图的投影规律

图 6-4　六个基本视图的配置

基本视图主要用于表达机件在基本投射方向上的外形。在实际绘图时，应根据机件外形的复杂程度选择恰当的主视图方向，选用必要的基本视图。总的要求是表达完整、清晰，又不重复，使视图的数量最少，力求制图简便，看图方便。一般优先选用主、俯、左视图。

二、向视图

基本视图按图 6-4 所示的位置配置时，可不标注视图的名称。但在实际绘图过程中，为了合理利用图纸，可以自由配置视图，这种可以自由配置的视图，称为向视图。

画向视图时，一般应在向视图上方用大写拉丁字母标出视图的名称“×”，并在相应视图附近用箭头标明投射方向（尽量在基本视图上标注）且标注上同样的字母，如图 6-5 所示。

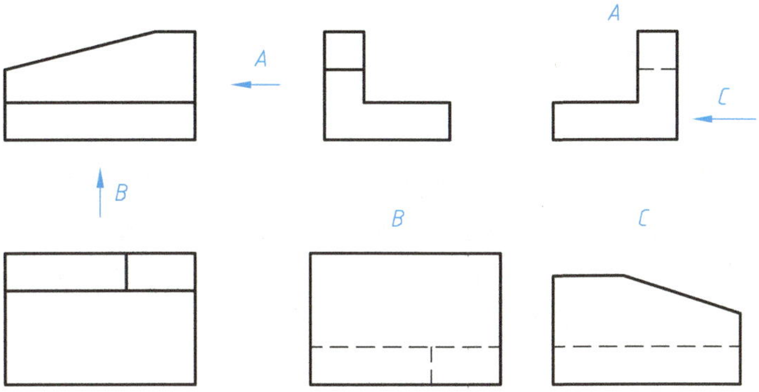

图 6-5　向视图

三、局部视图

如果机件主要结构已经在基本视图上表达清楚了，仅有一局部结构尚需表达，这时可将机件的这一部分向基本投影面投射，所得的视图称为局部视图。

画局部视图的主要目的是减少作图工作量。如图 6-6 所示的物体，主、俯两个基本视图已将其基本部分的结构表达清楚，但左边凸台与右边缺口尚未表达清楚，需采用局部视图来表示，这样不但节省了两个基本视图，而且表达清楚，重点突出，简单明了。局部视图断裂处的边界线应以波浪线表示。当所表示的局部结构是完整的，且外形轮廓线又自成封闭时，波浪线可省略不画，如图 6-6 所示的左边凸台。

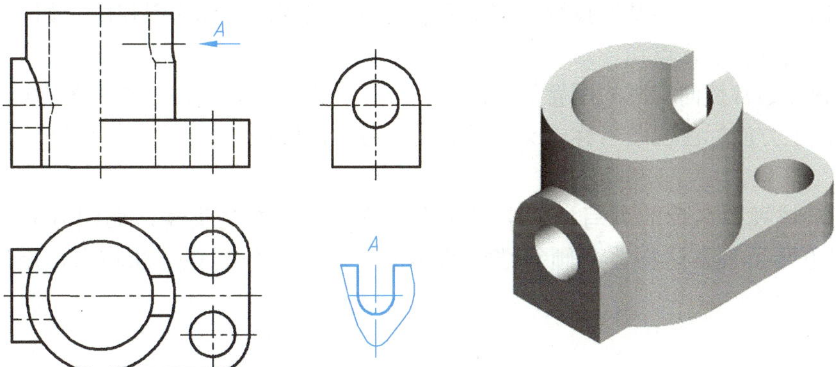

图 6-6　局部视图

画局部视图时应注意：

（1）局部视图应尽量按基本视图的位置配置。有时为了合理布置图面，也可按向视图的配置形式配置。

（2）画局部视图时，应在局部视图上方用大写拉丁字母标出视图的名称“×”，并在相应视图附近用箭头指明投射方向且注上相同的字母。当局部视图按投影关系配置，中间又无其他视图隔开时，允许省略标注，如图 6-6 所示的凸台。

（3）局部视图的断裂边界用波浪线或双折线表示，如图 6-6 中 A 向局部视图，当所表示的局部结构是完整的，且外形轮廓又是封闭的，其断裂边界线可以省略不画，如图 6-6 中左边 U 形凸台。

四、斜视图

当机件上的某一部分结构与基本投影面倾斜时，在基本投影面上则不能反映该部分的真实形状。图 6-7 所示的弯板，其倾斜部分在基本视图上不能反映其实形，为此，可选用一个新的辅助投影面（该投影面应垂直于某一基本投影面），使它与物体的倾斜部分表面平行，然后向新投影面投射，这样便使倾斜部分在新投影面上反映实形。

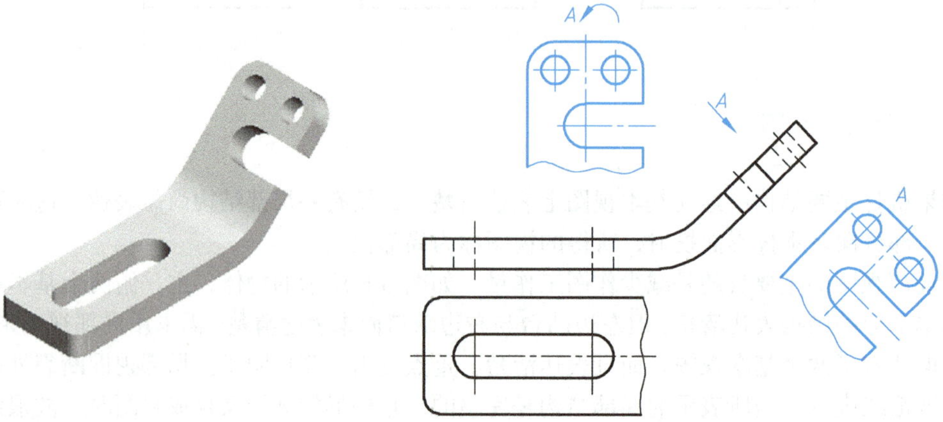

图 6-7　斜视图

将机件向不平行于任何基本投影面的平面投射所得的视图，称为斜视图，如图 6-7 所示。画斜视图时应注意以下几点：

（1）斜视图通常按向视图的配置形式配置并标注。必要时，允许将斜视图旋转配置，在旋转后的斜视图上方应标注视图名称“×”及旋转符号，旋转符号的箭头方向应与斜视图的旋转方向一致。

（2）表示该视图名称的大写拉丁字母应靠近旋转符号的箭头端，如图 6-7 中的 A 向视图。斜视图主要用来表达物体上倾斜结构的实形，其余部分不必全部画出，用波浪线断开即可。

第二节　剖视图

用视图表达机件形状时，机件内部的结构形状规定用虚线表示，不可见的结构形状越复杂，虚线就越多，这样既影响图形表达的清晰性，又不利于标注尺寸。为此，对机件不可见的内部结构形状主要采用剖视图来表达。

一、剖视图概述

1. 剖视图的形成

假想用剖切面把机件剖开，移去观察者与剖切平面之间的部分，将留下的部分向投影面投射，并在剖面区域内画上剖面符号，这样得到的图形称为剖视图，简称剖视，如图 6-8 所示。

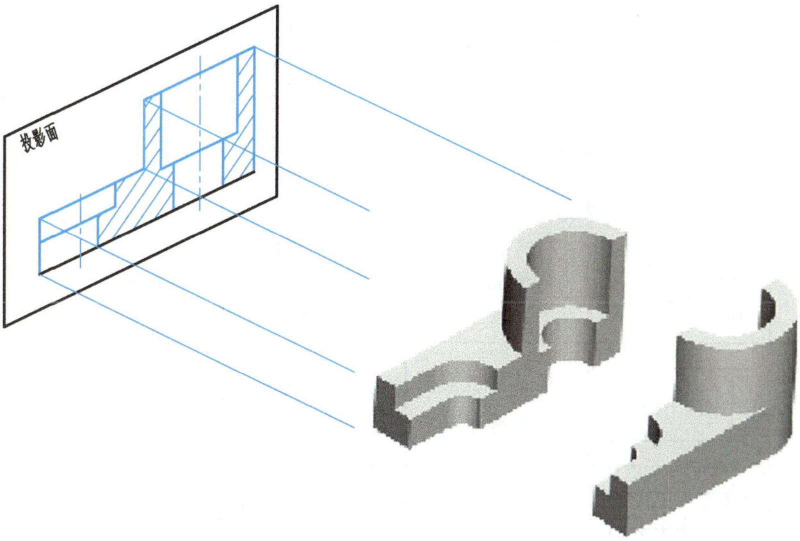

图 6-8　剖视图的形成

如图 6-9（a）所示，在机件的视图中，主视图用虚线表达其内部形状不够清晰，按图 6-9（b）所示方法，假想沿机件前后对称平面将其剖开，移去前半部，将后半部向正投影面投射，就得到剖视图。

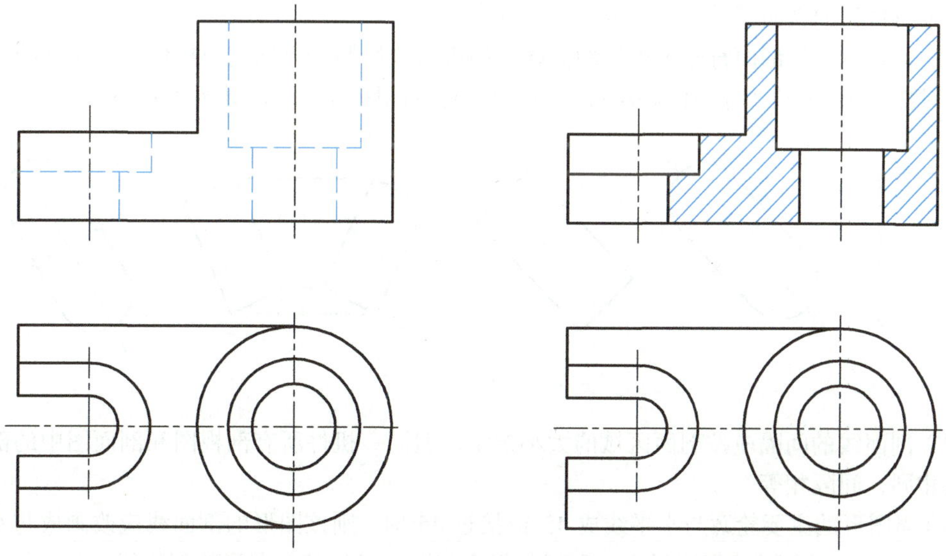

（a）视图　　（b）剖视图

图 6-9　视图与剖视图

2. 剖面符号

剖切机件的假想平面或曲面称为剖切面，剖切面与机件的接触部分称为剖面区域。

画剖视图时，剖面区域内应画上剖面符号，以区分机件被剖切面剖切到的实体与空心部分。机件材料不同，其剖面符号画法也不同，见表6-1。

表6-1　剖面符号

材料	剖面符号	材料	剖面符号	材料	剖面符号
金属材料（已有规定剖面符号者除外）	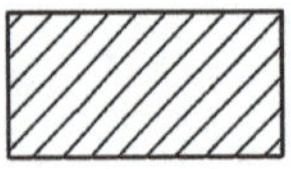	型砂、填砂、粉末冶金、砂轮、陶瓷刀片、硬质合金刀片等	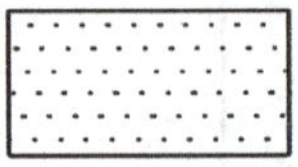	木材纵剖面	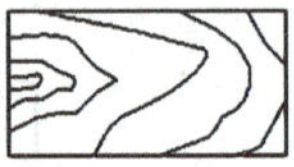
非金属材料（已有规定剖面符号者除外）		钢筋混凝土		木材横剖面	
转子电枢变压器和电抗器等的叠钢片	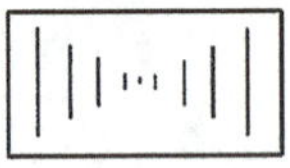	玻璃及供观察用的其他透明材料	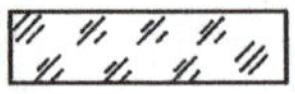	液体	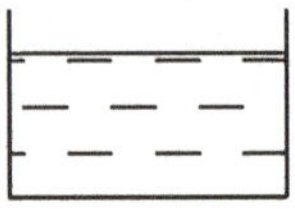
线圈绕组元件	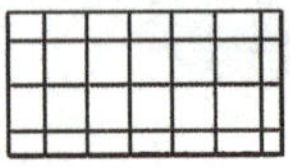	砖	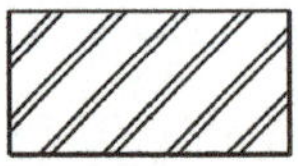	木质胶合板（不分层数）	
混凝土	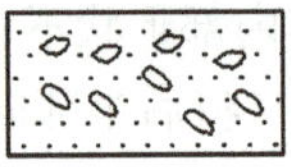	基础周围的泥土		格网（筛网、过滤网）	

画金属材料的剖面符号时，应遵守下述规定：

（1）金属材料的剖面符号（也称剖面线）用细实线绘制，方向应与机件主要轮廓线或剖面区域的对称线成45°角（左右倾斜均可），互相平行且间距相等，如图6-10所示。

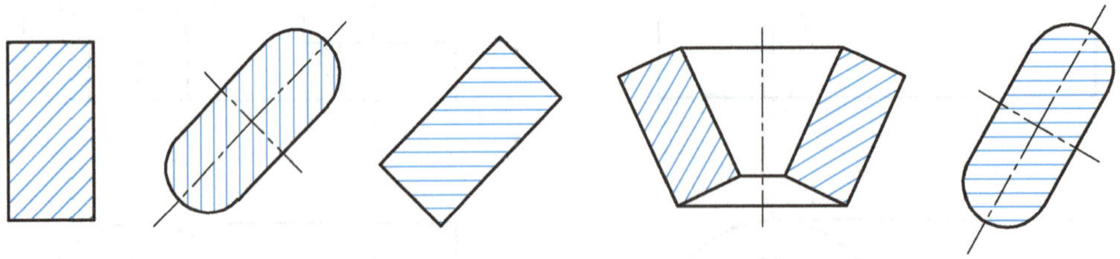

图6-10　剖面线的方向

（2）剖面线的间隔应按剖面区域的大小选定。但同一机件所有剖视图和剖面图中的剖面线应方向相同，间隔相等。

（3）当图形的主要轮廓与水平线成45°或接近45°时，则该图形的剖面线应改画成与水平方向成30°或60°的平行线，但倾斜方向和间隔仍应与同一机件其他图形的剖面线一致，其他视图的剖面线仍应绘制成45°方向，如图6-10所示。

3. 画剖视图的步骤

（1）确定剖切面的位置。

由于画剖视图的目的在于清楚地表达机件的内部结构，因此，剖切平面通常平行于投影面，且通过机件内部结构（如孔、沟槽）的对称平面或轴线。如图 6-9 所示剖视图就是选用通过机件对称平面的正平面剖切的。

（2）画剖视图。

弄清楚剖切后哪部分移走，哪部分留下，剩余部分与剖切面接触部分（剖面区域）的形状，剖切面后面的结构还有哪些是可见的。画图时先画剖切面上内孔形状和外形轮廓线的投影，再画剖切面后的可见轮廓线的投影。要把剖面区域和剖切面后面的可见轮廓线画全。

（3）画剖面线。

在剖面区域内画剖面符号。在同一张图样中，同一个机件的所有剖视图的剖面符号应相同。例如金属材料的剖面符号，都画成与水平线成 45°（可向左倾斜，也可向右倾斜）且间隔均匀的细实线。

4. 剖视图的配置与标注

剖视图通常按投影关系配置在相应的位置上，如图 6-9（b）所示，必要时可以配置在其他适当的位置。

剖视图标注的目的在于表明剖切平面的位置以及投射的方向。一般应在剖视图上方用大写拉丁字母标出剖视图的名称“×—×”，在相应视图上用剖切符号（粗短线）表示出剖切位置，用箭头表示投射方向，并注上同样的字母。

（1）剖切符号用线宽（1 ~ 1.5）b、长约 5 mm 断开的粗实线，在相应的视图上表示出剖切平面的位置。为了不影响图形的清晰，剖切符号应避免与图形轮廓线相交。

（2）在剖切符号的起、讫处外侧画出与剖切符号相垂直的箭头，表示剖切后的投射方向。

（3）在剖切符号的起、讫及转折处的外侧写上相同的大写拉丁字母，并在剖视图的上方标注出剖视图的名称“×—×”，字母一律水平书写。

在下列情况下，剖视图的标注内容可以简化或省略：

① 当剖视图按投影关系配置，中间又没有其他图形隔开时，可省略箭头。

② 当单一剖切平面通过机件的对称平面或基本对称平面，且剖视图按投影关系配置，中间又没有其他图形隔开时，可省略标注，如图 6-11 中的主视图。

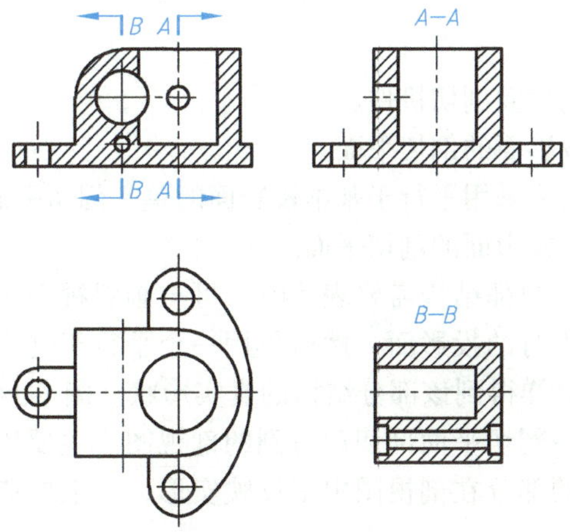

图 6-11　剖视图的标注

5. 画剖视图的注意事项

（1）因为剖切机件是假想的，并不是真的把机件切开拿走一部分，因此，当一个视图画成剖视后，其余视图仍应按完整的视图画出。

（2）画剖视图时，剖切面后面的可见轮廓线，必须用粗实线画齐全，不能遗漏，也不能多画。如图 6-12 所示是剖视图中易漏图线的示例。

（3）剖切平面后面的不可见部分的轮廓线——虚线，在不影响完整表达机件形状的前提下，剖视图上一般不画虚线，以增加图形的清晰性。但如画出少量虚线可减少视图数量时，也可画出必要的虚线，如图 6-13 所示。

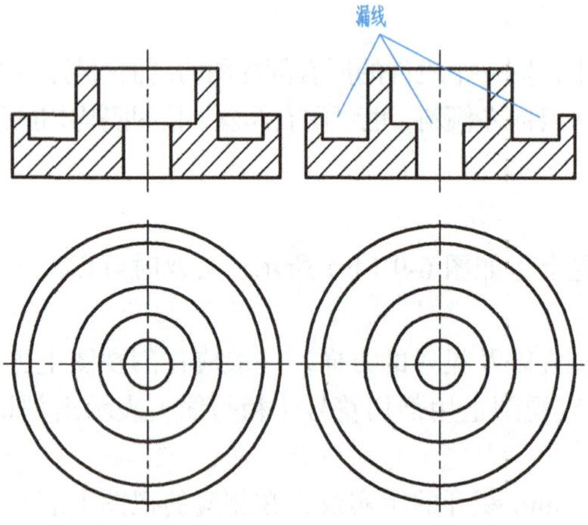

（a）正确　　（b）错误

图 6-12　剖视图中易漏的图线

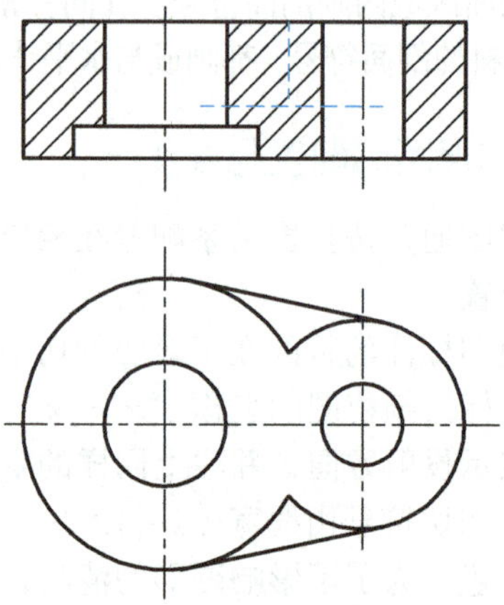

图 6-13　剖视图中必要的虚线

二、剖切面的种类

根据机件结构的特点，国家标准《技术制图》规定由单一剖切面、几个平行的剖切平面、几个相交的剖切面等剖开机件。

1. 单一剖切面

单一剖切面指用一个剖切面剖切机件。

（1）平行于某一基本投影面的剖切平面。

前面介绍的剖视图，均为采用平行于基本投影面的单一剖切平面剖切机件得到的剖视图。

（2）不平行于任何基本投影面的剖切平面。

当机件上有倾斜部分的内部结构需要表达时，可与画斜视图一样，选择一个垂直于基本投影面且与所需表达部分平行的投影面，然后再用一个平行于这个投影面的剖切平面剖开机件，向这个投影面投射，这样得到该部分结构的真实形状。图 6-14 中的 *A—A* 剖视图是采用不平行于基本投影面的单一剖切平面剖切后得到的剖视图。主要用以表达倾斜部分的结构，机件上与基本投影面平行的部分在剖视图中不反映实形，一般应避免画出，常将它舍去画成局部视图。

画剖视时应注意以下几点：

① 用不平行于任何基本投影面的剖切平面剖切得到的剖视图最好配置在与基本视图的相应部分保持直接投影关系的地方，标出剖切位置和字母，并用箭头表示投射方向，还要在该剖视图上方用相同的字母标明视图的名称，如图 6-14（a）所示。

② 为使视图布局合理，可将剖视图保持原来的倾斜角度，平移到图纸上适当的地方，如图 6-14（b）所示；为了画图方便，在不引起误解时，还可把图形旋转到水平位置，表示该剖视图名称的大写字母应靠近旋转符号的箭头端，如图 6-14（c）所示。

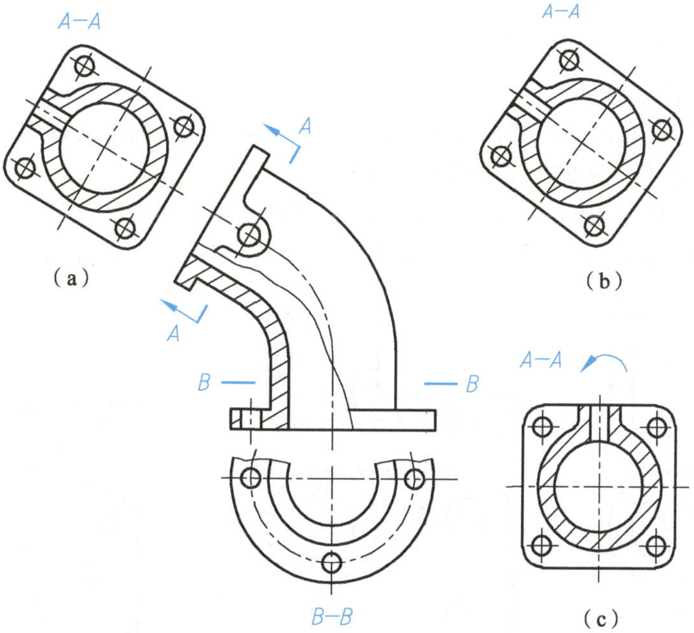

图 6-14　单一剖切平面

③ 当剖视图的剖面线与主要轮廓线平行时，剖面线可改为与水平线成 30°或 60°角，原图形中的剖面线仍与水平线成 45°角，但同一机件中剖面线的倾斜方向应大致相同，如图 6-14 所示的主视图剖面线与水平线成 30°角。

（3）柱面剖切面。

采用柱面剖切机件时，剖视图应按展开绘制，同时在剖视图名称后加注“展开”二字，如图 6-15 所示。

2. 几个平行的剖切平面

当机件上的孔、槽的轴线或对称平面位于几个相互平行的平面上时，可以用几个与基本投影面平行的剖切平面来剖切机件，再向基本投影面投射，如图 6-16 所示。

（1）标注方法。

在剖视图上方标出相同字母的剖视图名称“×—×”。在相应视图上用剖切符号表示出剖切位置，在剖切平面的起、讫和转折处标注相同字母，剖切符号两端用箭头表示投射方向。当剖视图按投影关系配置，中间又无其他图形隔开时，可省略箭头。

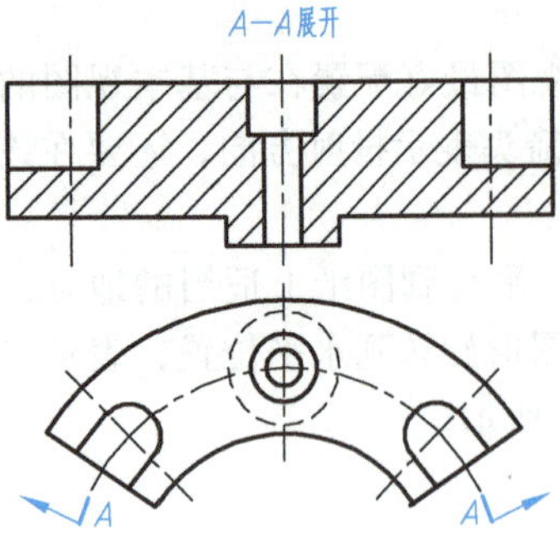

图 6-15　用单一柱面剖切

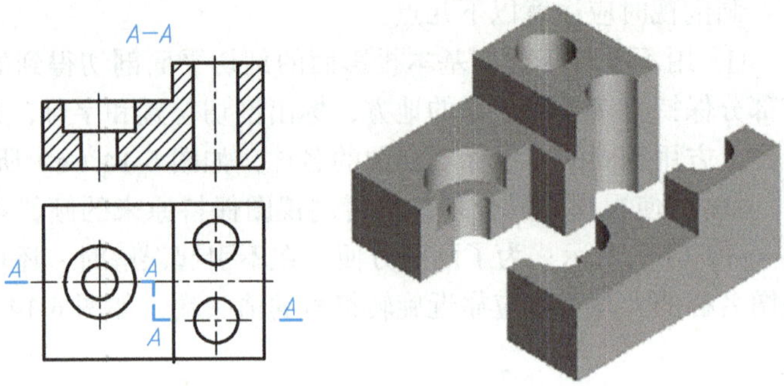

图 6-16　几个平行的剖切平面

（2）画图时应注意的问题。

① 剖切是假想存在的，在剖视图中，不应画出剖切平面转折处的投影，剖切面的转折处要画成直角，且不应与图中的轮廓线重合，如图 6-17 所示。

② 要恰当地选择剖切位置，避免在剖视图上出现不完整要素。仅当两个要素在图形上具有公共对称中心线或轴线时，可以对称中心线或轴线为界各画一半，如图 6-18 所示。

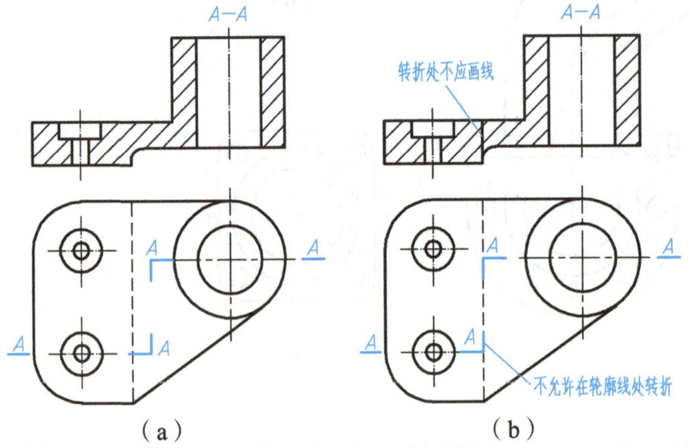

图 6-17　剖视图的正误画法对比

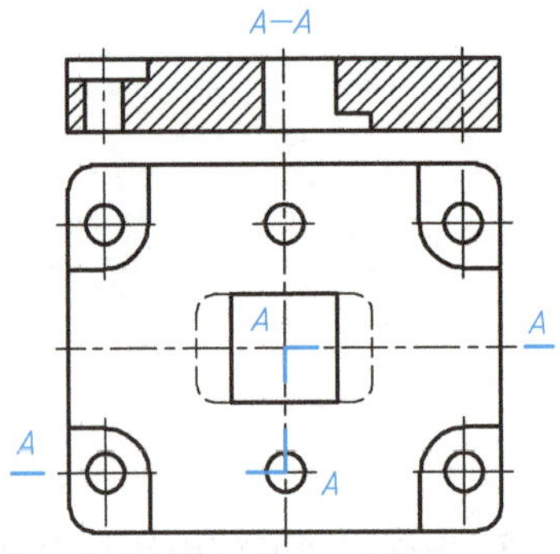

图 6-18　平行平面剖切后转折处位置的选择

3. 几个相交的剖切面

当机件的内部结构形状用一个剖切平面不能表达完全，且这个机件在整体上又具有回转轴时，可用几个相交的剖切平面（交线垂直于某一基本投影面）剖开机件，并将不与投影面平行的剖切平面剖开的结构及其有关部分旋转到与投影面平行后再进行投射，如图 6-19 所示。

（1）标注方法。

在剖视图上方标出相同字母的剖视图名称“×—×”。在相应视图上用剖切符号表示出剖切位置，在剖切平面的起、讫和转折处标注相同字母，剖切符号两端用箭头表示投射方向。当剖视图按投影关系配置，中间又无其他图形隔开时，可省略箭头，如图 6-19 所示。

（2）画图时应注意的问题。

① 要按“先剖切后旋转”的方法绘制剖视图，即先假想用相交剖切平面剖开机件，然后将剖开的倾斜结构及其有关部分旋转到与选定的投影面平行的位置，再进行投射，但在剖切平

面后的其他结构一般仍按原来位置投射，如图 6-19 中空心圆柱上的小孔和图 6-20 中的油孔。

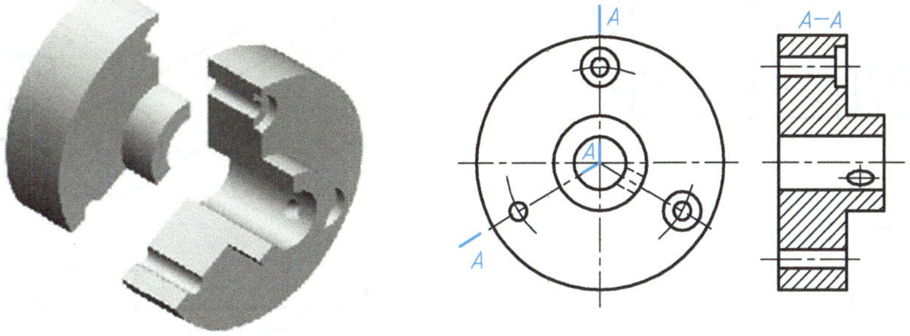

图 6-19　两个相交的剖切面剖切后剖视图画法

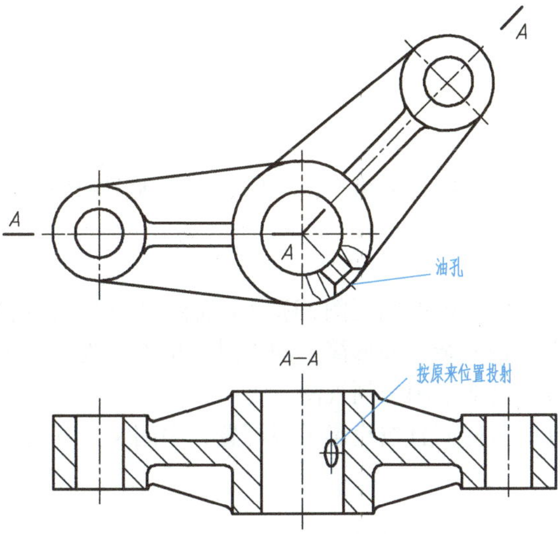

图 6-20　剖切平面后的结构按原来位置投射

机构的剖切

② 当剖切后产生不完整要素时，应将此部分按不剖绘制，如图 6-21 所示。

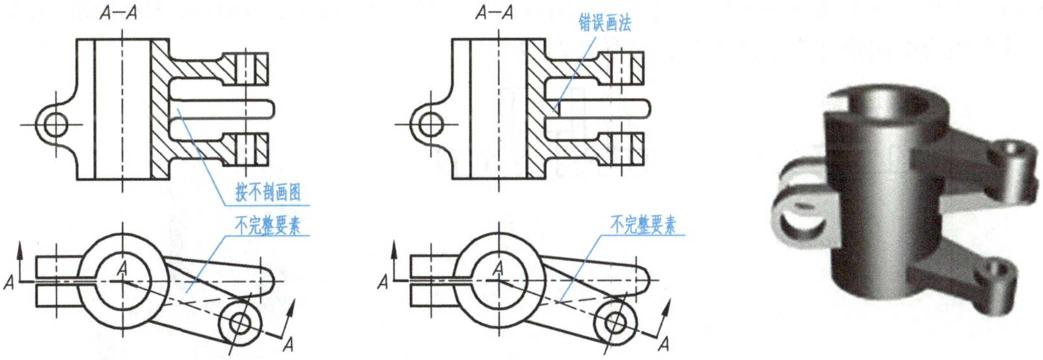

（a）　　（b）

图 6-21　不完整要素按不剖绘制

4. 复合剖

当机件的内部结构形状较多，单用平行平面或相交平面剖切不能表达清楚时，可以用组合的剖切平面剖开机件，这种方法称为复合剖，如图 6-22、图 6-23 所示。

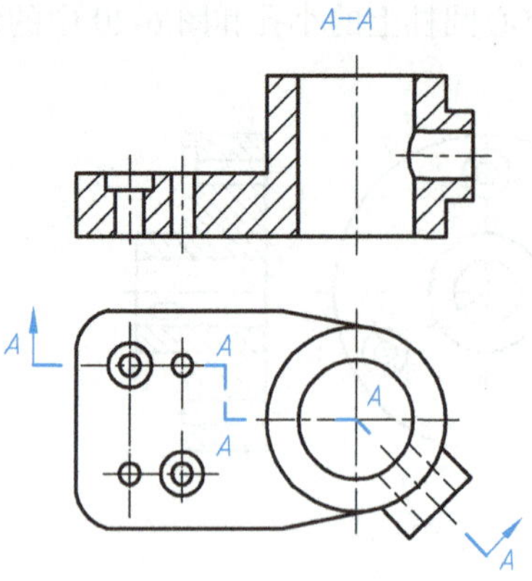

图 6-22　复合剖切面剖切（一）

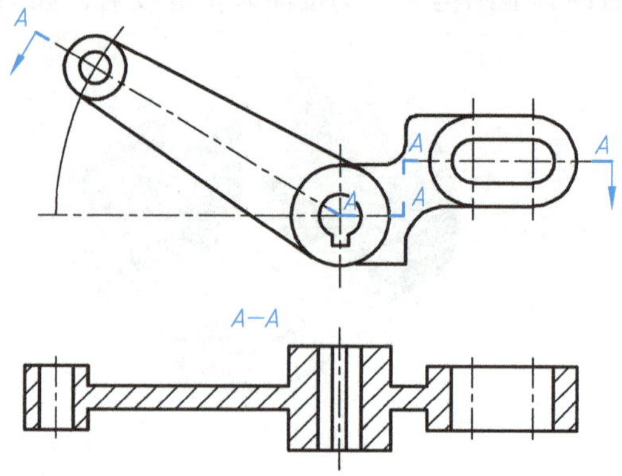

图 6-23　复合剖切面示例（二）

三、剖视图的种类

根据剖切范围的大小，剖视图可分为全剖视图、半剖视图和局部剖视图三种。

1. 全剖视图

用剖切面完全地剖开机件所得的剖视图，称为全剖视图。前面介绍的剖视图均为全剖视图。

全剖视图用于表达内形较复杂、外形简单的不对称机件。为了便于标注尺寸，对于外形简单，且具有对称平面的机件也常采用全剖视图。

当剖切平面通过机件的对称面且按投影关系配置，中间又无其他图形隔开时，全剖视图可省略标注。

2. 半剖视图

当机件具有对称平面时，向垂直于对称平面的投影面上投射所得的图形，以对称中心线（细点画线）为界，一半画成视图用以表达外部结构形状，另一半画成剖视图用以表达内部结构形状，这种组合的图形称为半剖视图，如图 6-24 所示。

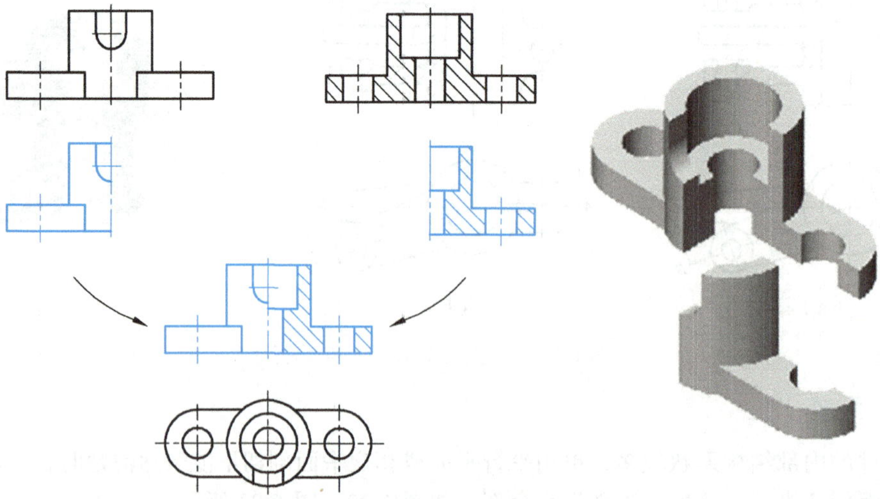

图 6-24　半剖视图

半剖视图适用于内、外形状都比较复杂，需在同一图上兼顾表达的对称机件。若机件的形状接近对称，且不对称部分已在其他视图上表示清楚时，也可以画成半剖视图，如图 6-25 所示。

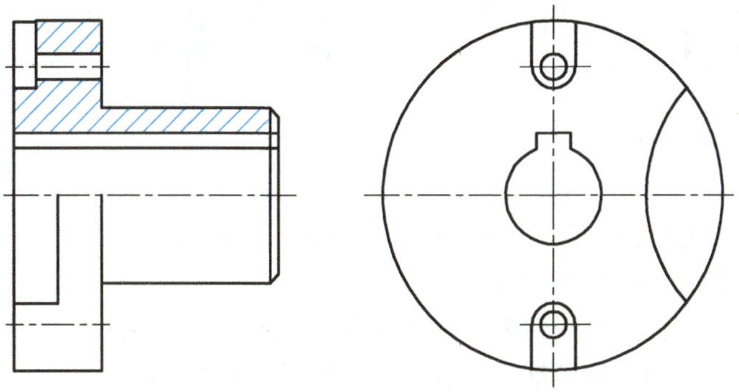

图 6-25 基本对称物体的半剖视图

半剖视图的标注与全剖视图相同。

画半剖视图时应注意：

（1）半剖视图中，与剖视图的分界线为细点画线，不能是其他任何图线。

（2）当机件的内部结构在剖视部分已经表示清楚，在表达外形的视图部分不必再画出虚线。

半剖视图中，因为有些部分的形状只画出一半，所以标注尺寸时尺寸线上只能画出一端箭头，另一端只需超过中心线，不画箭头。

3. 局部剖视图

当机件尚有部分内部结构形状未表达清楚，但又没有必要作全剖视图或不适合作半剖视图时，可用剖切平面局部地剖开机件，所得的剖视图称为局部剖视图，如图 6-26 所示。局部剖切后，机件断裂处的分界线用波浪线表示。

当被剖切的局部结构为回转体时，允许将该结构的中心线作为局部剖视图与视图的分界线，如图 6-27 中的主视图。

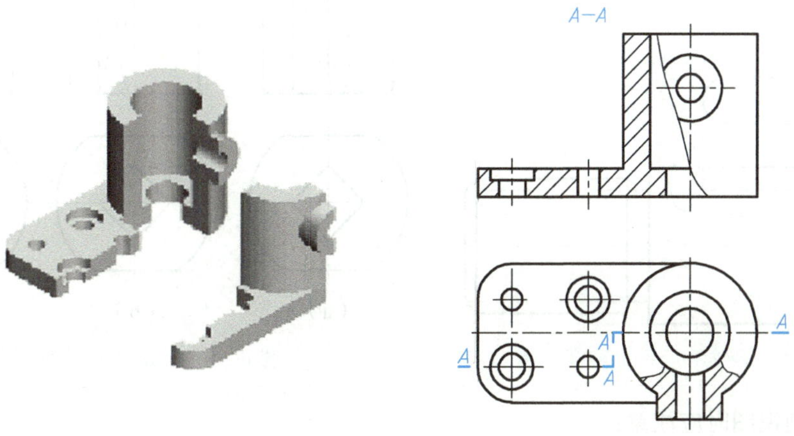

图 6-26 局部剖视图

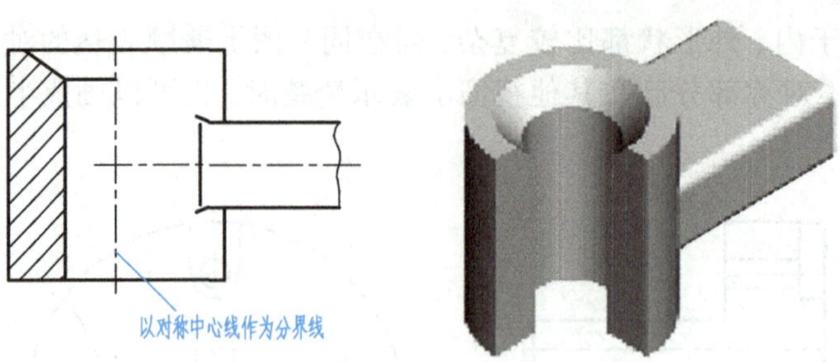

图 6-27　用中心线代替波浪线

局部剖视图既能把机件局部的内部形状表达清楚，又能保留机件的某些外形，是一种比较灵活的表达方法。局部剖视图适用于：

① 机件只有局部结构需要剖切表示，而又没有必要作全剖视图，如图 6-28 所示。

② 当不对称机件的内、外形都需要表达时，如图 6-29 所示。

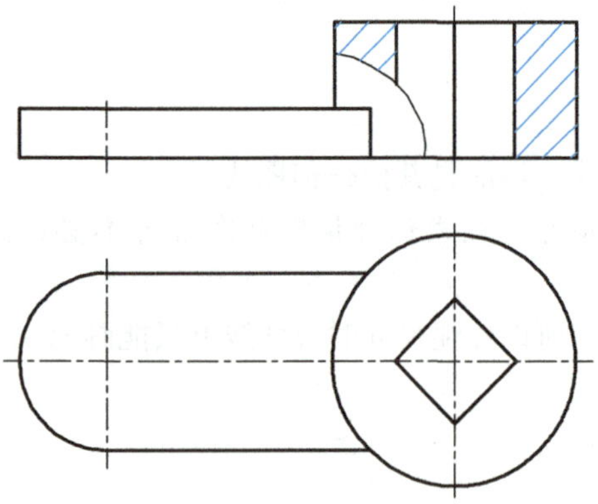

图 6-28　没有必要作全剖

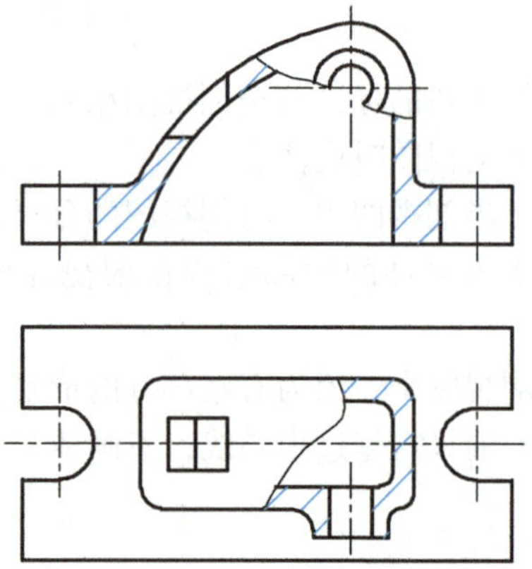

图 6-29　内、外形都需要表达

③ 当实心件如轴、杆、手柄等上的孔、槽等内部结构需要剖开表达时，如图 6-30 所示。

④ 当机件对称，且在图上恰好有一轮廓线与对称中心线重合时，不宜采用半剖视图，此时可采用局部剖视图，如图 6-31 所示。

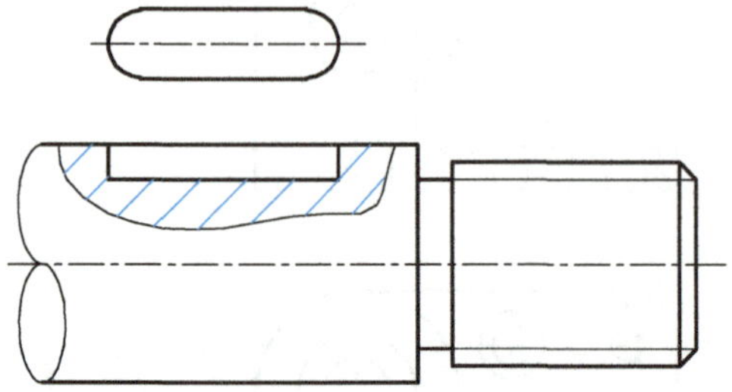

图 6-30　表达实心件上的孔、槽

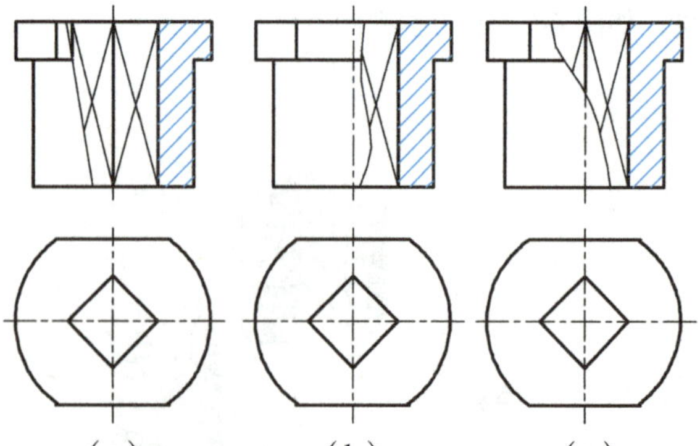

图 6-31　不宜采用半剖视图

画局部剖视图时应注意：

(1) 局部剖视图用波浪线与视图分界，波浪线不应与图形上其他图线重合（见图 6-32 中的

A 处），不能用轮廓线代替波浪线。

（2）波浪线应画在剖切到的实体部分，遇到孔、槽时应断开，如图 6-32（b）中的 *B* 处；波浪线不能画在轮廓线延长线上和实体以外，如图 6-32（b）中的 *A*、*C* 处所示。

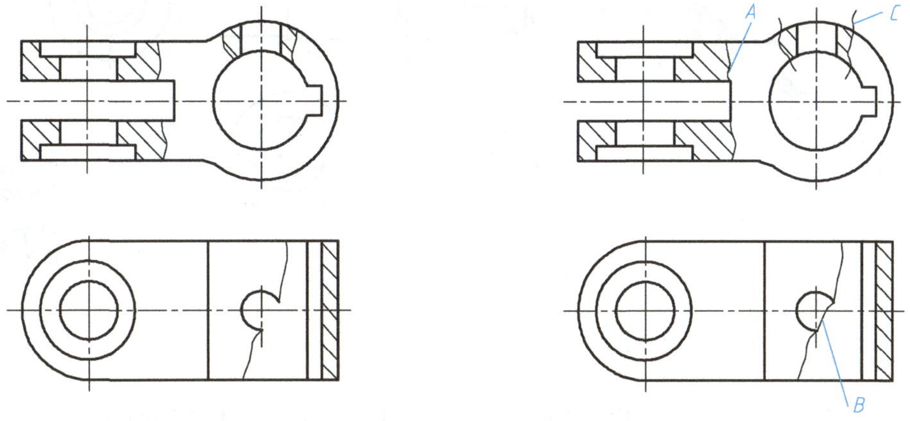

（a）　　　　（b）

图 6-32　局部剖视图中的波浪线画法

（3）在一个图中局部剖视图数量不宜用得过多，以避免图形显得杂乱。局部剖视图的剖切范围可以根据需要而定，选择比较灵活。

对于剖切位置比较明显的局部结构，一般不用标注。当剖切位置不够明显时，则应进行标注。

第三节　断面图

一、断面图的概念

假想用剖切平面将机件的某处切断，仅画出断面的图形，称为断面图。如图 6-33 所示的吊钩，只画了一个主视图，并在几处画出了断面形状，就把整个吊钩的结构形状表达清楚了，比用多个视图或剖视图显得更为简便、明了。

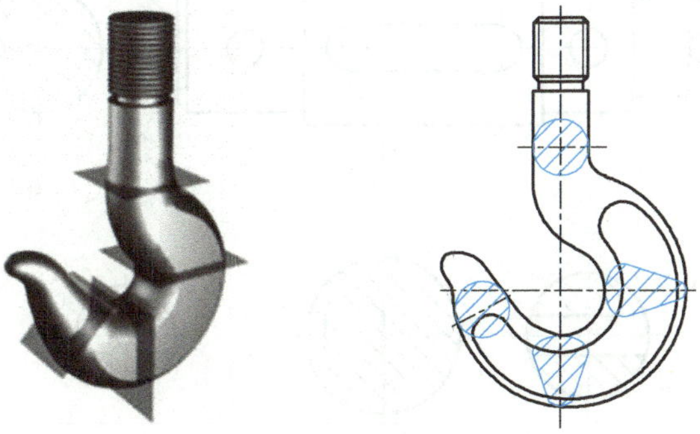

图 6-33　吊钩

断面图与剖视图不同之处是：断面图只画出剖切平面和机件接触部分的断面投影，而剖视图则要求除了画出机件被剖切的断面图形外，还要画出剖切面后可见部分的投影，如图 6-34 所示。

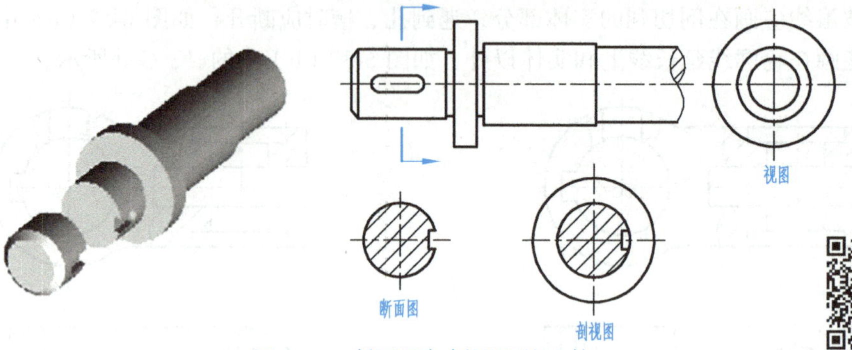

图 6-34　断面图与剖视图的比较

二、断面图的分类及画法

断面图按其在图纸上配置的位置不同，分为移出断面图和重合断面图两种。

1. 移出断面图

画在视图轮廓之外的断面图，称为移出断面图，如图 6-35 所示。

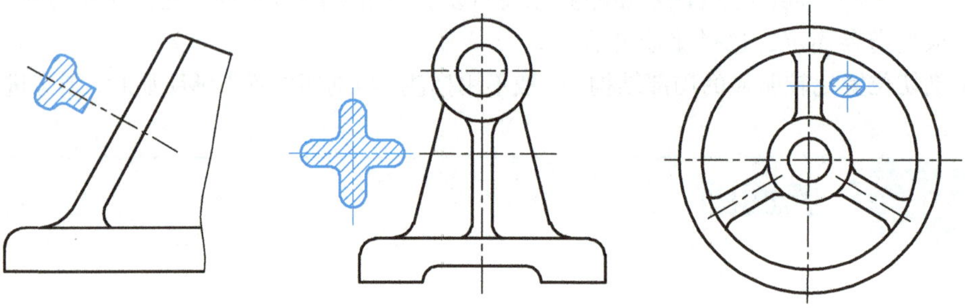

图 6-35　移出断面图

（1）移出断面图的画法。

移出断面图的轮廓线用粗实线绘制，在断面上画出剖面符号。移出断面图应尽量配置在剖切线的延长线上，必要时也可配置在其他适当位置，如图 6-36 中的“*A*—*A*”和“*B*—*B*”所示。

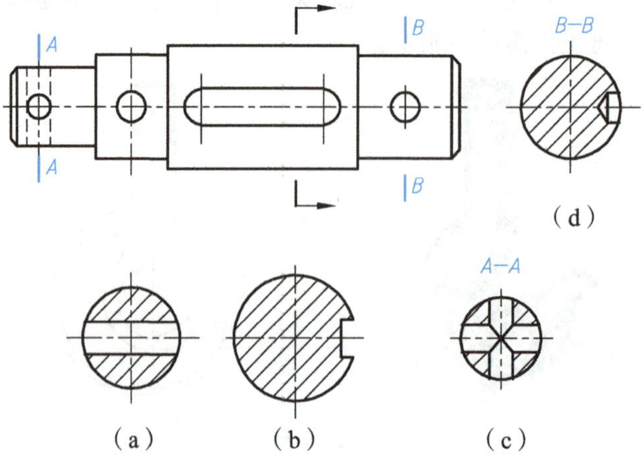

图 6-36　移出断面图的标注

画移出断面图时应注意以下几点：

① 当剖切平面通过回转面形成孔或凹坑的轴线时，这些结构应按剖视图绘制，如图 6-37 所示。

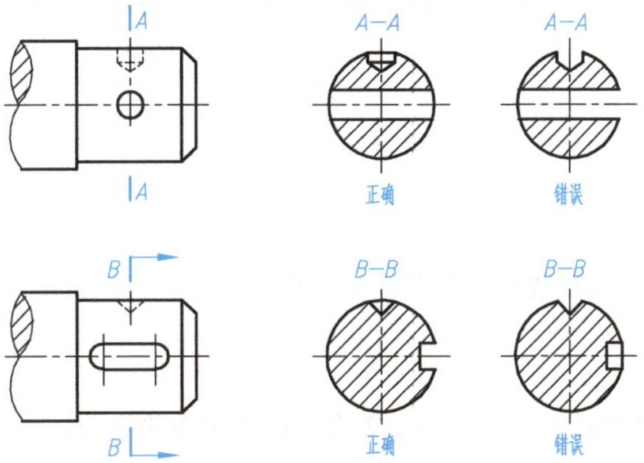

图 6-37　断面图的规定画法

② 当剖切平面通过非圆孔，会导致出现完全分离的两部分断面时，这样的结构也应按剖视图绘制，如图 6-38 所示。

③ 由两个或多个相交的剖切平面剖切后得出的移出断面，中间应用波浪线断开绘制，如图 6-39 所示。

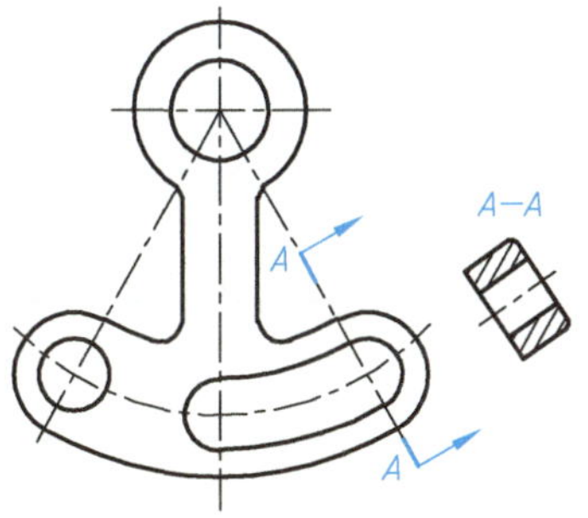

图 6-38　断面图的规定画法

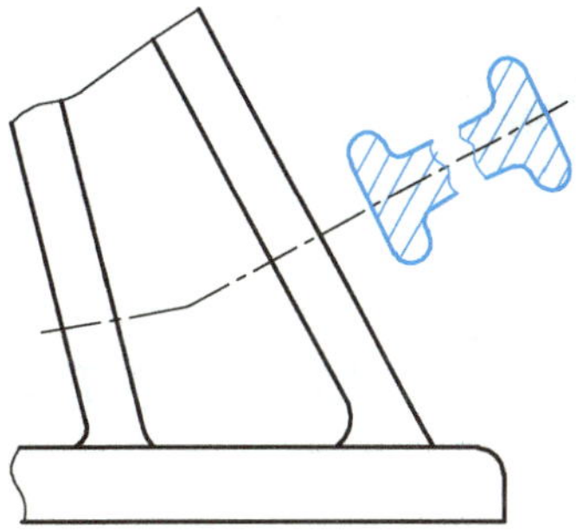

图 6-39　剖切平面相交时断面图的画法

④ 当断面图形对称时，也可将断面图画在视图的中断处，如图 6-40 所示。

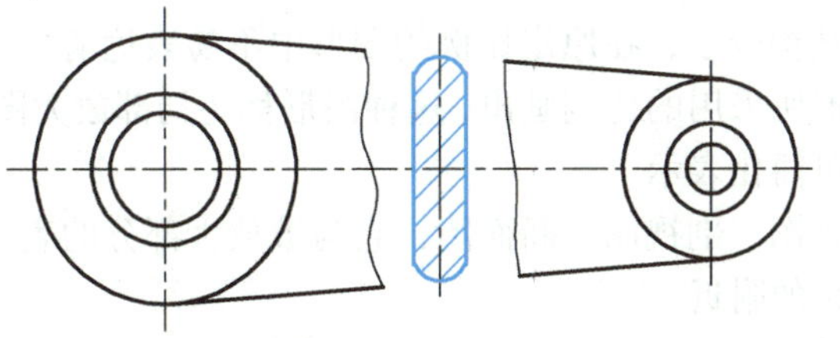

图 6-40　移出断面图配置在视图中断处

（2）移出断面图的标注。

移出断面图一般应在其上方用大写拉丁字母标出断面图的名称“×—×”，用剖切符号表示剖切位置，用箭头表示投射方向，并标注上同样的字母，如图 6-36 所示。

① 配置在剖切符号延长线上的不对称移出断面图可省略字母，如图 6-36（b）所示。

② 按基本视图位置配置的不对称移出断面图和没有配置在剖切延长线上的对称移出断面图均省略箭头，如图 6-36（c）、（d）所示。

③ 配置在剖切符号延长线上的对称移出断面图，可省略标注，如图 6-36（a）所示。

2. 重合断面图

画在视图轮廓之内的断面图，称为重合断面图，如图 6-41 所示。

（1）重合断面图的画法。

重合断面图的轮廓线用细实线绘制。重合断面图应配置在剖切线上，宜在不应影响清晰的情况下采用。当视图中的轮廓线与重合断面的图形重叠时，仍按视图中的轮廓线画出，不可间断，如图 6-41 所示。

（2）重合断面图的标注。

① 配置在剖切符号延长线上的不对称重合断面图可省略字母，如图 6-41 所示。

② 对称的重合断面图可省略标注，如图 6-42 所示。

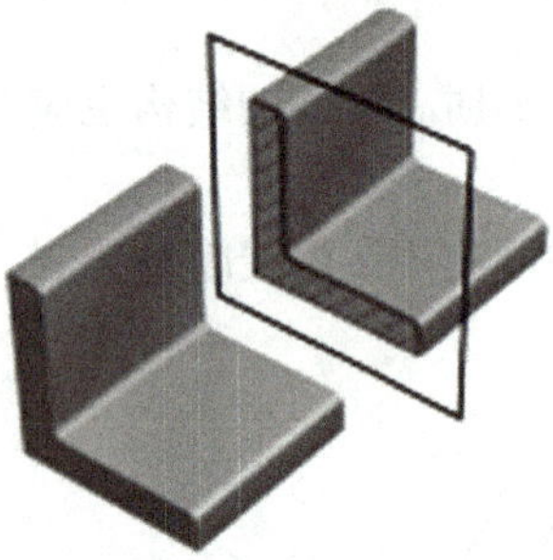

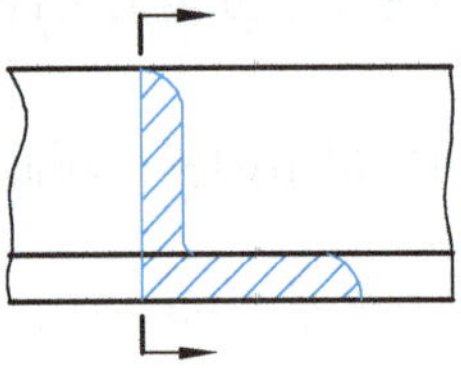

图 6-41　重合断面图

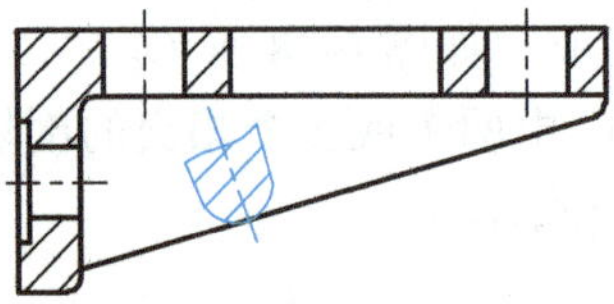

图 6-42　对称的重合断面

第四节　其他表达方法

一、局部放大图

当机件的某些局部结构较小，在原定比例的图形中不易表达清楚或不便标注尺寸时，可将此局部结构用大于原图形所采用的比例画出，这种图形称为局部放大图，如图 6-43 所示。此时，原视图中该部分结构也可简化表示。

局部放大图可画成视图、剖视图、断面图，它与被放大部分的表达方法无关。局部放大图应尽量配置在被放大部位的附近。

当机件上有几处被放大部位时，必须用罗马数字依次标明，并用细实线圆（或长圆）圈出，在相应的局部放大图上方标出相同数字和放大比例，如图 6-43 所示。如放大部位仅有一处，则不必标明数字，但必须标明放大比例。

局部放大图的投射方向应与被放大部分的投射方向一致；与整体联系的部分用波浪线画出；画成剖视图时，其剖面符号的方向和距离应与原图中有关的剖面符号相同。

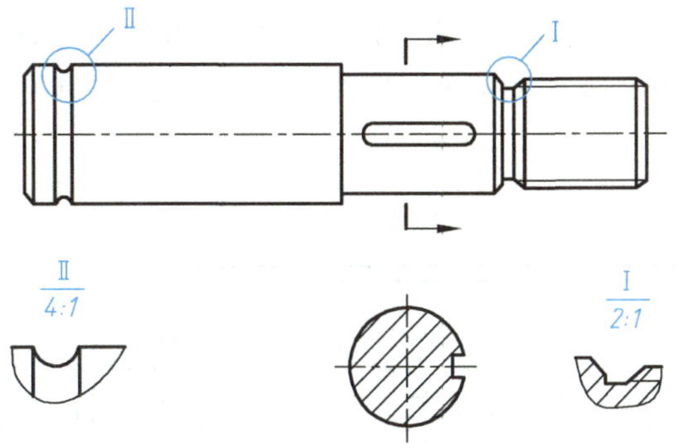

图 6-43　局部放大图

二、简化画法

（1）对于机件上的肋板、轮辐及薄壁等结构，如果按纵向剖切，这些结构都不画剖面符号，而用粗实线将它们与其相邻结构分开，如图 6-44 所示。

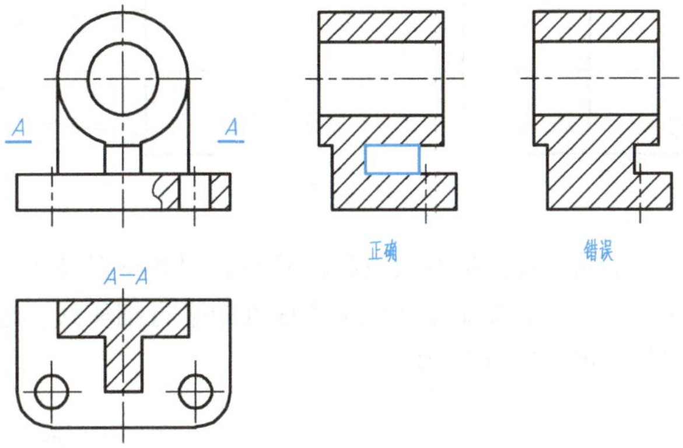

图 6-44　肋板的画法

（2）当零件回转体上均匀分布的肋板、轮辐、孔等结构不处于剖切平面上时，可将这些结构旋转到剖切平面上画出，如图 6-45 所示。

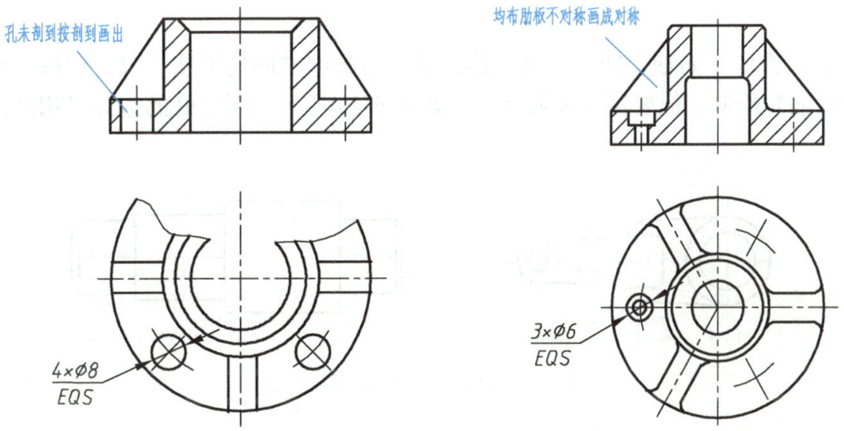

图 6-45　均匀分布的肋板和孔的画法

（3）当机件上具有若干相同结构（齿、槽、孔等），并按一定规律分布时，只需画出几个完整结构，其余用细实线相连或标明其中心位置，但在图上必须注明该结构的总数，如图 6-46 所示。

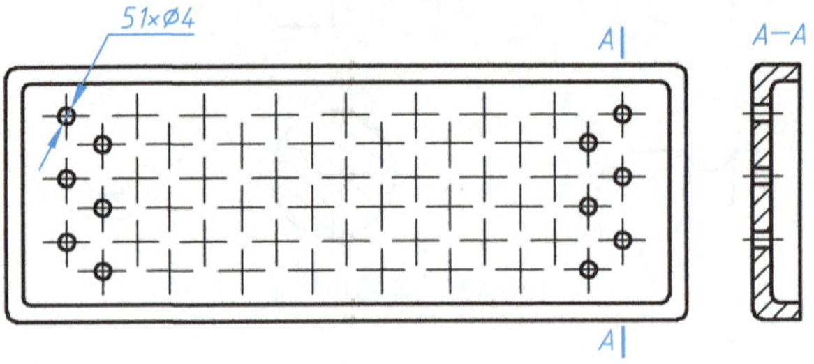

图 6-46　相同要素的简化画法

（4）当图形不能充分表达平面时，可用平面符号（相交两细实线）表示，如图 6-47 所示。

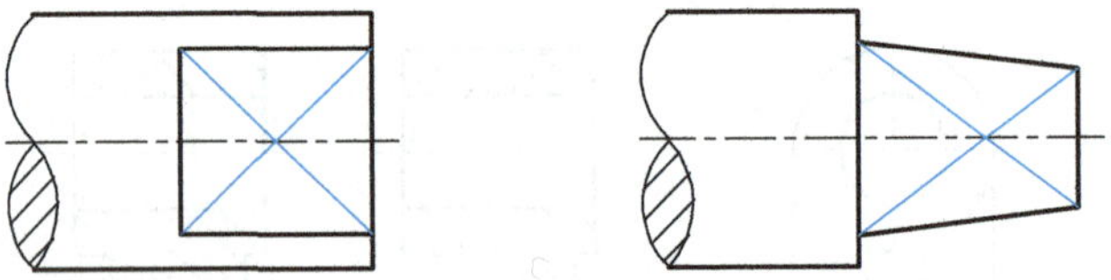

图 6-47　平面符号

（5）为了节约绘图时间和图幅，在不致引起误解时，对称或基本对称机件的视图，可只画一半或 1/4，并在对称中心线的两端画出两条与其垂直的平行细实线；也可使图形适当超过对称中心线，不画对称符号，如图 6-48 所示。

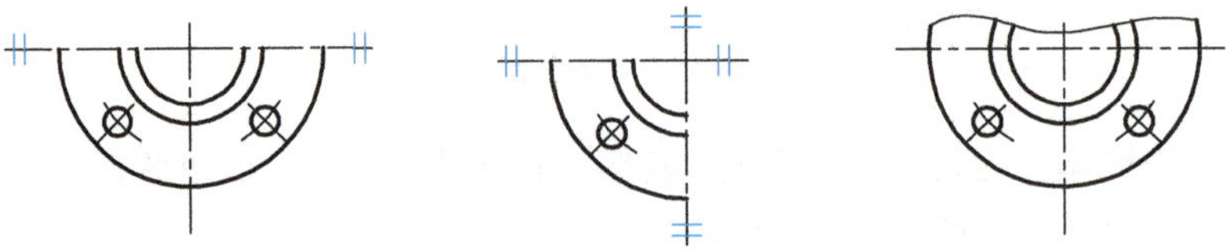

图 6-48　对称物体的简化画法

（6）较长的机件（如轴、杆、型材、连杆等）沿长度方向的形状一致，或按一定规律变化时，可断开后缩短绘制，但要标注实际尺寸，如图 6-49 所示。断裂处的边界可用波浪线或双点画线绘制。

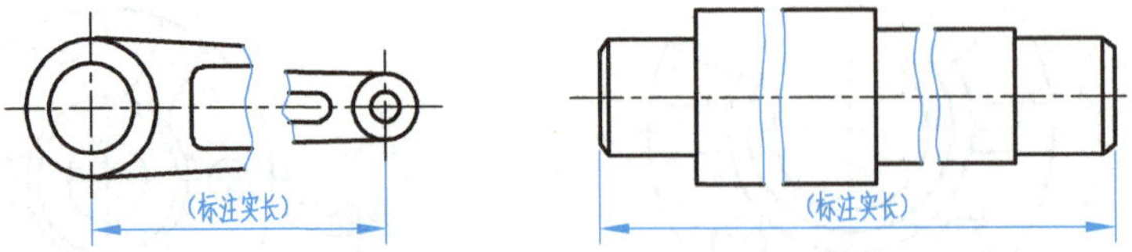

图 6-49　较长物体的折断画法

（7）在不引起误解时，图中的过渡线、相贯线可以简化。例如，用圆弧或直线代替非圆曲线，如图 6-50 所示；也可采用模糊画法表示相贯线，如图 6-51 所示。

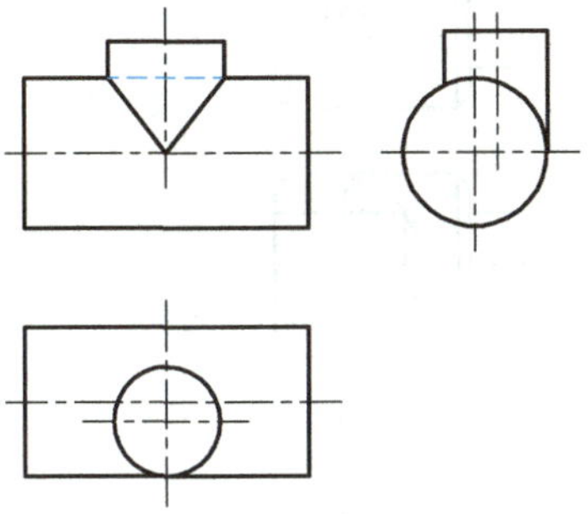

图 6-50　相贯线的简化画法

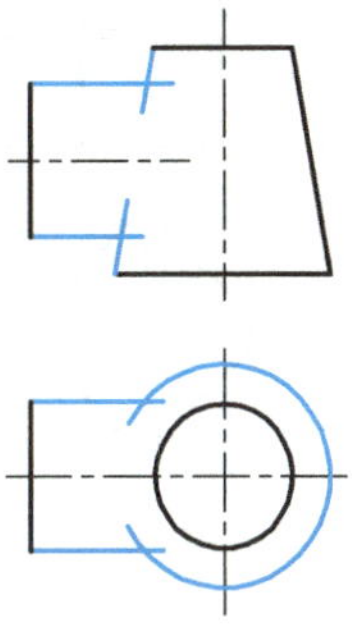

图 6-51　相贯线的模糊画法

（8）与投影面倾斜角度小于或等于 30°的圆或圆弧，其投影可用圆或圆弧代替，如图 6-52 所示。

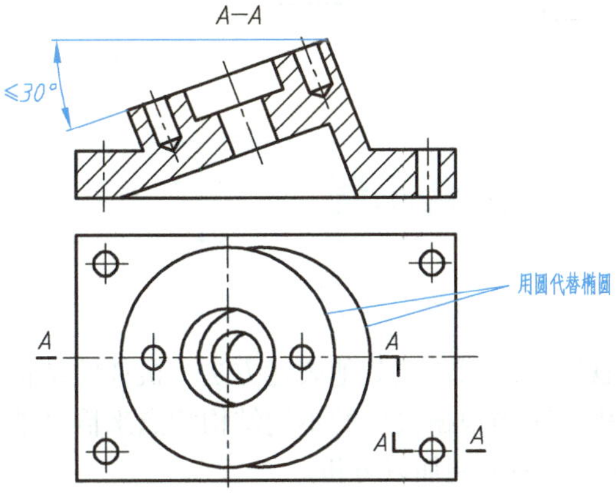

图 6-52　倾斜圆或圆弧的简化画法

（9）型材（角钢、工字钢、槽钢）中的小斜度结构，在一个图中已表达清楚时，其他图中按小端画出，如图 6-53 所示。

（10）对于机件上的滚花部分，可以在轮廓线附近用细实线示意画出，并在图上或技术要求中注明这些结构的具体要求，如图 6-54 所示。

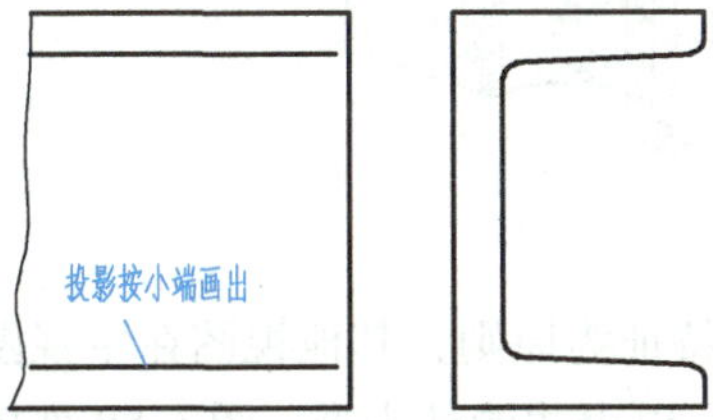

图 6-53　小斜度结构的简化画法

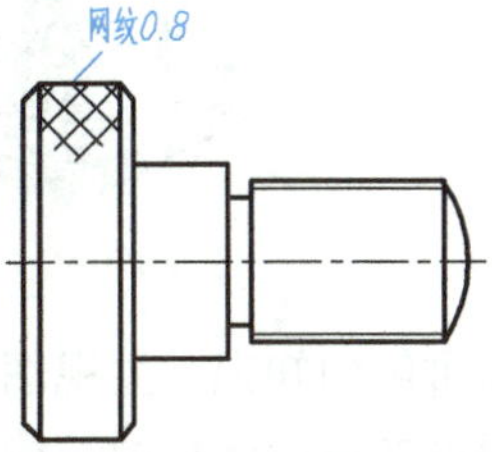

图 6-54　滚花的画法

（11）机件上的一些较小结构所产生的交线（截交线、相贯线、过渡线），如在一个图中已表达清楚时，其他图中可简化或省略，如图 6-55 所示。

（12）在不致引起误解时，零件图中的小圆角或 45°小倒角允许省略不画，但必须注明，如图 6-56 所示。

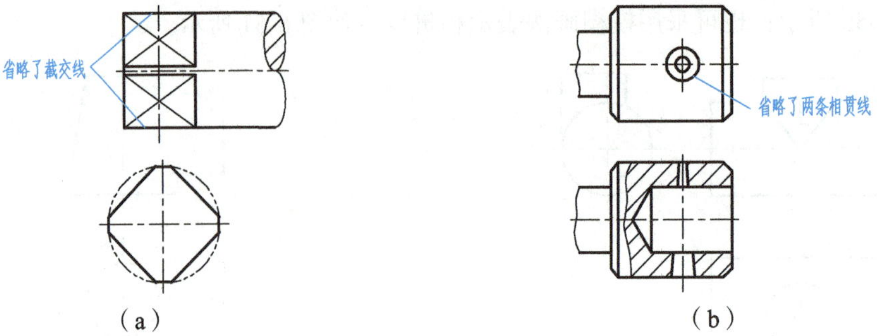

图 6-55　物体上较小结构的简化画法

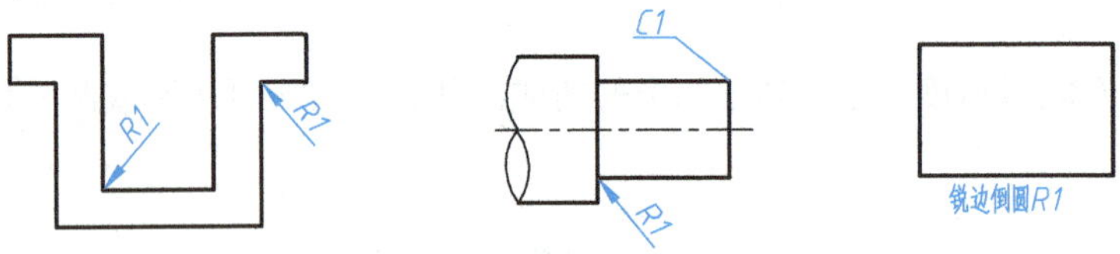

图 6-56　圆角、倒角的简化画法

第五节　表达方法综合举例

前面介绍了视图、剖视图、断面图及其他表达方法。机件的结构形状多种多样，表达方法也各有不同，在实际运用中，应当根据机件的不同结构特点来恰当地选用表达方法。

下面仅以图 6-57 所示的支座为例加以分析。

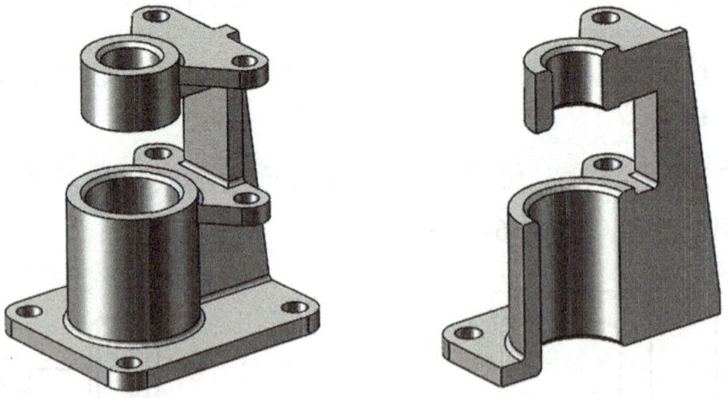

图 6-57　支座

根据前面讲解的知识，主视图的选择以考虑机件的特征为原则，其他视图在主视图的基础上表达主视图没有表达清楚的结构，力求视图数量最少，以表达清楚为准。图 6-58 列出了支座的三种表达方案。第一种表达方案与第二种方案只是主视图的看图方向不一样，主视图都采用局部剖视表达，能反映各组成部分的位置特征，方案一不太符合视觉习惯，视图的数量均较少；第三种方案是看图方向又不一样，主视图用半剖加局部剖视表达，左视图用局部剖视表达，视图数量多一个，且主视图不能很好反映各组成部分的位置特征。综合考虑，方案二更符合视觉习惯，故更佳。本例还可列出其他表达方案，读者可自行分析。

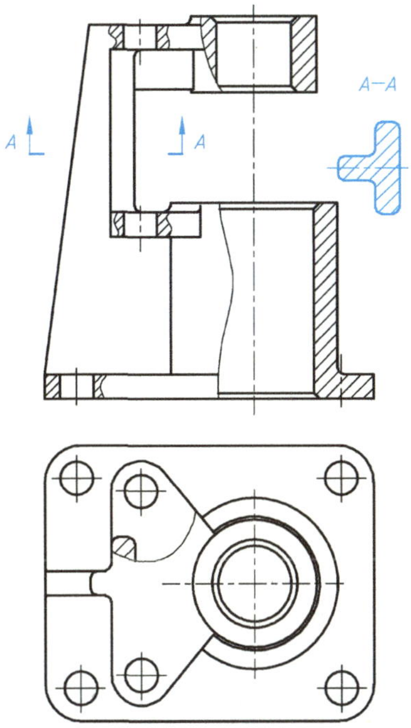

（a）第一种方案

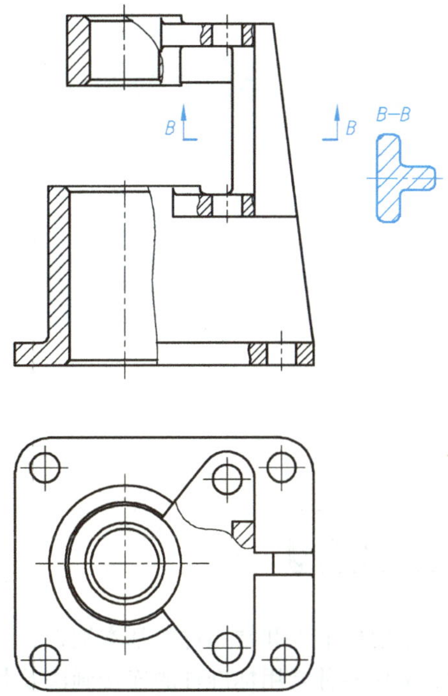

（b）第二种方案

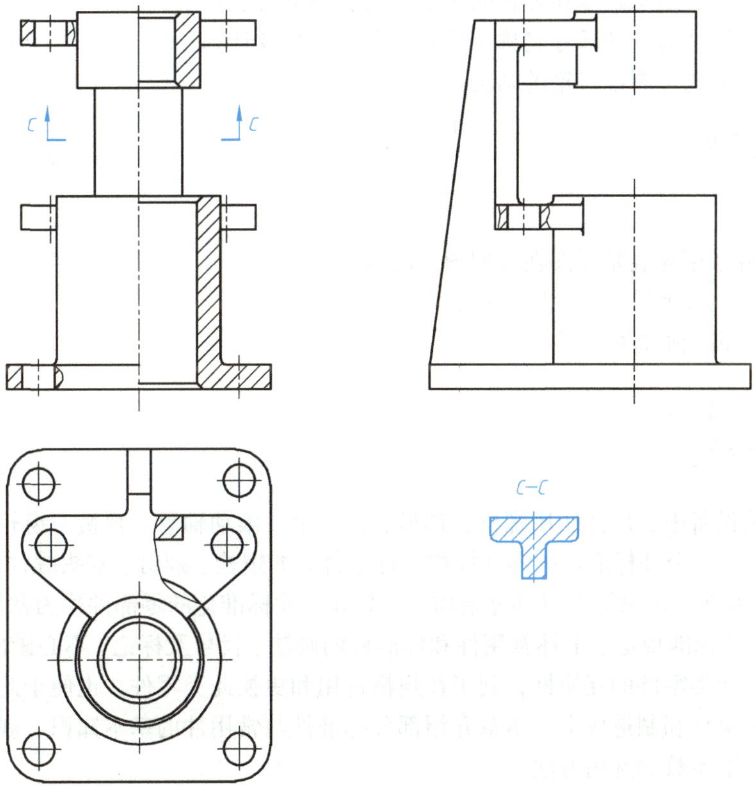

（c）第三种方案

图 6-58　支座的三种表达方案

第七章 标准件和常用件

学习目标

1. 了解标准件和常用件的基本知识；
2. 掌握各种常用标准件的连接画法及其规定标记；
3. 了解螺纹的基本要素、规定画法，以及常用螺纹的种类和标注；
4. 掌握键、销、滚动轴承和弹簧的规定画法和图示特点；
5. 了解直齿圆柱齿轮各部分名称、代号、主要参数及计算；
6. 掌握圆柱齿轮和圆锥齿轮的画法。

技能目标

1. 熟练掌握常用螺纹紧固件在装配图中的画法；
2. 掌握键、销和弹簧在装配图中的画法；
3. 掌握圆柱齿轮啮合的画法。

导　读

在各种机械设备中，广泛使用螺栓、螺母、键、销、滚动轴承、弹簧、齿轮、链传动等零部件。将结构和尺寸全部标准化的零部件称为标准件，如螺栓、螺钉、双头螺柱、螺母、垫圈、键、销、滚动轴承等。国家标准将部分结构、参数和尺寸标准化的零部件称为常用件，如齿轮、弹簧等。国家有关标准规定了上述常用件和标准件的画法、代号及标记，不必画出其真实投影。通过标准化提高此类零件的互换性，利于按规格选用和更换此类零件，也便于此类零件的大量生产，从而降低设计和制造成本。本章介绍部分标准件与常用件的基本知识、规定画法、标注方法以及相关标准参数的选用方法。

第一节 螺　纹

一、螺纹的基本知识

1. 螺纹的形成

圆柱面上一动点绕圆柱轴线做等速转动的同时，又沿圆柱母线做直线运动而形成的复合运动轨迹，称为螺旋线。

一平面图形（如三角形、梯形、锯齿形等）沿圆柱表面上的螺旋线运动形成的具有相同断面的连续凸起和沟槽就称为螺纹。螺纹是零件上常见的一种标准结构要素，在圆柱外表面上形成的螺纹称为外螺纹；在圆柱内表面上形成的螺纹称为内螺纹，如图 7-1 所示。螺纹的加工方法很多，图 7-2（a）、（b）分别为车床上加工圆柱外螺纹和内螺纹的示意图；图 7-2（c）为大量生产螺纹紧固件时，滚压螺纹的原理图；图 7-2（d）、（e）分别为用丝锥和板牙加工小直径内螺纹和外螺纹的示意图。

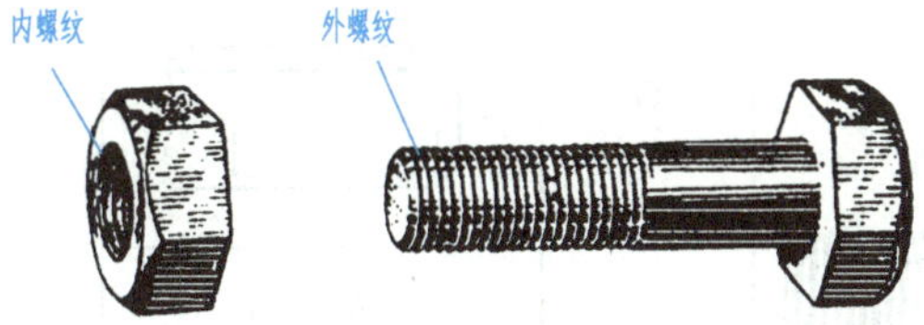

图 7-1　内螺纹和外螺纹

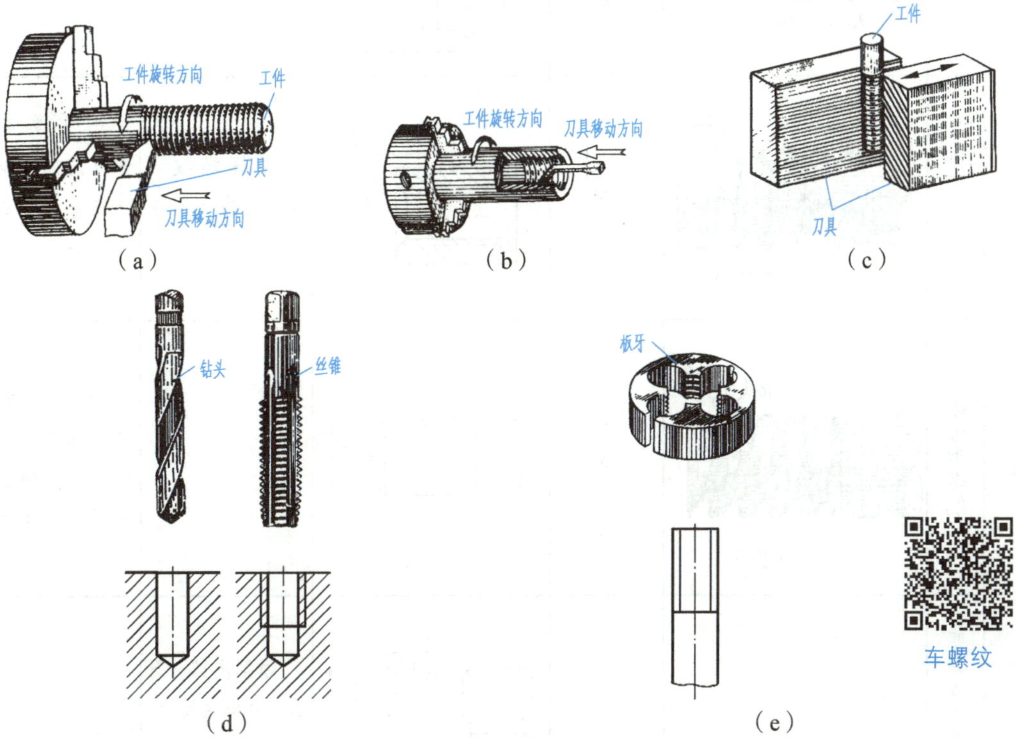

车螺纹

图 7-2　螺纹的加工

2. 螺纹的基本要素

（1）牙型。

螺纹在其断面上的牙齿轮廓形状称为螺纹牙型。常见的螺纹牙型有三角形、梯形、锯齿形和矩形等。不同牙型的螺纹有不同的用途，见表 7-1。

表 7-1　常用螺纹的种类和标记示例

螺纹种类		牙型图例	特征代号	标记或标注示例	标注说明	用途
连接螺纹	普通螺纹	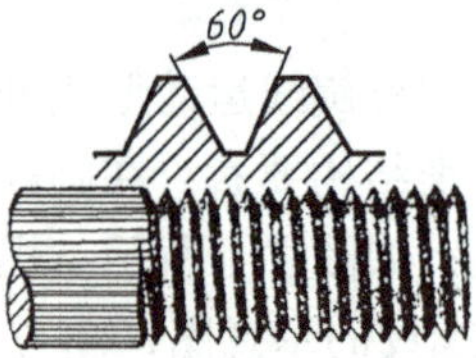 牙型为等边三角形	M	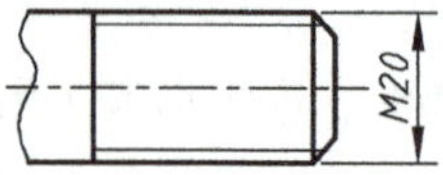	粗牙螺纹不注螺距	用于一般机件的连接
			M	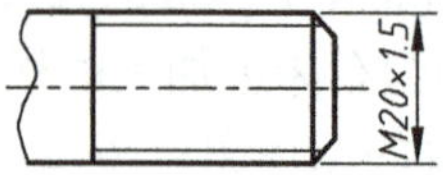	细牙螺纹要注螺距	用于薄壁或精密零件的连接
	管螺纹	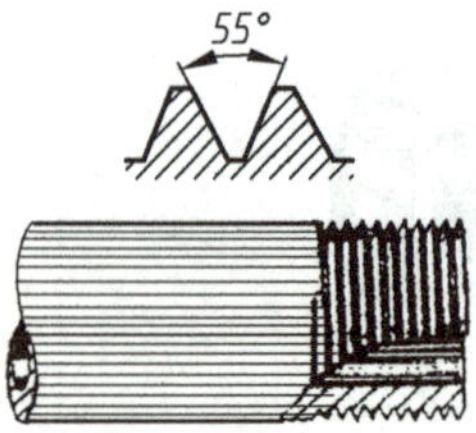 牙型为等腰三角形	G	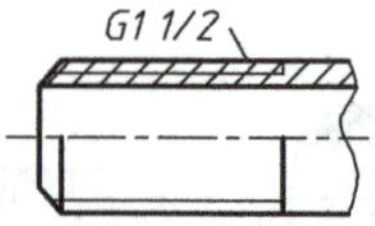	指 55°英寸制	螺纹深度较浅的特殊细牙螺纹，常用于水管、油管、气管等薄壁管子的连接
			Rc	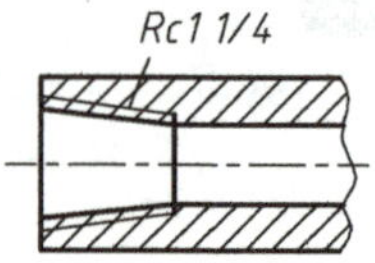		
传动螺纹	梯形螺纹	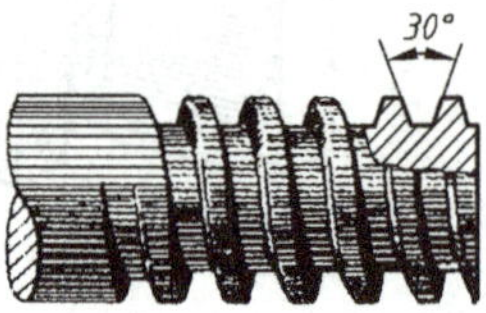 牙型为等腰梯形	Tr	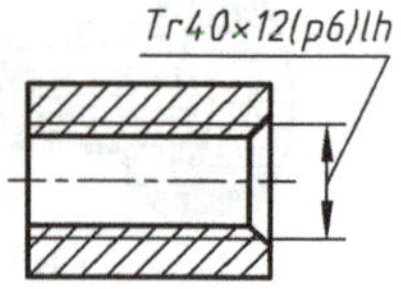	多线螺纹不注线数而注导程	用于承受两个方向的轴向力的场合，如车床的丝杠
	锯齿形螺纹	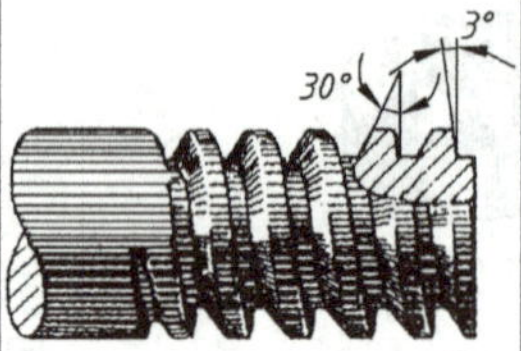 牙型为锯齿形	B	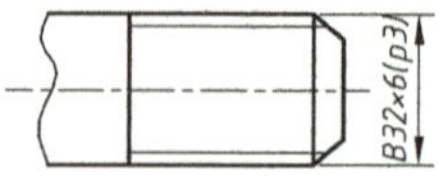		用于只承受单向轴向力的场合，如虎钳、千斤顶上的丝杠
	非标准螺纹			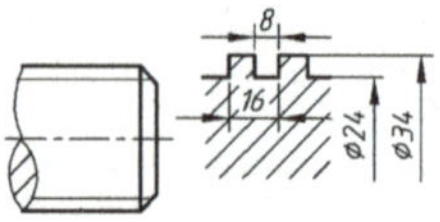	须画出部分牙型，并标注尺寸	

（2）直径。

螺纹的直径有三个：大径（d 或 D）、小径（d_1 或 D_1）、中径（d_2 或 D_2），如图 7-3 所示。螺纹的顶径是外螺纹的大径、内螺纹的小径；螺纹的底径是外螺纹的小径、内螺纹的大径。普通螺纹和梯形螺纹的大径又称公称直径。

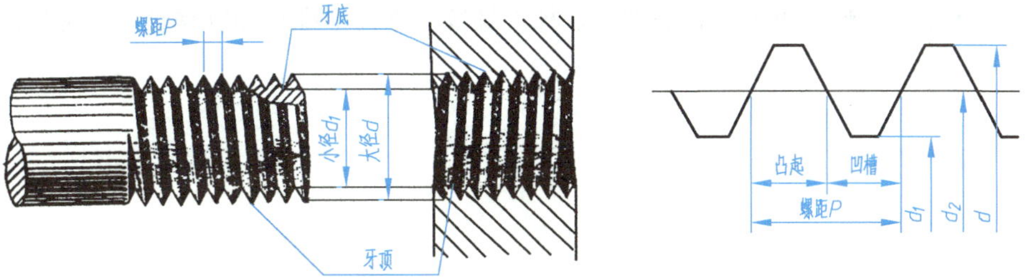

图 7-3　螺纹的直径

（3）线数 n。

同一圆柱（锥）面上螺旋线的条数，称为线数。螺纹有单线和多线之分。沿一条螺旋线形成的螺纹称为单线螺纹，如图 7-4（a）所示；沿两条或两条以上螺旋线形成的螺纹称为多线螺纹，如图 7-4（b）。

（4）螺距 P 及导程 P_h。

螺纹相邻两牙在中径线上对应两点之间的轴向距离称为螺距，用 P 表示。同一条螺旋线相邻两点之间的轴向距离称为导程，用 P_h 表示。单线螺纹的导程等于螺距，即 $P_h = P$；多线螺纹的导程等于线数乘以螺距，即 $P_h = nP$，如图 7-4 所示。

（5）旋向。

螺纹有右旋和左旋之分。内、外螺纹旋合时，顺时针方向旋入的螺纹称为右旋螺纹，反之称为左旋螺纹，如图 7-5 所示。工程上常用右旋螺纹。

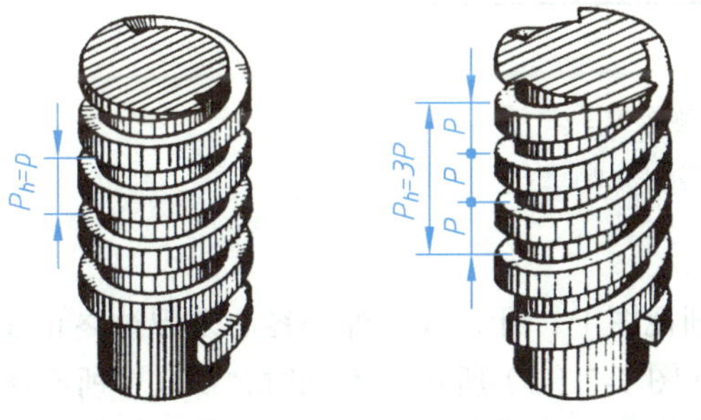

（a）　（b）

图 7-4　螺纹的线数、螺距和导程

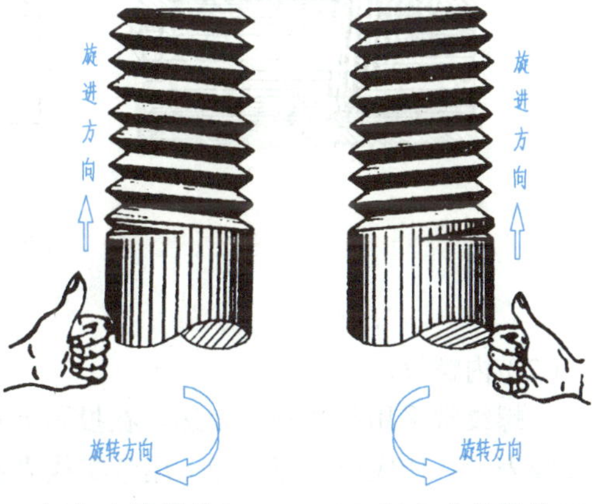

（a）左旋螺纹　（b）右旋螺纹

图 7-5　螺纹的旋向

国家标准对螺纹五项要素中的牙型、公称直径和螺距做了规定。上述三项要素都符合标准的螺纹称为标准螺纹；仅牙型符合标准的螺纹称为特殊螺纹；连牙型都不符合标准的螺纹称为非标准螺纹。只有以上五个要素完全一致的内外螺纹才能旋合使用。

3. 螺纹的种类

（1）按螺纹要素分，螺纹可分为标准螺纹、特殊螺纹和非标准螺纹。

（2）按螺纹用途分，螺纹可分为连接螺纹（紧固螺纹、管螺纹）、传动螺纹和专用螺纹。其中，专用螺纹有自攻螺钉用螺纹、木螺钉螺纹和气瓶专用螺纹等。

（3）按牙型分，螺纹可分为普通螺纹、梯形螺纹、锯齿形螺纹和管螺纹等。常见螺纹的分类见表 7-1。

二、螺纹的规定画法和标记

1. 螺纹的规定画法

（1）外螺纹。

在投影为非圆的视图上，螺纹牙顶线（即大径）用粗实线表示，牙底线（即小径）用细实线表示，并应画入倒角内；小径通常画成大径的 0.85 倍；螺纹的终止线用粗实线表示。在投影为圆的视图上，牙顶用粗实线圆表示，表示牙底的细实线圆只画约 3/4 圈，此时规定倒角圆省略不画。剖视画法中剖面线必须画至粗实线位置，如图 7-6 所示。

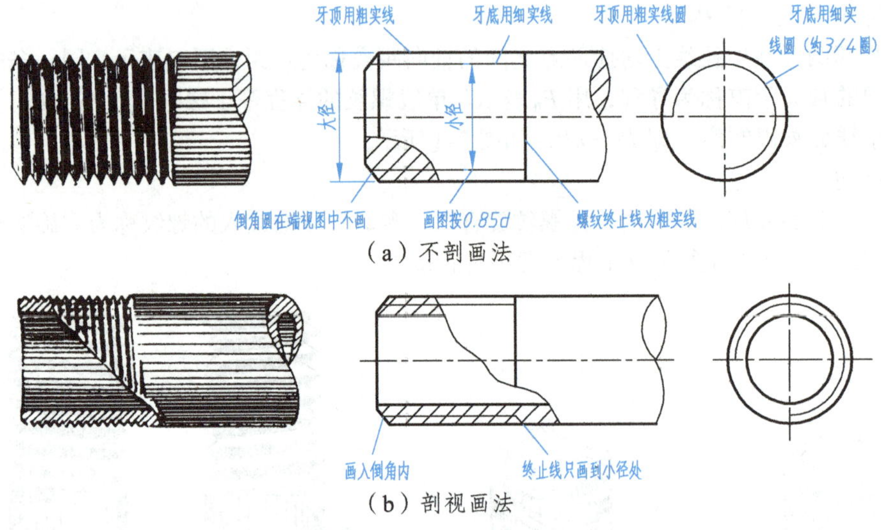

图 7-6　外螺纹的规定画法

（2）内螺纹。

内螺纹常采用剖视画法表达。在投影为圆的剖视图上，牙顶线（即小径）及螺纹终止线用粗实线表示，牙底线（即大径）用细实线表示，如图 7-7（a）所示。不剖时，螺纹中所有图线均用虚线表示，如图 7-7（b）所示。在投影为圆的视图上，牙顶用粗实线圆表示，表示牙底的细实线圆（不剖画法中均用虚线圆）也只画约 3/4 圈，同样规定倒角圆省略不画，如图 7-7 所示。另外，应注意的几点：

① 无论是外螺纹还是内螺纹，在剖视图或断面图中的剖面线都必须画到粗实线位置。

② 对于不通的螺孔，钻孔深度应比螺孔深度大 0.2 ~ 0.5D；由于钻头的刃锥角约为 118°，因此，钻孔底部以下的圆锥坑的锥角一般画成 120°，不要画成 90°，如图 7-7 所示。

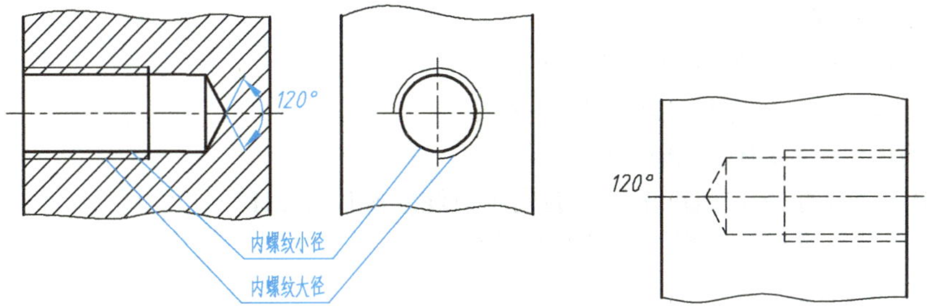

（a）剖视画法　　　　（b）不剖画法

图 7-7　内螺纹的规定画法

③ 对于标准螺纹，一般可不画出牙型；对于非标准螺纹中需要表示的螺纹牙型，可按表 7-1 中所示的局部剖视和局部放大等方式，画出几个牙型，并标注出所需要的尺寸。

2. 螺纹连接的规定画法

如图 7-8 所示，在剖视图中，内、外螺纹的旋合部分应按外螺纹绘制，其余部分仍按内、外螺纹的画法绘制。

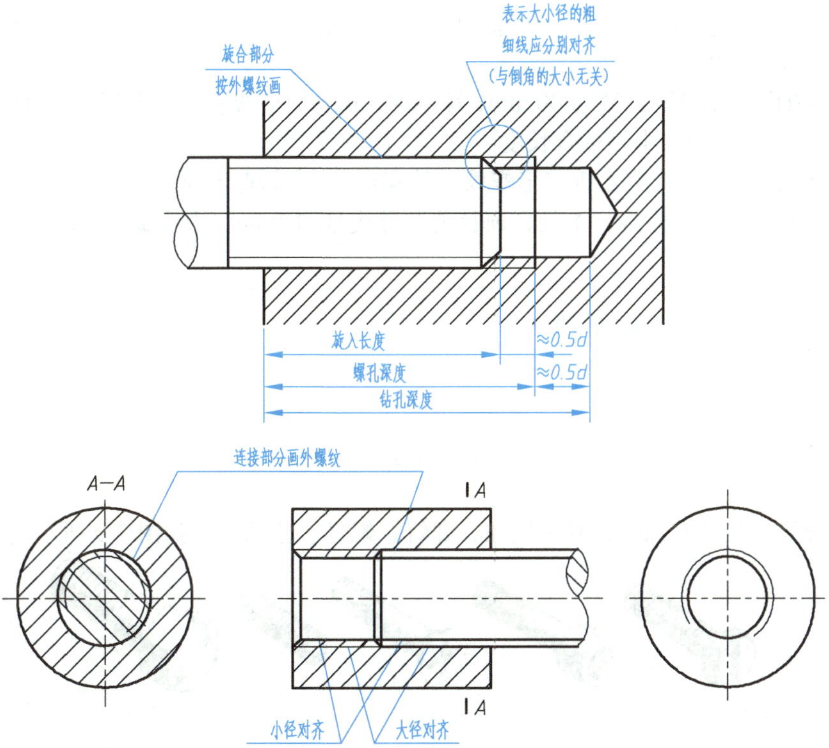

图 7-8　螺纹连接的规定画法

3. 螺纹的标记及标注

由于螺纹采用了规定画法，使得螺纹的牙型及各部分的尺寸和精度要求无法一一标注在图形上。为此，国家标准规定了用螺纹标记表示螺纹的设计要求。完整的螺纹标记是由螺纹特征代号、尺寸代号、公差带代号和旋合长度代号组成的。各种常用螺纹的标注方式见表 7-1。

（1）普通螺纹的代号和标注：

特征代号（M）公称直径×螺距-单线　旋向（只注左旋代号 LH）

特征代号（M）公称直径×P_h导程（P螺距）-多线

（2）梯形螺纹、锯齿形螺纹的代号和标注：

特征代号（Tr、B）公称直径×螺距-单线　旋向（只注左旋代号 LH）

特征代号（Tr、B）公称直径×导程（P螺距）-多线

（3）管螺纹的代号和标注：

特征代号（G、Rc、Rp、R、NPT）尺寸代号-旋向（只注左旋代号 LH）

其中，字母 G 表示 55°非密封的圆柱（内、外）管螺纹；Rc、Rp、R 分别表示 55°密封的圆锥内螺纹、圆柱内螺纹、圆锥外螺纹（与圆柱内螺纹旋合时代号为 R_1，与圆锥内螺纹旋合时代号为 R_2）；NPT 表示 60°密封圆锥（内、外）管螺纹。须注意的是，管螺纹的尺寸是用英寸作单位，其大小近似等于带有外螺纹的管的孔径而不是管螺纹的大径。此外，管螺纹的标注是用指引线从螺纹大径线上引出，且指引线不应与剖面线平行。

螺纹标记示例：

“M16×3（1.5）-LH-5g 6g-L”表示普通螺纹（外螺纹），其公称直径为 16 mm，导程为 3 mm（单线不注数值及符号 P_h），螺距为 1.5 mm（单线不注符号 P，粗牙不注数值），左旋（右旋不注），中径公差带为 5g，顶径公差带为 6g，长旋合长度[旋合长度分 L（长）、N（中等）、S（短）三种，中等旋合长度不注]。

“Tr40×7-7H”表示公称直径为 40 mm，螺距为 7 mm 的单线右旋梯形螺纹（内螺旋），中径、顶径公差带代号均为 7H，中等旋合长度。

“B40×10（5）LH-8c”表示锯齿形螺纹（外螺纹），公称直径为 40 mm，螺距为 5 mm，导程为 10 mm，双线螺纹，左旋，中径、顶径公差带代号均为 8c，中等旋合长度。

第二节　螺纹连接件

一、常用螺纹连接件的种类和标记

常用的螺纹连接件有螺栓、双头螺柱、螺钉、螺母、垫圈等，如图 7-9 所示。

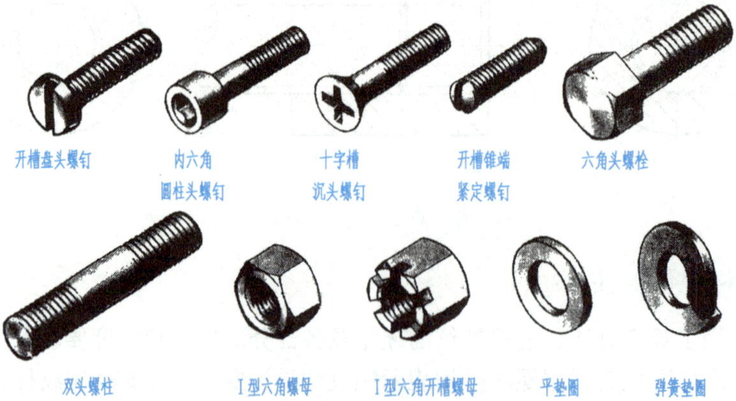

图 7-9　常用的螺纹连接件

常见的螺纹连接形式有：螺栓连接、双头螺柱连接和螺钉连接。

标准的螺纹连接件标记的内容有：名称、标准编号、螺纹规格×公称长度。常用螺纹连接件的标记示例见表 7-2。

表 7-2　常用螺纹连接件的标记示例

名称	标记示例	标记形式	说　明
螺栓	螺栓 GB/T 5782—2016 M10×50	名称 标准代号 螺纹代号×公称长度	螺纹规格 d=M10、公称长度 l=50 mm（不包括头部）的六角头螺栓
双头螺柱	螺柱 GB/T 898—1988 M12×40	名称 标准代号 螺纹代号×公称长度	螺纹规格 d=M12、公称长度 l=40 mm（不包括旋入端）的双头螺柱
螺母	螺母 GB/T 6170—2015 M16	名称 标准代号 螺纹代号	螺纹规格 D=M16 的六角螺母
平垫圈	垫圈 GB/T 97.2—2002 16-140HV	名称 标准代号 公称尺寸-性能等级	公称尺寸 d=16 mm、性能等级为 140 HV、不经表面处理的平垫圈
弹簧垫圈	垫圈 GB/T 93—1987 20	名称 标准代号 规格	规格（螺纹大径）为 20 mm 的弹簧垫圈
螺钉	螺钉 GB/T 65—2016 M10×40	名称 标准代号 螺纹代号×公称长度	螺纹规格 d=M10、公称长度 l=40 mm（不包括头部）的开槽圆柱头螺钉
紧定螺钉	螺钉 GB/ T 71—2018 M5×12	名称 标准代号 螺纹代号×公称长度	螺纹规格 d=M5、公称长度 l=12 mm 的开槽锥端紧定螺钉

二、螺纹紧固件连接画法

为了提高画图速度，螺纹连接件各部分的尺寸都可用 d（或 D）的一定比例画出，称为比例画法。采用比例画法时，螺纹紧固件等效长度由被连接件的厚度决定，并按实际画出，如图 7-10 所示。

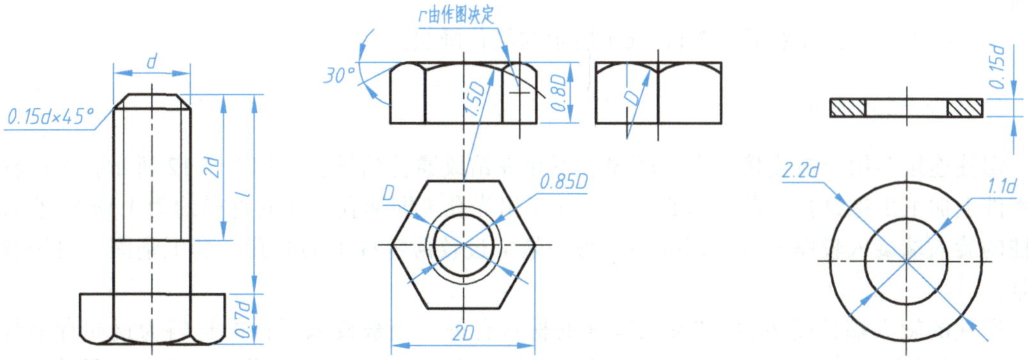

（a）螺栓　（b）螺母（螺栓头部）　（c）垫圈

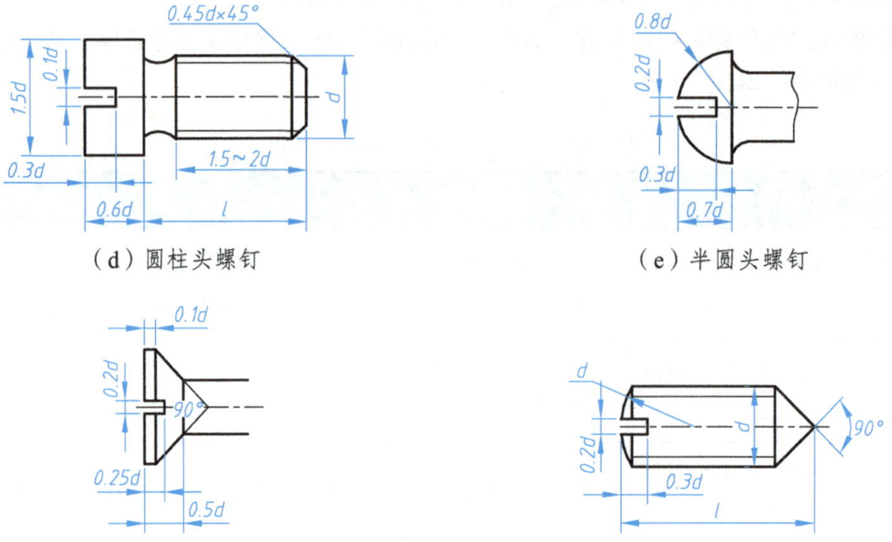

（d）圆柱头螺钉　　（e）半圆头螺钉

（f）沉头螺钉　　（g）锥端紧定螺钉

图 7-10　单个螺纹紧固件的比例画法

1. 螺栓连接

螺栓连接用于两个或两个以上不太厚并能钻成通孔的零件之间的连接，如图 7-11（a）所示。为了便于装配，被连接零件上通孔的直径应比螺栓的螺纹大径略大（$D_0 \approx 1.1d$）。

在装配图中，螺栓连接通常采用比例画法。画图时，先要算出螺栓的有效长度 $l' = \delta_1 + \delta_2 + h + m + a$ 后，再从附表的 l 系列中选取与之相近但不小于 l' 的标准公称长度 l 值。其画法如图 7-11（b）所示。

从图 7-11（b）中可以看出，画螺纹紧固件（包括螺栓、螺柱、螺钉连接）的装配图时，应遵守三个基本规定：

（1）两零件的接触表面只画一条粗实线，不接触的两表面画两条粗实线。

（2）剖视图中相邻零件的剖面线方向应相反；若方向相同，则应使间距不同或错开；同一零件在各个剖视图中的剖面线方向与间距均应一致。

（3）若剖切平面通过紧固件的轴线，则螺栓、螺柱、螺钉、螺母、垫圈等标准件均按不剖绘制。

在装配图上，也可采用图 7-11（c）所示的简化画法。

2. 双头螺柱连接

螺柱连接多用于被连接件之一较厚、不允许钻成通孔的场合。如图 7-12 所示，先在较厚的零件上加工出螺纹孔，在较薄的零件上加工出光孔（即通孔，孔的直径约为 $1.1d$），然后把螺柱的旋入端旋入较厚零件的螺孔中，另一端穿过较薄零件上的光孔，套上垫圈，再用螺母旋紧。

螺柱的旋入端长度 b_m 与被旋入零件的材料有关。当被旋入零件的材料为钢和青铜时，$b_m = d$；材料为铸铁时，$b_m = 1.25d$；材料为铝合金时，$b_m = 2d$。螺柱分 A、B 两种结构形式，其标准摘录见附表。

螺栓连接

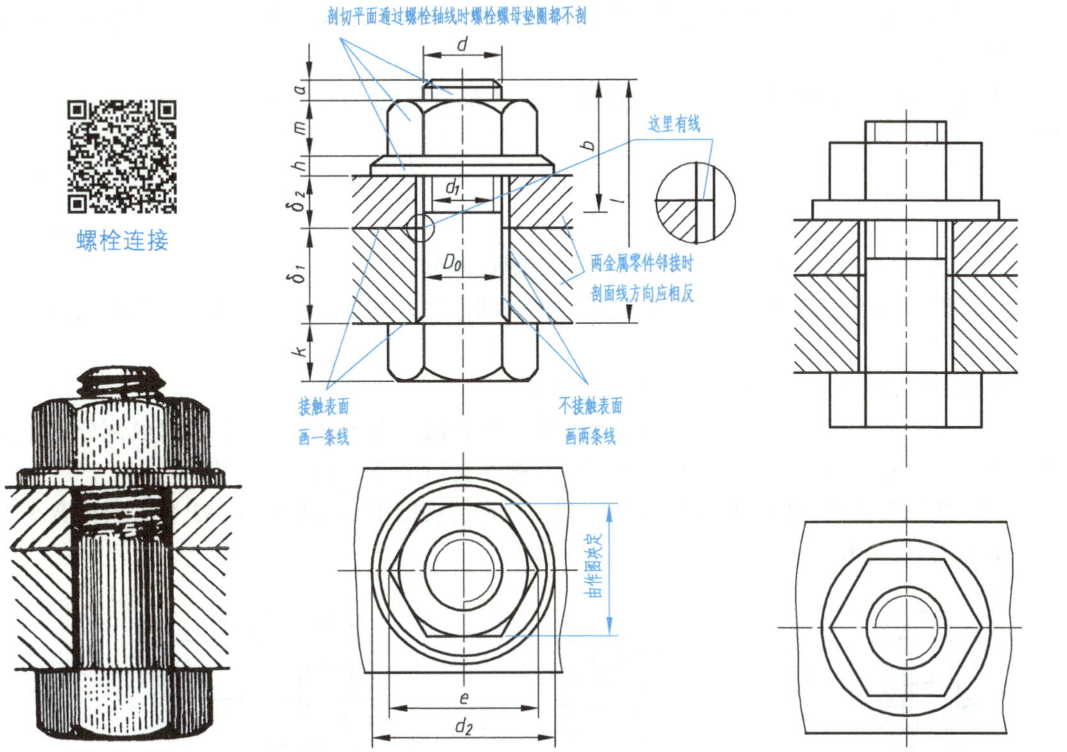

（a） （b）比例画法 （c）简化画法

尺寸比例关系：$e=2d$，$m=0.8d$，$k=0.7d$，$d_2=2.2d$，$h=0.15d$，$d_1=0.85d$，$b=2d$，$D_0=1.1d$，$a=3\sim5$ mm。

图 7-11 螺栓连接的画法

在装配图中，螺柱连接通常采用图 7-12（d）所示的画法绘制，有关比例与螺栓连接画法中所选的比例一致（也可采用简化画法）。为了保证连接可靠，应将旋入端全部旋入螺孔内，即图中旋入端螺纹终止线应与螺孔孔口平齐。其余部分的画法与螺栓连接画法相同。

螺柱连接

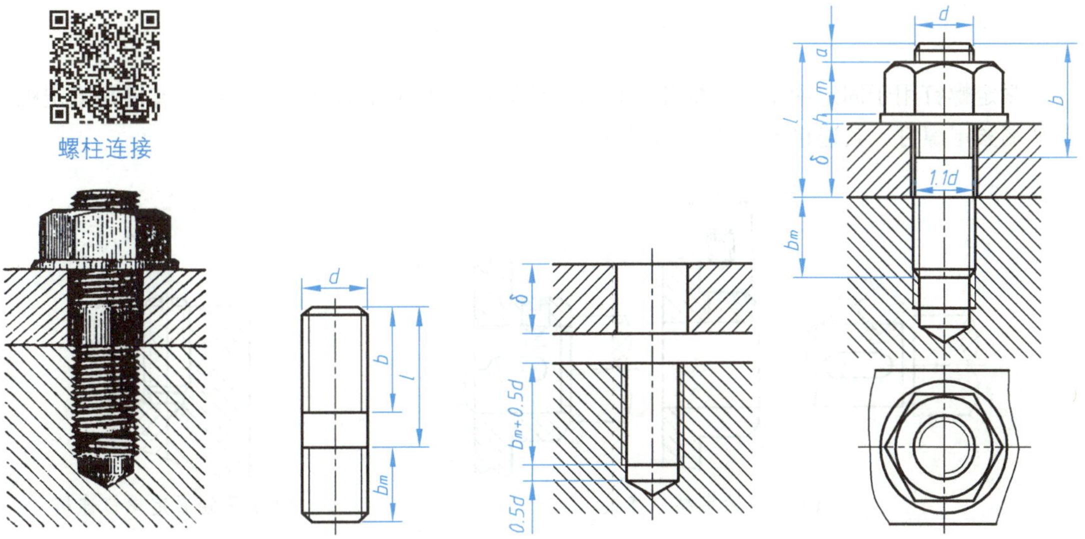

（a） （b） （c） （d）

图 7-12 螺柱连接的画法

由图 7-12（d）可知，螺柱的有效长度根据 $l \geq l' = \delta + h + m + a$ 算出后，再由附表选取与之相近的标准公称长度 l。

上述公式中，h 为垫圈厚度，$h = 0.15d$；m 为螺母厚度，$m = 0.8d$；a 为螺栓或螺母伸出长度，$a = 0.3d$。

3. 螺钉连接

按用途来分，螺钉可分为连接螺钉和紧定螺钉两种。

连接螺钉用于连接不经常拆卸并且受力不大的零件，其形式有开槽或内六角圆柱头、半圆头、沉头螺钉等，见附表。

画螺钉连接装配图时应注意（见图 7-13）：

（1）画图时，螺钉各部分尺寸可从有关标准中查出。由于旋入后螺钉的螺纹部分不全部旋入螺孔中，故螺钉的螺纹终止线在图中不应与螺孔孔口平齐，而应高出孔口。

（2）螺钉头部的开槽，可按粗实线绘制，并在俯视图中与水平线成 45°角，若槽宽小于等于 2 mm，则应将开槽涂黑，如图 7-13（c）所示。

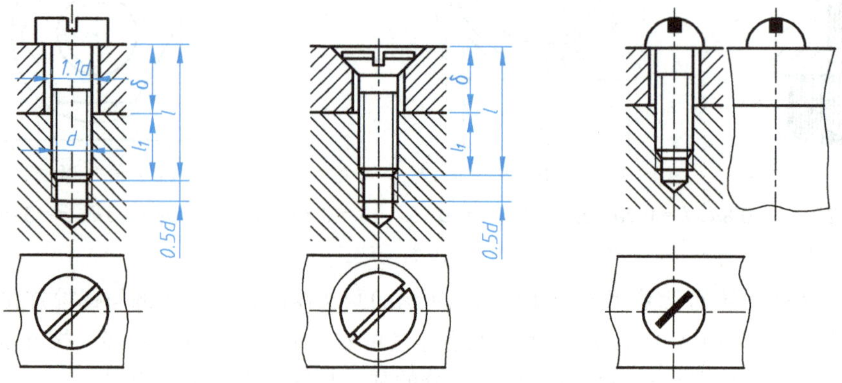

（a）　（b）　（c）

螺钉连接

图 7-13　螺钉连接的画法

紧定螺钉用于固定两个零件的相对位置，使它们不产生相对运动，其形式有锥端紧定螺钉及平端紧定螺钉。其连接图如图 7-14 所示。

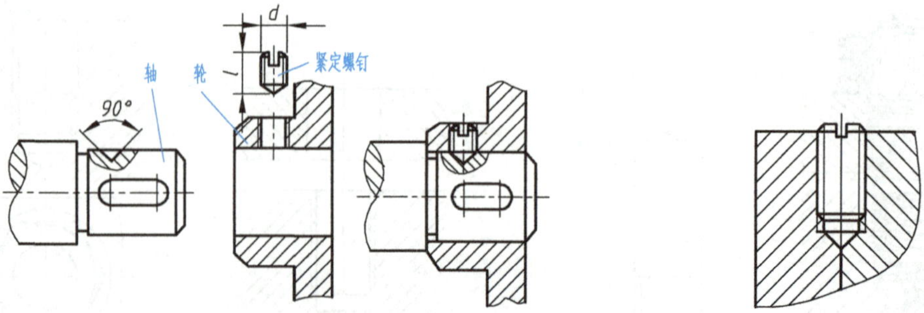

（a）锥端紧定螺钉连接　（b）平端紧定螺钉连接

图 7-14　紧定螺钉连接图

第三节 齿 轮

齿轮是广泛应用于机器设备中的传动零件，它的主要作用是：传递运动、改变运动方向和转速。齿轮的种类很多，常用的有以下几种：

圆柱齿轮：用于两轴平行两轴之间的传动，如图 7-15（a）所示。

圆锥齿轮：用于两轴相交两轴之间的传动，如图 7-15（b）所示。

蜗轮蜗杆：用于两轴交叉两轴之间的传动，如图 7-15（c）所示。

齿轮根据其齿廓形状，有渐开线齿轮、摆线齿轮和圆弧齿轮等。

圆柱齿轮的轮齿有直齿、斜齿和人字齿等，其中最常用的是直齿圆柱齿轮。本节主要介绍具有渐开线齿形的标准直齿圆柱齿轮的基本参数及画法。

（a）

（b）

（c）

图 7-15 齿轮

一、直齿圆柱齿轮

现以标准直齿圆柱齿轮为例，说明圆柱齿轮各部分的名称、代号及尺寸计算，如图 7-16 所示。

1. 直齿圆柱齿轮轮齿的各部分名称及代号

（1）齿顶圆：通过轮齿顶部的圆柱体的圆，其直径用 d_a 表示。

（2）齿根圆：通过轮齿根部的圆柱体的圆，其直径用 d_f 表示。

（3）分度圆：在齿顶圆与齿根圆之间的一个约定的假想圆柱体的圆。对标准齿轮来说，是齿厚与槽宽相等处的一个圆。分度圆是设计、制造齿轮时计算轮齿各部分尺寸的基准圆，其直径用 d 表示。

（4）齿距：在分度圆周上相邻两齿对应点之间的弧长，用 p 表示。

（5）齿厚：一个轮齿在分度圆上的弧长，用 s 表示。

（6）槽宽：一个齿槽在分度圆上的弧长，用 e 表示。在标准齿轮中，齿厚、齿距、槽宽之间的关系为：$s=e=p/2$，$p=s+e$。

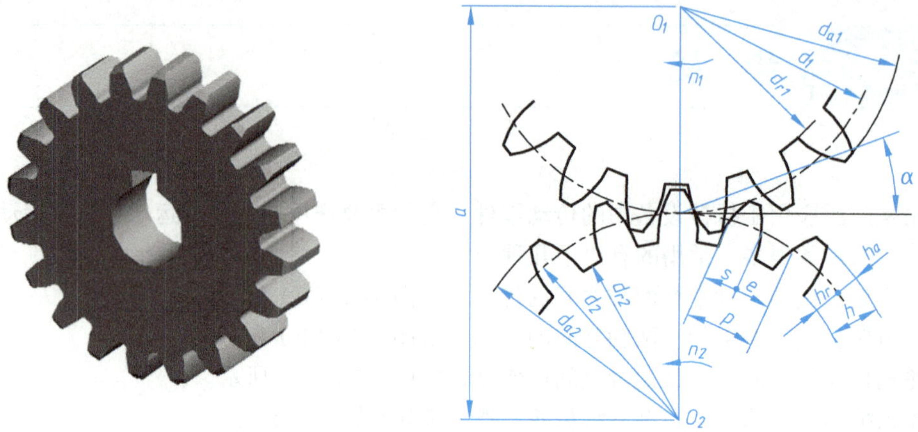

图 7-16　轮齿各部分的名称

（7）齿顶高：分度圆与齿顶圆之间的径向距离，用 h_a 表示。

（8）齿根高：分度圆与齿根圆之间的径向距离，用 h_f 表示。

（9）齿高：齿顶圆与齿根圆之间的径向距离，用 h 表示，$h = h_a + h_f$。

（10）齿宽：沿齿轮轴线方向的轮齿宽度，用 b 表示。

（11）中心距：两啮合齿轮轴线之间的距离，用 a 表示。

2. 直齿圆柱齿轮的基本参数与齿轮各部分的尺寸关系

（1）模数：齿轮设计的重要参数。如以 z 表示齿轮的齿数，齿轮上有多少齿，在分度圆周上就有多少齿距，因此，分度圆周长 = 齿距 × 齿数，即 $\pi d = pz$。

$$d = \frac{p}{\pi} z$$

式中，π 是无理数，为了便于计算和测量，齿距 p 与 π 的比值称为模数（单位为 mm），用符号 m 表示，即

$$m = p/\pi$$

$$d = mz$$

由于模数是齿距 p 与 π 的比值，因此齿轮的模数 m 越大，其齿距 p 也越大，齿厚 s 也越大，因而齿轮承载能力也越大。

不同模数的齿轮，要用不同模数的刀具来制造。为了便于设计和制造，减少齿轮成形刀具的规格，模数已经标准化，我国规定的标准模数值见表 7-3。

表 7-3　标准模数

第一系列	1	1.25	1.5	2	2.5	3	4	5	6	8	10	12	16	20	25	32	40	50
第二系列	1.75	2.25	2.75	（3.25）	3.5	（3.75）	4.5	5.5	（6.5）	7	9	（11）	14	18	22	28	36	45

注：选用时，优先选用第一系列。

（2）压力角：两齿轮啮合时，在节点处两齿廓公法线与两轮中心连线的垂线之间的锐角 α 称为分度圆压力角，通常所称压力角是指分度圆压力角，又称啮合角或齿形角。我国规定，标

准渐开线齿轮的压力角为 20°。

（3）齿数：齿轮上轮齿的个数，设计时根据传动比确定。

只有模数和压力角都相同的齿轮才能相互啮合。

在设计齿轮时，要先确定模数和齿数，其他各部分尺寸都可由模数和齿数计算出来。当齿轮的齿数、模数和压力角确定后，可按表 7-4 所示的计算公式计算齿轮各部分尺寸。

表 7-4　标准直齿圆柱齿轮的计算公式

基本参数：模数 m，齿数 z			计算举例
名称	符号	计算公式	已知：$m=3$，$z=50$
齿顶高	h_a	$h_a=m$	$h_a=3$
齿根高	h_f	$h_f=1.25m$	$h_f=3.75$
齿高	h	$h=h_a+h_f=2.25m$	$h=6.75$
分度圆直径	d	$d=mz$	$d=150$
齿顶圆直径	d_a	$d_a=d+2h_a=m(z+2)$	$d_a=156$
齿根圆直径	d_f	$d_f=d-2h_f=m(z-2.5)$	$d_f=142.5$
齿距	p	$p=\pi m$	
中心距	a	$a=m(z_1+z_2)/2$	

二、直齿圆柱齿轮的画法

1. 单个圆柱齿轮的画法

国家标准规定，齿顶圆和齿顶线用粗实线绘制，分度圆和分度线用点画线绘制，齿根圆和齿根线用细实线绘制（或省略不画）。

在剖视图中，当剖切平面通过齿轮的轴线时，轮齿一律按不剖处理，齿根线用粗实线绘制，如图 7-17 所示。

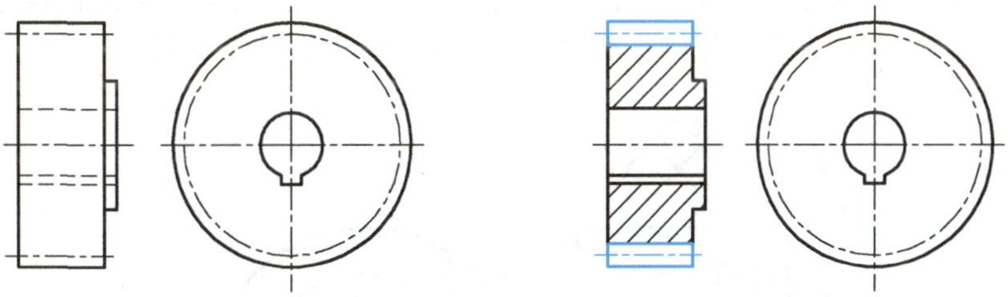

图 7-17　单个圆柱齿轮的规定画法

2. 圆柱齿轮的啮合画法

在投影为圆的视图中，啮合区内的齿顶圆用粗实线绘制，如图 7-18（a）所示；也可省略不画，如图 7-18（b）所示。相切的两个分度圆用点画线绘制。齿根圆省略不画。

在剖视图上，啮合区内一个齿轮的轮齿用粗实线绘制，另一个齿轮的轮齿被遮挡的部分用虚线绘制，虚线也可省略不画，如图 7-19 所示。

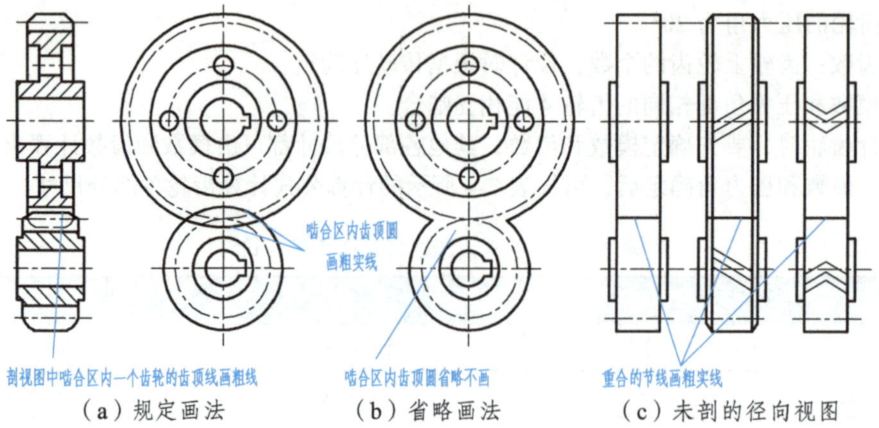

图 7-18　齿轮啮合的规定画法

若不作剖视，则啮合区内的齿顶线不必画出，此时分度线用粗实线绘制，如图 7-18（c）所示。

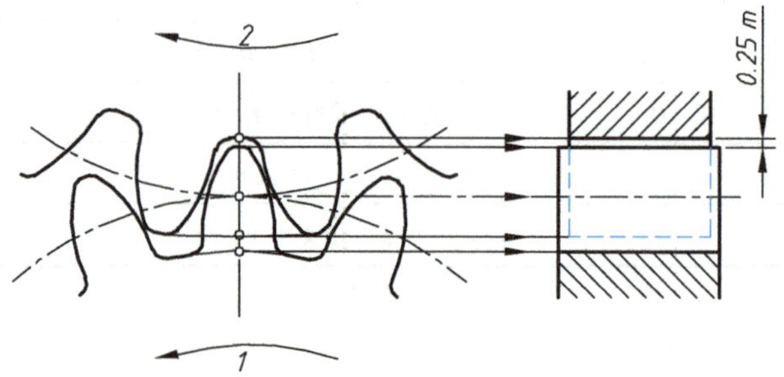

图 7-19　两个齿轮啮合的间隙

三、圆锥齿轮

圆锥齿轮通常用于垂直相交两轴之间的传动。由于轮齿位于圆锥面上，所以圆锥齿轮的轮齿一端大，另一端小，齿厚是逐渐变化的，直径和模数也随着齿厚的变化而变化。为了设计和制造方便，标准规定以大端的模数为准，用它决定轮齿的有关尺寸。一对圆锥齿轮啮合也必须有相同的模数。圆锥齿轮各部分几何要素的名称和规定画法如图 7-20 所示。

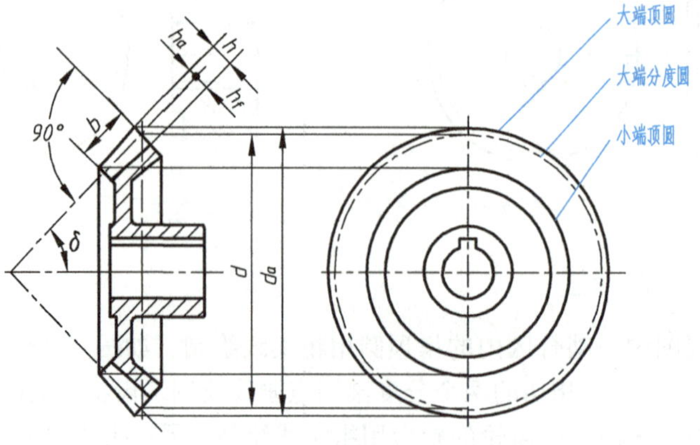

图 7-20　单个圆锥齿轮的规定画法

圆锥齿轮各部分几何要素的尺寸，也都与模数 m、齿数 z 及分度圆锥角 δ 有关。其计算公式：齿顶高 $h_a = m$，齿根高 $h_f = 1.2m$，齿高 $h = 2.2m$；分度圆直径 $d = mz$，齿顶圆直径 $d_a = m(z + 2\cos\delta)$，齿根圆直径 $d_f = m(z - 2.4\cos\delta)$。

圆锥齿轮的规定画法与圆柱齿轮基本相同。一般用主、左两个视图表示，主视图画成剖视图，在投影为圆的左视图中，用粗实线表示齿轮大端和小端的齿顶圆，用点画线表示大端的分度圆，不画齿根圆。单个圆锥齿轮的画图步骤如图 7-21 所示。

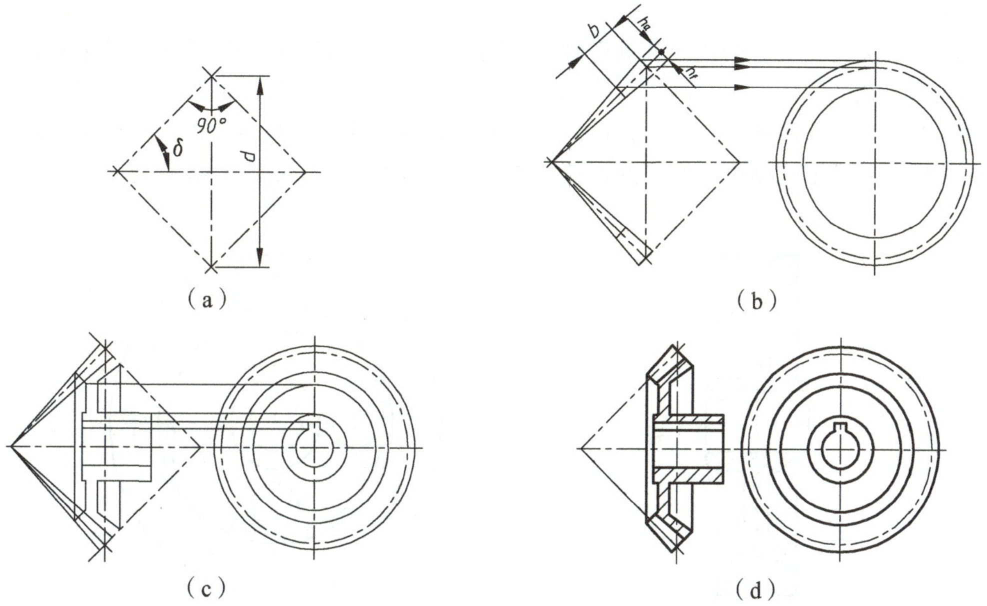

图 7-21　单个圆锥齿轮的画图步骤

圆锥齿轮的啮合画法如图 7-22 所示。主视图画成剖视图，对于标准齿轮来说，由于两齿轮的分度圆锥面相切，因此，其分度线重合，画成点画线；在啮合区内，应将其中一个齿轮的齿顶线画成粗实线，而将另一个齿轮的齿顶线画成虚线或省略不画（在图 7-22 中，画成虚线）。左视图画成外形视图。轴线垂直相交的两圆锥齿轮啮合时，两圆锥角 δ_1'和 δ_2'之和为 90°。

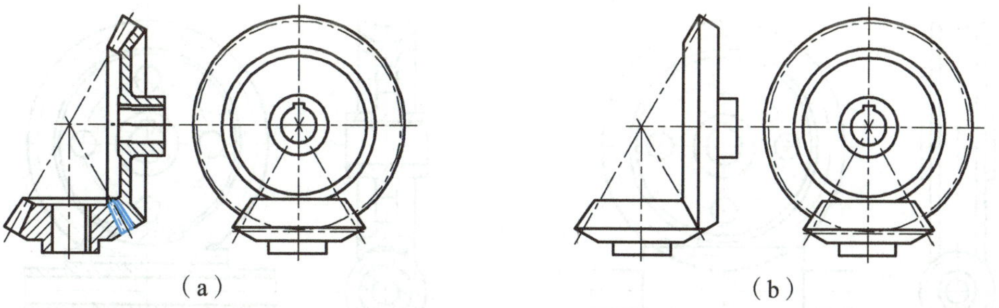

图 7-22　圆锥齿轮的啮合画法

四、蜗轮和蜗杆

蜗轮蜗杆一般用于垂直交错两轴之间的传动，蜗杆是主动的，蜗轮是从动的。蜗轮蜗杆的传动比大，结构紧凑，但效率低，蜗杆的齿数（即头数）z_1 相当于螺杆上螺纹的线数。蜗杆常用单头，在传动时，蜗杆旋转一圈，蜗轮只转过一个齿，因此，可得到比较大的传动比（$i = z_2/z_1$，z_2 为蜗轮齿数），蜗杆和蜗轮的轮齿是螺旋形的，蜗轮的齿顶面和齿根面常制成圆环面。

为设计和加工方便，规定以蜗杆的轴向模数 m_x 和蜗轮的端面模数 m_t 为标准模数。一对啮合的蜗杆、蜗轮，其模数应相等，即标准模数 $m = m_x = m_t$，且蜗轮的螺旋角和蜗杆的螺旋线导程角大小相等、方向相同。

蜗轮各部分几何要素的代号和规定画法如图 7-23 所示。其画法与圆柱齿轮基本相同，但是在蜗轮投影为圆的视图中，只画出分度圆和最外圆，不画齿顶圆与齿根圆。图中 d_{ae} 是蜗轮齿顶的最外圆直径，即齿顶圆柱面的直径，d_{ai} 是蜗轮的齿顶圆环面喉圆的直径。蜗杆的画法与圆柱齿轮相同，在外形视图中，蜗杆的齿根圆和齿根线用细实线绘制或省略不画。

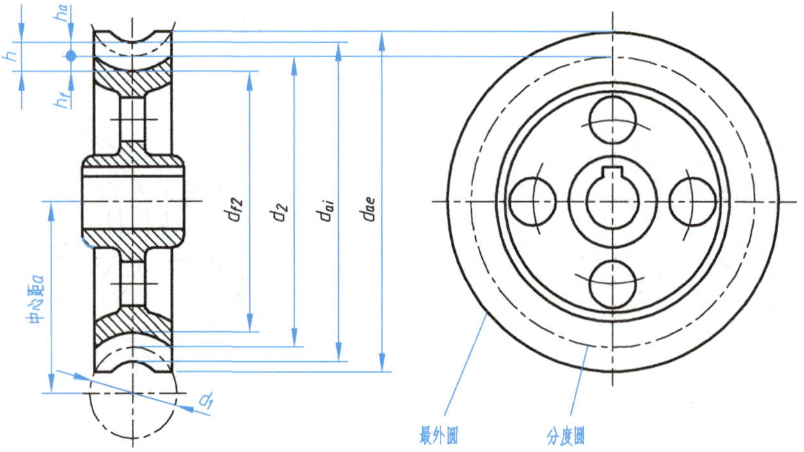

图 7-23　蜗轮的几何要素代号和画法

蜗轮蜗杆传动的啮合画法，在主视图中，蜗轮和蜗杆遮住的部分不必画出；在左视图中，蜗轮的分度圆和蜗杆的分度线相切，如图 7-24 所示。

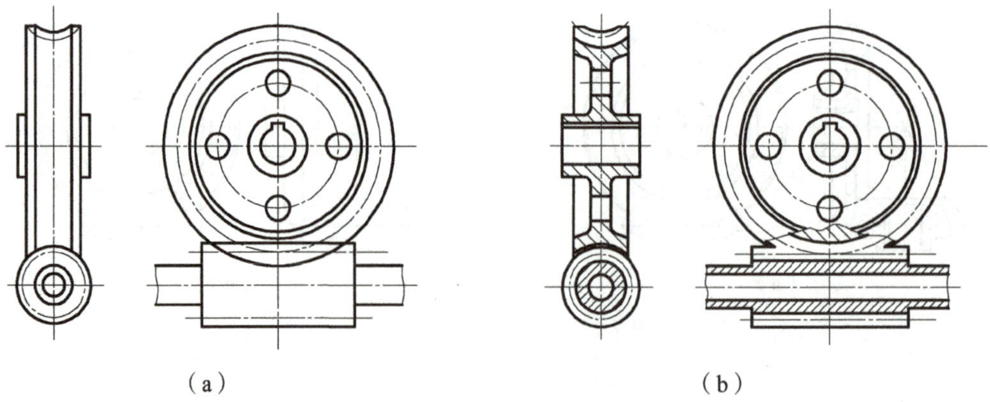

图 7-24　蜗轮蜗杆的啮合画法

第四节 键连接和销连接

一、键连接

1. 键的种类及标记

（1）键的种类。

键用于连接轴和轴上的转动零件（如齿轮、皮带轮等），以便传递扭矩。键是标准件，可按有关标准选用。常用的键有普通平键、半圆键和钩头楔键等，普通平键又有 A 型（圆头）、B 型（平头）、C 型（单圆头）三种，如图 7-25 所示。

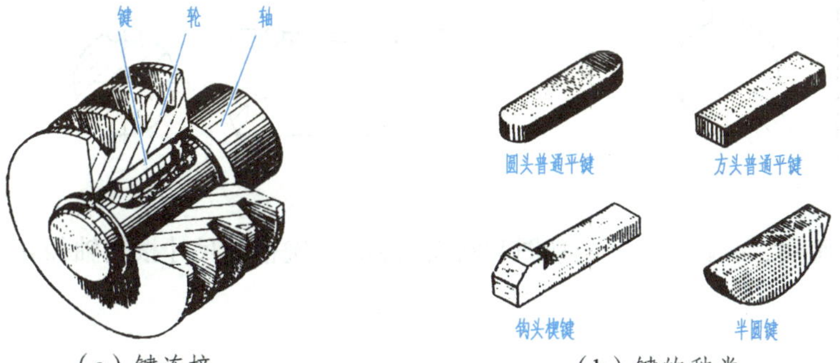

（a）键连接　（b）键的种类

键连接

图 7-25　键的作用和种类

要连接轮与轴，须在轮毂和轴上分别加工出键槽，先将键嵌入轴的键槽内，再对准轮毂上的键槽，将轴和键一起插入轮毂孔内。常用键的键槽形式及加工方法如图 7-26 所示。

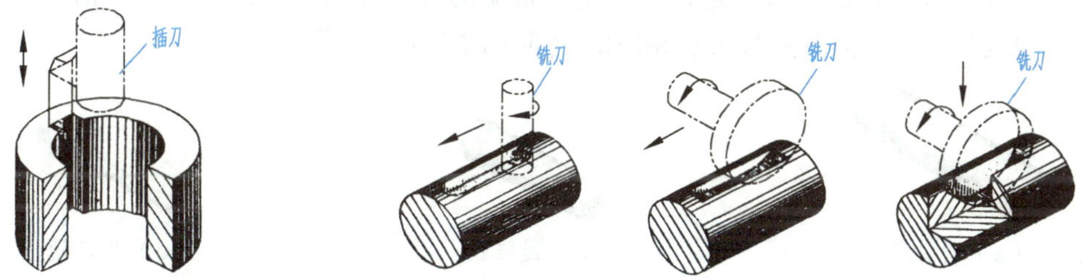

（a）轮毂上的平键槽　（b）轴上的键槽

图 7-26　键槽的加工方法示意图

（2）键的规定标记格式。

键 $b \times L$ 标准编号

其中，b 表示键的宽度，由轴径大小决定；L 表示公称长度，根据需要在一定范围内选取。键的有关参数可从标准（附表）中查得。

2. 键连接的画法

在装配图上表示键连接时，常采用局部剖视图和断面图，如图 7-27 所示。

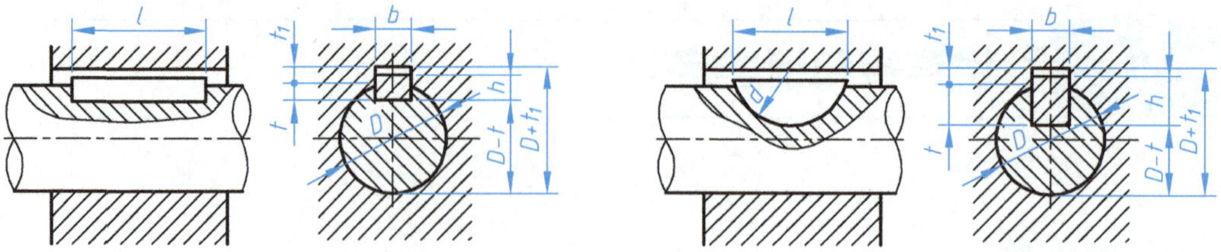

（a）平键连接　　（b）半圆键连接

图 7-27　键连接的画法

画普通平键连接和半圆键连接时，键的两个侧面是工作面，这两个工作面要与轴和轮毂的键槽侧面接触；键的底面与轴上键槽的底面接触，故这些接触面均只画成一条粗实线，而键的顶面与轮毂槽底面不接触，故应画成两条粗实线。

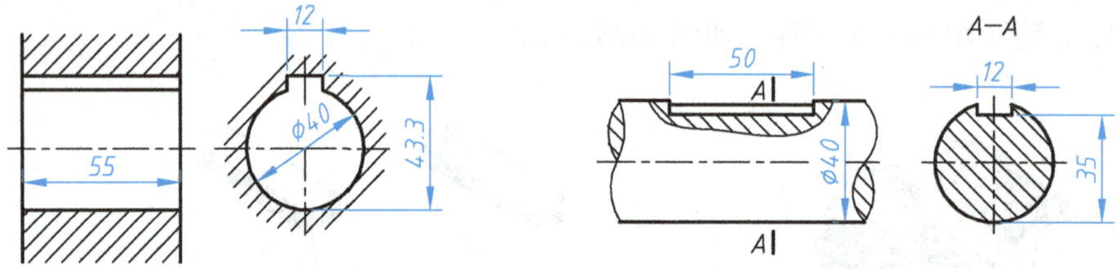

图 7-28　键槽的画法及尺寸标注

图 7-28 为键槽的画法，一般用一个剖视图和断面图表示。键槽的尺寸根据轴径 d 或孔径 D 查附表得出。

二、销连接

（1）销的种类和标记。

销主要用于零件间的连接、定位、锁定。常见的有圆柱销、圆锥销和开口销，如图 7-29 所示。销也是标准件，故其参数可从相应的标准（附表）中查得。

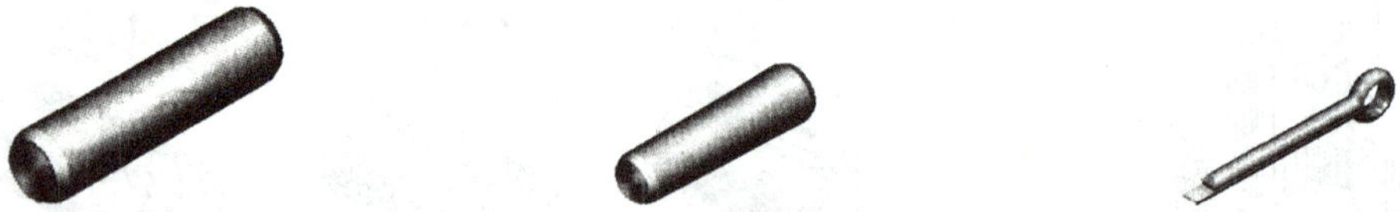

（a）圆柱销　　（b）圆锥销　　（c）开口销

图 7-29　销的种类

销的规定标记格式为：销　标准编号　规格。

例如：“销　GB/T 117—2000　A10 × 60”，从附表中查得其锥度为 1 : 50，小端直径（公称直径）d = 10 mm，长度 l = 60 mm，两端为球面结构的圆锥销。

（2）销连接的画法。

定位用的圆柱销或圆锥销要求被定位的两零件经调整好后，共同加工出销孔，以保证定位精度。如图 7-30 为圆锥销孔加工过程和连接画法。

图 7-31 表示了圆柱销连接的画法。从图中可知，当剖切平面通过销的轴线剖切时，销作不剖处理。当剖切平面垂直销的轴线剖切时，须在销的断面上画剖面符号。

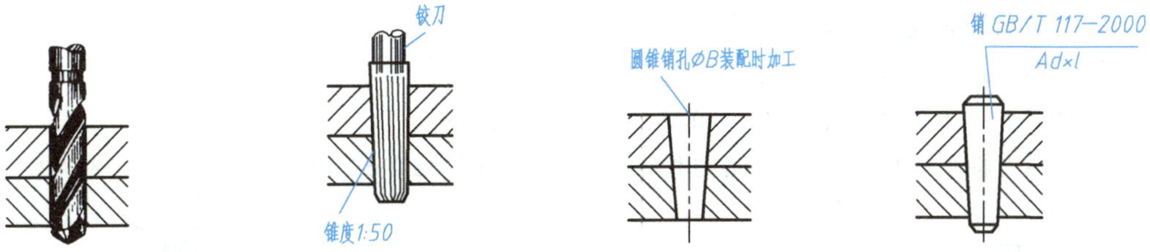

（a）先钻孔　（b）再铰孔　（c）铰成后　（d）装上销

图 7-30　圆锥销孔加工过程和连接画法

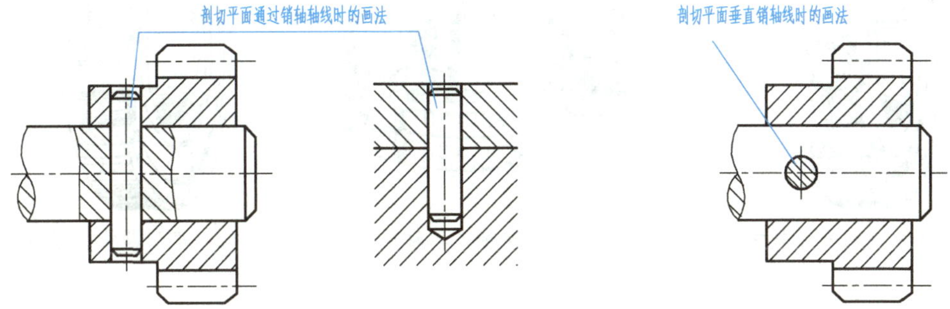

（a）　（b）

图 7-31　圆柱销连接的画法

开口销为由一段半圆形断面的低碳钢丝弯转折合而成。在螺栓连接中，为防止螺母松开，用带孔螺栓和六角开槽螺母，将开口销穿过螺母的槽口和螺栓的孔，并在销的尾部叉开，使螺母不能转动，起到防松作用。图 7-32 为开口销连接画法。

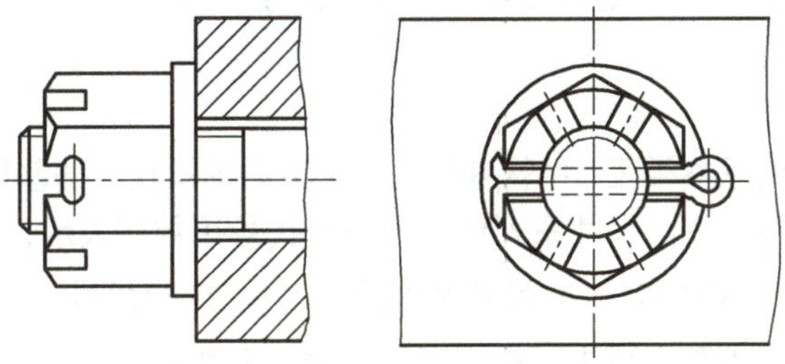

图 7-32　开口销连接画法

第五节　滚动轴承

一、滚动轴承的结构和种类

滚动轴承是支承旋转轴的组件。在通常情况下，滚动轴承为标准件。对于轴承生产厂来说，一个组装好的滚动轴承是一个装配体，是完整而独立的产品。滚动轴承的种类虽然很多，但其结构大体相同，一般由外圈、内圈、滚动体及保持架（隔离圈）四部分组成。其外圈装在机座孔内，内圈套在转动的轴上，在一般情况下，轴承的外圈固定不动，而内圈随轴转动。图 7-33 为常见的三种滚动轴承。

滚动轴承按其受力方向可分为三类：

向心轴承：主要承受径向力，如图 7-33（a）所示；

推力轴承：主要承受轴向力，如图 7-33（b）所示；

向心推力轴承：同时承受径向力和轴向力，如图 7-33（c）所示。

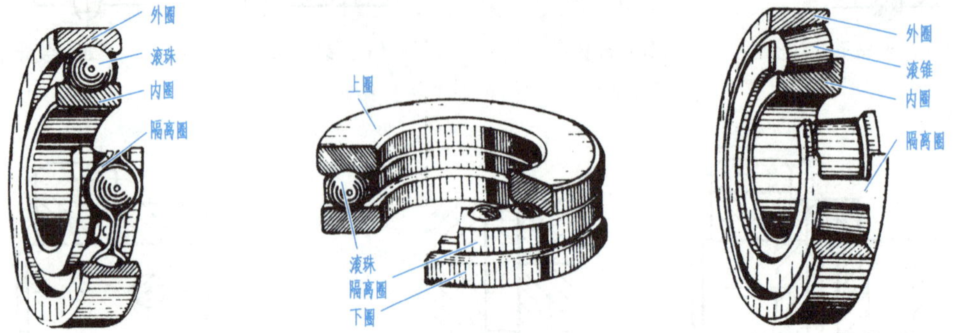

（a）单列向心球轴承　（b）单向推力球轴承　（c）单列圆锥滚子轴承

图 7-33　滚动轴承

二、滚动轴承的基本代号与标记

滚动轴承代号由字母和数字组成。完整的代号包括前置代号、基本代号和后置代号三部分，其排列方式如下：

前置代号　　基本代号　　后置代号

1. 基本代号

基本代号表示轴承的基本类型、结构和尺寸，是滚动轴承代号的基础。它由轴承类型代号、尺寸系列代号、内径代号构成。尺寸系列代号和内径代号用数字表示，基本方式如下：

轴承类型代号　　尺寸系列代号　　内径代号

（1）类型代号用阿拉伯数字或大写拉丁字母按表 7-5 表示。

表 7-5　滚动轴承类型代号

代号	轴承类型	代号	轴承类型
0	双列角接触球轴承	N	圆柱滚子轴承
1	调心球轴承	U	外球面球轴承
2	调心滚子轴承和推力调心滚子轴承	QJ	四点接触球轴承
3	圆锥滚子轴承		
4	双列深沟球轴承		
5	推力轴承		
6	深沟球轴承		
7	角接触球轴承		
8	推力圆柱滚子轴承		

（2）尺寸系列代号由滚动轴承的宽（高）度系列代号和直径系列代号组合而成，用两位数字表示。它主要用来区别内径相同而宽（高）度和外径不同的轴承。滚动轴承尺寸系列代号如表 7-6 所示。

表 7-6　滚动轴承尺寸系列代号

直径系列代号	向心轴承								推力轴承			
	宽度系列代号								高度系列代号			
	8	0	1	2	3	4	5	6	7	9	1	2
	尺寸系列代号											
7	—	—	17	—	37	—	—	—	—	—	—	—
8	—	08	18	28	38	48	58	68	—	—	—	—
9	—	09	19	29	39	49	59	69	—	—	—	—
0	—	00	10	20	30	40	50	60	70	90	10	—
1	—	01	11	21	31	41	51	61	71	91	11	—
2	82	02	12	22	31	42	52	62	72	92	12	22
3	83	03	13	23	33	43	53	63	73	93	13	23
4	—	04	—	24	—	—	—	—	74	94	14	24
5	—	—	—	—	—	—	—	—	—	95	—	—

（3）内径代号表示轴承的公称内径，如表 7-7 所示。

表 7-7　滚动轴承内径代号

轴承公称内径		内径代号
0.6 ~ 10（非整数）		用公称内径毫米直接表示，与尺寸系列代号之间用“/”分开
1 ~ 9（整数）		用公称内径毫米直接表示，对于深沟球及角接触轴承 7、8、9 直径系列，内径与尺寸系列代号之间用“/”分开
10 ~ 17	10	00
	12	01
	15	02
	17	03
20 ~ 480（22、28、32 除外）		公称内径除以 5 的商数，商数为个位数时，需要在商数左边加上“0”，如 06
≥500 以及 22、28、32		用尺寸内径毫米数直接表示，与尺寸代号之间用“/”分开

2. 前置、后置代号

前置代号用字母表示，后置代号用字母（或字母和数字）表示。前置、后置代号是轴承在结构形状、尺寸、公差、技术要求等有改变时，在基本代号左右添加的补充代号。没有特殊要求时，前置和后置代号可以缺省。前置代号用字母表示，如“L”表示可分离轴承的可分离内圈或外圈。后置代号由字母、数字组成，如后置代号 2Z/P6 中，2Z 表示轴承两面带防尘罩。P6 表示公差等级符合国家标准 6 级，具体情况可查阅相关国家标准。

滚动轴承的规定标记是：“滚动轴承　基本代号　标准编号”。

例如：滚动轴承的规定标记为“滚动轴承 6208　GB/T 276—2013”。

其意义是：6 表示其类型为深沟球轴承，其内径 $d = 8 \times 5 = 40$ mm，尺寸系列代号为 02，其中宽度系列代号“0”省略。

例如：滚动轴承的规定标记为“滚动轴承 3 0312　GB/T 279—2015”。

其意义是：3 表示其类型为圆锥滚子轴承，$d = 12 \times 5 = 60$ mm，尺寸系列代号为 03，宽度系列代号 0，直径系列代号 3。

三、滚动轴承的规定画法

因为滚动轴承是标准件，所以一般不必绘制它的零件图，只是在装配图中按国标规定表示。国标规定了滚动轴承的两类表示法，即简化画法（特征画法）和规定画法。

常用的滚动轴承的代号、结构形式、规定画法、特征画法和用途见表 7-8。

表 7-8　常用滚动轴承的形式、画法和用途

轴承类型及国家标准号	结构形式	规定画法	特征画法	用途
深沟球轴承 （GB/T 276—2013） 60000 型	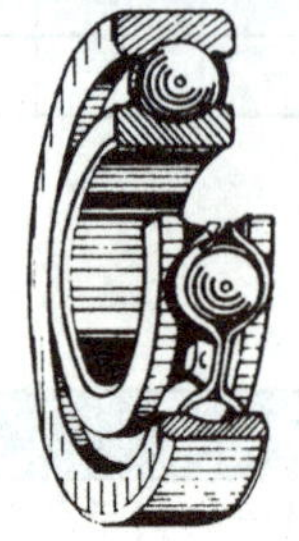	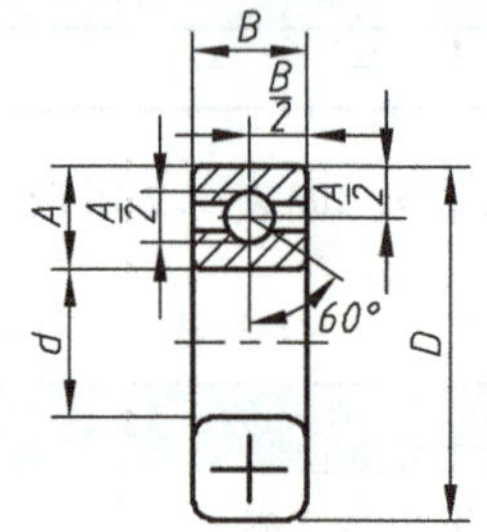	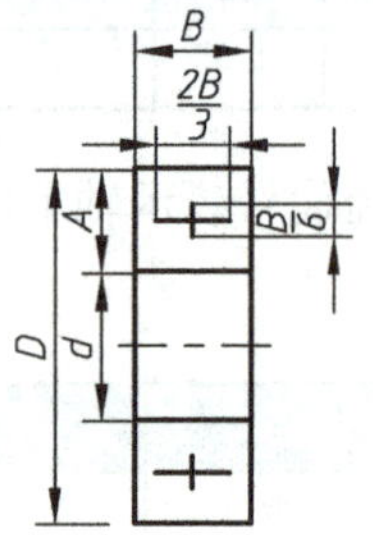	主要承受径向力
单列圆锥滚子轴承 （GB/T 297—2015） 30000 型		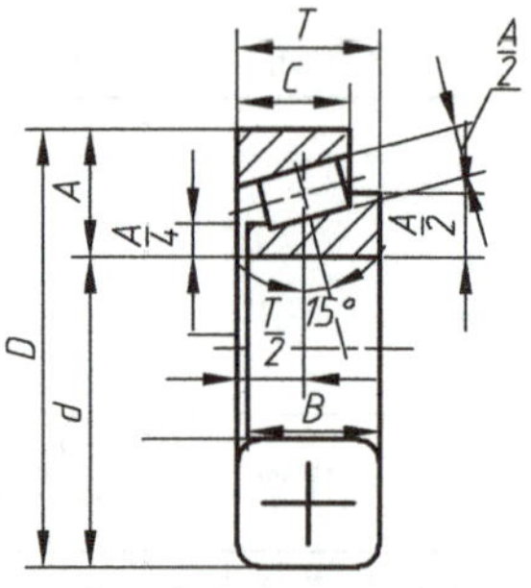	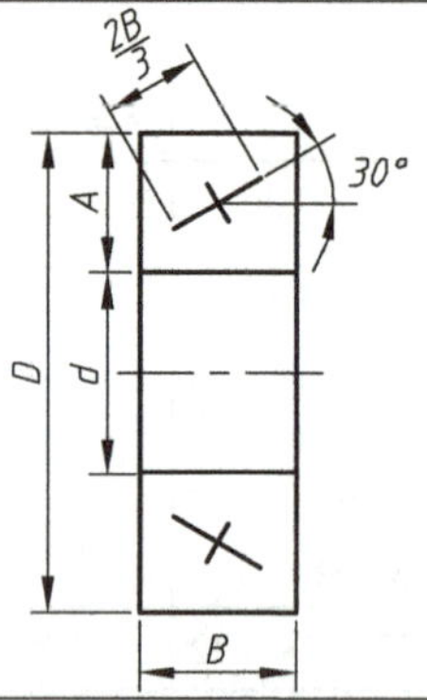	可同时承受径向力和轴承力
单列推力球轴承 （GB/T 301—2015） 51000 型	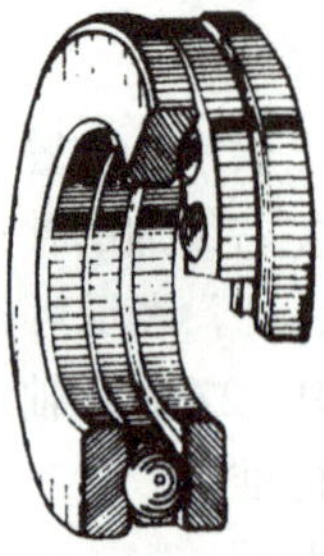	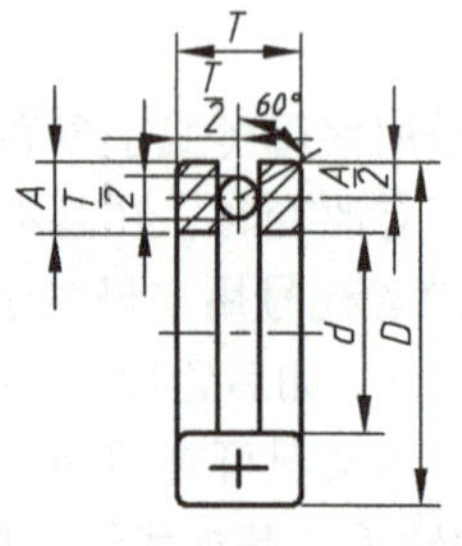	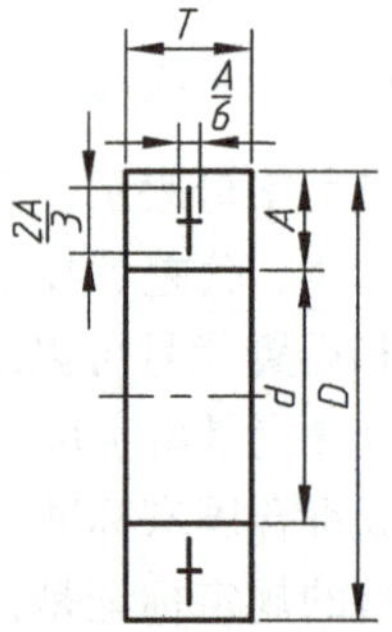	承受单方向的轴向力

第六节 弹　簧

弹簧是常用件，主要用来减振、夹紧、储能和测力等。弹簧的种类很多，有螺旋弹簧、涡卷弹簧、板弹簧等。图 7-34 所示为常用弹簧。下面仅介绍应用较广泛的圆柱螺旋压缩弹簧。

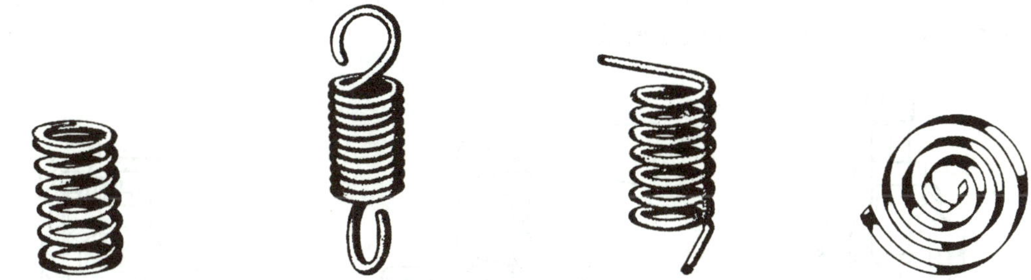

（a）压缩弹簧　（b）拉伸弹簧　（c）扭转弹簧　（d）涡卷弹簧

图 7-34　常用的弹簧

一、圆柱螺旋压缩弹簧各部分名称及尺寸关系

如图 7-35 所示，弹簧各部分名称及尺寸关系如下：

（1）线径 d：弹簧所用坯料的直径。

（2）弹簧外径 D_2：弹簧的最大直径。

弹簧内径 D_1：弹簧的最小直径。

弹簧中径 D：弹簧的平均直径。

$$D=\frac{D_1+D_2}{2}$$

（3）旋向：弹簧的旋转方向，有左旋和右旋之分。常用弹簧多为右旋。

（4）节距 t：除支承圈外，相邻两工作圈上对应点间的轴向距离。

（5）支承圈数 n_2、有效圈数 n 和总圈数 n_1。

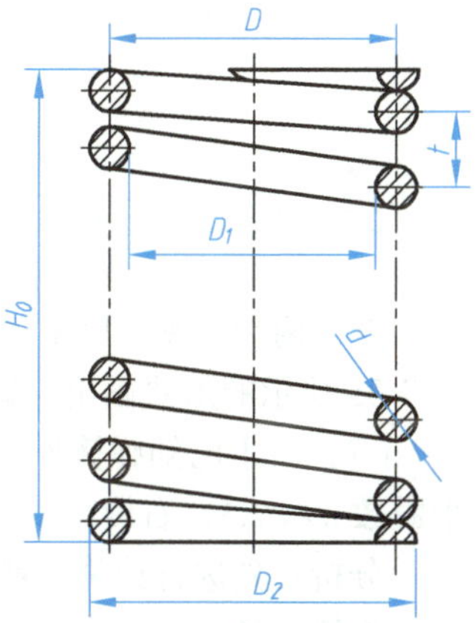

图 7-35　弹簧各部分名称

支承圈数 n_2：为了使弹簧工作时受力均匀，制造时使两端并紧、磨平端面、起支承作用的圈数，一般 $n_2=1.5$、2 或 2.5 圈，多数情况下 $n_2=2.5$ 圈（即两端各并紧 1/2 圈，磨平 3/4 圈）。

有效圈数 n：除支承圈外，保持相等节距的圈数。

总圈数 n_1：支承圈数与有效圈数之和，即 $n_1=n_2+n$。

（6）自由高度 $H_0=nt+(n_2-0.5)d$。

（7）展开长度 L：制造弹簧所用的坯料长度，$L\approx n\sqrt{(\pi D)^2+t^2}$。

二、弹簧的规定画法

（1）弹簧在平行于轴线的投影面的视图中，各圈的转向轮廓线画成直线，如图 7-35、图 7-36（a）所示。

（2）有效圈数在 4 圈以上的螺旋弹簧，中间各圈可省略不画，并可适当缩短图形的长度。

（3）螺旋弹簧不论旋向如何，均可画成右旋，但左旋弹簧一律要注写“左”字。

（4）在装配图中，被弹簧挡住的结构一律不画出，可见轮廓线应画到簧丝中心线为止，如图 7-36（a）所示。

（5）弹簧被剖切时，当线径在图上不大于 2 mm 时，可涂黑断面，如图 7-36（b）所示，也可用示意画法表示，如图 7-36（c）所示。

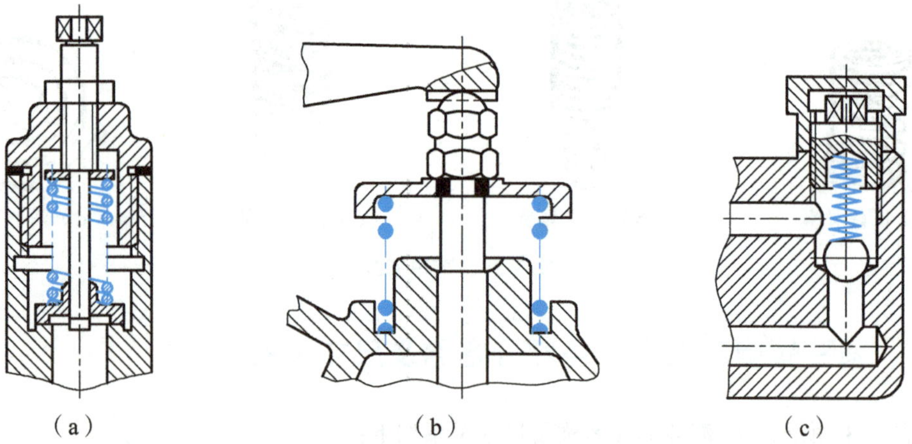

图 7-36　装配图中弹簧的画法

三、圆柱螺旋压缩弹簧的画法举例

对于两端并紧、磨平的压缩弹簧，不论支承圈的圈数多少及端部并紧的情况如何，都可按图 7-35 所示的形式画出，即按支承圈数为 2.5，磨平圈数为 1.5 的形式表达。

【例 7-1】已知弹簧外径 $D_2 = 45$ mm，线径 $d = 5$ mm，节距 $t = 10$ mm，有效圈数 $n = 8$，支承圈数 $n_2 = 2.5$，右旋，试画出这个弹簧。

分析：先进行计算，然后作图。

弹簧中径：

$$D = D_2 - d = 45 - 5 = 40\ (\text{mm})$$

自由高度：

$$H_0 = nt + (n_2 - 0.5)d = 8 \times 10 + (2.5 - 0.5) \times 5 = 90\ (\text{mm})$$

其画图步骤如图 7-37 所示。

（1）以自由高度 H_0 和弹簧中径 D 作矩形 $ABCE$。

（2）画出支承圈部分与簧丝直径相等的圆和半圆。

（3）根据节距 t 作簧丝断面。

（4）按右旋方向作簧丝断面的切线，校核、加深，画剖面线。

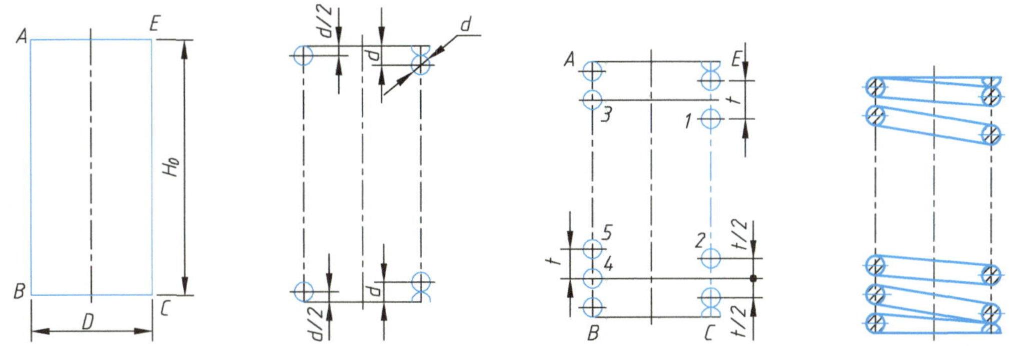

（a）以自由高度 H_0 和弹簧中径 D_2 作矩形 ABCE　（b）画出支承圈部分与簧丝直径相等的圆和半圆　（c）根据节距 t 作簧丝剖面　（d）按右旋方向作簧丝剖面的切线，校核、加深，画剖面线

图 7-37　圆柱螺旋压缩弹簧的画图步骤

图 7-38 为一个圆柱螺旋压缩弹簧的零件图。

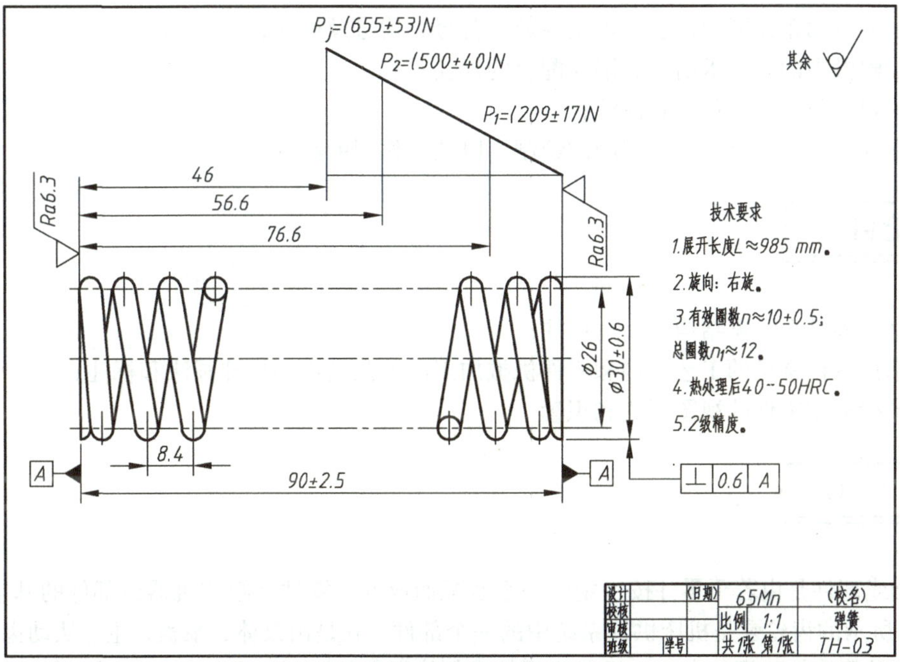

图 7-38　圆柱螺旋压缩弹簧零件图示例

绘制弹簧

第八章 零件图

学习目标

1. 了解零件图的内容和零件图的视图表达方式；
2. 了解表面粗糙度的概念、评定参数、符号、代号及标注；
3. 了解极限的有关术语、极限与配合的标注；
4. 了解形位公差的代号和标注；
5. 掌握零件的测绘方法、草图的绘制，以及工作图的绘制。

技能目标

1. 掌握零件上常见结构的尺寸标注；
2. 掌握零件常见的工艺结构和零件机械加工的工艺结构的特殊画法和标注；
3. 掌握典型零件的视图画法和识读。

导　读

机器或部件是由若干零件按一定的关系装配而成的，零件是组成机器或部件的基本单元。如图 8-1 所示的齿轮泵是机床供油系统中的一个部件，它是由泵体，泵盖，主、从动齿轮及轴，螺钉，螺母等零件装配起来的。机器或部件必须依据零件图制造零件，然后进行装配。表示零件结构、大小及技术要求的图样称为零件工作图，简称零件图。零件图是设计部门提交给生产部门的重要技术文件，它不仅反映了设计者的设计意图，而且表达了零件的各种技术要求，如尺寸精度、表面粗糙度等，工艺部门要根据零件图制造毛坯、制订工艺规程、设计工艺装备、加工零件等。所以，零件图是制造和检验零件的重要依据。

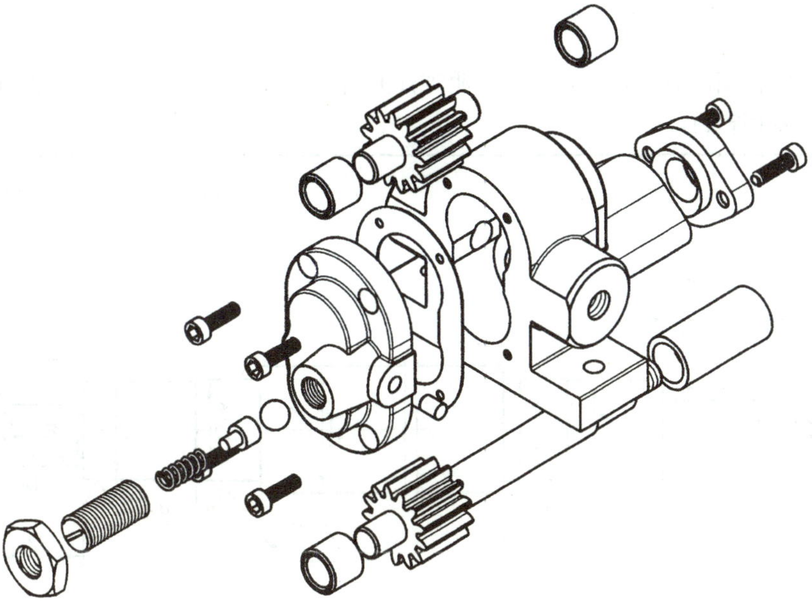

图 8-1　组成部件的零件

第一节　零件图的内容

零件图是生产中指导制造和检验零件的主要技术文件，它不仅要把零件的内、外结构形状和大小表达清楚，还需要对零件的材料、加工、检验、测量等提出必要的技术要求，零件图必须包含制造和检验零件的全部技术资料。以图 8-2 所示的零件图为例，可以看出，一张完整的零件图应该包括以下四部分内容：

1. 一组图形

在零件图中，用一组视图来表达零件的形状和结构，应根据零件的结构特点，选择适当的视图、剖视、断面及其他规定画法，正确、完整、清晰地表达零件的各部分形状和结构。

2. 一组完整的尺寸

正确、完整、清晰、合理地注出制造和检验零件时所需要的全部尺寸，以确定零件各部分的形状大小和相对位置。

3. 技术要求

用规定的代号、数字、文字等，表示零件在制造和检验过程中应达到的一些技术指标，如表面粗糙度、尺寸公差、形位公差、材料及热处理等。这些要求有的可以用符号注写在视图上，技术要求的文字一般注写在标题栏上方图纸空白处，如图 8-2 中的尺寸公差、表面粗糙度以及用文字说明的技术要求等。

4. 标题栏

标题栏在零件图的右下角，是用于注明零件的名称、数量、材料、比例、设计单位、设计人员等内容的专用栏目。

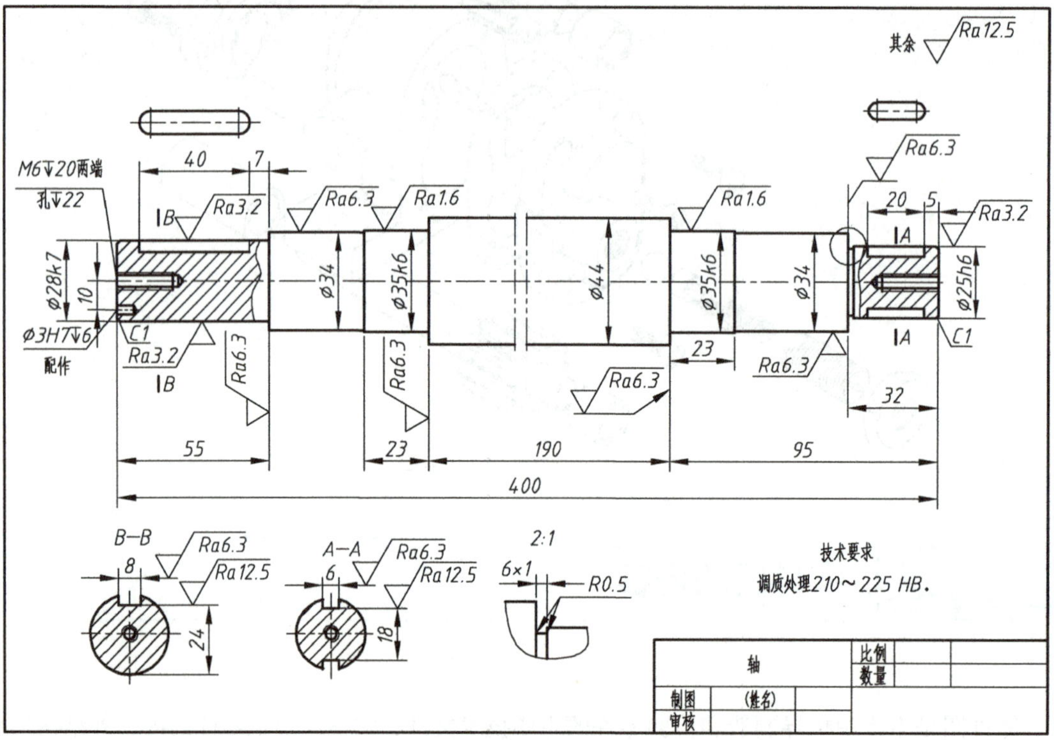

图 8-2　轴零件图

第二节　典型零件的视图选择

运用各种表达方法，选取一组恰当的视图，把零件的形状表示清楚。零件上每一部分的形状和位置要表示得完全、正确、清楚，符合国家标准规定，便于读图。

一、主视图的选择

主视图是一组视图的核心，是表达零件形状的主要视图。主视图选择恰当与否，将直接影响整个表达方法和其他视图的选择。因此，确定零件的表达方案，首先应选择主视图。主视图的选择应从投射方向和零件的安放位置两个方面来考虑。选择最能反映零件形状特征的方向作为主视图的投射方向，如图 8-3 所示。确定零件的放置位置应考虑以下原则：

1. 加工位置原则

加工位置原则是指主视图按照零件在机床上加工时的装夹位置放置，应尽量与零件主要加工工序中所处的位置一致。例如，加工轴、套、圆盘类零件，大部分工序是在车床和磨床上进行的，为了使工人在加工时读图方便，主视图应将其轴线水平放置，如图 8-4 所示。

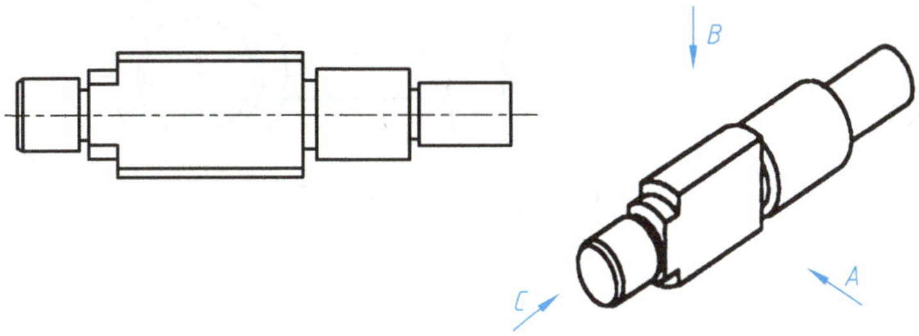

图 8-3　主视图的投射方向

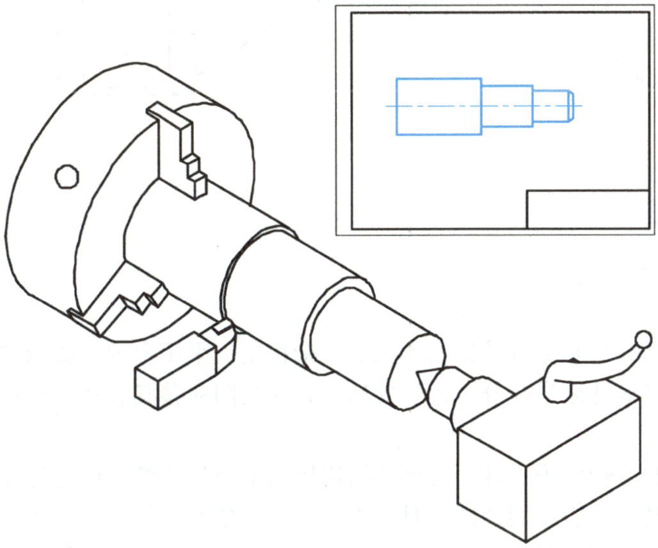

图 8-4　加工位置原则

2. 工作位置原则

工作位置原则是指主视图按照零件在机器中工作的位置放置，以便把零件和整个机器的工作状态联系起来。对于叉架类、箱体类零件，因为常需经过多道工序加工，且各工序的加工位置往往不同，故主视图应选择工作位置，以便与装配图对照起来读图，想象出零件在部件（或机器）中的位置和作用，如图 8-5 中的吊钩。

3. 自然安放位置原则

如果零件的工作位置是斜的，不便按工作位置放置，而加工位置较多，又不便按加工位置放置，这时可将它们的主要部分放正，按自然安放位置放置，以利于布图和标注尺寸，如图 8-6 所示的拨叉。

由于零件的形状各不相同，零件主视图的选择并不一定完全符合上述三条原则，应根据零件的具体工作位置、安装位置或加工位置，选择最能反映零件结构形状特征的视图作为主视图，同时还要考虑其他视图选择的合理性。

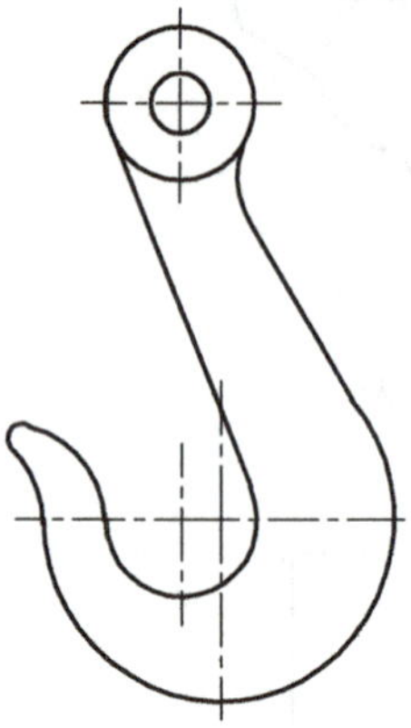

图 8-5　工作位置原则

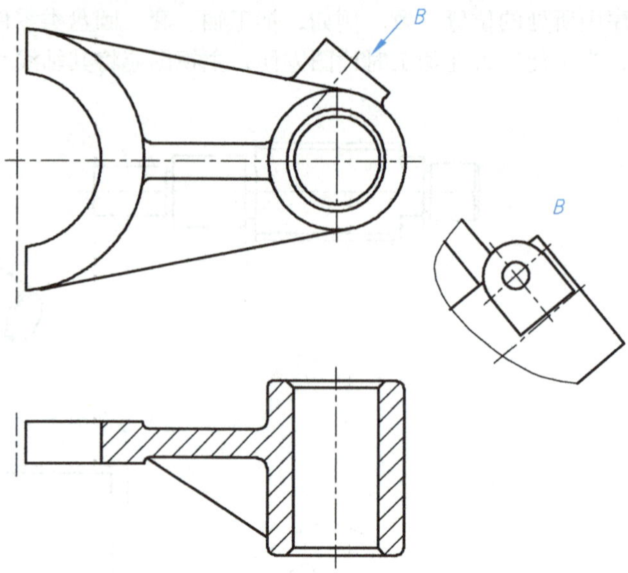

图 8-6　自然安放位置原则

二、其他视图的选择

主视图选定之后，应根据零件结构形状的复杂程度，采用合理、适当的表达方法，来考虑其他视图，对主视图表达未尽部分，还需要选择其他视图完善其表达，使每一视图都具有其表达的重点和必要性。

其他视图的选择，应考虑零件还有哪些结构形状未表达清楚，优先选择基本视图，并根据零件内部形状等，选取相应的剖视图。对于尚未表示清楚的零件局部形状或细部结构，则可选择局部视图、局部剖视图、断面图、局部放大图等。对于同一零件，特别是结构形状比较复杂的零件，可选择不同的表达方案进行分析比较，最后确定一个较好的方案。

具体选用时，应注意以下几点。

（1）视图的数量。

所选的每个视图都必须具有独立存在的意义及明确的表示重点，并应相互配合、彼此互补。既要防止视图数量过多、表达松散，又要避免将表达方法过多集中在一个视图上。

（2）选图的步骤。

首先选用基本视图，后选用其他视图（剖视、断面等表示方法应兼用）；先考虑表达零件的主要部分的形体和相对位置，然后再解决细节部分。根据需要增加向视图、局部视图、斜视图等。

（3）图形清晰、便于读图。

其他视图的选择，除了要求把零件各部分的形状和它们的相互位置关系完整地表达出来外，还应该做到便于读图，清晰易懂，尽量避免使用虚线。

初选时，采用逐个增加视图的方法，即每选一个视图都自行试问：表达什么？是否需要剖视？怎样剖？还有哪些结构未表示清楚等。在初选的基础上进行精选，以确定合适的表示方案，在准确、完整表示零件结构形状的前提下，使视图的数量最少。

三、常用典型零件的视图选择

零件的形状和结构虽然千差万别，但根据它们在机器（或部件）中的作用和形状特征，通过比较、归纳，零件的种类按其结构特点等，大体可分为轴套类、盘盖类、叉架类和箱体类四种典型零件。

1. 轴套类零件

轴套类零件包括各种轴、丝杠、套筒等。其基本形状一般为同轴的细长回转体，由不同直径的数段回转体组成。轴上常加工出键槽、退刀槽、砂轮越程槽、螺纹、销孔、中心孔、倒角和倒圆等结构。轴类零件主要用来支承传动零件（如齿轮、皮带轮等）和传递动力，如图 8-7 所示；套类零件通常装在轴上或孔中，用来定位、支承、保护传动零件等。

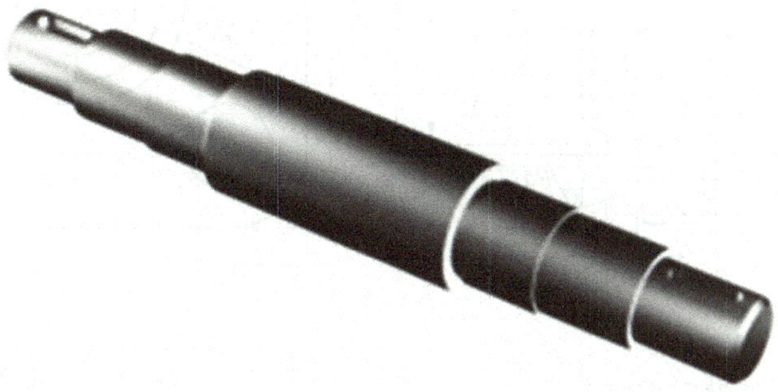

图 8-7　轴

轴

泵盖

（1）选择主视图。

轴套类零件一般在车。床和磨床上加工，按加工位置确定主视图，轴线水平放置，大头在左、小头在右，键槽和孔结构可以朝前。轴套类零件主要结构形状是回转体，一般只画一个主视图来表示轴上各轴段长度、直径及各种结构的轴向位置。

（2）选择其他视图。

实心轴主视图以显示外形为主，局部孔、槽、凹坑可采用局部剖视图表达。键槽等结构需画出移出断面图，这样既能清晰表达结构细节，又有利于尺寸和技术要求的标注。当轴较长时，可采用断开后缩短绘制的画法。必要时，有些细部结构可用局部放大图表达。轴的零件图如图 8-2 所示。

2. 盘盖类零件

盘盖类零件一般由键、销与轴连接起来传递转矩，可起支承、定位和密封等作用，一般包括法兰盘、端盖、阀盖和各种轮子等。其基本形状为扁平的盘状。它们的主要结构大多有回转体，径向尺寸一般大于轴向尺寸，通常还带有各种形状的凸缘、圆孔和肋板等局部结构，如图 8-8 所示。

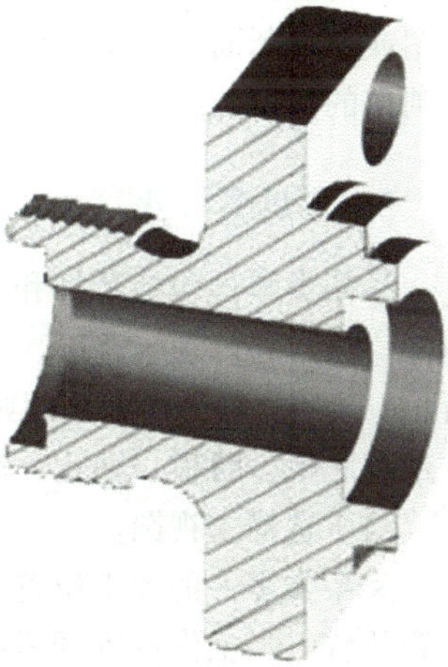

图 8-8　阀盖

（1）选择主视图。

盘盖类零件的毛坯有铸件或锻件，机械加工以车削为主。对于圆盘，一般将中心轴线水平放置，与车削、磨削时的加工状态一致，主视图符合加工位置原则，便于加工者读图，并采用全剖视图（由单一剖切面或几个相交的剖切面剖切获得）。对于非圆盘，主视图一般符合工作位置原则，如图 8-9 所示。根据结构特点，视图具有对称面时，可作半剖视；无对称面时，可作全剖或局部剖视。

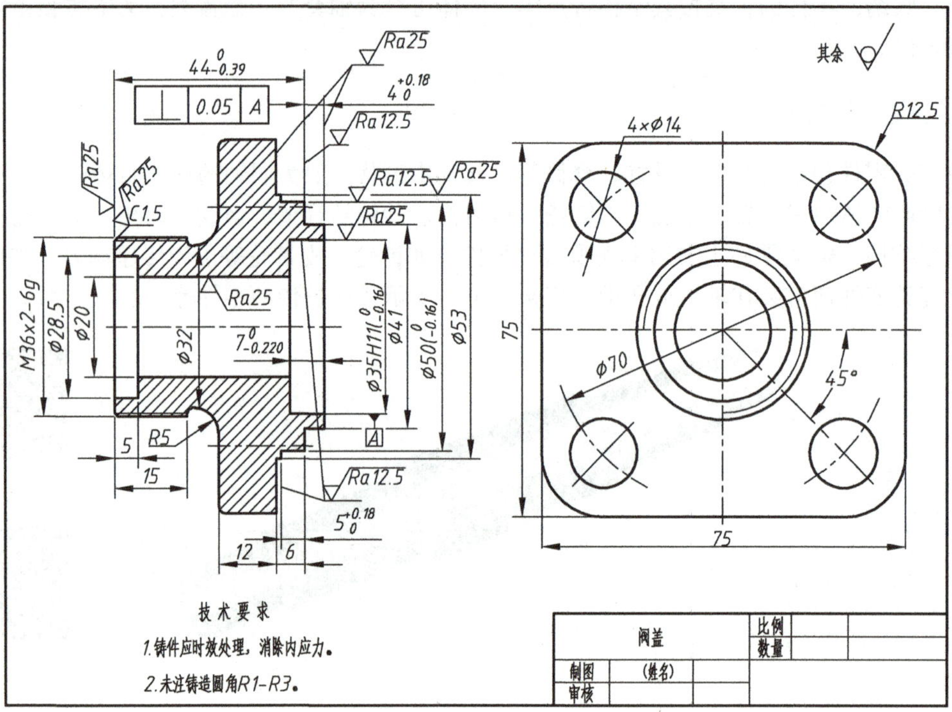

图 8-9　盘盖类零件

（2）选择其他视图。

一个基本视图不能完整表达零件的内外结构，必须增加其他视图。用另一视图表达孔、槽的分布情况。某些局部细节需用局部放大图表示。其他结构形状，如轮辐和肋板等可用移出断面图或重合断面图表示，也可用简化画法。如图 8-9 所示的阀盖就增加了一个左视图，以表达带圆角的方形凸缘和四个均布的通孔。

3. 叉架类零件

叉架类零件包括叉杆和支架，一般有杠杆、拨叉、连杆、支座等零件，通常起传动、连接、支承等作用，多为铸件或锻件，如图 8-10 所示。叉架类零件形状不规则，外形比较复杂，常有弯曲或倾斜结构，并带有底板、肋板、轴孔、螺孔等结构，加工位置较多。

（1）选择主视图。

叉架类零件的加工位置较难区别主次，因此，主视图一般按工作位置放置。当工作位置倾斜或不固定时，可将主视图摆正，按自然安放位置。主视图的投射方向主要考虑其形状特征。

拨叉

图 8-10　脚踏支架

（2）选择其他视图。

其他基本视图大多用局部剖视图，兼顾表达叉架类零件的内、外结构形状。常常需要两个或两个以上的基本视图，因常有形状倾斜的结构，仅用一个基本视图往往不能完整表达真实形状，常用斜视图、局部视图等表达。对肋板结构用断面图表示。如图 8-11 所示的脚踏支架，采用俯视图表达安装板、肋板和轴承孔的宽度，以及它们的相对位置，用 A 向局部视图表达安装板左侧的形状，用移出断面图表达肋板的断面形状。

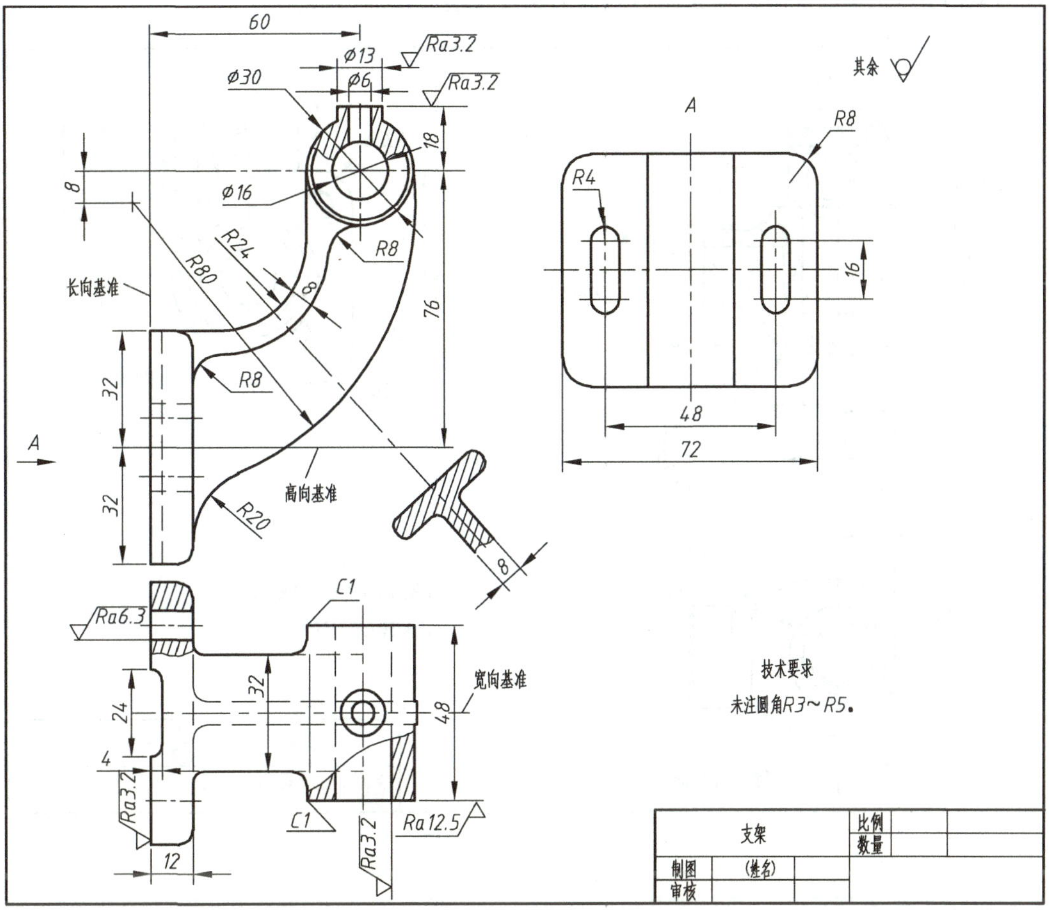

图 8-11　叉架类零件

4. 箱体类零件

箱体类零件一般有箱体、泵体、阀体、阀座等。箱体类零件是用来支承、包容、密封和保护运动的零件或其他零件的，多为铸件，如图 8-12 所示。

图 8-12　阀体

泵体

（1）选择主视图。

一般来说，箱体类零件的结构比较复杂，加工位置较多，为了清楚地表达其复杂的内外结构和形状，所采用的视图较多。箱体类零件的功能特点决定了其结构和加工要求的重点在于内腔，所以大量地采用剖视画法。在选择主视图时，主要考虑其内外结构特征和工作位置。

（2）选择其他视图。

选择其他基本视图、剖视图等多种形式来表达零件的内部和外部结构，为表达完整和减少视图数量，可适当地使用虚线，但要注意不可多用。如图 8-13 所示的阀体，球形主体结构的左端是方形凸缘，右端和上部都是圆柱凸缘，凸缘内部的阶梯孔与中间的球形空腔相通。用三个基本视图表达它的内外形状。主视图采用全剖视图，主要表达内部结构形状。俯视图表达外形。左视图采用 *A—A* 半剖视图，补充表达内部形状及安装底板的形状。

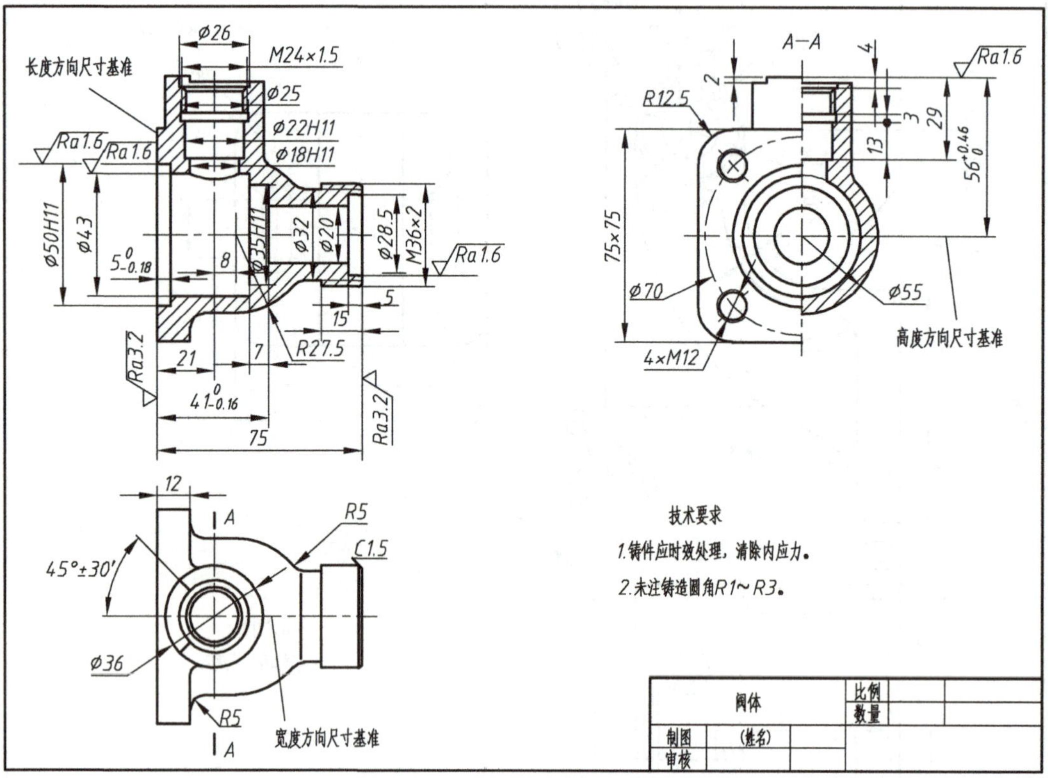

图 8-13　箱体类零件

第三节　零件图的尺寸标注

零件图中的尺寸，是加工和检验零件的重要依据。因此，在零件图上标注尺寸，除了要符合前面所述的尺寸正确、完整、清晰的要求外，还应尽量标注得合理。尺寸的合理性主要是指既符合设计要求，又便于加工、测量和检验。为了合理标注尺寸，必须了解零件的作用、在机器中的装配位置及采用的加工方法等，从而选择恰当的尺寸基准，合理地标注尺寸。

要真正做到工艺合理，单从书本上学习的知识是远远不够的，还需要较丰富的生产经验和机械设计知识，本节只对零件图尺寸标注的合理性做初步介绍。

一、尺寸基准的选择

尺寸基准是指零件在设计、制造和检验时，计量尺寸的起点。

要做到合理标注尺寸，首先必须选择好尺寸基准。一般以安装面、重要的端面、装配的结合面、对称平面和回转体的轴线等作为基准。零件在长、宽、高三个方向都应有一个主要尺寸基准。除此之外，在同一方向上有时还有辅助尺寸基准，如图 8-14 所示。同一方向主要基准与辅助基准之间的联系尺寸应直接注出。

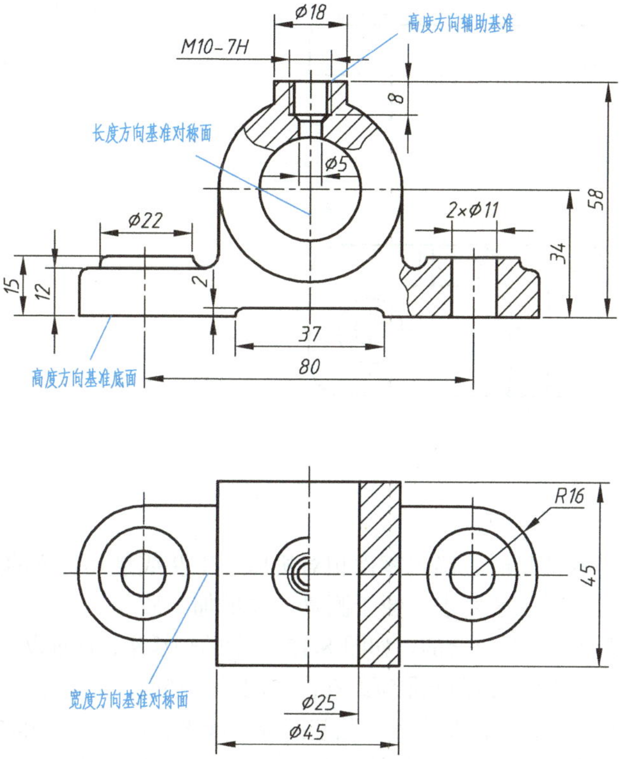

图 8-14 尺寸基准

从设计和工艺的不同角度来确定基准。一般把基准分成设计基准和工艺基准两大类。下面以如图 8-15 所示的轴承座为例加以说明。

1. 设计基准

设计基准：在设计零件时，为保证功能，确定零件结构形状和各部分相对位置时所选用的基准。用来作为设计基准的，大多是工作时确定零件在机器或部件中位置的面或线，如零件的重要端面、底面、对称面、回转面的轴线等。设计基准通常是主要基准。从设计基准出发标注尺寸，可以直接反映设计要求，能体现零件在装配体中的功能。

如图 8-15 所示的轴承座，分别选底面为高度方向的设计基准，对称平面为长度方向的设计基准。因为一根轴通常要用两个轴承座支持，两者的轴孔应在同一轴线上。两个轴承座都以底面确定高度方向的位置，以对称平面确定左右方向的位置。所以，在设计时以底面为基准来确定高度方向的尺寸，以对称平面为基准确定底板上两个螺栓孔的孔心距及对轴孔的对称关系，最终实现两轴承座安装后轴孔同心，保证功能。

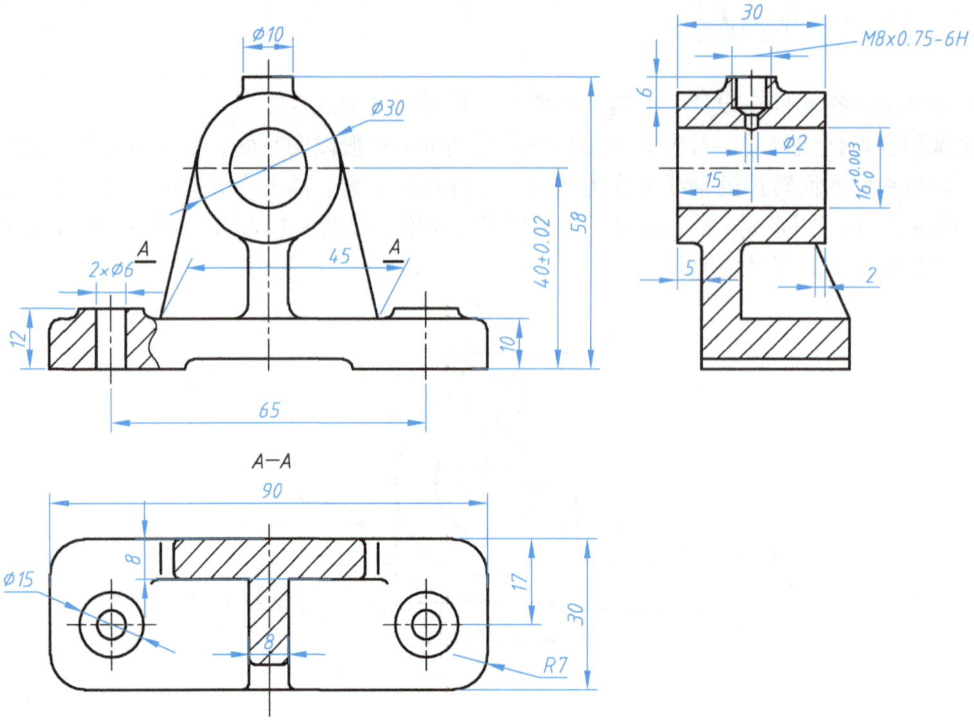

图 8-15　轴承座

2. 工艺基准

工艺基准是在加工或测量时，确定零件相对机床、工装或量具位置的面或线。从工艺基准出发标注尺寸，可直接反映工艺要求，便于测量，保证加工质量。

有时工艺基准和设计基准是重合的。如图 8-15 所示的轴承座，底面既是设计基准，又是工艺基准。对于顶部的螺纹孔来说，顶面既是螺纹孔深度的设计基准，又是加工和测量时的工艺基准。

在标注尺寸时，最好能把设计基准和工艺基准统一起来，这样，既能满足设计要求，又能满足工艺要求。当设计基准和工艺基准不能统一时，重要尺寸应从设计基准出发直接注出，以保证加工时达到设计要求，避免尺寸之间的换算。一般考虑到测量方便，应从工艺基准出发标注尺寸。

3. 主要基准与辅助基准

任何一个零件都有长、宽、高（或轴向、径向两个方向）三个方向的尺寸，每个方向的尺寸至少有一个基准，这三个基准就是主要基准。必要时还可以增加一些基准，即辅助基准。要注意的是：① 主要基准和辅助基准之间一定要有尺寸联系，如图 8-14 中的尺寸；② 主要基准应尽量是设计基准，同时也是工艺基准，辅助基准可是设计基准或工艺基准，如图 8-14 中的各基准。

二、标注尺寸的合理原则

1. 重要的尺寸应直接注出

重要尺寸是指直接影响机器装配精度和工作性能的尺寸。如零件之间的配合尺寸、重要的安装定位尺寸等，一般都有公差要求。一般尺寸包括外形轮廓尺寸、无配合要求的尺寸、工艺尺寸

（如退刀槽、凸台、凹坑、倒角等），一般都不注公差，如图 8-15 中的 65、17、40 ± 0.012 等。

2. 避免注成封闭尺寸链

零件上某一方向尺寸首尾相接，形成封闭尺寸链，在如图 8-16（a）所示的标注中，长度方向的尺寸 L_1、L_2、L_3、L_4 首尾相连，绕成一个整圈，呈现 $L_4 = L_1 + L_2 + L_3$ 的关系，这称之为“封闭尺寸链”。由于加工误差的存在，很难保证 $L_4 = L_1 + L_2 + L_3$，所以在标注时出现封闭尺寸链是不合理的，应该避免它。为了保证每个尺寸的精度要求，通常对尺寸精度要求最低的一环不注尺寸（如 L_1），使尺寸误差都累积到这个尺寸上，从而保证重要尺寸的精度，又可降低加工成本，如图 8-16（b）所示。若因某种原因必须将其注出时，应将此尺寸数值用圆括号括起，称之为“参考尺寸”。

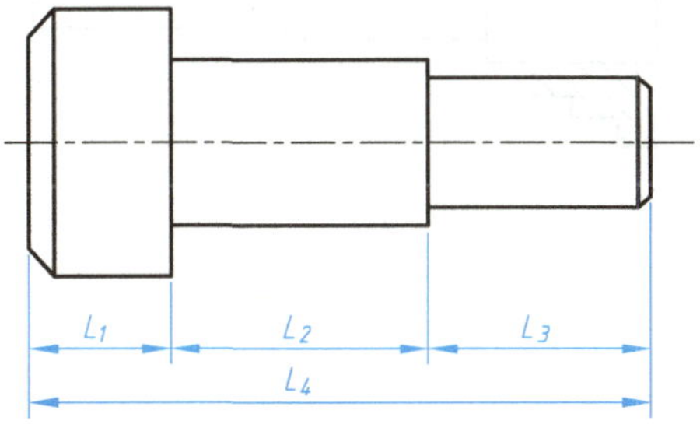

（a）封闭尺寸链　　（b）正确注法

图 8-16　不能注成封闭尺寸链

3. 应考虑到测量方便

标注尺寸应考虑零件便于加工、便于测量。例如，在加工阶梯孔时，一般先加工小孔，然后依次加工出大孔。因此，在标注轴向尺寸时，应从端面注出大孔的深度，以便于测量，如图 8-17 所示。

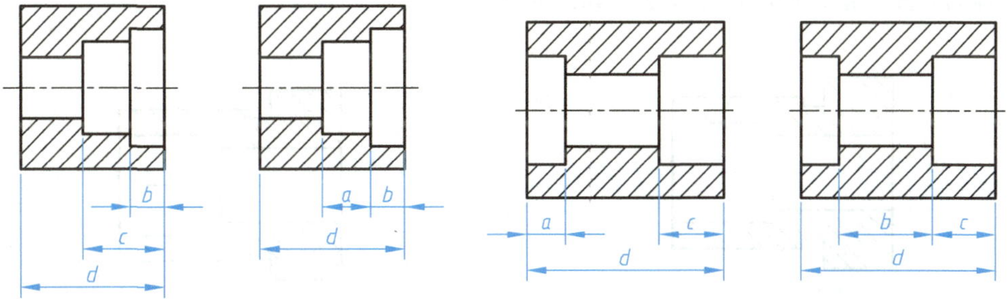

（a）便于测量　（b）不便于测量　（c）便于测量　（d）不便于测量

图 8-17　尺寸标注要便于测量

4. 应符合加工顺序

图 8-18 中的阶梯轴，其加工顺序一般是：先车外圆 $\phi14$、长 50；其次车 $\phi10$、长 36 一段；再车距右端面 20、宽 2、$\phi6$ 的退刀槽；最后车螺纹和倒角。如图 8-18 中（b）、（c）、（d）、（e）所示。所以它的尺寸应按图 8-18（a）标注。

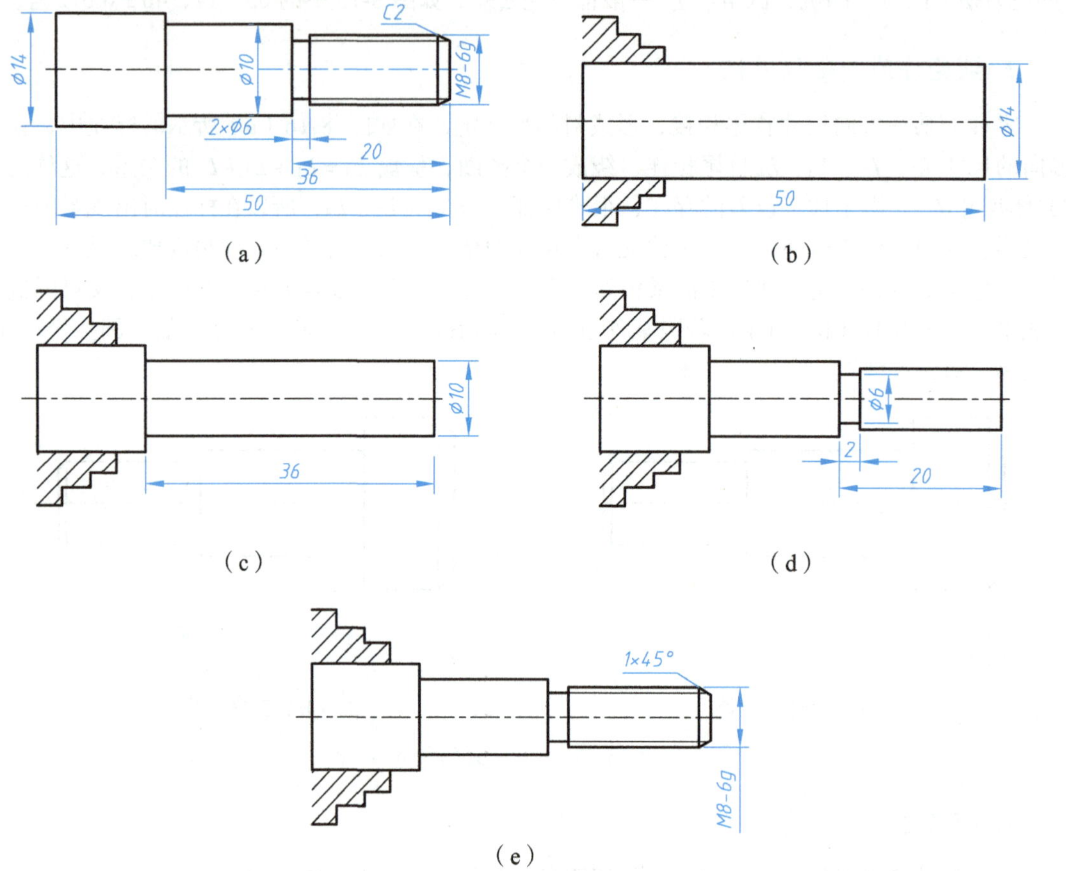

图 8-18　尺寸标注应符合加工顺序

图 8-19 按加工顺序标注轴向尺寸，是合理的。图 8-20 所示的尺寸注法不符合加工顺序，是不合理的。注意退刀槽的尺寸注法，如图 8-19 所示。

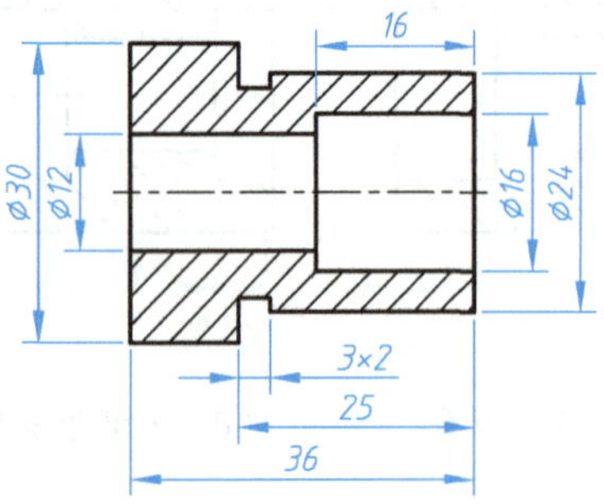

图 8-19　按加工顺序标注尺寸

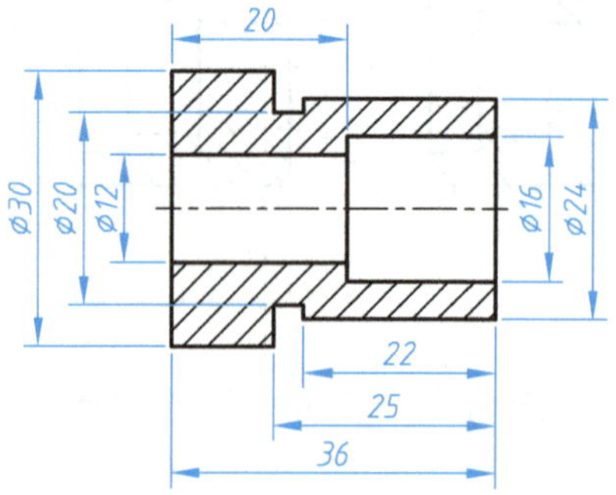

图 8-20　不符合加工顺序

5. 考虑加工方法

由不同工种加工的尺寸应尽量分开标注，这样配置的尺寸清晰，便于加工时读图，如图 8-21 中的铣工和车工尺寸分布。

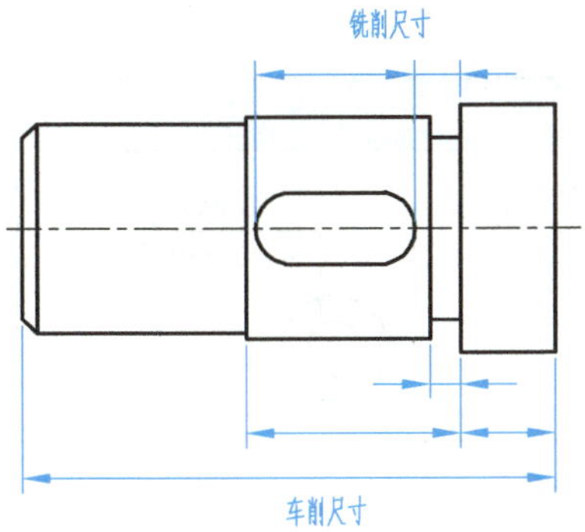

图 8-21　考虑加工方法图

6. 考虑加工面和非加工面

对于铸造或锻造零件，同一方向上的加工面和非加工面应各选择一个基准分别标注有关尺寸，并且两个基准之间只允许有一个联系尺寸，如图 8-22（a）所示，加工基准面与非加工基准面之间只用一个尺寸 *A* 相联系。图 8-22（b）所标注尺寸是不合理的，加工基准面与非加工基准面之间有 5 个尺寸相联系。

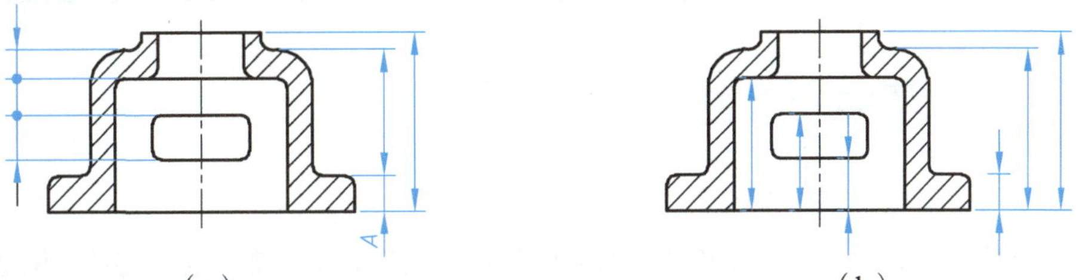

面 8-22　毛坯图尺寸注法

三、零件上常见孔的尺寸注法

零件上常见孔的尺寸注法见表 8-1。

表 8-1　常见孔的尺寸注法

类　型	旁注法	一般注法
一般孔	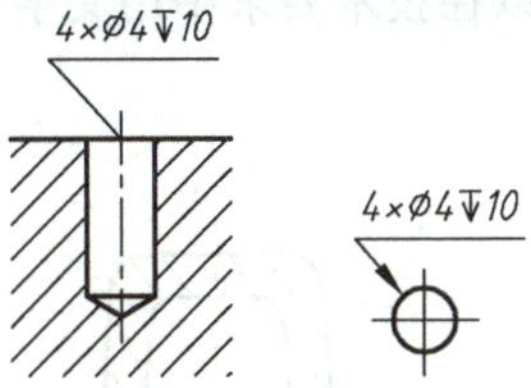	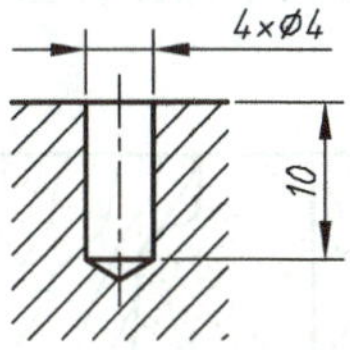
锥销孔		无一般注法

续表

类　型	旁注法	一般注法
沉孔	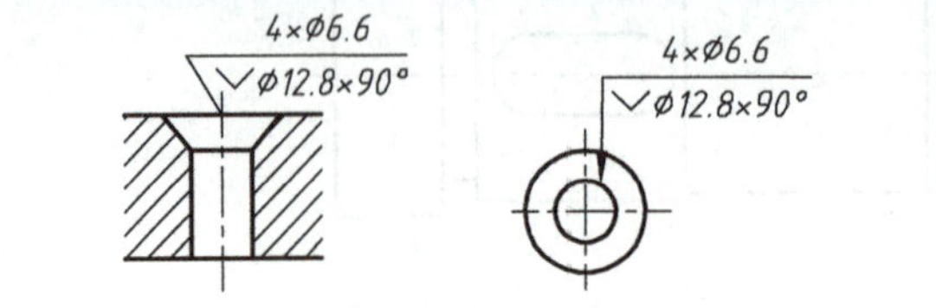	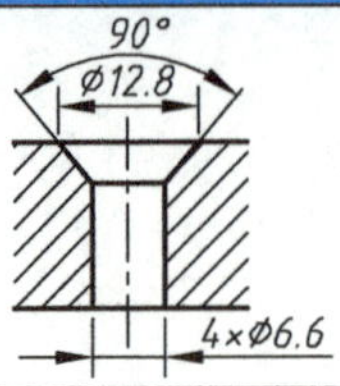
	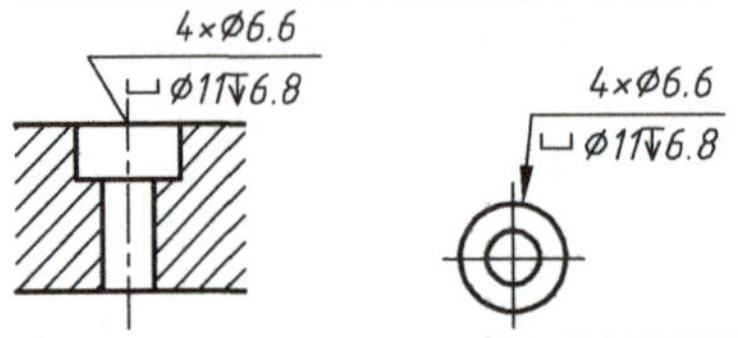	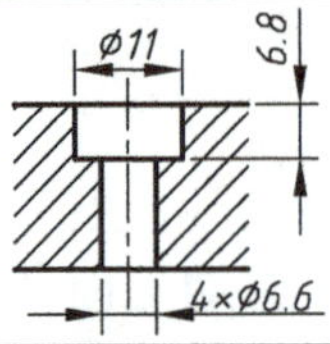
锪孔	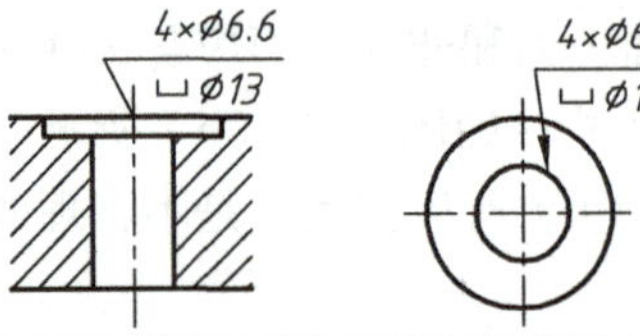	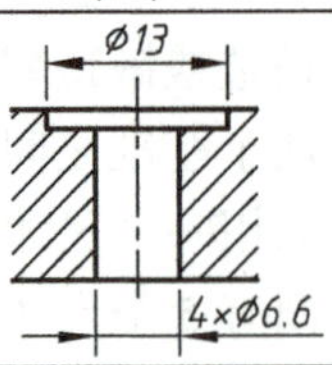

第四节　零件的常见工艺结构

零件的结构形状，取决于它在机器中所起的作用。大部分零件都要经过铸造、锻造和机械加工等过程制造出来，因此，制造零件时，零件的结构形状不仅要满足机器的使用要求，还要符合制造工艺和装配工艺等方面的要求。

一、铸造零件的工艺结构

1. 起模斜度

用铸造的方法制造零件毛坯时，为了便于在砂型中取出模样，一般沿模样起模方向做约 1∶20 的斜度，称之为起模斜度，因此在铸件上也有相应的起模斜度，如图 8-23 所示。起模斜度在图上可以不标注，也不画出；必要时，可以在技术要求中用文字说明。

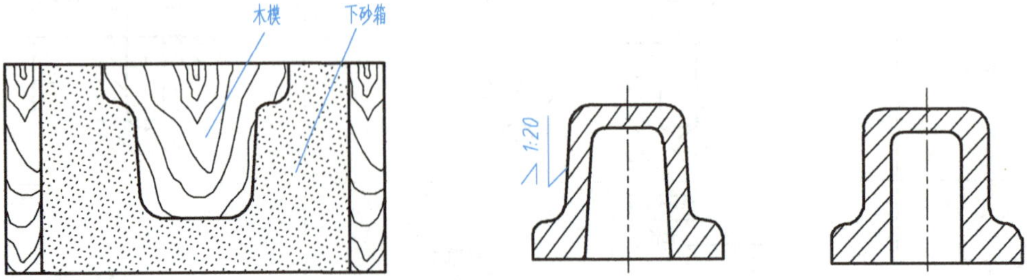

（a）　（b）　（c）

图 8-23　起模斜度

2. 铸造圆角

为了防止铸件冷却时产生裂纹和缩孔，防止浇铸时转角处落砂，铸件各表面相交的转角处都应做成圆角，称之为铸造圆角。铸造圆角的大小一般取 $R = 3 \sim 5$mm，可在技术要求中统一注明。相交的两铸件表面中有一个表面经过切削加工后，这时铸造圆角被削平，相交的转角处变成尖角，如图 8-24 所示。

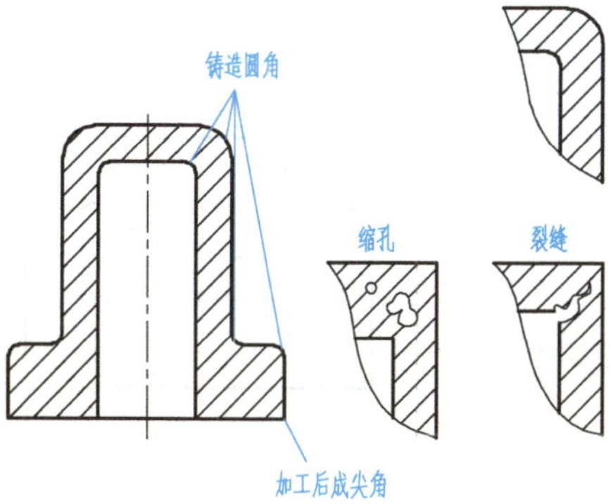

图 8-24　铸造圆角

3. 铸件壁厚

若铸件的壁厚不均匀，在浇铸后，因各处金属冷却速度不同，壁薄处先凝固，壁厚处冷却慢，易产生缩孔，或在壁厚突变处产生裂纹。因此，铸件的壁厚应尽量均匀。当必须采用不同壁厚连接时，应采用逐渐过渡的方式，如图 8-25 所示。铸件的壁厚尺寸一般直接注出。

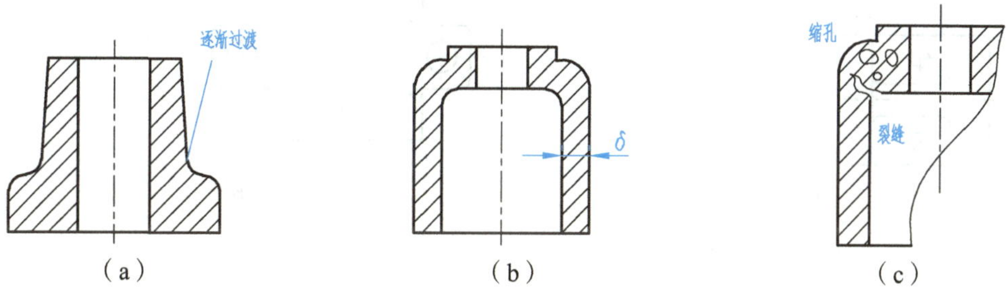

图 8-25　铸件壁厚

4. 过渡线

在铸造零件上，由于铸造圆角的存在，使得零件表面上的交线变得不十分明显。但是，为了便于读图及区分不同表面，在图样上，仍需按没有圆角时交线的位置，画出这些不太明显的线，这样的线称为过渡线。

过渡线用细实线表示，过渡线的画法与没有圆角时的相贯线画法完全相同，只是过渡线的两端与圆角轮廓线之间应留有空隙。下面分几种情况加以说明。

（1）当两曲面相交时，过渡线应不与圆角轮廓接触，如图 8-26 所示。

（2）当两曲面相切时，过渡线应在切点附近断开，如图 8-27 所示。

（3）平面与平面、平面与曲面相交时，过渡线应在转角处断开，并加画过渡圆弧，其弯向与铸造圆角的弯向一致，如图 8-28 所示。

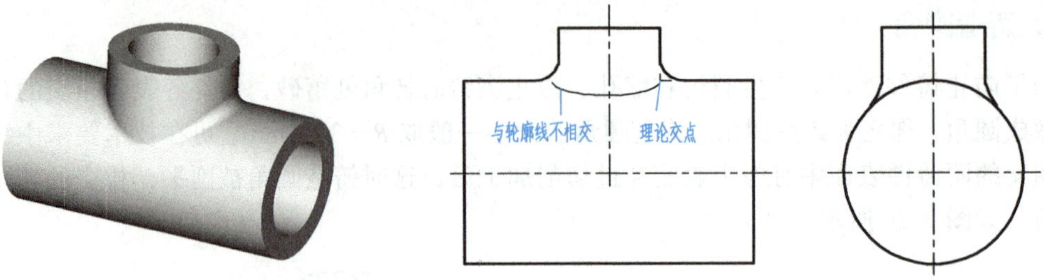

图 8-26　两曲面相交时过渡线的画法

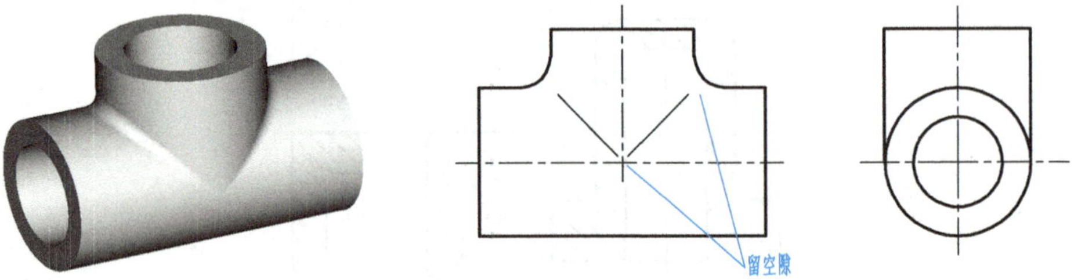

图 8-27　两曲面相切时过渡线的画法

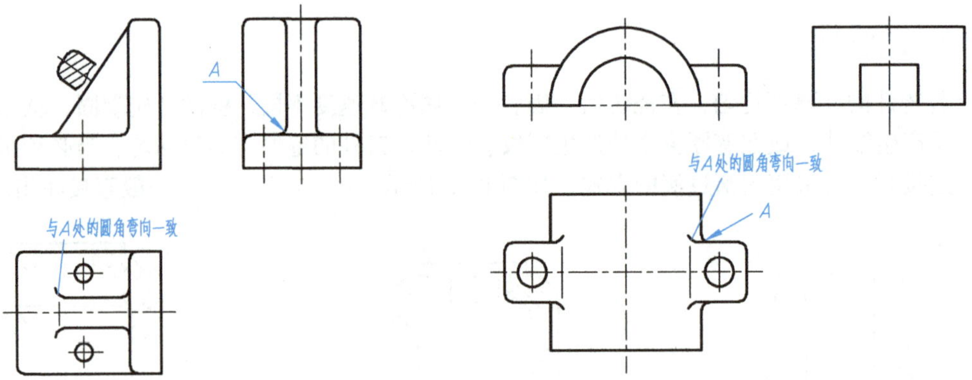

（a）　　（b）

图 8-28　平面与平面或平面与曲面相交时过渡线的画法

（4）当肋板与圆柱组合时，其过渡线的形状与肋板的断面形状以及肋板与圆柱的组合形式有关，如图 8-29 所示。

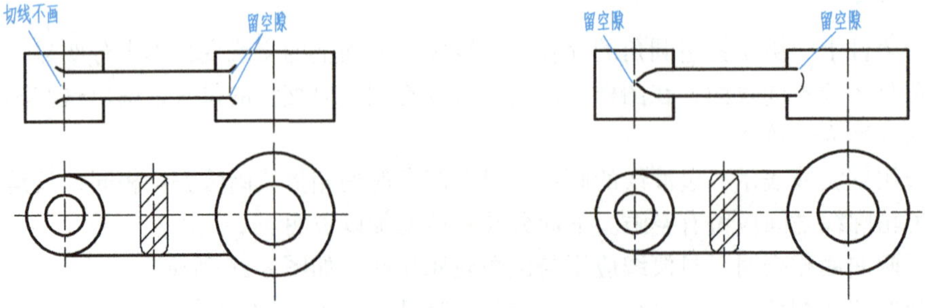

（a）　　（b）

图 8-29　肋板与圆柱组合时过渡线的画法

二、加工面的工艺结构

1. 倒角和倒圆

为了便于装配零件，消除毛刺或锐边，一般在孔和轴的端部加工出倒角。为了避免因应力集中而产生裂纹，常常把轴肩处加工成圆角的过渡形式，称为倒圆。倒角和倒圆的画法和标注方法如图 8-30 所示。

（a）45°倒角和倒圆　　（b）30°和 60°倒角

图 8-30　倒角和倒圆

2. 退刀槽和砂轮越程槽

在切削加工零件时，特别是在车螺纹和磨削时，为了便于退出刀具及保证装配时相关零件的接触面靠紧，常在待加工面的末端先车出退刀槽或砂轮越程槽。槽的尺寸一般可按“槽宽 × 直径”或“槽宽 × 槽深”方式标注，当槽的结构比较复杂时，可画出局部放大图标柱尺寸，如图 8-31 所示。

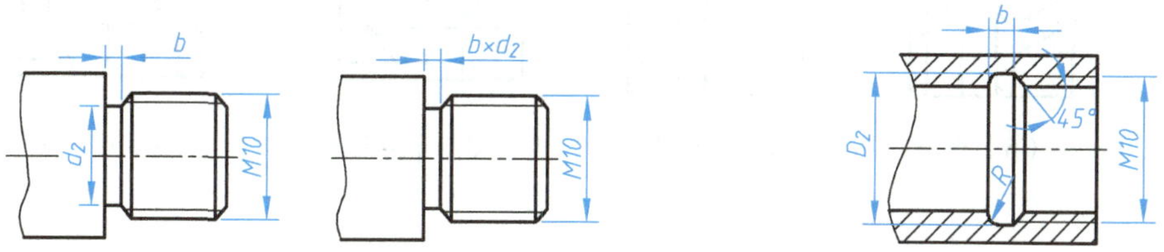

（a）外螺纹退刀槽　　（b）内螺纹退刀槽

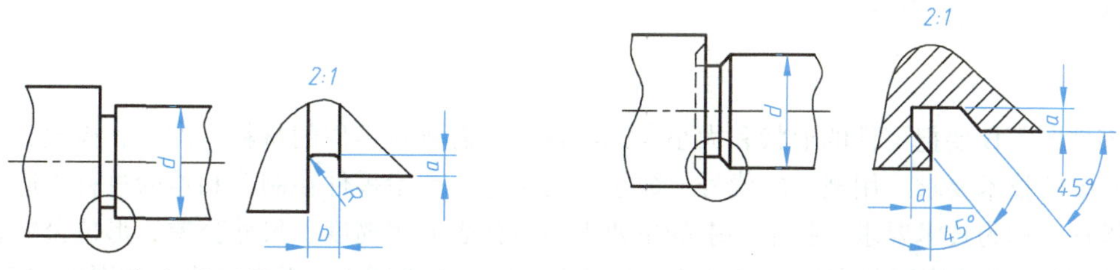

（c）砂轮越程槽　　（d）砂轮越程槽

图 8-31　退刀槽和砂轮越程槽

3. 减少加工面积

零件上与其他零件的接触面，一般都要加工。为了减少加工面积，保证零件表面之间有良好的接触，常常在铸件上设计出凸台、凹坑。如图 8-32（a）、（b）表示螺栓连接的支承面做成凸台和凹坑形式，图 8-32（c）、（d）表示为减少加工面积而做成凹槽和凹腔结构。

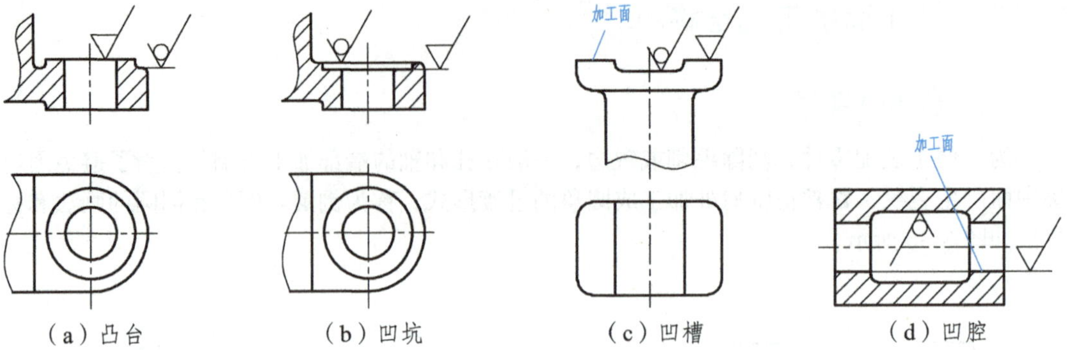

图 8-32 减少加工面积

4. 钻孔的工艺要求

用钻头钻出的盲孔，底部有一个 120°的锥顶角。圆柱部分的深度称为钻孔深度。在阶梯形钻孔中，有锥顶角为 120°的圆锥台。

钻孔时，要求钻头的轴线尽量垂直于被钻孔的表面，以保证钻孔准确，避免钻头折断，当零件表面倾斜时，可设置凸台或凹坑。钻头单边受力也容易折断，因此，结构钻透处也要设置凸台使孔完整，如图 8-33 所示。

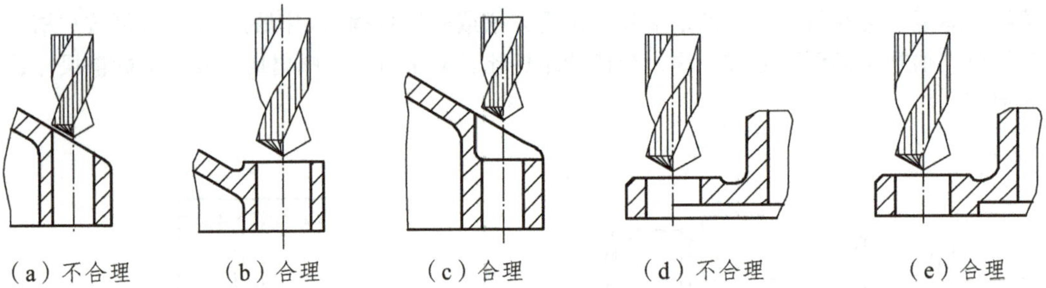

图 8-33 钻孔的工艺要求

第五节 零件图的技术要求

零件图不仅要把零件的形状和大小表达清楚，还需要对零件的材料、加工、检验、测量等提出必要的技术要求。用规定的代号、数字、文字等，表示零件在制造和检验过程中应达到的技术指标，称为技术要求。技术要求的主要内容包括表面粗糙度、尺寸公差、形位公差、材料及热处理等。这些内容凡有指定代号的，需用代号注写在视图上，无指定代号的则用文字说明，注写在图纸的空白处。

一、表面粗糙度

1. 表面粗糙度的概念

零件的表面，无论采用哪种方法加工，都不可能绝对光滑、平整，将其置于显微镜下观察，都呈现出不规则的高低不平的状况，高起的部分称为峰，低凹的部分称为谷，这种表面上具有较小间距的峰谷所组成的微观几何形状特性，称为表面粗糙度，如图 8-34 所示。这是由于加工零件时，刀具在零件表面上留下刀痕和切削时金属的塑性变形等，使零件表面存在间距较小的轮廓峰谷。表面粗糙度反映了零件表面的加工质量，它对零件的耐磨性、耐腐蚀性、配合精度、疲劳强度及接触刚度和密封性等都有较大影响。国家标准规定了零件表面粗糙度的评定参数，应在满足零件表面功能要求的前提下，合理地选择表面粗糙度的参数值。一般来说，凡零件上有配合要求或有相对运动的表面，零件表面质量要求较高。

图 8-34　表面粗糙度

2. 表面粗糙度代号

表面粗糙度用代号标注在图样上，代号由符号、数字及说明文字组成。在零件的每个表面，都应按设计要求标注表面粗糙度代号。表面粗糙度符号有三种，见表 8-2。

表 8-2　表面粗糙度符号

符　号	意义及说明
	基本符号，表示表面可用任何方法获得，当不加注粗糙度参数值或有关说明时，仅适用于简化代号标注
	表示表面是用去除材料的方法获得的
	表示表面是用不去除材料的方法获得的
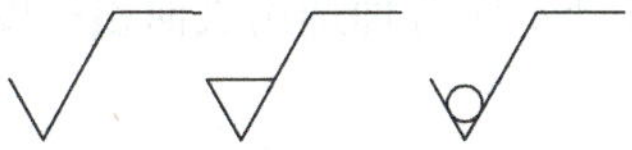	在上述三个符号的长边上均可加一横线，用于标注有关参数和说明
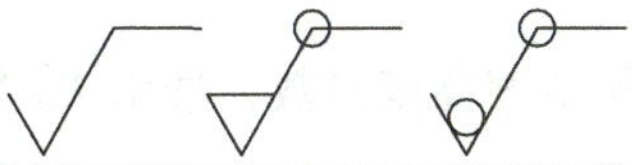	在上述三个符号上均可加一小圆，表示所有表面具有相同的表面粗糙度要求

3. 表面粗糙度的高度评定参数

评定表面粗糙度的高度参数有：轮廓的算术平均偏差 Ra、微观不平十点高度 Ry、轮廓的最大高度 Rz 等。这里只介绍最常用的轮廓算术平均偏差 Ra。其他内容可参阅国家标准。

轮廓的算术平均偏差 Ra 是指在取样长度 l 内，轮廓偏距 y 绝对值的算术平均值，如图 8-35 所示。用公式可表示为

$$Ra = \frac{1}{l}\int_0^l |y(x)|\,dx \quad 或 \quad Ra \approx \frac{1}{n}\sum_{i=1}^{n}|y_i|$$

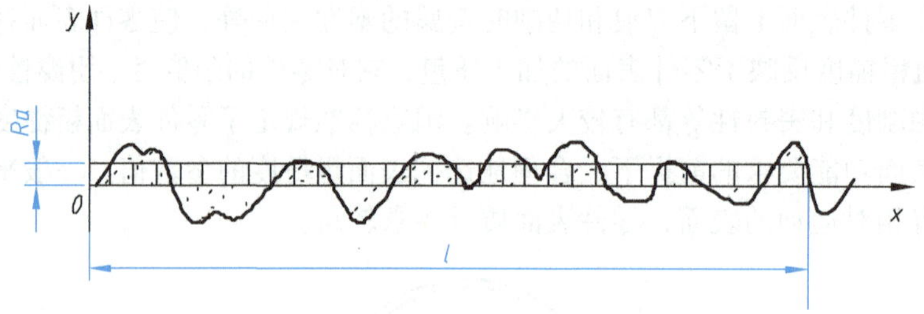

图 8-35　轮廓算术平均偏差

表面粗糙度的高度评定参数 *Ra* 的数值见表 8-3，优先选用常用值，当常用值不能满足要求时，可选取补充系列值或其他值。

表 8-3　表面粗糙度 *Ra* 数值　　单位：μm

第 1 系列	第 2 系列	第 1 系列	第 2 系列	第 1 系列	第 2 系列	第 1 系列	第 2 系列
	0.008		0.125		1.25	12.5	
	0.010		0.160	1.6			16
0.012		0.20			2.0	25	
	0.016		0.25		2.5		20
	0.020		0.32	3.2			32
0.025		0.40			4.0		40
	0.032		0.50		5.0	50	
	0.040		0.63	6.3			63
0.050		0.80			8.0		80
	0.063		1.00		10.0	100	
	0.080						
0.100							

零件的表面粗糙度高度评定参数轮廓算术平均偏差 *Ra* 的数值越大，表面越粗糙，零件表面质量越低，加工成本就越低；轮廓算术平均偏差 *Ra* 的数值越小，表面越光滑，零件表面质量越高，加工成本就越高。因此，在满足零件使用要求的前提下，应合理选用表面粗糙度参数值。

4. 表面粗糙度代号在图样上的标注

表面粗糙度符号的画法如图 8-36 所示。对于 *Ra*、*Rz* 粗糙度高度参数，选用 *Ra* 数值的为最多，见表 8-4。

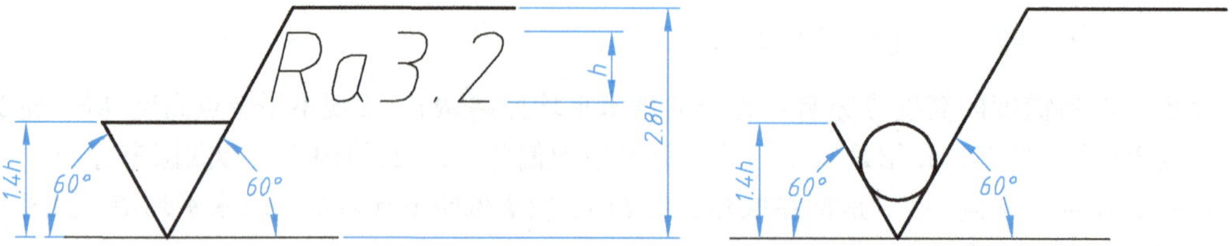

图 8-36　表面粗糙度符号的画法

表 8-4　表面粗糙度代号示例

代　号	含义解释
Rz 0.4	表示不允许去除材料，单向上限值，R 轮廓，粗糙度的最大高度为 0.4 μm，评定长度为 5 个取样长度（默认），“16%”（默认）
Rz max 0.2	表示去除材料，单向上限值，R 轮廓，粗糙度的最大高度为 0.2 μm，评定长度为 5 个取样长度（默认），“最大规则”
Ra 3.2	表示去除材料，单向上限值，R 轮廓，算数平均偏差 3.2 μm，评定长度为 5 个取样长度（默认），“16%”（默认）
U Ra max 3.2 L Ra 0.8	表示不允许去除材料，双向极限值，R 轮廓，上极限：算数平均偏差 3.2 μm，评定长度为 5 个取样长度（默认），“最大规则”；下极限：算数平均偏差 0.8 μm，评定长度为 5 个取样长度（默认），“16%”（默认）

在图样上标注表面粗糙度时，应注意以下几点：

（1）同一零件图中，每个表面一般只标注一次表面粗糙度代号。

（2）表面粗糙度代号的尖端必须从材料外指向材料表面。

（3）表面粗糙度代号应标注在可见轮廓线、尺寸线、尺寸界线或引出线上，并且尽量标注在有关表面附近，如图 8-37 所示。

（4）当表面粗糙度代号中，仅有高度参数值一项内容时，表面粗糙度代号和数字的方向应按图 8-38 规则标注。

（5）当零件表面有相同的表面粗糙度要求时，可将表面粗糙度代号统一标注在图样的右上角，如图 8-39 所示。

当零件各表面的表面粗糙度要求不同时，可将使用最多的一种表面粗糙度代号统一标注在图样的右上角，并在代号的前面加上“其余”二字，如图 8-37 所示。

零件上连续表面、重复要素（如孔、齿、槽等）的表面和用细实线连接不连续的同一表面，其表面粗糙度代号只注一次，如图 8-40 所示。

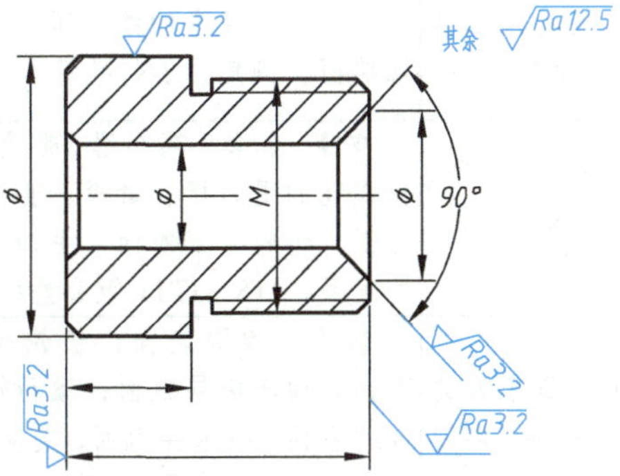

图 8-37　表面粗糙度的标注示例

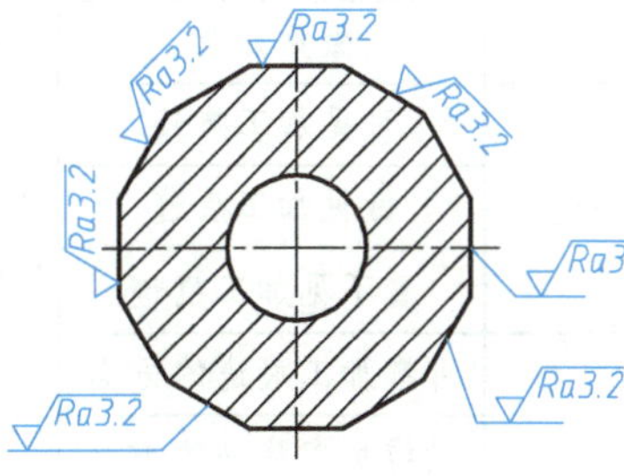

图 8-38　表面粗糙度的标注

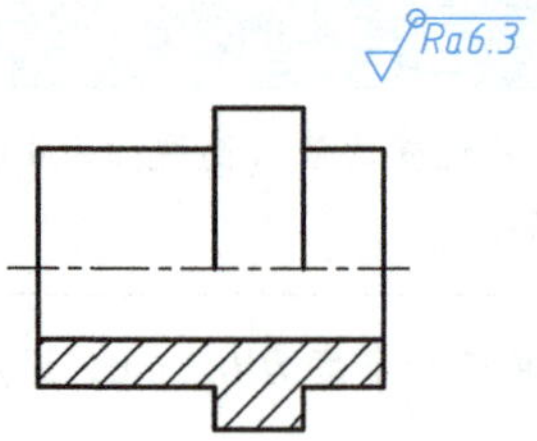

图 8-39　相同表面的表面粗糙度标注

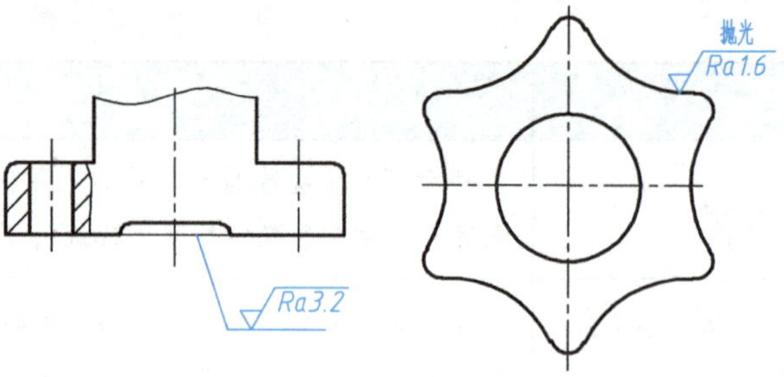

图 8-40　不连续的同一表面、连续表面的标注

同一表面上有不同的表面粗糙度要求时，应用细实线画出其分界线，并注出相应的表面粗糙度代号和尺寸，如图 8-41 所示。

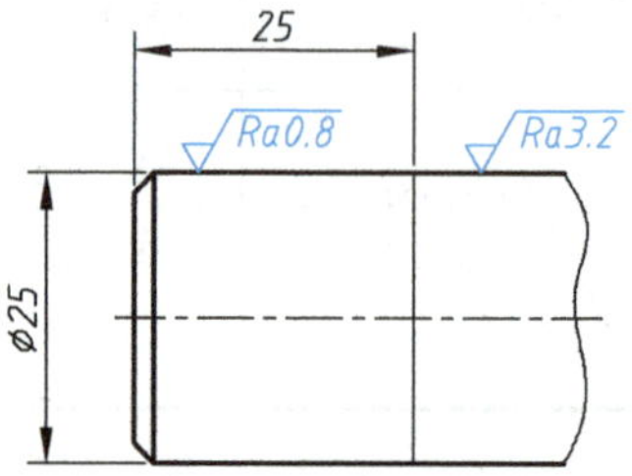

图 8-41　同一表面不同要求的注法

5. 表面粗糙度的选用

表面粗糙度参数值的选用，应该既要满足零件表面的功能要求，又要考虑经济合理性。具体选用时，可参照已有的类似零件图，用类比法确定。

选用时要注意以下问题：

① 在满足功用的前提下，尽量选用较大的表面粗糙度数值，以降低生产成本。

② 一般情况下，零件的接触表面比非接触表面的粗糙度参数值要小。

③ 受循环载荷的表面及易引起应力集中的表面，表面粗糙度参数值要小。

④ 配合性质相同，零件尺寸小的比零件尺寸大的表面粗糙度参数值要小；同一公差等级，小尺寸比大尺寸、轴比孔的表面粗糙度参数值要小。

⑤ 运动速度高、单位压力大的摩擦表面比运动速度低、单位压力小的摩擦表面的粗糙度参数值小。

⑥ 要求密封性、耐腐蚀的表面其粗糙度参数值要小。

表 8-5 列举了表面粗糙度参数 *Ra* 值与加工方法的关系及其应用实例，可供选用时参考。

表 8-5　表面粗糙度参数 *Ra* 值应用举例

Ra	表面特征	表面形状	获得表面粗糙度的方法	应用举例
100	粗糙	明显可见刀痕	锯断、粗车、粗铣、粗刨、钻孔及用粗纹锉刀、粗砂轮等加工	管的端部断面和其他半成品的表面、带轮法兰盘的结合面、轴的非接触端面、倒角、铆钉孔等
50		可见刀痕		
25		微见刀痕		
12.5	半光	可见加工痕迹	拉制（钢丝）、精车、精铣、粗铰、粗铰埋头孔、粗剥刀加工、刮研	支架、箱体、离合器、带轮螺钉孔、轴或孔的退刀槽、量板、套筒等非配合面，齿轮非工作面，主轴的非接触外表面，IT8～IT11 级公差的结合面
6.3		微见加工痕迹		
3.2		看不见加工痕迹		
1.6	光	可辨加工痕迹的方向	精磨、金刚石车刀的精车、精铰、拉制、剥刀加工	轴承的重要表面，齿轮轮齿的表面，普通车床导轨面，滚动轴承相配合的表面，机床导轨面，发动机曲轴、凸轮轴的工作面，活塞外表面等 IT6～IT8 级公差的结合面
0.8		微辨加工痕迹的方向		
0.4		不可辨加工痕迹的方向		

续表

Ra	表面特征	表面形状	获得表面粗糙度的方法	应用举例
0.2	最光	暗光泽面	研磨加工	活塞销和涨圈的表面、分气凸轮、曲柄轴的轴颈、气门及气门座的支持表面、发动机气缸内表面、仪器导轨表面、液压传动件工作面、滚动轴承的滚道、滚动体表面、仪器的测量表面、量块的测量面等
0.1		亮光泽面		
0.05		镜状光泽面		
0.025		雾状镜面		
0.012		镜面		

二、公差与配合

1. 公差与配合基本概念

（1）零件的互换性。

现代化的大规模生产，要求零件具有互换性。即在同一规格的一批零件中任取一件，在装配时不经加工与修配，就能顺利地将其装配到机器上，并能够保证机器的使用要求。零件在制造过程中，由于加工和测量等因素引起的误差，使得零件的尺寸不可能绝对准确，为了使零件具有互换性，就必须限制零件尺寸的误差范围，并且在制造上也是经济合理的。零件具有互换性，不但给装配、维修机器带来方便，还可用专用设备生产，提高产品生产率和质量，同时降低产品的成本。

（2）尺寸公差。

制造零件时，为了使零件具有互换性，就必须对零件的尺寸规定一个允许的变动范围。为此，国家制定了极限尺寸制度，即零件制成后的实际尺寸，在最大极限尺寸和最小极限尺寸的范围内。这种允许尺寸的变动量，称为尺寸公差。

下面简要介绍关于尺寸公差中的一些名词，如图 8-42 所示。

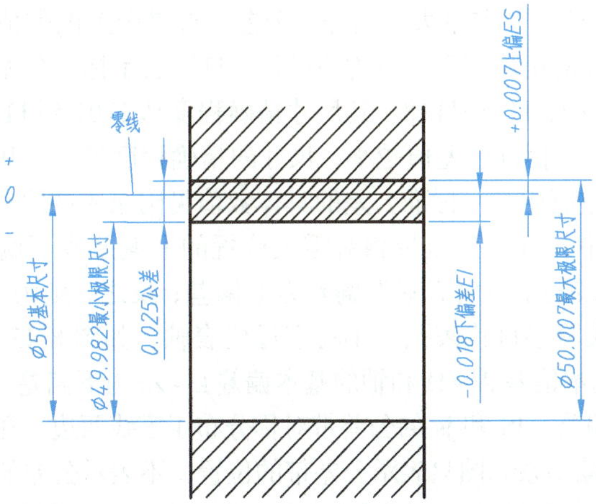

（a）尺寸公差

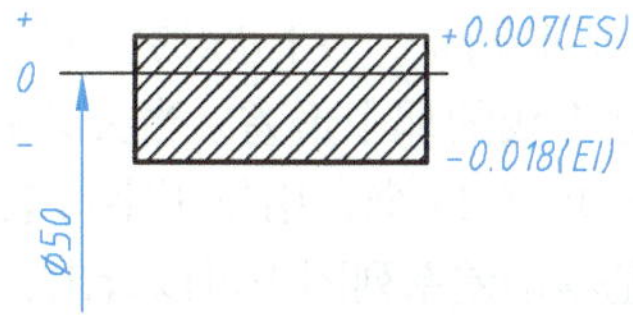

（b）公差带图

图 8-42　尺寸公差名词

① 基本尺寸：根据零件强度、结构和工艺性要求，设计给定的尺寸，如ϕ50。

② 实际尺寸：通过测量所得到的尺寸。

③ 极限尺寸：允许尺寸变化的两个界限值。它以基本尺寸为基数来确定。两个界限值中

较大的一个称为最大极限尺寸；较小的一个称为最小极限尺寸。如最大极限尺寸为ϕ50.007，最小极限尺寸为ϕ49.982。

④ 尺寸偏差（简称偏差）：极限尺寸减去基本尺寸的代数差，分别为上偏差和下偏差。孔的上偏差用ES表示，下偏差用EI表示；轴的上偏差用es表示，下偏差用ei表示。

上偏差 = 最大极限尺寸 − 基本尺寸

下偏差 = 最小极限尺寸 − 基本尺寸

$$ES = 50.007 - 50 = +0.007$$

$$EI = 47.982 - 50 = -0.018$$

上、下偏差统称极限偏差。上、下偏差可以是正值、负值或零。

⑤ 尺寸公差（简称公差）：允许尺寸的变动量。它等于最大极限尺寸与最小极限尺寸之代数差的绝对值，也等于上偏差与下偏差之代数差的绝对值。

尺寸公差 = 最大极限尺寸 − 最小极限尺寸

= 上偏差 − 下偏差

公差 = 50.007 − 47.982 = 0.025

= 0.007 −（−0.018）= 0.025

因为最大极限尺寸总是大于最小极限尺寸，所以尺寸公差一定为正值。

⑥ 零线：在公差带图中，确定偏差值的基准线，也称零偏差线。通常以零线表示基本尺寸。

⑦ 尺寸公差带（简称公差带）：在公差带图解中由代表最大极限尺寸和最小极限尺寸的两条直线所限定的一个区域。为了便于分析，一般将尺寸公差与基本尺寸的关系，按放大比例画成简图，称为公差带图，如图8-42（b）所示。

（3）标准公差和基本偏差。

公差带是由标准公差和基本偏差组成的。标准公差确定公差带的大小，基本偏差确定公差带的位置。

① 标准公差：国家标准所列的、用以确定公差带大小的任一公差。标准公差的数值由基本尺寸和公差等级来决定。公差等级确定尺寸的精确程度，分为20级，“IT”表示标准公差，公差等级的代号用阿拉伯数字表示，即IT01、IT0、IT1…IT18。其尺寸精确程度从IT01到IT18依次降低。对于一定的基本尺寸，公差等级越高，标准公差值越小，尺寸的精确程度越高。基本尺寸和公差等级相同的孔与轴，它们的标准公差值相等。标准公差的具体数值见附录中的附表。

② 基本偏差：在标准的极限与配合中，确定公差带相对零线位置的上偏差或下偏差，一般指靠近零线的那个偏差。当公差带在零线的上方时，基本偏差为下偏差；反之，则为上偏差。基本偏差共有28个，用拉丁字母表示，大写字母代表孔，小写字母代表轴，如图8-43所示。

从基本偏差系列图中可以看出：孔的基本偏差A～H和轴的基本偏差k～zc为下偏差；孔的基本偏差K～ZC和轴的基本偏差a～h为上偏差，JS和js的公差带对称分布于零线两边，孔和轴的上、下偏差分别都是+IT/2、−IT/2。基本偏差系列图只表示公差带的位置，不表示公差的大小，因此，公差带一端是开口的，另一端由标准公差限定，根据尺寸公差的定义有以下计算式。

孔的另一偏差：　$ES = EI + IT$ 或 $EI = ES - IT$

轴的另一偏差：　$ei = es - IT$ 或 $es = ei + IT$

③ 孔、轴的公差带代号。对于某基本尺寸，取标准规定的一种基本偏差，配上一级标准公差，就可以形成一种公差带。我们用基本偏差代号的字母和标准公差等级代号的数字即可组成一公差带代号，如H9、h7、F8、f7等。

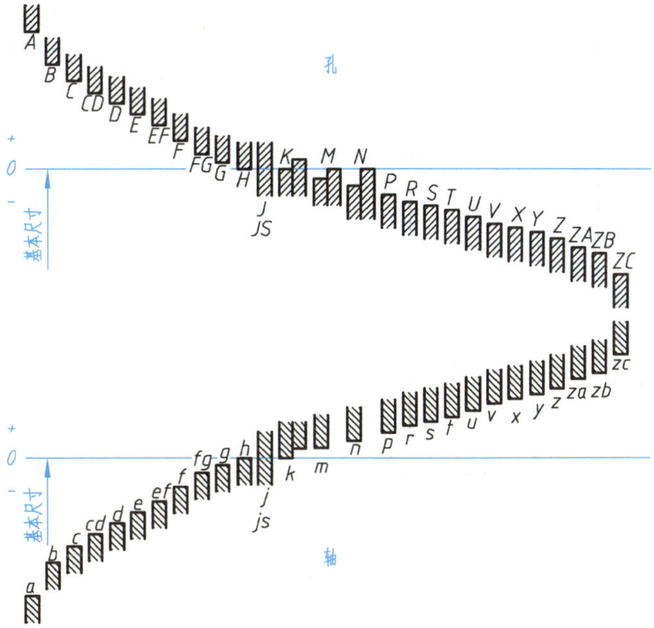

图 8-43　基本偏差系列示意图

例如ϕ50H8，此公差带的全称是：基本尺寸为ϕ50，公差等级为 8 级，基本偏差为 H 的孔的公差带。

又如ϕ50f7，此公差带的全称是：基本尺寸为ϕ50，公差等级为 7 级，基本偏差为 f 的轴的公差带。

（4）配合。

基本尺寸相同的、相互结合的孔和轴公差带之间的关系，称为配合。配合分为三类，即间隙配合、过盈配合和过渡配合。

① 间隙配合：孔的公差带完全在轴的公差带之上，孔比轴大，任取其中一对轴和孔相配都成为具有间隙的配合（包括最小间隙为零），如图 8-44 所示。当互相配合的两个零件需相对运动或要求拆卸很方便时，则需采用间隙配合。

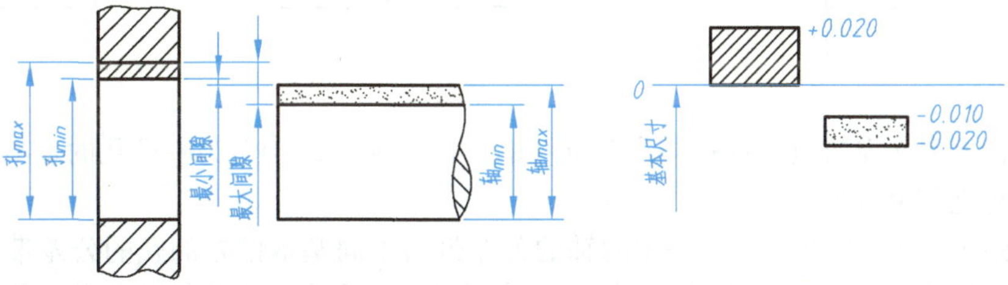

图 8-44　间隙配合

② 过盈配合：孔的公差带完全在轴的公差带之下，孔比轴小，任取其中一对轴和孔相配都成为具有过盈的配合（包括最小过盈为零），如图 8-45 所示。当互相配合的两个零件需牢固连接、保证相对静止或传递动力时，则需采用过盈配合。

③ 过渡配合：孔和轴的公差带相互交叠，孔可能比轴大，也可能比轴小，任取其中一对孔和轴相配合，可能具有间隙，也可能具有过盈的配合，如图 8-46 所示。过渡配合常用于不允许有相对运动，轴孔对中要求高，但又需拆卸的两个零件间的配合。

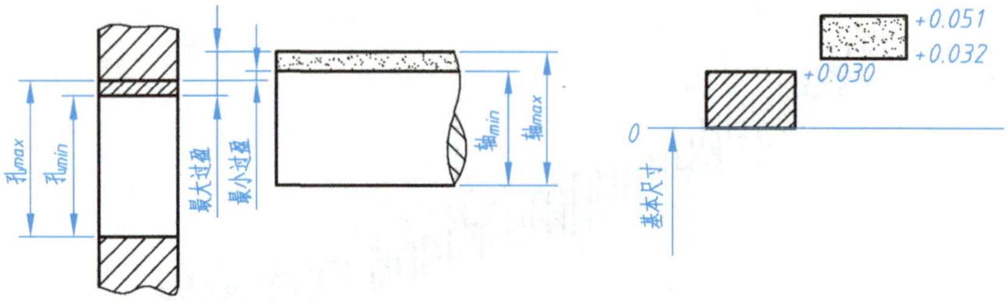

图 8-45　过盈配合

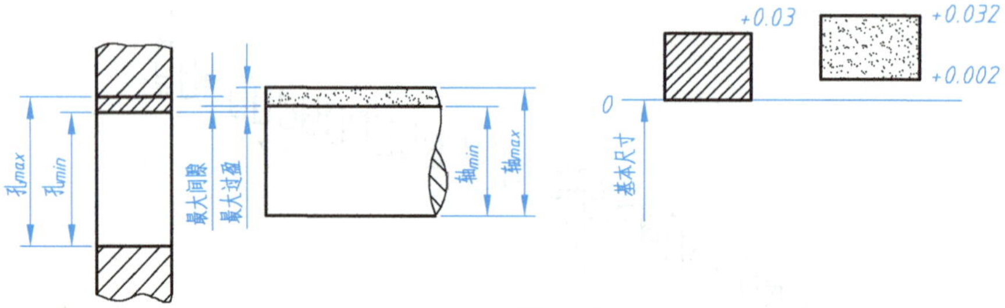

图 8-46　过渡配合

（5）配合制度。

在制造相互配合的零件时，使其中一种零件作为基准件，它的基本偏差一定，通过改变另一种非基准件的基本偏差来获得各种不同性质配合的制度称为基准制。根据生产实际的需要，国家标准规定了基孔制和基轴制两种基准制度。

① 基孔制配合：基本偏差为一定的孔的公差带，与不同基本偏差的轴的公差带构成各种配合的一种制度称为基孔制。这种制度在同一基本尺寸的配合中，是将孔的公差带位置固定，通过变动轴的公差带位置，得到各种不同的配合，如图 8-47 所示。

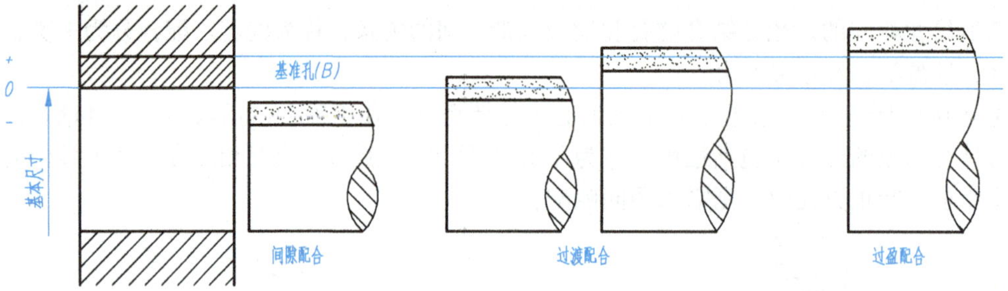

图 8-47　基孔制

基孔制的孔称为基准孔。国标规定基准孔的下偏差为零，“H”为基准孔的基本偏差。一般情况下应优先选用基孔制。

② 基轴制配合：基本偏差为一定的轴的公差带与不同基本偏差的孔的公差带构成各种配合的一种制度称为基轴制。这种制度在同一基本尺寸的配合中，是将轴的公差带位置固定，通过变动孔的公差带位置，得到各种不同的配合，如图 8-48 所示。

基轴制的轴称为基准轴。国家标准规定基准轴的上偏差为零，“h”为基轴制的基本偏差。

从基本偏差系列（见图 8-43）中可以看出：

在基孔制中，基准孔 H 与轴配合，a ~ h（共 11 种）用于间隙配合；j ~ n（共 5 种）主要用于过渡配合；p ~ zc（共 12 种）主要用于过盈配合。

在基轴制中，基准轴 h 与孔配合，A ~ H（共 11 种）用于间隙配合；J ~ N（共 5 种）主要用于过渡配合；P ~ ZC（共 12 种）主要用于过盈配合。

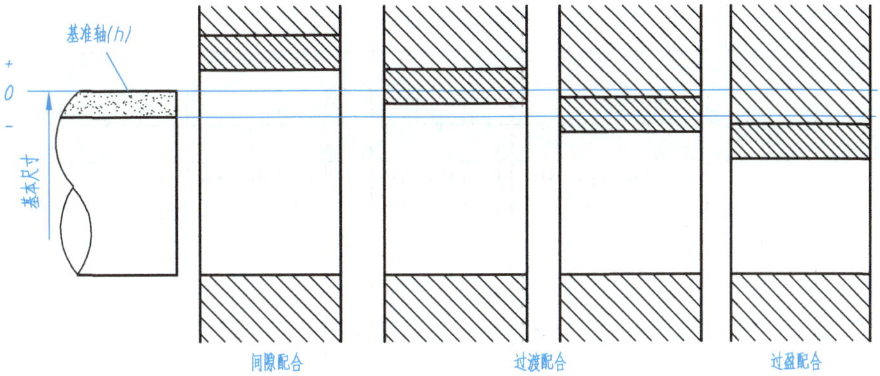

图 8-48　基轴制

③ 优先配合和常用配合。

国家标准根据机械工业产品生产使用的需要，考虑到定值刀具、量具的统一，规定了一般用途孔公差带 105 种，轴公差带 119 种以及优先选用的孔、轴公差带。国标还规定轴、孔公差带中组合成基孔制常用配合 59 种，优先配合 13 种；基轴制常用配合 46 种，优先配合 13 种。表 8-6 为基孔制常用、优先配合系列，表 8-7 为基轴制常用、优先配合系列。在设计中，应根据配合特性和使用功能，尽量选用优先和常用配合。

表 8-6　基孔制常用、优先配合

基准孔	轴																				
	a	b	c	d	e	f	g	h	js	k	m	n	p	r	s	t	u	v	x	y	z
	间隙配合								过渡配合			过盈配合									
H6						$\frac{H6}{f5}$	$\frac{H6}{g5}$	$\frac{H6}{h5}$	$\frac{H6}{js5}$	$\frac{H6}{k5}$	$\frac{H6}{m5}$	$\frac{H6}{n5}$	$\frac{H6}{p5}$	$\frac{H6}{r5}$	$\frac{H6}{s5}$	$\frac{H6}{t5}$					
H7						$\frac{H7}{f6}$	▼$\frac{H7}{g6}$	▼$\frac{H7}{h6}$	$\frac{H7}{js6}$	▼$\frac{H7}{k6}$	$\frac{H7}{m6}$	▼$\frac{H7}{n6}$	▼$\frac{H7}{p6}$	$\frac{H7}{r6}$	▼$\frac{H7}{s6}$	$\frac{H7}{t6}$	▼$\frac{H7}{u6}$	$\frac{H7}{v6}$	$\frac{H7}{x6}$	$\frac{H7}{y6}$	$\frac{H7}{z6}$
H8					$\frac{H8}{e7}$	▼$\frac{H8}{f7}$	$\frac{H8}{g7}$	▼$\frac{H8}{h7}$	$\frac{H8}{js7}$	$\frac{H8}{k7}$	$\frac{H8}{m7}$	$\frac{H8}{n7}$	$\frac{H8}{p7}$	$\frac{H8}{r7}$	$\frac{H8}{s7}$	$\frac{H8}{t7}$	$\frac{H8}{u7}$				
				$\frac{H8}{d8}$	$\frac{H8}{e8}$	$\frac{H8}{f8}$		$\frac{H8}{h8}$													
H9			$\frac{H9}{c9}$	▼$\frac{H9}{d9}$	$\frac{H9}{e9}$	$\frac{H9}{f9}$		▼$\frac{H9}{h9}$													
H10			$\frac{H10}{c10}$	$\frac{H10}{d10}$				$\frac{H10}{h10}$													
H11	$\frac{H11}{a11}$	$\frac{H11}{b11}$	▼$\frac{H11}{c11}$	$\frac{H11}{d11}$				▼$\frac{H11}{h11}$													
H12		$\frac{H12}{b12}$						$\frac{H12}{h12}$													

注：1. $\frac{H6}{n5}$、$\frac{H7}{p6}$ 在基本尺寸小于或等于 3 mm 和 $\frac{H8}{r7}$ 在小于或等于 100 mm 时，为过渡配合。

2. 注▼符号者为优先配合。

表 8-7　基轴制常用、优先配合

基准孔	孔																				
	A	B	C	D	E	F	G	H	JS	K	M	N	P	R	S	T	U	V	X	Y	Z
	间隙配合								过渡配合			过盈配合									
h5						F6/h5	G6/h5	H6/h5	JS6/h5	K6/h5	M6/h5	N6/h5	P6/h5	R6/h5	S6/h5	T6/h5					
h6						F7/h6	▼G7/h6	▼H7/h6	JS7/h6	▼K7/h6	M7/h6	▼N7/h6	▼P7/h6	R7/h6	▼S7/h6	T7/h6	▼U7/h6				
h7					E8/h7	▼F8/h7		▼H8/h7	JS8/h7	K8/h7	M8/h7	N8/h7									
h8				D8/h8	E8/h8	F8/h8		H8/h8													
h9				D9/h9	▼E9/h9			▼H9/h9													
h10				D10/h10				H10/h10													
h11	A11/a11	▼B11/b11	C11/c11	D11/d11				▼H11/h11													
h12		B12/b12						H12/h12													

注：标▼符号者为优先配合。

2. 极限与配合的选用

极限与配合的选用包括基准制、配合类别和公差等级三项内容。

（1）基准制的选择。

国家标准中规定优先选用基孔制，因为一般地说加工孔比加工轴难，采用基孔制可以减少加工孔所需用的定值刀具、量具的规格数量，从而获得较好的经济效益。

基轴制通常仅用于结构设计要求不适宜采用基孔制，或者采用基轴制具有明显经济效果的场合。例如，同一轴与几个具有不同公差带的孔配合，或冷拉制成不再进行切削加工的轴在与孔配合时，采用基轴制。

在零件与标准件配合时，应按标准件所用的基准制来确定，如滚动轴承的内圈与轴的配合为基孔制；而滚动轴承的外圈与机体孔的配合则为基轴制。

（2）公差等级的选择。

由于公差等级越高，加工成本就越高，所以在保证零件使用要求的条件下，应尽量选择比较低的公差等级，即标准公差等级数较大，公差值较大，以减少零件的制造成本。由于加工孔比较难，故当标准公差等级高于 IT8 时，在基本尺寸至 500 mm 的配合中，应选择孔的标准公差等级比轴低一级（如孔为 8 级，轴为 7 级）来加工孔。标准公差等级低时，轴、孔的配合可选相同的标准公差等级。

通常 IT01 ~ IT4 用于块规和量规；IT5 ~ IT12 用于配合尺寸；IT12 ~ IT18 用于非配合尺寸。表 8-8 列举了 IT5 ~ IT12 公差等级的应用说明，可供选择时参考。

表 8-8　公差等级的应用

公差等级	应用举例
IT5	用于发动机、仪器仪表、机床中特别重要的配合，如发动机中活塞与活塞销外径的配合；精密仪器中轴和轴承的配合；精密高速机械的轴颈和机床主轴与高精度滚动轴承的配合
IT6、IT7	广泛用于机械制造中的重要配合，如机床和减速器中齿轮和轴，皮带轮、凸轮和轴，与滚动轴承相配合的轴及座孔，通常轴颈选用 IT6，与之相配的孔选用 IT7
IT8、IT9	用于农业机械、矿山、冶金机械、运输机械的重要配合，精密机械中的次要配合，如机床中的操纵件和轴，轴套外径与孔，拖拉机中的齿轮和轴
IT10	重型机械、农业机械的次要配合，如轴承端盖和座孔的配合
IT11	用于要求粗糙，间隙较大的配合，如农业机械、机车车厢部件及冲压加工的配合零件
IT12	用于要求很粗糙，间隙很大，基本上无配合要求的部位，如机床制造中扳手孔与扳手座的连接

（3）配合的选择。

选择配合的方法有类比法、计算法和实验法等。在实际生产中，应用最广泛的是类比法。所谓类比法，就是参考现有手册和资料，参照经过验证的类似产品已有的配合，进行修正的方法。当零件之间具有相对转动或移动时，必须选择间隙配合；当零件之间无键、销等紧固件，只依靠结合面之间的过盈来实现传动时，必须选择过盈配合；当零件之间不要求有相对运动，同轴度要求较高，且不是依靠该配合传递动力时，通常选择过渡配合。表 8-9 列举了基孔制中轴的基本偏差应用说明，表 8-10 列举了优先配合的特性及应用说明，可供选择时参考。

表 8-9　轴的基本偏差应用说明

配合	基本偏差	配合特性及应用
间隙配合	a、b	可得到特别大的间隙，应用很少
	c	可得到很大的间隙，一般应用于缓慢、松弛的动配合。用于工作条件较差（如农业机械），受力变形，或为了便于装配，而必须保证有较大的间隙时，推荐配合为 H11/c11，其较高等级的配合如 H8/c7 适用于轴在高温工作的紧密动配合，如内燃机排气阀和导管
	d	配合一般用于 IT7～IT11，适用于松的转动配合，如密封盖、滑轮、空转带轮等与轴的配合，也适用于大直径滑动轴承配合，如透平机、球磨机、轧滚成型和重型弯曲机，以及其他重型机械中的一些滑动支承
	e	多用于 IT7、IT8 和 IT9 级，通常适用于要求有明显间隙，易于转动的支承配合，如大跨距支承、多支点支承等配合。高等级的 e 轴适用于大的、高速、重载支承，如透平发电机组、大电动机的支承、凸轮轴支承、摇臂支承等配合
	f	多用于 IT7、IT8 和 IT9 级的一般转动配合。当温度影响不大时，被广泛应用于普通润滑油（或润滑脂）润滑的支承，如齿轮箱、小电动机、泵等的转轴与滑动支承的配合
	g	配合间隙很小，制造成本高，除很轻负荷的精密装置外，不推荐用于转动配合。多用 IT5、IT6 和 IT7 级，最适合于不回转的精密滑动配合，也用于插销等定位配合，如精密连杆轴承、活塞及滑阀、连杆销等
	h	多用于 IT4～IT11，广泛用于无相对转动的零件，作为一般的定位配合。若没有温度、变形影响，也用于精密滑动配合

续表

配合	基本偏差	配合特性及应用
过渡配合	js	完全对称偏差（±IT/2），平均起来为稍有间隙的配合，多用于 IT4~IT7，要求间隙比 h 轴小，并允许略有过盈的定位配合，如联轴器，可用手或木锤装配
	k	平均起来没有间隙的配合，适用于 IT4~IT7。推荐用于稍有过盈的定位配合，例如为不消除振动用的定位配合。一般用木锤装配
	m	平均起来具有不大过盈的过渡配合，适用 IT4~IT7。一般可用木锤装配，但在最大过盈时，要求相当的压入力
	n	平均过盈比 m 轴稍大，很少得到间隙，适用 IT4~IT7。用锤或压力机装配，通常推荐用于紧密的组件配合。H6/n5 配合时为过盈配合
过盈配合	p	与 H6 或 H7 孔配合时为过盈配合，与 H8 孔配合时则为过渡配合。对非铁类零件，为较轻的压入力配合，当需要时易于拆卸。对钢、铸铁或铜、钢组件装配是标准压入配合
	r	对铁类零件为中等打入配合。对非铁类零件，为轻打入配合，当需要时可以拆卸。与 H8 孔配合，直径在 100 mm 以上时为过盈配合，直径较小时为过渡配合
	s	用于钢和铁制零件的永久性和半永久装配，可产生相当大的结合力。当用弹性材料（如轻合金）时，配合性质与铁类零件的 p 轴相当，如套环压装在轴上、阀座等配合。尺寸较大时，为了避免损伤配合表面，需用热胀或冷缩法装配
	t、u、v、x、y、z	过盈量依次增大，一般不推荐

表 8-10　优先配合的特性及应用

基孔制	基轴制	配合特性及应用
$\frac{H11}{c11}$	$\frac{C11}{h11}$	间隙非常大，用于很松的、转动很慢的间隙配合；要求大公差与大间隙的外露组件；要求装配方便得很松的配合
$\frac{H9}{d9}$	$\frac{D9}{h9}$	间隙很大的自由转动配合。用于精度为非主要要求时。适用于有大的温度变动、高转速或大的轴颈压力时的配合
$\frac{H8}{f7}$	$\frac{F8}{h7}$	间隙不大的转动配合。用于中等转速与中等轴颈压力的精确转动；也用于装配较易的中等精度定位配合
$\frac{H7}{g6}$	$\frac{G7}{h6}$	间隙很小的滑动配合。用于不希望的自由旋转，但可自由移动和转动并精确定位时；也可用于要求明确的定位配合
$\frac{H7}{h6}$ $\frac{H8}{h7}$ $\frac{H9}{h9}$ $\frac{H11}{h11}$	$\frac{H7}{h6}$ $\frac{H8}{h7}$ $\frac{H9}{h9}$ $\frac{H11}{h11}$	均为间隙定位配合，零件可自由装卸，而工作时一般相对静止不动。最小间隙为零
$\frac{H7}{k6}$	$\frac{K7}{h6}$	过渡配合，用于精密定位
$\frac{H7}{n6}$	$\frac{N7}{h6}$	过渡配合，要求有较大过盈的更精确的定位配合之用
$\frac{H7}{p6}$	$\frac{P7}{h6}$	过盈定位配合，属于小过盈配合。用于定位精度特别重要时，能以最好的定位精度达到部件的刚性及对中性要求，而对内孔承受压力无特殊要求，不依靠配合的紧固性来传递摩擦负荷
$\frac{H7}{s6}$	$\frac{S7}{h6}$	中等压入配合，适用于一般钢件或用于薄壁件的冷缩配合；用于铸铁件可获得最紧的配合
$\frac{H7}{u6}$	$\frac{U7}{h6}$	压入配合，适用于承受大压入力的零件或不宜承受大压入力的冷缩配合

三、极限与配合的标注及查表

1. 在零件图中的标注

在零件图中进行公差标注有三种方法：

（1）标注公差带代号：直接在基本尺寸后面标注出公差带代号，如图 8-49（a）所示。这种注法常用于大批量生产中，由于与采用专用量具检验零件统一起来，因此不需要注出偏差值。

（2）标注极限偏差：直接在基本尺寸后面标注出上、下偏差数值，如图 8-49（b）所示。在零件图中进行公差标注一般采用极限偏差的形式。这种注法常用于小批量或单件生产中，以便加工检验时对照。标注偏差数值时应注意：

① 上、下偏差数值不相同时，上偏差注在基本尺寸的右上方，下偏差注在右下方并与基本尺寸注在同一底线上。偏差数字应比基本尺寸数字小一号，小数点前的整数位对齐，后边的小数位数应相同，如图中 $\phi50_{-0.050}^{-0.025}$。

② 如果上偏差或下偏差为零时，应简写为“0”，前面不注“+”“-”号，后边不注小数点；另一偏差按原来的位置注写，其个位“0”对齐，如图中 $\phi50_{0}^{+0.039}$。

③ 如果上、下偏差数值绝对值相同，则在基本尺寸后加注“±”号，只填写一个偏差数值，其数字大小与基本尺寸数字大小相同，如$\phi80\pm0.017$。

（3）公差带代号与极限偏差值同时标出：在基本尺寸后面标注出公差带代号，并在后面的括号中同时注出上、下偏差数值，如图 8-49（c）所示。这种标注形式集中了前两种标注形式的优点，常用于产品转产较频繁的生产中。

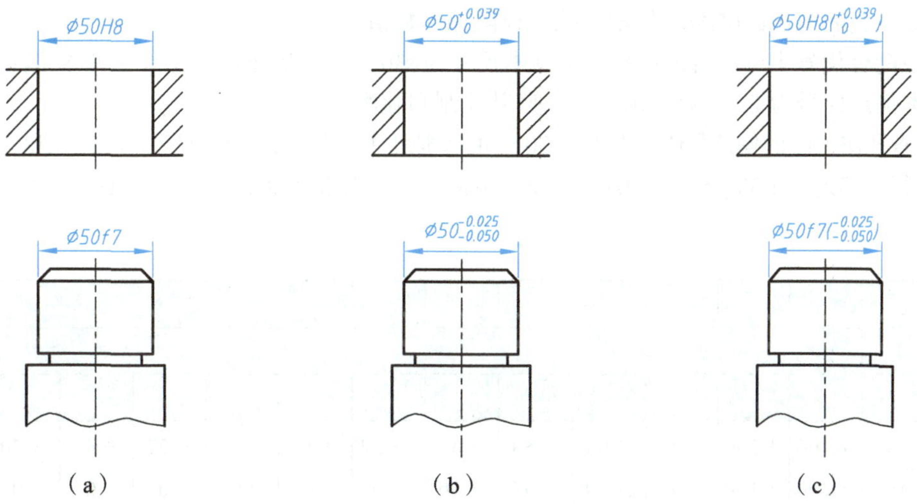

图 8-49　零件图中公差的标注

国家标准规定，同一张零件图中其公差只能选用一种标注形式。

2. 在装配图上的标注

在装配图上标注配合，是在基本尺寸的后面，用分式注出，分子为孔的公差带代号，分母为轴的公差带代号，有以下三种形式：

（1）标注孔、轴的配合代号，如图 8-50（a）所示。这种注法应用最多。

（2）标注孔、轴的极限偏差，如图 8-50（b）所示。这种注法主要用于非标准配合。

（3）零件与标准件或外购件配合时，装配图中可仅标注该零件的公差带代号。如图 8-50（c）中轴颈与滚动轴承内圈的配合，只注出轴颈ϕ30k6；机座孔与滚动轴承外圈的配合，只注出机座孔ϕ62J7。

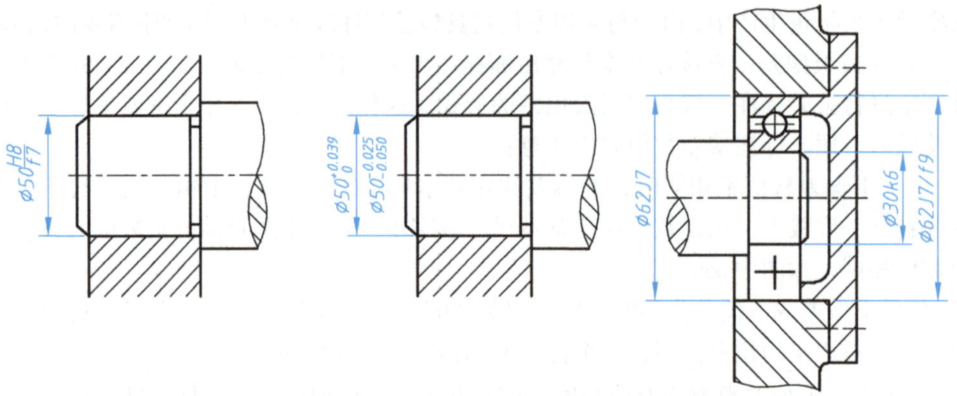

（a）　　（b）　　（c）

图 8-50　装配图中配合的标注

3. 查表方法

基本尺寸、基本偏差、公差等级确定以后，极限偏差的数值可以从附录的附表中查得。

例如，查表写出ϕ30H8/f7 的轴、孔的极限偏差数值。

从该配合代号中可以看出：孔、轴基本尺寸为ϕ30，孔为基准孔，公差等级 8 级；相配的轴的基本偏差代号为 f，公差等级 7 级，属基孔制间隙配合。

① 查孔ϕ30H8 的偏差数值。在附表 20 中由基本尺寸“大于 24 至 30”的横行与 H8 的纵列相交处，查得上偏差为 + 33 μm（即 + 0.033 mm），下偏差为“0”，见表 8-11。所以ϕ30H8 可写成$\phi 30^{+0.033}_{0}$。

表 8-11　查孔ϕ30H8 的偏差数值

代　号		A	B	C	D	E	F	G	H					
基本尺寸/mm		公　差　等　级												
大于	至	11	11	11	*9	8	8	7	6	7	8	9	10	11
10	14	+ 400	+ 260	+ 205	+ 93	+ 59	+ 43	+ 24	+ 11	+ 18	+ 27	+ 43	+ 70	+ 110
14	18	+ 290	+ 150	+ 95	+ 50	+ 32	+ 16	+ 6	0	0	0	0	0	0
18	24	+ 430	+ 290	+ 240	+ 117	+ 73	+ 53	+ 28	+ 13	+ 21	+ 33	+ 52	+ 84	+ 130
24	30	+ 300	+ 160	+ 110	+ 65	+ 40	+ 20	+ 7	0	0	0	0	0	0
30	40	+ 470	+ 330	+ 280	+ 142	+ 89	+ 64	+ 34	+ 16	+ 25	+ 39	+ 62	+ 100	+ 160
		+ 310	+ 170	+ 120	+ 80	+ 50	+ 25	+ 9	0	0	0	0	0	0
40	50	+ 480	+ 340	+ 290										
		+ 320	+ 180	+ 130										

② 查轴ϕ30f7 的偏差数值。在附表 19 中，由基本尺寸“大于 24 至 30”的横行与 f7 的纵列相交处，查得上偏差为 – 20 μm（即 – 0.020 mm），下偏差为 – 41 μm（即 – 0.041 mm），见表 8-12。所以ϕ30f7 可写成 $\phi 30^{-0.020}_{-0.041}$。

表 8-12　查轴ϕ30f7 的偏差数值

代号		a	b	c	d	e	f	g	h					
基本尺寸/mm		公差等级												
大于	至	11	11	11	9	8	7	6	5	6	7	8	9	10
10	14	– 290	– 150	– 90	– 50	– 32	– 16	– 6	0	0	0	0	0	0
14	18	– 400	– 260	– 205	– 93	– 59	– 34	– 17	– 8	– 11	– 18	– 27	– 43	– 70
18	24	– 300	– 160	– 110	– 65	– 40	– 20	– 7	0	0	0	0	0	0
24	30	– 430	– 290	– 240	– 117	– 73	– 41	– 20	– 9	– 13	– 21	– 33	– 52	– 84
30	40	– 310	– 170	– 120										
		– 470	– 330	– 280	– 80	– 50	– 25	– 9	0	0	0	0	0	0
40	50	– 320	– 180	– 130	– 142	– 89	– 50	– 25	– 11	– 16	– 25	– 39	– 62	– 100
		– 480	– 340	– 290										

四、形状公差和位置公差简介

1. 形状公差和位置公差的概念

机械零件在加工中的尺寸误差，根据使用要求用尺寸公差加以限制。而加工中对零件的几何形状和相对几何要素的位置误差则由形状和位置公差加以限制。

如图 8-51（a）所示的齿轮轴，即使加工后尺寸误差和表面粗糙度都合格，但齿轮轴形状弯曲了，产生了形状（直线度）误差，如图 8-51（b）所示。如果零件存在严重的形状和位置误差，将给其装配造成困难，影响机器的质量。这种在形状上出现的误差，称为形状误差。再如阶梯轴，加工后可能会出现各轴段的轴线不在一条直线上的情形。这种在相互位置上出现的误差，称为位置误差。如果零件在加工时产生的形状误差和位置误差过大，将会影响机器的质量。

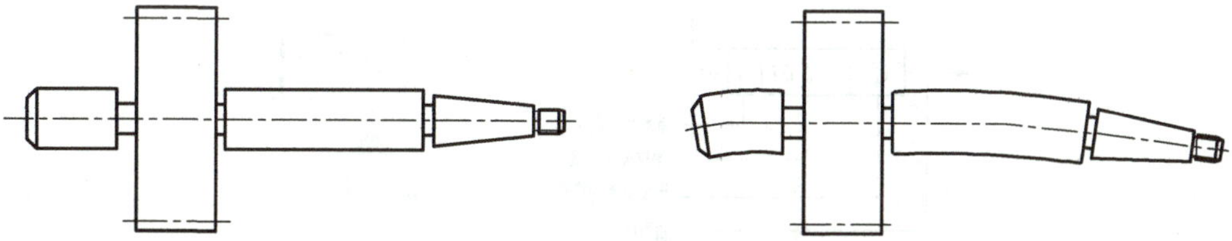

（a）　　　　（b）

图 8-51　形状误差

形状误差是指实际形状相对于理想形状的变动量。测量时，理想形状相对于实际形状的位置，应按最小条件来确定。形状公差是指实际要素的形状所允许的变动全量。

位置误差是指实际位置相对于理想位置的变动量。理想位置是指相对于基准的理想形状的位置而言。测量时，确定基准的理想形状的位置应符合最小条件。位置公差是指实际要素的位置对基准所允许的变动全量。

形状公差和位置公差，简称形位公差。对零件上精度要求较高的部位，必须根据实际需要对零件加工提出相应的形状误差和位置误差的允许范围，在图纸上标出形位公差。因此，它和表面粗糙度、极限与配合共同成为评定产品质量的重要技术指标。

2. 形位公差的代号

国家标准规定了 14 个形位公差项目，每一项目用一个符号表示，见表 8-13。

表 8-13　形位公差项目及符号

分　类	名　称	符　号	分　类		名　称	符　号
形状公差	直线度	⏤	位置公差	定向	平行度	∥
	平面度	⏥			垂直度	⊥
	圆　度	○			倾斜度	∠
	圆柱度	⌭		定位	同轴度	◎
	线轮廓线	⌒			位置度	⌖
	面轮廓度	⌓			对称度	⌯
				跳动	圆跳动	↗
					全跳动	⌰

国家标准规定，形位公差在图样中应采用代号标注。当无法用代号标注形位公差时，允许在技术要求中用文字说明。形位公差代号包括形位公差各项目的符号、形位公差框格及指引线、形位公差数值和其他有关符号，以及基准代号等。框格内字体的高度 h 与图样中的尺寸数字等高，如图 8-52 所示。

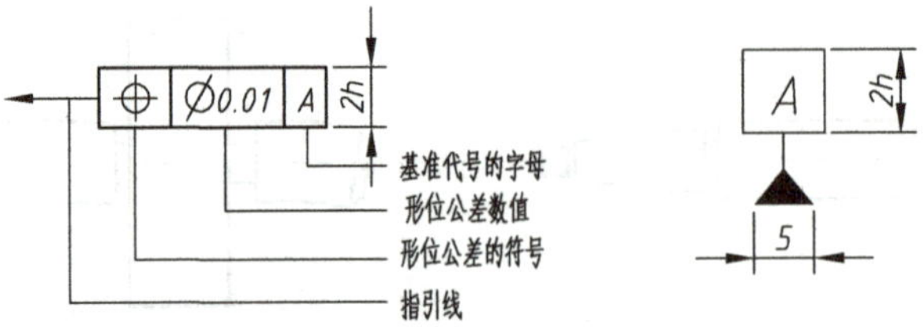

图 8-52　形位公差代号

3. 形位公差的标注

在图样中，形位公差的内容（项目符号、公差值、基准要素字母及其他要求）在公差框格中给出。公差框格用细实线画出，可画成水平的或垂直的，框格高度是图样中尺寸数字高度的两倍，它的长度视需要而定。框格中的数字、字母、符号与图样中的数字等高。用带箭头的指引线将被测要素与公差框格一端相连，指引线箭头指向公差带的宽度方向或直径方面。有基准要求时，相对于被测要素的基准用基准代号表示。基准代号也可由基准符号、方框、连线和大写字母组成。基准符号用加粗的短画表示；方框和连线用细实线绘制，连线必须与基准要素垂直，表示基准的字母也应注在公差框格内。

标注时应注意以下几点：

当被测要素或基准要素为实际表面时，指引线的箭头应指在该要素的轮廓线或其引出线上，基准符号应靠近该要素的轮廓线或其引出线标注，并都应明显地与尺寸线错开，如图 8-53（a）所示。

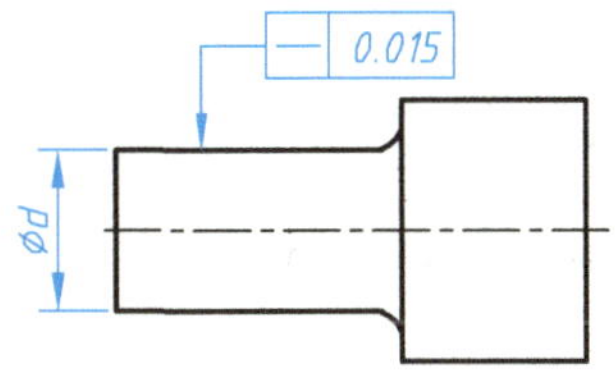

（a）

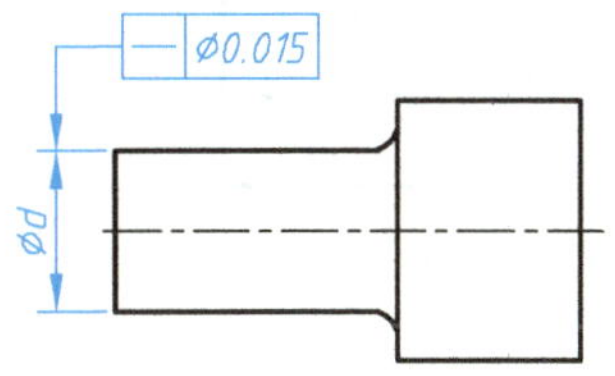

（b）

图 8-53　形状公差的标注

① 当被测要素或基准要素为轴线、球心或中心平面时，指引线的箭头或基准符号应与该要素的尺寸线对齐，如图 8-53（b）、图 8-54 所示。

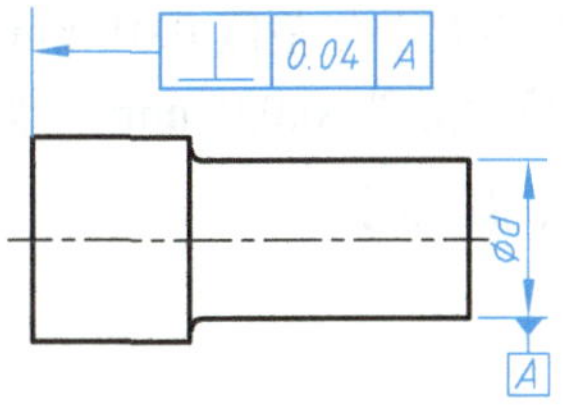

（a）

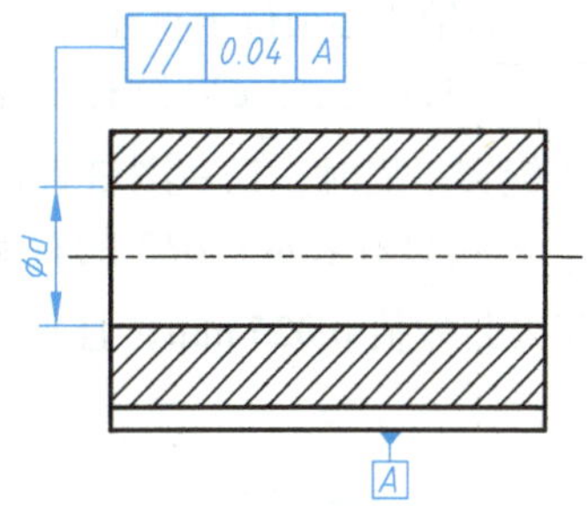

（b）

图 8-54　位置公差的标注

② 当被测要素或基准要素为整体轴线或公共中心平面时，指引线的箭头可以直接指在轴线或中心线上，基准符号可以直接靠近轴线或中心线标注，如图 8-55 所示。

③ 用带基准符号的指引线将基准要素与公差框格的另一端相连，如图 8-54（a）所示。

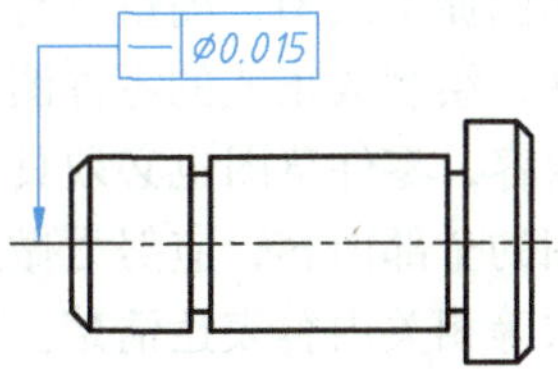

（a）

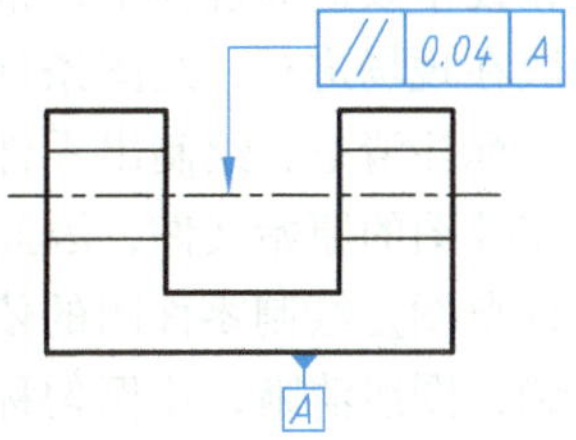

（b）

图 8-55　整体轴线

形位公差综合标注举例：如图 8-56 所示为形位公差综合标注举例。

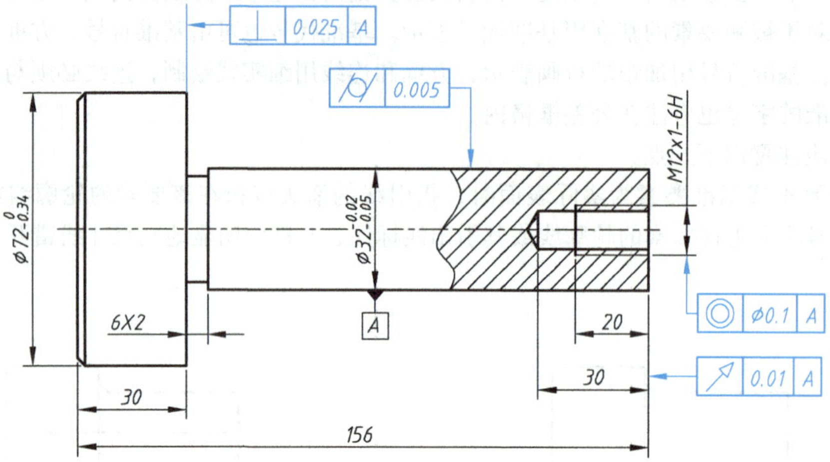

图 8-56　形位公差综合标注

图中的形位公差分别表示如下：

① ⌭ 0.005 表示：ϕ32 圆柱面的圆柱度公差为 0.005 mm。即该被测圆柱面必须位于半径差为公差值 0.005 mm 的两同轴圆柱面之间。

② ◎ ϕ0.1 A 表示：M12 × 1 的轴线对基准 *A*(ϕ24 圆柱面的轴线)的同轴度公差为 0.1 mm。即被测圆柱面的轴线必须位于直径为公差值ϕ0.1 mm，且与基准轴线 *A* 同轴的圆柱面内。

③ ↗ 0.01 A 表示：ϕ32 圆柱的左端面对基准 *A* 的端面圆跳动公差为 0.01 mm。即被测面围绕基准 *A* 旋转一周时，任一测量直径处的轴向圆跳动量不得大于公差值 0.01 mm。

④ ⊥ 0.025 A 表示：ϕ72 的右端面对基准 *A* 的垂直度公差为 0.025 mm。即该被测面必须位于距离为公差值 0.025 mm，且垂直于基准 *A* 的两平行平面之间。

第六节　零件测绘

零件测绘就是根据已有的实际零件进行分析，以目测估计图形与实物的比例，徒手画出它的草图，测量并标注尺寸和技术要求，然后经整理画成零件图的过程。在仿造机器、修配损坏的机械零件和技术改造等过程中，常常需要进行零件测绘。

测绘一般在现场进行，绘图条件受到限制，通过目测比例徒手绘图，测量所有尺寸，将技术要求等一一标注清楚，绘制出零件草图。然后再进行整理，绘制成正式的零件图。零件草图是绘制正式零件图的原始文件，因此，零件工作图应有的内容，零件草图也必须具备。

由于零件草图是绘制零件图的依据，它必须具备零件图的全部内容，应努力做到：内容完整，表达正确，图线清晰，比例匀称，字体工整，技术要求等相关内容表达清楚。因此，草图不应是“潦草”的图，应认真对待，仔细画好。测绘的重点在于画好零件草图，这就必须掌握徒手画图技巧、正确的画图步骤及尺寸测量方法等。

一、零件测绘的方法和步骤

1. 了解和分析测绘对象

首先应了解零件的名称、用途、材料以及它在机器（或部件）中的位置和作用，与其他相邻零件的关系，然后对零件的内、外结构形状进行分析，酝酿零件的表达方案。

阀盖的材料为铸铁，其内凸缘与阀体配合，用 4 个双头螺柱将阀盖与阀体连接起来，以形成流体通道，并起密封作用；阀盖的外凸缘车制有外螺纹，通过带有内螺纹的管接头将其与圆管连接，以形成管路系统。

2. 确定零件的表达方案

根据零件的形状特征，判断属于哪一类典型零件（轴套类、盘盖类、叉架类、箱体类等）。然后根据零件的结构形状特征，按零件的加工位置或工作位置确定主视图；再按零件的内、外结构特点，选用必要的其他视图、剖视图、断面图等表达方法。确定出来的表达方案应将零件的结构形状正确、清晰、简练地表示出来。

3. 绘制零件草图

零件草图的内容和零件图相同，可以徒手完成，要求视图正确、尺寸完整、图线清晰、字体工整，并注写必要的技术要求。

（1）根据零件的总体尺寸和大致比例确定图幅，在图纸上定出各视图的位置。画主要轴线、中心线等作图基准线，如图 8-57（a）所示。安排各视图的位置时，要考虑到各视图间应有标注尺寸的地方，右下角留有标题栏的位置。

（2）详细地画出零件外部和内部的结构形状，以目测比例徒手画出各视图、剖视图、断面图等，如图 8-57（b）所示。

（3）选择基准，画出全部尺寸的尺寸线、尺寸界线及箭头。经过仔细校核后，描深轮廓线，画好剖面线，如图 8-57（c）所示。

（4）逐个测量尺寸，填写尺寸数值。标注表面粗糙度、形位公差等必要的技术要求，填写标题栏中的相关内容，完成零件草图全部工作，如图 8-57（d）所示。

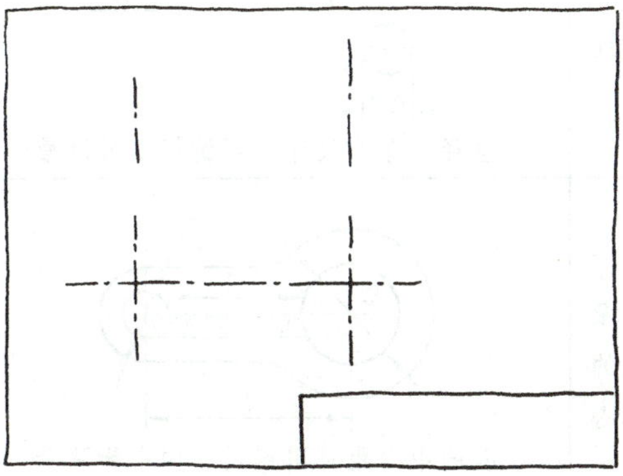

（a）

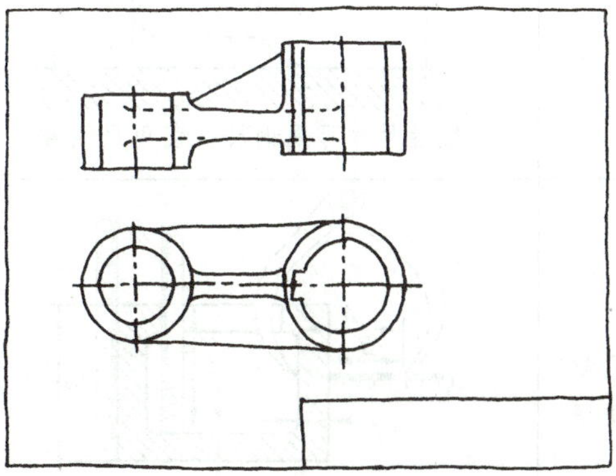

（b）

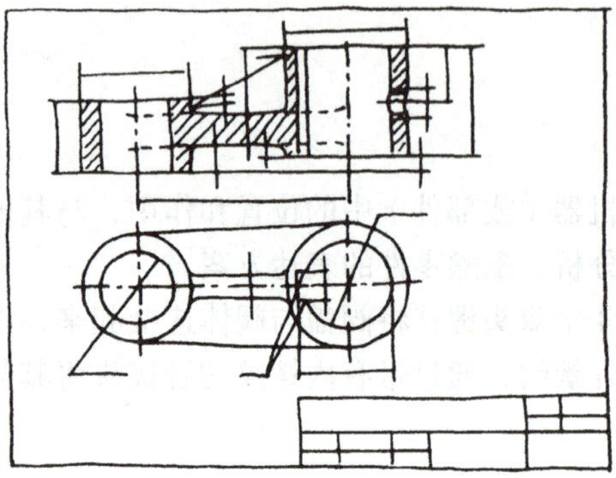

(c)

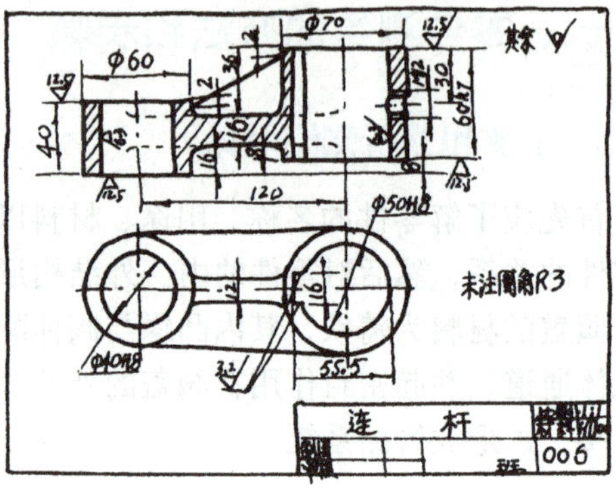

(d)

图 8-57　绘制零件草图的步骤

4. 根据零件草图画零件工作图

零件草图是现场测绘的，所考虑的问题不一定是最完善的。因此，在画零件工作图时，需要对草图再进行审核。有些要设计、计算和选用，如表面粗糙度、尺寸公差、形位公差、材料及表面处理等；有些问题也需要重新加以考虑，如表达方案的选择、尺寸的标注等，经过复查、补充、修改后，方可画零件图。零件图的绘图方法和步骤同前，此处不再赘述。

二、零件尺寸的测量方法

测量零件尺寸应集中进行，以避免遗漏和错误，提高工作效率。测量时，应根据尺寸精度的要求不同，选用不同的测量工具。常用的量具有钢板尺、外卡钳、内卡钳等。精密的量具有游标卡尺、千分尺等。此外，还有专用量具，如螺纹规、圆角规等。

常用的测量工具及测量方法见表 8-14。

表 8-14　常用的测量工具及测量方法

测量线性尺寸	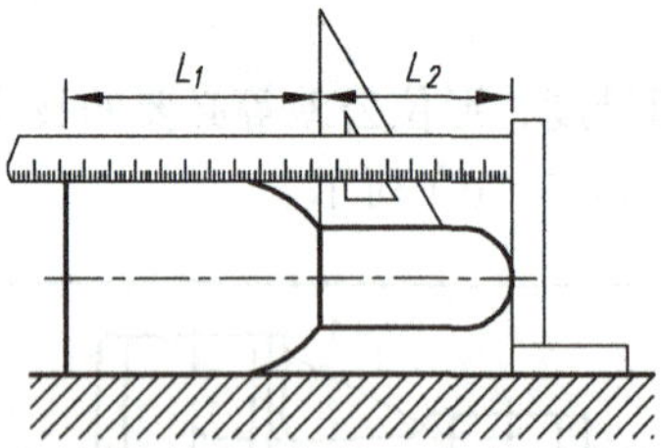 线性尺寸可用钢尺、直角尺测量	测量直径、深度	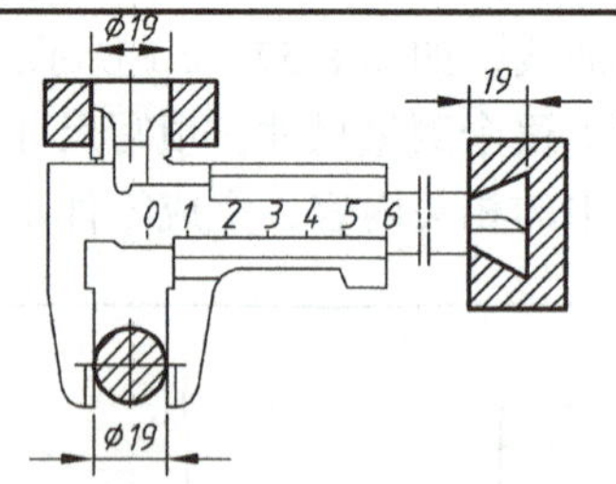 直径、深度尺寸可用游标卡尺测量
测量壁厚	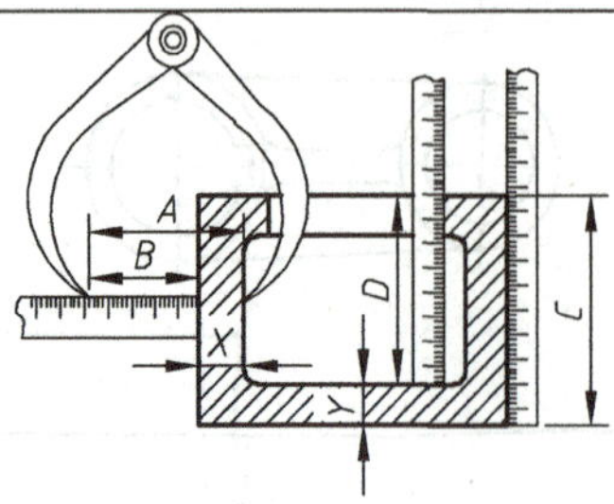 壁厚尺寸可用钢尺、卡钳或用钢尺测量 $X=A-B$　$Y=C-D$	测量孔的中心距	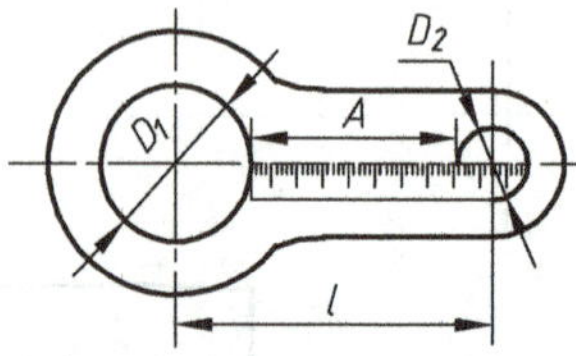 孔的中心距可用钢尺、内卡钳测量 $L=A+\frac{D_1}{2}+\frac{D_2}{2}$

续表

测量中心高度	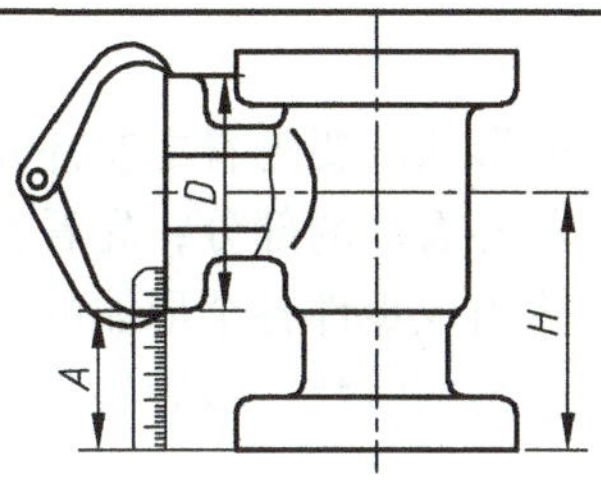 中心高可用钢尺结合外卡钳测量 $H = A + \frac{D}{2}$	测量螺纹	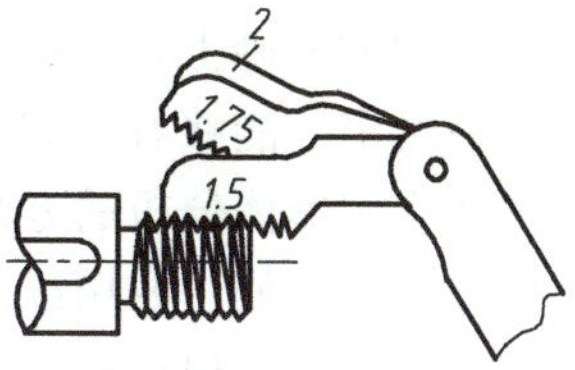 用螺纹规测量螺距，用卡尺测量螺纹大径，再查表核对螺纹标准

三、零件测绘时的注意事项

（1）被测绘零件制造中所存在的缺陷，如沙眼、气孔、刀痕、创伤以及长期使用所造成的磨损、破损等都不应画出。

（2）不应忽略零件上制造、装配必要的工艺结构。如铸造圆角、倒角、退刀槽、凸台、凹坑、工艺孔等都必须画出。

（3）有配合关系的尺寸，一般只要测出它的基本尺寸就可以了。其配合关系和相应的公差值，应在分析后再查阅有关资料确定。

（4）没有配合关系的尺寸或不重要的尺寸，允许将测量所得尺寸作适当调整。

（5）对螺纹、键槽、轮齿等标准结构的尺寸，应把测量的结果与标准值对照，一般均采用标准的结构尺寸，以利于制造。

（6）与相邻零件的相关尺寸必须一致。如图 8-9 中阀盖上凸缘的外径尺寸 $\phi 50$，阀盖上四个通孔的定位尺寸 $\phi 70$、45°必须与阀体上相应结构的尺寸一致等。

第七节　读零件图

读零件图的要求是：了解零件的名称、所用材料和它在机器或部件中的作用，并通过分析视图、尺寸和技术要求，想象出零件各组成部分的结构形状及相对位置，从而在头脑中建立起一个完整的、具体的零件形象，并对其复杂程度等有初步的认识，理解其设计意图，分析其加工方法等。

读零件工作图的基本方法仍然是形体分析法和线面分析法。

一、概括了解

首先，通过标题栏，了解零件名称、材料、绘图比例等，根据零件的名称想象零件的大致功能，并对全图作一大体观览，这样就可以对零件的大致形状、在机器中的大致作用等有个大概认识。

二、分析视图，想象零件形状

在纵览全图的基础上，详细分析视图，想象出零件的形状。要先看主要部分，后看次要部分；先看容易确定、能够看懂的部分，后看难以确定、不易看懂的部分；先看整体轮廓，后看细节形状。即应用形体分析的方法，抓特征部分，分别将组成零件各个形体的形状想象出来。对于局部投影难解之处，要用线面分析的方法仔细分析，辨别清楚。最后将其综合起来，搞清它们之间的相对位置，想象出零件的整体形状。

三、尺寸分析

为了满足标注尺寸的合理性，应选择零件的设计基准或工艺基准作为它的尺寸基准，然后从基准出发，找出各组成部分的定形尺寸、定位尺寸及总体尺寸。

四、了解技术要求

读懂技术要求，如表面粗糙度、尺寸公差、形位公差以及其他技术要求。分析技术要求时，关键是弄清楚哪些部位的要求比较高，以便考虑在加工时采取措施予以保证。

五、综合分析

把零件的结构形状、尺寸标注、工艺和技术要求等内容综合起来，就能了解零件的全貌，也就读懂了零件图。有时为了读懂一些较复杂的零件图，还要参考有关资料，全面掌握技术要求、制造方法和加工工艺，综合起来就能得出零件的总体概念。

【例 8-1】看图 8-58 所示的蜗轮箱体零件图。

分析：

（1）看标题栏，概括了解。

由图 8-58 可知该零件名称为蜗轮箱体，是蜗轮减速器中的主要零件，因而即可知蜗轮箱体主要起支承、包容蜗轮蜗杆等的作用。该零件为铸件，因此，应具有铸造工艺结构的特点。

（2）视图分析。

首先找出主视图及其他基本视图、局部视图等，了解各视图的作用以及它们之间的关系、表达方法和内容。图 8-58 所示的蜗轮箱体零件图采用了主视、俯视和左视 3 个基本视图以及 4 个局部视图和一个重合剖面。其中，主视图采取全剖视，主要表达箱体的内形；左视图为 *D*—*D* 局部剖视图，表达左端面外形和 $\phi35_{0}^{+0.025}$ 轴承孔结构等；俯视图为 *C*—*C* 半剖视图，与 *E* 向视图相配合，以表达底板形状等。其余 *A* 向、*B* 向、*E* 向和 *F* 向局部视图均可在相应部位找到其投影方向。

（3）根据投影关系，进行形体分析，想象出零件整体结构形状。

以结构分析为线索，利用形体分析方法逐个看懂各组成部分的形状和相对位置。一般先看主要部分，后看次要部分，先外形，后内形。由蜗轮箱体的主视图分析，大致可分成如下 4 个组成部分。

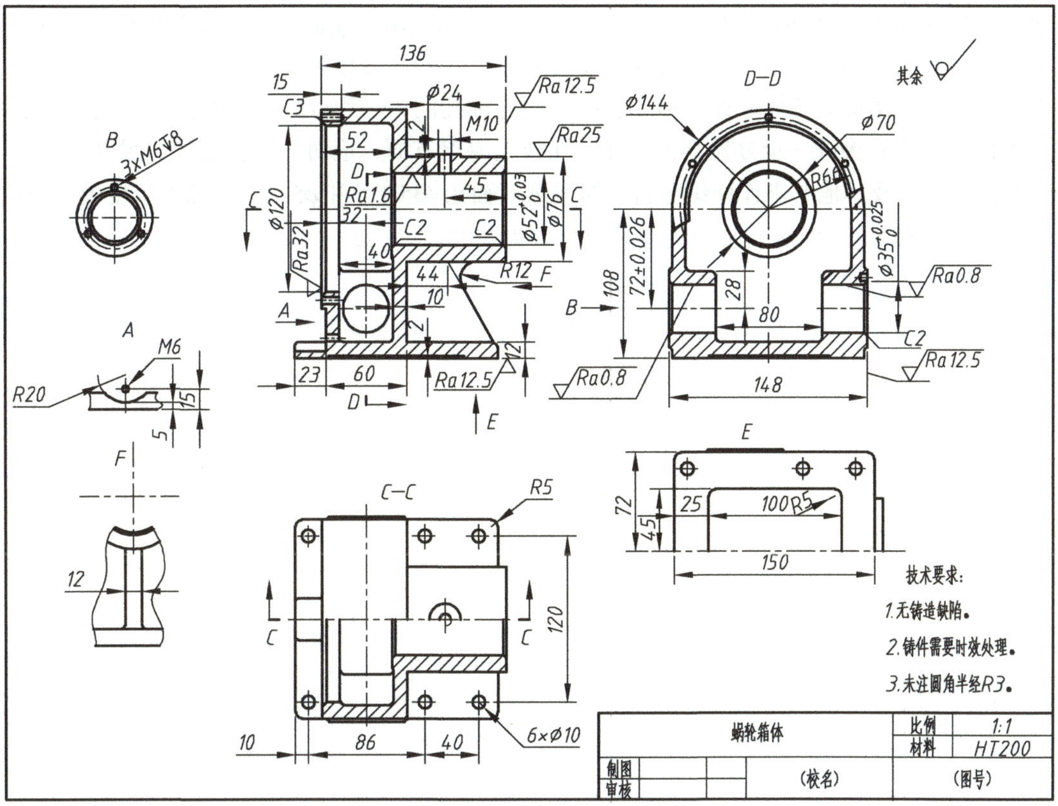

图 8-58　蜗轮箱体零件图

① 箱壳。从主、俯和左视图可以看出箱壳外形上部为外径ϕ144、内径 R62 的半圆形壳体，下部大体上是外形尺寸为 60、144、108，厚度为 10 的长方形壳体；箱壳左端是圆形凸缘，其上有 6 个均布的 M6 螺孔，箱壳内部下方前后各有一方形凸台，并加工出装蜗杆用的滚动轴承孔。

② 套筒。由主视、俯视和左视图可知，套筒外径为ϕ76，内孔为 $\phi 52^{+0.03}_{0}$，用来安装蜗轮轴，套筒上部有一ϕ24 的凸台，其中有一 M10 的螺孔。

③ 底板。根据俯视、主视和 E 向有关部分分析，底板大体是 150 × 144 × 12 的矩形板，底板中部有一矩形凹坑，底板上加工出 6 个ϕ10 的通孔；左部的放油孔 M6 的下方有一个 R20 的圆弧凹槽。

④ 肋板。从主视图和 F 向视图及重合剖面可知，肋板大致为一梯形薄板，处于箱体前后对称位置，其三边分别与套筒、箱壳和底板连接，以加强它们之间的结构强度。

综合上述分析，便可想象出蜗轮箱体的整体结构形状，如图 8-59 所示。

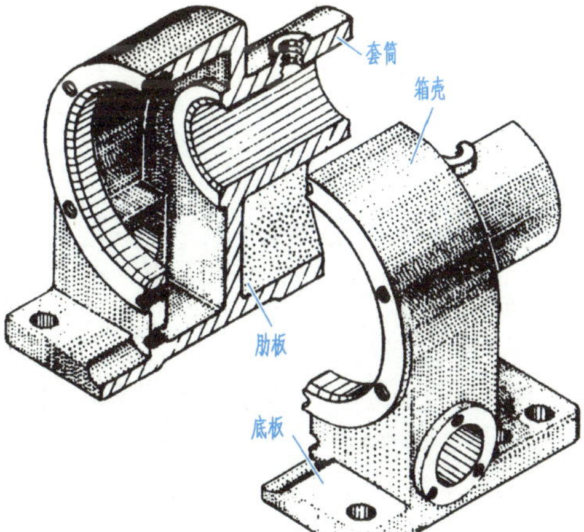

图 8-59　蜗轮箱体立体图

（4）分析尺寸和技术要求。

看图分析尺寸时，一是要找出尺寸基准，二是分清主要尺寸和非主要尺寸。由图 8-58 可以看出，左端凸缘的端面为长度方向的尺寸基准，以此分别标注套筒和蜗杆轴承孔轴心线的定位尺寸 52 和 32。宽度方向的尺寸基准为对称平面；高度方向的尺寸基准为箱体底面。蜗轮轴孔与蜗杆轴孔的中心距 72 ± 0.026 为主要尺寸，加工时必须保证。然后再进一步分析其他尺寸。在技术要求方面，应对表面粗糙度、尺寸公差与配合、形位公差以及其他要求作详细分析。如本例中轴孔 $\phi35^{+0.025}_{0}$ 和 $\phi52^{+0.03}_{0}$ 等加工精度要求较高，粗糙度 Ra 为 0.8 μm，两轴孔轴线的垂直度公差为 0.02。

第九章 装配图

学习目标

1. 了解装配图的内容和视图表达方式；
2. 了解装配图的尺寸种类、技术要求的拟定方法；
3. 掌握装配图中零、部件序号的编写规则，以及明细栏和标题栏的填写内容。

技能目标

1. 熟悉装配图的规定画法、特殊画法，能读懂装配图；
2. 熟悉装配图的尺寸标注方法，能读懂装配图中各尺寸的作用；
3. 掌握绘制和识读装配图的方法和步骤；
4. 具备从装配图上拆画零件图的能力。

导　读

表达机器或部件的工作原理、结构性能、各零件之间的装配连接关系等内容的图样，称为装配图。在设计机器时，先要根据设计者的意图画出装配图，然后再设计出零件图。在制造机器时，先按零件图加工出零件，然后把零件按照装配图进行组装和调试。在机器或设备使用与维修中，也常常需要装配图，所以装配图是机械设计、生产和使用中的重要技术文件之一。

第一节 装配图的作用和内容

在产品设计中，一般先根据产品的工作原理图画出装配图，然后再根据装配图进行零件设计，并拆画出零件图，根据零件图制造出零件，根据装配图，将零件装配成机器或部件。在产品制造中，装配图是制订装配工艺规程、进行装配和检验的技术依据。

在机器使用时，装配图是了解机器的工作原理和构造，进行调试、维修的主要依据。此外，装配图也是进行科学研究和技术交流的工具。因此，装配图是生产中的主要技术文件。

以图 9-1 所示的微动机构为例，说明一张完整的装配图应包含的基本内容。

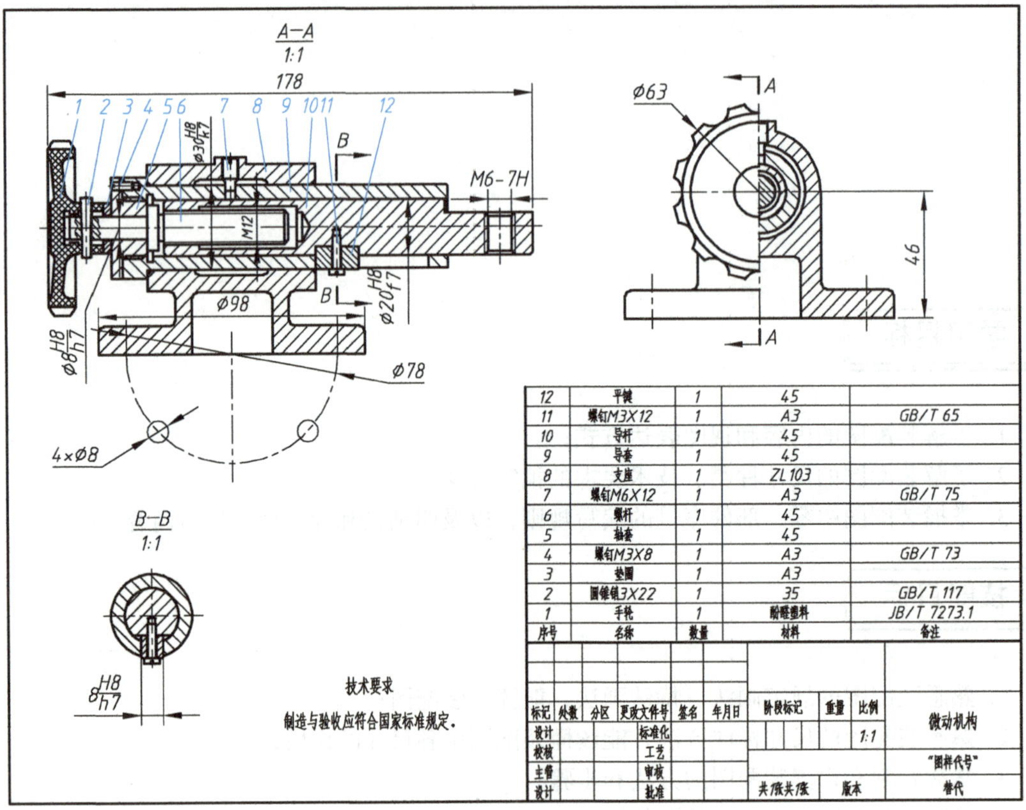

图 9-1　微动机构装配图

微动机构是氩弧焊机的微调装置，焊枪固定在导杆 10 上 M6-7H 的螺孔处，转动手轮 1 时螺杆 6 旋转，使导杆在导套 9 内做轴向移动，进行微调。平键 12 在导套 9 的槽内起导向作用，轴套 5 对螺杆起支撑、定位作用，调整好位置后用紧定螺钉 4 固定。

从图 9-1 中可以看出装配图的内容一般包括以下 4 个方面：

1. 一组视图

表达装配体（机器或部件）的工作原理、装配关系、各组成零件的相对位置、连接方式、主要零件的结构形状以及传动路线等。

图 9-1 是微动机构的装配图，图中采用了三个视图，其中，主视图采用全剖视图，清楚地表达了微动机构的内部结构与装配关系；左视图采用半剖视图，*B*—*B* 为移出断面图，表达了微动机构的定位关系。

2. 必要的尺寸

装配图上仅需要标注表示装配体（机器或部件）规格、装配、安装时所必需的尺寸。

在图 9-1 所示的微动机构装配图中，导杆直径ϕ20f7 为规格尺寸，4 × ϕ8、ϕ78 为安装尺寸，ϕ8H8/f7、ϕ30H8/k7、ϕ20H8/f7 等为配合尺寸，178 为总体长度。

3. 技术要求

用符号、文字等说明装配体（机器或部件）的工作性能、装配要求、试验或使用等方面的有关条件或要求。

4. 零件序号和明细栏

为了便于读图、图样管理和生产准备工作，装配图中的零件或部件应进行编号，这种编号称为零部件序号。零件的序号、名称、数量、材料等信息应自下而上地填写在标题栏上方的明细栏中，如图 9-1 所示。

应当指出，由于装配图的复杂程度和使用要求不同，以上各项内容并不是在所有的装配图中都要表现出来，而是要根据实际情况来决定。

第二节 装配图的规定画法和特殊画法

在零件图上所采用的各种表达方法，如视图、剖视图、断面图、局部放大图等也同样适用于画装配图。但是零件图所表达的是一个零件，而装配图所表达的则是由许多零件组成的装配体（机器或部件）。两种图样的要求不同，因此所表达的侧重面也不同。装配图应该表达出装配体的工作原理、装配关系和主要零件的主要结构形状。因此，国家标准《机械制图》和《技术制图》对绘制装配图制定了规定画法、特殊画法和简化画法等。

一、规定画法

在装配图中，为了便于区分不同的零件，正确地表达出各零件之间的关系，在画法上有以下规定：

1. 接触面和配合面的画法

相邻两零件的接触表面和基本尺寸相同的两配合表面只画一条线；两零件的不接触表面和基本尺寸不同的非配合表面画成两条线，即使间隙很小，也必须用夸大画法画出间隙，如图 9-2 所示。

2. 剖面线的画法

相邻两金属零件的剖面线方向应相反，如图 9-2 中右图所示。当三个零件互为相邻时，其中必有两个零件的剖面线的倾斜方向一致，此时剖面线间隔不应相等，或使其相互错开；但同一装配图中的同一零件，其剖面线在各视图中都必须方向相同、间隔相等，如图 9-3 所示。

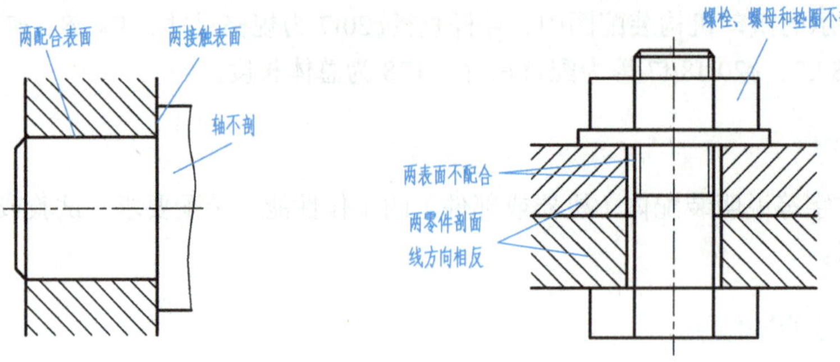

图 9-2　规定画法（一）

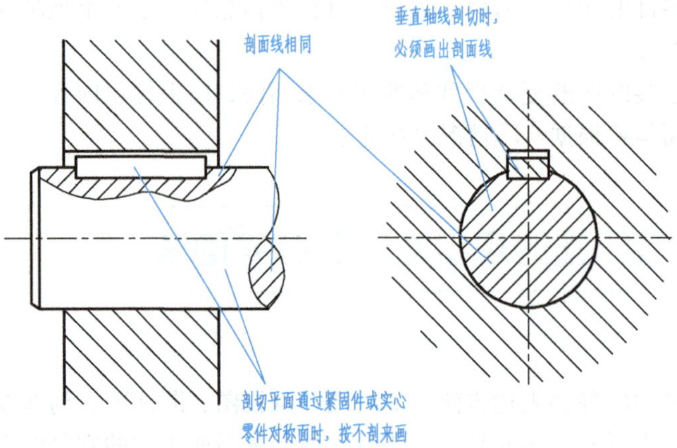

图 9-3　规定画法（二）

3. 实心件和某些标准件的画法

对于螺纹紧固件以及轴、连杆、球、钩子、键、销等实心零件，若剖切平面通过其纵向对称面或轴线时，这些零件均按不剖切绘制。如需表明零件的内部构造，如键槽、销孔等，则可用局部剖视图，如图 9-2 和图 9-3 所示。

二、特殊画法

1. 拆卸画法和沿结合面剖切画法

（1）在装配图的某个视图上，如果有些零件在其他视图上已经表示清楚，而又遮住了需要表达的零件时，则可将其拆卸掉不画，而画剩下部分的视图，这种画法称为拆卸画法。为了避免读图时产生误解，可对拆卸画法加以说明，在图上加注“拆去零件××”等。如图 9-4 中左视图的“拆去零件 6、7、8”。

（2）在装配图中，可假想沿某些零件的结合面剖切，此时，在零件结合面上不画剖面线，但被剖切到的零件需画剖面线。如图 9-5 中的“*C—C*”剖视图，是沿泵体（零件 1）和泵盖（零件 6）的结合面剖开，只有销$\phi4\times20$、螺栓 M8×22、泵轴（零件 4）被剖切到，其断面需画出剖面线。

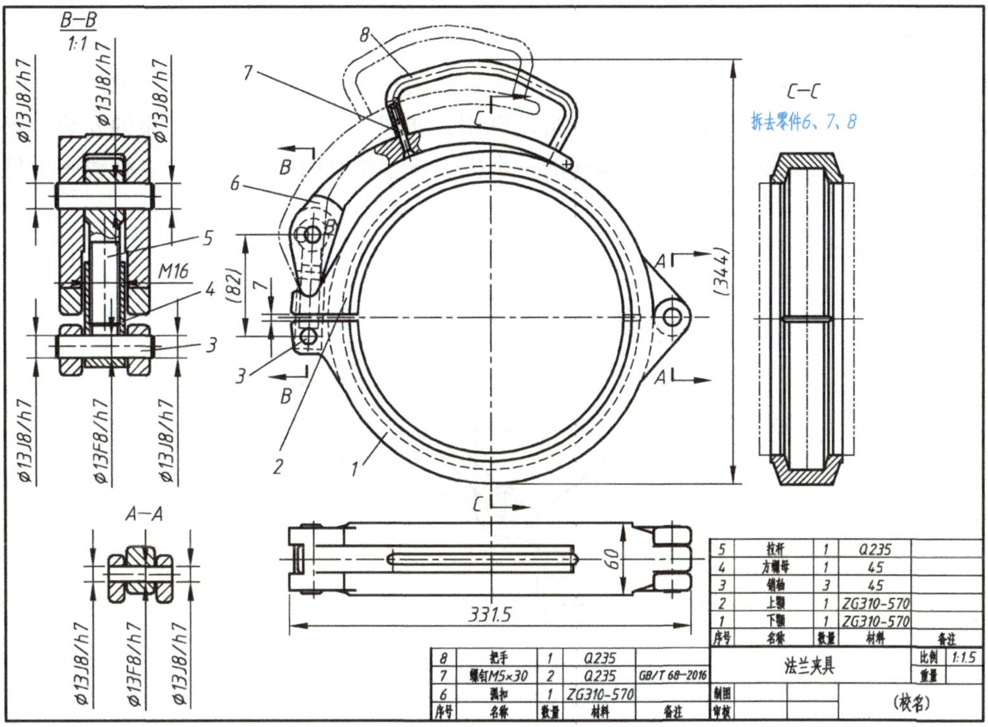

图 9-4　法兰夹具装配图

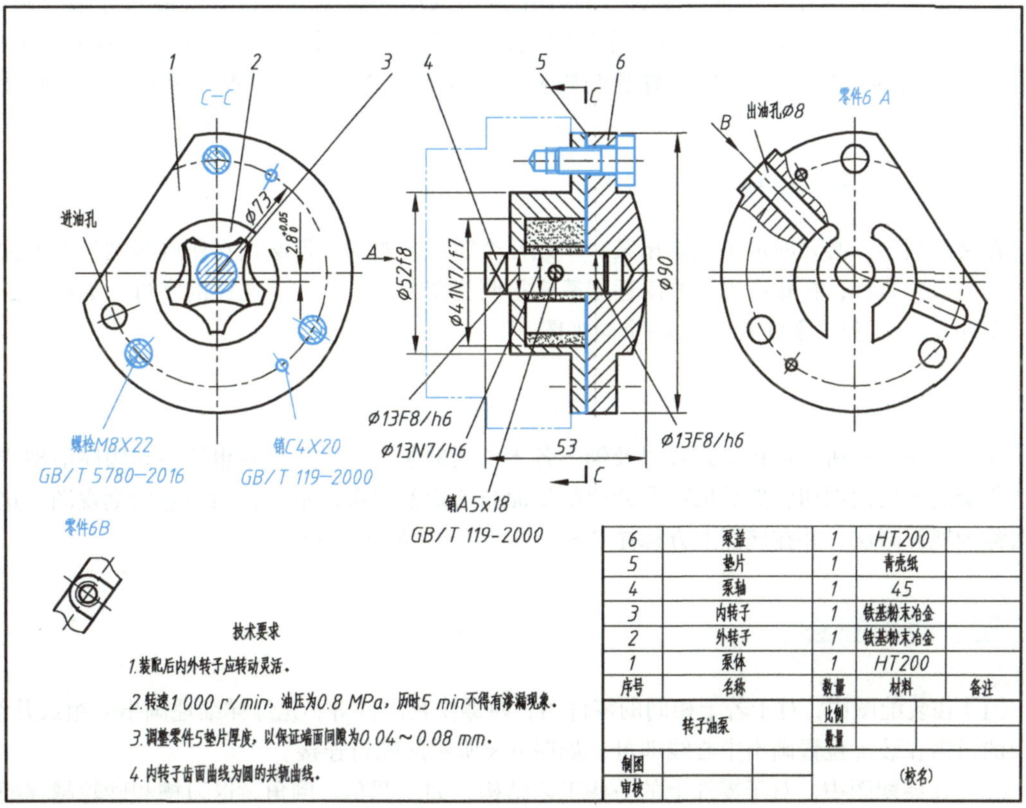

图 9-5　转子泵装配图

2. 假想画法

在装配图中，当需要表示某些零件运动范围和极限位置时，或需要表示该部件与相邻零部件的相对位置时，可用双点画线画出其外形轮廓图，如图 9-5 中主视图转子泵的安装位置。图 9-6 表示运动零件的极限位置，按其运动的一个极限位置绘制图形，再用双点画线画出另一极限位置的图形。

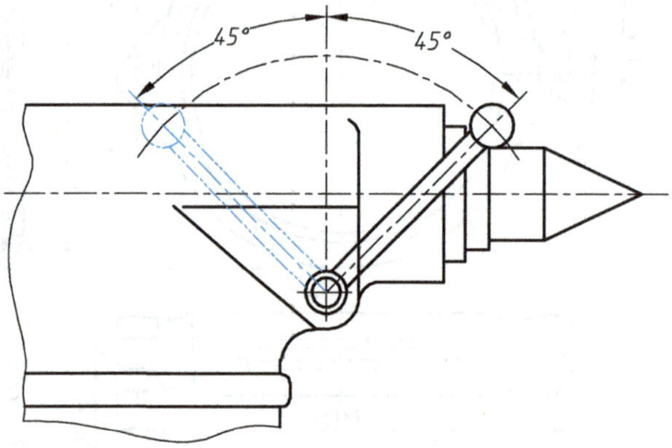

图 9-6　运动零件的极限位置

3. 夸大画法

在装配图中，对于一些薄片零件、细小结构、微小间隙等，若按其实际尺寸很难画出，或难以明确表示时，可不按其实际尺寸作图，而适当地夸大画出。在图 9-5 所示的主视图中，泵盖与泵体间的垫片（涂黑处）、螺栓与螺栓孔（光孔）之间的间隙等，都是用夸大画法画出的。

4. 单独表示某个零件

在装配图中，必要时可单独画出某一个或几个零件的视图。但必须在所画视图的上方注出该零件的视图名称，在相应视图的附近用箭头指明视图方向，并注上同样的字母。如图 9-5 中的“零件 6　*A*”和“零件 6　*B*”两个向视图。

5. 展开画法

为了表达传动机构的传动路线以及轴上各零件间的装配关系，可假想按传动顺序沿轴线用几个相交的剖切面剖切，然后依次展开使剖切面与选定的投影面平行再画出它的剖视图，这种画法称为展开画法，并在该图上方标注“×—×展开”，如图 9-7 所示。

三、简化画法

（1）在装配图中，对于若干相同的零件组，如螺纹紧固件等，允许详细地画出一组或几组，其余的只需在装配位置画出中心线即可，如图 9-8 所示的螺钉连接。

（2）在装配图中，对于零件上的一些工艺结构，如小圆角、倒角、退刀槽和砂轮越程槽等可以省略不画，如图 9-8 所示。

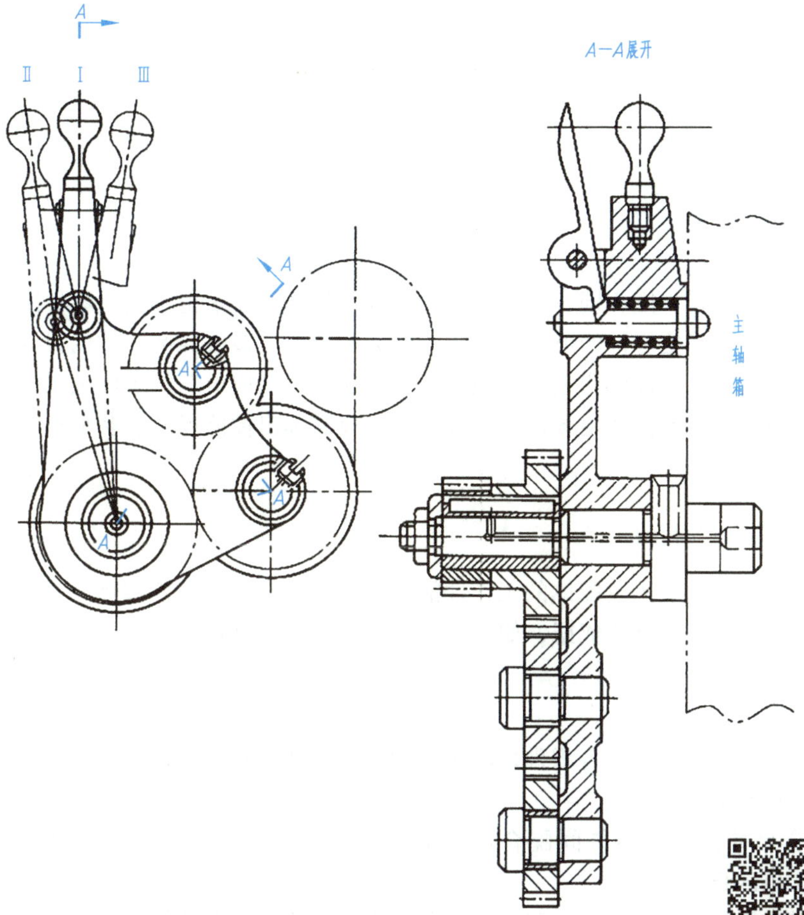

图 9-7　展开画法

装配展开画法

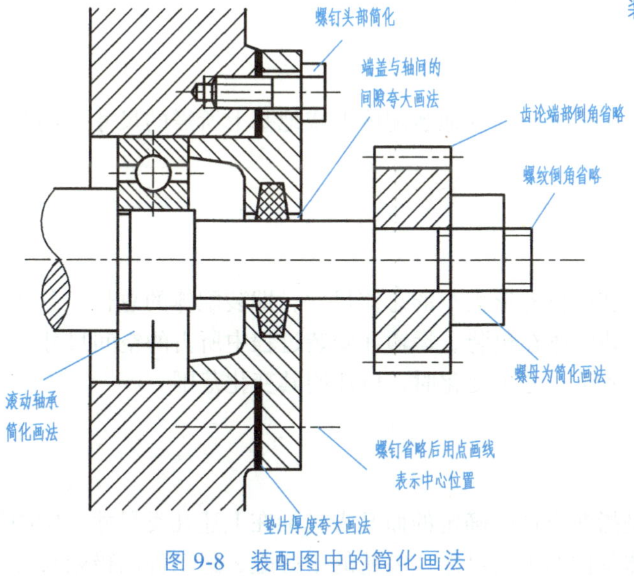

图 9-8　装配图中的简化画法

第三节 装配图的尺寸标注和技术要求

一、尺寸标注

装配图的作用与零件图不同，因此，在图上标注尺寸的要求也不同。零件图中必须标注出零件的全部尺寸，以确定零件的形状和大小；在装配图上应该按照装配体的设计、制造的要求来标注某些必要的尺寸，以说明装配体性能规格、装配体“成员”的装配关系、装配体整体大小等。即装配图没有必要标注出零件的所有尺寸，只需标出性能尺寸、装配尺寸、安装尺寸和外形尺寸等。

1. 性能（规格）尺寸

性能（规格）尺寸表示装配体的工作性能或规格大小的尺寸，这些尺寸是设计时确定的，它也是了解和选用该装配体的依据，如图 9-1 所示导杆直径ϕ20f7。

2. 装配尺寸

装配尺寸是表示装配体中各零件之间相互配合关系和相对位置的尺寸，这种尺寸是保证装配体装配性能和质量的尺寸。

（1）配合尺寸：表示零件间配合性质的尺寸。如图 9-1 所示的配合尺寸有ϕ8H8/f7、ϕ30H8/k7、ϕ20H8/f7 等。

（2）相对位置尺寸：表示装配时需要保证的零件间相对位置的尺寸。如图 9-1 所示的支座上 4 个安装孔的相对位置尺寸ϕ78。

3. 安装尺寸

安装尺寸是将装配体安装到其他装配体上或地基上所需的尺寸。如图 9-1 所示的支座的安装尺寸 4 × ϕ8、ϕ78。

4. 外形尺寸

外形尺寸是表示装配体外形大小的总体尺寸，即装配体的总长、总宽、总高。它反映了装配体的大小，提供了装配体在包装、运输和安装过程中所占的空间尺寸。如图 9-1 中的 178 就是微动机构的总长。若某尺寸可变化时，应注明其变化范围。

5. 其他重要尺寸

其他重要尺寸是指在设计中确定的而又未包括在上述几类尺寸之中的尺寸。其他重要尺寸视需要而定，如主体零件的重要尺寸、齿轮的中心距、运动件的极限尺寸、安装零件要有足够操作空间的尺寸等。

上述五类尺寸之间并不是互相孤立无关的，实际上有的尺寸往往同时具有多种作用。

此外，在一张装配图中，也并不一定需要全部注出上述五类尺寸，而是要根据具体情况和要求来确定。

二、技术要求

装配图要对机器或部件的性能、使用环境、工作状态、装配时的注意事项和所要达到的质量指标等提出技术要求。根据装配图的功用，拟定技术要求一般可从以下几个方面来考虑：

1. 装配要求

（1）需要在装配时加工的说明，如有的表面需在装配后加工，零件装好后配作；
（2）指定的装配方法；
（3）安装时应满足的运动要求、密封要求、噪声或环保要求；
（4）装配后应达到的性能要求等。

2. 检验要求

（1）基本性能的检验方法和条件；
（2）检验操作指示、检验工具的规定；
（3）检验结果的判定条件等。

3. 使用要求

（1）对产品基本性能的维护、保养的要求；
（2）操作使用时的注意事项；
（3）大、中、小修的规范等。

4. 其他要求

有些机器或部件的性能、规格参数不便用符号或尺寸标注时，也常用文字写在技术要求中，如齿轮泵的油压、转速、功率等。

上述各类技术要求，并不是每张装配图都要注全，具体注哪些，应根据需要而定；通常注写在图样右下方空白处，也可编成技术文件作为图样的附件。

值得注意的是，技术要求的提出要科学、客观、经济、合理，不能有任何随意性。装配图的技术要求涉及机械设计和制造工艺方面的知识，要经过后续课程的学习、金工实习和生产实习以后，才能逐步学会合理制定。

第四节 装配图的零件序号和明细栏

为了便于装配时读图查找零件，便于作生产准备和图样管理，必须对装配图中所有不同的零件编写序号，并列出零件的明细栏。

一、零件序号

1. 一般规定

图样中每一种规格的零件或组件都要进行编号。形状、尺寸完全相同的零件或者同一标准部件，只编写一个序号，并将该零件的相关信息填写在明细栏中。零、部件序号与明细栏中的序号必须一致。

2. 零件序号的组成

零件序号由圆点、指引线、水平线或圆（均为细实线）及数字组成，序号写在水平线上或小圆内，如图 9-9（a）所示。序号数字比装配图中的尺寸数字大一号。

（1）指引线不要与轮廓线或剖面线等图线平行，指引线之间不允许相交，但指引线允许弯折一次。

（2）指引线应自所指零件的可见轮廓内引出，并在其末端画一圆点；若所指的部分不宜画圆点，如很薄的零件或涂黑的剖面等，可在指引线的末端画一箭头，并指向该部分的轮廓，如图 9-9（b）所示。

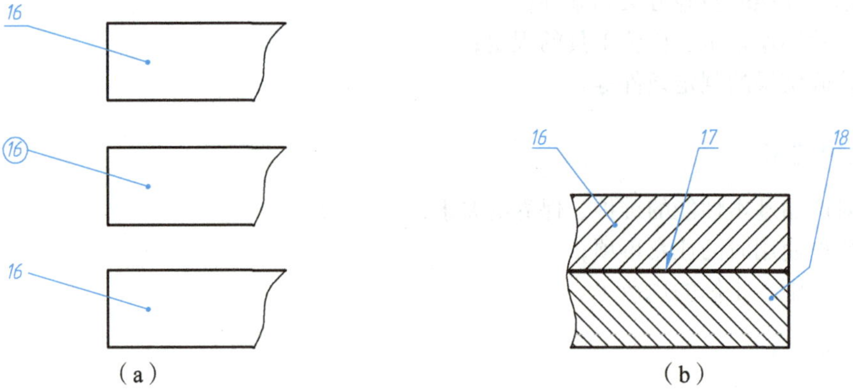

图 9-9　零件序号

（3）如果是一组螺纹连接件或装配关系清楚的零件组，可以采用公共指引线，如图 9-10 所示。

（4）标准化组件（如滚动轴承、电动机、油杯等）只能编写一个序号。

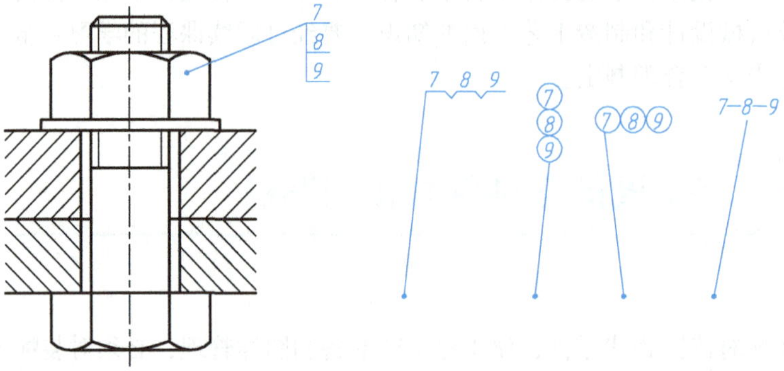

图 9-10　零件组序号

3. 序号编排方法

应将序号在视图的外围按水平或垂直方向排列整齐，并按顺时针或逆时针方向顺序依次编号，不得跳号，如图 9-1、图 9-4 和图 9-5 所示。

二、明细栏

在装配图的右下角必须设置标题栏和明细栏。明细栏位于标题栏的上方，并和标题栏紧连在一起。图 9-11 所示的内容和格式可供制图作业时使用。

6	泵盖	1	HT200	
5	垫片	1	青壳纸	
4	泵轴	1	45	
3	内转子	1	铁基粉末冶金	
2	外转子	1	铁基粉末冶金	
1	泵体	1	HT200	
序号	名称	数量	材料	备注
转子油泵		比例		
		数量		
制图	(姓名)			
审核				

图 9-11　明细栏

明细栏是装配体全部零件的目录，由序号、(代号)名称、数量、材料、备注等内容组成，其序号填写的顺序要由下而上。如位置不够时，可移至标题栏的左边继续编写，如图 9-4 所示。

第五节　装配体的工艺结构

零件除了应根据设计要求确定其结构外，还要考虑加工和装配的合理性，否则就会给装配工作带来困难，甚至不能满足设计要求。下面介绍几种最常见的装配工艺结构。

1. 接触面转角处的结构

两配合零件在转角处不应设计成相同的圆角，否则既影响接触面之间的良好接触，又不易加工，轴肩面和孔端面相接触时，应在孔边倒角，或在轴的根部切槽，以保证轴肩与孔的端面接触良好，如图 9-12 所示。

2. 两零件接触面的数量

两零件装配时，在同一方向上，一般只宜有一个接触面，否则就会给制造和配合带来困难，如图 9-13 所示。

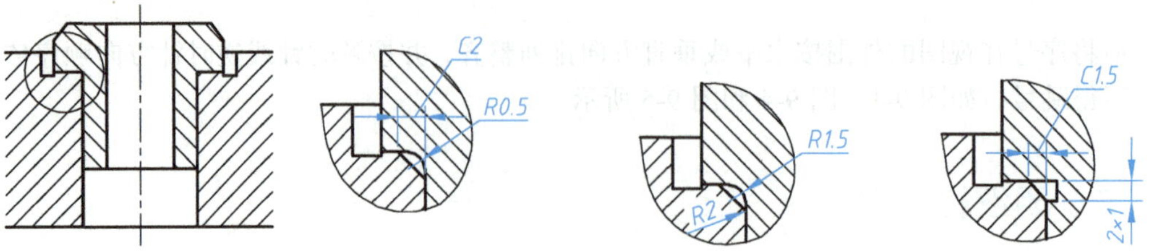

（a）　　　　　　（b）　　　　　　（c）

图 9-12　接触面转角处的结构

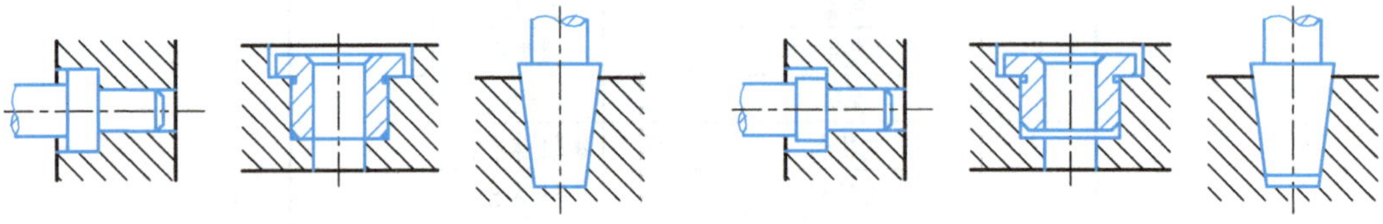

（a）不正确　　　　　　（b）正确

图 9-13　同一方向上只能有一个接触面

3. 减少加工面积

为了使螺栓、螺钉、垫圈等紧固件与被连接表面接触良好，减少加工面积，应把被连接表面加工成凸台或凹坑，如图 9-14 所示。

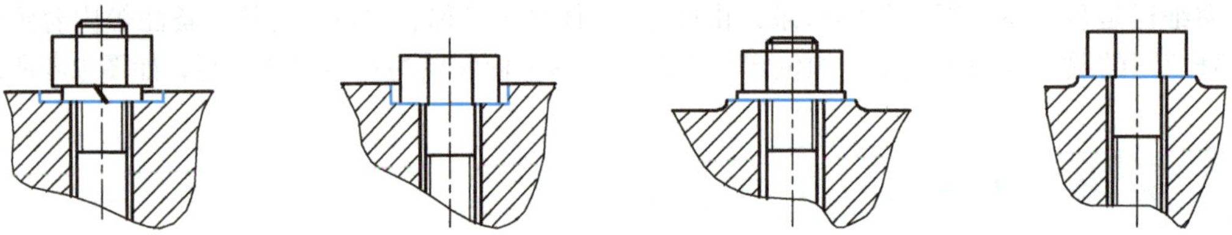

（a）　　　（b）　　　（c）　　　（d）

图 9-14　凸台或凹坑

4. 密封装置的结构

在一些部件或机器中，常需要有密封装置，以防止液体外流或灰尘进入。如图 9-15 所示的密封装置是用在泵和阀上的常见结构。通常用浸油的石棉绳或橡胶作填料，拧紧压盖螺母，通过填料压盖即可将填料压紧，起到密封作用。但填料压盖与阀体端面之间必须留有一定间隙，才能保证将填料压紧；而轴与填料压盖之间应有一定的间隙，以免转动时产生摩擦。如图 9-15（a）所示留有一定间隙，是正确的；图 9-15（b）所示没有留间隙，是错误的。

5. 零件在轴向的定位结构

装在轴上的滚动轴承及齿轮等一般都要有轴向定位结构，以保证能在轴线方向不产生移动。如图 9-16 所示，轴上的滚动轴承及齿轮是靠轴的轴肩来定位，齿轮的另一端用螺母、垫圈来压紧，垫圈与轴肩的台阶面间应留有间隙，以便压紧。

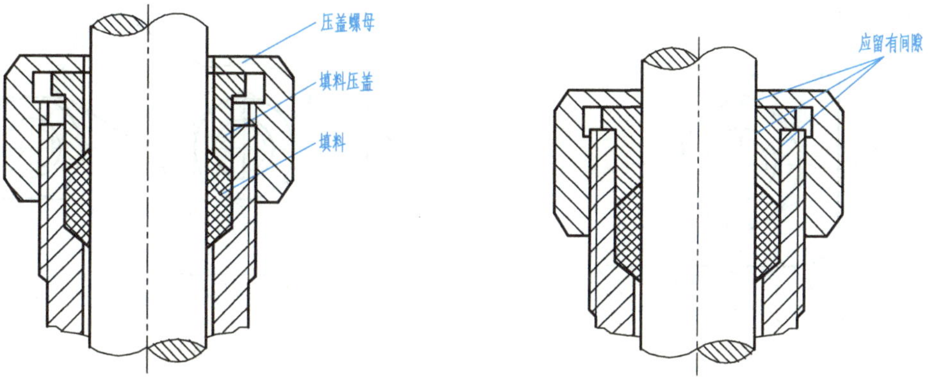

（a）正确　　（b）错误

图 9-15　填料与密封装置

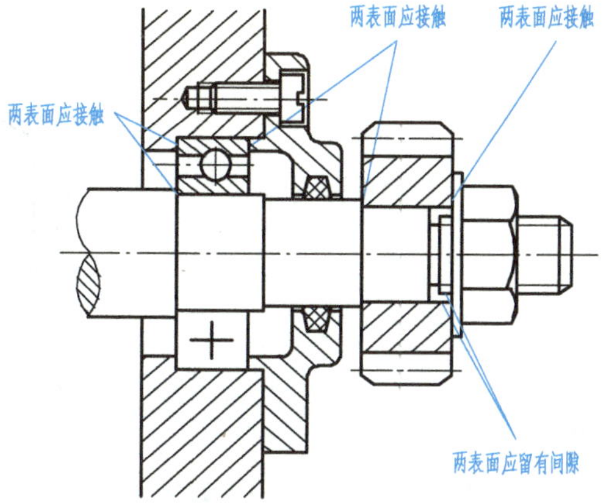

图 9-16　轴向定位结构

6. 考虑维修、安装、拆卸的方便

如图 9-17 所示，滚动轴承装在箱体轴承孔及轴上，右边是合理的，若设计成左边图那样，将无法拆卸。

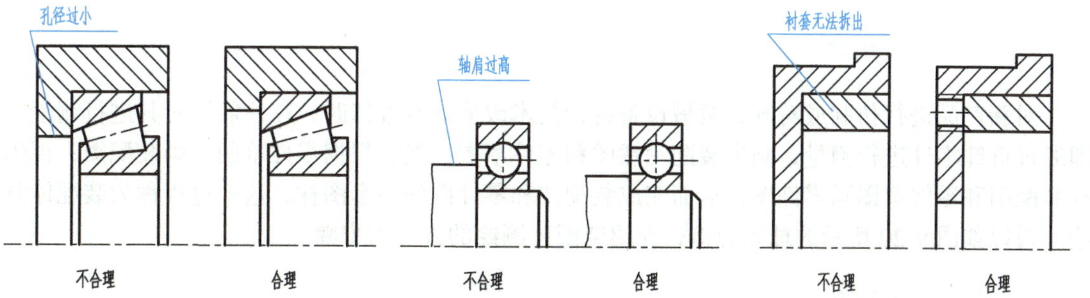

（a）　　（b）　　（c）

图 9-17　滚动轴承和衬套的定位结构

在安排螺钉位置时，应考虑扳手的空间活动范围，如图 9-18 所示。图 9-18（a）中所留空间太小，扳手无法使用，图 9-18（b）是正确的结构形式。

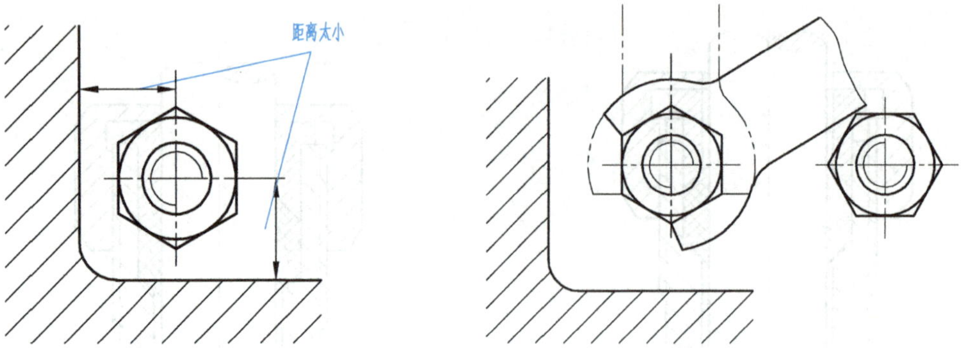

（a）　　　　　　　　　　（b）

图 9-18　留出扳手活动空间

应考虑螺钉放入时所需要的空间，如图 9-19 所示。图 9-19（a）中所留空间太小，螺钉无法放入，图 9-19（b）是正确的结构形式。

（a）不合理　　　　　　　　（b）合理

图 9-19　留出螺钉装卸空间

第六节　装配体测绘和装配图画法

一、装配体测绘

对新产品进行仿制或对现有机械设备进行技术改造以及维修时，往往需要对其进行测绘。即通过拆卸零件进行测量，画出装配示意图和零件草图；然后根据零件草图，画装配图；再依据装配图和零件草图画零件图，从而完成装配图和零件图的整套图样，这个过程称为装配体测绘。现以如图 9-20 所示的球阀为例，介绍装配体测绘的方法和步骤。

1. 了解测绘对象

通过观察实物、阅读有关技术资料和类似产品图样，了解其用途、性能、工作原理、结构特点以及装拆顺序等情况。在收集资料的过程中，尤其要重视生产工人和技术人员对该装配体的使用情况和改进意见，为测绘工作顺利进行做好充分准备。在初步了解装配体功能的基础上，通过对零件作用和结构的仔细分析，进一步了解零件间的装配、连接关系。

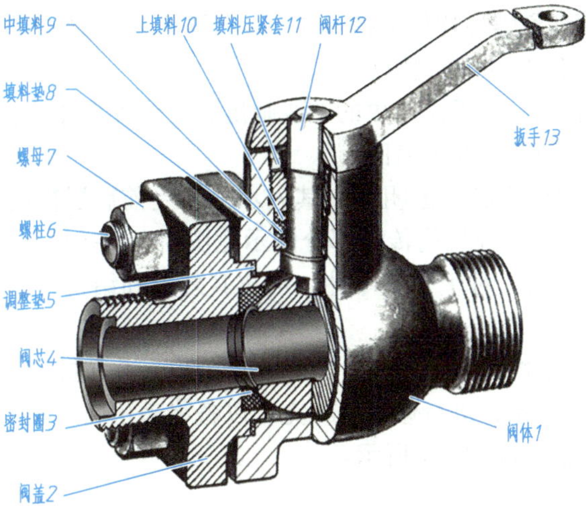

图 9-20　球阀

球阀装配

如图 9-20 所示球阀的阀芯是球形的，是用来启闭和调节流量的部件。图示位置阀门全部开启，当扳手按顺时针方向旋转 90°时，阀门全部关闭。

该装配体的关键零件是阀芯，下面从运动关系、密封关系、包容关系等方面进行分析。

运动关系：扳手→阀杆→阀芯。

密封关系：两个密封圈为第一道防线，调整垫既保证阀体与阀盖之间的密封，又保证阀芯转动灵活；第二道防线为填料，以防止从转动零件阀杆处的间隙泄漏流体。

包容关系：阀体和阀盖是球阀的主体零件，它们之间用四组双头螺柱连接。阀芯通过两个密封圈定位于阀中，通过填料压紧套与阀体的螺纹，将材料为聚四氟乙烯的填料固定于阀体中。

阀体左端通过螺柱、螺母与阀盖连接，形成球阀容纳阀芯的空腔。阀体左端的圆柱槽与阀盖的圆柱凸缘相配合。阀体空腔右侧圆柱槽用来放置密封圈，以保证球阀关闭时不泄漏流体。阀体右端有用于连接系统中管道的外螺纹，内部阶梯孔与空腔相通。在阀体上部的圆柱体中，有阶梯孔与空腔相通，在阶梯孔内装有阀杆、填料压紧套等。阶梯孔顶端 90°扇形限位凸块，用来控制扳手和阀杆的旋转角度。

2. 拆卸零件，画装配示意图

在拆卸前，应准备好有关的拆卸工具，以及放置零件的用具和场地，然后根据装配体的特点，制订周密的拆卸计划，按照一定的顺序拆卸零件。拆卸过程中，对每一个零件应进行编号、登记并贴上标签。对拆下的零件要分区分组放在适当地方，避免碰伤、变形，以免混乱和丢失，从而保证再次装配时能顺利进行。

拆卸零件时应注意：在拆卸之前应测量一些必要的原始尺寸，比如某些零件之间的相对位置等。拆卸过程中，严禁胡乱敲打，避免损坏原有零件。对于不可拆卸连接的零件、有较高精度的配合或过盈配合，应尽量少拆或不拆，避免降低原有配合精度或损坏零件。

如图 9-20 所示球阀的拆卸次序可以这样进行：

① 取下扳手 13。

② 拧出填料压紧套 11，取出阀杆 12，带出填料 9 和填料垫 8。

③ 用扳手分别拧下四组螺柱连接的螺母 7，取出阀盖 2、调整垫 5。

④ 从阀体中取出阀芯 4，拆卸完毕。

装配示意图是通过目测，徒手用简单的图线画出装配体各零件的大致轮廓，以表示其装配位置、装配关系和工作原理等情况的简图。

画示意图时，可将零件看成是透明体，其表示可不受前后层次的限制，并尽量把所有零件集中在一个图上表示出来。画机构传动部分的示意图时，应按照国家标准《机械制图 机构运动简图符号》的规定绘制。对于一般零件，可按其外形和结构特点形象地画出零件的大致轮廓。

画装配示意图应在对装配体全面了解、分析之后画出，并在拆卸过程中进一步了解装配体内部结构和各零件之间的关系，进行修正、补充，以备将来正确地画出装配图和重新装配装配体之用。球阀的装配示意图如图 9-21 所示。

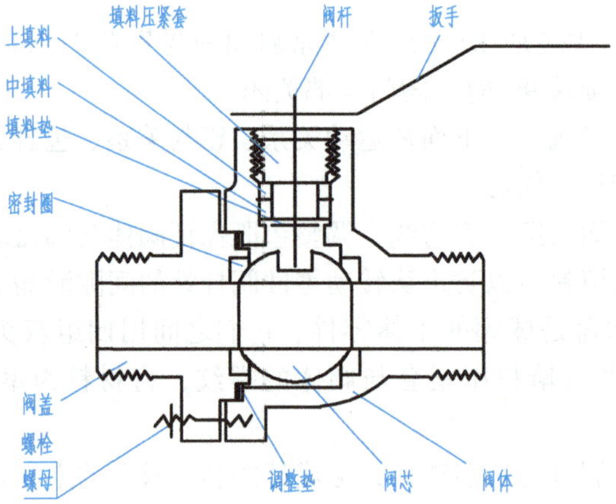

图 9-21　球阀的装配示意图

3. 画零件草图

把拆下的零件逐个地徒手画出其零件草图。对于一些标准零件，如螺栓、螺钉、螺母、垫圈、键、销等可以不画，但应测量其主要规格尺寸，以确定它们的规定标记，其他数据可通过查阅有关标准获取。所有非标准件都必须画出零件草图，并要准确、完整地标注测量尺寸。

零件草图的画法前面已作过介绍，在装配体测绘中，画零件草图还应注意以下三点：

（1）绘制零件草图，除了图线是用徒手完成的外，其他方面的要求均和画正式的零件工作图一样。

（2）零件草图可以按照装配关系或拆卸顺序依次画出，以便随时校对和协调各零件之间的相关尺寸。

（3）零件间有配合、连接和定位等关系的尺寸要协调一致，并在相关零件草图上一并标出。

球阀的部分零件草图如图 9-22 所示。

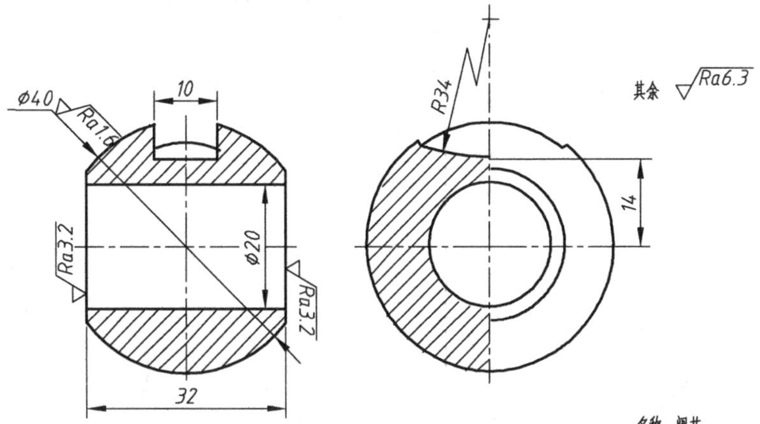

技术要求

1.淬火硬度50～55HRC。

2.去毛刺、锐边。

名称：阀芯

材料：40Cr

数量：1

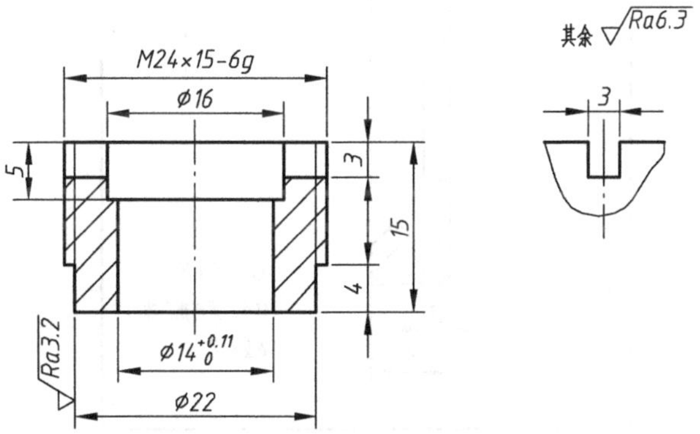

技术要求

1.未注倒角C0.5.

2.去毛刺、锐边.

名称：填料压紧套

材料：35

数量：1

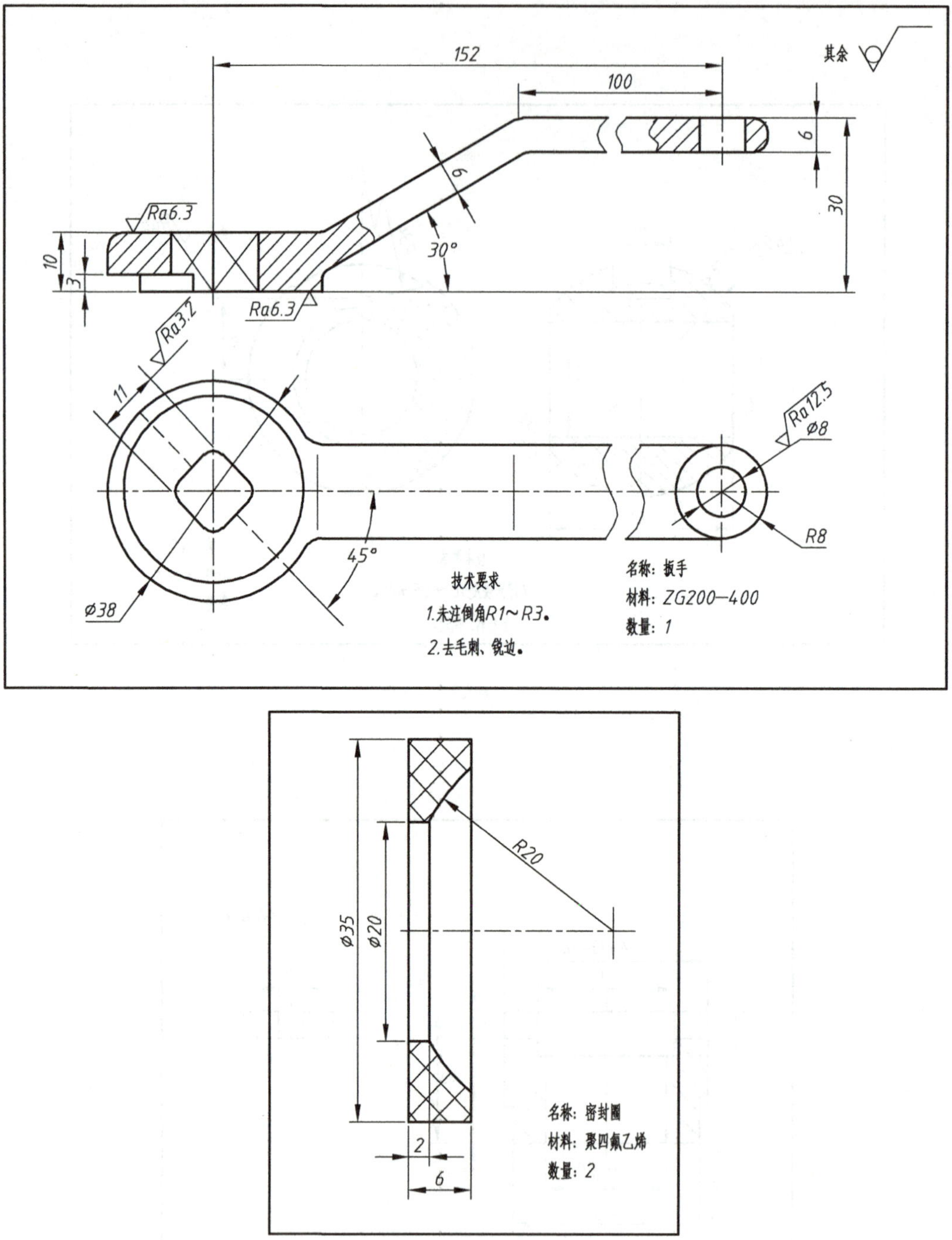

图 9-22　球阀的部分零件草图

二、画装配图的方法和步骤

在画装配图之前，必须对该装配体的功用、工作原理、结构特点，以及装配体中各零件的装配关系等有一个全面的了解和认识。装配体由若干零件组成，根据装配体所属的零件图，就可以画出装配体的装配图。现以图 9-23 所示的球阀装配图为例，介绍画装配图的方法和步骤。

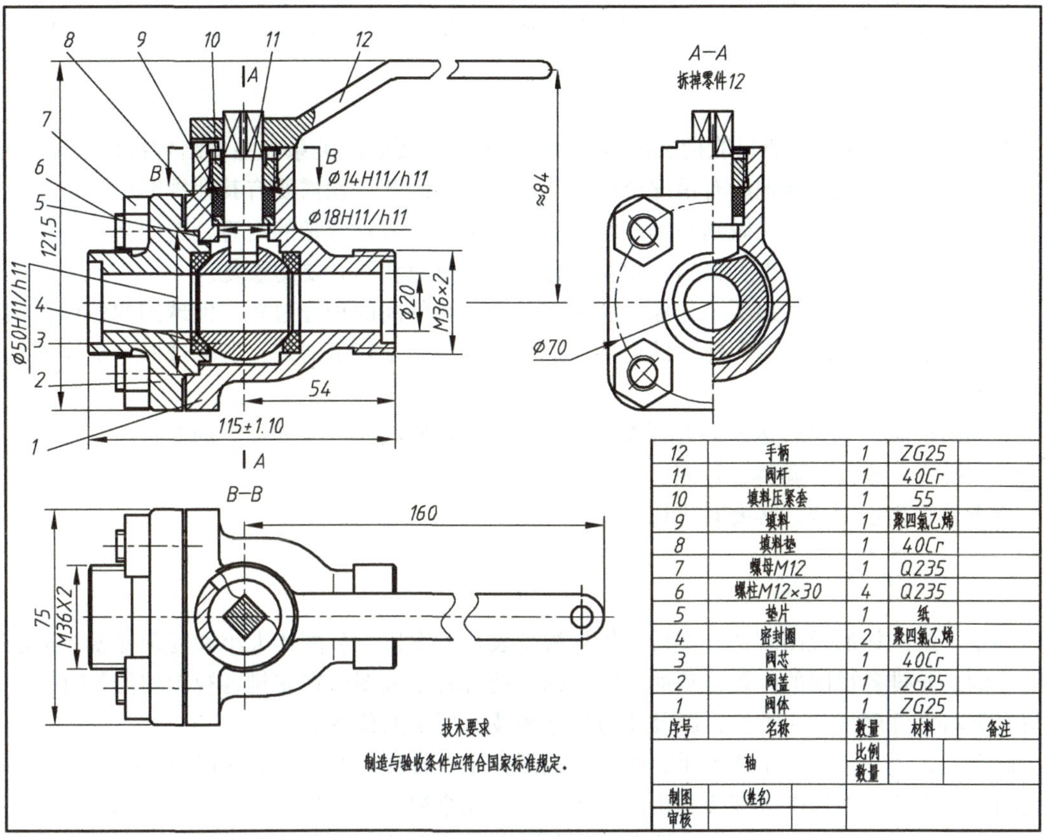

图 9-23　球阀装配图

1. 拟定表达方案

表达方案包括选择主视图、确定其他视图。拟定表达方案能较好地反映装配体的装配关系、工作原理和主要零件的结构形状等。

对装配图视图的要求是：

① 投影关系正确，图样画法和标注方法符合国家标准规定。

② 装配体中各零件的装配关系表达清楚，主要零件的主要结构形状要表达清楚，但不要求把每个零件的形状结构都表达得完全确定。

③ 图形清晰，便于阅读者读图。

④ 便于绘制和尺寸标注。

（1）主视图的选择。

一般按装配体的工作位置放置，并使主视图能够较多地表达装配体的工作原理、零件间主要装配关系及主要零件的结构形状特征。

一般在装配体中，将装配关系密切的一些零件，称为装配干线。

球阀的主视图选择是这样考虑的：

① 工作位置：球阀一般水平放置，即将其流体通道的轴线水平放置，并将阀芯转至完全开启状态。

② 主视图的投射方向：将阀盖放在左边，使左视图能清楚地反映其端面形状。

③ 沿球阀的前后对称面剖切，选取全剖视图，可将其工作原理、装配关系、零件间的相互位置表示清楚。

（2）其他视图的选择。

主视图选定之后，一般只能把装配体的工作原理、主要装配关系和主要结构特征表示出来，但是只靠一个视图是不能把所有情况全部表达清楚的。因此，就需要有其他视图作为补充，并应考虑以何种表达方法最能做到易读易画。对主视图未能表示清楚的内容，选用其他视图、剖视图等表示。所选视图要重点突出，相互配合，避免遗漏和不必要的重复。

球阀的主视图虽反映出了工作原理、装配关系、零件间的相互位置，但球阀的外形结构、主要零件的结构形状以及双头螺柱的连接部位和数量等尚未表示清楚，所以选取半剖视的左视图来表示。

选取俯视图，主要表达扳手的开关位置，同时表达球阀的外形和扳手的形状。

（3）检查、修改、调整、补充。

检查是否表示完全，必要时进行调整、补充。

2. 画装配图的步骤

确定了装配体的视图表达方案后，根据视图表达方案以及装配体大小和复杂程度，选取适当的比例，安排各视图的位置，从而选定图幅，便可着手画图。在安排各视图的位置时，要注意留有编写零件序号、明细栏，以及注写尺寸和技术要求的位置。

画图时，应先从装配干线入手，画出各视图的主要轴线、对称中心线以及某些零件的基面和端面等，将其作为作图基准线。由主视图开始，几个视图配合进行。画剖视图时按照装配干线，由内向外逐个画出各个零件，即从装配体的核心零件开始，“由内向外”按装配关系逐层扩展画出各零件，最后画壳体、箱体等支撑、包容零件。也可由外向里画，即先将起支撑、包容作用的壳体、箱体零件画出，再按装配关系逐层向内画出各零件。

下面以球阀为例简要说明其画图过程，如图 9-24 所示。

① 根据所确定的视图数目、图形的大小和采用的比例，选定图幅，并在图纸上进行布局。在布局时，应留出标注尺寸、编注零件序号、书写技术要求、画标题栏和明细栏的位置。

② 画出图框、标题栏和明细栏。

③ 画出各视图的主要中心线、轴线、对称线及基准线等，如图 9-24（a）所示。

④ 画出各视图主要部分的底稿。通常可以先从主视图开始。根据各视图所表达的主要内容不同，可采取不同的方法着手。如果是画剖视图，则应从内向外画。这样被遮住的零件的轮廓线就可以不画。如果画的是外形视图，一般则是从大的或主要的零件着手，如图 9-24（b）、图 9-24（c）、图 9-24（d）所示。

⑤ 画次要零件、小零件及各部分的细节，如图 9-24（e）、图 9-24（f）所示。

⑥ 加深并画剖面线。在画剖面线时，主要的剖视图可以先画。最好画完一个零件所有的剖面线，然后再开始画另外一个，以免剖面线方向错误。

⑦ 注出必要的尺寸。

⑧ 编注零件序号，并填写明细栏和标题栏。

⑨ 填写技术要求等。

⑩ 仔细检查全图并签名，完成全图。

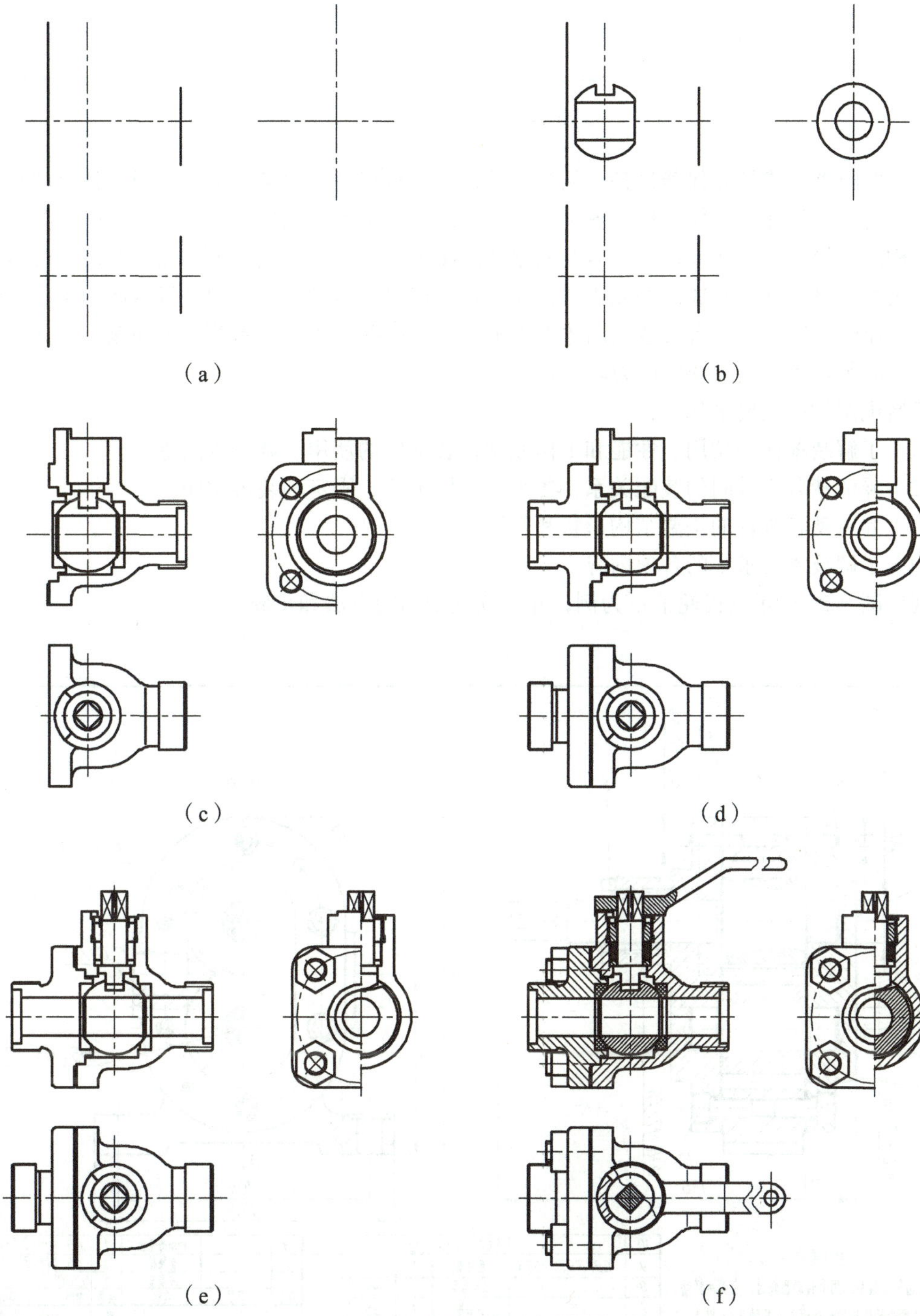

图 9-24　装配图的画法步骤

第七节 读装配图

在装配机器，维护和保养设备，从事技术改造的过程中，都需要读装配图。其目的是了解装配体的规格、性能、工作原理，各个零件之间的相互位置、装配关系、传动路线及各零件的主要结构形状等。例如在设计中，需要依据装配图来设计零件并画出零件图；在装配机器时，需根据装配图将零件组装成部件或机器；在设备维修时，需参照装配图进行拆卸和重新装配；在技术交流时，则要参阅有关装配图才能了解、研究一些工程、技术等有关问题。因此，工程技术人员必须具备读装配图的能力。

读装配图的一般要求如下：

（1）了解装配体的功用、性能和工作原理，装配体的使用、调整方法等。

（2）弄清楚各零件间的装配关系，各零件如何定位、固定和装拆次序。

（3）弄清楚各零件的主要结构形状和作用等。

（4）了解技术要求中的各项内容。

现以图 9-25 所示的齿轮油泵为例，介绍读装配图的方法和步骤。

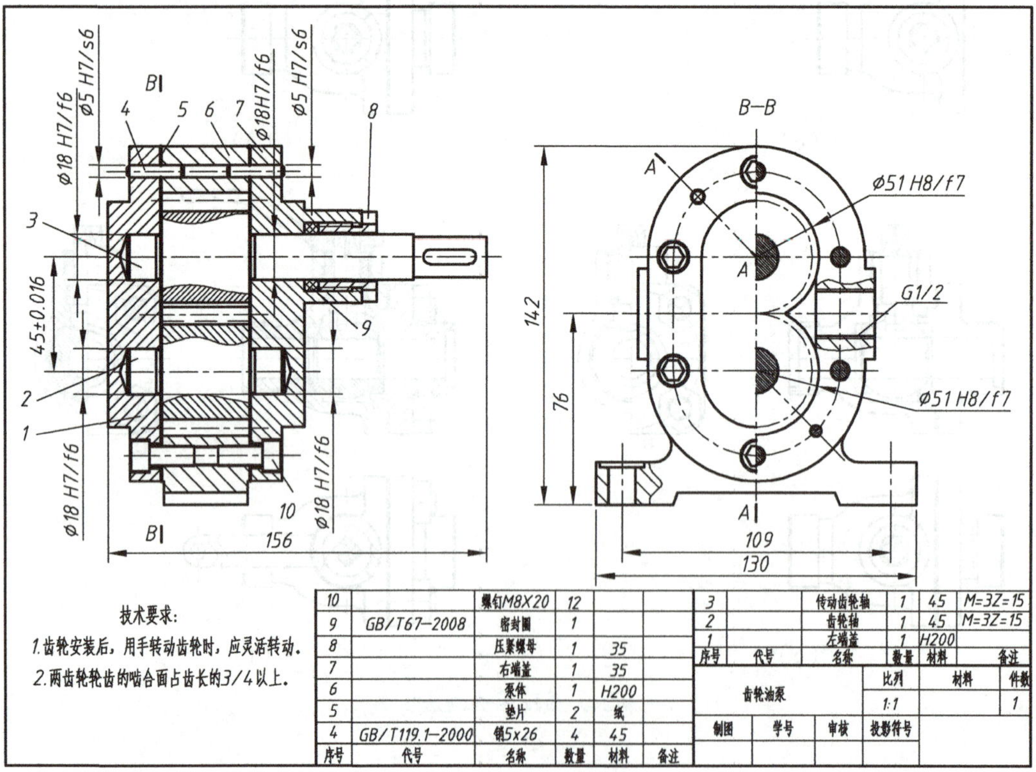

技术要求：

1.齿轮安装后，用手转动齿轮时，应灵活转动。

2.两齿轮轮齿的啮合面占齿长的3/4以上。

序号	代号	名称	数量	材料	备注
10		螺钉M8X20	12		
9	GB/T67—2008	密封圈	1		
8		压紧螺母	1	35	
7		右端盖	1	35	
6		泵体	1	H200	
5		垫片	2	纸	
4	GB/T119.1—2000	销5x26	4	45	
3		传动齿轮轴	1	45	M=3Z=15
2		齿轮轴	1	45	M=3Z=15
1		左端盖	1	H200	

齿轮油泵			比列	材料	件数
			1:1		1
制图	学号	审核	投影符号		

图 9-25 齿轮油泵装配图

一、读装配图的基本方法

1. 概括了解

（1）从标题栏了解装配体名称、大致用途及绘图的比例等。从标题栏了解绘图比例，查外形尺寸可明确装配体大小。

齿轮油泵是机器润滑、供油系统中的一个部件，用来为机器输送润滑油，是液压系统中的动力元件。从绘图的比例为 1∶1，齿轮油泵外形尺寸为 156×130×142，可以对该装配体体形的大小有一个印象。

（2）从零件编号及明细栏中，可以了解零件的名称、数量及在装配体中的位置。从明细栏了解装配体由哪些零件组成，标准件和非标准件各为多少，以判断装配体复杂程度。

齿轮油泵是由泵体、传动齿轮、齿轮轴、泵盖等零件组成。齿轮油泵由 10 种 25 个零件组成，2 种标准件，属简单装配体。

（3）分析视图，了解各视图、剖视、断面等相互间的投影关系及表达意图。了解视图数量、视图的配置，找出主视图，确定其他视图投射方向，明确各视图的画法。

齿轮油泵共有两个基本视图，主视图采用全剖视图，表达了齿轮泵的装配关系。左视图沿左泵盖与泵体结合面剖开，由于油泵在此方向内、外结构形状对称，故此视图采用了一半拆卸剖视和一半外形视图的表达方法——半剖，表达了一对齿轮的啮合情况；还采用了局部剖视，表达了进出口油路。

2. 分析视图，了解工作原理

根据视图配置，找出它们的投影关系。对于剖视图，要找到剖切位置，分析所采用的表达方法及表达的主要内容。

如图 9-25 所示的齿轮油泵共用了两个视图，主视图是用两相交剖切平面剖切的全剖视图，它将该部件的结构特点和零件间的装配、连接关系大部分表达出来。由于油泵内、外结构形状对称，左视图为半剖视图，采用沿泵体左端面剖切的拆卸画法，表达泵室内齿轮的啮合情况，以及泵体的形状和螺钉的分布情况。主视图中的局部剖视图表达了一对齿轮的啮合情况，左视图中的局部剖视图则是用来表达进油口和出油口。

一般情况下，直接从图样上分析装配体的传动路线及工作原理。当装配体比较复杂时，需参考产品说明书。

如图 9-25 所示的齿轮油泵，外部动力经齿轮传动带动传动齿轮轴 3。当主动齿轮逆时针方向转动时，从动齿轮顺时针方向转动，齿轮啮合区的右边的轮齿逐渐分开时，齿轮油泵的右腔空腔体积逐渐扩大，油压降低，形成负压，油箱内的油在大气压的作用下，经吸油口被吸入齿轮油泵的右腔，齿槽中的油随着齿轮的继续旋转被带到左腔；而左边的各对轮齿又重新啮合，空腔体积缩小，使齿槽中不断挤出的油成为高压油，并由压油口压出，这样，泵室右面齿间的油被高速旋转的齿轮源源不断地带往泵室左腔，然后经管道被输送到机器中需要供油的部位，如图 9-26 所示。

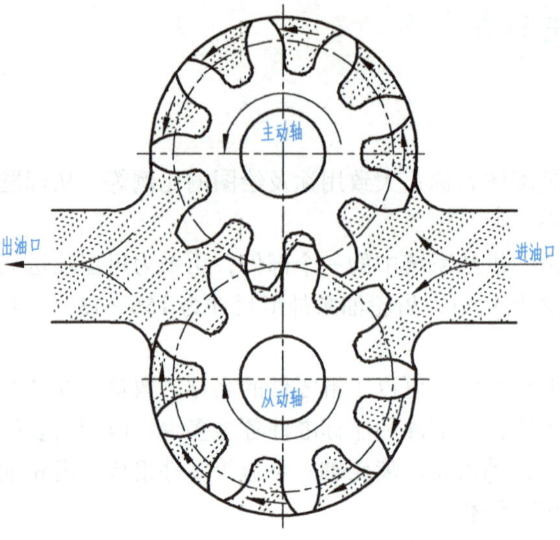

图 9-26　齿轮油泵的工作原理

3. 分析零件间的装配关系及装配体的结构

这是读装配图进一步深入的阶段，需要把零件间的装配关系和装配体结构搞清楚。细致分析视图，弄清各零件之间的装配关系，以及各零件的主要结构形状，各零件如何定位、固定，零件间的配合情况，各零件的运动情况，零件的作用和零件的拆、装顺序等。

齿轮油泵主要有两条装配线：一条是主动齿轮轴系统。它是由主动齿轮轴 3 装在泵体 6 和左端盖 1 及右端盖 7 的轴孔内；在主动齿轮轴上装有密封圈 9 及压紧螺母 8。另一条是从动齿轮轴系统。从动齿轮轴 2 也是装在泵体 6 和左端盖 1 及右端盖 7 的轴孔内，与主动齿轮啮合。

对于齿轮泵的结构可分析下列内容：

① 连接和固定方式。

在齿轮油泵中，左端盖 1 和右端盖 7 都是靠内六角螺钉 10 与泵体 6 连接，并用销 4 来定位。密封圈 9 是由压紧螺母 8 将其挤压在右端盖的相应的孔槽内。两齿轮轴向定位，是靠两端盖端面及泵体两侧面分别与齿轮两端面接触。从图 9-25 中可以看出，采用 4 个圆柱销定位、12 个螺钉紧固的方法将两个端盖与泵体连接在一起。

② 配合关系。

凡是配合的零件，都要弄清基准制、配合种类、公差等级等。这可由图上所标注的极限与配合代号来判别。如两齿轮轴与两泵盖轴孔的配合均为 $\phi18\frac{H7}{f6}$。两齿轮与两齿轮腔的配合均为 $\phi51\frac{H8}{f7}$。它们都是基孔制、间隙配合，都可以在相应的孔中转动。

③ 密封装置。

泵、阀之类部件，为了防止液体或气体泄漏以及灰尘进入内部，一般都有密封装置。在齿轮油泵中，主动齿轮轴 3 伸出端用压紧螺母 8 通过密封圈 9 加以密封；两端盖与泵体接触面间放有垫片 5 的作用也是密封防漏。

④ 装拆顺序。

装配体在结构设计上都应有利于各零件能按一定的顺序进行装拆。齿轮油泵的拆卸顺序是：旋出压紧螺母 8，取出密封圈 9；再拧出左、右端盖上各六个螺钉 10，两端盖、泵体和垫片即可分开；然后从泵体中抽出两齿轮轴。对于销和密封圈，可不必从泵盖上取下。如果需要重新装配上，可按拆卸的相反次序进行。

4. 分析零件，看懂零件的结构形状

弄清楚每个零件的结构形状和作用，是读懂装配图的重要标志。在分析清楚各视图表达的内容后，对照明细栏和图中的序号，逐一分析各零件的结构形状。分析时一般从主要零件开始，再看次要零件。

分析零件，首先要会正确地区分零件。区分零件的方法主要是依靠不同方向和不同间隔的剖面线，以及各视图之间的投影关系进行判别。从标注该零件序号的视图入手，用对线条、找投影关系以及根据“同一零件的剖面线在各个视图上方向相同、间隔相等”的规定等，将零件在各个视图上的投影范围及其轮廓搞清楚，进而构思出该零件的结构形状。此外，分析零件主要结构形状时，还应考虑零件为什么要采用这种结构形状，以进一步分析该零件的作用。

零件区分出来之后，便要分析零件的结构形状和功用。例如，齿轮油泵件 7 的结构形状。首先，从标注序号的主视图中找到件 7，并确定该件的视图范围；然后用对线条找投影关系，以及根据同一零件在各个视图中剖面线应相同这一原则来确定该件在左视图中的投影。这样就可以根据从装配图中分离出来的属于该件的投影进行分析，想象出它的结构形状。齿轮油泵的两泵盖与泵体装在一起，将两齿轮密封在泵腔内；同时对两齿轮轴起着支承作用。所以需要用圆柱销来定位，以便保证左泵盖上的轴孔与右泵盖上的轴孔能够很好地对中。

分析清楚零件之间的配合关系、连接方式和接触情况，能够进一步了解装配体。

5. 归纳总结

在详细分析各个零件之后，可综合想象出装配体的结构和装配关系，弄懂装配体的工作原理、拆卸顺序；同时还需对装配图所注尺寸以及技术要求（符号、文字）进行分析研究，进一步了解装配体的设计意图和装配工艺。ϕ18H7/h6 为基孔制间隙配合。ϕ51H8/f7 为基孔制间隙配合。尺寸 45 ± 0.016 为重要尺寸，反映出对啮合齿轮中心距的要求。156 为总长尺寸，130 为总宽尺寸，142 为总高尺寸。109 为安装尺寸。这样，对装配体的全貌就有了进一步的了解，从而读懂装配图，为进一步拆画零件图打好了基础。齿轮油泵的立体图如图 9-27 所示。

以上所述是读装配图的一般方法和步骤，事实上有些步骤不能截然分开，而要交替进行。再者，读图总有一个具体的重点目的，在读图过程中应该围绕着这个重点目的去分析、研究。只要这个重点目的能够达到，那就可以不拘一格，灵活地解决问题。

二、由装配图拆画零件图

在设计新机器时，通常根据使用要求，先画出装配图，确定实现其工作性能的主要结构，然后依据装配图来设计零件并画出零件图。由装配图拆画零件图，不仅是机械设计中的一个重要环节，也是考核检查能否读懂装配图的重要手段。

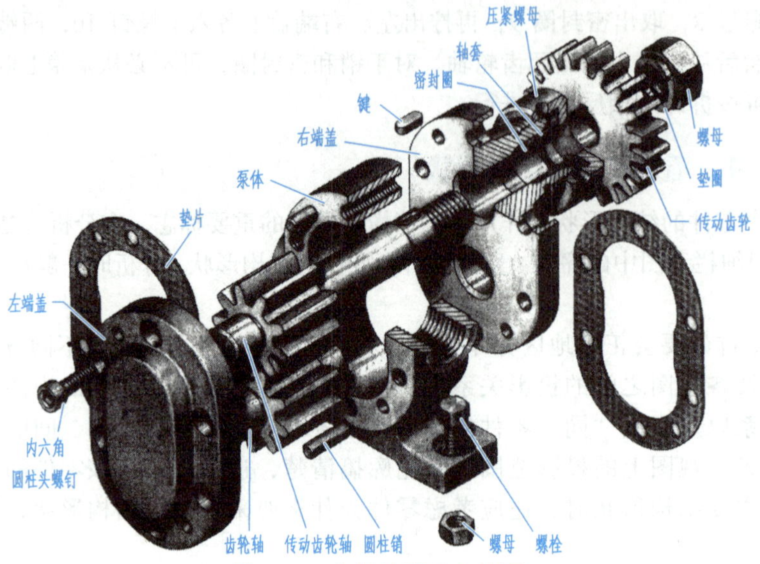

图 9-27　齿轮油泵的立体图

根据装配图拆画零件图，不仅需要较强的读图、画图能力，而且需要有一定的设计和工艺知识。现以如图 9-25 所示的齿轮油泵 7 号零件右端盖为例，简要说明拆画零件图的方法和步骤。

1. 认真读懂装配图，掌握所拆画零件的轮廓和结构形状

拆图前必须认真读懂装配图。一般情况下，主要零件的结构形状在装配图上已表达清楚，而且主要零件的形状和尺寸还会影响其他零件。因此，可以从拆画主要零件开始。对于一些标准零件，只需要确定其规定标记，可以不拆画零件图。

拆画零件时，先从各个视图上区分出零件。应当注意，在装配图中，由于零件间的相互遮掩或采用了简化画法、夸大画法等，零件的具体形状或某些形状不能完全表达清楚。这时，零件的某些不清楚部位应根据其作用和与相邻零件之间的装配关系进行分析，补充完善零件图。

在装配图的主视图中，分离出右端盖的投影，左视图不能直接反映其端面形状。从主视图上看，左、右端盖的销孔、螺孔均与泵体贯通，与泵体接触部分的结构和它们所起的作用完全相同。据此，可确定右端盖的端面形状与左端盖的端面形状完全一致，如图 9-28 所示。

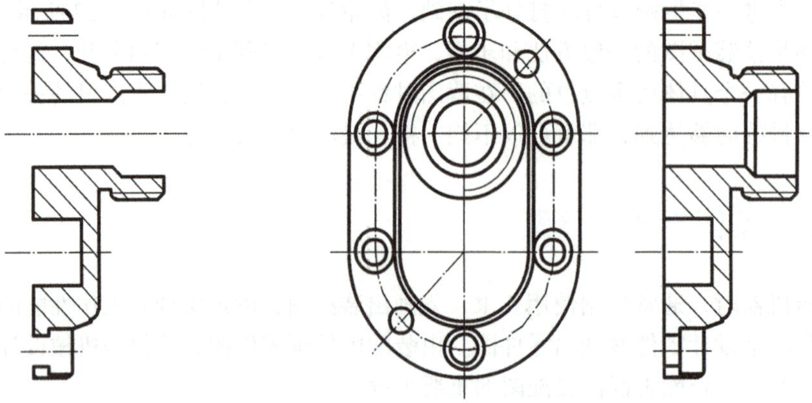

(a)　(b)

图 9-28　由装配图拆画零件图

装配图的视图选择方案，主要是从表达装配体的装配关系和整个工作原理来考虑的；而零件图的视图选择，则主要是从表达零件的结构形状这一特点来考虑。由于表达的出发点和主要要求不同，所以在选择视图方案时，就不应强求与装配图一致，即零件图不能简单地照抄装配图上该零件的视图数量和表达方法，而应该结合该零件的形状结构特征、工作位置或加工位置等，按照零件图的视图选择原则重新考虑。

右泵盖的主视图的安放位置和投射方向与装配图一致，按工作位置放置。主视图采用了全剖视图，可将三个组成部分的外部结构及其相对位置反映出来，也将其内部结构，如阶梯孔、销孔、螺孔等表达清楚。左视图表达右泵盖的外形轮廓，以及销孔、螺孔等的分布情况。

在装配图中对零件上某些局部结构可能表达不完全，而且对一些工艺标准结构还允许省略（如圆角、倒角、退刀槽、砂轮越程槽等）。在画零件图时均应补画清楚，对标准结构应查表确定。

2. 合理、清晰、完整地标注尺寸

拆画零件时应按零件图的要求注全尺寸。

① 装配图已注的尺寸，在有关的零件图上应直接注出。对于配合尺寸，一般应注出尺寸的上、下偏差。

② 对于一些工艺结构，如圆角、倒角、退刀槽、砂轮越程槽、螺栓通孔等，应尽量选用标准结构，查阅有关标准尺寸标注。

③ 对于与标准件相连接的有关结构尺寸，如螺孔、销孔、键槽等尺寸，应查阅有关手册资料确定。

④ 有的零件的某些尺寸需要根据装配图所给的数据进行计算才能得到（如齿轮分度圆、齿顶圆直径等），需经计算确定。

⑤ 一般尺寸均按装配图的图形大小、图的比例，可从装配图中按比例直接量取，并将量得的尺寸数值圆整。

应该特别注意，各零件间有装配关系的尺寸，必须协调一致，配合零件的相关尺寸不可互相矛盾。相邻零件接触面的有关尺寸和连接件有关的定位尺寸必须一致，拆图时应一并将它们注在相关的零件图上。

例如，根据 M6 查表确定内六角圆柱头螺钉用的通孔尺寸为 $6\times\phi6.6$、沉孔 $\phi11$、深 6.8。确定细牙普通螺纹的尺寸为 $M27\times1.5$。查表确定退刀槽的尺寸为 2.5×1.5。

3. 零件图上的技术要求

要根据零件在装配体中的作用和与其他零件的装配关系，以及工艺结构等要求，参考有关资料和同类产品，标注出该零件的表面粗糙度等方面的技术要求。有配合要求或有相对运动的表面，零件表面质量要求较高，如右端盖与轴配合的孔 Ra 的上限值为 1.6。在标题栏中填写零件的材料时，应和明细栏中的一致。右端盖的零件图如图 9-29 所示。

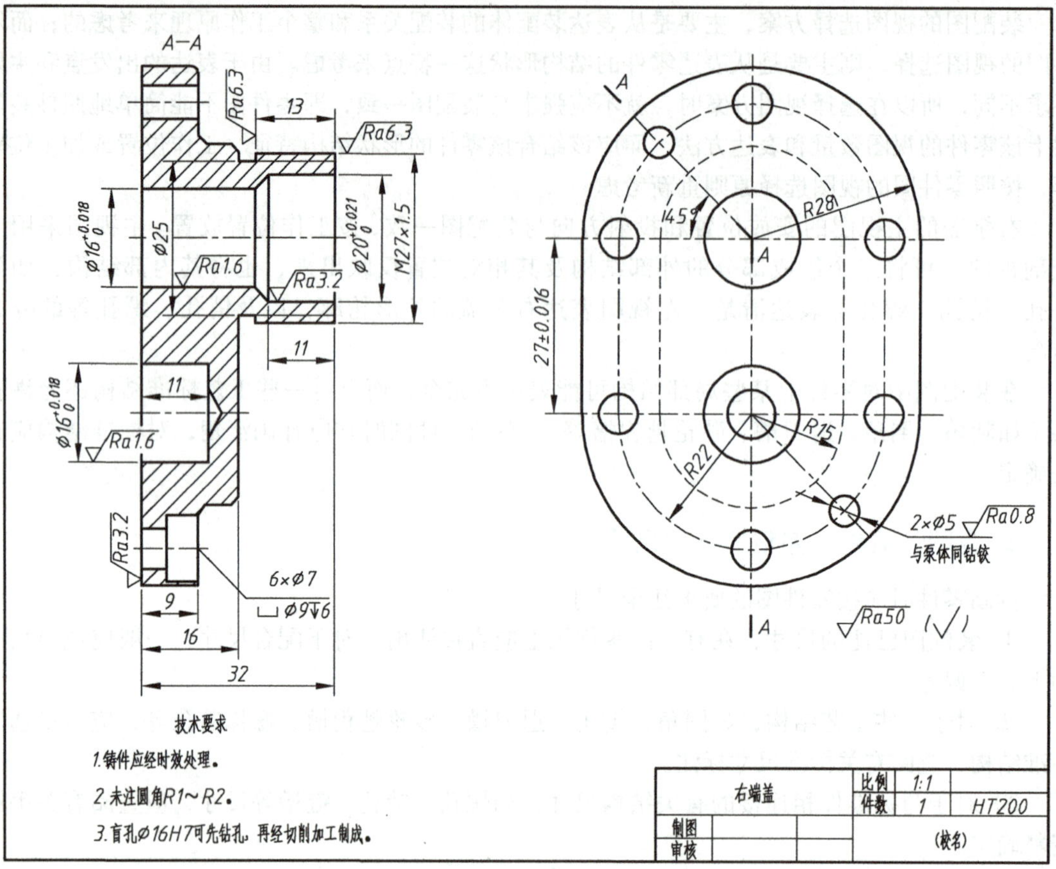
A—A
Ra6.3
13
Ra6.3
Ø16+0.018 0
Ø25
Ra1.6
Ø20+0.021 0
M27×1.5
Ra3.2
11
11
Ø16+0.018 0
Ra1.6
Ra3.2
6×Ø7
⊔Ø9↧6
9
16
32
A
145°
R28
A
27±0.016
R15
R22
2×Ø5
Ra0.8
与泵体同钻铰
A
Ra50 (√)
技术要求
1.铸件应经时效处理。
2.未注圆角R1~R2。
3.盲孔Ø16H7可先钻孔，再经切削加工制成。
右端盖
比例 1:1
件数 1
HT200
制图
审核
(校名)

图 9-29　右端盖零件图

第十章 焊接图

学习目标

1. 了解焊接接头和焊缝形式；
2. 了解焊缝符号及其标注方法；
3. 掌握简单焊缝符号的绘制方法。

技能目标

1. 能绘制简单焊接符号；
2. 具备识读焊接图的能力。

导　读

焊接是一种永久性连接金属材料的工艺方法。焊接过程的实质是用加热或加压等手段，借助金属原子的结合与扩散作用，使分离的金属材料（焊件）牢固地连接起来。

焊接在现代工业生产中具有十分重要的作用，如舰船船体、高炉外壳、建筑构架、压力容器等，都是用焊接方法制造的。工业上常见的焊接接头有对接接头、搭接接头、T 形接头和角接接头等。其焊缝形式主要有对接焊缝、点焊缝和角焊缝等，如图 10-1 所示。

（a）对接接头　　（b）点焊缝

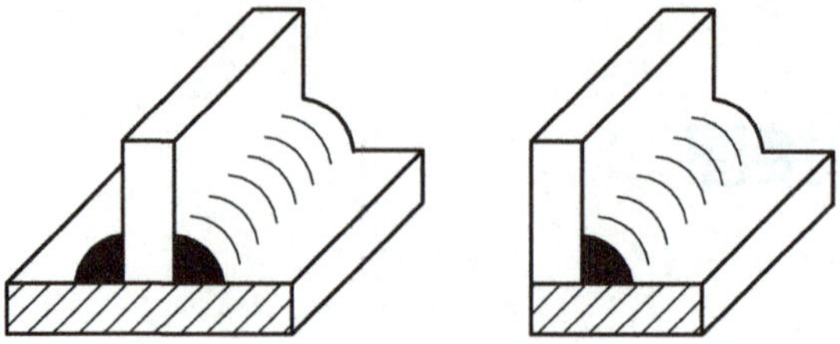

（c）角焊缝

图 10-1　常见的焊接接头和焊缝形式

第一节　焊缝符号及标注方法

在技术图样或文件上需要表示焊缝或接头时，通常用焊缝符号和焊接方法的数字代号来标注，一般推荐采用焊缝符号。必要时，也可采用一般的技术制图方法表示。

一、焊缝符号

焊缝符号应清晰表述所要说明的信息，不使图样增加更多的注解。

国家标准（GB/T 324—2008）规定，完整的焊缝符号包括基本符号、指引线、补充符号、尺寸符号及数据等。为了简化，在图样上标注焊缝时通常只采用基本符号和指引线，其他内容一般在有关的文件中（如焊接工艺规程等）明确。

1. 基本符号

基本符号表示焊缝横截面的基本形式或特征，并用 0.7b 的粗实线绘制。当基本符号与细实线的线宽比较接近时，允许将基本符号加粗表示。表 10-1 是各种类型焊缝的基本符号。

表 10-1　基本符号

序号	名　称	示意图	符　号
1	卷边焊缝	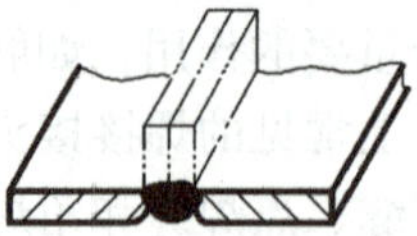	八
2	I 形焊缝	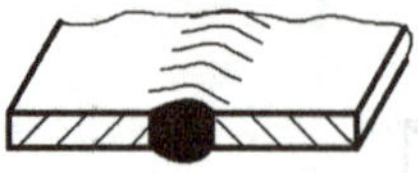	‖
3	V 形焊缝	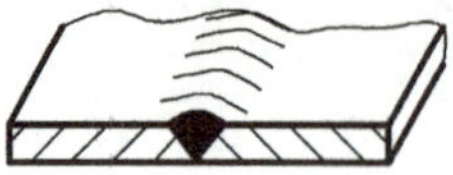	V
4	单边 V 形焊缝	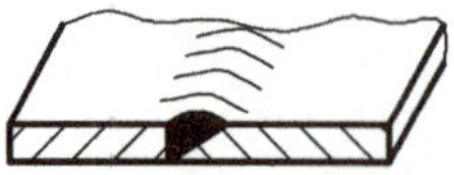	|/

续表

序号	名　称	示意图	符　号
5	带钝边 V 形焊缝		
6	带钝边单边 V 形焊缝		
7	带钝边 U 形焊缝		
8	带钝边 J 形焊缝		
9	封底焊缝		
10	角焊缝	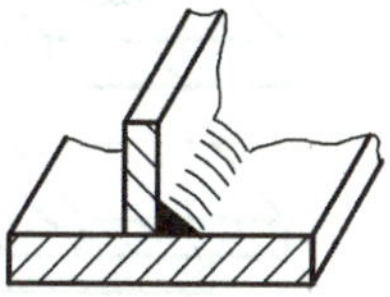	
11	塞焊缝或槽焊缝	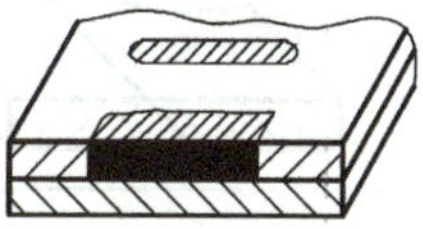	
12	点焊缝	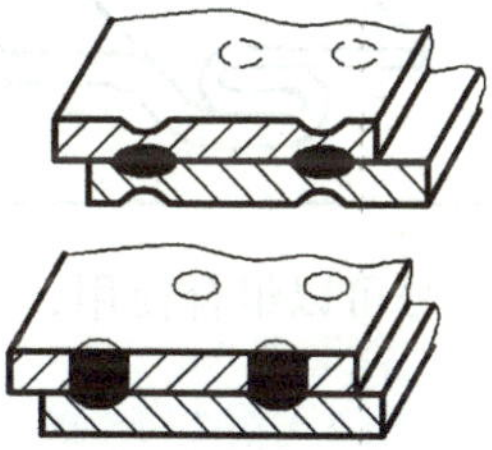	
13	缝焊缝	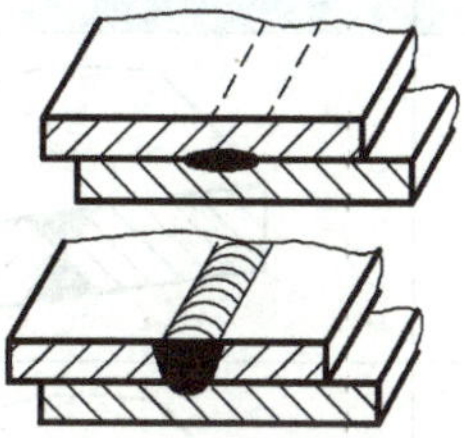	
14	陡边 V 形焊缝		

续表

序号	名　称	示意图	符　号
15	陡边单 V 形焊缝	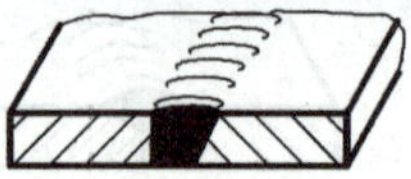	
16	端焊缝		
17	堆焊缝	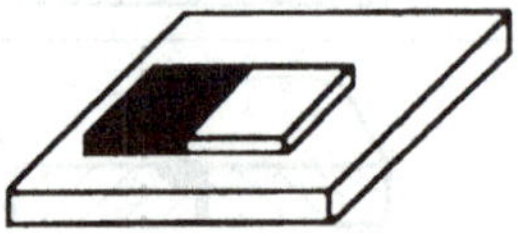	
18	平面连接（钎焊）	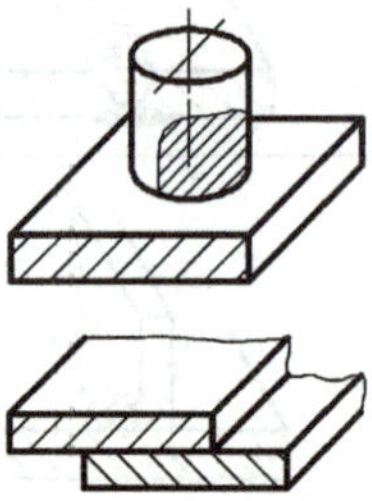	=
19	斜面连接（钎焊）	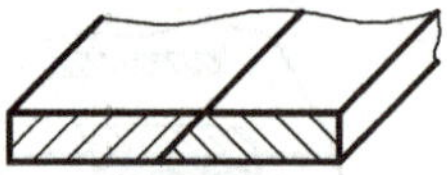	
20	折叠连接（钎焊）	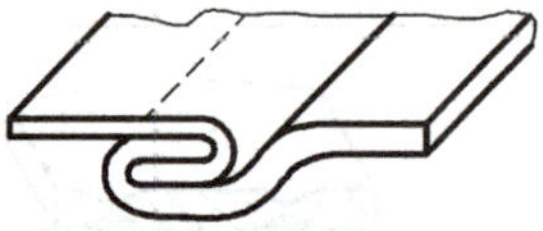	

标注双面焊缝或接头时，基本符号可以组合使用，见表 10-2。

表 10-2　基本符号的组合

序号	名　称	示意图	符　号
1	双面 V 形焊缝 （X 焊缝）	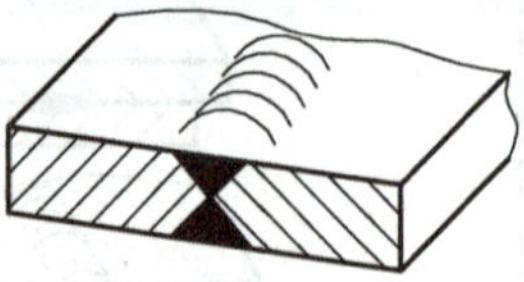	
2	双面单 V 形焊缝 （K 焊缝）	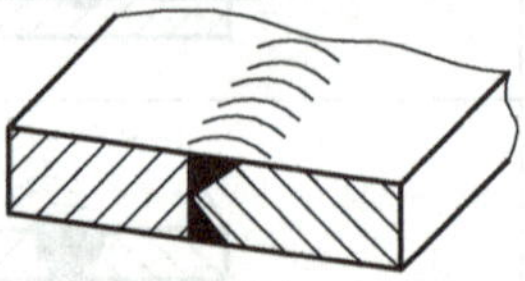	

续表

序号	名　称	示意图	符　号
3	带钝边的双面V形焊缝	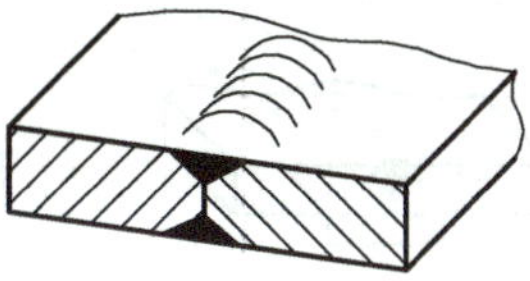	
4	带钝边的双面单V形焊缝	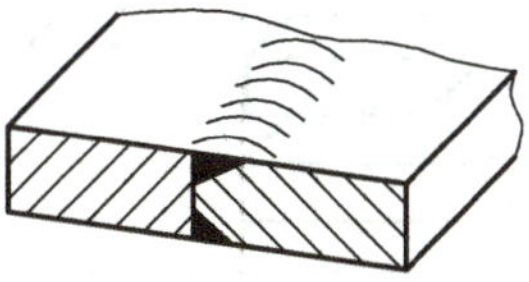	
5	双面U形焊缝	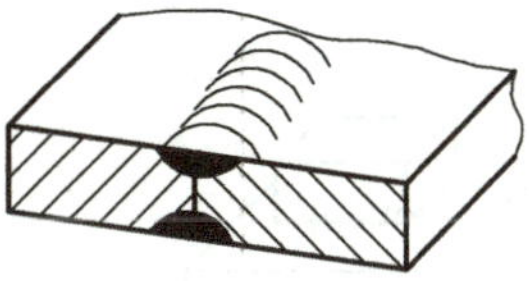	

2. 补充符号

补充符号用于补充说明有关焊缝或接头的某些特征（如表面形状、衬垫、焊缝分布、施焊地点等），并用 0.7*b* 的粗实线绘制，见表 10-3。

表 10-3　补充符号及标注示例

名称	符　号	形式及标注示例	说　明
平面符号	—	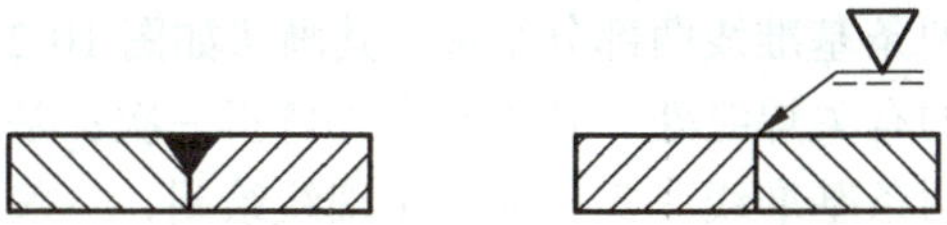	表示V形对接焊缝表面齐平（一般通过加工）
凹面符号			表示角焊缝表面凹陷
凸面符号			表示X形对接焊缝表面凸起
圆滑过渡			表示过渡平滑的角焊缝
永久衬垫	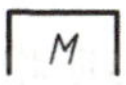	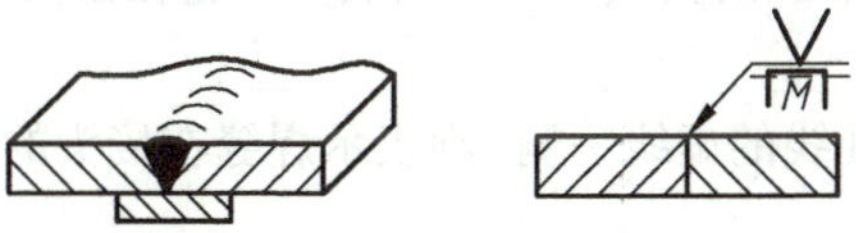	表示V形焊缝的背面底部有衬垫，衬垫永久保留

续表

名称	符　号	形式及标注示例	说　明
临时衬垫	MR	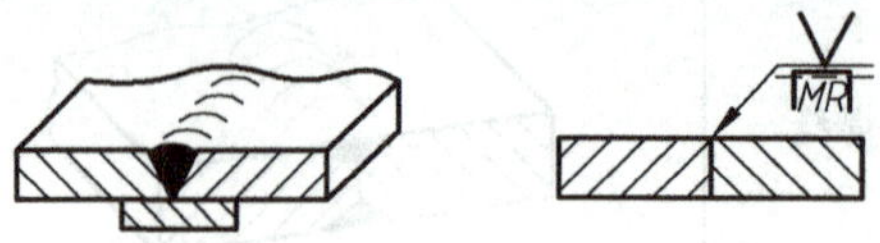	表示V形焊缝的背面底部有衬垫，衬垫在焊接完成后拆除
三面焊缝符号	⊏	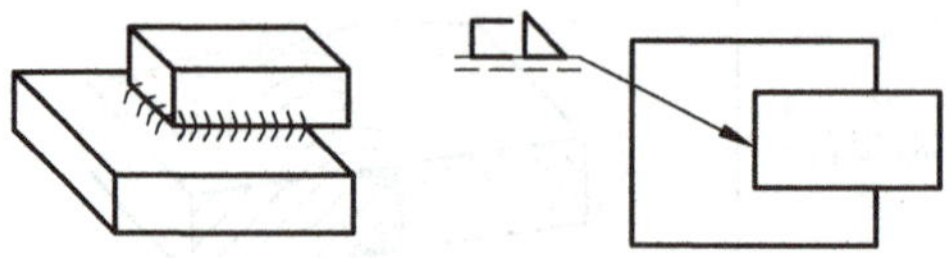	工件三面施焊，开口方向与实际方向一致
周围焊缝符号	○	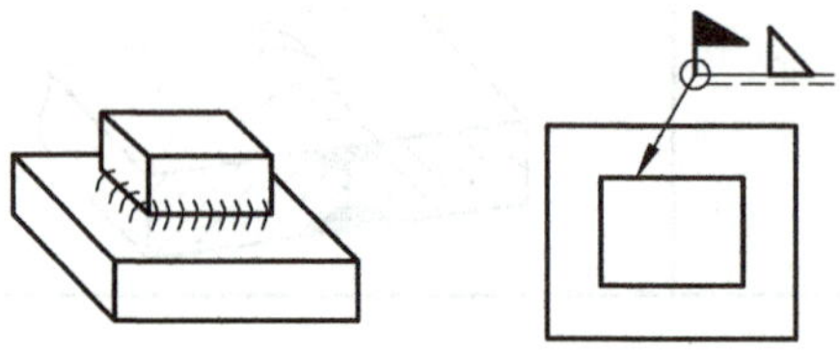	表示在现场沿工件周围施焊
现场符号	（旗形符号）		
尾部符号	<	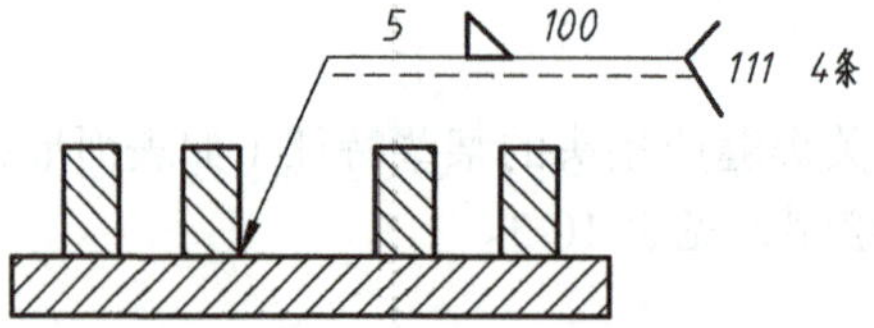	表示用手工电弧焊，有4条相同的角焊缝

3. 指引线

指引线一般由箭头线和两条基准线两部分组成。其画法如图 10-2 所示。其中，箭头线用于将整个焊缝符号指到图样上的有关焊缝处，必要时允许弯折一次；基准线的上面和下面用来标注焊缝的各种符号和尺寸。两条基准线一实一虚，用细线绘制，一般应与图样的底边平行；必要时也可与底边垂直，并且实线和虚线的位置可以互换。

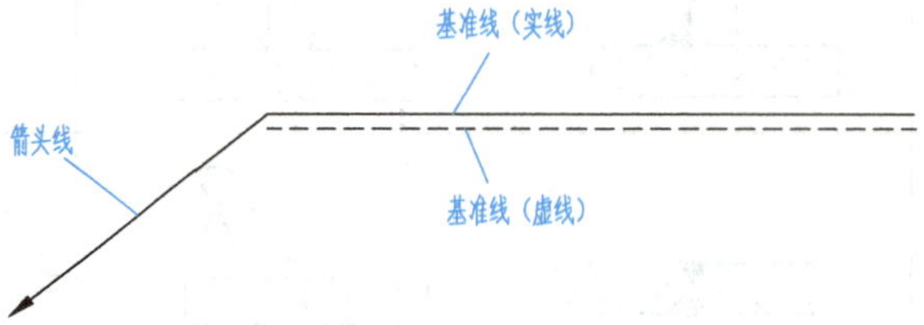

图 10-2　指引线的画法

为了能在图样上确切地表示焊缝的位置，国家标准（GB/T 324—2008）将基本符号相对基准线位置作了如下规定：

（1）如果基本符号标在基准线的实线一侧，则表示焊缝在接头的箭头所指一侧，如图 10-3（a）所示。

（2）如果基本符号标在基准线的虚线一侧，则表示焊缝在接头的非箭头所指一侧，如图 10-3（b）所示。

（3）对称焊缝允许省略虚线，如图 10-3（c）所示。

（4）在明确焊缝分布位置的情况下，有些双面焊缝也可省略虚线，如图 10-3（d）所示。

（5）在不致引起误解的情况下，当箭头线指向焊缝，而非箭头侧又无焊缝要求时，允许省略非箭头侧的基准线（虚线）。例如，图 10-3（a）中的虚线就可以省略。

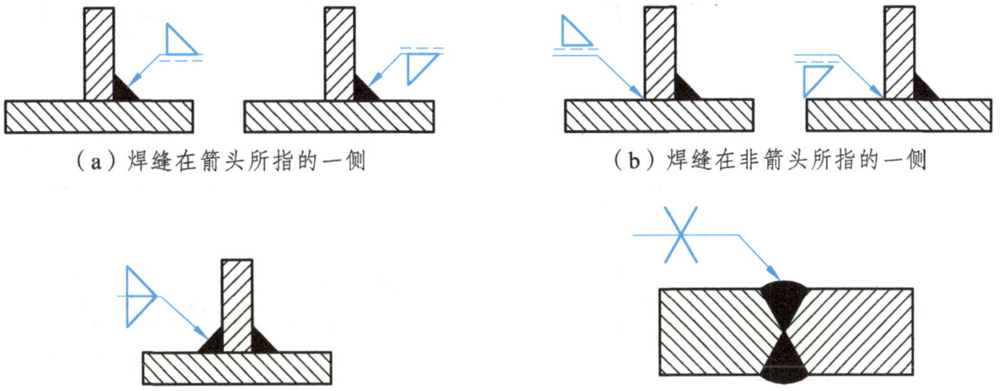

（a）焊缝在箭头所指的一侧　（b）焊缝在非箭头所指的一侧

（c）对称焊缝　（d）双面焊缝

图 10-3　基本符号相对基准线的位置

二、焊缝尺寸的标注

国家标准规定，必要时可在焊缝符号中标注尺寸。焊缝尺寸符号见表 10-4。

表 10-4　焊缝尺寸符号

符号	名称	示意图	符号	名称	示意图
δ	工件厚度	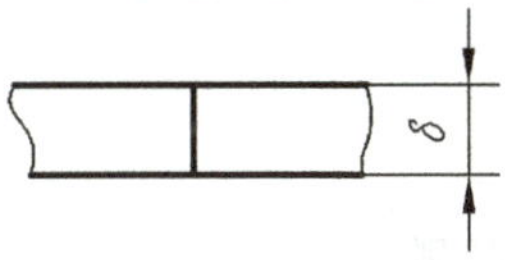	c	焊缝宽度	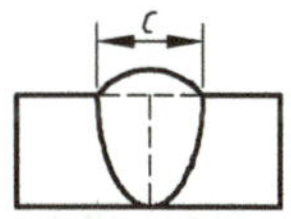
α	坡口角度	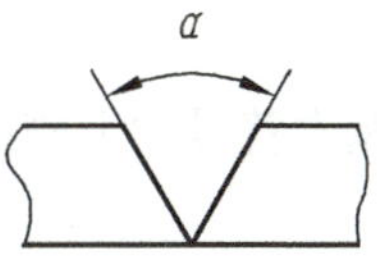	K	焊脚尺寸	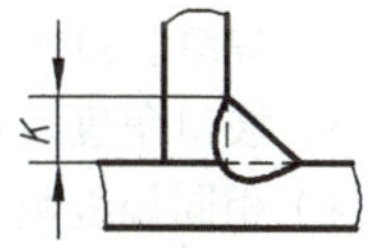
β	坡口面角度	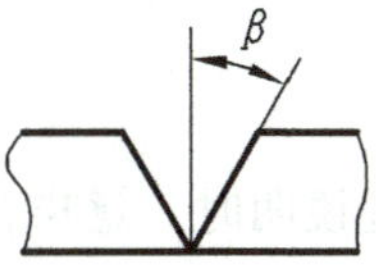	d	点焊：熔核直径 塞焊：孔径	
b	根部间隙	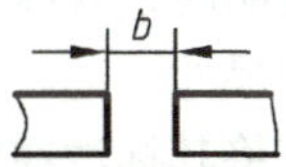	n	焊缝段数	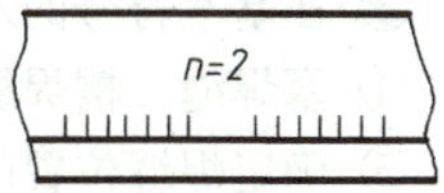

续表

符号	名称	示意图	符号	名称	示意图
p	钝边	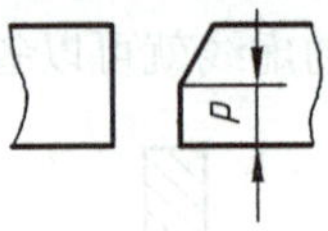	*l*	焊缝长度	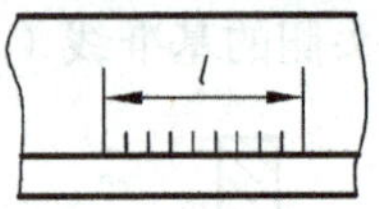
R	根部半径	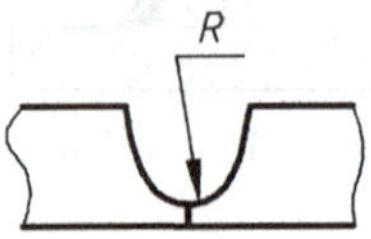	*e*	焊缝间距	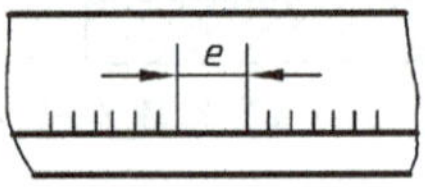
H	坡口深度	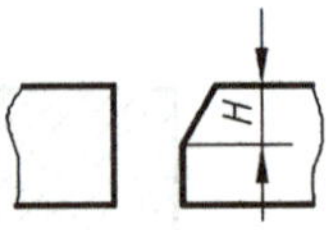	*N*	相同焊缝数量	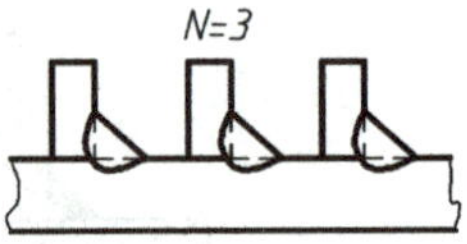
S	焊缝有效厚度	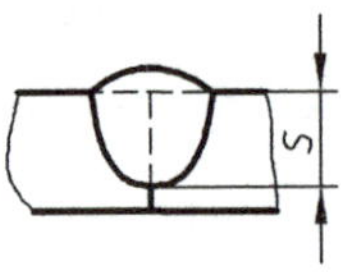	*h*	余高	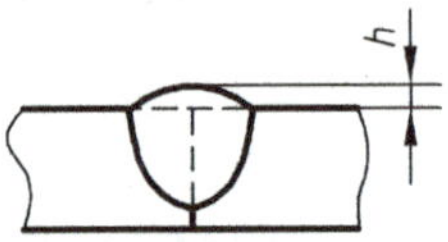

焊缝尺寸的标注方法参见图 10-4。

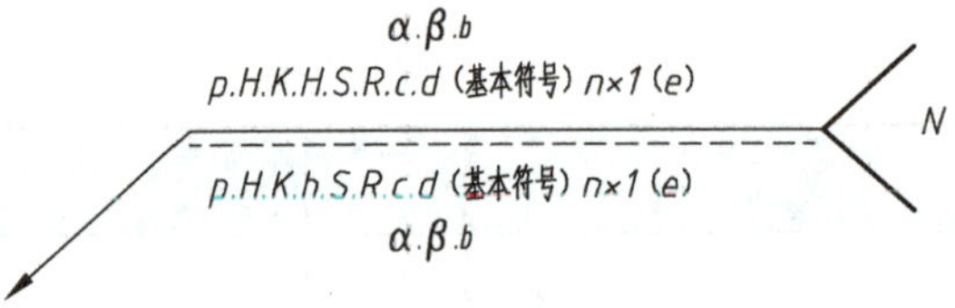

图 10-4　焊缝尺寸的标注原则

（1）焊缝横截面上的尺寸，标在基本符号的左侧；

（2）焊缝长度方向尺寸，标在基本符号的右侧；

（3）坡口角度、坡口面角度、根部间隙，标在基本符号的上侧或下侧；

（4）相同焊缝数量符号标在尾部；

（5）当需要标注的尺寸数据较多，又不易分辨时，可在数据前面增加相应的尺寸符号。

这里需要说明的是：

① 当箭头线的方向改变时，上述规则不变。

② 在基本符号的右侧无任何尺寸标注又无其他说明时，意味着焊缝在工件的整个长度方向上是连续的。

③ 在基本符号的左侧无任何尺寸标注又无其他说明时，意味着对接焊缝应完全焊透。

④ 塞焊缝、槽焊缝带有斜边时，应标注其底部的尺寸。

⑤ 确定焊缝位置的尺寸不在焊缝符号中标注，应将其标注在图样上。

三、焊接方法的标注

焊接方法很多，常用的有电弧焊、电阻焊、电渣焊、氧-乙炔焊和钎焊等，其中以电弧焊的应用最为广泛。焊接方法可用文字在技术要求中注明，也可用数字代号直接注写在焊缝符号的尾部。常用的焊接方法及数字代号见表 10-5。

表 10-5　常用焊接方法及数字代号

焊接方法	数字代号	焊接方法	数字代号
手工电弧焊	111	激光焊	751
埋弧焊	12	氧-乙炔焊	311
电渣焊	72	硬钎焊	91
电子束焊	76	点焊	21

四、焊缝的图示法

绘制焊缝时，可用视图、剖视图或断面图表示，也可用轴测图示意地表示。

（1）在视图中，可见焊缝可用栅线表示（栅线为细实线，允许手工绘制），如图 10-5（a）、（b）、（c）所示；也可用粗线（2～3b）表示，如图 10-5（d）、（e）、（f）所示。但在同一图样中，只允许采用一种画法。

（2）在垂直于焊缝的剖视图或断面图中，焊缝的金属熔焊区通常应涂黑表示，如图 10-5（b）、（c）、（d）、（e）、（f）所示。

（3）一般只用粗实线表示可见焊缝，如图 10-5（d）、（e）、（f）所示。

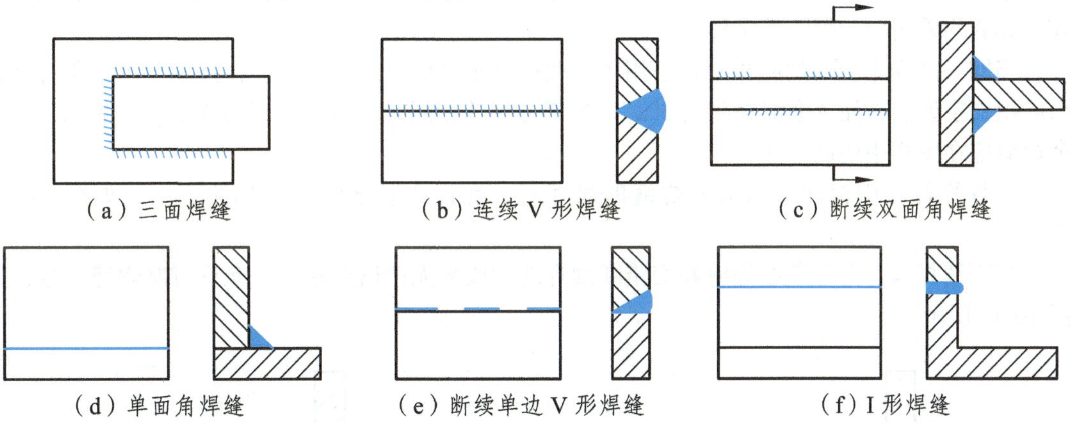

图 10-5　焊缝的画法示例

（4）在表示焊缝端面的视图或剖视图中，通常用粗实线绘出焊缝的轮廓。必要时，可用细实线画出焊接前的坡口形状，如图 10-6 所示。

（5）用轴测图示意地表示焊缝的画法，如图 10-7 所示。

（6）必要时，可将焊缝部位用局部放大图表示并标注尺寸，如图 10-8 所示。

（7）当在图样中采用图示法画出焊缝时，通常应同时标注焊缝符号，如图 10-9 所示。

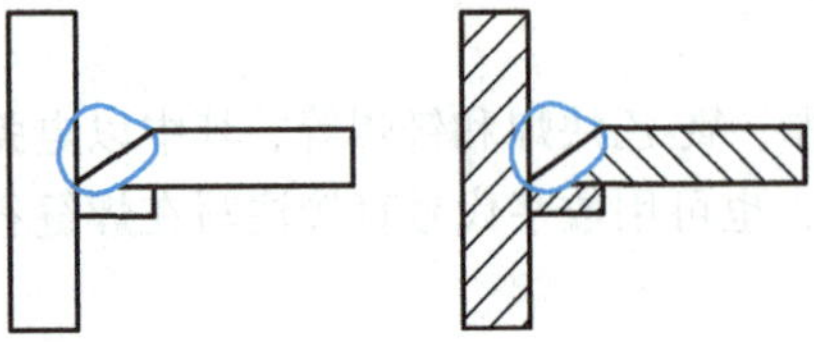

图 10-6　焊缝轮廓的画法

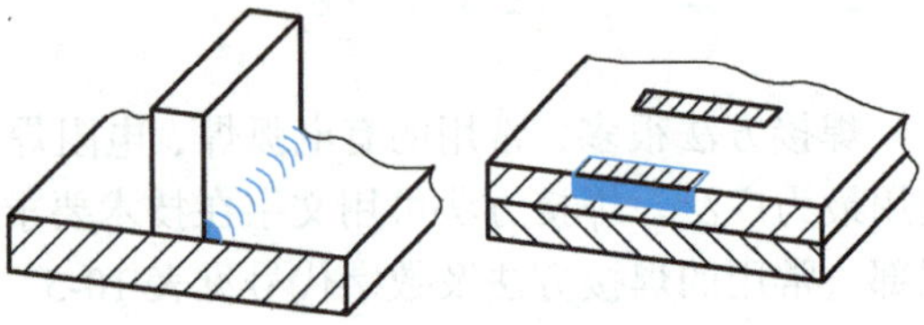

图 10-7　焊缝在轴测图中的示意画法

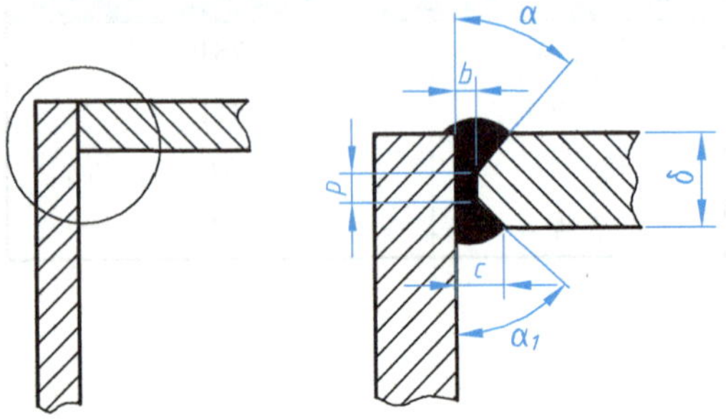

图 10-8　焊缝部位的局部放大图

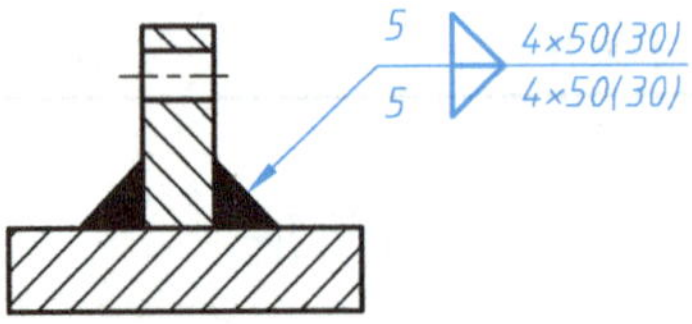

图 10-9　图示法标注焊缝符号

五、焊缝符号的标注

当同一图样上全部焊缝所采用的焊接全部方法完全相同时，焊缝符号尾部表示焊接方法的代号可省略不注，但必须在技术要求或其他技术文件中注明“焊缝均采用……焊”等字样；当大部分焊接方法相同时，也可在技术要求或其他技术文件中注明“除图样中注明的焊接方法外，其余焊缝均采用……焊”等字样。

当同一图样中全部焊缝相同且已用图示明确表示其位置时，可统一在技术要求中用符号表示或用文字说明，如“全部焊缝为 5⊿”；当部分焊缝相同时，也可采用同样的方法表示，但剩余焊缝应在图样中明确标注。

在焊缝符号中标注交错对称焊缝的尺寸时，允许在基准线上只标注一次，如图 10-10 所示。

当断续焊缝、对称断续焊缝和交错断续焊缝的段数无严格要求时，允许省略焊缝段数，如图 10-11 所示。

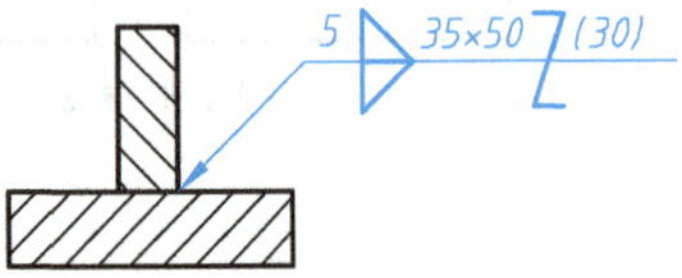

图 10-10　交错对称焊缝的尺寸

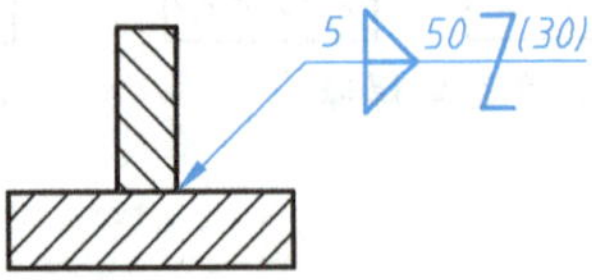

图 10-11　断续焊缝的段数

在同一图样中，当若干条焊缝的坡口尺寸和焊缝符号均相同时，可集中标注，如图 10-12 所示；当这些焊缝同时在接头中的位置均相同时，也可采用在焊缝符号的尾部加注相同焊缝数量的方法简化标注，但其他形式的焊缝仍需分别标注，如图 10-13 所示。

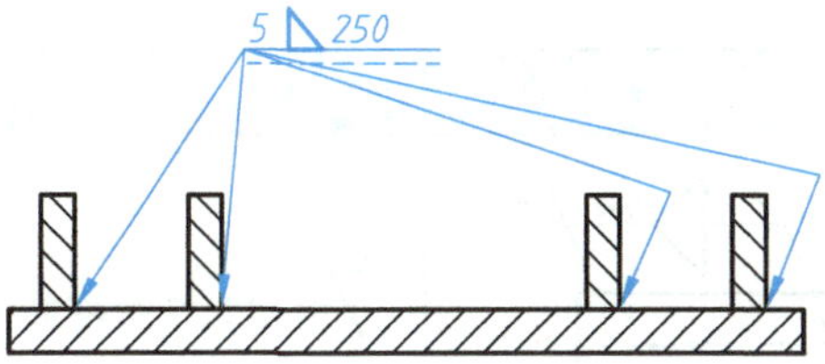

图 10-12　多条相同焊缝的集中标注

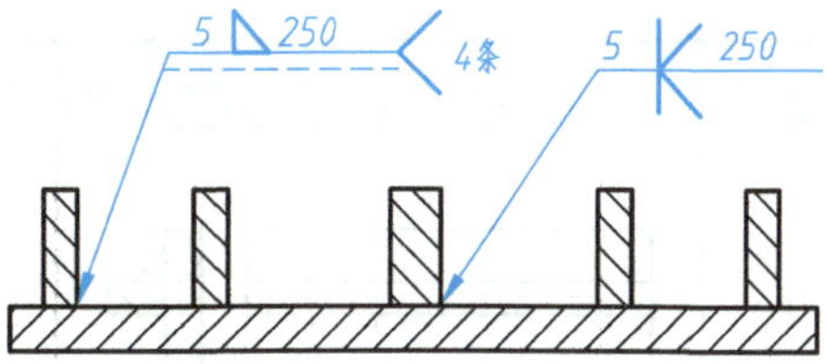

图 10-13　个别不同形式的焊缝仍需分别标注

为了简化标注方法，或者标注位置受到限制时，可以标注焊缝简化代号，如图 10-14 所示。但必须在该图样下方或在标题栏附近说明这些简化代号的意义。用于说明意义的符号和代号应是图形中所注符号和代号的 1.4 倍，如图 10-14 所示。

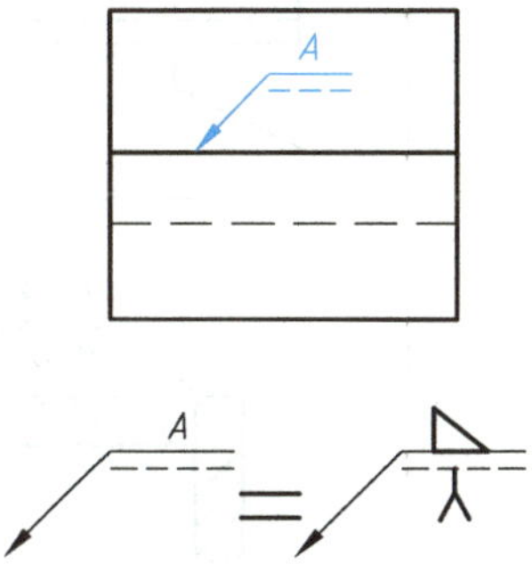

图 10-14　焊缝符号的简化标注

另外，当焊缝长度的起始和终止位置明确（已由构件的尺寸等确定）时，允许在焊缝符号中省略焊缝长度。现场符号允许简化，即可以使用不涂黑的小旗“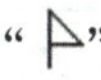”。

关于焊缝的标注方法见表 10-6。

表 10-6　焊缝的标注方法

接头形式	焊缝形式	标注示例	说　明
对接接头	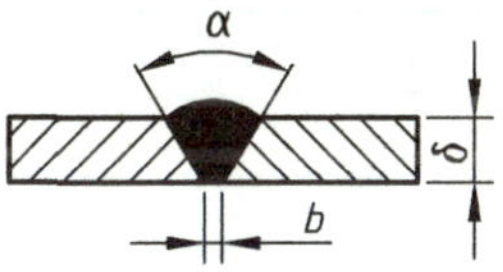	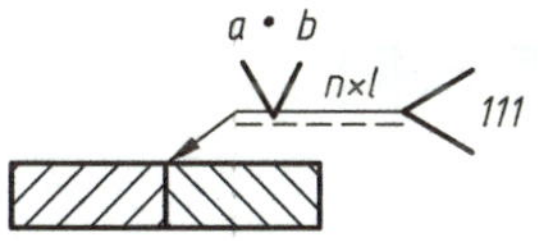	111 表示用手工电弧焊，V 形坡口，坡口角度为 α，根部间隙为 b，有 n 段焊缝，焊缝长度为 l
T 形接头	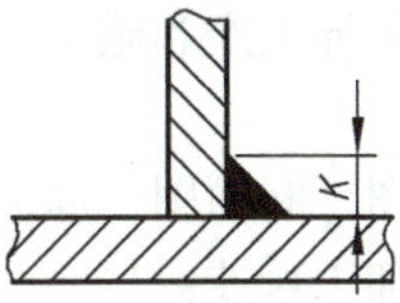	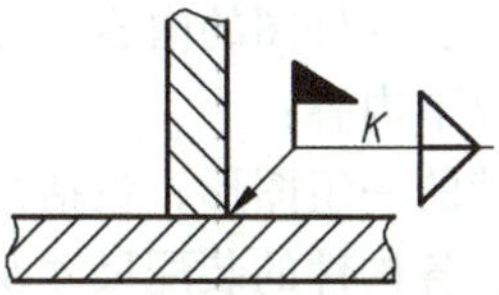	表示在现场装配时进行焊接； 表示双面角焊接，焊角尺寸为 K
	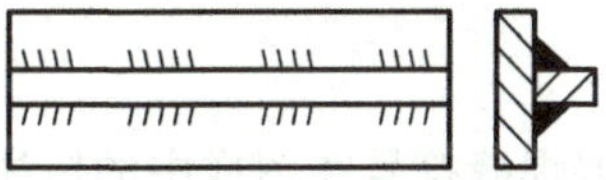	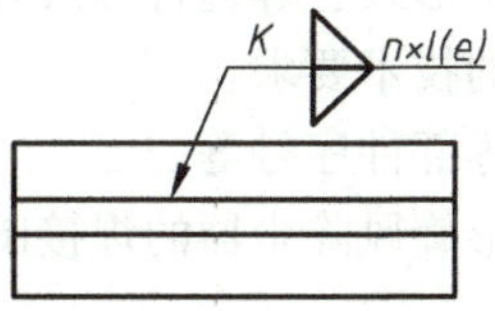	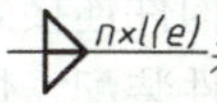 表示有 n 段断续双面角焊缝，l 表示焊缝长度，e 表示断续焊缝的间距

续表

接头形式	焊缝形式	标注示例	说　明
T 形接头	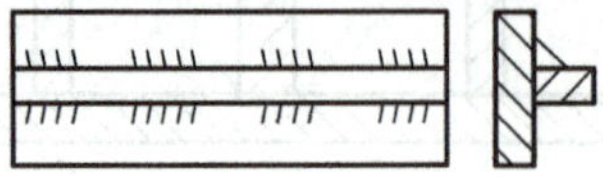	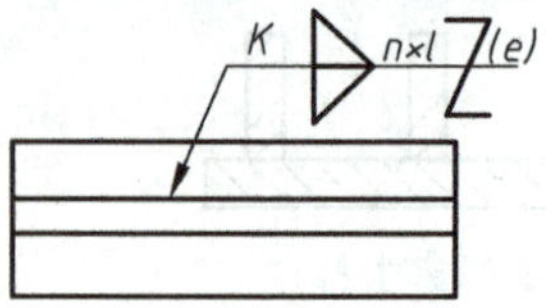	表示交错断续角焊缝
角接接头	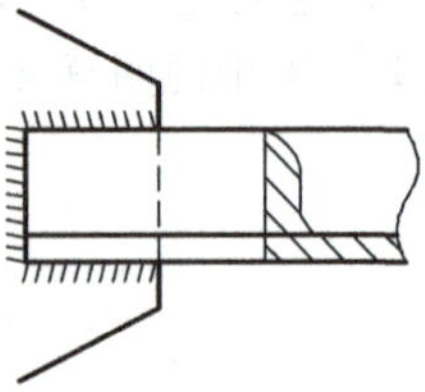	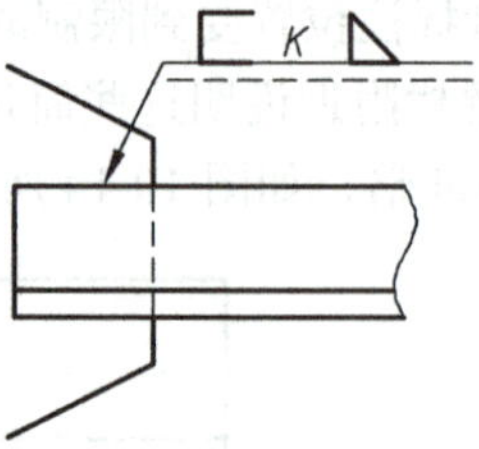	表面三面焊接； 表面单角面焊接
	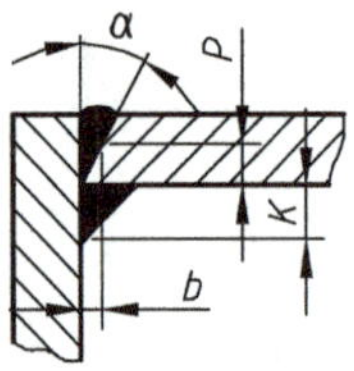	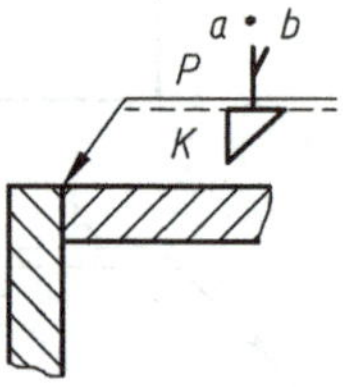	表示双面焊缝，上面为带钝边单边 V 形焊缝，下面为角焊缝
搭接接头	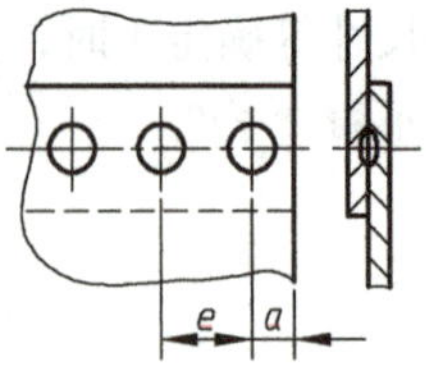	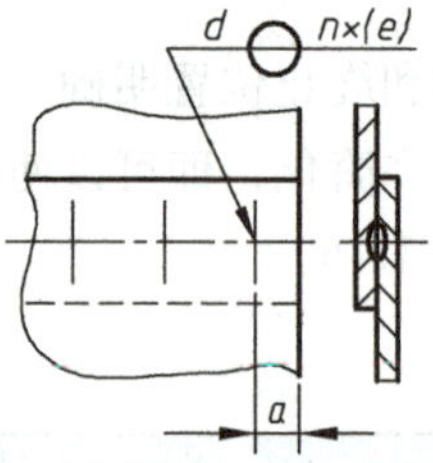	表示点焊缝，*d* 表示焊点直径，*e* 表示焊点的间距，*a* 表示焊点至板边的间距

第二节　焊接图示例

焊接图具有装配图的形式、零件图的内容，可直接用于指导生产和施工。

一张完整的焊接图包括以下内容：

（1）表达焊接件结构形状的一组图形，包括视图、剖视图、断面图、局部放大图等。

（2）焊接件的规格尺寸、各构件的装配尺寸及焊接后的加工尺寸。

（3）各构件连接处的接头形式、焊缝符号及焊缝尺寸。

（4）构件装配、焊接后的技术要求。

（5）标题栏、明细栏、零部件序号等。

本节通过上框架梁和筒形旋风除尘器的焊接图，了解焊缝符号在图样中的标注方法，对上一节的内容进一步加深理解。

一、上框架梁

图 10-15 为矿用电梯上框架梁的焊接图。该图由主、左、俯视图和三个局部放大图组成。

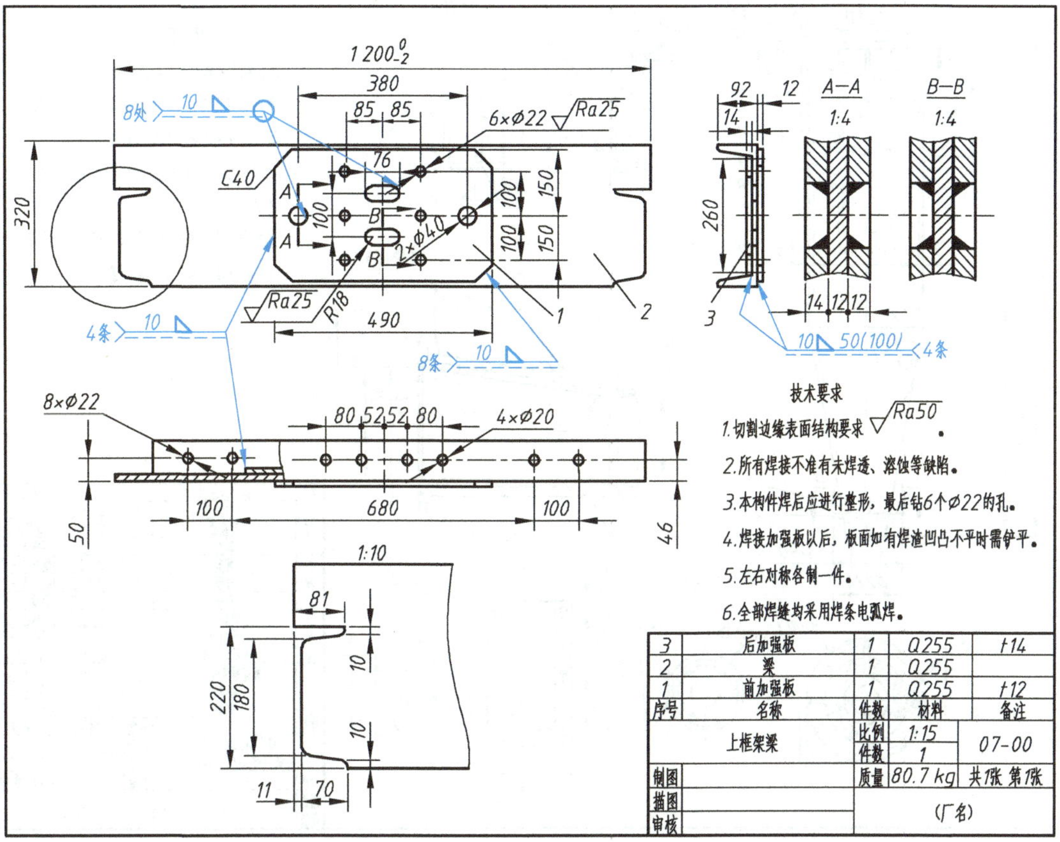

图 10-15　上框架梁的焊接图

在主、俯视图之间的 4 条焊缝符号“10”中，两条斜向指引线表示所指处的前、后两块加强板的焊接要求相同，“⊿”表示角焊缝，焊脚尺寸为 10 mm，共有 4 条。

在左视图上的 4 条焊缝符号“10 50(100)”中“50（100）”表示断续焊缝，焊缝长度为 50 mm，断续焊缝间距为 100 mm，共有 4 条。

为了使加强板与槽钢之间的焊接强度达到规定的设计要求，又在前、后加强板上各加工了两个 ϕ40 的圆孔和两个 R18 的长圆孔作为焊接之用。图上的焊缝符号“8处 10”中的“○”，表示环绕孔的周围均需进行焊接；在局部放大的剖视图 *A*—*A* 和 *B*—*B* 中画出了焊缝的横断面图。

二、筒形旋风除尘器

图 10-16 所示的筒形旋风除尘器是通风工程中净化空气的一种设备。该设备由钢板制成所需要的各种形状后焊接而成，用来从空气中分离灰尘，把灰尘收集下来。

图 10-16　筒形旋风除尘器

图 10-17 和图 10-18 为筒形旋风除尘器右旋ϕ300 筒体的总图和部分零件图。零件图包括圆锥管和排出管。图中有许多焊缝，请在阅读时自行分析。

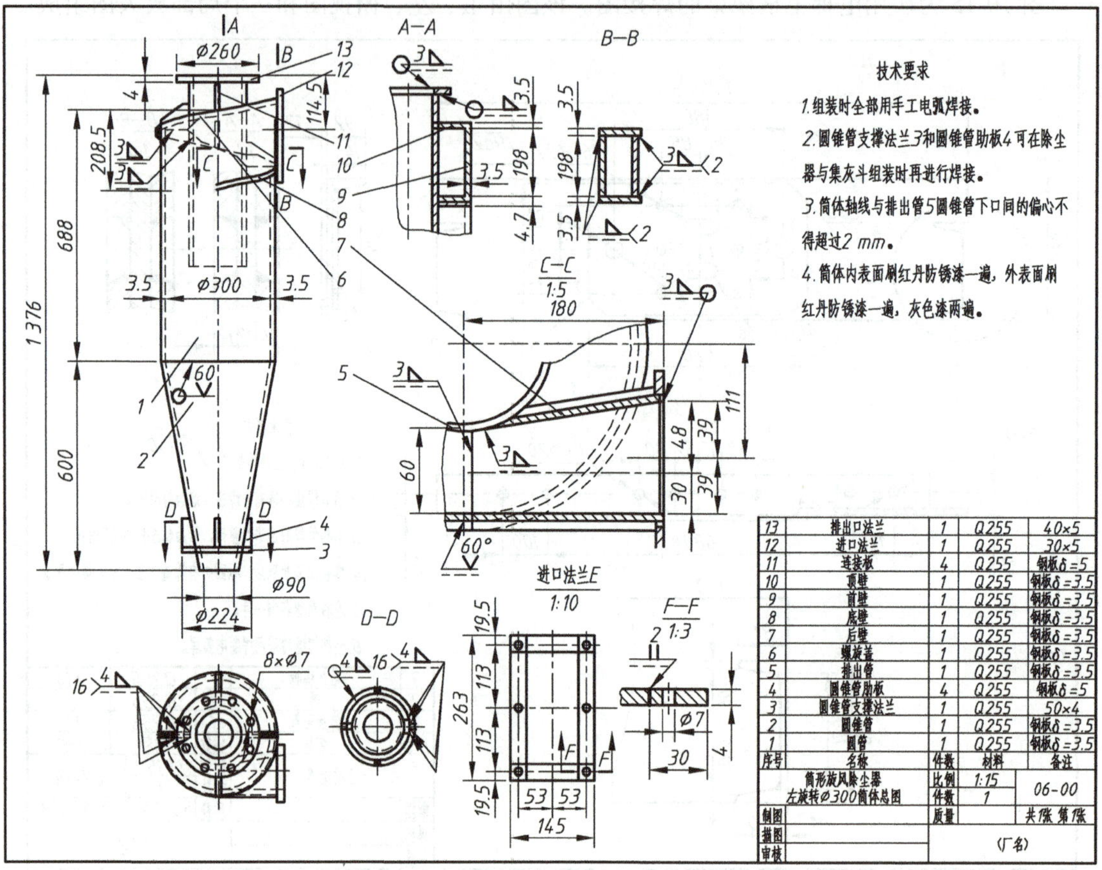

图 10-17　筒形旋风除尘器筒体总图

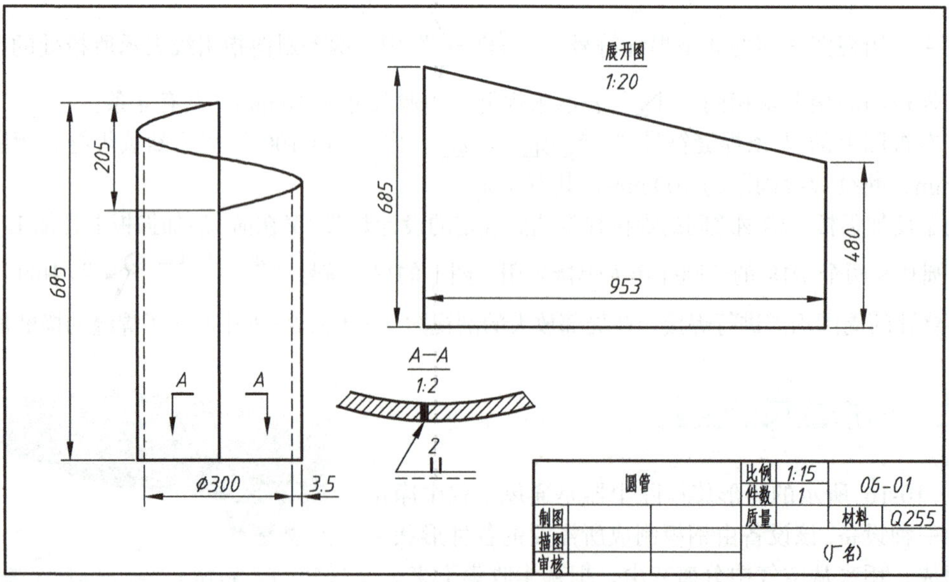

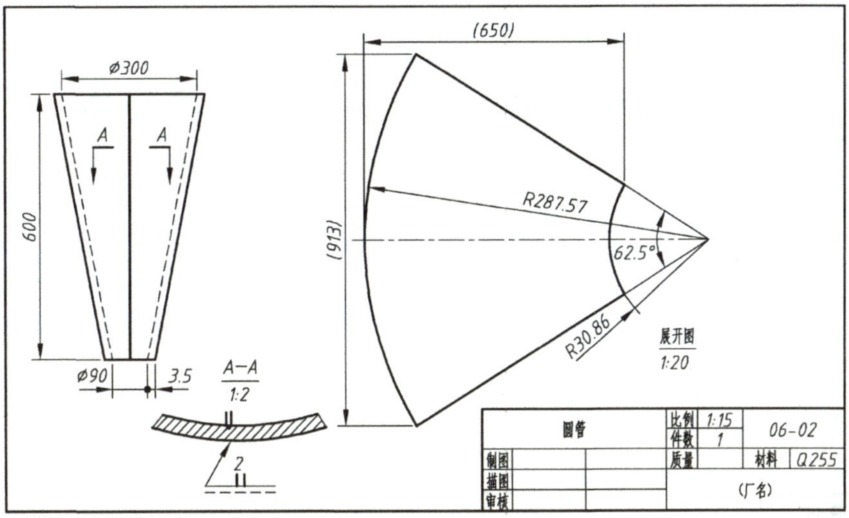

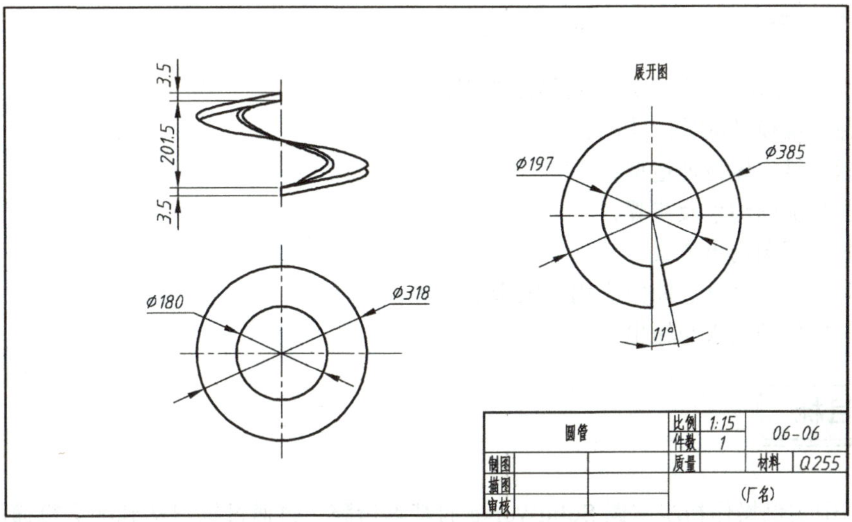

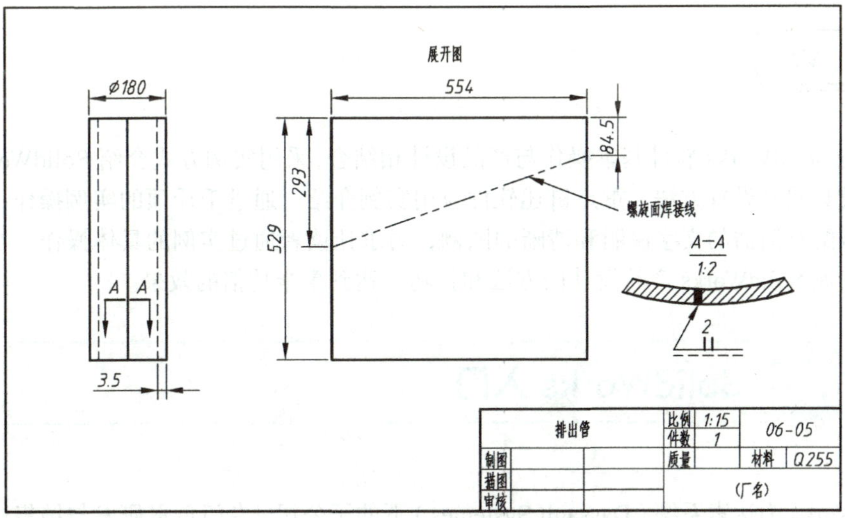

图 10-18　筒形旋风除尘器筒体零件图

第十一章 SolidWorks 三维软件及其应用

学习目标

1. 了解 SolidWorks 基础知识及界面应用；
2. 掌握三维模型的草图绘制；
3. 掌握三维实体特征造型；
4. 掌握装配图约束及步骤；
5. 掌握工程图输出方式；
6. 了解标准件设计、曲面应用、钣金设计等；
7. 了解文件的输入与输出。

技能目标

通过书中实例操作初步掌握 SolidWorks 的基本精髓，再通过练习达到融会贯通的目的。

导　读

本章将 SolidWorks 软件基本操作与产品设计相结合，采用实例方式介绍 SolidWorks 常用工具的功能及其属性设置方法，重点讲述软件应用实例介绍，通过千斤顶的实例操作，并针对每个操作步骤配有简洁的文字说明和清晰的图例，力求让读者通过实例的具体操作，在较短的时间内快速掌握 SolidWorks 产品设计的方法和技巧，达到事半功倍的效果。

第一节 SolidWorks 入门

SolidWorks 为达索系统（Dassault Systemes）下的子公司，专门负责研发与销售机械设计软件的视窗产品。达索公司负责系统性的软件供应，并为制造厂商提供具有 Internet 整合能力的支援服务。该集团提供涵盖整个产品生命周期的系统，包括设计、工程、制造和产品数据管理等各个领域中的最佳软件系统。著名的 CATIA 软件也出自该公司，目前达索公司的 CAD 产品市场占有率居世界前列。

一、SolidWorks 简介

SolidWorks 是一款功能强大的三维 CAD 设计软件，常用于产品的机械设计，并具有对设计模型进行模拟分析的功能，可大大提高产品的设计水平和缩短开发周期。

SolidWorks 目前已广泛应用于航空航天、机车车辆、食品、机械、国防、交通、模具、电子通信、医疗器械、娱乐工业、日用品/消费品、离散制造等行业，被全球 100 多个国家的企业、高校、科研院所等使用。美国的麻省理工学院、斯坦福大学，中国的清华大学、北京航空航天大学等都在进行相关教学，中国空间技术研究院也选择了 SolidWorks 作为其主要的三维设计软件，以最大限度地满足其对产品设计的高端要求。SolidWorks 除了具有较强的草绘能力及实体造型功能外，还可进行钣金件和焊接件设计、智能装配、三维模型直接生成二维工程图，具有干涉检测与强度校核等工程设计功能、动画仿真功能、运动分析与受力分析等。

二、SolidWorks 主要功能

SolidWorks 自发布以来已经先后推出了几十个版本，现就其主要功能做简单介绍。

1. 常用模块

（1）草图绘制模块。

当创建一个零件时，首先需要做的就是生成草图，SolidWorks 不但能绘制 2D 草图，还能绘制 3D 草图。

① 零件和特征模块。

3D 零件是 SolidWorks 机械设计软件中的基本组件，通过这个模块，可以操作实体零件建模、对特征和面属性编辑、复制和移动等。

② 装配模块。

可以创建由许多零部件所组成的复杂装配体，这些零部件可以是零件或其他装配体，称之为子装配。对于大多数操作，两种零部件的行为方式是相同的。添加零部件到装配体，在装配体和零部件之间生成一连接。当 SolidWorks 打开装配体时，将查找零部件文件以在装配体中显示。

③ 工程图模块。

SolidWorks 的工程图模块分为出详图和工程图。出详图就是为工程图添加尺寸、注解、材料明细表、修订表等，不仅可以为 2D 工程图添加，也可以为 3D 模型添加。使用 SolidWorks 的工程图模块，可按设定选项、打开工程图、生成工程图、自定义图纸格式、工程图中的 2D 草图、工程图文件、生成标准视图（模型视图和标准三视图）、生成派生视图（如局部、剖面、投影、断裂视图等）、对齐和显示视图、保存工程图、打印和发送工程图等步骤实现。

（2）行业应用模块。

① 钣金设计。

SolidWorks 创建钣金的方式主要有将实体零件转化为钣金零件；使用钣金的特征来生成零件为钣金零件；创建一个零件，将其抽壳后转换为钣金。

② 模具设计。

使用控制模具生成过程的集成工具来生成模具，并分析和纠正 SolidWorks 或输入的预制模零件模型的不足之处。模具工具覆盖从初始分析到生成切削分割的整个范围。

③ 焊接模块。

焊接功能模块将焊件结构视为单一多实体零件。使用 2D 和 3D 草图来定义基本框架，然后生成包含草图线段组的结构构件，也可使用焊件工具栏上的工具添加角撑板、顶端盖等。

④ 步路（管道和布线）。

可以使用 SolidWorks Routing 生成一特殊类型的子装配体，以在零部件之间创建管道、管筒或其他材料的路径。

⑤ Circuit Works。

通过 Circuit Works 可以使用由大多数电子电路计算机辅助设计（ECAD）系统写入的文件格式来创建 3D 模型。电子和机械工程师可以合作设计适合用于 SolidWorks 装配体中的印刷电路板（PCB）。

2. 高级模块

（1）运动仿真。

运动算例是装配体模型运动的图形模拟。可将诸如光源和相机透视图之类的视觉属性融合到运动算例中。运动算例不改变装配体模型或其属性。它们模拟并动态显示模型的运动。

（2）有限元分析。

SolidWorks Simulation 是一个与 SolidWorks 完全集成的设计分析系统。SolidWorks 提供了单一屏幕解决方案来进行应力分析、扭曲分析、热分析和优化分析。

（3）渲染模块。

SolidWorks 的渲染主要是通过 Photo View360 和 Photo Works 来进行。

（4）SolidWorks Flo Xpress（流体力学分析）。

SolidWorks Flo Xpress 是一个流体力学应用程序，可计算流体是如何穿过零件或装配体模型的。根据算出的速度场，可以找到设计中有问题的区域，以便在制造零件之前对零件进行改进。

（5）SolidWorks DFM Xpress（制造性分析模块）。

DFM Xpress 是一种用于核准 SolidWorks 零件可制造性的分析工具。使用 DFM Xpres 识别可能导致加工问题或增加生产成本的设计区域。

第二节 界面介绍与操作

根据千斤顶装配体中各零件图，用 SolidWorks 软件制作其三维模型。在读懂各零件图所表达的具体结构后，进行形体分析和造型分析，按分析结果和先主要后细节的原则，逐步进行各特征的添加和编辑，完成各零件的三维建模。

一、SolidWorks 软件基础知识

1. 启动软件

双击桌面图标“”或通过 Windows 开始菜单启动 SolidWorks 软件。

2. 创建新项目文件

项目是协同设计中完善设计数据管理和控制的重要工具，它能够合理地组织相关文件并维护文件间的链接。软件启动后，单击界面中的新建按钮“”，在弹出的“新建文件 SolidWorks 文件”对话框中单击项目按钮“”（见图 11-1），然后单击确定按钮“确定”，以完成一个新项目文件的创建。

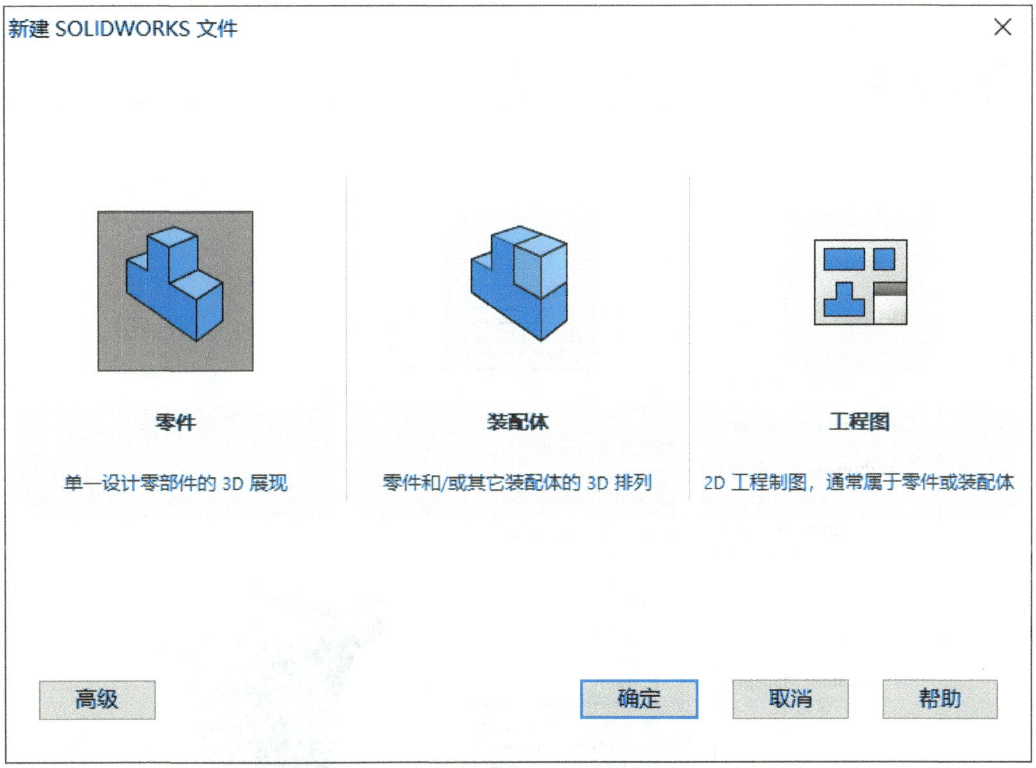

图 11-1　新建 SolidWorks 文件

图 11-2 为三维建模环境。建模环境主要由应用程序菜单按钮、功能区面板（Ribbon）、快速访问工具栏、信息工具栏、三维场景导航工具（View Cube）、操控盘（Steering Whells）、状态栏、图形窗口、浏览器、坐标指示器和文档选项卡等元素组成。

通过图 11-3 和图 11-4 可识别 SolidWorks 用户界面的主要元素。

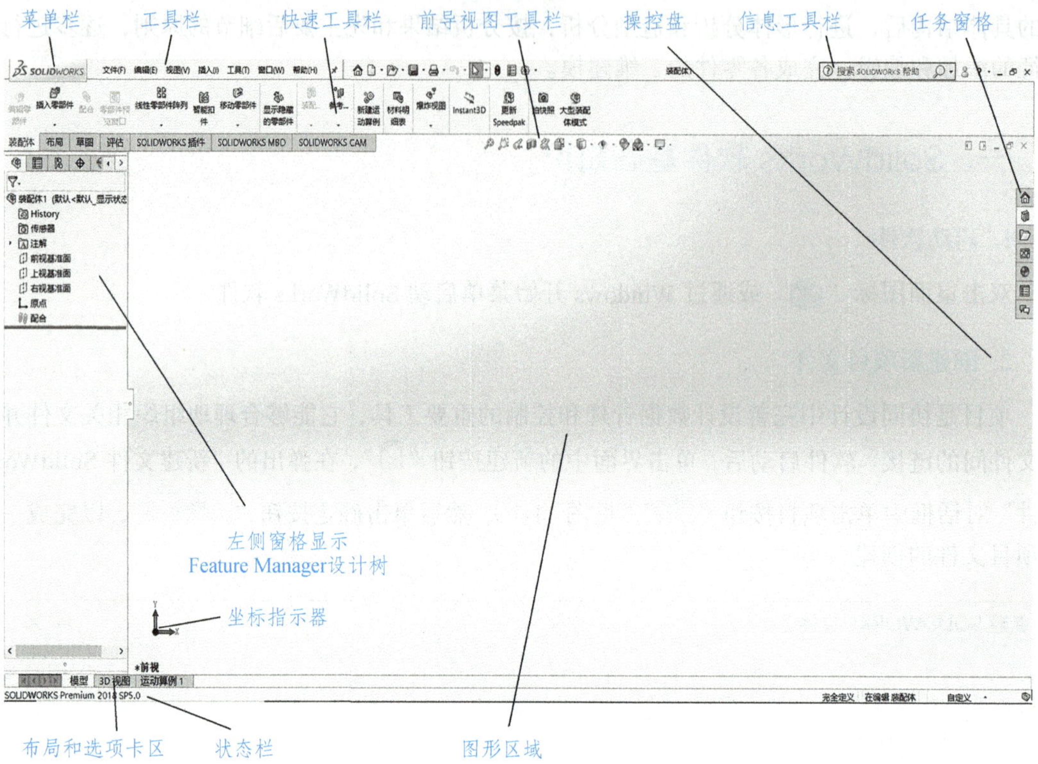

图 11-2　三维建模环境

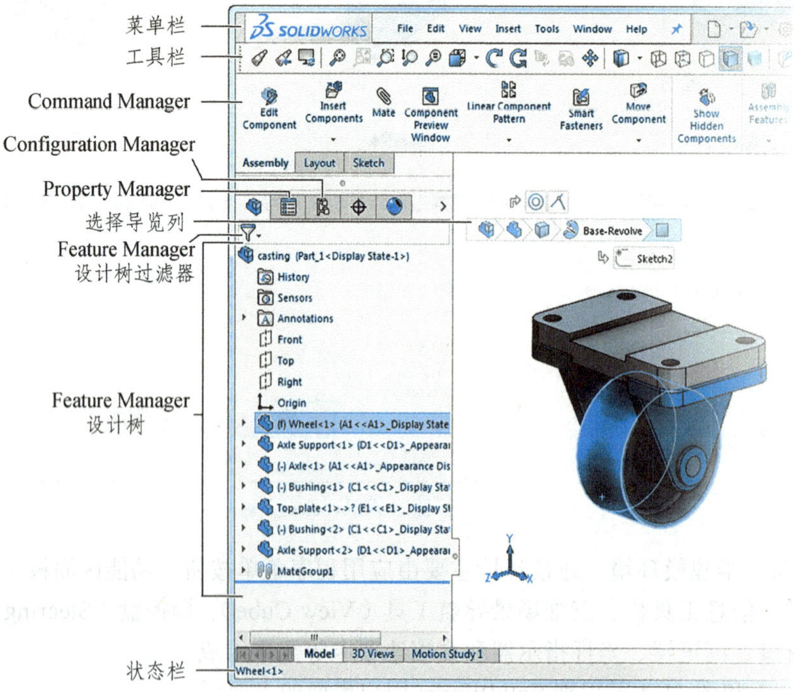

图 11-3　用户界面（左）

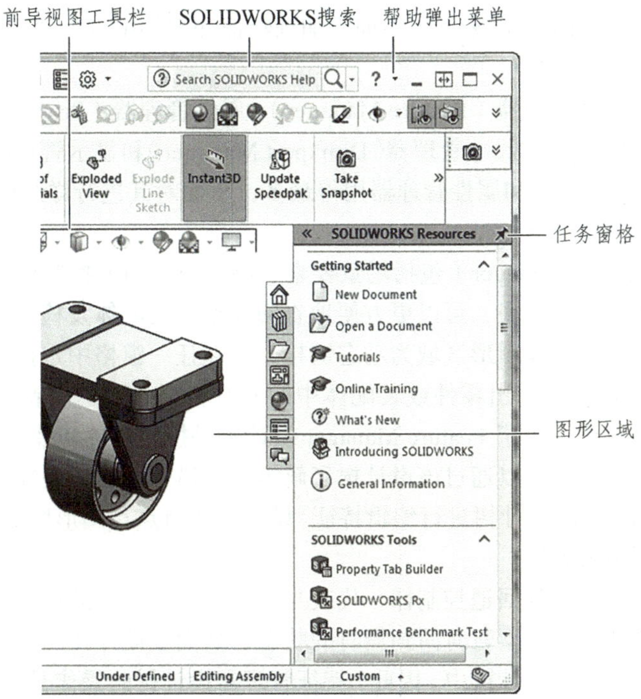

图 11-4　用户界面（右）

3. 环境介绍

1）菜单栏

菜单栏包含标准工具栏、SolidWorks 菜单、SolidWorks 搜索中的一组最常用的工具按钮以及一个帮助选项弹出菜单。当用户将鼠标移动到 SolidWorks 徽标上或单击它时，菜单可见。用户可以固定菜单，以使其始终可见。菜单被固定时，工具栏将移到右侧。

2）工具栏

工具栏对大部分 SolidWorks 工具以及插件产品均可使用。命名的工具栏可帮助进行特定的设计任务，如应用曲面或工程图曲线。由于 Command Manager 包含当前选定文档的最常用的工具，工具栏将默认关闭，可以通过 SolidWorks 工具栏和插件应用程序的工具栏显示出来。

此外，前导视图工具、关联工具栏、快捷栏属于特殊工具栏，可帮助更有效地工作，并自定义：零件、装配体及工程图文档工具栏的显示状态和位置；关联工具栏的显示状态；工具栏上的工具按钮。

3）状态栏

状态栏用于显示指针移到工具上时或单击菜单项目时的简要说明。如果对要求重建零件的草图或零件进行更改，可选择重建图标 。重建模型图标将会出现在零件名称以及需要重建的特征旁边。菜单栏工具栏中也会显示重建符号。

当编辑一个草图时，同样会显示重建模型符号。当退出草图时，会自动重建零件。当操作草图时，状态栏会显示草图状态及指针坐标，同时还会显示为所选实体常用的测量，诸如边线长度，表示正在装配体中编辑零件的信息。

在使用协作选项时，状态栏有用于访问“重装”对话框的图标 。单位系统 MMGS 可在状态栏中显示激活文档的单位系统，并可更改或自定义单位系统。状态栏中还有显示或隐藏标签文本框的图标，该标签用来将关键词添加到特征和零件中以方便搜索。

4）管理器窗口

管理器窗口包括特征管理器（Feature Manager）、属性管理器（Property Manager）、配置管理器（Configuration Manager）、尺寸管理器（Dimxpert Manager）和显示管理器（Display Manager）5 个选项卡，其中特征管理器和属性管理器用得最多，下面对其进行详细讲解。

（1）特征管理器。

特征管理器（Feature Manager）包括场景要素、特征树、回退控制棒和注解等，提供激活零件装配体或工程图的大纲视图，可以更方便地查阅模型或装配体及检查工程图中的各个图样和视图。特征管理器设计树和图形区域为动态链接，可在任一窗格中选择特征、草图、工程视图和构造几何体，可视地显示出零件或装配体中的所有特征。当一个特征创建好后，便加入 Feature Manager 设计树中，由于 Feature Manager 设计树是按照零件和装配体建模的先后顺序，以树状形式记录特征，所以可以通过该设计树了解零件建模和装配体装配顺序以及其他特征数据，并通过 Feature Manager 设计树进行编辑特征。设计树各节点与图形区的操作对象互相联动，为用户的操作带来了极大方便。

设计树最下方的线栏称为回退控制棒。代表当前模型操作时序的最终位置。可以将其回退到模型建立的中间步骤，使模型暂时回到当时的状态，从而在设计树的中间步骤展开工作，用户所做的任何操作都记录在设计树中。因此，特征管理器设计树的操作是应用 Solid Works 的重点，需要在实践中不断总结，进而熟练掌握。

Feature Manager 设计树中包含三个基准面，分别是前视基准面、上视基准面、左视基准面。这三个基准面是系统默认的绘图平面，用户可以直接在上面画草图。通过特征管理器设计树的操作，可以实现如下功能：

① 选择特征。

特征管理设计树按照时间次序记录各种特征的建模过程，设计树中每个节点代表一个特征，单击该节点前的“+”，特征节点就会展开，显示特征构建的要素。在设计树中用鼠标单击特征节点，图形区中与该节点对应的特征就会高亮显示。同样，工作区中用鼠标选择某一特征，设计树中对应的节点也会高亮显示。因此，在设计树中选择特征名称与在工作区模型上选择对应的特征是同步联动的关系。

当处理复杂零件时，利用设计树可以方便地选择欲操作的特征对象。在选择时按住 Ctrl 键，可以逐一选择多个特征；当选择两个间隔的特征时，可按住 Shift 键，其间的特征都将被选取。

② 改变特征的生成顺序。

可通过拖动设计树中特征节点的名称，改变特征的构建次序。模型特征构建次序与模型的几何拓扑结构密切相关，因此改变特征的生成顺序直接影响着最终零件的几何形状。

③ 显示特征的尺寸。

用鼠标左键双击设计树中的特征节点或者特征节点目录下的草图时，图形区中相应的特征或者草图的尺寸就会显示出来。

④ 更改特征名称。

用鼠标左键双击特征节点，可以编辑节点名称。SolidWorks 会自动为建立的特征赋予名称，但这些名称一般采用特征类型名称加上建立序号的方式，如“拉伸 1”“拉伸 2”“拉伸-切除 1”“拉伸-切除 2”等，不能直观地表达特征的形状和功能，尤其在零件中特征数目庞大的情况下，特征的名称就会显得十分杂乱，此时可为特征取一个有实际意义的名称。

⑤ 压缩、隐藏特征。

单击或用鼠标右键单击特征节点名称，系统会弹出关联工具栏和快捷菜单，选择【压缩】命令或【隐藏】命令，可以对特征进行压缩、隐藏等操作。

（2）属性管理器。

可通过属性管理器（Property Manager）选择一实体或通过命令来查看、修改其属性。当选择属性管理器中所定义的实体或命令时，管理器会打开，它由标题栏、确认栏选项栏、参数栏等组成。

5）绘图区

绘图区是用户界面最大的一块区域，是用来设计、建模的区域，也是模型显示的区域，用户可以通过绘图区观察已经完成的零件或正在编辑的零件。绘图区包括了前导视图工具栏和系统默认的三个基准面。

6）任务窗格

任务窗格提供了访问 SOLIDWORKS 资源、可重用设计元素库、可拖到工程图图纸上的视图以及其他有用项目和信息的方法。

打开 SolidWorks 软件时，将会出现任务窗格。它包含的标签如表 11-1 所示。

表 11-1　任务窗格中的标签

	SOLIDWORKS 资源	SOLIDWORKS 工具、在线资源和订购服务命令组，以及欢迎对话框的链接
	设计库	访问设计树、Toolbox、3D Content Central 和 SOLIDWORKS 内容的各种标准零件、库特征和其他可重用内容
	文件探索器	计算机上文件资源管理器的副本，以及在 SOLIDWORKS 中打开的文件夹。如果 SOLIDWORKS PDM 已作为插件添加，选项卡将变成
	视图调色板	要拖动到工程图图纸上的标准视图、注解视图、剖面视图及平板形式（钣金零件）图像
	外观、布景和贴图	外观、布景及贴图库
	自定义属性	在使用“属性标签编制程序”创建的自定义界面中，在 SOLIDWORKS 文件中输入自定义属性
	合作共享	访问 3DEXPERIENCE 平台，在云上存储用户的数据，通过文件的中央位置与其他同事协作。如果已经安装 SOLIDWORKS 的 3DEXPERIENCE Platform Connector，则可用
	3DSwym 社区	使用 3DSwym 与社区其他成员连接，以进行协作、提问和回答问题并共享信息。如果已经安装 SOLIDWORKS 的 3DEXPERIENCE Platform Connector，则可用
	SOLIDWORKS 论坛	从任务窗格中浏览 SOLIDWORKS 探讨论坛
	3D PMI 比较	使用 3D PMI 比较来比较 DimXpert 注解、参考尺寸及两个零件文档间的其他注解
	搜索	搜索操作的结果

任务窗格存在以下状态：可见或隐藏，展开或折叠，固定或取消固定，对接或浮动。

用户可将文档从文件资源管理器选项卡和设计库选项卡拖动到图形区域中，以及从图形区域或 Feature Manager 设计树拖动到设计库中。

7）鼠标按键

（1）左键：可以选择功能选项或者操作对象，如几何体、菜单按钮和特征管理器设计树中的特征等。

（2）右键：激活显示快捷菜单。快捷菜单的内容取决于指针所处的位置。

（3）中键：只能在图形区使用，一般用于旋转、平移和缩放。在零件图和装配体的环境下，按住鼠标中键不放，移动鼠标就可以实现旋转；在零件图和装配体的环境下，先按住 Ctrl 键，然后按住鼠标中键不放，移动鼠标就可以实现平移；在工程图的环境下，按住鼠标中键，就可以实现平移；先按住 Shift 键，然后按住鼠标中键移动鼠标就可以实现缩放，如果是带滚轮的鼠标，直接转动滚轮就可以实现缩放。

（4）鼠标笔势：可以使用鼠标笔势作为执行命令的一个快捷键，鼠标笔势的设置为单击菜单栏中的[选项]下拉菜单，然后选择[自定义]命令。鼠标笔势的使用是按住鼠标右键并在绘图区域拖动，在弹出的笔势选择指南中选择命令按钮即可，在选择过程中要一直按住鼠标右键。

（5）鼠标指针：通过鼠标指针形状的改变，表明使用者正在选取什么或系统建议选取什么。当指针经过模型时，指针形状就会示意用户的选择。

（6）鼠标滚轮：将指针置于模型欲放大或缩小的区域，前后拨动滚轮，即可实现模型的放大或缩小；将指针置于模型上，按下滚轮不松开，前后、左右移动鼠标，可实现模型的翻转；双击滚轮，可实现模型的全屏显示。

二、模型特征的创建和编辑

在 SolidWorks 软件中，特征是构成零件三维模型的基本单元。特征作为参数化和变量化软件的主要技术特点之一，是零件造型过程中不可或缺的步骤之一。特征是一个包含工程含义或意义的几何原型外形，如旋转、打孔、倒角、拔模斜度等。特征不是简单的几何构成，而是一种封装了各种属性和功能的功能要素。特征造型的主要特点可以归结为：造型简单且具有参数化；包含设计过程中的信息；体现加工方法和加工次序等工艺信息等。

在 SolidWorks 中，可将特征大致分为基础特征、定位特征、草图特征和放置特征四种。零件的全部特征均显示在浏览器的模型特征树中。对于其中的每个特征，都可通过右键关联菜单对其进行删除、编辑等操作。

（1）基础特征是三维建模过程中生成的第一个特征，基础特征应该是一个草图特征。后续的其他特征都是在其基础上创建的，从而逐步生成复杂的模型。选择哪个特征作为基础特征对后续特征的可行性和顺序影响比较大。

（2）定位特征是一种辅助特征，其作用是为后继的特征提供定位和约束，属于非实体构造元素。定位特征包括工作面、工作轴和工作点。在 SolidWorks 零件及装配环境下的浏览器中默认存在有一个原始坐标系，其中包含了三个工作平面（前视基准面、上视基准面和左视基准面）和一个工作点（原点）。

（3）草图特征是指该特征是在已有草图的基础上创建的，包括拉伸、旋转、打孔、扫掠、螺旋扫掠和放样等。

（4）放置特征是指基于已有特征的特征，如倒角、圆角、螺纹、抽壳、阵列和镜像等。创建此类特征时不需要草图，通常只需提供特征的位置和尺寸。

三、二维草图的创建和编辑

通常，创建二维草图是三维建模的开始，单击 SolidWorks 界面中的新建二维草图按钮“□”，即可进入草图环境，通过界面中的各种创建草图几何图元（如直线、圆、圆弧、样条曲线、矩形、多边形和投影几何图元等）和编辑草图几何图元（如圆角、倒角、镜像、阵列、延伸、修剪、分割和移动等）的工具，以及添加各种几何约束（如重合、垂直、平行、相切、水平、竖直、相等和对称等）和尺寸约束，进行二维草图的创建。创建二维草图的一般步骤如下：

（1）选择草图所依附的平面。草图依附的平面一般是系统的原始坐标面、新建的工作面和已建特征上的某个面。

（2）绘制并编辑图线，完成该草图的大致轮廓。

（3）向草图中添加几何约束，接着添加尺寸约束。

（4）检查草图是否已全约束，完成该草图。

第三节　SolidWorks 三维建模的一般方法和步骤

创建零件三维模型不仅是为了造型，正确的模型应当能方便地为后续的加工和装配所使用，如设计的修改和调整、参与装配、力学分析、运动分析、数控加工等，准备好充分的数据和参数驱动的可能。这就要求所创建出的零件造型结构完整，尺寸和几何约束齐全、正确，以便在零件设计过程中，可以对不合理的结构随时做相应的调整。

在进行具体零件的建模时，应按以下方法和步骤进行：

一、形体分析

零件的结构和形式是多样的，因此首先要对其进行形体分析，将其分解为若干个基本立体，以达到化繁为简的目的。

二、造型分析

造型分析是针对零件的各组成部分，分析哪一部分作为零件建模时的基础特征，分析每一部分应采用的特征及此特征属于何种类型的特征，以达到确定组合体建模的基本思路、建模方式和建模流程的目的。

这里要重点注意：零件中的同一个结构可能存在多种特征建模方法，要进行比较和取舍；特征添加的次序对零件的后续建模和修改有较大影响，特征添加次序的不当往往会导致下一步的建模无法继续或数据错误等，因此要多分析、多比较和多实践。

三、建模实施

首先应进行基础特征的创建，在后续的特征添加中按照由粗到精、先大后小、先外后里和由简至繁的原则进行，如对于倒角、圆角、各种孔系和沟槽等细小结构，可最后添加。另外，在建模过程中有以下注意事项和技巧：

（1）每个草图应尽可能简单，可将复杂的草图分解为若干个简单草图，以便于约束和修改。草图是建模意图的表达，尽可能使草图能够参数化驱动和全约束。草图应先进行几何约束，再进行尺寸约束。

（2）应重视特征的先后依附关系。各种特征的先后依附关系十分重要，建模顺序的概念必须十分清晰。后面特征的定位，只能同时引用比它出现早的特征。同时，删除父特征时，其子特征往往也会被删除，或变为过期的无效特征。

（3）注意模型中不得有多余的特征，也不要掩盖以前实体的特征。当创建、编辑特征失败或系统出现提示性警告时，一定要查清原因后对症下药，不要用重复的多个相同特征操作去实现而造成不良后果。

（4）为便于修改和节省系统资源，阵列、镜像等操作尽量在特征级别中进行操作，避免在草图环境下操作。

（5）工艺特征尽量在模型中创建，如圆角、倒角不要在草图中做，以保持草图的简洁，并尽可能在建模的后期进行圆角和倒角。圆角特征中的倒圆角顺序一般由大半径到小半径，当边缘倒圆失败时，可尝试其他的倒圆角方法，如面间圆角等。

（6）零件上的孔尽量使用打孔特征，避免用拉伸或旋转特征进行创建。

（7）螺纹尽量使用螺纹特征创建，避免螺旋扫掠或者三维螺旋线和扫掠同时使用，以节省资源，便于工程图的处理。

第四节　千斤顶任务实施——零件建模

一、顶　盖

由图 11-5 所示的顶盖零件图可以看出，顶盖属于轴套类零件，主体为回转结构，其基础特征可采用旋转特征。锥面上的孔可采用旋转特征，左侧类似方头结构可采用拉伸特征。具体步骤和图例见表 11-2。

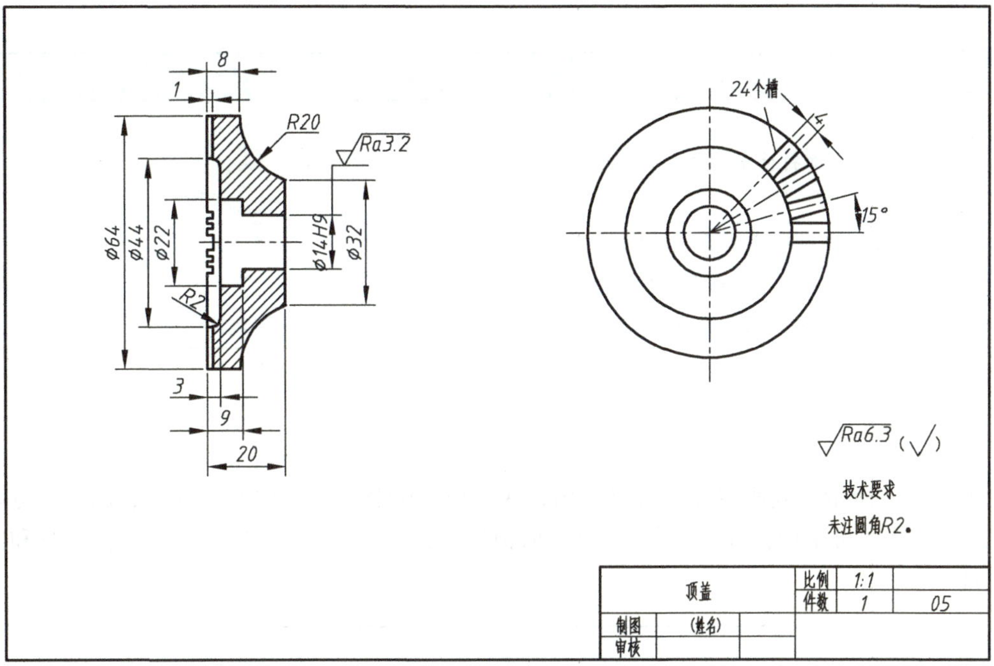

图 11-5 顶盖零件图

表 11-2 顶盖的建模过程

序号	步 骤	图 例
1	新建一个零件模型，在系统坐标平面XY面上新建一个二维草图，绘制基础特征草图轮廓（注意：将用直线命令绘制出的轴线改为中心线“⋰”，以便于直径尺寸的标注和旋转特征的创建）	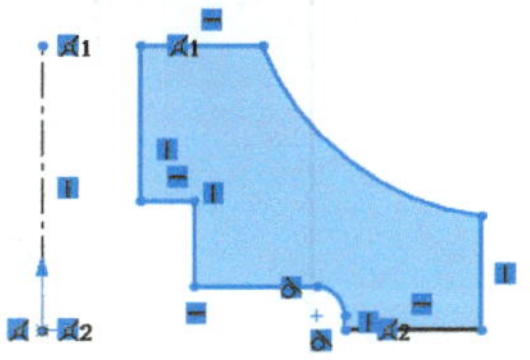
2	在基础特征草图中添加几何约束和尺寸约束	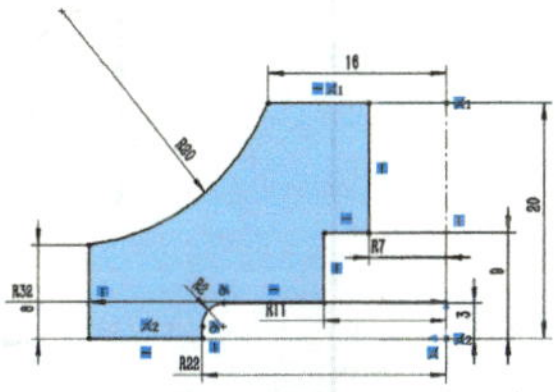
3	结束草图后，采用旋转特征完成基础特征的创建	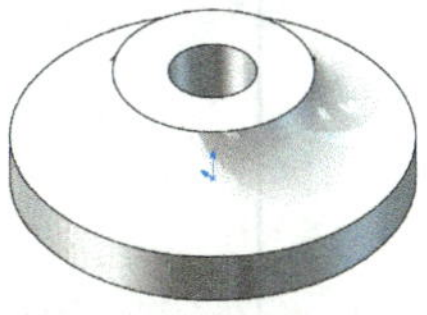
4	在底面上新建一个二维草图，绘制矩形轮廓，并添加尺寸约束	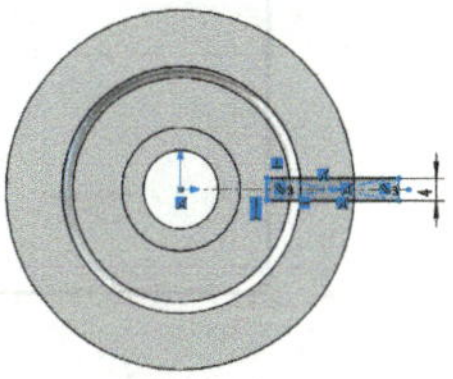

序号	步　骤	图　例
5	采用拉伸切除特征完成矩形结构的创建	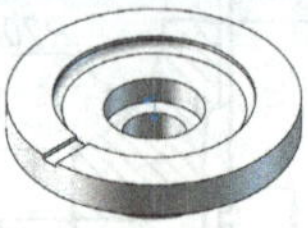
6	使用圆周阵列特征“”，对矩形特征进行阵列（注意：选择圆面，再设置好方向和个数），完成后保存文件为“顶盖”	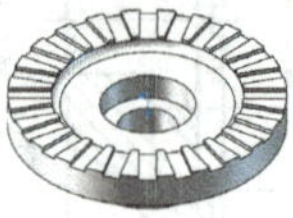

二、底　座

由图 11-6 所示的底座零件图可以看出，底座属于轴类零件，中间为柱体，四周为侧板结构，其基础特征可采用拉伸特征创建。中间部位的孔可采用拉伸切除特征。具体步骤和图例见表 11-3。

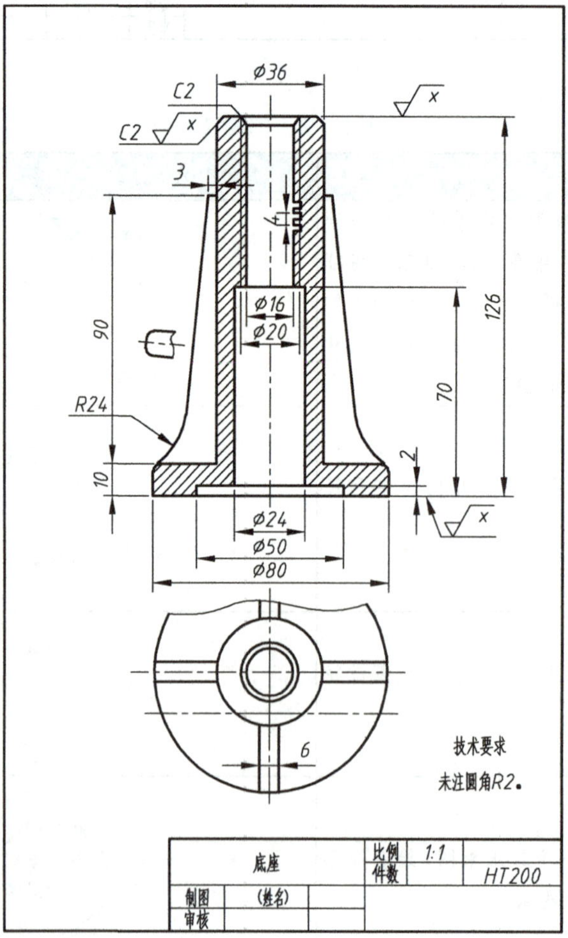

图 11-6　底座零件图

表 11-3　底座的建模过程

序号	步　骤	图　例
1	新建一个零件模型，在系统坐标平面 *XY* 面上新建一个二维草图，绘制基础特征草图轮廓，在基础特征草图中添加几何约束和尺寸约束	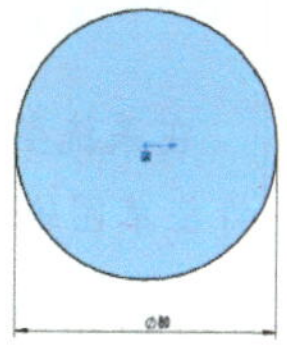
2	采用拉伸特征完成基础特征的创建	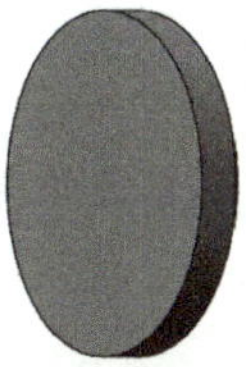
3	在底面新建一个二维草图，画出圆轮廓并进行约束	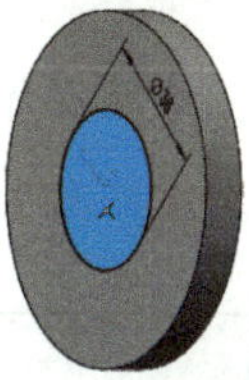
4	采用拉伸特征，输入要拉伸的高度，确定后完成圆柱结构的创建，并在底面进行圆角特征“ ”	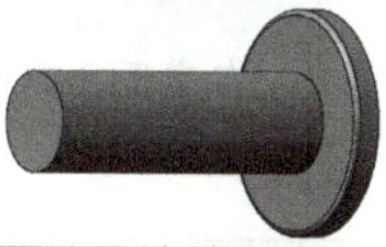
5	在系统坐标平面 *XZ* 面上新建一个二维草图，绘制基础特征草图轮廓（注意：这里不要将草图完全封闭）	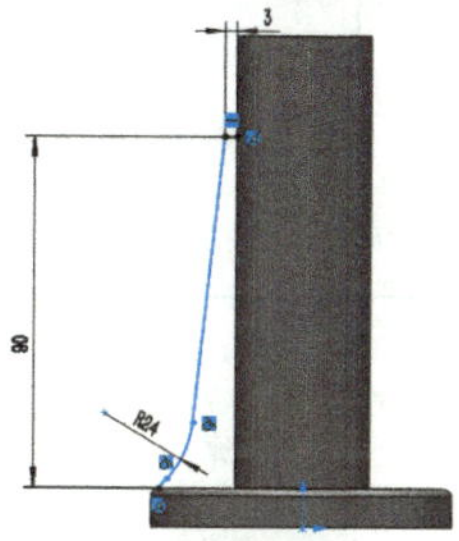
6	使用筋特征“ ”，设置宽度为 6 mm，确定后完成侧板结构的创建	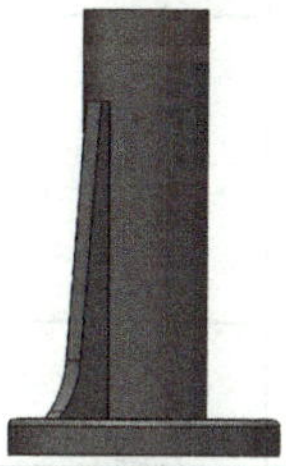
7	使用圆周阵列特征“ ”，对矩形特征进行阵列（注意：选择圆面，再设置好方向和个数）	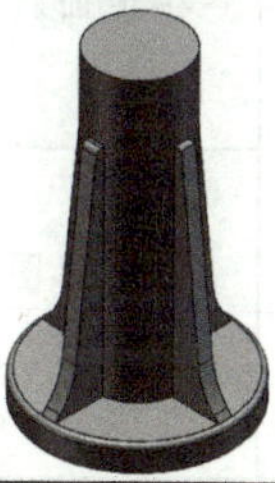

续表

序号	步 骤	图 例
8	在系统坐标平面 XZ 面上新建一个二维草图，绘制基础特征草图轮廓	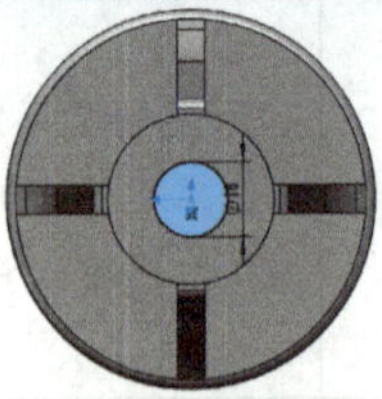
9	采用拉伸切除特征，输入要切除的深度后，完成创建	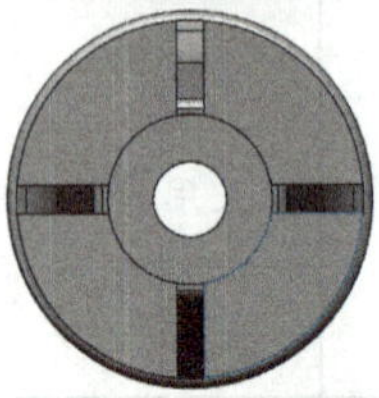
10	使用圆角特征“ ”，将表面的侧板的圆角特征完成，使用倒角特征“ ”，将上表面的倒角完成	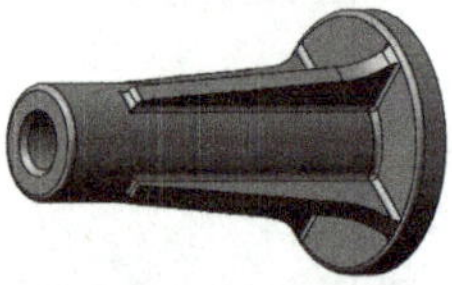
11	在底面新建一个二维草图，画出圆轮廓并进行约束	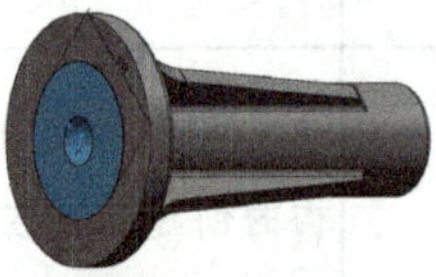
12	采用拉伸切除特征，输入要切除的深度，完成创建	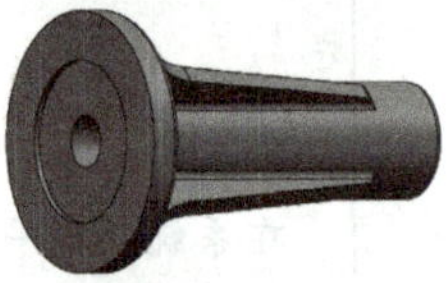
13	新建一个二维草图，画出圆轮廓并进行约束	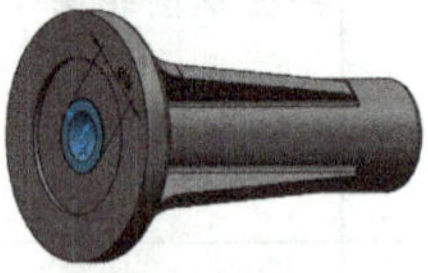
14	采用拉伸切除特征，输入要切除的深度后，完成创建	
15	在顶面新建一个二维草图，画出圆轮廓并进行约束	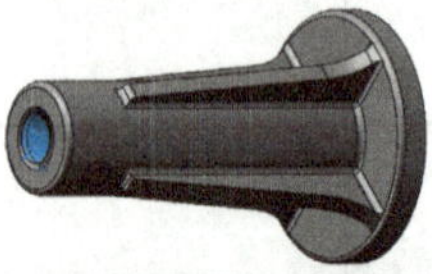
16	退出草图界面，使用螺旋线/涡状线“ ”，设定好螺距和圈数（注意：将起始角度改成 0°或者 180°）	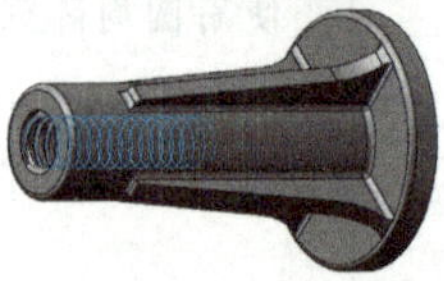

序号	步骤	图例
17	在螺旋线的起始点所在的平面建立一个草图,并进行尺寸约束	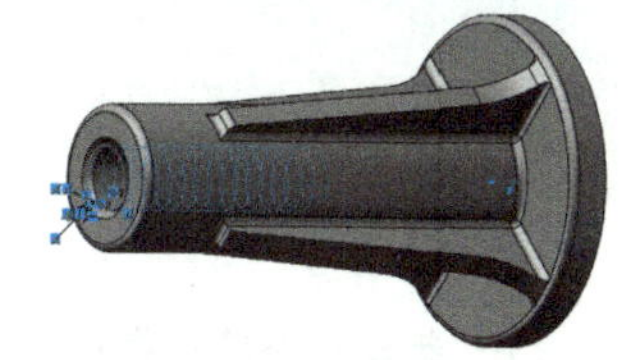
18	使用扫描切除特征“”，选择草图轮廓和路线后，完成创建，检查零件。完成后保存文件为“底座”	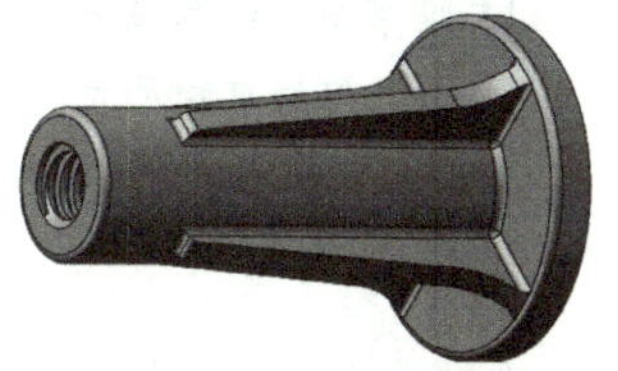

三、螺　杆

由图 11-7 所示的螺杆零件图可以看出，螺杆属于轴类零件，整体为圆柱形结构，内部有相同规格的孔，其基础特征可采用旋转特征创建整个外形轮廓。中间部位的孔可采用拉伸切除特征，顶部的孔可采用打孔特征。具体步骤和图例见表 11-4。

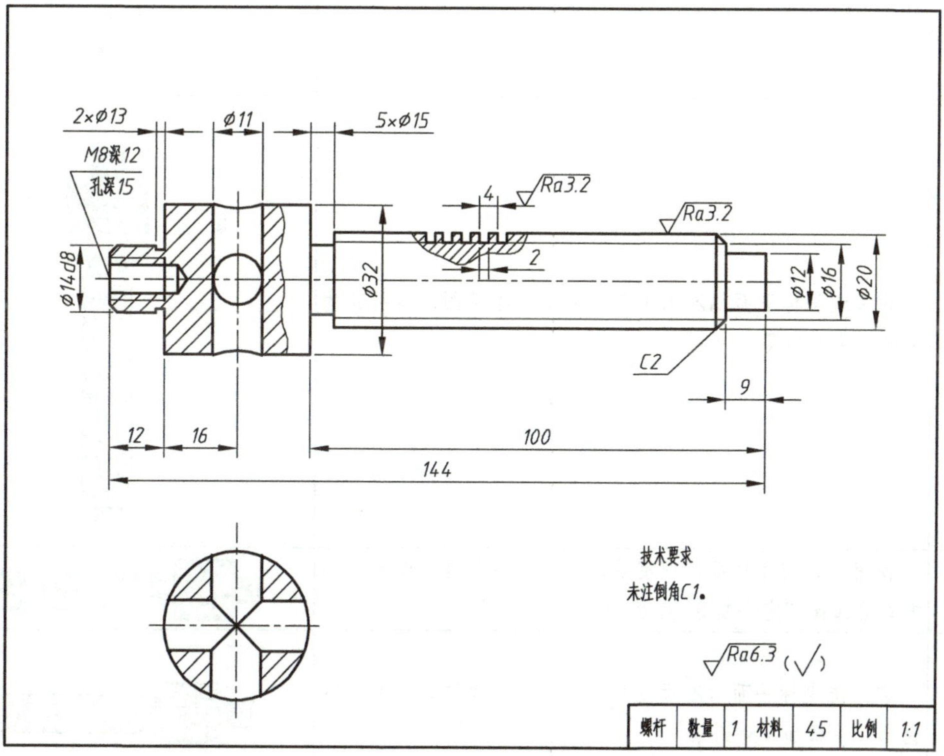

图 11-7　螺杆零件图

表 11-4　螺杆的建模过程

序号	步　骤	图　例
1	新建一个零件模型，在系统坐标平面 *XZ* 面上新建一个二维草图，绘制基础特征草图轮廓，并在基础特征草图中添加几何约束和尺寸约束	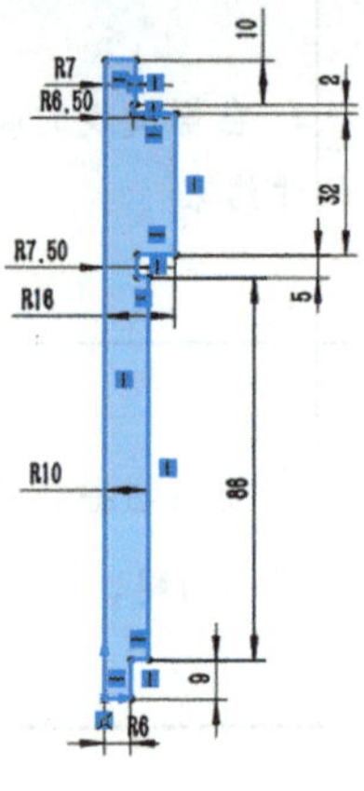
2	采用旋转特征完成后，完成创建	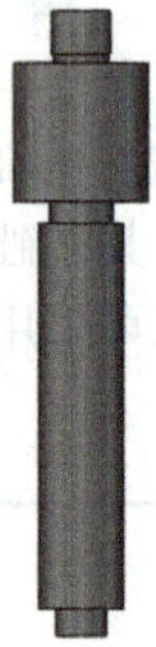
3	在系统坐标平面 *XZ* 面上新建一个二维草图，绘制孔的轮廓，并添加尺寸约束	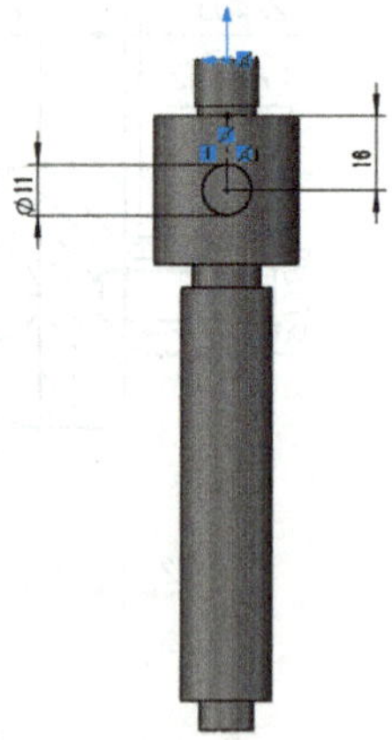
4	使用拉伸切除特征，确定后，完成孔的创建（注意：在方向里选择“完全贯穿-两者”）	
5	在系统坐标平面 *YZ* 面上新建一个二维草图，绘制孔的轮廓，并添加尺寸约束	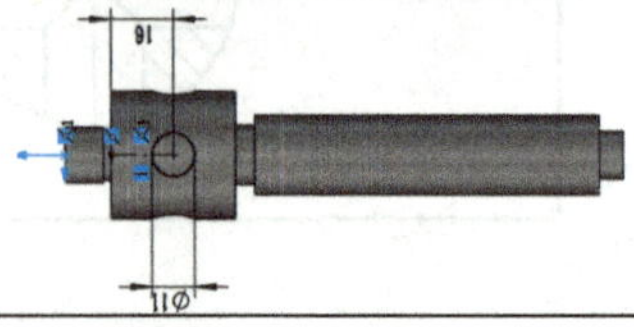

序号	步骤	图例
6	使用拉伸切除特征，确定后，完成孔的创建（注意：在方向里选择“完全贯穿-两者”）	
7	将两个倒角特征完成后，新建一个二维草图，画出圆轮廓并进行约束	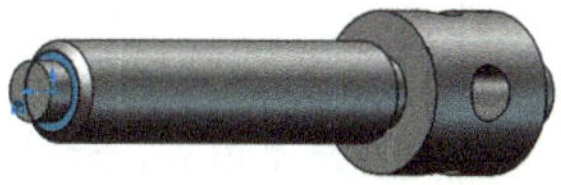
8	退出草图界面，使用螺旋线/涡状线“ ”，设定好螺距和圈数（注意：将起始角度改成 0°或者 180°）	
9	在螺旋线的起始点所在的平面建立一个草图，并进行尺寸约束	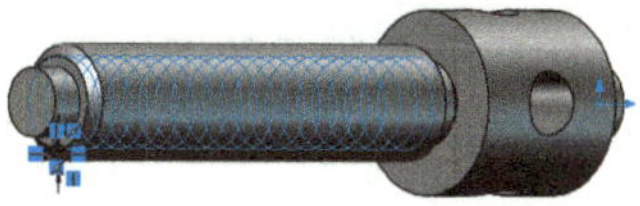
10	使用扫描切除特征“ ”，选择草图轮廓和路线后，完成创建	
11	使用异型孔向导（孔的形式为 GB 普通螺纹孔，螺孔深 15，螺纹深 12），完成后保存文件为“螺杆”	

四、手　杆

由图 11-8 所示的手杆零件图可以看出，手杆主体结构由圆柱组成，其基础特征可采用旋转特征创建圆柱，最后创建倒角特征。具体步骤和图例见表 11-5。

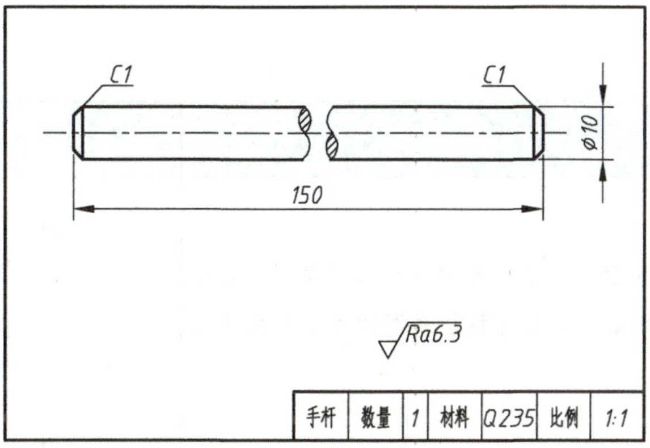

图 11-8　手杆零件图

表 11-5　手杆的建模过程

序号	步　骤	图　例
1	在系统坐标平面 *XZ* 面上新建一个二维草图，用矩形命令绘制基础特征草图轮廓，并添加尺寸约束	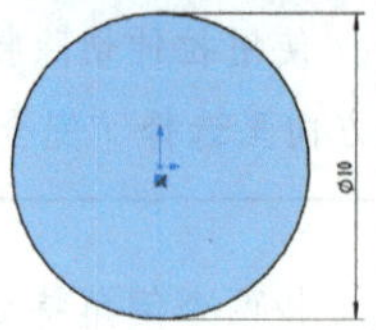
2	结束草图后，采用旋转特征完成基础特征的创建	
3	在杆的两端进行倒角	

五、螺　钉

由图 11-9 所示的螺钉零件图可以看出，螺钉主体结构由两个圆柱组成的回转体，其基础特征可采用旋转特征创建圆柱，顶部采用拉伸切除做出凹槽，最后创建螺纹，具体步骤和图例见表 11-6。

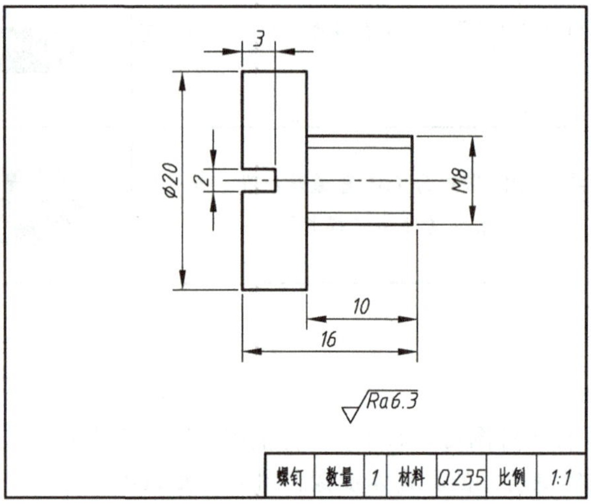

图 11-9　螺钉

表 11-6　螺钉的建模过程

序号	步　骤	图　例
1	在系统坐标平面 *XZ* 面上新建一个二维草图，绘制基础特征草图轮廓。在基础特征草图中添加几何约束和尺寸约束	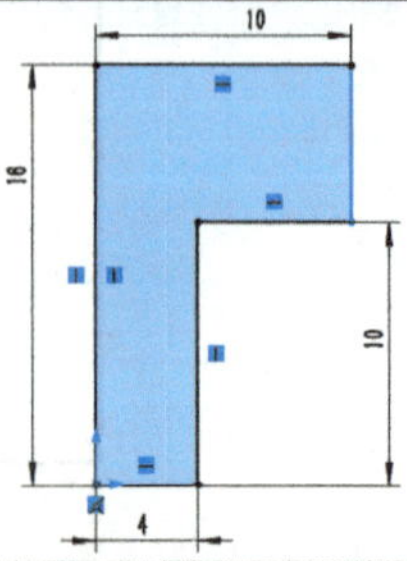

序号	步　骤	图　例
2	采用旋转特征完成螺钉的模型创建	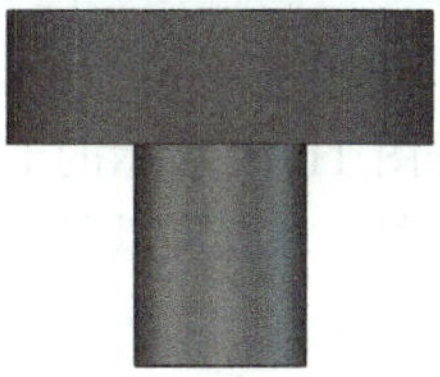
3	在顶面新建一个二维草图，添加集合约束和尺寸约束	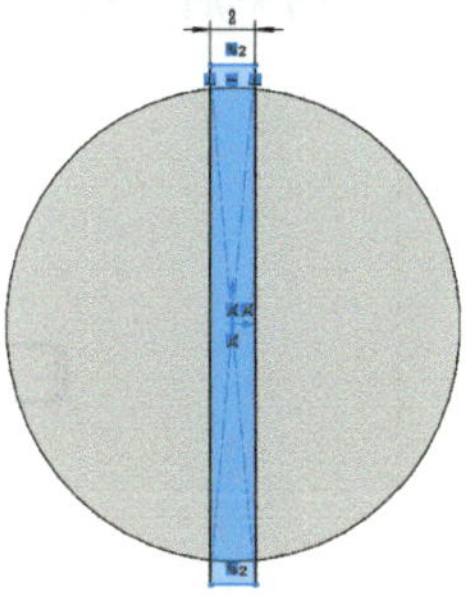
4	使用拉伸切除特征，设定切除深度，完成创建	
5	在顶面上新建一个二维草图，画出圆轮廓并进行约束	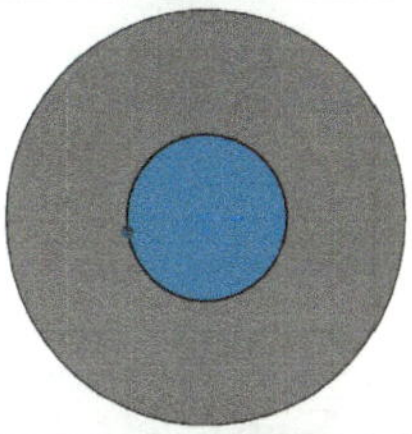
6	退出草图界面，使用螺旋线/涡状线“ ”，设定好螺距和圈数（注意：将起始角度改成 0°或者 180°）	
7	在螺旋线的起始点所在的平面建立一个草图，并进行尺寸约束	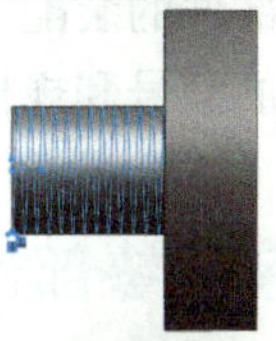
8	使用扫描切除特征“ ”，选择草图轮廓和路线后，完成创建。完成后，保存文档为“螺钉”	

第五节 完成千斤顶的三维装配

根据图 11-10 所示的千斤顶装配示意图将已创建的零件模型进行装配。由图 11-10 所示的千斤顶装配示意图可以看出，千斤顶的装配主干线为上、下方向，主体零件为底座，螺杆沿着底座中部孔装入一定深度，从上至下依次装入锥形塞、手杆，最后用螺钉将锥形塞和螺杆连接，并进行相应的约束后完成千斤顶的三维装配。

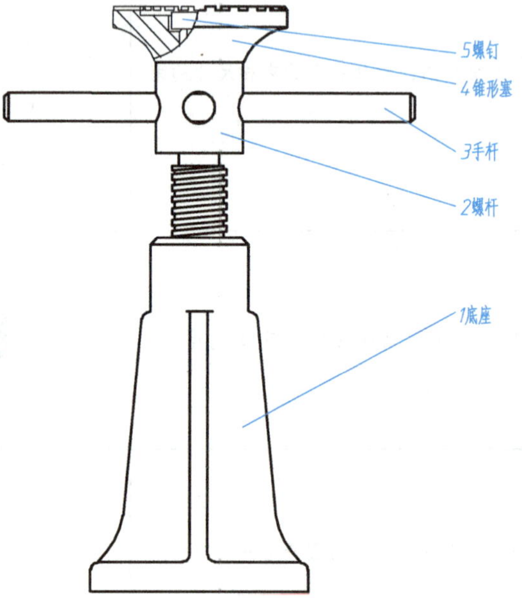

图 11-10 千斤顶的装配示意图

一、SolidWorks 装配环境简介

SolidWorks 软件启动后，单击界面中的新建按钮“ ”，在弹出的界面中双击“ ”（见图 11-1），进入如图 11-11 所示的三维装配环境。对于一般的装配体，可通过装配选项卡中的各工具进行零部件的装配。对于一些标准件和常用件，则可通过设计库“ ”→“ ”在 Toolbox 中选择相应的型号和规格将其调入。

二、装入零部件

单击装配选项卡中的添加零件按钮“ ”，在图 11-12 所示的对话框中选择要装入的零部件，单击打开按钮，再在图形窗口中单击，即可将零部件调入当前三维装配环境中。

提示：装配环境下一次可装入多个零部件，且第一个装入的通常为立体类零件，并在浏览器面板中通过其右键关联菜单将其设为固定状态。

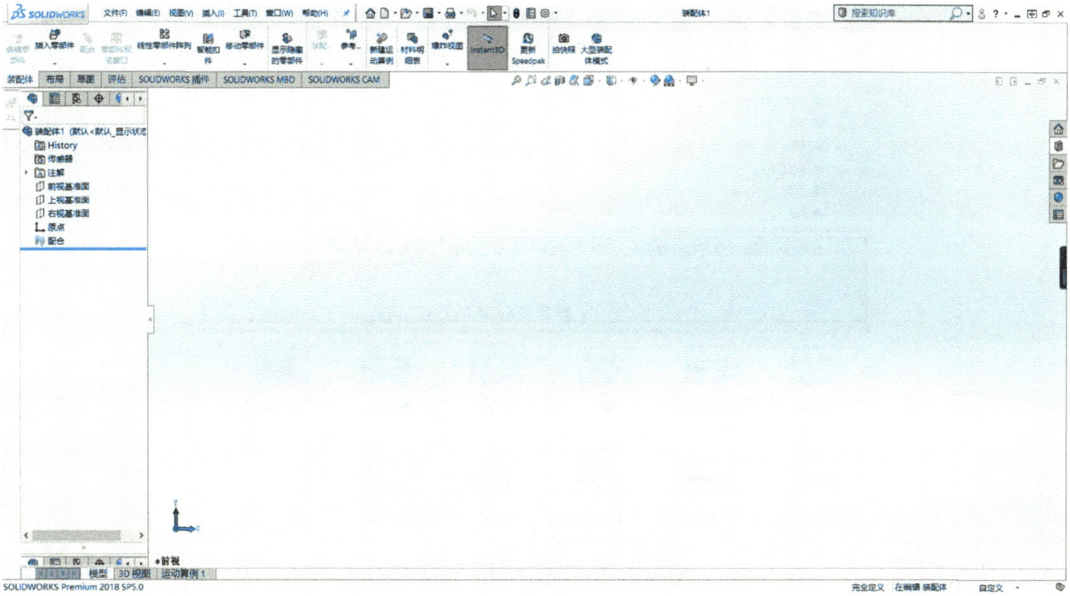

图 11-11　SolidWorks 装配环境

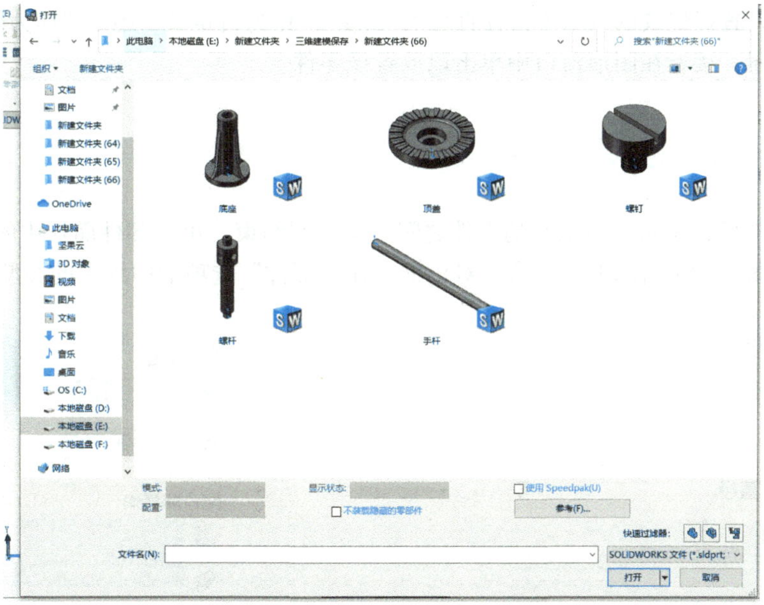

图 11-12　“装入零部件”对话框

三、装入标准件和部分常用件

对于标准件,可以通过前述的基于草图和特征方法进行手动创建,但如果在安装 SolidWorks 时选择安装了 GB 标准件库，则可以从 SolidWorks 的标准件库中调出，而无须自己进行建模。对于某些常用件，也可以利用设计库中的相关工具进行创建。具体步骤为：单击放置“”下的嵌套按钮“”从 Toolbox 装入，调出如图 11-13 所示的“设计库”对话框，在此对话框中选择所需的标准件和常用件类型及规格，再单击确认按钮。

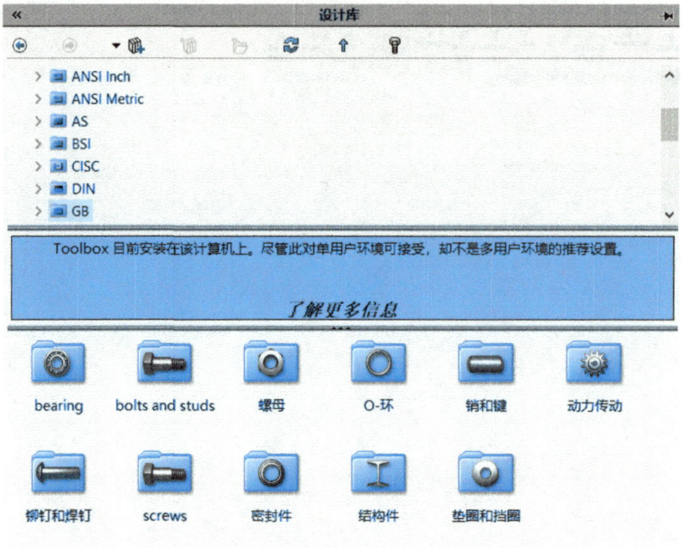

图 11-13 “设计库”对话框

如果“设计库”对话框中工具栏上弹出如图 11-14 所示的相应标准件参数设置的对话框，在此对话框中设置好螺纹的规格（公称直径）、长度、“作为自定义”还是“作为标准”等参数，再单击确定按钮，接着在图形窗口中单击以放置该零件。

四、对零件进行装配约束

装入零部件后，需对其与现有的零件之间定义装配约束。单击部件面板中的配合“✎”按钮，将弹出如图 11-15 所示的“配合”对话框。在“部件”选项卡中约束的类型可以是重合、

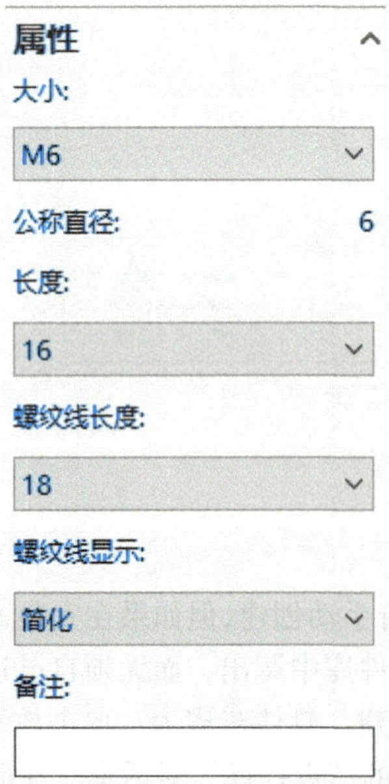

图 11-14 配置零部件

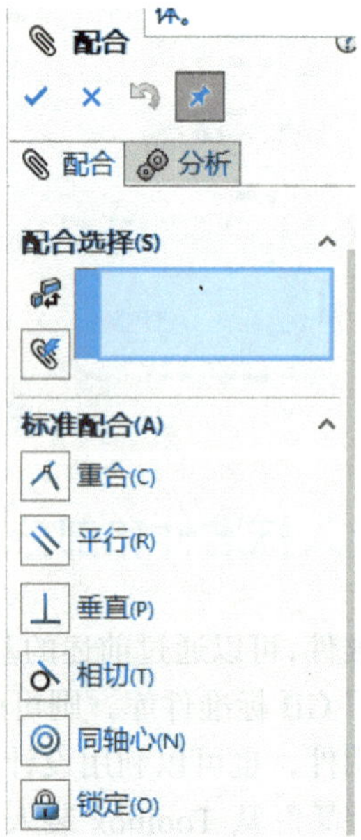

图 11-15 配合

平行、垂直、角度、相切、同轴心或锁定。其中，配合用于平面、直线或点之间的重合、平行类型的位置约束；角度用于平面或直线之间的角度位置约束；相切用于面和面或面与线之间的相切位置约束；重合是两平面之间的配合约束和两零部件中轴线之间的配合约束的组合。在设置完约束类型后，选择被约束零件中的约束要素，同时可设置偏移量或角度值的大小以及约束的方式等参数，再单击确定按钮，即完成两零部件间的一次装配约束。通过逐步添加其他约束以完成整个装配体的约束。

当装配体中的零件数量很多，或装配后零件尺寸发生变化的场合，会用到以下一些装配技巧和方法。

1. 参与装配的零件选择

在选择参与装配的某个零件时，往往出现被遮挡而难以被选中的情况，这时可以使不参与装配的零部件处于不可见状态，或者利用移动零部件中的移动零部件“”和旋转零部件“”工具对参与装配的零部件进行位置的暂时调整再加以装配约束。

2. 阵列零部件

对于某些在装配体中成矩形、环形阵列的零部件，可用阵列零部件“”工具，使得装配简化和快捷。阵列零部件后，在浏览器面板中会出现“零部件阵列”的子项，将其展开后会出现所有阵列后的元素，并且阵列后会保留原有的装配约束。也可以在阵列后，设置阵列的非源零部件独立于阵列之外，中断与阵列的链接，再通过手动添加装配约束。

3. 镜像和复制零部件

对于某些在装配体中成对称或相同的零部件，可分别采用镜像零部件“”和复制零部件“Ctrl 加上鼠标拖动”工具生成。

在 SolidWorks 中的装配方法和步骤如表 11-7 所示。

表 11-7　千斤顶的装配过程

序号	步　骤	图　例
1	新建一个装配文件，单击装配选项卡中的放置按钮“”，在弹出的对话框中选择“千斤顶”文件，单击打开按钮，再在图形窗口中单击，将底座调入当前三维装配环境中。在浏览器面板中通过其右键关联菜单将其设为固定状态	
2	按步骤 1 的方法将螺杆调入当前装配环境中，单击部件面板中的配合“”按钮，分别选取底座的表面和螺杆的表面，点击同轴心“”	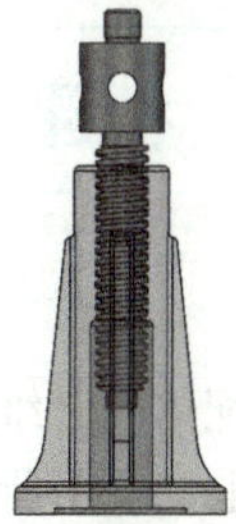

序号	步　骤	图　例
3	按步骤 1 的方法将顶盖调入当前装配环境中，按照步骤 2 的方法将螺栓和顶盖同心，选择顶盖的底部和螺盖大圆柱的顶部点击重合“”	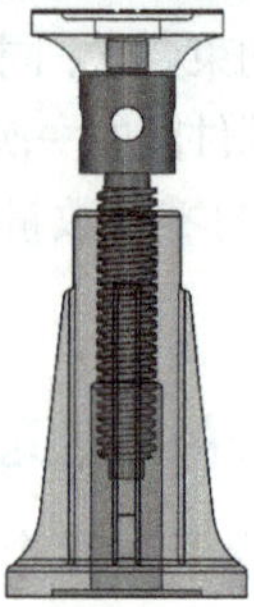
4	按照步骤 1 将螺钉调入当前装配环境中，按照步骤 2 的方法将螺栓和顶盖同心，按照步骤 3 的方法将螺栓和顶盖重合	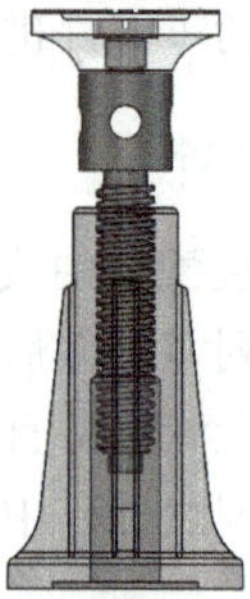
5	按步骤 1 的方法将手杆调入当前装配环境中，按照步骤 2 的方法将螺栓的孔和手杆同心，选择手杆的两端和螺杆表面点击宽度“”完成千斤顶装配	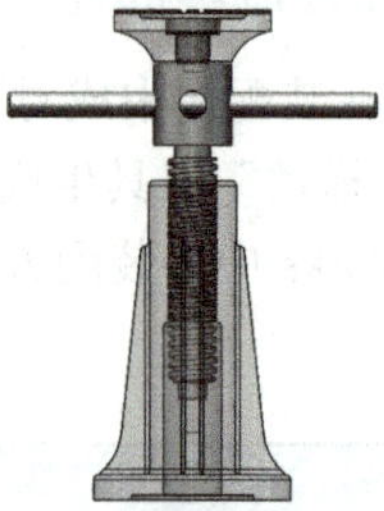
6	完成千斤顶的装配后保存	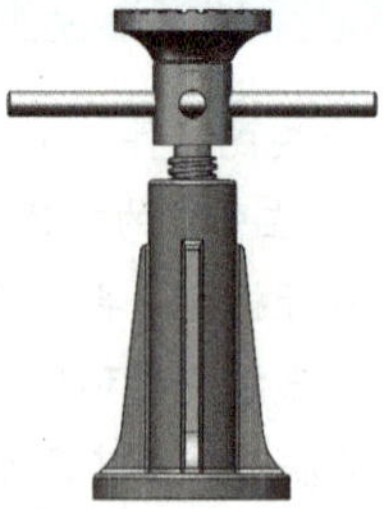

第六节　创建千斤顶装配体的二维工程图

由千斤顶装配体的三维模型，用 SolidWorks 软件创建其二维工程图（见图 11-16）。在完成上节任务的基础上，基于所建装配体，进行千斤顶工程图的创建。

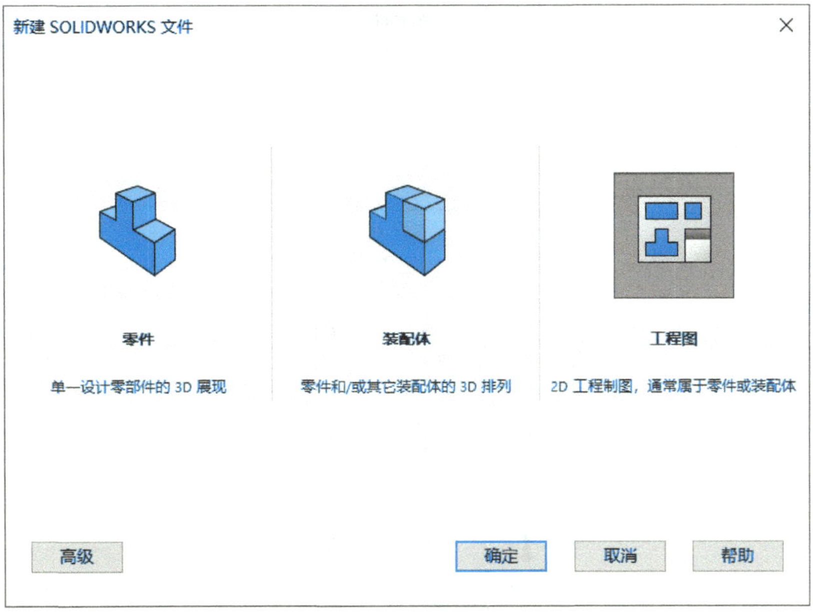

图 11-16 创建工程图

一、SolidWorks 工程图简介

在 SolidWorks 工程图环境下，可以方便快速创建出各种视图、剖视图、断面图和局部放大图等，并且模型和二维工程图之间相互关联，即立体模型的驱动尺寸值改变会使各视图产生相应变化。

在 SolidWorks 中创建组合体三视图的一般步骤如下：

（1）单击新建按钮“”，在弹出的对话框中选中“工程图”模板，单击创建以进入工程图环境。

（2）使用“视图调色板”“”拉出所需的表达视图。需要注意的是：在二维表达视图创建过程中，由于纵向肋板不剖、过渡线和简化画法等一些人为规定以及不同行业和国家的制图标准不统一等因素的存在，使得目前的三维软件都不能很完美地自动生成各种视图。对于一些不能自动生成的表达视图，可以利用 SolidWorks 允许在工程图环境下进入草图模式对工程图进行修改，并对视图进行改造以符合我国国家标准和行业标准。

二、SolidWorks 中各种表达视图的创建方法

1. 基本视图

（1）单击“视图调色板”，将弹出如图 11-17 所示的“视图调色板”对话框。直接将需要的视图拉拽到工程图纸内，拉进去的视图自动默认为主视图。移动光标并向主视图正下方移动，当动态预览的俯视图处于合适的位置时单击，组合体的俯视图将会自动生成，然后再将光标向主视图的正右方移动，当动态预览的左视图处于合适的位置时单击，组合体的左视图将会自动生成。若不需要其他的投影视图，可直接用“Esc”取消投影。

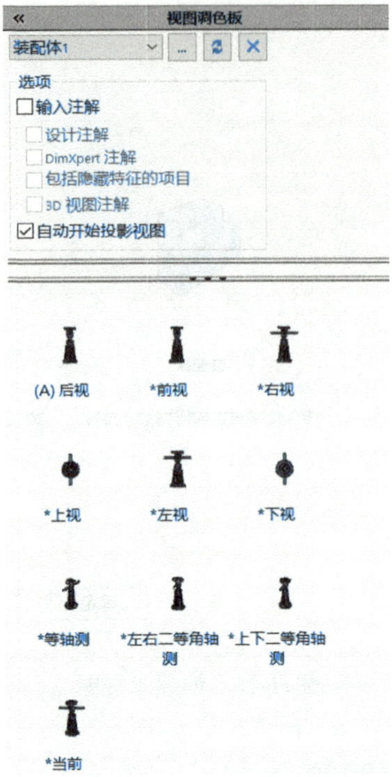

图 11-17　“视图调色板”对话框

（2）单击“视图布局”标签页中的投影视图按钮“”，单击选中已创建的主视图，移动光标并向主视图正下方移动，当动态预览的俯视图处于合适的位置时单击，组合体的俯视图将会自动生成，然后再将光标向主视图的正右方移动，当动态预览的左视图处于合适的位置时单击，组合体的左视图将会自动生成。同样的方法可创建出右视图、仰视图和后视图。

（3）向三视图中添加中心线。添加中心线有两种方法：一是点击“注解-中心线”后在视图里选择两条以中心线为基准的对称线后中心线自动形成；二是点击“注解-中心符号线”后在视图中选择圆形轮廓，圆形轮廓的中心线自动形成。

2. 各类剖视图的创建

SolidWorks 中关于剖切表达的规则是：沿着指定的一条直线或多条折线，并以首末两线段的垂直方向投影出剖切表达。在 SolidWorks 工程图中的剖切线是以草图形式存在的，因此也可以先大致作出，之后用几何约束和尺寸约束对其进行编辑，以将剖切位置调整到所想要的地方。

下面就在 SolidWorks 工程图中如何创建各种剖视图进行介绍。

（1）全剖视图。

在工程图中创建全剖视图的步骤如下：

① 单击工程图视图面板中的视图布局-剖面视图“”工具，接着在图形中选择剖视所基于的视图，如图 11-18（b）中的俯视图。

② 点击“剖面视图”后在左侧设计树中选择剖切线的类型，然后在剖视所基于的视图中单击中心定位剖切平面的位置后确定，在弹出的“剖面视图”对话框中设置好是否自动打剖面线和不剖的零部件及特征等参数之后确定，拖动光标以动态预览所得到的剖视图，在适当的位置单击，得到如图 11-18（b）所示的全剖视图。

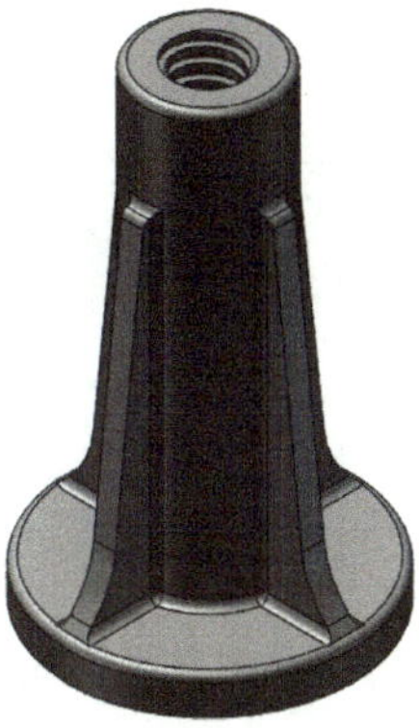

（a）三维模型

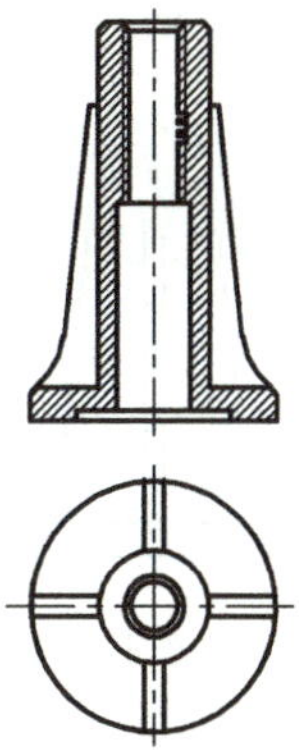

（b）全剖视图

图 11-18　SolidWorks 中创建的全剖视图

③ 对全剖视图添加中心线、视图标注及位置的调整等修饰，如图 11-19（d）所示。

这里要特别注意关于纵剖肋板的处理，SolidWorks 并没有将纵剖肋板按不剖处理的规则，因此需要使用者进行变通处理。其处理过程为：在进行“视图布局”中选择“剖面视图”，确定好要剖切的位置后确定，在设计树中找到肋板的特征，选择后确定。SolidWorks 中关于纵剖肋板按不剖的处理过程如图 11-19 所示。

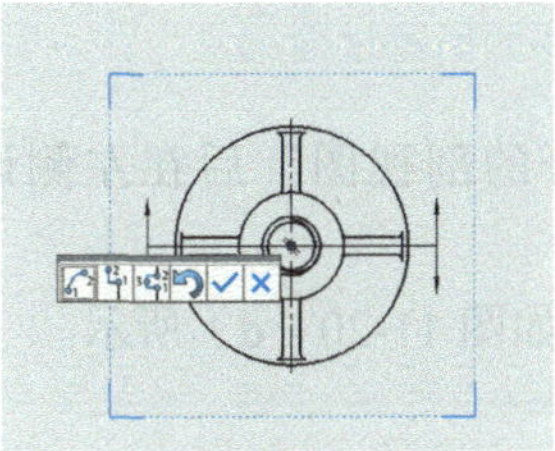

（a）选择剖面位置后确定

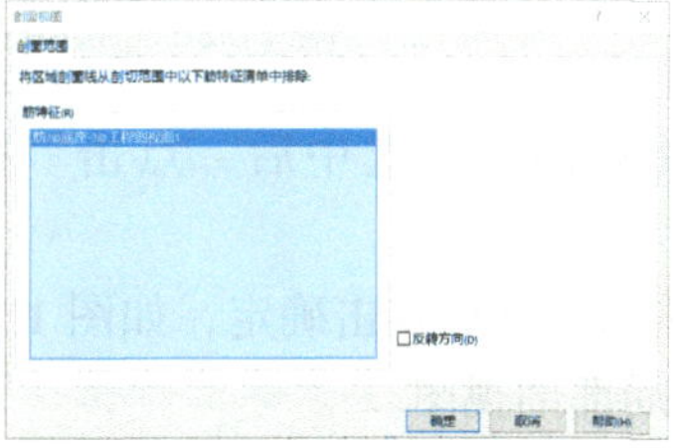

（b）选择创建肋板的特征后确定

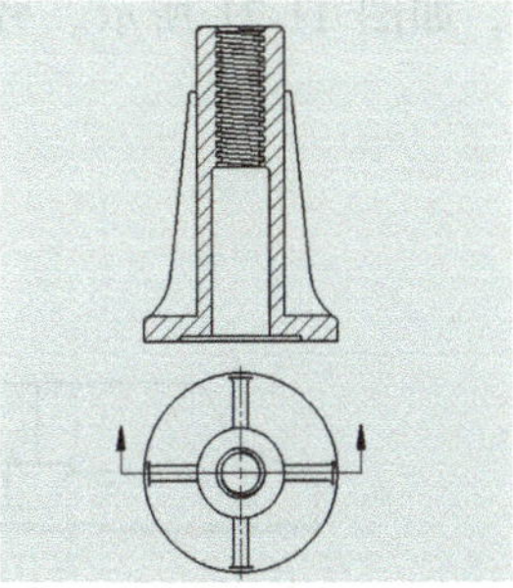

（c）放置好视图的位置

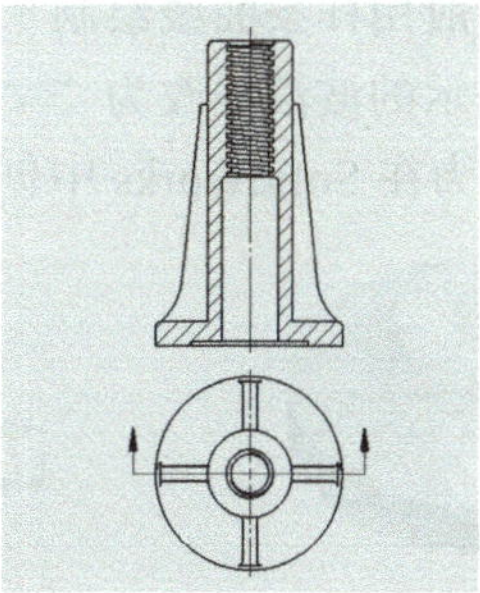

（d）添加中心线，完成剖视图

图 11-19　SolidWorks 工程图中纵剖肋板的处理过程

（2）半剖视图。

SolidWorks 中并未提供直接的半剖视图功能，但可以通过断开的剖视图“”工具来实现半剖视图的表达，现介绍用断开的剖视图“”工具创建半剖视图的方法。

以图 11-20 所示的半剖主视图为例创建半剖视图。

① 创建一个未剖的基本视图，如图 11-20（a）所示。

② 将要剖的部分通过绘制一个封闭草图围起来 如图 11-20（b）所示。

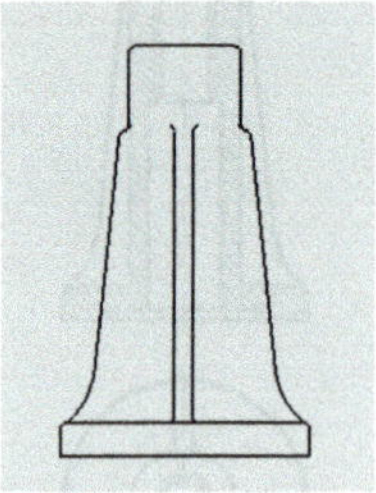

（a）基本视图

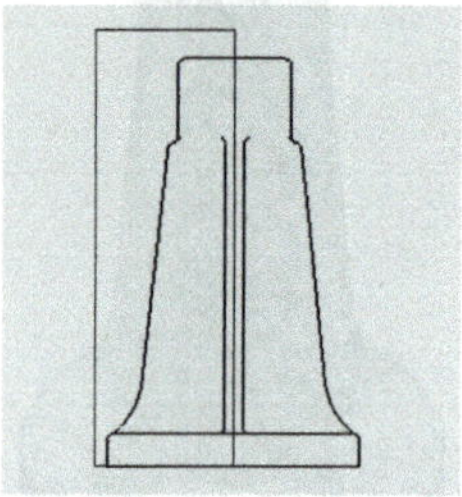

（b）绘制封闭草图

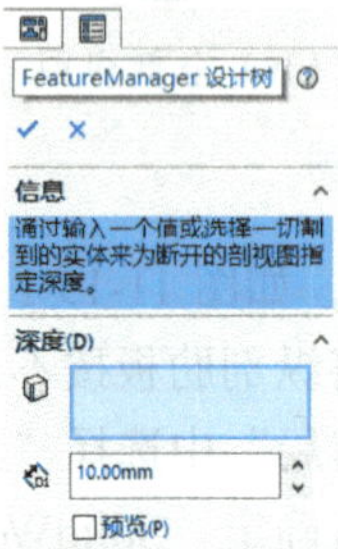

（c）输入深度后确定

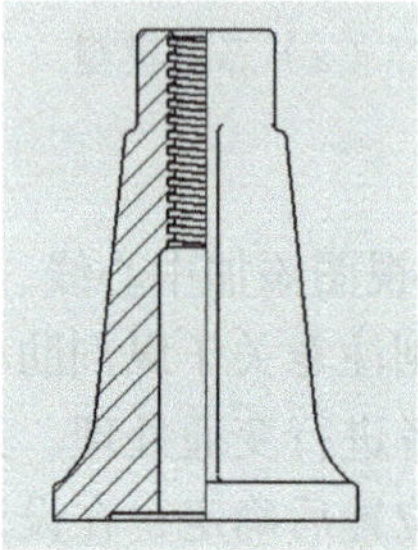

（d）添加中心线，完成半剖视图

图 11-20 SolidWorks 工程图中半剖视图的创建过程

③ 将封闭草图选中后，点击“视图布局”→“断开的剖视图”后在左侧设计树弹出对话框。

④ 输入深度后点击确定，如图 11-20（c）所示。结果如图 11-20（d）所示。

（3）局部剖视图。

SolidWorks 中的局部剖视图创建方法与半剖视图类似，不同处在于局部剖视的剖切范围是用波浪线（一般用样条曲线绘制）表示局部剖视的范围轮廓，如图 11-21 所示。另外在剖视后需将粗实线表示的波浪线改为“可见窄的 (ISO)”。

图 11-21 为在 SolidWorks 中创建的局部剖视图示例。

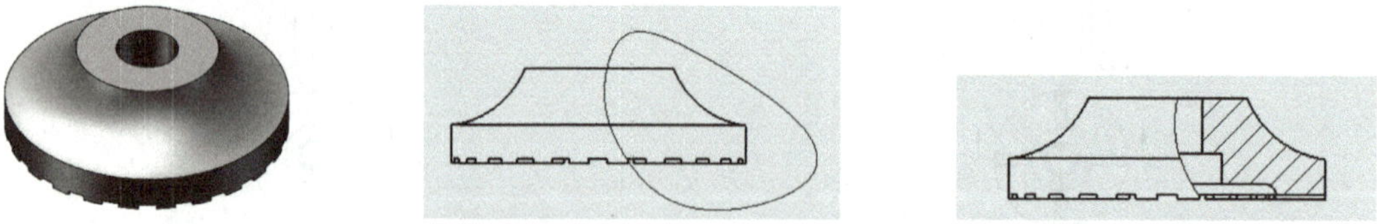

（a）三维模型 （b）在草图中绘制局部剖的范围轮廓 （c）创建局部剖视图

图 11-21 SolidWorks 中创建的局部剖视图

3. 千斤顶二维工程图

根据表 11-7 所示的千斤顶装配过程，得到其三维装配模型，创建千斤顶二维装配工程图的步骤如表 11-8 所示。

表 11-8　创建千斤顶二维装配工程图的步骤

序号	步　骤	图　例
1	使用系统工具栏中的新建按钮“”，在弹出的对话框中选中“工程图”模板，单击创建以进入工程图环境。使用视图调色板“”命令生成千斤顶的俯视外形图，使用剖面视图“”命令生成千斤顶主视全剖视图（注意：处理剖视图中的实心杆件及标准件时，国标规定当剖切平面通过实心杆件及标准件的轴线或对称线时，只画其外形）	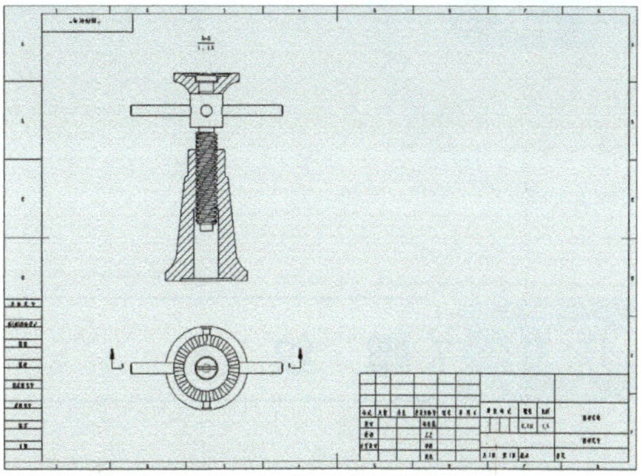
2	使用剖面视图“”命令生成千斤顶俯视剖视图，反应螺杆与手杆的连接	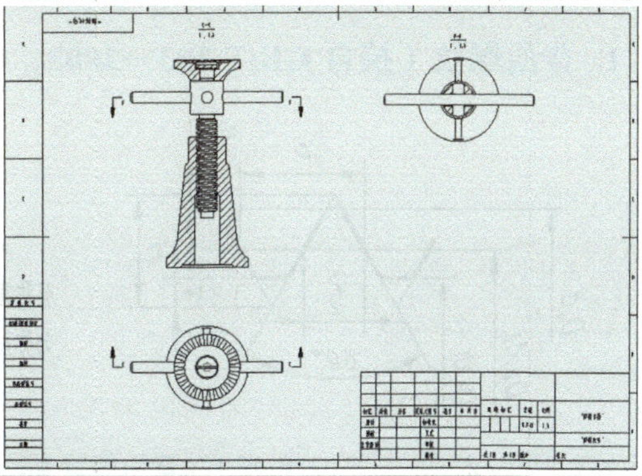
3	进行中心线的添加；使用尺寸命令“”添加必要的尺寸；使用引出序号命令“”添加零部件序号，并进行位置调整	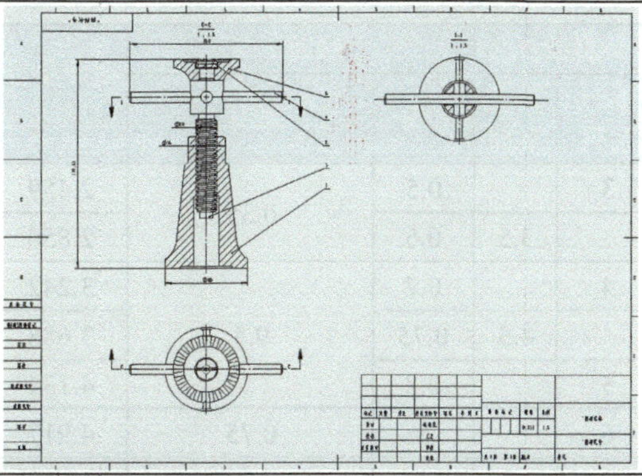
4	使用表格“”命令点击添加材料明细栏“”，并修改其样式和内容，填写标题栏，完成千斤顶的二维装配图（注意：在添加材料明细栏的时候要改成 GB 格式）	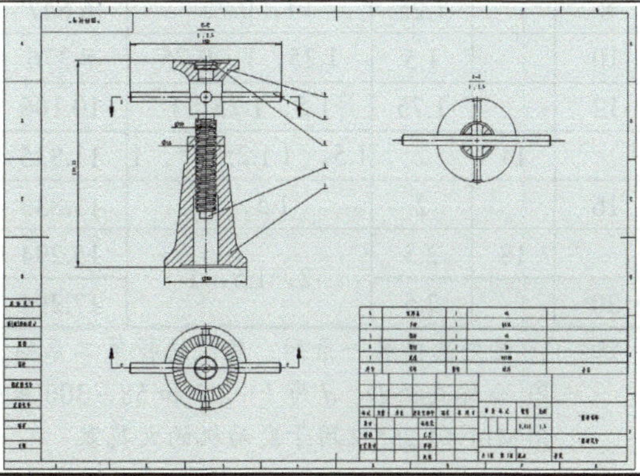

附 录

附录 1 螺 纹

1. 普通螺纹（摘自 GB/T 193—2003，GB/T 196—2003）

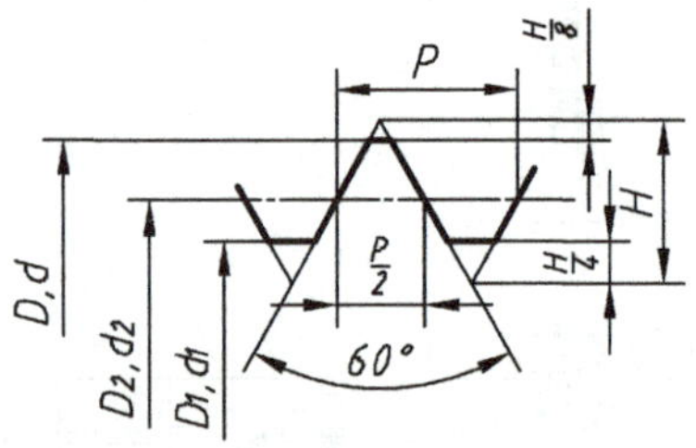

$$H=\frac{\sqrt{3}}{2}P \qquad H=0.866\ 025\ 404\ P$$

公称直径20，螺距为2.5，右旋普通粗牙螺纹的规定标记：M20

公称直径20，螺距为1.5，右旋普通细牙螺纹的规定标记：M20×1.5

附表 1 普通螺纹直径与螺距系列、基本尺寸 单位：mm

公称直径 D，d		螺距 P		粗牙小径 D_1，d_1	公称直径 D，d		螺距 P		粗牙小径 D_1，d_1
第一系列	第二系列	粗牙	细牙		第一系列	第二系列	粗牙	细牙	
3		0.5	0.35	2.459		22	2.5	2，1.5，1	19.294
	3.5	0.6		2.850	24		3	2，1.5，1	20.752
4		0.7	0.5	3.242		27	3	2，1.5，1	23.752
	4.5	0.75		3.688					
5		0.8		4.134	30		3.5	（3），2，1.5，1	26.211
6		1	0.75	4.917		33	3.5	（3），2，1.5	29.211
8		1.25	1，0.75	6.647	36		4	3，2，1.5	31.670
10		1.5	1.25，1，0.75	8.376		39	4		34.670
12		1.75	1.5，1.25，1	10.106	42		4.5	4，3，2，1.5	37.129
	14	2	1.5，（1.25）*，1	11.835		45	4.5	4，3，2，1.5	40.129
16		2	1.5，1	13.835	48		5	4，3，2，1.5	42.587
	18	2.5	2，1.5，1	15.294		52	5		46.587
20		2.5		17.294	56		5.5	4，3，2，1.5	50.046

注：① 优先选择第一系列，其次选择第二系列，第三系列未列入，括号内尺寸尽可能不用。

② 公称直径 D、d 为 1～2.5 和 58～300 未列入，中径 D_2，d_2 未列入。

③ M14×1.25*仅用于发动机的火花塞。

2. 梯形螺纹（摘自 GB/T 5796.2—2005，GB/T 5796.3—2005）

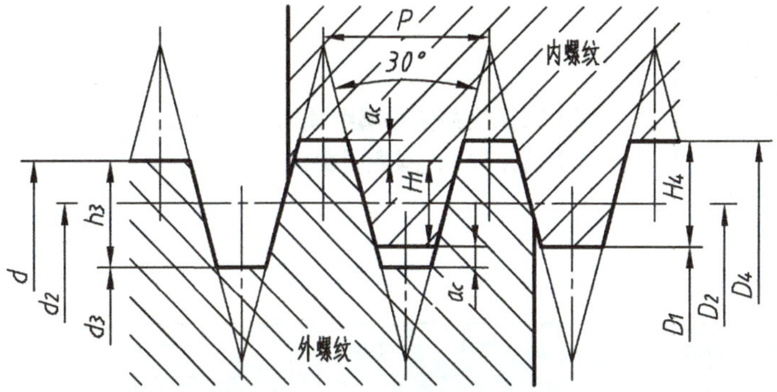

1、公称直径为40mm、导程和螺距为7mm的右旋单线梯形螺纹标记：Tr40X7

2、公称直径40mm、导程为14mm，螺距为7mm的左旋双线梯形螺纹标记：Tr40X14(P7)LH

附表 2　梯形螺纹直径与螺距系列、基本尺寸　　单位：mm

公称直径 d		螺距	中径	大径	小径		公称直径 d		螺距	中径	大径	小径	
第一系列	第二系列	P	$d_2=D_2$	D_4	d_3	D_1	第一系列	第二系列	P	$d_2=D_2$	D_4	d_3	D_1
8		1.5	7.25	8.30	6.20	6.50		26	3	24.50	26.50	22.50	23.00
	9	1.5	8.25	9.30	7.20	7.50			5	23.50	26.50	20.50	21.00
		2	8.00	9.50	6.50	7.00			8	22.00	27.00	17.00	18.00
10		1.5	9.25	10.30	8.20	8.50	28		3	26.50	28.50	24.50	25.00
		2	9.00	10.50	7.50	8.00			5	25.50	28.50	22.50	23.00
	11	2	10.00	11.50	8.50	9.00			8	24.00	29.00	19.00	20.00
		3	9.50	11.50	7.50	8.00		30	3	28.50	30.50	26.50	29.00
12		2	11.00	12.50	9.50	10.00			6	27.00	31.00	23.00	24.00
		3	10.50	12.50	8.50	9.00			10	25.00	31.00	19.00	20.00
	14	2	13.00	14.50	11.50	12.00	32		3	30.50	32.50	28.50	29.00
		3	12.50	14.50	10.50	11.00			6	29.00	33.00	25.00	26.00
16		2	15.00	16.50	13.50	14.00			10	27.00	33.00	21.00	22.00
		4	14.00	16.50	11.50	12.00		34	3	32.50	34.50	30.50	31.00
	18	2	17.00	18.50	15.50	16.00			6	31.00	35.00	27.00	28.00
		4	16.00	18.50	13.50	14.00			10	29.00	35.00	23.00	24.00
20		2	19.00	20.50	17.50	18.00	36		3	34.50	36.50	32.50	33.00
		4	18.00	20.50	15.50	16.00			6	33.00	37.00	29.00	30.00
	22	3	20.50	22.50	18.50	19.00			10	31.00	37.00	25.00	26.00
		5	19.50	22.50	16.50	17.00		38	3	36.50	38.50	34.50	35.00
									7	34.50	39.00	30.00	31.00
		8	18.00	23.00	13.00	14.00			10	33.00	39.00	27.00	28.00
24		3	22.50	24.50	20.50	21.00	40		3	38.50	40.50	36.50	37.00
		5	21.50	24.50	18.50	19.00			7	36.50	41.00	32.00	33.00
		8	20.00	25.00	15.00	16.00			10	35.00	41.00	29.00	30.00

3. 非螺纹密封的管螺纹（摘自 GB/T 7307—2001）

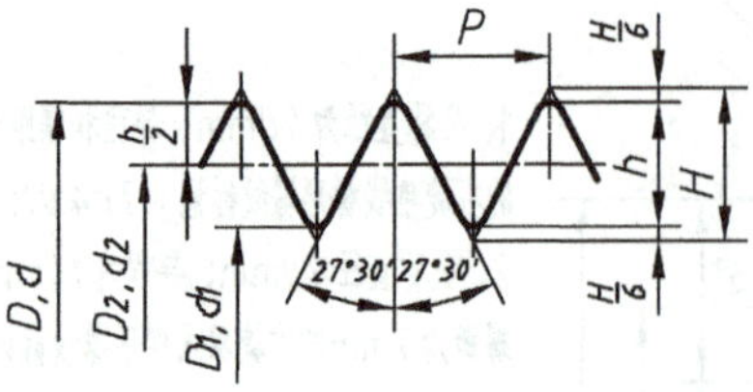

尺寸代号为2的右旋圆柱内螺纹的规定标记：G2

尺寸代号为3的A级左旋圆柱外螺纹的规定标记：G3A-LH

附表 3　管螺纹的尺寸代号与螺距、基本尺寸　　单位：mm

尺寸代号	每 25.4 mm 内的牙数 n	螺距 P	基本直径	
			大径 D，d	小径 D_1，d_1
1/8	28	0.907	9.728	8.566
1/4	19	1.337	13.157	11.445
3/8	19	1.337	16.662	14.950
1/2	14	1.814	20.955	18.631
5/8	14	1.814	22.911	20.587
3/4	14	1.814	26.441	24.117
7/8	14	1.814	30.201	27.877
1	11	2.309	33.249	30.291
$1\frac{1}{8}$	11	2.309	37.897	34.939
$1\frac{1}{4}$	11	2.309	41.910	38.952
$1\frac{1}{2}$	11	2.309	47.803	44.845
$1\frac{3}{4}$	11	2.309	53.746	50.788
2	11	2.309	59.614	56.656
$2\frac{1}{4}$	11	2.309	65.710	62.752
$2\frac{1}{2}$	11	2.309	75.184	72.226
$2\frac{3}{4}$	11	2.309	81.534	78.576
3	11	2.309	87.884	84.926
4	11	2.309	113.030	110.072
5	11	2.309	138.430	135.472
6	11	2.309	163.830	160.872

附录 2 螺纹紧固件、销、键

1. 螺　栓

六角头螺栓—C 级（GB/T 5780—2016）；六角头螺栓—A 级和 B 级（GB/T 5782—2016）。

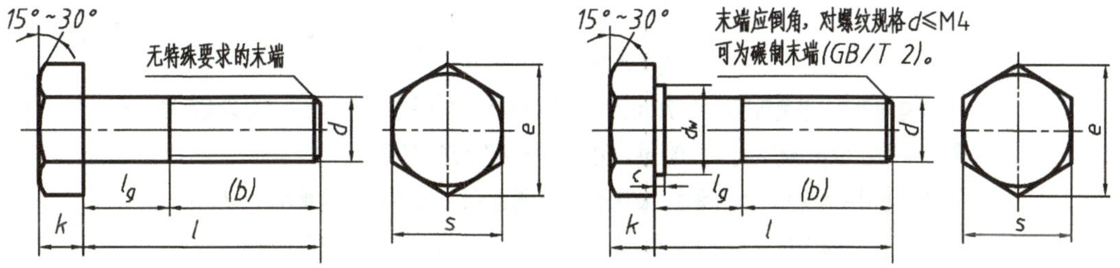

标记示例

螺纹规格d=M12、公称长度l=80mm、性能等级为4.8级、不经表面处理、产品等级为C级的六角头螺栓的标记：螺栓 GB/T 5780 M12X80

附表 4　六角头螺栓相关参数　　单位：mm

螺纹规格 d			M3	M4	M5	M6	M8	M10	M12	M16	M20	M24	M30	M36	M42
b 参考	$L\leqslant 125$		12	14	16	18	22	26	30	38	46	54	66	—	—
	$125<l\leqslant 200$		18	20	22	24	28	32	36	44	52	60	72	84	96
	$l>200$		31	33	35	37	41	45	49	57	65	73	85	97	109
c			0.4	0.4	0.5	0.5	0.6	0.6	0.6	0.8	0.8	0.8	0.8	0.8	1
d_w	产品等级	A	4.57	5.88	6.88	8.88	11.63	14.63	16.63	22.49	28.19	33.61	—	—	—
		B，C	4.45	5.74	6.74	8.74	11.47	14.47	16.47	22	27.7	33.25	42.75	51.11	59.95
e	产品等级	A	6.01	7.66	8.79	11.05	14.38	17.77	20.03	26.75	33.53	39.98	—	—	—
		B，C	5.88	7.50	8.633	10.89	14.20	17.59	19.85	26.17	32.95	39.55	50.85	60.79	72.02
k 公称			2	2.8	3.5	4	5.3	6.4	7.5	10	12.5	15	18.7	22.5	26
r			0.1	0.2	0.2	0.25	0.4	0.4	0.6	0.6	0.8	0.8	1	1	1.2
s 公称			5.5	7	8	10	13	16	18	24	30	36	46	55	65
l（商品规格范围）			20～30	25～40	25～50	30～60	40～80	45～100	50～120	65～160	80～200	90～240	110～300	140～360	160～440
l 系列			12，16，20，25，30，35，40，45，50，55，60，65，70，80，90，100，110，120，130，140，150，160，180，200，220，240，260，280，300，320，340，360，380，400，420，440，460，480，500												

注：① A 级用于 $d\leqslant 24$ 和 $l\leqslant 10\,d$ 或 $\leqslant 150$ 的螺栓；

B 级用于 $d>24$ 和 $l>10\,d$ 或 >150 的螺栓。

② 螺纹规格 d 范围：GB/T 5780 为 M5～M64；GB/T 5782 为 M1.6～M64。

③ 公称长度范围：GB/T 5780 为 25～500；GB/T 5782 为 12～500。

2. 双头螺柱

双头螺柱—$b_m = d$（GB/T 897—1988）；双头螺柱—$b_m = 1.25d$（GB/T 898—1988）；双头螺柱—$b_m = 1.5d$（GB/T 899—1988）；双头螺柱—$b_m = 2d$（GB/T 900—1988）。

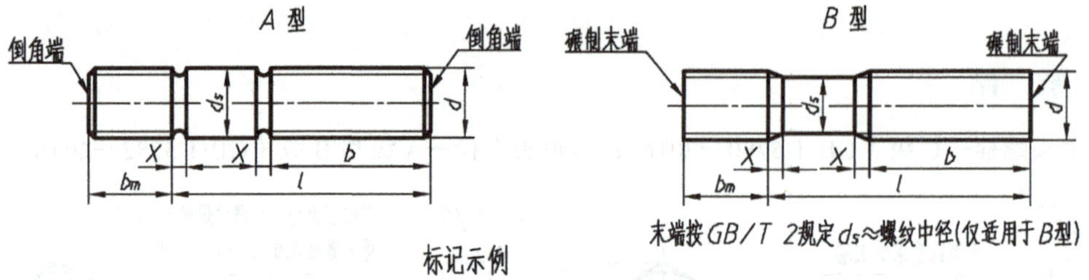

标记示例

两端均为粗牙普通螺纹，d=10mm、l=50mm、性能等级为4.8级、不经表面处理、B型，b_m=1d 双头螺栓的标记：螺 柱 GB/T 897 M10X50

旋入机体一端为粗牙普通螺纹，旋螺母一端为螺距P=1mm细牙普通螺纹，d=10mm、l=50mm、性能等级为4.8级、不经表面处理、A型，b_m=2d 双头螺栓的标记：

螺柱 GB/T 900 AM10-M10×1X50

附表 5　双头螺柱及其参数　　单位：mm

螺纹规格		M5	M6	M8	M10	M12	M16	M20	M24	M30	M36	M42
b_m（公称）	GB/T 897	5	6	8	10	12	16	20	24	30	36	42
	GB/T 898	6	8	10	12	15	20	25	30	38	45	52
	GB/T 899	8	10	12	15	18	24	30	36	45	54	65
	GB/T 900	10	12	16	20	24	32	40	48	60	72	84
d_s（max）		5	6	8	10	12	16	20	24	30	36	42
x（max）		2.5P										
$\frac{l}{b}$		$\frac{16\sim22}{10}$	$\frac{20\sim22}{10}$	$\frac{20\sim22}{12}$	$\frac{25\sim28}{14}$	$\frac{25\sim30}{16}$	$\frac{30\sim38}{20}$	$\frac{35\sim40}{25}$	$\frac{45\sim50}{30}$	$\frac{60\sim65}{40}$	$\frac{65\sim75}{45}$	$\frac{65\sim80}{50}$
		$\frac{25\sim50}{16}$	$\frac{25\sim30}{14}$	$\frac{25\sim30}{16}$	$\frac{30\sim38}{16}$	$\frac{32\sim40}{20}$	$\frac{40\sim55}{30}$	$\frac{45\sim65}{35}$	$\frac{55\sim75}{45}$	$\frac{70\sim90}{50}$	$\frac{80\sim110}{60}$	$\frac{80\sim110}{70}$
			$\frac{32\sim75}{18}$	$\frac{32\sim90}{22}$	$\frac{40\sim120}{26}$	$\frac{45\sim120}{30}$	$\frac{60\sim120}{38}$	$\frac{70\sim120}{46}$	$\frac{80\sim120}{54}$	$\frac{95\sim120}{60}$	$\frac{120}{78}$	$\frac{120}{90}$
					$\frac{130}{32}$	$\frac{130\sim180}{36}$	$\frac{130\sim200}{44}$	$\frac{130\sim200}{52}$	$\frac{130\sim200}{60}$	$\frac{130\sim200}{72}$	$\frac{130\sim200}{84}$	$\frac{130\sim200}{96}$
										$\frac{210\sim250}{85}$	$\frac{210\sim300}{91}$	$\frac{210\sim300}{109}$
l 系列		16，（18），20，（22），25，（28），30，（32），35，（38），40，45，50，（55），60，（65），70，（75），80，（85），90，（95），100，110，120，130，140，150，160，170，180，200，210，220，230，240，250，260，280，300										

注：P 是粗牙螺纹的螺距。

3. 螺　钉

（1）开槽圆柱头螺钉（摘自 GB/T 65—2016）。

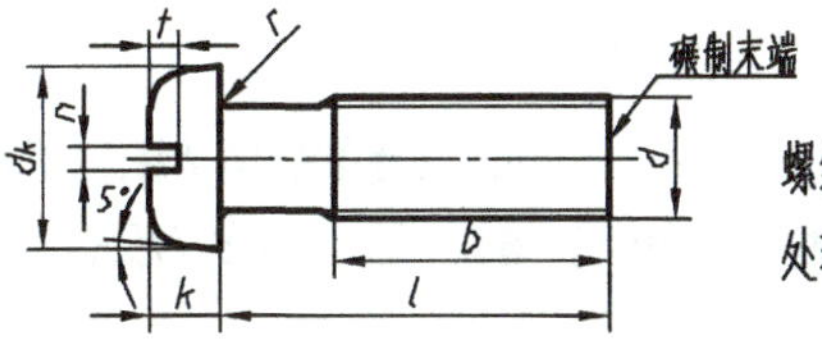

标记示例

螺纹规格 d=M5、公称长度 l=20mm、性能等级为4.8级、不经表面处理的A级的开槽盘头螺钉的标记：螺钉 GB/T 67 M5X20

附表 6　开槽圆头螺钉及其参数　　　　单位：mm

螺纹规格 d	M4	M5	M6	M8	M10
P（螺距）	0.7	0.8	1	1.25	1.5
b	38	38	38	38	38
d_k	7	8.5	10	13	16
k	2.6	3.3	3.9	5	6
n	1.2	1.2	1.6	2	2.5
r	0.2	0.2	0.25	0.4	0.4
t	1.1	1.3	1.6	2	2.4
公称长度 l	5 ~ 40	6 ~ 50	8 ~ 60	10 ~ 80	12 ~ 80
l 系列	5，6，8，10，12，（14），16，20，25，30，35，40，45，50，（55），60，（65），70，（75），80				

注：① 公称长度 $l\leqslant 40$ 的螺钉，制出全螺纹。

② 括号中的规格尽可能不采用。

③ 螺纹规格 d＝M1.6 ~ 10；公称长度 l＝2 ~ 80。

（2）开槽沉头螺钉（摘自 GB/T 68—2016）。

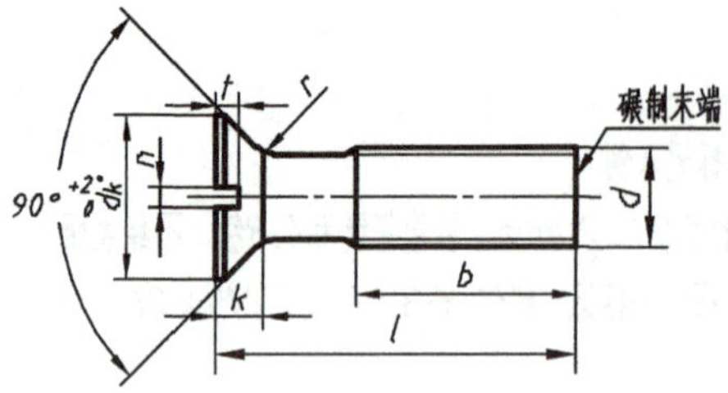

标记示例

螺纹规格 d=M5、公称长度 l=20mm、性能等级为 4.8 级、不经表面处理的 A 级的开槽沉头螺钉的标记：螺钉 GB/T 68 M5X20

附表 7　开槽沉头螺钉及其参数　　　　单位：mm

螺纹规格 d	M1.6	M2	M2.5	M3	M4	M5	M6	M8	M10
P（螺距）	0.35	0.4	0.45	0.5	0.7	0.8	1	1.25	1.5
b	25	25	25	25	38	38	38	38	38
d_k	3.6	4.4	5.5	6.3	9.4	10.4	12.6	17.3	20
k	1	1.2	1.5	1.65	2.7	2.7	3.3	4.65	5
n	0.4	0.5	0.6	0.8	1.2	1.2	1.6	2	2.5
r	0.4	0.5	0.6	0.8	1	1.3	1.5	2	2.5
t	0.5	0.6	0.75	0.85	1.3	1.4	1.6	2.3	2.6
公称长度 l	2.5～16	3～20	4～25	5～30	6～40	8～50	8～60	10～80	12～80
l 系列	2，5，3，4，5，6，8，10，12，（14），16，20，25，30，35，40，45，50，（55），60，（65），70，（75），80								

注：① 括号内的规格尽可能不采用。

② M1.6～M3 的螺钉，公称长度 l≤30 的，制出全螺纹；
M4～M10 的螺钉，公称长度 l≤45，制出全螺纹。

（3）紧定螺钉（摘自 GB/T 71—2018，GB/T 73—2017，GB/T 75—2018）。

开槽锥端紧定螺钉 GB/T 71—1985

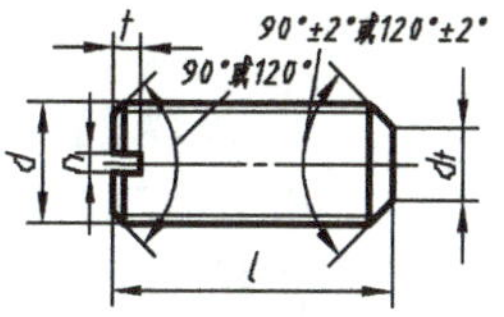

开槽平端紧定螺钉 GB/T 73—1985

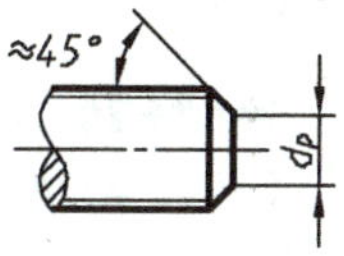

开槽长圆柱端紧定螺钉 GB/T 75—1985

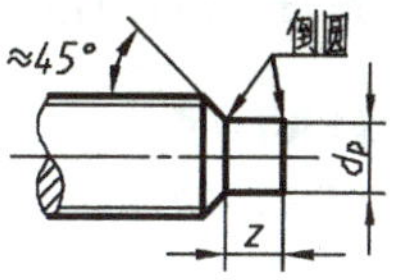

标记示例

螺纹规格 d=M5、公称长度 l=12mm、性能等级为 14H级、表面氧化的开槽锥端紧定螺钉的标记：螺钉 GB/T 71 M5X12

附表 8　紧定螺钉及其参数　　单位：mm

螺纹规格 d		M1.6	M2	M2.5	M3	M4	M5	M6	M8	M10	M12
P（螺距）		0.35	0.4	0.45	0.5	0.7	0.8	1	1.25	1.5	1.75
n		0.25	0.25	0.4	0.4	0.6	0.8	1	1.2	1.6	2
t		0.74	0.84	0.95	1.05	1.42	1.63	2	2.5	3	3.6
d_k		0.16	0.2	0.25	0.3	0.4	0.5	1.5	2	2.5	3
d_p		0.8	1	1.5	2	2.5	3.5	4	5.5	7	8.5
z		1.05	1.25	1.5	1.75	2.25	2.75	3.25	4.3	5.3	6.3
l	GB/T 71—2018	2～8	3～10	3～12	4～16	6～20	8～25	8～30	10～40	12～50	14～60
	GB/T 73—2017	2－8	2～10	2.5～12	3～16	4～20	5～25	6～30	8～40	10～50	12～60
	GB/T 75—2018	2.5～8	3～10	4～12	5～16	6～20	8～25	10～30	10～40	12～50	14～60
l 系列		2，2.5，3，4，5，6，8，10，12，(14)，6，20，25，30，35，40，45，50，(55)，60									

注：① l 为公称长度。

② 括号内的规格尽可能不采用。

4. 螺　母

六角头螺母—C 级（摘自 GB/T 41—2016）；1 型六角头螺母—A 和 B 级（摘自 GB/T 6170—2015）；六角头薄螺母（摘自 GB/T 6172.1—2016）。

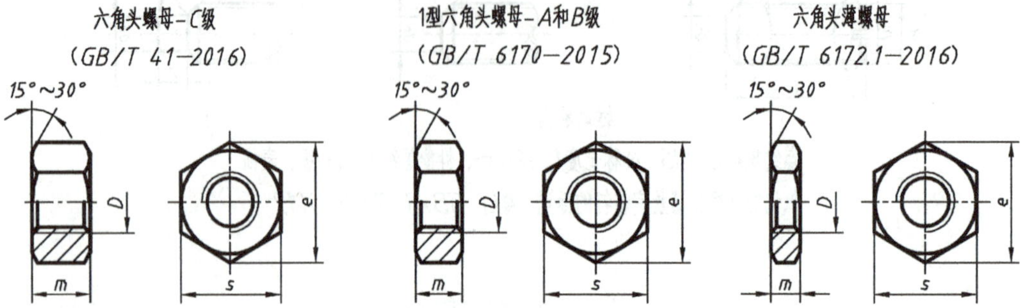

标记示例

螺纹规格 d=M12、性能等级为5级、不经表面处理的

C级的六角头螺母标记：螺母 GB/T 41 M12

附表 9　螺母及其参数　　　　单位：mm

螺纹规格 d		M3	M4	M5	M6	M8	M10	M12	M16	M20	M24	M30	M36	M42
e	GB/T 41			8.63	10.89	14.20	17.59	19.85	26.17	32.95	39.55	50.85	60.79	72.02
	GB/T 6170	6.01	7.66	8.79	11.05	14.38	17.77	20.03	26.75	32.95	39.55	50.85	60.79	72.02
	GB/T 6172.1	6.01	7.66	8.79	11.05	14.38	17.77	20.03	26.75	32.95	39.55	50.85	60.79	72.02
s	GB/T 41			8	10	13	16	18	24	30	36	46	55	65
	GB/T 6170	5.5	7	8	10	13	16	18	24	30	36	46	55	65
	GB/T 6172.1	5.5	7	8	10	13	16	18	24	30	36	46	55	65
m	GB/T 41			5.6	6.1	7.9	9.5	12.2	15.9	18.7	22.3	23.4	31.5	34.9
	GB/T 6170	2.4	3.2	4.7	5.2	6.8	8.4	10.8	14.8	18	21.5	25.6	31	34
	GB/T 6172.1	1.8	2.2	2.7	3.2	4	5	6	8	10	12	15	18	21

注：A 级用 $D \leqslant 16$；B 级用于 $D>16$。

5. 垫 圈

（1）平垫圈。

小垫圈—A 级（摘自 GB/T 848—2002）；平垫圈—A 级（摘自 GB/T 97.1—2002）；平垫圈 倒角型—A 级（摘自 GB/T 97.2—2002）。

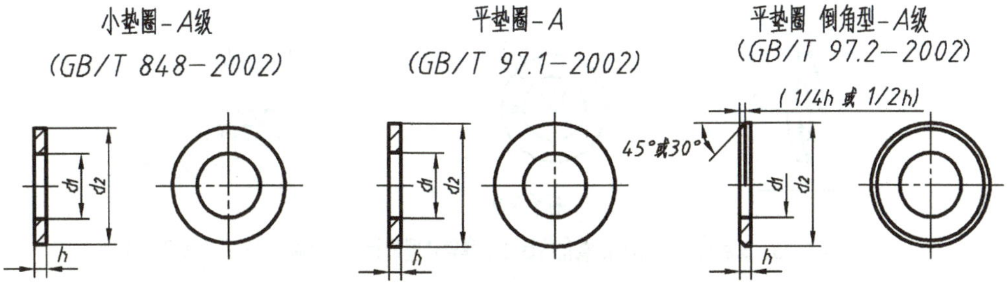

标记示例

标准系列、公称规格8mm、由钢制造的硬度等级为200HV级、不经表面处理、产品等级为A级的平垫圈的标记：垫 圈 GB/T 97.1 8

标准系列、公称规格8mm，由A2组不锈钢制造的硬度等级为200HV级、不经表面处理、产品等级为A级的平垫圈的标记：垫圈 GB/T 97.1 8 A2

附表 10 平垫圈及其参数 单位：mm

公称尺寸 螺纹规格 d		1.6	2	2.5	3	4	5	6	8	10	12	14	16	20	24	30	36
d_1	GB/T 848	1.7	2.2	2.7	3.2	4.3	5.3	6.4	8.4	10.5	13	15	17	21	25	31	37
	GB/T 97.1	1.7	2.2	2.7	3.2	4.3	5.3	6.4	8.4	10.5	13	15	17	21	25	31	37
	GB/T 97.2	—	—	—	—	—	5.3	6.4	8.4	10.5	13	15	17	21	25	31	37
d_2	GB/T 848	3.5	4.5	5	6	8	9	11	15	18	20	24	28	34	39	50	60
	GB/T 97.1	4	5	6	7	9	10	12	16	20	24	28	30	37	44	56	66
	GB/T 97.2	—	—	—	—	—	10	12	16	20	24	28	30	37	44	56	66
h	GB/T 848	0.3	0.3	0.5	0.5	0.5	1	1.6	1.6	1.6	2	2.5	2.5	3	4	4	5
	GB/T 97.1	0.3	0.3	0.5	0.5	0.5	1	1.6	1.6	2	2.5	2.5	2.5	3	4	4	5
	GB/T 97.2	—	—	—	—	—	1	1.6	1.6	2	2.5	2.5	2.5	3	4	4	5

（2）弹簧垫圈。

标准型弹簧垫圈（摘自 GB/T 93—1987）；

轻型弹簧垫圈（摘自 GB/T 859—1987）。

规格16、材料为65Mn表面氧化的标准型弹簧垫圈的标记：垫圈 GB/T 93 16

附表 11　弹簧垫圈及其参数　　　单位：mm

规格（螺纹大径）		3	4	5	6	8	10	12	(14)	16	(18)	20	(22)	24	(27)	30
d		3.1	4.1	5.1	6.1	8.1	10.1	12.2	14.2	16.2	18.2	20.2	22.5	24.5	27.5	30.5
H	GB/T 93	1.6	2.2	2.6	3.2	4.2	5.2	6.2	7.2	8.2	9	10	11	12	13.6	15
	GB/T 859	1.2	1.6	2.2	2.6	3.2	4	5	6.4	7.2	8	9	10	11	10	12
S（*b*）	GB/T 93	0.8	1.1	1.3	1.6	2.1	2.6	3.1	3.6	4.1	4.5	5	5.5	6	6.8	7.5
S	GB/T 859	0.6	0.8	1.1	1.3	1.6	2	2.5	3	3.2	3.6	4	4.5	5	5.5	6
m≤	GB/T 93	0.4	0.55	0.65	0.8	1.05	1.3	1.55	1.8	2.05	2.25	2.5	2.75	3	3.4	3.75
	GB/T 859	0.3	0.4	0.55	0.65	0.8	1	1.25	1.5	1.6	1.8	2	2.25	2.5	2.75	3
b	GB/T 859	1	1.2	1.2	2	2.5	3	3.5	4	4.5	5	5.5	6	7	8	9

注：① 括号内的规格尽可能不采用。

② *m* 应大于零。

6. 销

（1）圆柱销（摘自 GB/T 119.1—2000）——不淬火钢和奥氏体不锈钢。

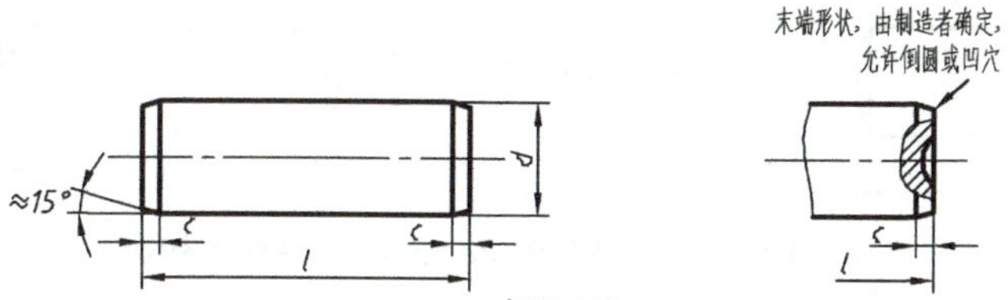

标记示例

公称直径 d=6mm、公差为m6、公称长度 l=30mm、材料为钢、不经淬火、不经表面处理的圆柱销的标记：

销 GB/T 119.1 6m6X30

公称直径 d=6mm、公差为m6、公称长度 l=30mm、材料为A1组奥氏体不锈钢、表面简单处理的圆柱销的标记：

销 GB/T119.1 6m6X30-A1

附表 12　圆柱销相关参数　　单位：mm

公称直径 d（m6/h8）	0.6	0.8	1	1.2	1.5	2	2.5	3	4	5
a≈	0.12	0.16	0.20	0.25	0.30	0.35	0.40	0.50	0.63	0.80
l（商品规格范围公称长度）	2～6	2～8	4～10	4～12	4～16	6～20	6～24	8～30	8～40	10～50
公称直径 d（m6/h8）	6	8	10	12	16	20	25	30	40	50
a≈	1.2	1.6	2.0	2.5	3.0	3.5	4.0	5.0	6.3	8.0
l（商品规格范围公称长度）	12～60	14～80	18～95	22～140	26～180	35～200	50～200	60～200	80～200	95～200
l 系列	2，3，4，5，6，8，10，12，14，16，18，20，22，24，26，28，30，32，35，40，45，50，55，60，65，70，75，80，85，90，95，100，120，140，160，180，200									

（2）圆锥销（摘自 GB/T 117—2000）。

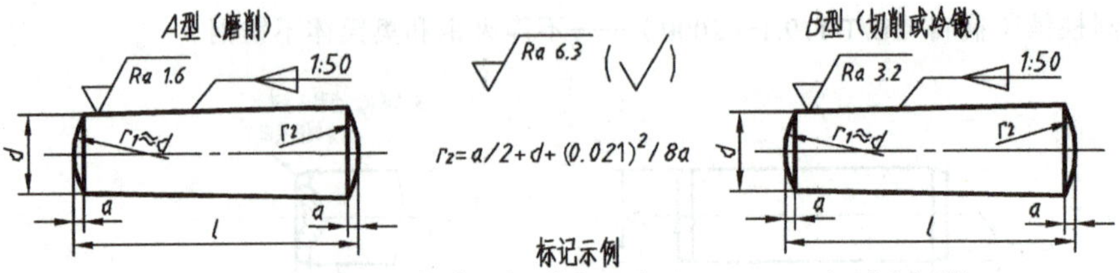

标记示例

公称直径 $d=6$ mm、公称长度 $l=30$ mm、材料为35钢、热处理硬度28~38HRC、表面氧化处理的A型圆锥销的标记：销 GB/T 117 6X30

附表 13　圆锥销相关参数　　单位：mm

d（公称直径）	0.6	0.8	1	1.2	1.5	2	2.5	3	4	5
$a \approx$	0.08	0.1	0.12	0.16	0.2	0.25	0.3	0.4	0.5	0.63
l（商品规格范围公称长度）	4~8	5~12	6~16	6~20	8~24	10~35	10~35	12~45	14~55	18~60
d（公称直径）	6	8	10	12	16	20	25	30	40	50
$a \approx$	0.8	1	1.2	1.6	2	2.5	3	4	5	6.3
l（商品规格范围公称长度）	22~90	22~120	26~160	32~180	40~200	45~200	50~200	55~200	60~200	65~200
l 系列	2，3，4，5，6，8，10，12，14，16，18，20，22，24，26，28，30，32，35，40，45，50，55，60，65，70，75，80，85，90，95，100，120，140，160，180，200									

（3）开口销（摘自 GB/T 91—2000）。

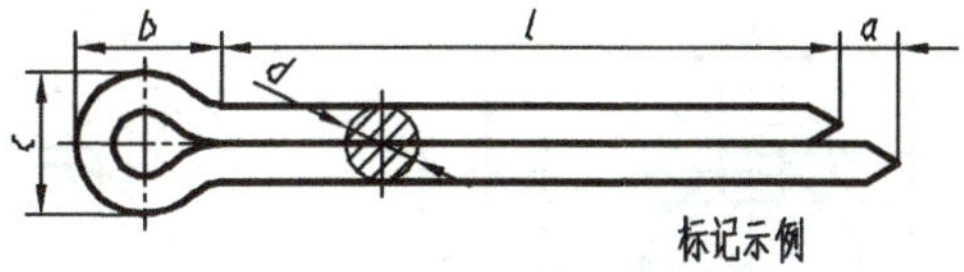

$a_{min}=\frac{1}{2}a_{max}$

允许制造的形式

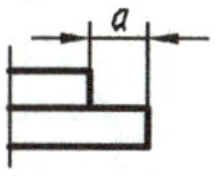

标记示例

公称规格为5mm、公称长度l=50mm、材料为Q215或Q235、不经表面处理的开口销的标记：销 GB/T 91 5X50

附表 14　开口销相关参数　　　　单位：mm

公称规格		0.6	0.8	1	1.2	1.6	2	2.5	3.2	4	5	6.3	8	10	13
d	max	0.5	0.7	0.9	1.0	1.4	1.8	2.3	2.9	3.7	4.6	5.9	7.5	9.5	12.4
	min	0.4	0.6	0.8	0.9	1.3	1.7	2.1	2.7	3.5	4.4	5.7	7.3	9.3	12.1
c	max	1	1.4	1.8	2	2.8	3.6	4.6	5.8	7.4	9.2	11.8	15	19	24.8
	min	0.9	1.2	1.6	1.7	2.4	3.2	4	5.1	6.5	8	10.3	13.1	16.6	21.7
b≈		2	2.4	3	3	3.2	4	5	6.4	8	10	12.6	16	20	26
a_{max}		1.6	1.6	1.6	2.5	2.5	2.5	2.5	3.2	4	4	4	4	6.3	6.3
l（商品规格范围公称长度）		4～12	5～16	6～20	8～26	8～32	10～40	12～50	14～65	18～80	30～120	30～120	40～160	45～200	70～200
l 系列		4，5，6，8，10，12，14，16，18，20，22，24，26，28，30，32，36，40，45，50，55，60，65，70，75，80，85，90，95，100，120，140，160，180，200													

注：公称规格等于开口销孔直径推荐的公差为

公称规格≤1.2：H13；

公称规格>1.2：H14。

7. 平键与键槽的剖面尺寸（摘自 GB/T 1095—2003）

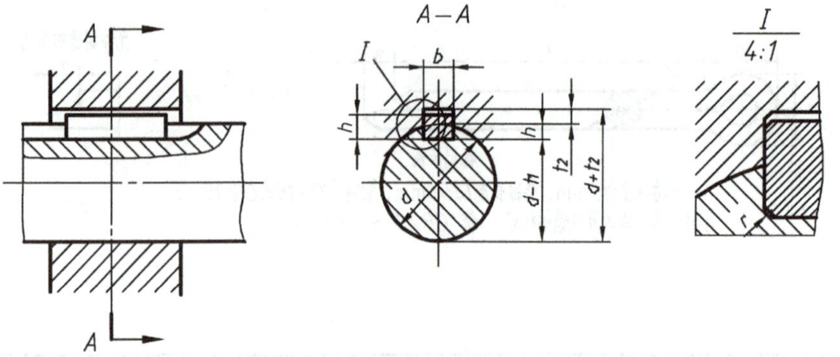

附表 15　平键与键槽的剖面尺寸　　单位：mm

键尺寸 $b\times h$	键槽											
	宽度 b						深度				半径 r	
	公称尺寸	极限偏差					轴 t_1		毂 t_2			
		正常连接		紧密连接	松连接		基本尺寸	极限偏差	基本尺寸	极限偏差		
		轴 N9	毂 JS9	轴和毂 P9	轴 H9	毂 D10					min	max
2×2	2	−0.004 −0.029	±0.012	−0.006 −0.031	+0.025 0	+0.060 +0.020	1.2	+0.1 0	1.0	+0.1 0	0.08	0.16
3×3	3						1.8		1.4			
4×4	4	0 −0.030	±0.015	−0.012 −0.042	+0.030 0	+0.078 +0.030	2.5		1.8			
5×5	5						3.0		2.3		0.16	0.25
6×6	6						3.5		2.8			
8×7	8	0 −0.036	±0.018	−0.015 −0.051	+0.036 0	+0.098 +0.040	4.0	+0.2 0	3.3	+0.2 0		
10×8	10						5.0		3.3		0.25	0.40
12×8	12	0 −0.043	±0.021 5	−0.018 −0.061	+ 0.043 0	+0.120 +0.050	5.0		3.3			
14×9	14						5.5		3.8			
16×10	16						6.0		4.3			
18×11	18						7.0		4.4			
20×12	20	0 −0.052	±0.026	−0.022 −0.074	+0.052 0	+0.149 +0.065	7.5	+0.2 0	4.9	+0.2 0	0.40	0.60
22×14	22						9.0		5.4			
25×14	25						9.0		5.4			
28×16	28						10.0		6.4			
32×18	32	0 −0.062	±0.031	−0.026 −0.088	+0.062 0	+0.180 +0.080	11.0		7.4			
36×20	36						12.0	+0.3 0	8.4	+0.3 0	0.70	1.00
40×22	40						13.0		9.4			
45×25	45						15.0		10.4			
50×28	50						17.0		11.4			
56×32	56	0 −0.074	±0.037	−0.032 −0.106	+0.074 0	+0.220 +0.100	20.0		12.4		1.20	1.60
63×32	63						20.0		12.4			
70×36	70						22.0		14.4			
80×40	80						25.0		15.4		2.00	2.50
90×45	90	0 −0.087	±0.043 5	−0.037 −0.124	+0.087 0	+0.260 +0.120	28.0		17.4			
100×50	100						31.0		19.5			

附录 3 轴 承

1. 深沟球轴承（摘自 GB/T 276—2013）——60000 型

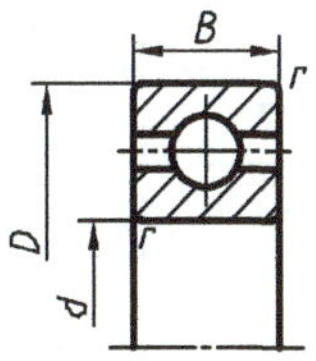

基本尺寸

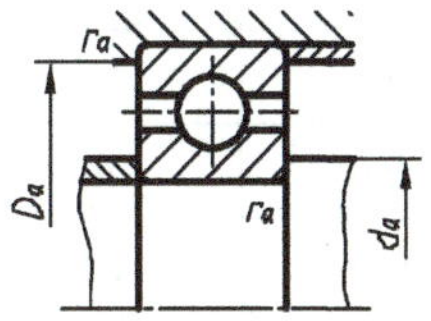

安装尺寸

标记示例

内径 $d=20$ 的 60000 型深沟球轴承，尺寸系列为（0）2，组合代号为 62 的标记：

滚动轴承 6204 GB/T 276—2013

附表 16 深沟球轴承相关参数 单位：mm

轴承代号	基本尺寸				安装尺寸		
	d	D	B	r_x min	d_s min	D_s max	r_{as} max
（0）尺寸系列							
6000	10	26	8	0.3	12.4	33.6	0.3
6001	12	28	8	0.3	14.4	25.6	0.3
6002	15	32	9	0.3	17.4	29.6	0.3
6003	17	35	10	0.3	19.4	32.6	0.3
6004	20	42	12	0.6	25	37	0.6
6005	25	47	12	0.6	30	42	0.6
6006	30	55	13	1	36	49	1
6007	35	62	14	1	41	56	1
6008	40	68	15	1	46	62	1
6009	45	75	16	1	51	69	1
6010	50	80	16	1	56	74	1
6011	55	90	18	1.1	62	83	1
6012	60	95	18	1.1	67	88	1
6013	65	100	18	1.1	72	93	1
6014	70	110	20	1.1	77	103	1
6015	75	115	20	1.1	82	108	1
6016	80	125	22	1.1	87	118	1
6017	85	130	22	1.1	92	123	1
6018	90	140	24	1.5	99	131	1.5
6019	95	145	24	1.5	104	136	1.5
6020	100	150	24	1.5	109	141	1.6

续表

轴承代号	基本尺寸				安装尺寸		
	d	D	B	r_x min	d_s min	D_s max	r_{as} max
(0) 2 尺寸系列							
6200	10	30	9	0.6	15	25	0.6
6201	12	32	10	0.6	17	27	0.6
6202	15	35	11	0.6	20	30	0.6
6203	17	40	13	0.6	22	35	0.6
6204	20	47	14	1	26	41	1
6205	25	52	15	1	31	46	1
6206	30	62	16	1	36	56	1
6207	35	72	17	1.1	42	65	1
6208	40	80	18	1.1	47	73	1
6209	45	85	19	1.1	52	78	1
6210	50	90	20	1.1	57	83	1
6211	55	100	21	1.5	64	91	1.5
6212	60	110	22	1.5	69	101	1.5
6213	65	120	23	1.5	74	111	1.5
6214	70	125	24	1.5	79	116	1.5
6215	75	130	25	1.5	84	121	1.5
6216	80	140	26	2	90	130	2
6217	85	150	28	2	95	140	2
6218	90	160	30	2	100	150	2
6219	95	170	32	2.1	107	158	2.1
6220	100	180	34	2.1	112	168	2.1
(0) 3 尺寸系列							
6300	10	35	11	0.6	15	30	0.6
6301	12	37	12	1	18	31	1
6302	15	42	13	1	21	36	1
6303	17	47	14	1	23	41	1
6304	20	52	15	1.1	27	45	1
6305	25	62	17	1.1	32	55	1
6306	30	72	19	1.1	37	65	1
6307	35	80	21	1.5	44	71	1.5

续表

轴承代号	基本尺寸				安装尺寸		
	d	D	B	r_x min	d_s min	D_s max	r_{as} max
6308	40	90	23	1.5	49	81	1.5
6309	45	100	25	1.5	54	91	1.5
6310	50	110	27	2	60	100	2
6311	55	120	29	2	65	110	2
6312	60	130	31	2.1	72	118	2.1
6313	65	140	33	2.1	77	128	2.1
6314	70	150	35	2.1	82	138	2.1
6315	75	160	37	2.1	87	148	2.1
6316	80	170	39	2.1	92	158	2.1
6317	85	180	41	3	99	166	2.5
6318	90	190	43	3	104	176	2.5
6319	95	200	45	3	109	186	2.5
6320	100	215	47	3	114	201	2.5
（0）4 尺寸系列							
6403	17	62	17	1.1	24	55	1
6404	20	72	19	1.1	27	65	1
6405	25	80	21	1.5	34	71	1.5
6406	30	90	23	1.5	39	81	1.5
6407	35	100	25	1.5	44	91	1.5
6408	40	110	27	2	50	100	2
6409	45	120	29	2	55	110	2
6410	50	130	31	2.1	62	118	2.1
6411	55	140	33	2.1	67	128	2.1
6412	60	150	35	2.1	72	138	2.1
6413	65	160	37	2.1	77	148	2.1
6414	70	180	42	3	84	166	2.5
6415	75	190	45	3	89	176	2.5
6416	80	200	48	3	94	186	2.5
6417	85	210	52	4	103	192	3
6418	90	225	54	4	108	207	3
6420	100	250	58	4	118	232	3

注：r_{min} 为 r 的单向最小倒角尺寸；r_{max} 为 r_{as} 的单向最大倒角尺寸。

2. 圆锥滚子轴承（摘自 GB/T 297—2015）——30000 型

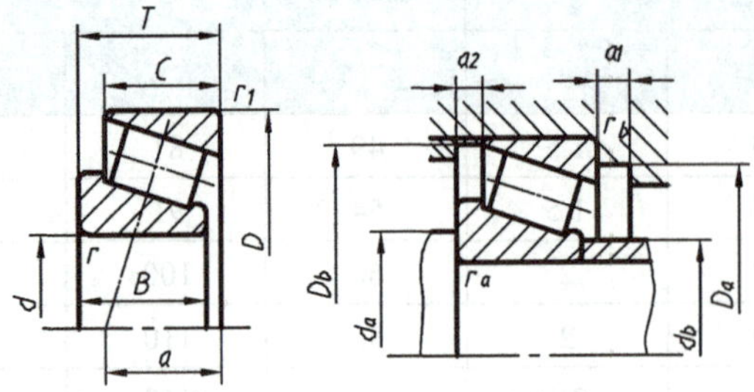

基本尺寸　　安装尺寸

标记示例

内径 $d=20$，尺寸系列为02的30000型圆锥滚子轴承的标记：

滚动轴承 30204 GB/T 297—2015

附表 17　圆锥滚子轴承　　单位：mm

轴承代号	基本尺寸								安装尺寸								
	d	D	T	B	C	r_s min	r min	a	d_s min	d max	D_x min	D_s max	D_b min	a_1 min	a_2 min	r_{ab} max	r_{bs} max
02 尺寸系列																	
30203	17	40	3.25	12	11	1	1	9.9	23	23	34	34	37	2	2.5	1	1
30204	20	47	15.25	14	12	1	1	11.2	26	27	40	41	43	2	3.5	1	1
30205	25	52	16.25	15	13	1	1	12.5	31	31	44	46	48	2	3.5	1	1
30206	30	62	17.25	16	14	1	1	13.8	36	37	53	56	58	2	3.5	1	1
30207	35	72	18.25	17	15	1.5	1.5	15.3	42	44	62	65	67	3	3.5	1.5	1.5
30208	40	80	19.75	18	16	1.5	1.5	16.9	47	49	69	73	75	3	4	1.5	1.5
30209	45	85	20.75	19	16	1.5	1.5	18.6	52	53	74	78	80	3	5	1.5	1.5
30210	50	90	21.75	20	17	1.5	1.5	20	57	58	79	83	86	3	5	1.5	1.5
30211	55	100	22.75	21	18	2	1.5	21	64	64	88	91	95	4	5	2	1.5
30212	60	110	23.75	22	19	2	1.5	22.3	69	69	96	101	103	4	5	2	1.5
30213	65	120	24.75	23	20	2	1.5	23.8	74	77	106	111	114	4	5	2	1.5
30214	70	125	26.25	24	21	2	1.5	25.8	79	81	110	116	119	4	5.5	2	1.5
30215	75	130	27.25	25	22	2	1.5	27.4	84	85	115	121	125	4	5.5	2	1.5
30216	80	140	28.25	26	22	2.5	2	28.1	90	90	124	130	133	4	6	2.1	2
30217	85	150	30.5	28	24	2.5	2	30.3	95	96	132	140	142	5	6.5	2.1	2
30218	90	160	32.5	30	26	2.5	2	32.3	100	102	140	150	151	5	6.5	2.1	2
30219	95	170	34.5	32	27	3	2.5	34.2	107	108	149	158	160	5	7.5	2.5	2.1
30220	100	180	37	34	29	3	2.5	36.4	112	114	157	168	169	5	8	2.5	2.1
03 尺寸系列																	
30302	15	42	14.25	13	11	1	1	9.6	21	22	36	36	38	2	3.5	1	1
30303	17	47	15.25	14	12	1	1	10.4	23	25	40	41	43	3	3.5	1	1

续表

轴承代号	基本尺寸								安装尺寸								
	d	D	T	B	C	r_s min	r min	a	d_s min	d max	D_x min	D_s max	D_b min	a_1 min	a_2 min	r_{ab} max	r_{bs} max
30304	20	52	16.25	15	13	1.5	1.5	11.1	27	28	44	45	48	3	3.5	1.5	1.5
30305	25	62	18.25	17	15	1.5	1.5	13	32	34	54	55	58	3	3.5	1.5	1.5
30306	30	72	20.75	19	16	1.5	1.5	15.3	37	40	62	65	66	3	5	1.5	1.5
30307	35	80	22.75	21	18	2	1.5	16.8	44	45	70	71	74	3	5	2	1.5
30308	40	90	25.25	23	20	2	1.5	19.5	49	52	77	81	84	3	5.5	2	1.5
30309	45	100	27.25	25	22	2	1.5	21.3	54	59	86	91	94	3	5.5	2	1.5
30310	50	110	29.25	27	23	2.5	2	23	60	65	95	100	103	4	6.5	2	2
30311	55	120	31.5	29	25	2.5	2	24.9	65	70	104	110	112	4	6.5	2.5	2
30312	60	130	33.5	31	26	3	2.5	26.6	72	76	112	118	121	5	7.5	2.5	2.1
30313	65	140	36	33	28	3	2.5	28.7	77	83	122	128	131	5	8	2.5	2.1
30314	70	150	38	35	30	3	2.5	30.7	82	89	130	38	141	5	8	2.5	2.1
30315	75	160	40	37	31	3	2.5	32	87	95	139	148	150	5	9	2.5	2.1
30316	80	170	42.5	39	33	3	2.5	34.4	92	102	148	158	160	5	9.5	2.5	2.1
30317	85	180	44.5	41	34	4	3	35.9	99	107	156	166	168	6	10.5	3	2.5
30318	90	190	46.5	43	36	4	3	37.5	104	113	165	176	178	6	10.5	3	2.5
30319	95	200	49.5	45	38	4	3	40.1	109	118	172	186	185	6	11.5	3	2.5
30320	100	215	51.5	47	39	4	3	42.2	114	127	184	201	199	6	12.5	3	2.5
22 尺寸系列																	
32206	30	62	21.25	20	17	1	1	15.6	36	36	52	56	58	3	4.5	1	1
32207	35	72	24.25	23	19	1.5	1.5	17.9	42	42	61	65	68	3	5.5	1.5	1.5
32208	40	80	24.75	23	19	1.5	1.5	18.9	47	48	68	73	75	3	6	1.5	1.5
32209	45	85	24.75	23	19	1.5	1.5	20.1	52	53	73	78	81	3	6	1.5	1.5
32210	50	90	24.75	23	19	1.5	1.5	21	57	57	78	83	86	3	6	1.5	1.5
32211	55	100	26.75	25	21	2	1.5	22.8	64	62	87	91	96	4	6	2	1.5
32212	60	110	29.75	28	24	2	1.5	25	69	68	95	101	105	4	6	2	1.5
32213	65	120	32.75	31	27	2	1.5	27.3	74	75	104	111	115	4	6	2	1.5

续表

轴承代号	基本尺寸								安装尺寸								
	d	D	T	B	C	r_s min	r min	a	d_s min	d max	D_x min	D_s max	D_b min	a_1 min	a_2 min	r_{ab} max	r_{bs} max
32214	70	125	33.25	31	27	2	1.5	28.8	79	79	108	116	120	4	6.5	2	1.5
32215	75	130	33.25	31	27	2	1.5	30	84	84	115	121	126	4	6.5	2	1.5
32216	80	140	35.25	33	28	2.5	2	31.4	90	89	122	130	135	5	7.5	2.1	2
32217	85	150	38.5	36	30	2.5	2	33.9	95	95	130	140	143	5	8.5	2.1	2
32218	90	160	42.5	40	34	2.5	2	36.8	100	101	138	150	153	5	8.5	2.1	2
32219	95	170	45.5	43	37	3	2.5	39.2	107	106	145	158	163	5	8.5	2.5	2.1
32220	100	180	49	46	39	3	2.5	41.9	112	113	154	168	172	5	10	2.5	2.1
23 尺寸系列																	
32303	17	47	20.25	19	16	1	1	12.3	23	24	39	41	43	3	4.5	1	1
32304	20	52	22.25	21	18	1.5	1.5	13.6	27	26	43	45	48	3	4.5	1.5	1.5
32305	25	62	25.25	24	20	1.5	1.5	15.9	32	32	52	55	58	3	5.5	1.5	1.5
32306	30	72	28.75	27	23	1.5	1.5	18.9	37	38	59	65	66	4	6	1.5	1.5
32307	35	80	32.75	31	25	2	1.5	20.4	44	43	66	71	74	4	8.5	2	1.5
32308	40	90	35.25	33	27	2	1.5	23.3	49	49	73	81	83	4	8.5	2	1.5
32309	45	100	38.25	36	30	2	1.5	5.6	54	56	82	91	93	4	8.5	2	1.5
32310	50	110	42.25	40	33	2.5	2	28.2	60	61	90	100	102	5	9.5	2	2
32311	55	120	45.5	43	35	2.5	2	30.4	65	66	99	110	111	5	10	2.5	2
32312	60	310	48.5	46	37	3	2.5	32	72	72	107	118	122	6	11.5	2.5	2.1
32313	65	140	51	48	39	3	2.5	34.3	77	79	117	128	131	6	12	2.5	2.1
32314	70	150	54	51	42	3	2.5	36.5	82	84	125	138	141	6	12	2.5	2.1
32315	75	160	58	55	45	3	2.5	39.4	87	91	133	148	150	7	13	2.5	2.1
32316	80	170	61.5	58	48	3	2.5	42.1	92	97	142	158	160	7	13.5	2.5	2.1
32317	85	180	63.5	60	49	4	3	43.5	99	102	150	166	168	8	14.5	3	2.5
32318	90	190	67.5	64	53	4	3	46.2	104	107	157	176	178	8	14.5	3	2.5
32319	95	200	71.5	67	55	4	3	49	109	114	166	186	187	8	16.5	3	2.5
32320	100	215	77.5	73	60	4	3	52.9	114	122	177	201	201	8	17.5	3	2.5

注：r_{smin} 等含义同上表。

3. 推力球轴承（摘自 GB/T 301—2015）——51000 型

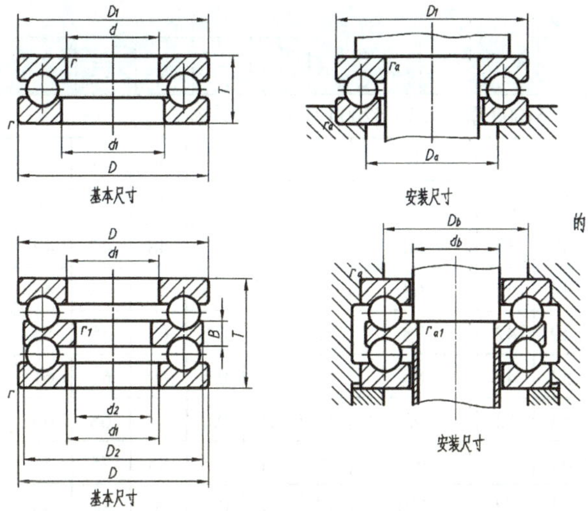

标记示例

内径 $d=20$，尺寸系列为 12 的 51000 型推力球轴承的标记：

滚动轴承 51204 GB/T 301—2015

附表 18　推力球轴承相关参数　　　　单位：mm

轴承代号		基本尺寸											安装尺寸					
		d	d_1	D	T	T_1	d_1 min	D_1 max	D_2 max	B	r_1 min	r_{1s} min	d_s min	D_s max	D_b min	d_s max	r_s max	r_s max
12（51000 型），22（52000 型）尺寸系列																		
51200	—	10	—	26	11	—	12	26	—	—	0.6	—	20	16		—	0.6	—
51201	—	12	—	28	11	—	14	28	—	—	0.6	—	22	18		—	0.6	—
51202	52202	15	10	32	12	22	17	32	32	5	0.6	0.3	25	22		15	0.6	0.3
51203	—	17	—	35	12	—	19	35	—	—	0.6	—	28	24		—	0.6	—
51204	52204	20	15	40	14	26	22	40	40	6	0.6	0.3	32	28		20	0.6	0.3
51205	52205	25	20	47	15	28	27	47	47	7	0.6	0.3	38	34		25	0.6	0.3
51206	52206	30	25	52	16	29	32	52	52	7	0.6	0.3	43	39		30	0.6	0.3
51207	52207	35	30	62	18	34	37	62	62	8	1	0.3	51	46		35	1	0.3
51208	52208	40	30	68	19	36	42	68	68	9	1	0.6	57	51		40	1	0.6
51209	52209	45	35	73	20	37	47	73	73	9	1	0.6	62	56		45	1	0.6
51210	52210	50	40	78	22	39	52	78	78	9	1	0.6	67	61		50	1	0.6
51211	52211	55	45	90	25	45	57	90	90	10	1	0.6	76	69		55	1	0.6
51212	52212	60	50	95	26	46	62	95	95	10	1	0.6	81	74		60	1	0.6
51213	52213	65	55	100	27	47	67	100		10	1	0.6	86	79	79	65	1	0.6
51214	52214	70	55	105	27	47	72	105		10	1	1	91	84	84	70	1	1
51215	52215	75	60	110	27	47	77	110		10	1	1	96	89	89	75	1	1
51216	52216	80	65	115	28	48	82	115		10	1	1	101	94	94	80	1	1
51217	52217	85	70	125	31	55	88	125		12	1	1	109	101	109	85	1	1
51218	52218	90	75	135	35	62	93	135		14	1.1	1	117	108	108	90	1	1
51220	52220	100	85	150	38	67	103	150		15	1.1	1	130	120	120	100	1	1

续表

轴承代号		基本尺寸											安装尺寸					
		d	d_1	D	T	T_1	d_1 min	D_1 max	D_2 max	B	r_1 min	r_{1s} min	d_s min	D_s max	D_b min	d_s max	r_s max	r_s max
13（51000 型），23（52000 型）尺寸系列																		
51304	—	20	—	47	18	—	22	47		—	1	—	36	31	—	—	1	—
51305	52305	25	20	52	18	34	27	52		8	1	0.3	41	36	36	25	1	0.3
51306	52306	30	25	60	21	38	32	60		9	1	0.3	48	42	42	30	1	0.3
51307	52307	35	30	68	24	44	37	68		10	1	0.3	55	48	48	35	1	0.3
51308	52308	40	30	78	26	49	42	78		12	1	0.6	63	55	55	40	1	0.6
51309	52309	45	35	85	28	52	47	85		12	1	0.6	69	61	61	45	1	0.6
51310	52310	50	40	95	31	58	52	95		14	1.1	0.6	77	68	68	50	1	0.6
51311	52311	55	45	105	35	64	57	105		15	1.1	0.6	85	75	75	55	1	0.6
51312	52312	60	50	110	35	64	62	110		15	1.1	0.6	90	80	80	60	1	0.6
51313	52313	65	55	115	36	65	67	115		15	1.1	0.6	95	85	85	65	1	0.6
51314	52314	70	55	125	40	72	72	125		16	1.1	1	103	92	92	70	1	1
51315	52315	75	60	135	44	79	77	135		18	1.5	1	111	99	99	75	1.5	1
51316	52316	80	65	140	44	79	82	140		18	1.5	1	116	104	104	80	1.5	1
51317	52317	85	70	150	49	87	88	150		19	1.5	1	124	111	114	85	1.5	1
51318	52318	90	75	155	50	88	93	155		19	1.5	1	129	116	116	90	1.5	1
51320	52320	100	85	170	55	97	103	170		21	1.5	1	142	128	128	100	1.5	1
14（51000 型），24（52000 型）尺寸系列																		
51405	52405	25	15	60	24	45	27	60		11	1	0.6	46	39		25	1	0.6
51406	52406	30	20	70	28	52	32	70		12	1	0.6	54	46		30	1	0.6
51407	52407	35	25	80	32	59	37	80		14	1.1	0.6	62	53		35	1	0.6
51408	52408	40	30	90	36	65	42	90		15	1.1	0.6	70	60		40	1	0.6
51409	52409	45	35	100	39	72	47	100		17	1.1	0.6	78	67		45	1	0.6
51410	52410	50	40	110	43	78	52	110		18	1.5	0.6	86	74		50	1.5	0.6
51411	52411	55	45	120	48	87	57	120		20	1.5	0.6	94	81		55	1.5	0.6
51412	52412	60	50	130	51	93	62	130		21	1.5	0.6	102	88		60	1.5	0.6
51413	52413	65	50	140	56	101	68	140		23	2	1	110	95		65	2.0	1
51414	52414	70	55	150	60	107	73	150		24	2	1	118	102		70	2.0	1
51415	52415	75	60	160	65	115	78	160	160	26	2	1	125	110		75	2.0	1
51416	—	80	—	170	68	—	83	170	—	—	2.1	—	133	117		—	2.1	—
51417	52417	85	65	180	72	128	88	177	179.5	29	2.1	1.1	141	124		85	2.1	1
51418	52418	90	70	190	77	135	93	187	189.5	30	2.1	1.1	149	131		90	2.1	1
51420	52420	100	80	210	85	150	103	205	209.5	33	3	1.1	165	145		100	2.5	1

注：r_{amin} 等含义同上表。

附录 4 极限与配合

1. 轴优先选用及其次选用（常用）公差带极限偏差数值表（摘自 GB/T 1800.2—2020）

附表 19　常用及优先轴公差带极限偏差　　　　单位：μm

公称尺寸/mm		常用及优先公差带（带*者为优先公差带）												
		a	b		c			d				e		
大于	至	11	11	12	9	10	11*	8	9*	10	11	7	8	9
—	3	−270	−140	−140	−60	−60	−60	−20	−20	−20	−20	−14	−14	−14
		−330	−200	−240	−85	−100	−120	−34	−45	−60	−80	−24	−28	−39
3	6	−270	−140	−140	−70	−70	−70	−30	−30	−30	−30	−20	−20	−20
		−345	−215	−260	−100	−118	−145	−48	−60	−78	−105	−32	−38	−50
6	10	−280	−150	−150	−80	−80	−80	−40	−40	−40	−40	−25	−25	−25
		−370	−240	−300	−116	−138	−170	−62	−76	−98	−130	−40	−47	−61
10	14	−290	−150	−150	−95	−95	−95	−50	−50	−50	−50	−32	−32	−32
14	18	−400	−260	−330	−138	−165	−205	−77	−93	−120	−160	−50	−59	−75
18	24	−300	−160	−160	−110	−110	−110	−65	−65	−65	−65	−40	−40	−40
24	30	−430	−290	−370	−162	−194	−240	−98	−117	−149	−195	−61	−73	−92
30	40	−310	−170	−170	−120	−120	−120							
		−470	−330	−420	−182	−220	−280	−80	−80	−80	−80	−50	−50	−50
40	50	−320	−180	−180	−130	−130	−130	−119	−142	−180	−240	−75	−89	−112
		−480	−340	−430	−192	−230	−290							
50	65	−340	−190	−190	−140	−140	−140							
		−530	−380	−490	−214	−260	−330	−100	−100	−100	−100	−60	−60	−60
65	80	−360	−200	−200	−150	−150	−150	−146	−174	−220	−290	−90	−106	−134
		−550	−390	−500	−224	−270	−340							
80	100	−380	−230	−220	−170	−170	−170							
		−600	−448	−570	−257	−310	−390	−120	−120	−120	−120	−72	−72	−72
100	120	−410	−240	−240	−180	−180	−180	−174	−207	−260	−340	−107	−126	−159
		−630	−460	−580	−267	−320	−400							
120	140	−460	−260	−260	−200	−200	−200							
		−710	−510	−660	−300	−360	−450							
140	160	−520	−280	−280	−210	−210	−210	−145	−145	−145	−145	−85	−85	−85
		−770	−530	−680	−310	−370	−460	−208	−245	−305	−395	−125	−148	−185
160	180	−580	−310	−310	−230	−230	−230							
		−830	−560	−710	−330	−390	−480							

续表

公称尺寸/mm		常用及优先公差带（带*者为优先公差带）												
		a	b		c			d				e		
大于	至	11	11	12	9	10	11*	8	9*	10	11	7	8	9
180	200	−660 −950	−340 −630	−340 −800	−240 −355	−240 −425	−240 −530							
200	225	−740 −1 030	−380 −670	−380 −840	−260 −375	−260 −445	−260 −550	−170 −242	−170 −285	−170 −355	−170 −460	−100 −146	−100 −172	−100 −215
225	250	−820 −1 110	−420 −710	−420 −880	−280 −395	−280 −465	−280 −570							
250	280	−920 −1 240	−480 −800	−480 −1000	−300 −430	−300 −510	−300 −620	−190 −271	−190 −320	−190 −400	−190 −510	−110 −162	−110 −191	−110 −240
280	315	−1 050 −1 370	−540 −860	−540 −1060	−330 −460	−330 −540	−330 −650							
315	355	−1 200 −1 560	−600 −960	−600 −1170	−360 −500	−360 −590	−360 −720	−210 −299	−210 −350	−210 −440	−210 −570	−125 −182	−125 −214	−125 −265
355	400	−1 350 −1 710	−680 −1 040	−680 −1 250	−400 −540	−400 −630	−400 −760							
400	450	−1 500 −1 900	−760 −1 160	−760 −1 390	−440 −595	−440 −690	−440 −840	−230 −327	−230 −385	−230 −480	−230 −630	−135 −198	−135 −232	−135 −290
450	500	−1 650 −2 050	−840 −1240	−840 −1470	−480 −635	−480 −730	−480 −880							

公称尺寸/mm		常用及优先公差带（带*者为优先公差带）															
		f					g			h							
大于	至	5	6	7*	8	9	5	6*	7	5	6*	7*	8	9*	10	11*	12
—	3	−6 −10	−6 −12	−6 −16	−6 −20	−6 −31	−2 −6	−2 −8	−2 −12	0 −4	0 −6	0 −10	0 −14	0 −25	0 −40	0 −60	0 −100
3	6	−10 −15	−10 −18	−10 −22	−10 −28	−10 −40	−4 −9	−4 −12	−4 −16	0 −5	0 −8	0 −12	0 −18	0 −30	0 −48	0 −75	0 −120
6	10	−13 −19	−13 −22	−13 −28	−13 −35	−13 −49	−5 −11	−5 −14	−5 −20	0 −6	0 −9	0 −15	0 −22	0 −36	0 −58	0 −90	0 −150
10	14	−16 −24	−16 −27	−16 −34	−16 −43	−16 −59	−6 −14	−6 −17	−6 −24	0 −8	0 −11	0 −18	0 −27	0 −43	0 −70	0 −110	0 −180
14	18																
18	24	−20 −29	−20 −33	−20 −41	−20 −53	−20 −72	−7 −16	−7 −20	−7 −28	0 −9	0 −13	0 −24	0 −38	0 −52	0 −84	0 −130	0 −210
24	30																

续表

公称尺寸/mm		常用及优先公差带（带*者为优先公差带）															
		f					g			h							
大于	至	5	6	7*	8	9	5	6*	7	5	6*	7*	8	9*	10	11*	12
30 40	40 50	−25 −36	−25 −41	−25 −50	−25 −64	−25 −87	−9 −20	−9 −25	−9 −34	0 −11	0 −16	0 −25	0 −39	0 −62	0 −100	0 −160	0 −250
50 65	65 80	−30 −43	−30 −49	−30 −60	−30 −76	−30 −104	−10 −23	−10 −29	−10 −40	0 −13	0 −19	0 −30	0 −46	0 −74	0 −120	0 −190	0 −300
80 100	100 120	−36 −51	−36 −58	−36 −71	−36 −90	−36 −123	−12 −27	−12 −34	−12 −47	0 −15	0 −22	0 −35	0 −54	0 −87	0 −140	0 −220	0 −350
120 140 160	140 160 180	−43 −61	−43 −68	−43 −83	−43 −106	−43 −143	−14 −32	−14 −39	−14 −54	0 −18	0 −25	0 −40	0 −63	0 −100	0 −160	0 −250	0 −400
180 200 225	200 225 250	−50 −70	−50 −79	−50 −96	−50 −122	−50 −165	−15 −35	−15 −44	−15 −61	0 −20	0 −29	0 −46	0 −72	0 −115	0 −185	0 −290	0 −460
250 280	280 315	−56 −79	−56 −88	−56 −108	−56 −137	−56 −186	−17 −40	−17 −49	−17 −69	0 −23	0 −32	0 −52	0 −81	0 −130	0 −210	0 −320	0 −520
315 355	355 400	−62 −87	−62 −98	−62 −119	−62 −151	−62 −202	−18 −43	−18 −54	−18 −75	0 −25	0 −36	0 −57	0 −89	0 −140	0 −230	0 −360	0 −570
400 450	450 500	−68 −95	−68 −108	−68 −131	−68 −165	−68 −223	−20 −47	−20 −60	−20 −83	0 −27	0 −40	0 −63	0 −97	0 −155	0 −250	0 −400	0 −630

公称尺寸/mm		常用及优先公差带（带*者为优先公差带）														
		js			k			m			n			p		
大于	至	5	6	7	5	6*	7	5	6	7	5	6*	7	5	6*	7
—	3	±2	±3	±5	+4 0	+6 0	+10 0	+6 +2	+8 +2	+12 +2	+8 +4	+10 +4	+14 +4	+10 +6	+12 +6	+16 +6
3	6	±2.5	±4	±6	+6 +1	+9 +1	+13 +1	+9 +4	+12 +4	+16 +4	+13 +8	+16 +8	+20 +8	+17 +12	+20 +12	+24 +12
6	10	±3	±4.5	±7	+7 +1	+10 +1	+16 +1	+12 +6	+15 +6	+21 +6	+16 +10	+19 +10	+25 +10	+21 +15	+24 +15	+30 +15
10 14	14 18	±4	±5.5	±9	+9 +1	+12 +1	+19 +1	+15 +7	+18 +7	+25 +7	+20 +12	+23 +12	+30 +12	+26 +18	+29 +18	+36 +18
18 24	24 30	±4.5	±6.5	±10	+11 +2	+15 +2	+23 +2	+17 +8	+21 +8	+29 +8	+24 +15	+28 +15	+36 +15	+31 +22	+35 +22	+43 +22

续表

公称尺寸/mm		常用及优先公差带（带*者为优先公差带）														
		js			k			m			n			p		
大于	至	5	6	7	5	6*	7	5	6	7	5	6*	7	5	6*	7
30 40	40 50	±5.5	±8	±12	+13 +2	+18 +2	+27 +2	+20 +9	+25 +9	+34 +9	+28 +17	+33 +17	+42 +17	+37 +26	+42 +26	+51 +26
50 65	65 80	±6.5	±9.5	±15	+15 +2	+21 +2	+32 +2	+24 +11	+30 +11	+41 +11	+33 +20	+39 +20	+50 +20	+45 +32	+51 +32	+62 +32
80 100	100 120	±7.5	±11	±17	+18 +3	+25 +3	+38 +3	+28 +13	+35 +13	+48 +13	+38 +23	+45 +23	+58 +23	+52 +37	+59 +37	+72 +37
120 140 160	140 160 180	±9	±12.5	±0	+21 +3	+28 +3	+43 +3	+33 +15	+40 +15	+55 +15	+45 +27	+52 +27	+67 +27	+61 +43	+68 +43	+83 +43
180 200 225	200 225 250	±10	±14.5	±23	+24 +4	+33 +4	+50 +4	+37 +17	+46 +17	+68 +17	+51 +31	+60 +31	+77 +31	+70 +50	+79 +50	+96 +50
250 280	280 315	+11.5	+16	±26	+27 +4	+36 +4	+56 +4	+43 +20	+52 +20	+72 +20	+57 +34	+66 +34	+86 +34	+79 +56	+88 +56	+108 +56
315 355	355 400	±12.5	±18	±28	+29 +4	+40 +4	+61 +4	+46 +21	+57 +21	+78 +21	+62 +37	+73 +37	+94 +37	+87 +62	+98 +62	+119 +62
400 450	450 500	±13.5	±20	±31	+32 +5	+45 +5	+68 +5	+50 +23	+63 +23	+86 +23	+67 +40	+80 +40	+103 +40	+95 +68	+108 +68	+131 +68

公称尺寸/mm		常用及优先公差带（带*者为优先公差带）														
		r			s			t			u		v	x	y	z
大于	至	5	6	7	5	6*	7	5	6	7	6*	7	6	6	6	6
—	3	+14 +10	+16 +10	+20 +10	+18 +14	+20 +14	+24 +14	—	—	—	+24 +18	+28 +18	—	+26 +20	—	+32 +26
3	6	+20 +15	+23 +15	+27 +15	+24 +19	+27 +19	+31 +19	—	—	—	+31 +23	+35 +23	—	+36 +28	—	+43 +35
6	10	+25 +19	+28 +19	+34 +19	+29 +23	+32 +23	+38 +23	—	—	—	+37 +28	+43 +28	—	+43 +34	—	+51 +42
10	14	+31 +23	+34 +23	+41 +23	+36 +28	+39 +28	+46 +28	—	—	—	+44 +33	+51 +33	—	+51 +40	—	+61 +50
14	18							—	—	—			+50 +39	+56 +45	—	+71 +60
18	24	+37 +28	+41 +28	+49 +28	+44 +35	+48 +35	+56 +35	—	—	—	+54 +41	+62 +41	+60 +41	+67 +54	+76 +63	+86 +73
24	30							+50 +41	+54 +41	+62 +41	+61 +48	+69 +48	+68 +55	+77 +64	+88 +75	+101 +88
30	40	+45 +34	+50 +34	+59 +34	+54 +43	+59 +43	+68 +43	+59 +48	+64 +48	+73 +48	+76 +60	+85 +60	+84 +68	+96 +80	+110 +94	+128 +112

续表

公称尺寸/mm		常用及优先公差带（带*者为优先公差带）														
		r			s			t			u		v	x	y	z
大于	至	5	6	7	5	6*	7	5	6	7	6*	7	6	6	6	6
40	50							+65 +54	+70 +54	+79 +54	+86 +70	+95 +70	+97 +81	+113 +97	+130 +114	+152 +136
50	65	+54 +41	+60 +41	+71 +41	+66 +53	+72 +53	+83 +53	+79 +66	+85 +66	+96 +66	+106 +87	+117 +87	+121 +102	+141 +122	+163 +144	+191 +172
65	80	+56 +43	+62 +43	+73 +43	+72 +59	+78 +59	+89 +59	+88 +75	+94 +75	+105 +75	+121 +102	+132 +102	+139 +120	+165 +146	+193 +174	+229 +210
80	100	+66 +51	+73 +51	+86 +51	+86 +71	+93 +71	+106 +71	+106 +91	+113 +91	+126 +91	+146 +124	+159 +124	+168 +146	+200 +178	+236 +214	+280 +258
100	120	+69 +54	+76 +54	+89 +54	+94 +79	+101 +79	+114 +79	+119 +104	+126 +104	+139 +104	+166 +144	+179 +144	+194 +172	+232 +210	+276 +254	+332 +310
120	140	+81 +63	+88 +63	+103 +63	+110 +92	+117 +92	+132 +92	+140 +122	+147 +122	+162 +122	+195 +170	+210 +170	+227 +202	+273 +248	+325 + 300	+390 +365
140	160	+83 +65	+90 +65	+105 +65	+118 +100	+125 +100	+140 +100	+152 +134	+159 +134	+174 +134	+215 +190	+230 +190	+253 +228	+305 +280	+365 +340	+440 +415
160	180	+86 +68	+93 +68	+108 +68	+126 +108	+133 +108	+148 +108	+164 +146	+171 +146	+186 +146	+235 +210	+250 +210	+277 +252	+335 +310	+405 +380	+490 +465
180	200	+97 +77	+106 +77	+123 +77	+142 +122	+151 +122	+168 +122	+186 +166	+195 +166	+212 +166	+265 +236	+282 +236	+313 +284	+379 +350	+454 +425	+549 +520
200	225	+100 +80	+109 +80	+126 +80	+150 +130	+159 +130	+176 +130	+200 +180	+209 +180	+226 +180	+287 +258	+304 +258	+339 +310	+414 +385	+499 +470	+604 +575
225	250	+104 +84	+113 +84	+130 +84	+160 +140	+169 +140	+186 +140	+216 +196	+225 +196	+242 +196	+313 +284	+330 +284	+369 +340	+454 +425	+549 +520	+669 +640
250	280	+117 +94	+129 +94	+146 +94	+181 +158	+190 +158	+210 +158	+241 +218	+250 +218	+270 +218	+347 +315	+367 +315	+417 +385	+507 +475	+612 +580	+742 +710
280	315	+121 +98	+130 +98	+150 +98	+193 +170	+202 +170	+222 +170	+263 +240	+272 +240	+292 +240	+382 +350	+402 +350	+457 +425	+557 +525	+682 +650	+822 +790
315	355	+133 +108	+144 +108	+165 +108	+215 +190	+226 +190	+247 +190	+293 +268	+304 +268	+325 +268	+426 +390	+447 +390	+511 +475	+626 +590	+766 +730	+936 +906
355	400	+139 +114	+150 +114	+171 +114	+233 +208	+244 +208	+265 +208	+319 +294	+330 +294	+351 +294	+471 +435	+492 +435	+566 +530	+696 +660	+850 +820	+1 036 +1 000
400	450	+153 +126	+166 +126	+189 +126	+259 +232	+272 +232	+295 +232	+357 +330	+370 +330	+393 +330	+530 +490	+553 +490	+635 +595	+780 +740	+960 +920	+1 140 +1 100
450	500	+159 +132	+172 +132	+195 +132	+279 +252	+292 +252	+315 +252	+387 +360	+400 +360	+423 +360	+580 +540	+603 +540	+T00 +660	+860 +820	+1 040 +1 000	+1 290 +1 250

注：基本尺寸小于 1 mm 时，各级的 a 和 b 均不采用。

2. 孔优先选用及其次选用（常用）公差带极限偏差数值表

附表 20　常用及优先孔公差带极限偏差　　单位：μm

公称尺寸/mm		常用及优先公差带（带*者为优先公差带）															
		A	B		C	D				E		F				G	
大于	至	11	11	12	11*	8	9*	10	11	8	9	6	7	8*	9	6	7*
—	3	+330 +270	+200 +140	+240 +140	+120 +60	+34 +20	+45 +20	+60 +20	+80 +20	+28 +14	+39 +14	+12 +6	+16 +6	+20 +6	+31 +6	+8 +2	+12 +2
3	6	+345 +270	+215 +140	+260 +140	+145 +70	+48 +30	+60 +30	+78 +30	+105 +30	+38 +20	+50 +20	+18 +10	+22 +10	+28 +10	+40 +10	+12 +4	+16 +4
6	10	+370 +280	+240 +150	+300 +150	+170 +80	+62 +40	+76 +40	+98 +40	+130 +40	+47 +25	+61 +25	+22 +13	+28 +13	+35 +13	+49 +13	+14 +5	+20 +5
10	14	+400 +290	+260 +150	+320 +150	+205 +95	+77 +50	+93 +50	+120 +50	+160 +50	+59 +32	+75 +32	+27 +16	+34 +16	+43 +16	+59 +16	+17 +6	+24 +6
14	18																
18	24	+430 +300	+290 +160	+370 +160	+240 +110	+98 +65	+117 +65	+149 +65	+195 +65	+73 +40	+92 +40	+33 +20	+41 +20	+53 +20	+72 +20	+20 +7	+28 +7
24	30																
30	40	+470 +310	+330 +170	+420 +170	+280 +120	+119 +80	+142 +80	+180 +80	+240 +80	+89 +50	+112 +50	+41 +25	+50 +25	+64 +25	+87 +25	+25 +9	+34 +9
40	50	+480 +320	+340 +180	+480 +180	+290 +130												
50	65	+530 +340	+380 +190	+490 +190	+330 +140	+146 +100	+170 +100	+220 +100	+290 +100	+106 +60	+134 +60	+49 +30	+60 +30	+76 +30	+104 +30	+29 +10	+40 +10
65	80	+550 +360	+390 +200	+500 +200	+340 +150												
80	100	+600 +380	+440 +220	+570 +220	+390 +170	+174 +120	+207 +120	+260 +120	+340 +120	+126 +72	+159 +72	+58 +36	+71 +36	+90 +36	+123 +36	+34 +12	+47 +12
100	120	+630 +410	+460 +240	+590 +240	+400 +180												
120	140	+710 +460	+510 +260	+660 +260	+450 +200	+208 +145	+245 +145	+305 +145	+395 +145	+148 +85	+185 +85	+68 +43	+83 +43	+106 +43	+143 +43	+39 +14	+54 +14
140	160	+770 +520	+530 +280	+680 +280	+460 +210												
160	180	+830 +580	+560 +310	+710 +310	+480 +230												
180	200	+950 +660	+630 +340	+800 +340	+530 +240	+242 +170	+285 +170	+355 +170	+460 +170	+172 +100	+215 +100	+79 +50	+96 +50	+122 +50	+165 +50	+44 +15	+61 +15
200	225	+1030 +740	+670 +330	+840 +380	+550 +260												

续表

公称尺寸/mm		常用及优先公差带（带*者为优先公差带）															
		A	B		C	D				E		F				G	
大于	至	11	11	12	11*	8	9*	10	11	8	9	6	7	8*	9	6	7*
225	250	+1 110 +820	+710 +420	+880 +420	+570 +380												
250	280	+1 240 +920	+800 +480	+1 000 +480	+620 +300	+271 +190	+320 +190	+400 +190	+510 +190	+191 +110	+240 +110	+88 +56	+108 +56	+137 +56	+186 +56	+49 +17	+69 +17
280	315	+1 370 +1 050	+860 +540	+1 060 +540	+650 +330												
315	355	+1 560 +1 200	+960 +600	+1 170 +600	+720 +360	+299 +210	+350 +210	+440 +210	+570 +210	+214 +125	+265 +125	+98 +62	+119 +62	+151 +62	+292 +62	+54 +18	+75 +18
355	400	+1 710 +1 350	+1 040 +680	+1 250 +630	+760 +400												
400	450	+1 900 +1 500	+1 160 +760	+1 390 +760	+840 +440	+327 +230	+385 +230	+480 +230	+630 +230	+232 +135	+290 +165	+108 +68	+131 +68	+165 +68	+223 +68	+60 +20	+83 +20
450	500	+2 050 +1 650	+1 240 +840	+1 470 +840	+880 +480												

公称尺寸/mm		常用及优先公差带（带*者为优先公差带）															
		H							Js			K			M		
大于	至	6	7*	8*	9*	10	11*	12	6	7	8	6	7*	8	6	7	8
—	3	+6 0	+10 0	+14 0	+25 0	+40 0	+60 0	+100 0	±3	±5	±7	0 −6	0 −10	0 −14	−2 −8	−2 −12	−2 −16
3	6	+8 0	+12 0	+18 0	+30 0	+48 0	+75 0	+120 0	±4	±6	+9	+2 −6	+3 −9	+5 −13	−1 −9	0 −12	+2 −16
6	10	+9 0	+15 0	+22 0	+36 0	+58 0	+90 0	+150 0	±4.5	±7	±11	+2 −7	+5 −10	+6 −16	−3 −12	0 −15	+1 −21
10	14	+11 0	+18 0	+27 0	+43 0	+70 0	+110 0	+180 0	±5.5	±9	±13	+2 −9	+6 −12	+8 −19	−4 −15	0 −18	+2 −25
14	18																
18	24	+13 0	+21 0	+33 0	+52 0	+84 0	+130 0	+210 0	±6.5	±10	±16	+2 −11	+6 −15	+10 −23	−4 −17	0 −21	+4 −29
24	30																
30	40	+16 0	+25 0	+39 0	+62 0	+100 0	+160 0	+250 0	±8	±12	±19	+3 −13	+7 −18	+12 −27	−4 −20	0 −25	+5 −34
40	50																
50	65	+19 0	+30 0	+46 0	+74 0	+120 0	+190 0	+300 0	±9.5	±15	±23	+4 −15	+9 −21	+14 −32	−5 −24	0 −30	+5 −41
65	80																
80	100	+22 0	+35 0	+54 0	+87 0	+140 0	+220 0	+350 0	±11	±17	±27	+4 −18	+10 −25	+16 −38	−6 −28	0 −35	+6 −48
100	120																

续表

公称尺寸/mm		常用及优先公差带（带*者为优先公差带）															
		H							Js			K			M		
大于	至	6	7*	8*	9*	10	11*	12	6	7	8	6	7*	8	6	7	8
120	140	+25 0	+40 0	+63 0	+100 0	+160 0	+250 0	+400 0	±12.5	±20	±31	+4 -21	+12 -28	+20 -43	-8 -33	0 -40	+8 -55
140	160																
160	180																
180	200	+29 0	+46 0	+72 0	+115 0	+185 0	+290 0	+460 0	±14.5	±23	±36	+5 -24	+13 -33	+22 -50	-8 -37	0 -46	+9 -63
200	225																
225	250																
250	280	+32 0	+52 0	+81 0	+130 0	+210 0	+320 0	+520 0	±16	±26	±40	+5 -27	+16 -36	+25 -56	-9 -41	0 -52	+9 -72
280	315																
315	355	+36 0	+57 0	+89 0	+140 0	+230 0	+360 0	+570 0	±18	±28	±44	+7 -29	+17 -40	+28 -61	-10 -46	0 -57	+11 -78
355	400																
400	450	+40 0	+63 0	+97 0	+155 0	+250 0	+400 0	+630 0	±20	±31	±48	+8 -32	+18 -45	+29 -68	-10 -50	0 -63	+11 -86
450	500																

公称尺寸/mm		常用及优先公差带（带*者为优先公差带）											
		N			P		R		S		T		U
大于	至	6	7*	8	6	7*	6	7	6	7*	6	7	7*
—	3	-4 -10	-4 -14	-4 -18	-6 -12	-6 -16	-10 -16	-10 -20	-14 -20	-14 -24	—	—	-18 -28
3	6	-5 -13	-4 -16	-2 -20	-9 -17	-8 -20	-12 -20	-11 -23	-16 -24	-15 -27	—	—	-19 -31
6	10	-7 -16	-4 -19	-3 -25	-12 -21	-9 -24	-16 -25	-13 -28	-20 -29	-17 -32	—	—	-22 -37
10	14	-9 -20	-5 -23	-3 -30	-15 -26	-11 -29	-20 -31	-16 -34	-25 -36	-21 -39	—	—	-26 -44
14	18												
18	24	-11 -24	-7 -28	-3 -36	-18 -31	-14 -35	-24 -37	-20 -41	-31 -44	-27 -48	—	—	-33 -54
24	30										-37 -50	-33 -54	-40 -61
30	40	-12 -28	-8 -32	-3 -42	-21 -37	-17 -42	-29 -45	-25 -50	-38 -54	-34 -59	-43 -59	-39 -64	-51 -76
40	50										-49 -65	-45 -70	-61 -86

续表

公称尺寸/mm		常用及优先公差带（带*者为优先公差带）											
		N			P		R		S		T		U
大于	至	6	7*	8	6	7*	6	7	6	7*	6	7	7*
50	65	-14 -33	-9 -39	-4 -50	-26 -45	-21 -51	-35 -54	-30 -60	-47 -66	-42 -72	-60 -79	-55 -85	-76 -106
65	80						-37 -56	-32 -62	-53 -72	-48 -78	-69 -88	-64 -94	-91 -121
80	100	-16 -38	-10 -45	-4 -58	-30 -52	-24 -59	-44 -66	-38 -73	-34 -86	-58 -93	-84 -106	-78 -113	-111 -146
100	120						-47 -69	-41 -76	-72 -94	-66 -101	-97 -119	-91 -126	-131 -166
120	140	-20 -45	-12 -52	-4 -67	-36 -61	-28 -68	-56 -81	-48 -88	-85 -110	-77 -117	-115 -140	-107 -147	-155 -195
140	160						-58 -83	-50 -90	-93 -118	-85 -125	-127 -152	-119 -159	-175 -215
160	180						-61 -86	-53 -93	-101 -126	-93 -133	-139 -164	-131 -171	-195 -235
180	200	-22 -51	-14 -60	-5 -77	-41 -70	-33 -79	-68 -97	-60 -106	-113 -142	-105 -151	-157 -186	-149 -195	-219 -265
200	225						-71 -100	-53 -109	-121 -150	-113 -159	-171 -200	-163 -209	-241 -287
225	250						-75 -104	-67 -113	-131 -160	-123 -169	-187 -216	-179 -225	-267 -313
250	280	-25 -57	-14 -66	-5 -86	-47 -79	-36 -88	-85 117	-74 -126	-149 -181	-138 -190	-209 -241	-198 -250	-295 -347
280	315						-89 -121	-78 -130	-161 -193	-150 -202	-231 -263	-220 -272	-330 -382
315	355	-26 -62	-16 -73	-5 -94	-51 -87	-41 -98	-97 -133	-87 -144	-179 -215	-169 -226	-257 -293	-247 -304	-369 -426
355	400						-103 -139	-93 -150	-197 -233	-187 -244	-283 -319	-273 -330	-414 -471
400	450	-27 -67	-17 -80	-6 -103	-55 -95	-45 -108	-113 -153	-103 -166	-219 -259	-209 -272	-347 -357	-307 -370	-467 -530
450	500						-119 -159	-109 -172	-239 -279	-229 -292	-347 -387	-337 -400	-517 -580

注：基本尺寸小于 1 mm 时，各级的 A 和 B 均不采用。

附录 5 常用工程材料及热处理

附表 21　常用的热处理方法

热处理方法	解　释	应　用
退火	退火是将钢件（或钢坯）加热到适当温度，保温一段时间，然后再缓慢地冷却下来（一般是用炉冷）	用来消除铸锻件的内应力和组织不均匀及晶粒粗大等现象。消除冷轧坯件的冷硬现象和内应力，降低硬度以便切削
正火	正火是将坯件加热到相变点以上 30～50 °C，保温一段时间，然后用空气冷却，冷却速度比退火快	用来处理低碳和中碳结构钢件及渗碳机件，使其组织细化，增强强度和韧性，减少内应力，改善低碳钢的切削性能
淬火	淬火是将钢件加热到相变点以上某一温度，保温一段时间，然后在水、盐水或油中（个别材料在空气中）急冷下来，使其得到高硬度	用来提高钢的硬度和强度，但淬火时会引起内应力使钢变脆，故淬火后必须回火
表面淬火 高频表面淬火	表面淬火是使零件表面获得高硬度和耐磨性，而心部则保持塑性和韧性。 利用高频感应电流使钢件表面迅速加热，并立即喷水冷却，淬火表面具有高的机械性能，淬火时不易氧化及脱碳，变形小，淬火操作及淬火层易实现精确的电控制与自动化，生产效率高	对于各种在动负荷及摩擦条件下工作的齿轮、凸轮轴、曲轴及销子等，都要经过这种处理。 表面淬火必须采用含碳量大于 0.35% 的钢，因为含碳量低，淬火后增加硬度不大，一般都是淬透性较低的碳钢及合金钢（如 45、40Cr、40Mn2、9CrSi 等）
回火	回火是将淬硬的钢件加热到相变点以下的某一温度后，保温一段时间，然后在空气中或油中冷却下来	用来消除淬火后的脆性和内应力，提高钢的冲击韧性
调质	淬火后高温回火，称为调质	用来使钢获得高的韧性和足够的强度，很多重要零件都要经过调质处理
渗碳	渗碳是向钢表面层渗碳，一般渗碳温度 900～930 °C，使低碳钢或低碳合金钢表面含碳量增高到 0.8%～1.2%，经过适当热处理，表面层得到高的硬度和耐磨性，提高疲劳强度	为了保证心部的高塑性和韧性，通常采用含碳量为 0.08%～0.25%的低碳钢和低碳合金钢，如齿轮、凸轮及活塞等
氮化	氮化是向钢的表面层渗氮，目前常用气体氮化法，即利用氮气加热时分解的活性氮原子渗入钢中	氮化后不再进行热处理，用于某种含铬、钼或铝的特种钢，以提高硬度和耐磨性，提高疲劳强度和抗腐蚀能力
氰化	氰化是同时向钢的表面渗碳和渗氮，常用液体碳化法处理，不仅比渗碳处理有较高的硬度和耐磨性，而且兼有一定的耐腐蚀和较高的抗疲劳能力。在工艺上比渗碳或渗氮时间短	增加表面硬度、耐磨性、疲劳强度和耐腐蚀性，用于要求硬度高、耐磨的中小型及薄片零件和刀具等
发黑发蓝	使钢的表面形成氧化膜的方法称为“发黑、发蓝”	钢铁的氧化处理（发黑、发蓝）可用来提高其表面抗腐蚀能力和使外表美观，但其抗腐蚀能力并不理想，一般只用于空气干燥及密闭的场所

附表 22　常用的黑色金属材料

国家标准	名　称	牌　号	牌号说明	材料性能及应用举例
GB/T 700—2006	普通碳素钢	Q215（A2，A2F）	Q 表示普通碳素钢；215、235 表示材料的抗拉强度，括号内为对应的旧牌号	金属结构件、拉杆、套圈、铆钉、螺栓、短轴、心轴、凸轮（载荷不大）、吊环、垫圈、渗碳零件及焊接件
		Q235（A3）		金属结构件，心部强度要求不高的渗碳或氰化零件，吊环、拉杆、套圈、车钩、气缸、齿轮、螺栓、螺母、连杆、连轴、楔、盖及焊接件
GB/T 699—2015	优质碳素钢	15	牌号的两位数字表示材料平均含碳量，如 45 号钢，即平均含碳量为 0.45%。含锰量较高的钢，需加注化学元素符号“Mn”。含碳量≤0.25%为低碳钢（渗碳钢），>0.6%为高碳钢，介于中间的是中碳钢（调质钢）	塑性、韧性、焊接性和冷冲性良好，但强度较低，用于制造受力不大但韧性要求较高的零件、紧固件、冲模锻件及不要热处理的低负荷零件，如螺栓、螺钉、拉条、法兰盘及化工储器、蒸汽锅炉等
		45		用于强度要求较高的零件，如汽轮机的叶轮、压缩机、泵的零件等
		65Mn		强度高，淬渗性较大，离碳倾向小，但有过热敏感性，易产生淬火裂纹，并有回火脆性，宜作大尺寸的各种扁、圆弹簧，如座板簧、弹簧发条等
GB/T 1591—2018	低合金钢	16Mn	普通碳钢中加总量<3%的合金元素以提高其综合性能	桥梁、造船、厂房结构、储油罐、压力容器、机车车辆、起重设备、矿山机械及其他代替 A3 的焊接结构
GB/T 3077—2015	合金结构钢	15Cr	钢中加一定量合金元素以提高机械性能和耐磨性、淬透性等，保证金属在较大截面上获得较高的机械性能	船舶主机用螺栓、活塞销、凸轮、凸轮轴、汽轮机套环以及机车用小零件等，用于心部韧性较高的渗碳零件
		35SiMn		耐磨、耐疲劳性均佳，适用于做轴、齿轮及工作在 430 °C 以下的重要紧固件和减速机齿轮等，供渗碳处理

续表

国家标准	名　称	牌　号	牌号说明	材料性能及应用举例
GB/T 1221—2007	耐热钢	1Cr18Ni9Ti	耐酸，在 600 ℃以下耐热，在 1 000 ℃以下不起皮	用于化工设备的各种锻件、航空发动机排气系统的喷管及集合器等零件
GB/T 5675—1985	铸钢	ZG45	ZG 是铸钢代号，45 为其名义万分含碳量	各种形状的机件，如联轴器、轮、气缸、齿轮、齿轮圈及重负荷机器的机架
GB/T 9439—2010	灰铸铁	HT150	HT 是灰铸铁的代号，后面的数字代表抗拉强度。如 HT150 表示抗拉强度为 150 MPa 的灰铸铁	用于制造端盖、汽轮泵体、轴承座、阀壳、管子及管路附件、手轮、机器底座、床身、滑座、工作台等
		HT200		用于制造气缸、齿轮、底架、机体、飞轮、齿条、衬筒。一般机床铸有导轨的床身及中等压力的液压筒、液压泵和阀体等
GB/T 1348—2019	球墨铸铁	QT500-15 QT450-5 QT400-17	QT 是球墨铸铁的代号，后面的数字代表强度和延伸率的大小	具有较高的强度、耐磨性和韧性，广泛应用于机械制造业中受磨损和受冲击的零件中，如曲轴、齿轮、气缸套、活塞环、摩擦片、中低压阀门、千斤顶座、轴承座等
GB/T 9440—2010	可锻铸铁	KTH300-6	KTH，KTB，KTZ 分别是黑心、白心、珠光体可锻铸铁的代号，数字是抗拉强度和延伸率	用于受冲击、振动的零件，如汽车零件、农机零件、机床零件以及管道配件等
		KTB350-04 KTZ500-04		韧性较低，强度大，耐磨性好，加工性能良好，可用于要求较高强度和耐磨性的重要零件，如曲轴、连杆、齿轮、凸轮轴等

附表 23　常用的有色金属材料

国家标准	名　称	牌　号	牌号说明	材料性能及应用举例
GB/T 5232—2001	普通黄铜	H62	H 表示黄铜，数字表示含铜量为 62%左右	适用于各种拉伸和折弯制造的受力零件，如销钉、垫圈、螺帽、导管、弹簧、铆钉等
GB/T 1176—2013	黄铜	ZCuZn38	Z 表示铸铜	用于散热器、垫圈、弹簧、各种网、螺钉及其他零件
	锡青铜	ZCuSn3Zn8Pb6Ni1	含锡（2%～4%）/锌（6%～9%）、铅（4%～7%）、硅（0.5%～1%）等元素的铜	用于受中等冲击负荷和在液体或半液体润滑及耐腐蚀条件下工作的零件，如轴承、轴瓦、蜗轮、螺母，以及 1 MPa 以下的蒸汽和水配件
	铝青铜	ZCuAl10Fe3	含有铝（8%～11%）、铁（2%～4%）等元素的铜	强度高、减磨性、耐蚀性、受压、铸造性能均良好，用于在蒸汽和海水条件下工作的零件及受磨损和腐蚀的零件，如蜗轮衬套等
GB/T 1173—2013	铸造铝合金	ZL102 ZL202	ZL 表示铸铝，数字代表含不同元素及含量	耐磨性中上等，用于制造负荷不大的薄壁零件
GB/T 3190—2020	硬铝	2A11，2A12 （LY11，LY12）	含铜、镁、锰的硬铝，括号内为旧牌号	适用于制造中等强度的零件，焊接性能好

附表 24　常用的非金属材料

摘自标准	名　称	牌　号	牌号说明	材料性能及应用举例
GB/T 5574—2008	普通橡胶板	1613		中等强度，较好的耐磨性和弹性，适用于制作具有耐磨、耐冲击及缓冲性能良好的垫圈、密封条、垫板等
	耐油橡胶板	3707 3807		较高硬度，较好的耐熔剂膨胀性，可在 −30～+100 °C 的机油、汽油等介质中工作，可制作垫圈用于密封
FZ/T 25001—2012	工业用毛毡	细、半细毛粗毡	厚度 1.5～2.5 mm	防漏油、防震、缓冲衬垫等
QB/T 3625—1999	聚四氟乙烯	SPT-1，SPT-2 SPT-3，SPT-4		稳定性好，高耐热耐寒性，自润滑好，用于耐腐、耐高温的密封件、填料、衬垫、轴承、导轨、密封圈等

参考文献

[1] 彭晓兰. 机械制图[M]. 2版. 北京：高等教育出版社，2018.
[2] 李仁杰，栾祥. 机械制图[M]. 北京：清华大学出版社，2010.
[3] 何铭新. 机械制图[M]. 6版. 北京：高等教育出版社，2010.
[4] 胡建生. 机械制图[M]. 2版. 北京：机械工业出版社，2021.
[5] 钱可强. 机械制图[M]. 2版. 北京：高等教育出版社，2017.
[6] 郭永成. 机械制图[M]. 南京：南京大学出版社，2011.
[7] 肖莉. 机械制图习题集[M]. 2版. 北京：化学工业出版社，2018.
[8] 唐建敏，孙小光，刘海军. 机械制图（项目式教学）[M]. 西安：西安电子科技大学出版社，2021.
[9] 丁杰雄，王启美，吕强. 机械制图[M]. 2版. 北京：人民邮电出版社，2016.
[10] 王萍，王昶. 机械制图[M]. 2版. 北京：电子工业出版社，2015.
[11] 周平，田于财. 机械制图[M]. 重庆：重庆大学出版社，2015.
[12] 杨新文，武晓丽. 机械制图[M]. 北京：中国铁道出版社，2012.
[13] 王春义. 机械制图（含习题集）[M]. 2版. 哈尔滨：哈尔滨工业大学出版社，2020.
[14] 王晨曦. 机械制图习题集[M]. 北京：北京邮电大学出版社，2011.
[15] 金大鹰. 机械制图习题集[M]. 2版. 北京：机械工业出版社，2016.
[16] 大连理工大学工程图学教研室. 机械制图习题集[M]. 6版. 北京：高等教育出版社，2013.
[17] 俞伟鹏，张雪芬. 机械制图习题集[M]. 北京：机械工业出版社，2014.
[18] 崔秀梅，刘红宁，胡仁喜. 机械制图习题集[M]. 北京：机械工业出版社，2015.
[19] 阎霞. 机械制图习题集[M]. 2版. 北京：冶金工业出版社，2017.
[20] 王幼龙. 机械制图习题集[M]. 4版. 北京：高等教育出版社，2013.

校企合作双元开发新形态“互联网+”创新型教材
高等职业教育机械设计制造类技能型人才培养实用教材

机械制图习题集

主　编　郑宗慧　刘雨婷

副主编　梅秋平　胡钰雯　柳光利　余晓庆

主　审　黎孝龙

西南交通大学出版社
·成　都·

图书在版编目（CIP）数据

机械制图：含习题集：智媒体版. 2，机械制图习题集 / 郑宗慧，刘雨婷主编. —成都：西南交通大学出版社，2022.6（2024.7 重印）

校企合作双元开发新形态“互联网＋”创新型教材 高等职业教育机械设计制造类“十四五”技能型人才培养规划教材

ISBN 978-7-5643-8749-5

Ⅰ. ①机… Ⅱ. ①郑… ②刘… Ⅲ. ①机械制图－高等职业教育－习题集 Ⅳ. ①TH126

中国版本图书馆 CIP 数据核字（2022）第 102569 号

前　言

本习题集与郑宗慧等主编的《机械制图》配套使用，内容有：制图的基本知识与技能、投影基本知识、立体表面的交线、轴测图、组合体、机件的表达方法、标准件、零件图、装配图、焊接图等。习题类型有填空题、作图题等。各部分均有不同难度的题目，可供不同层次的学生选择。

参与本习题集编写的老师有：胡钰雯（编写第一章、第二章习题集）、梅秋平（编写第三章、第四章习题集）、郑宗慧（编写第五章、第六章习题集）、余晓庆（编写第七章、第八章习题集）、柳光利（编写第九章习题集）、刘雨婷（编写第十章习题集）。

本习题集可与任何机械制造类不同专业的制图教材配套使用，也可以供大学本科、专科及有关工程技术人员学习参考。

编　者

2022年5月

目　录

班级________ 姓名________ 学号________

一、机械制图的一般规定

1. 在指定位置按示范图线抄画下列各种图线。

（1）

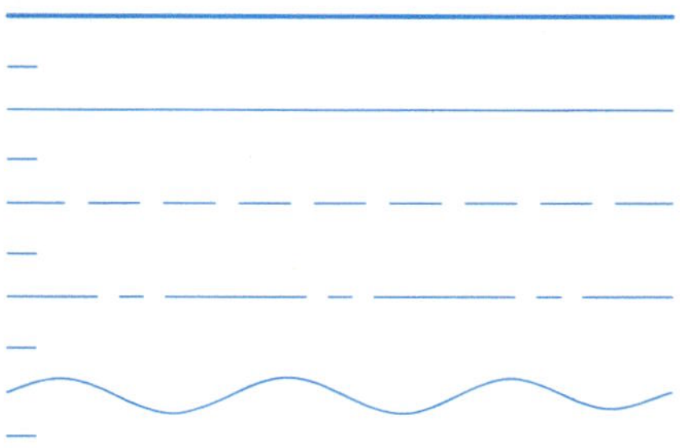

（2）

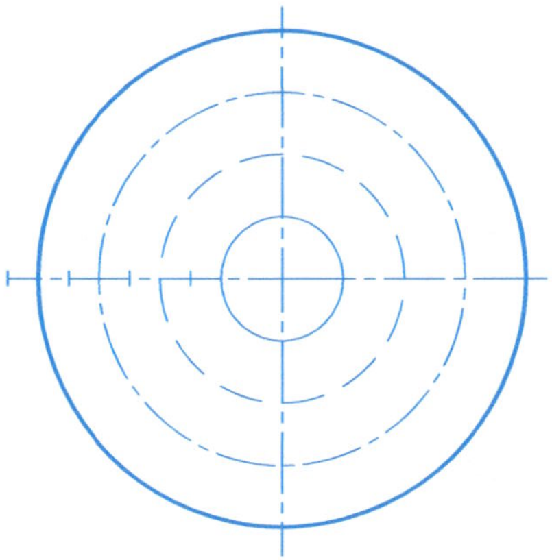

2. 在右边画出与左边对应的图线。

（1）

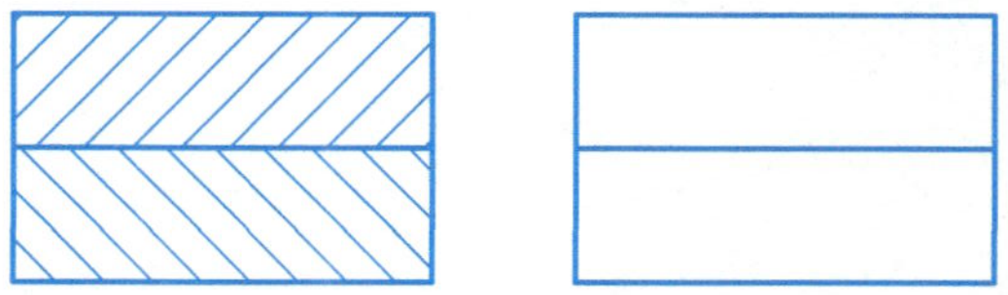

（2）

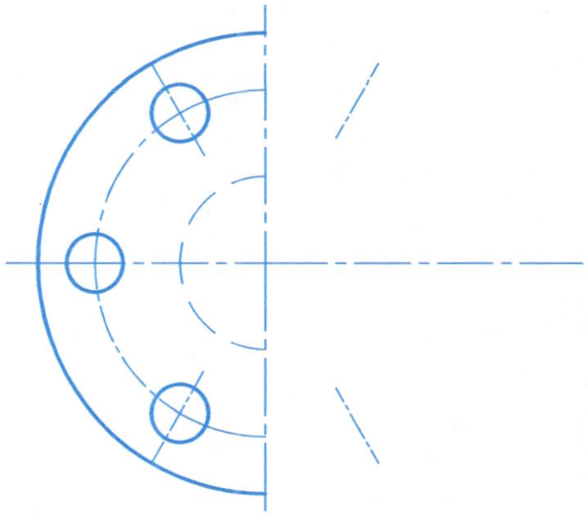

班级______ 姓名______ 学号______

二、基本几何作图（一）

1. 求作图示圆的内接正六边形。

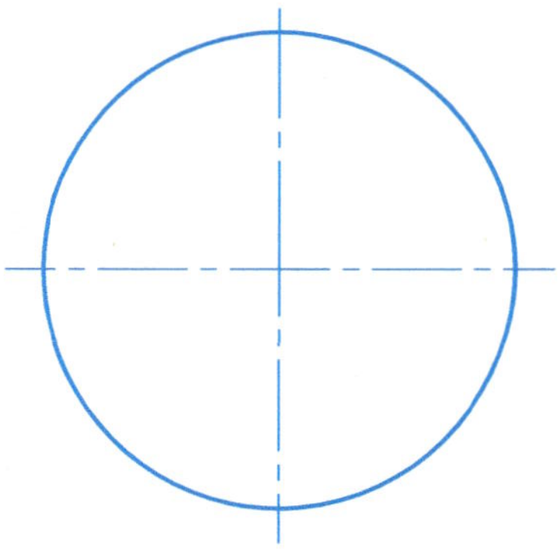

2. 在指定位置绘制长轴为70，短轴为45的椭圆。

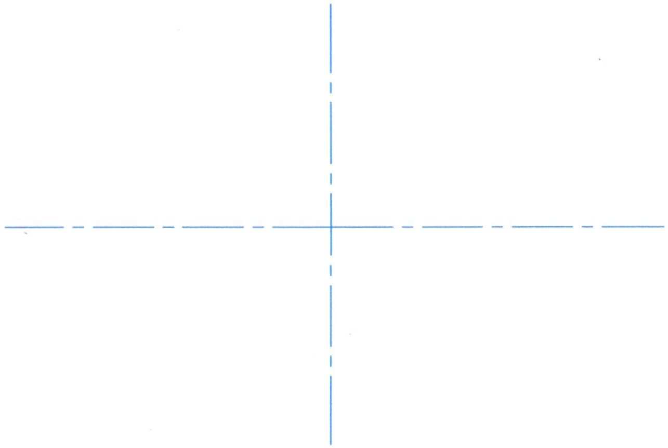

3. 按图示尺寸，1：1抄画图形。

（1）

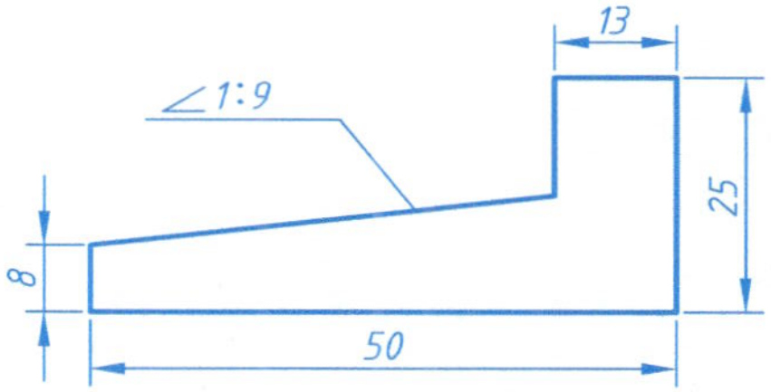

（2）

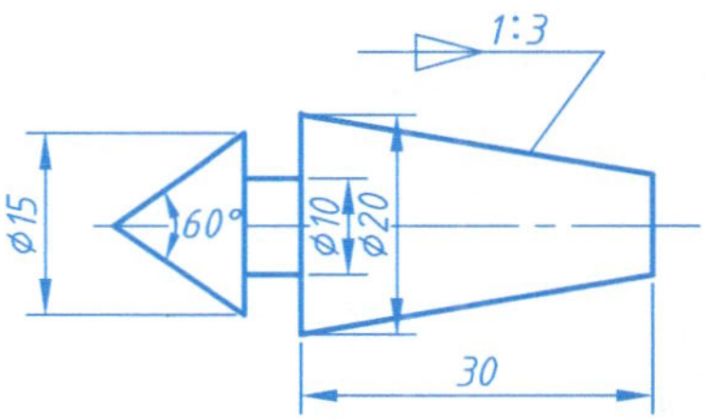

班级________ 姓名________ 学号________

三、基本几何作图（二）

1. 用给定的尺寸按1：1抄画图形。

（1）

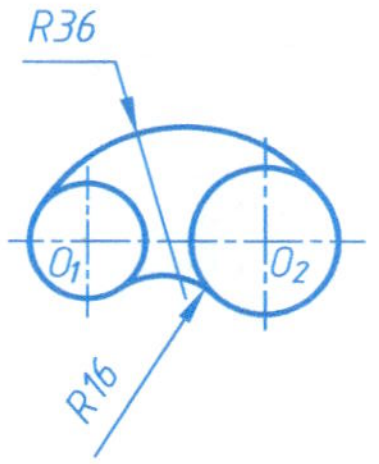

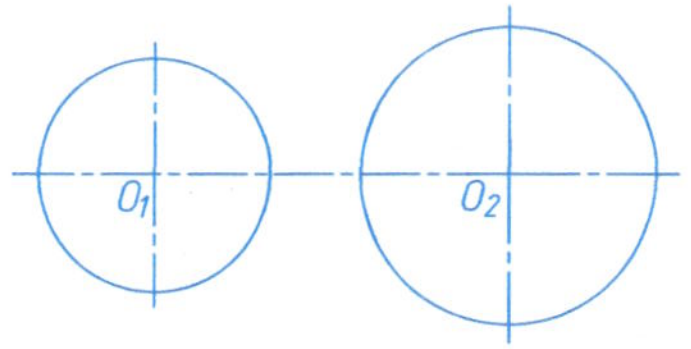

（2）

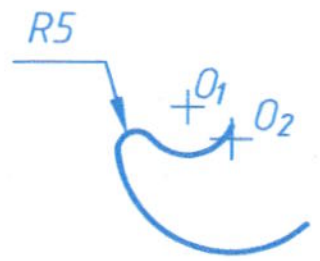

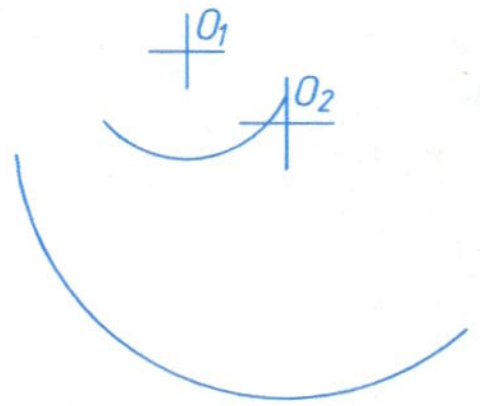

2. 补全连接圆弧。

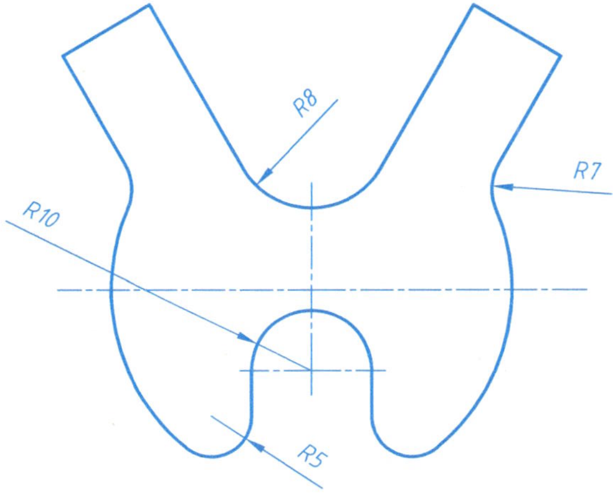

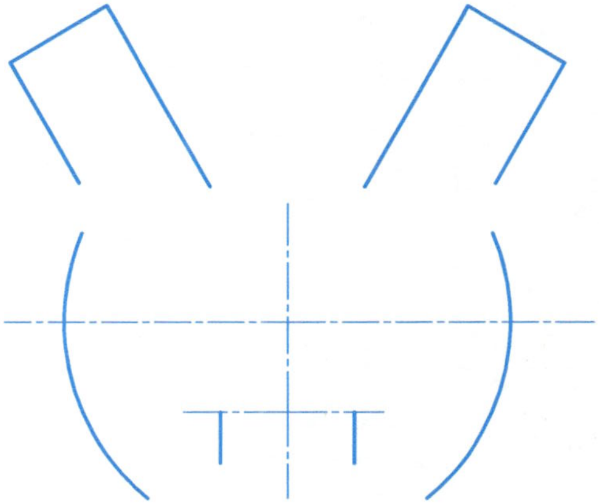

班级________ 姓名________ 学号________

四、一般尺寸注法（一）

1. 在指定位置量取尺寸并填写尺寸数字。

（1）

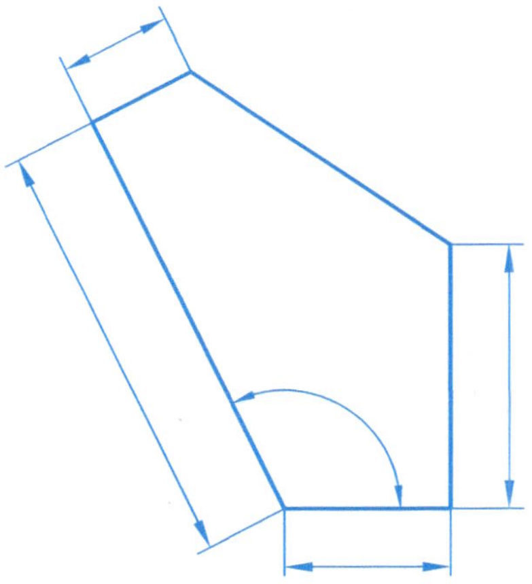

（2）

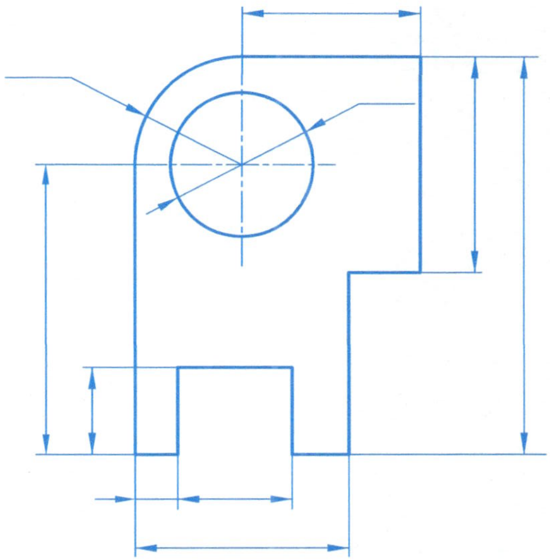

班级______ 姓名______ 学号______

五、一般尺寸注法（二）

1. 指出左侧图示尺寸标注的错误，并将正确尺寸标注在右侧图形上。

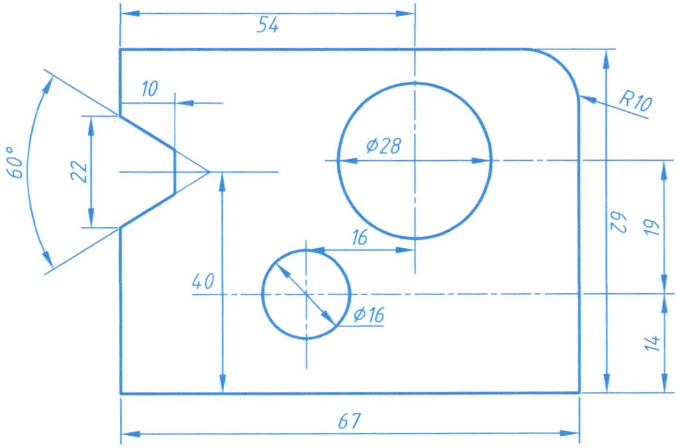

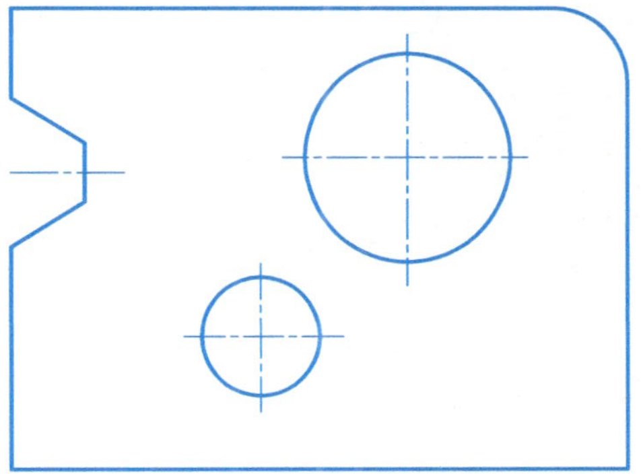

班级________ 姓名________ 学号________

六、平面图形的尺寸分析和线段分析

1. 指出下列两个图形横竖两个方向的尺寸基准。图中哪些尺寸是定形尺寸？哪些尺寸是定位尺寸？

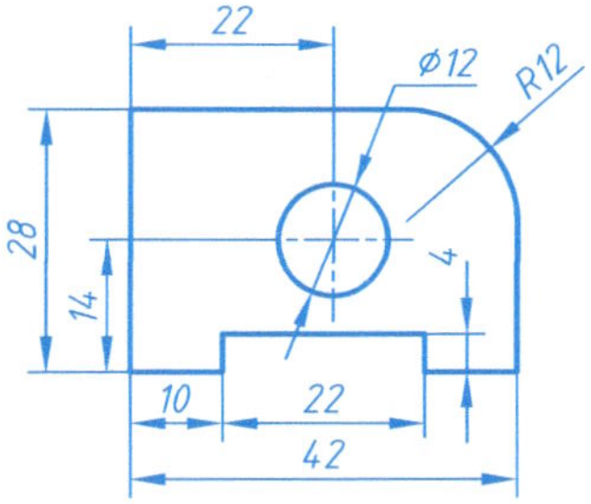

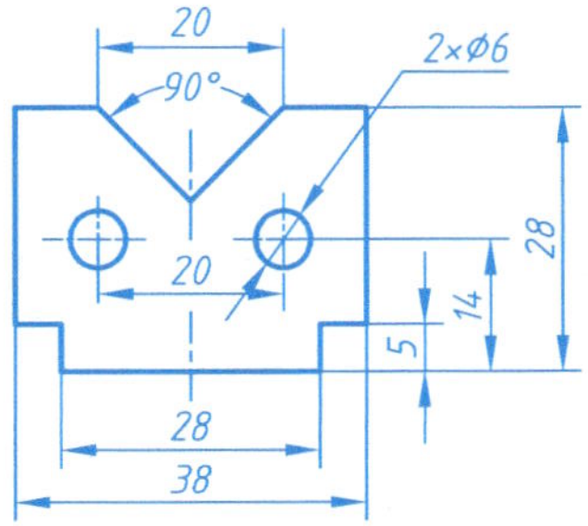

2. 指出图中的尺寸基准及定形、定位尺寸，确定线段性质，拟出作图顺序，并在空白处按图中注出的尺寸做出图形。

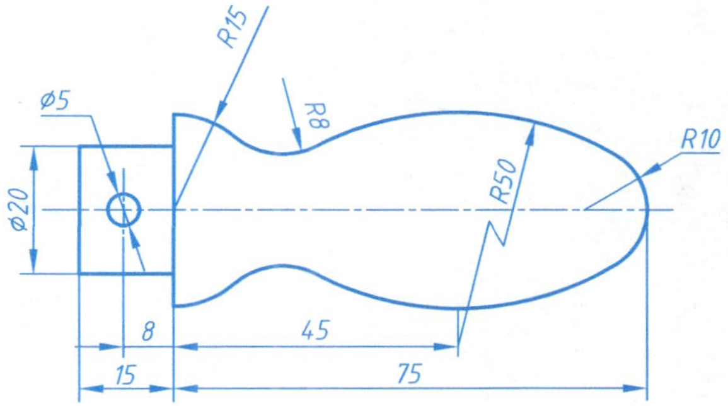

班级______ 姓名______ 学号______

一、三视图的形成及投影规律

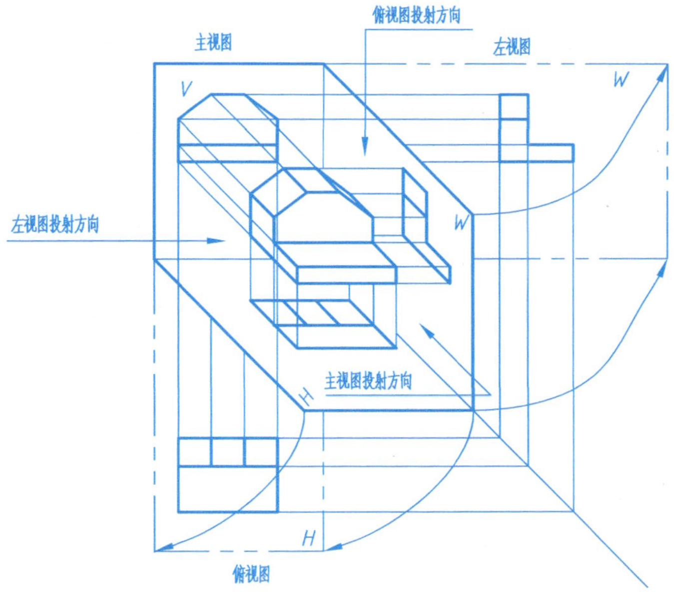

根据左图填空。

投射方向与视图名称的关系

由______向______投射所得的视图称为______；
由______向______投射所得的视图称为______；
由______向______投射所得的视图称为______。

视图间的三等关系

主、俯视图______；
主、左视图______；
俯、左视图______。

视图与物体间的方位关系

主视图反映物体的______和______；
俯视图反映物体的______和______；
左视图反映物体的______和______。
俯、左视图中，远离主视图的一边表示物体的______面；
靠近主视图的一边表示物体的______面。

二、点的投影（一）

1. 完成点*A*的轴测投影和点*A*的三面投影。

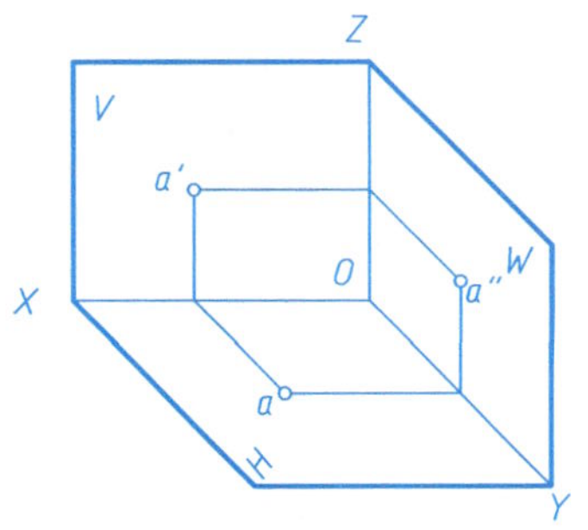

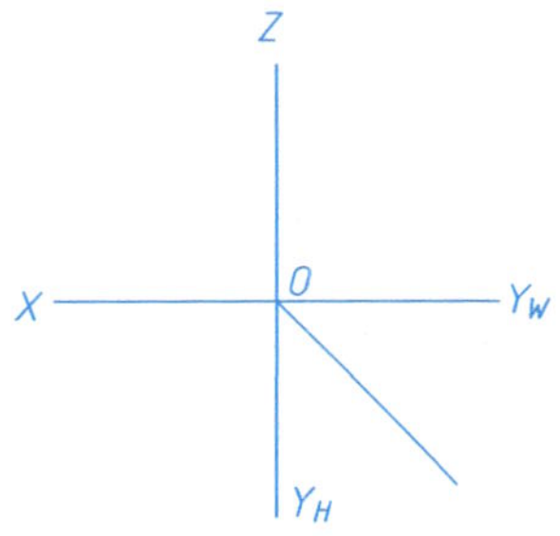

2. 已知点*B*距*H*面20 mm，距*V*面15 mm，距*W*面30 mm，试作出点*B*的三面投影。

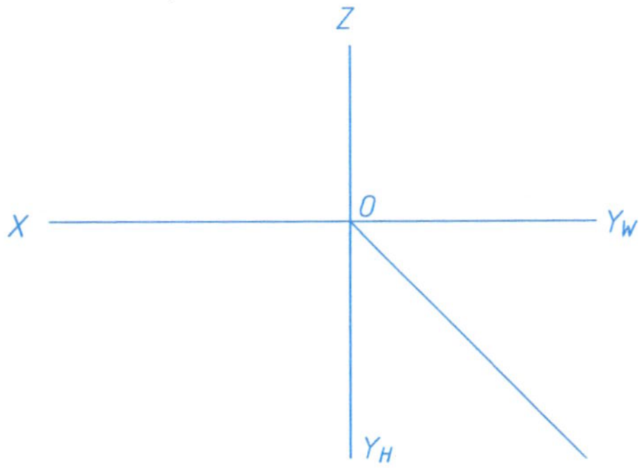

3. 已知点的两面投影，求第三面投影。点*E*在*W*面上，点*F*在*H*面上。

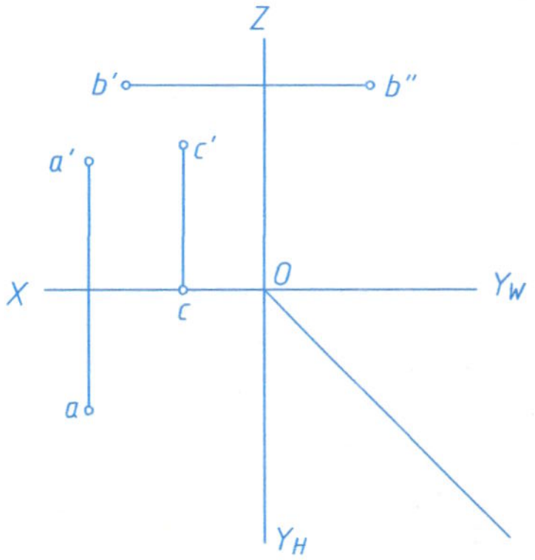

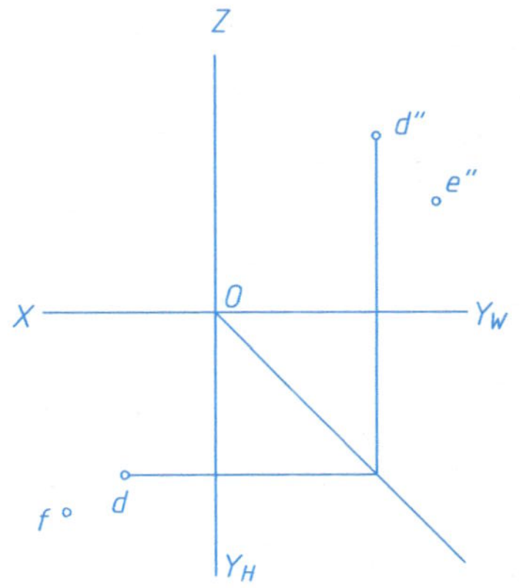

三、点的投影（二）

1.已知A、B两点在W面的投影重影，完成A、B两点的三面投影。

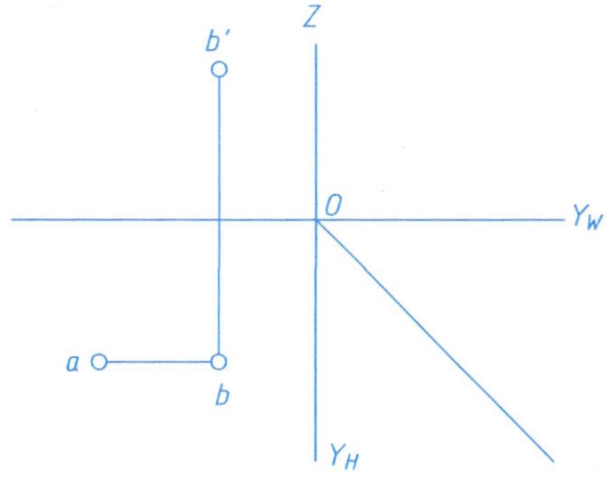

2.在正五棱台的主视图、左视图上标注出A、B两点的投影，并比较两点的位置。点B在点A的______、______、______。

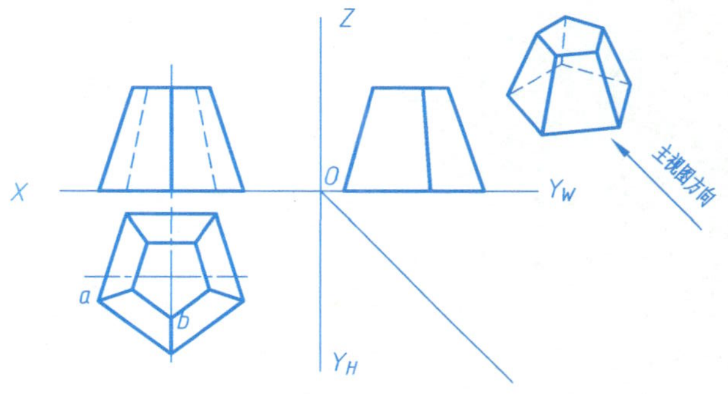

3.已知点A在点B的左方15 mm、下方10 mm、前方10 mm，求A、B两点的三面投影。

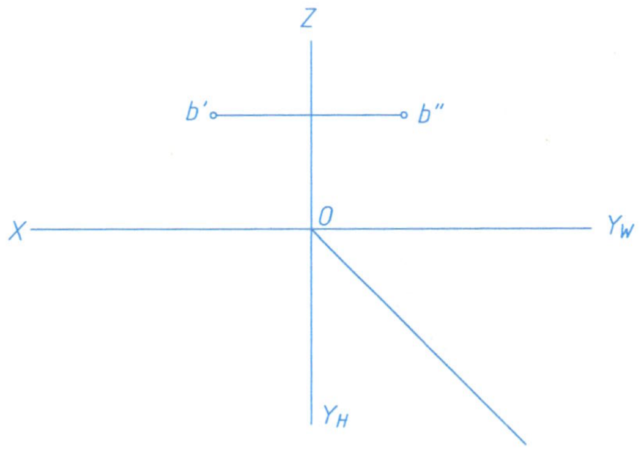

4.点K在直线AB上，已知点K的俯视投影，完成直线AB及点K的三面投影。

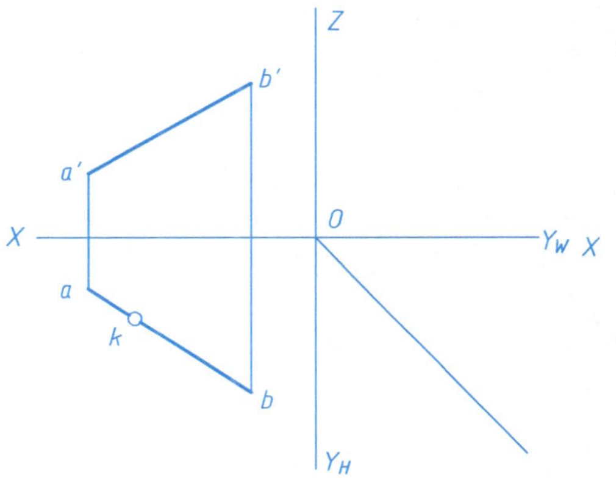

班级______ 姓名______ 学号______

四、直线的投影（一）

1. 已知点$B(25,10,8)$，试在下图完成直线AB的投影图和轴测图。

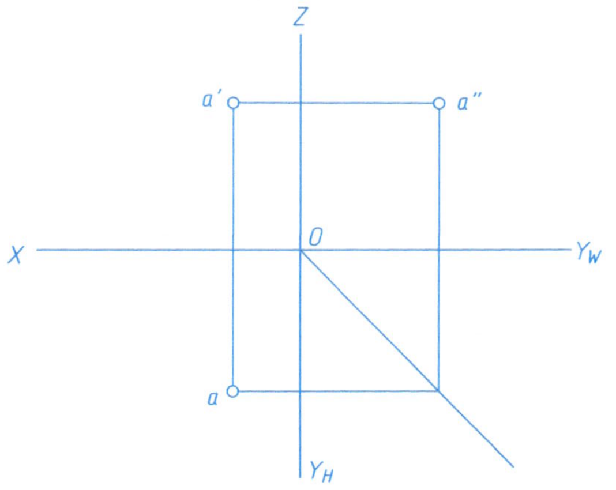

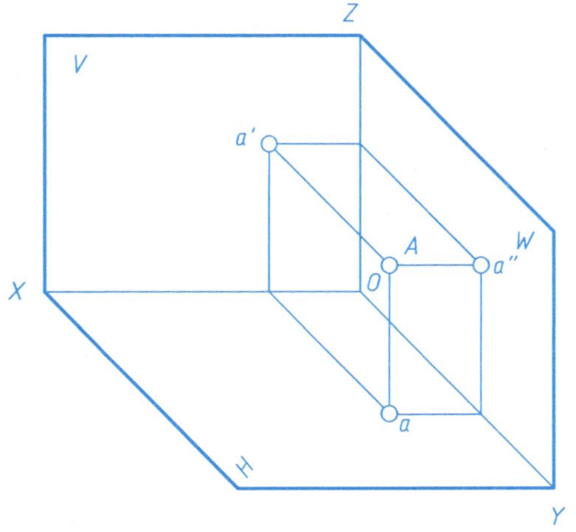

2. 根据轴测图填空，并在下面画出其中一条正平线的三面投影。

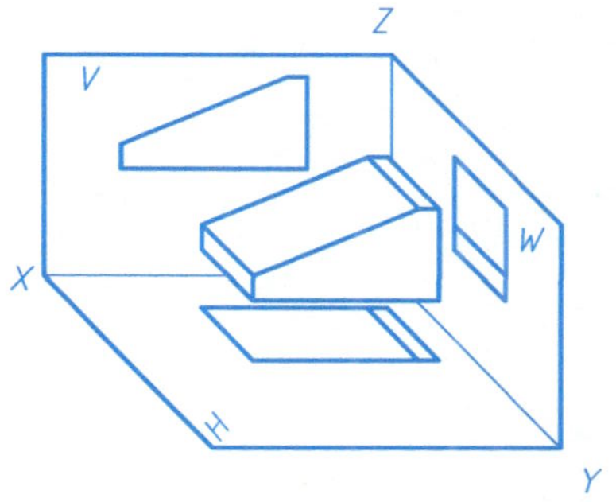

物体上共有：
____条正垂线；
____条正平线；
____条铅垂线；
____条侧垂线。

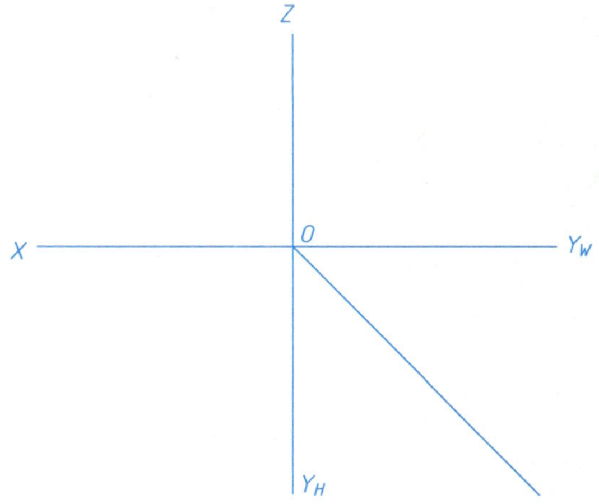

班级________ 姓名________ 学号________

五、直线的投影（二）

1. 判断图示两直线AB与CD的位置关系并填空。

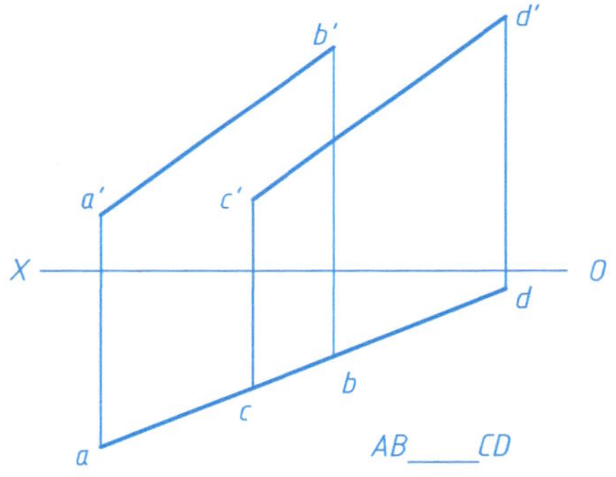

AB____CD

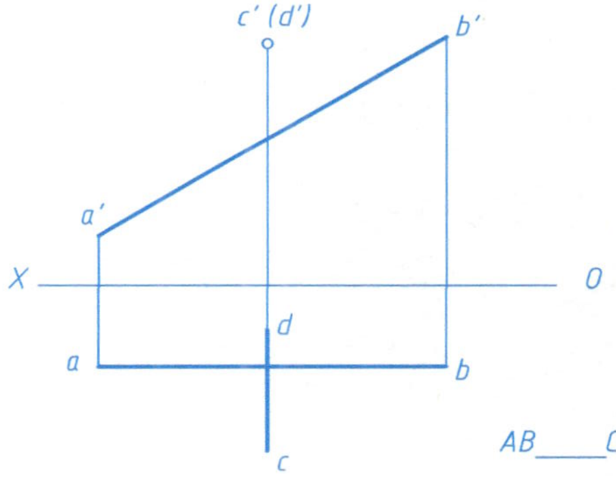

AB____CD

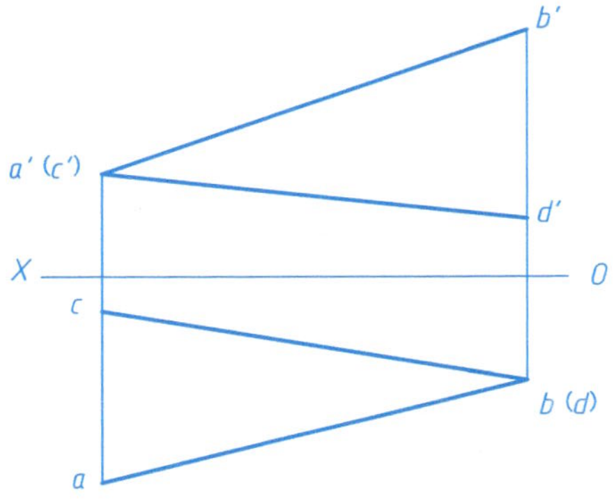

AB____CD

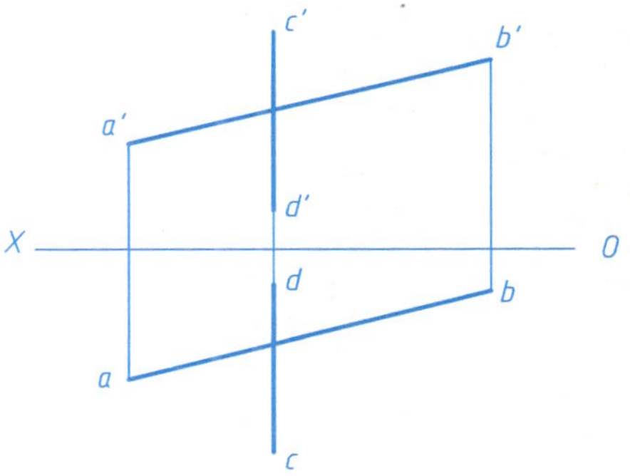

AB____CD

六、平面的投影

1. 已知点*K*在三角形*ABC*内，试补全三角形的主视投影。

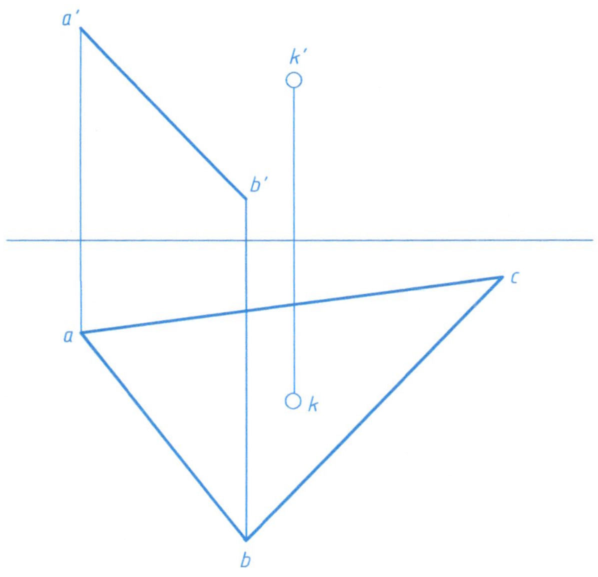

2. 已知直线*EF*在三角形*ABC*中，且*EF*到水平面的距离为20 mm，求作*EF*的两面投影。

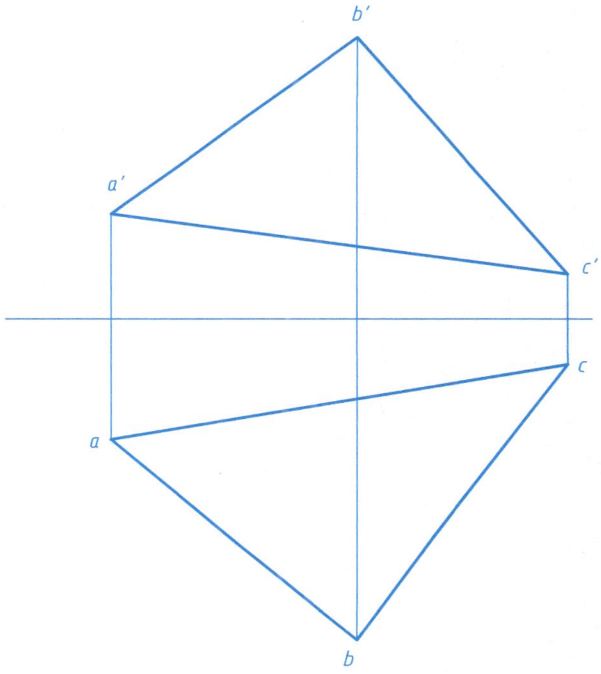

班级________ 姓名________ 学号________

七、几何体的投影(一)

1. 补画平面立体的第三视图。

（1）

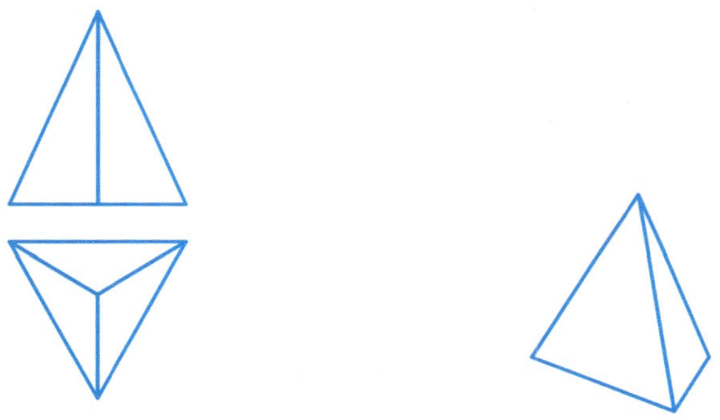

（2）

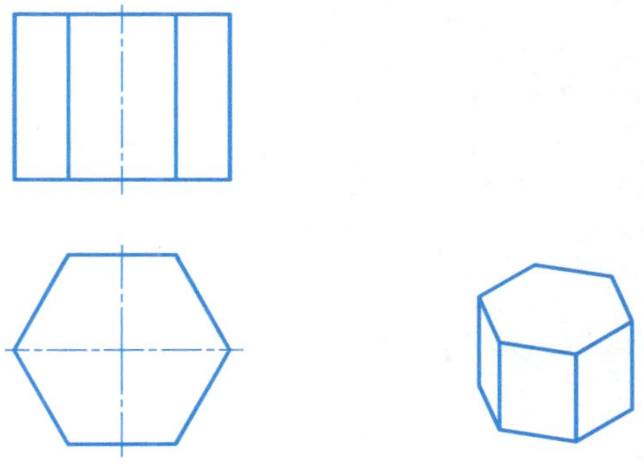

2. 补画平面立体的第三视图，并完成表面取点。

（1）

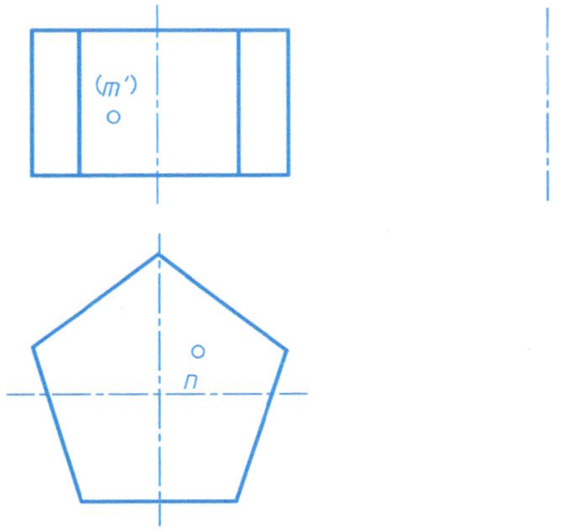

（2）

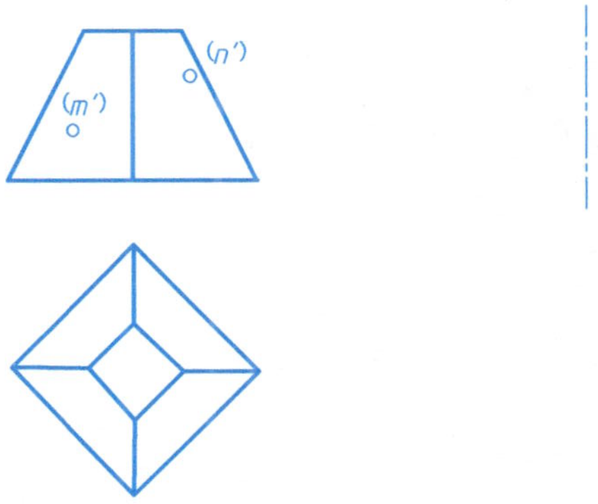

八、几何体的投影(二)

1. 补全曲面立体的三视图，并完成表面取点。

(1)

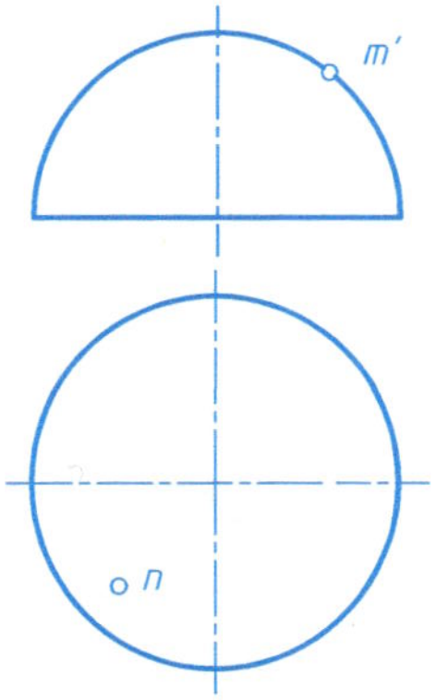

(2)

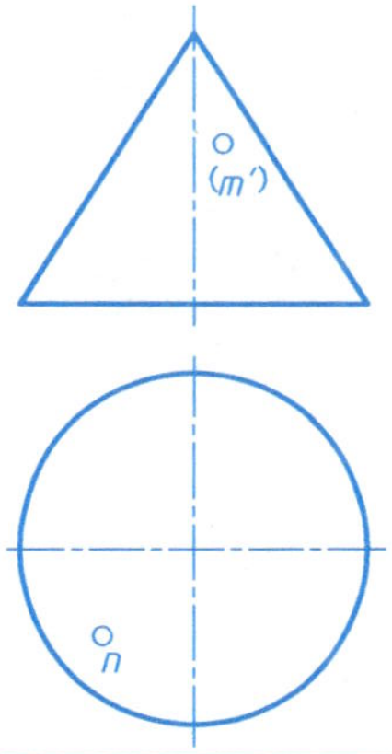

(3)

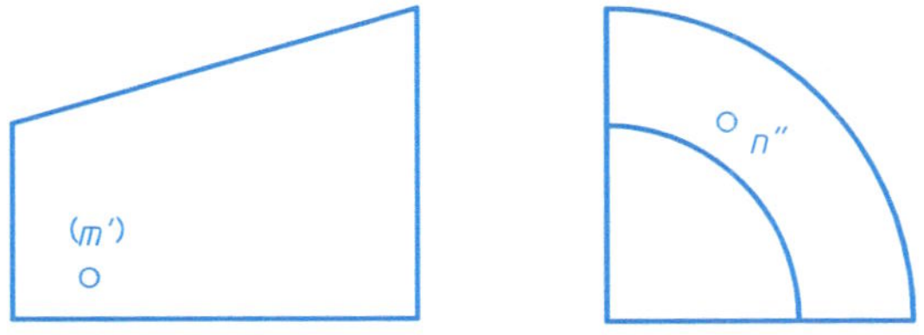

(4)

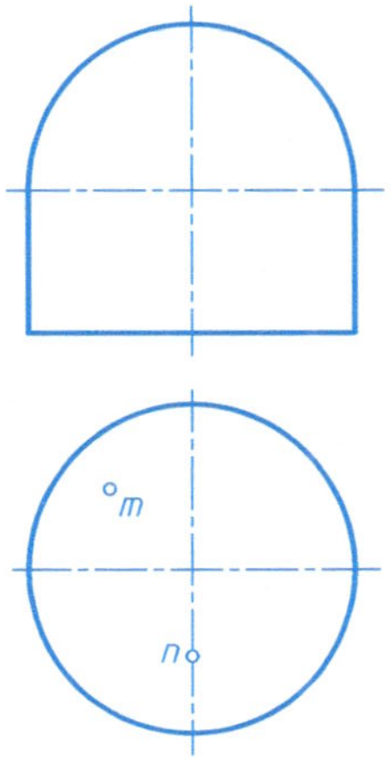

 班级______ 姓名______ 学号______

一、平面与平面立体相交

（1）作出六棱柱切割形体左视图。

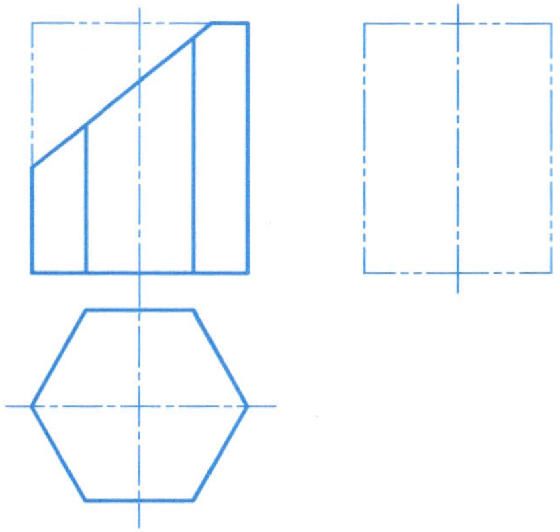

（2）完成四棱锥截切后的三视图。

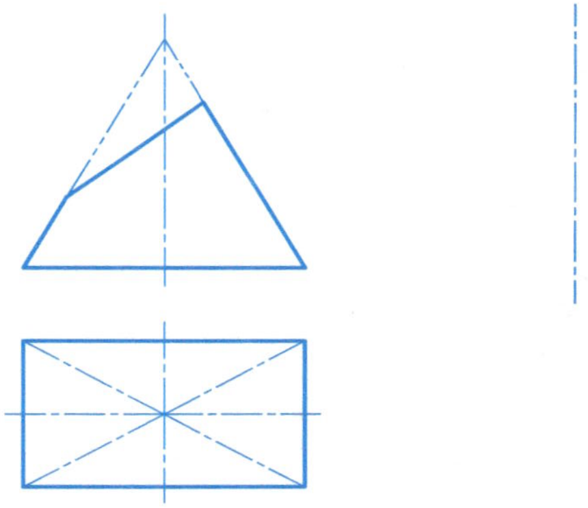

（3）完成五棱柱切割形体三面投影。

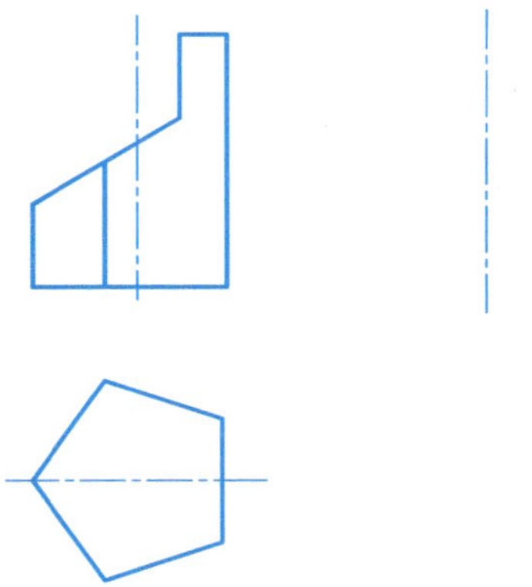

（4）补画三棱锥切割形体俯、左视图。

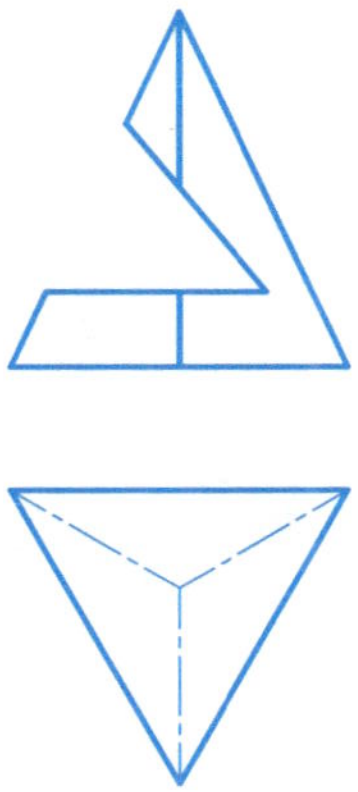

班级________ 姓名________ 学号________

二、平面与曲面立体相交

（1）完成圆柱体切割后的三面投影。

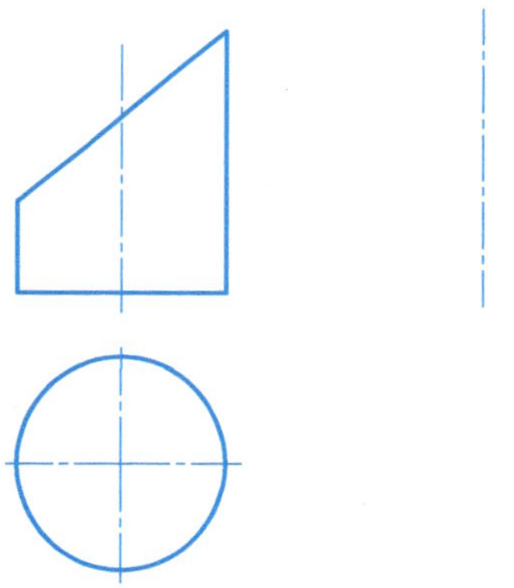

（2）完成圆柱截切后的三面投影。

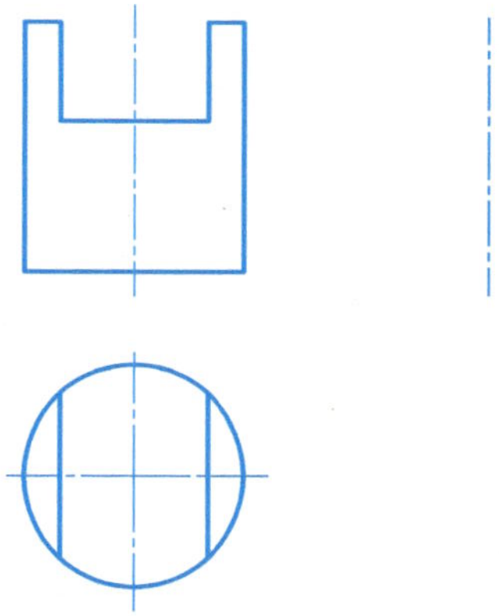

（3）完成圆锥切割后的三面投影。

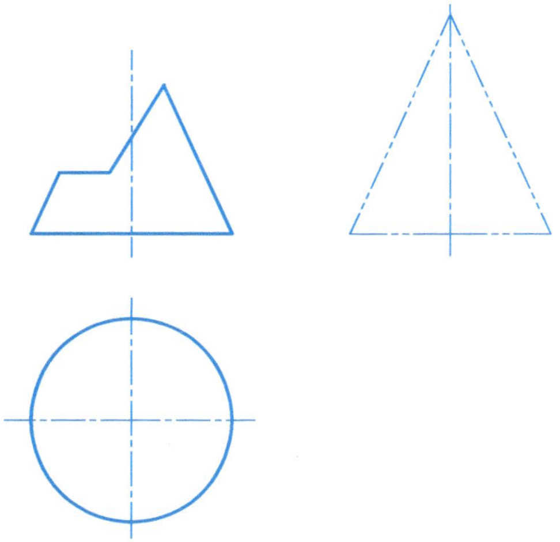

（4）完成圆锥挖孔后的三面投影。

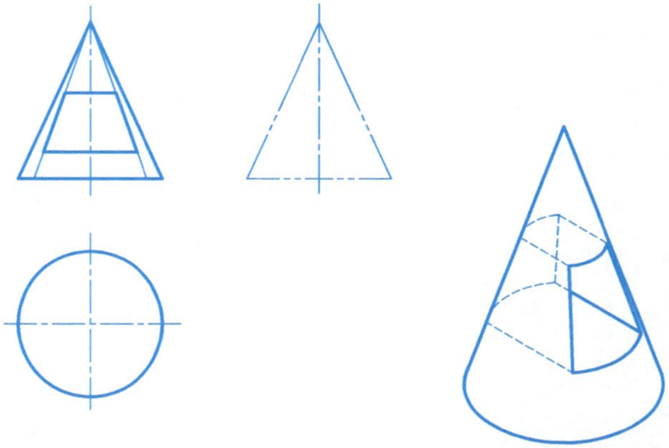

班级______ 姓名______ 学号________

三、平面与立体相交综合练习（一）

（1）作出六棱柱切割形体左视图。

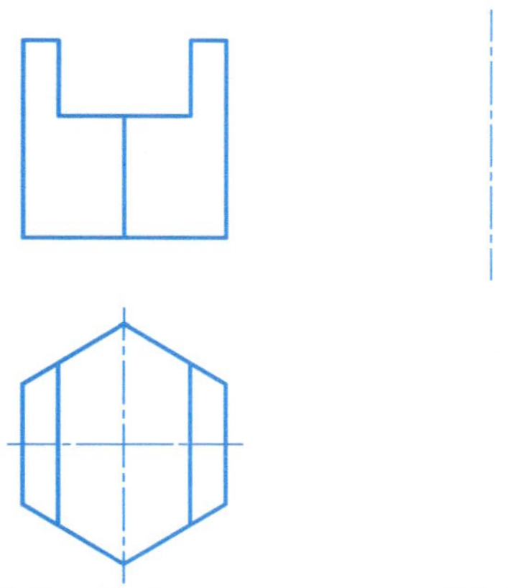

（2）完成三棱柱挖孔后的三视图。

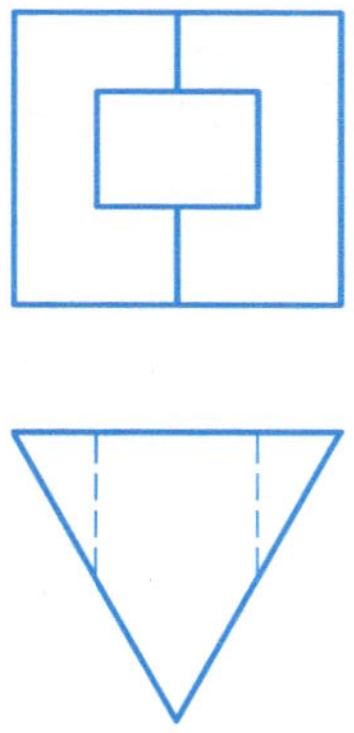

（3）完成圆柱筒切割后的左视图。

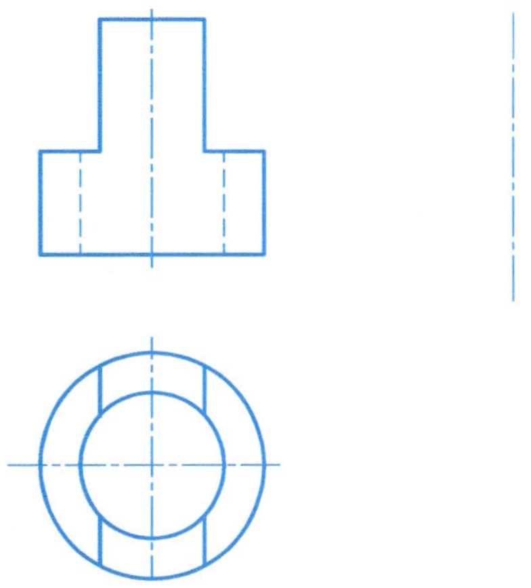

（4）完成圆柱筒挖孔后的左视图。

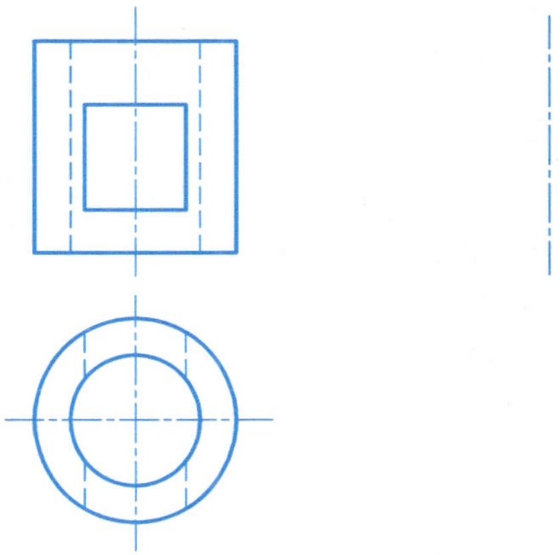

班级______ 姓名______ 学号______

四、平面与立体相交综合练习（二）

（1）补画形体俯视图。

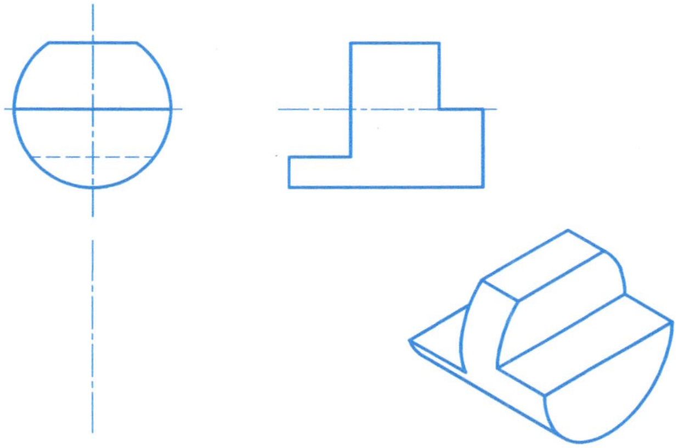

（2）补画形体俯视图。

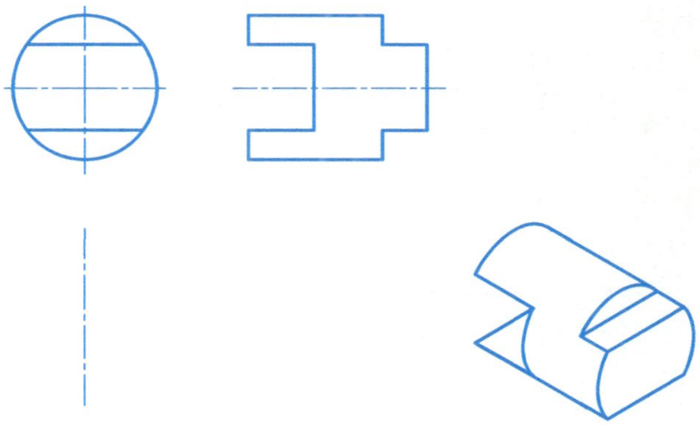

（3）补画形体俯、左视图。

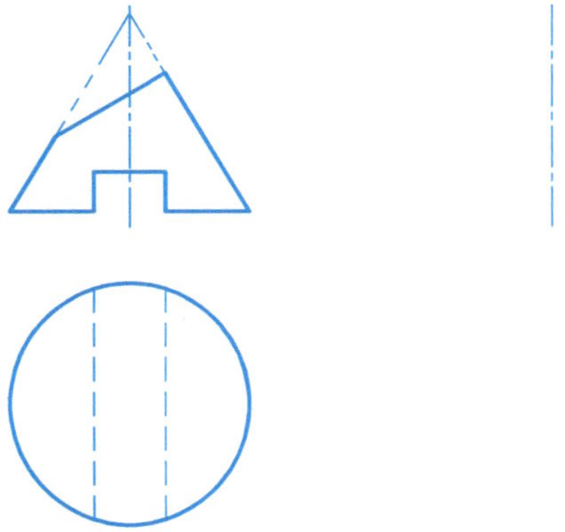

（4）补画形体俯视图。

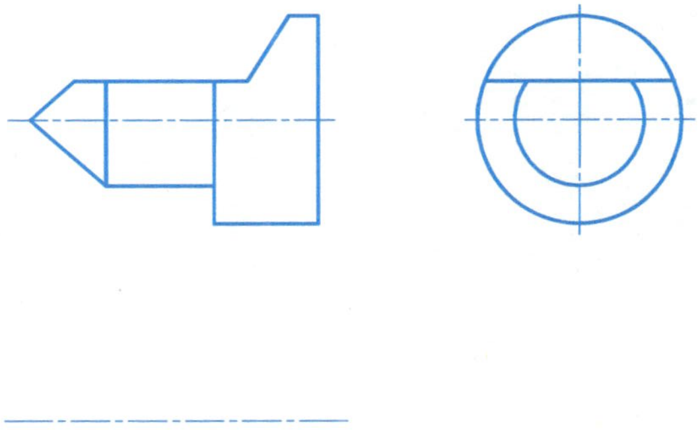

班级________ 姓名________ 学号________

五、立体与立体相交（一）

（1）补画两个四棱柱立体相交线。

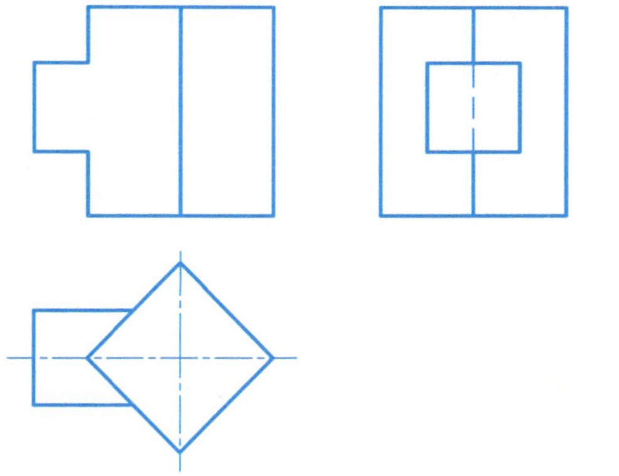

（2）补画棱柱与棱锥立体相交线。

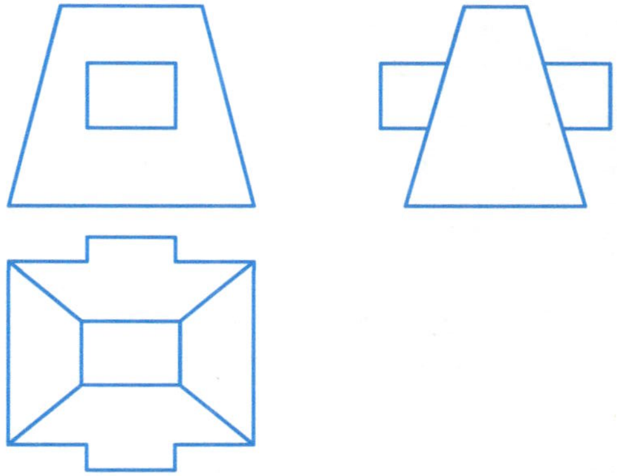

（3）完成主视图投影。

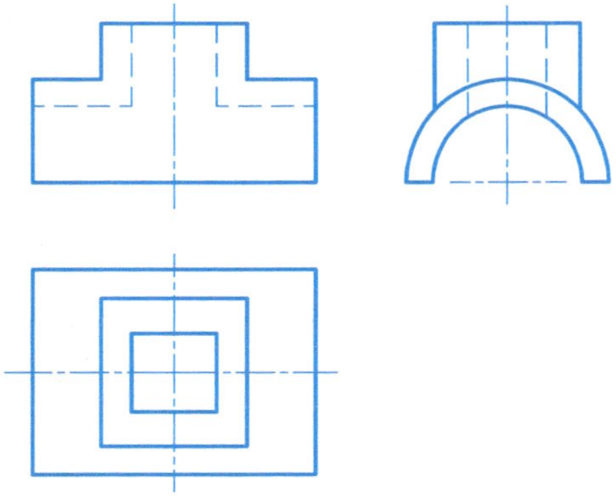

（4）补画棱锥与圆柱表面截交线。

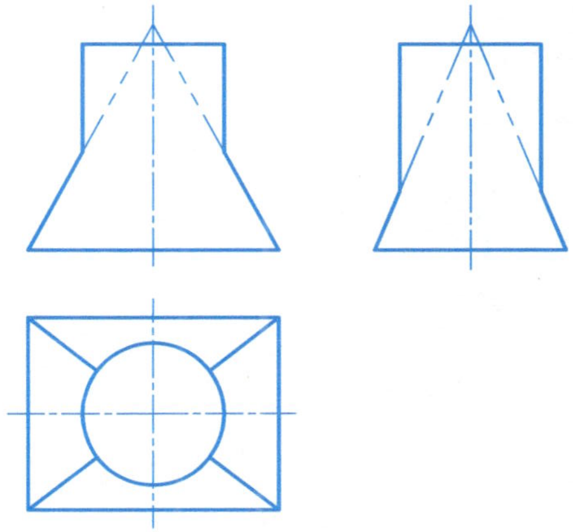

班级________ 姓名________ 学号________

六、立体与立体相交（二）

（1）完成主视图相贯线投影。

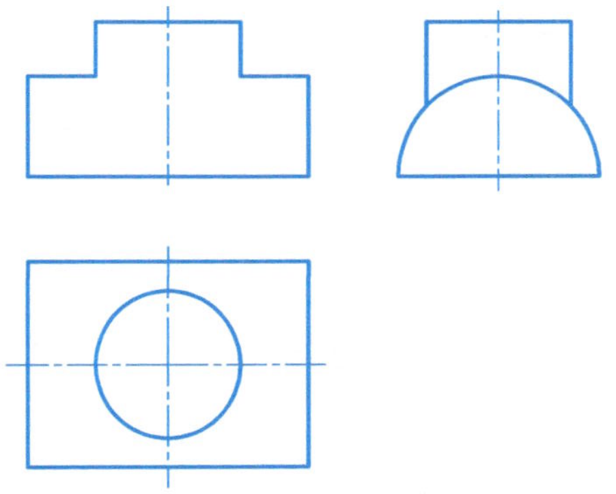

（2）完成主视图相贯线投影。

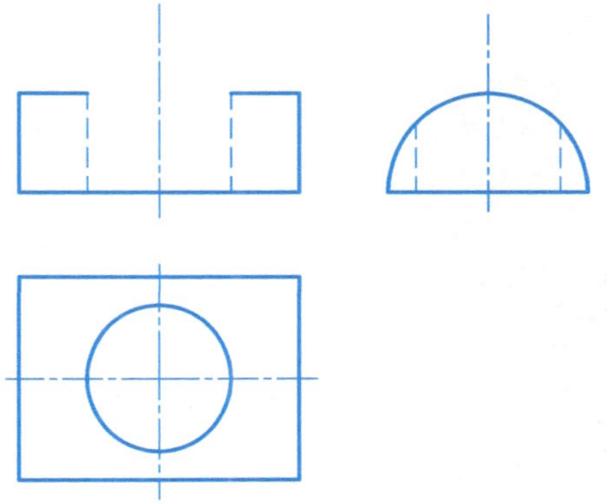

（3）完成主视图相贯线投影。

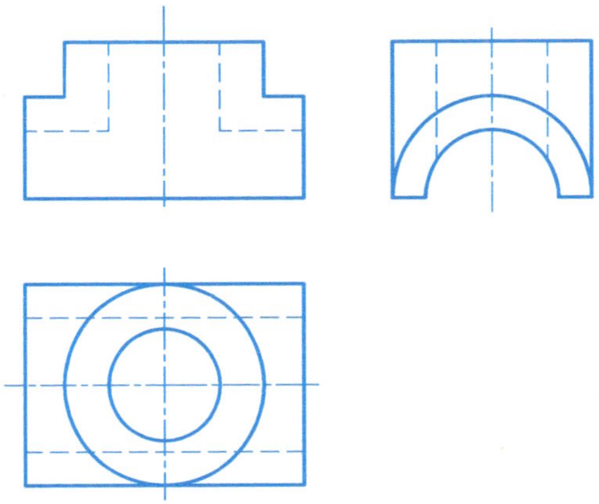

（4）完成主视图相贯线投影。

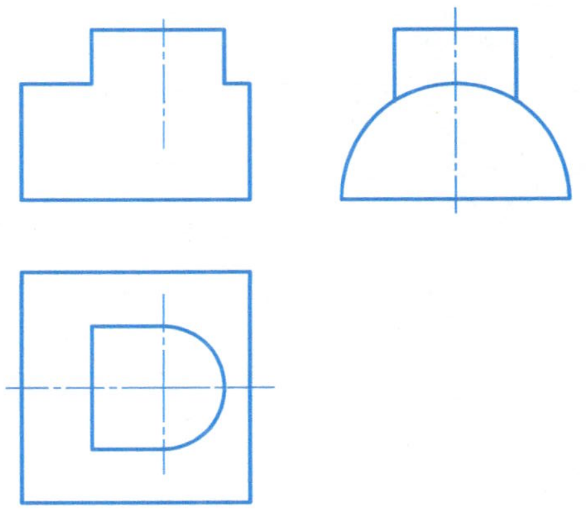

班级________ 姓名________ 学号________

七、立体与立体相交（三）

（1）补全圆锥与圆柱相贯线投影。

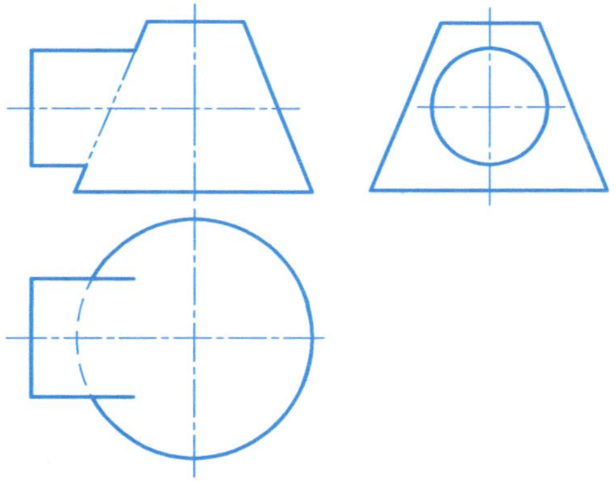

（2）补画下图的相贯线投影。

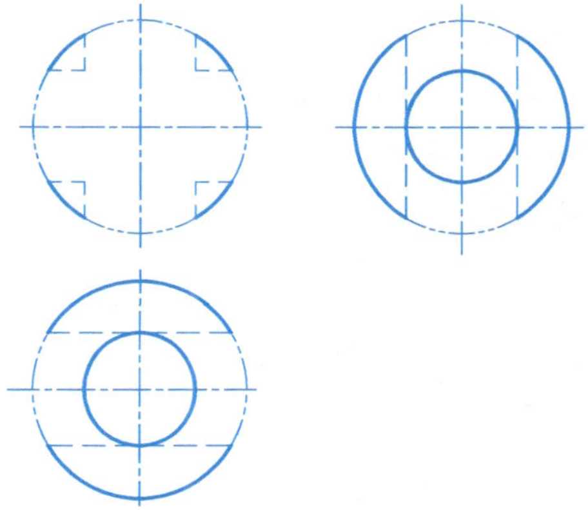

（3）完成相交体主视图投影。

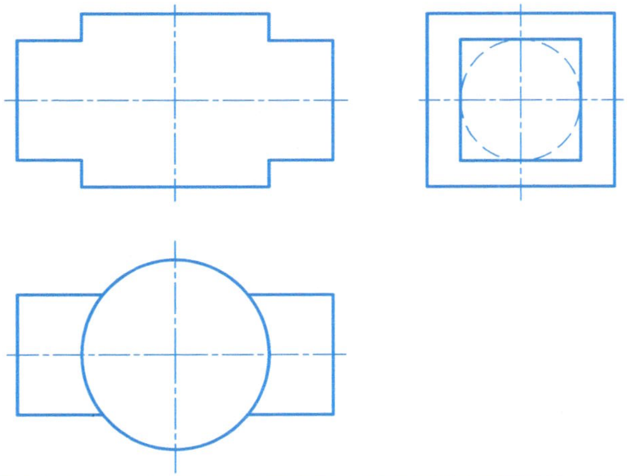

（4）补画相交体相贯线投影。

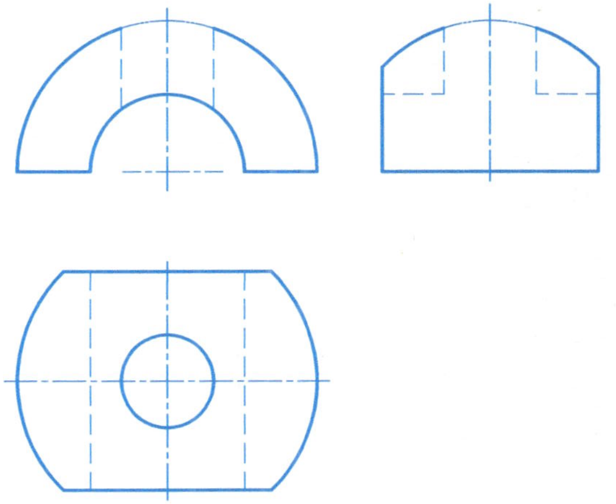

八、立体与立体相交（四）

（1）补画形体左视图。

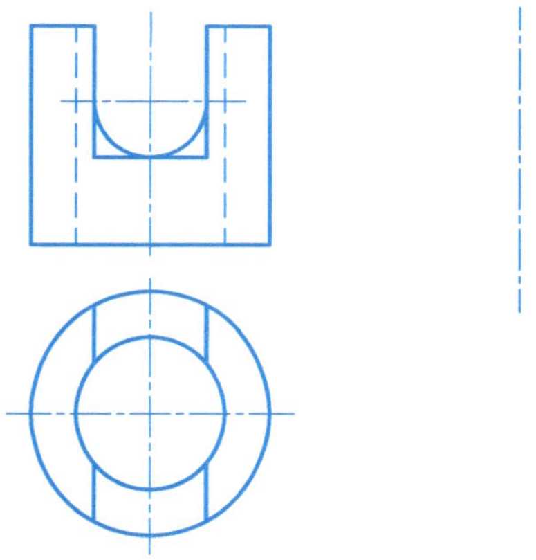

（2）补画形体主视图。

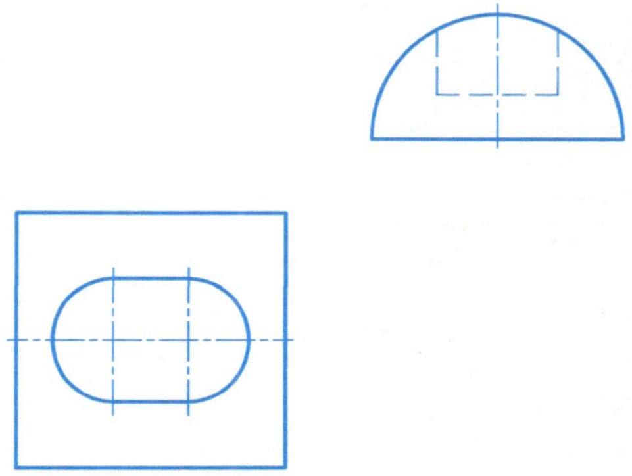

（3）完成物体表面相贯线投影。

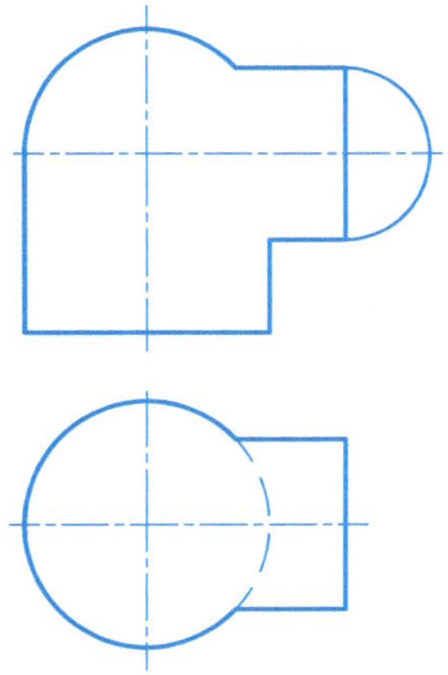

（4）完成相贯体三视图投影。

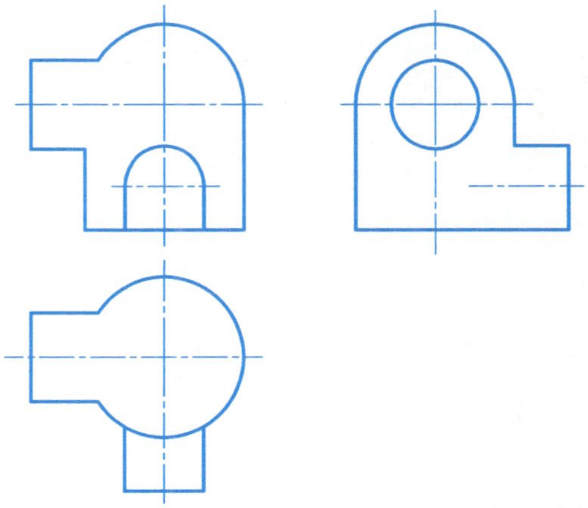

班级________ 姓名________ 学号________

九、简单体尺寸标注（一）

（1）完成下图切割体尺寸标注，比例1：1。

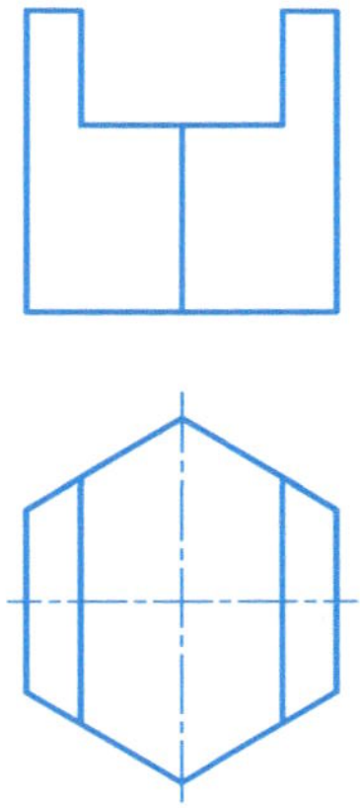

（2）完成下图切割体尺寸标注，比例1：1。

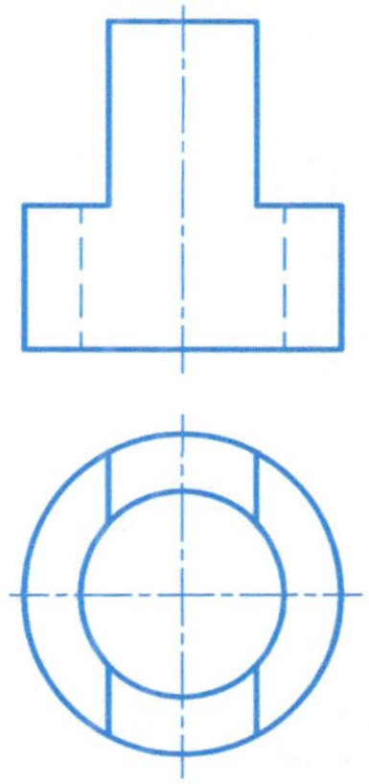

（3）完成下图切割体尺寸标注，比例1：1。

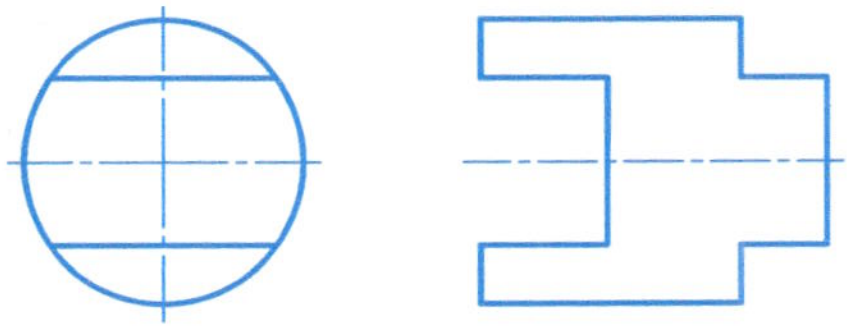

（4）完成下图相交体尺寸标注，比例1：1。

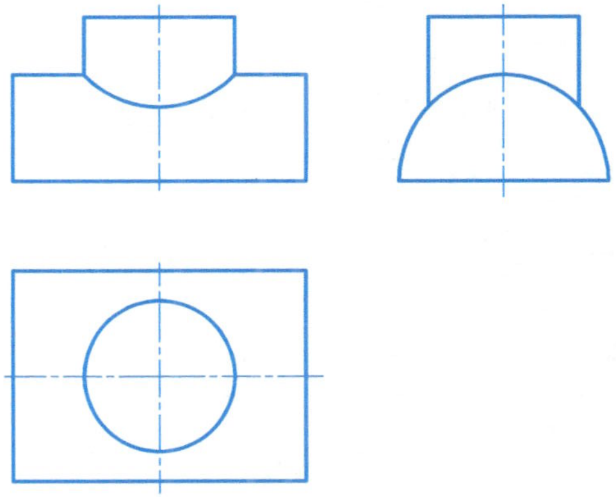

班级________ 姓名________ 学号________

十、简单体尺寸标注（二）

（1）从图中以1：1量取标注尺寸，取整数。

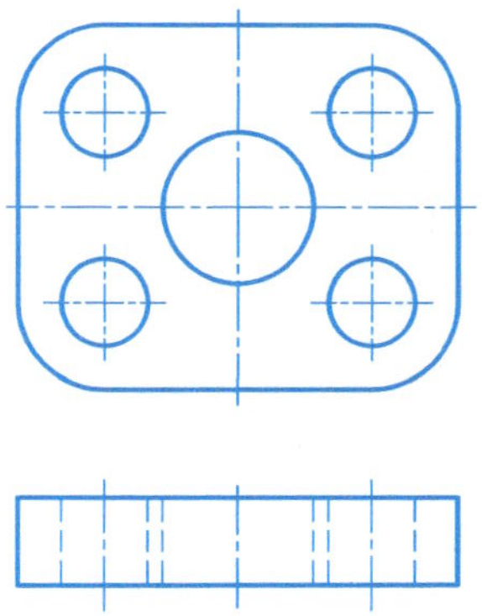

（2）从图中以1：1量取标注尺寸，取整数。

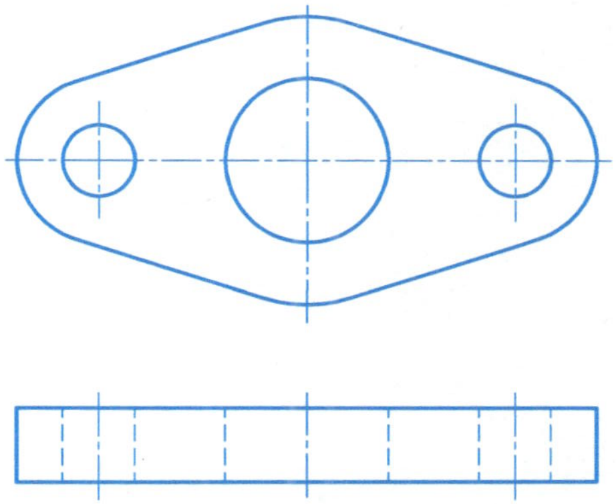

（3）从图中以1：1量取标注尺寸，取整数。

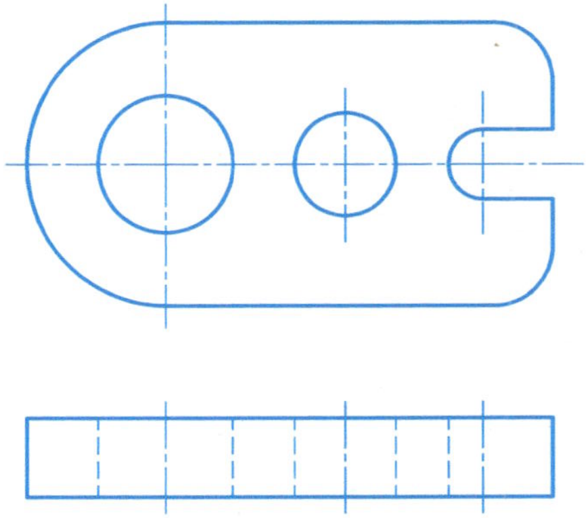

（4）从图中以1：1量取标注尺寸，取整数,已知板厚为10 mm。

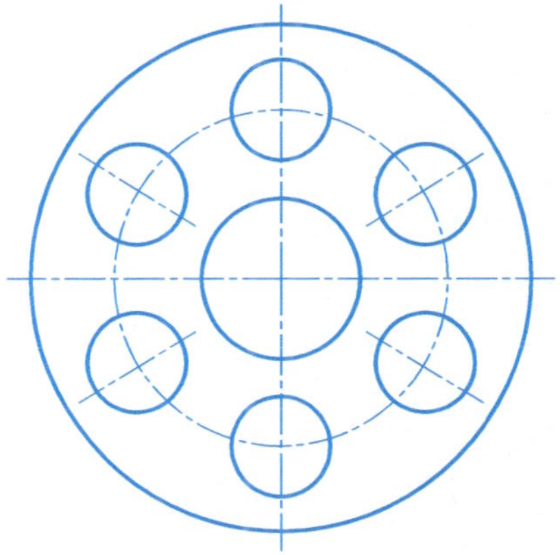

班级______ 姓名______ 学号______

一、正等轴测图

（1）根据已知视图，在指定位置画出物体的正等轴测图。

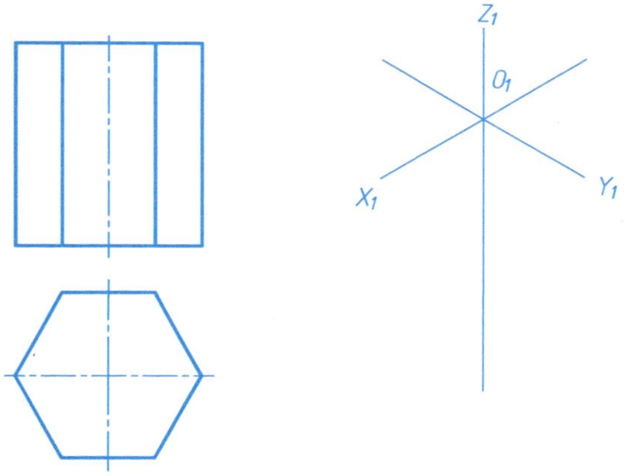

（2）根据已知视图，在指定位置画出物体的正等轴测图。

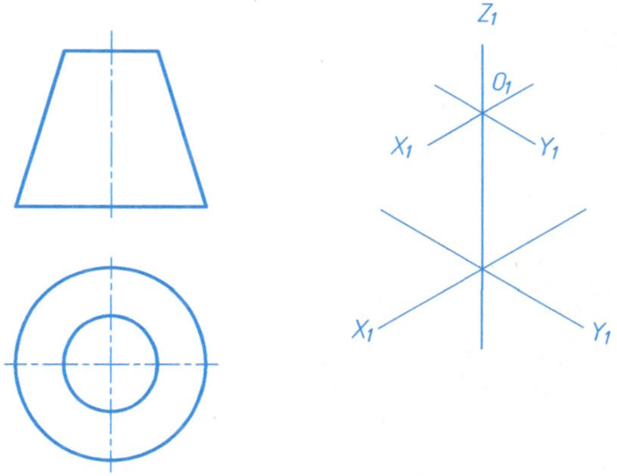

（3）根据已知视图，画出物体的正等轴测图。

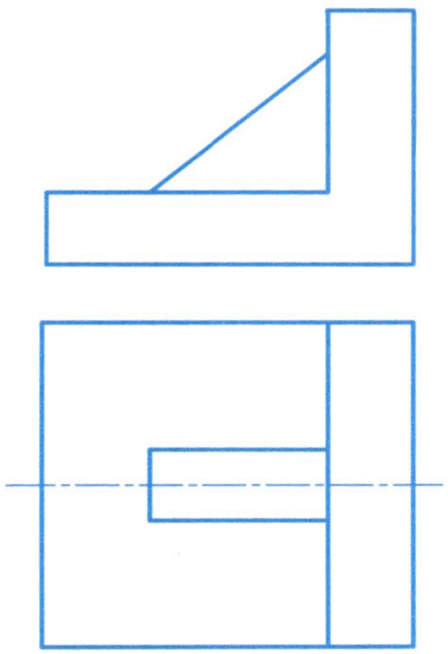

（4）根据已知视图，画出物体的正等轴测图。

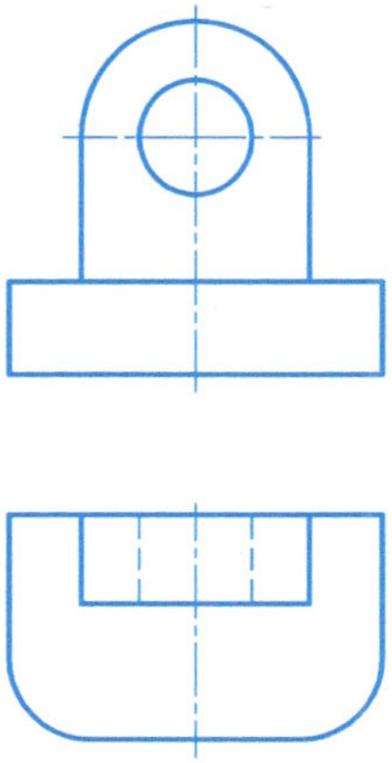

二、斜二轴测图

（1）根据已知视图，画出物体的斜二轴测图。

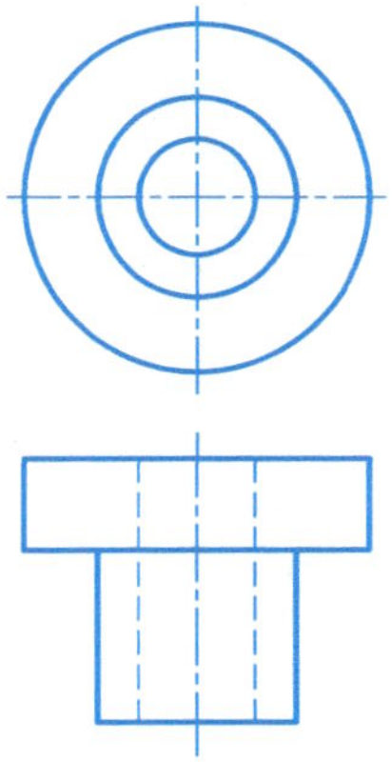

（2）根据已知视图，画出物体的斜二轴测图。

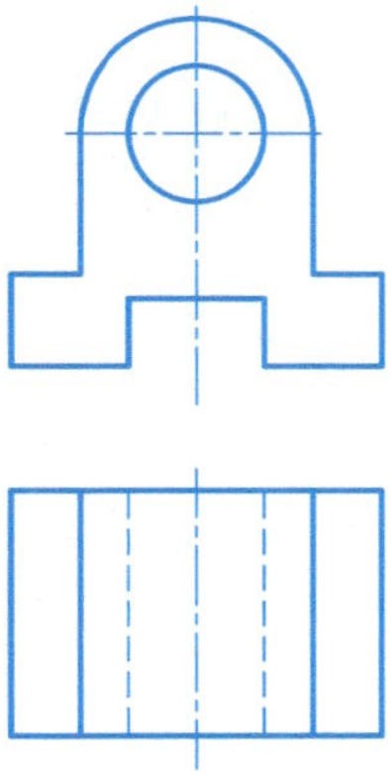

（3）根据已知视图，画出物体的斜二轴测图。

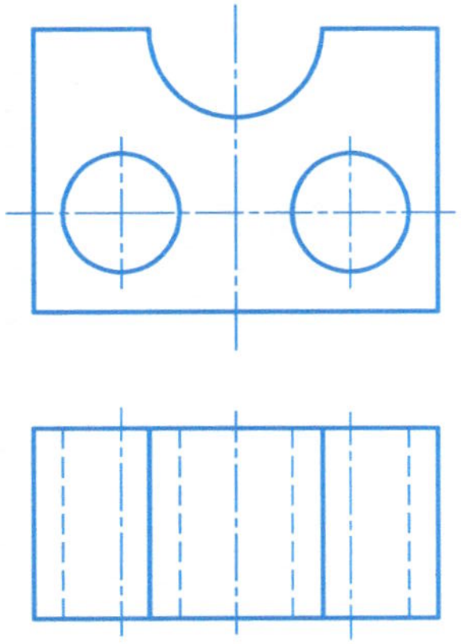

（4）根据已知视图，画出物体的斜二轴测图。

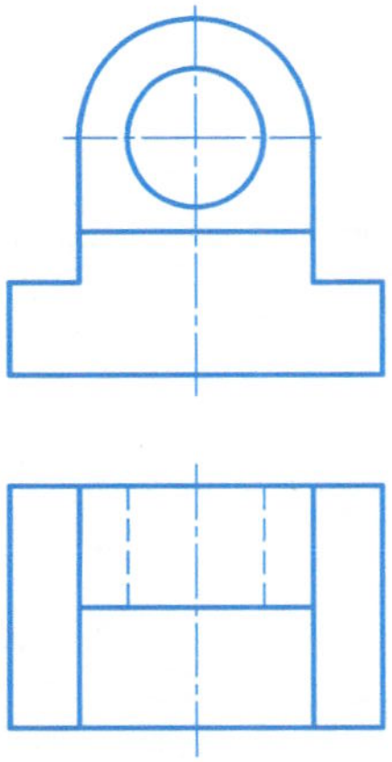

 班级________ 姓名________ 学号________

一、表面连接方式，在主视图中补齐漏线

（1）

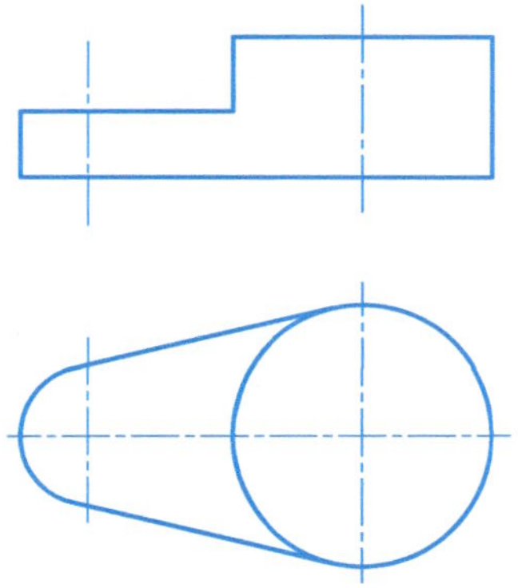

（2）

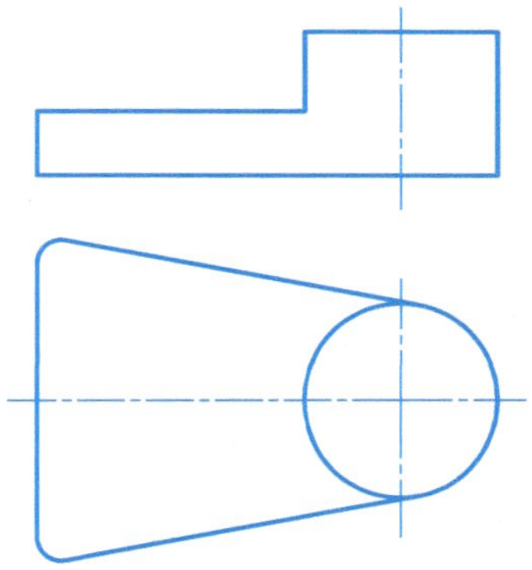

（3）

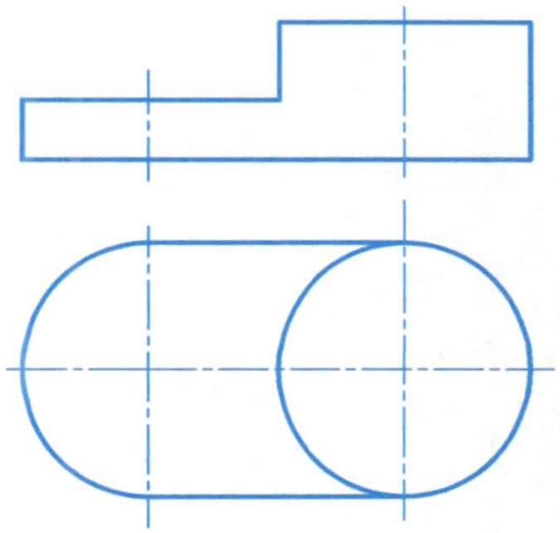

（4）

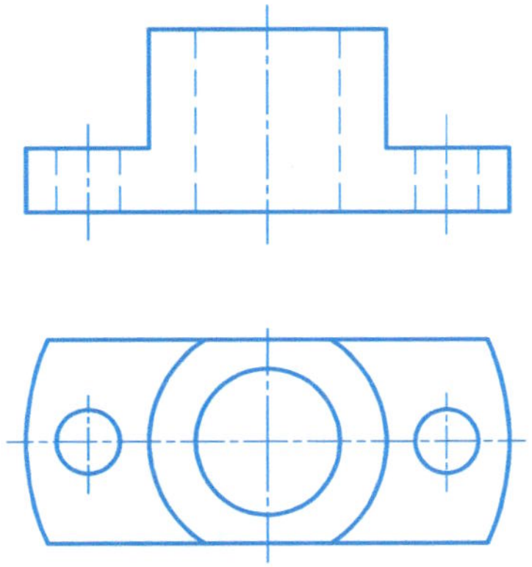

（5）

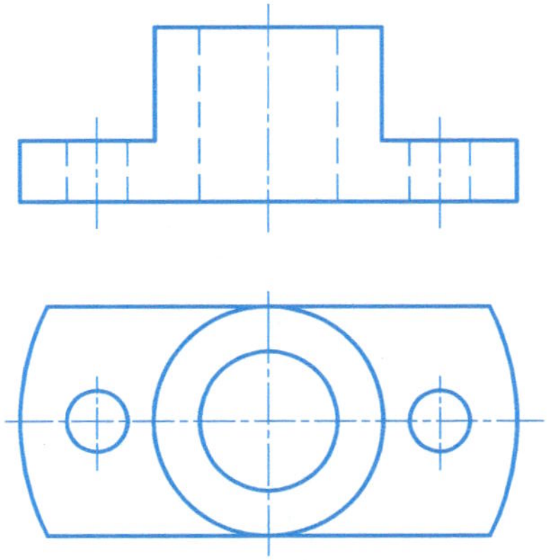

（6）

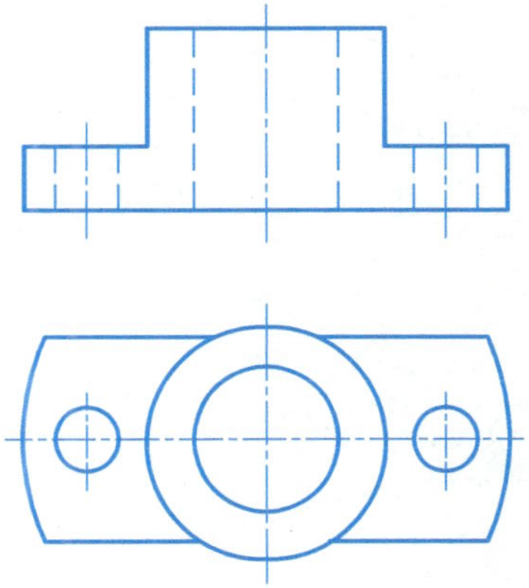

班级________ 姓名________ 学号________

二、画组合体三视图

1.目的

进一步理解物与图之间的对应关系，掌握运用形体分析的方法绘制组合体的三视图。

2. 作业要求

根据所示的轴测图画组合体的三视图，并标注尺寸，完整地表达组合体的内外形状。标注尺寸要齐全、清晰，并符合国家标准。图名组合体，图幅**A4**，比例自定。

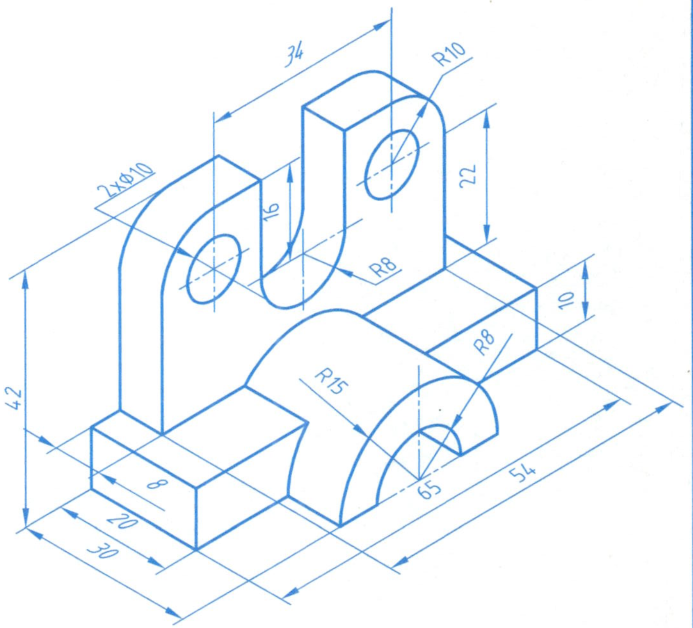

班级______ 姓名______ 学号______

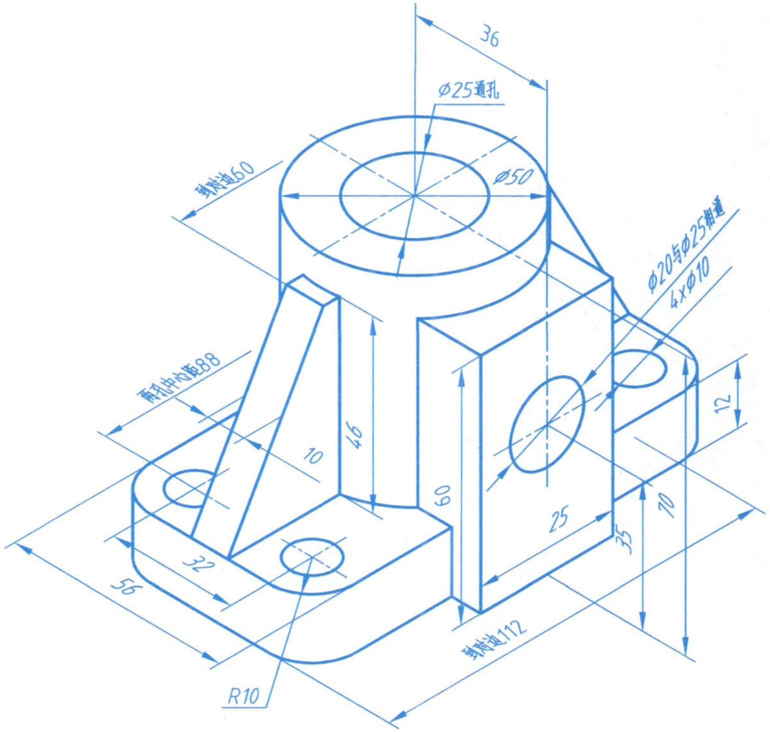
36
Φ25通孔
Φ50
到对边60
Φ20与Φ25相通
4×Φ10
两孔中心距88
10
46
60
25
12
35
70
32
56
到对边112
R10

班级________ 姓名________ 学号________

三、标出尺寸基准，补全图中漏注的尺寸（尺寸从图中量取整数）

（1）

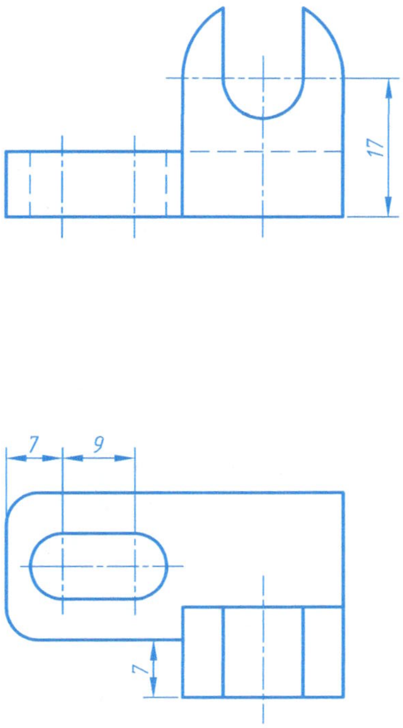

（2）

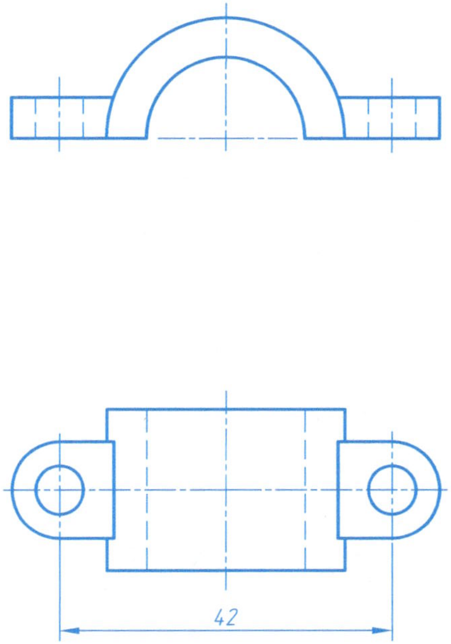

（3）

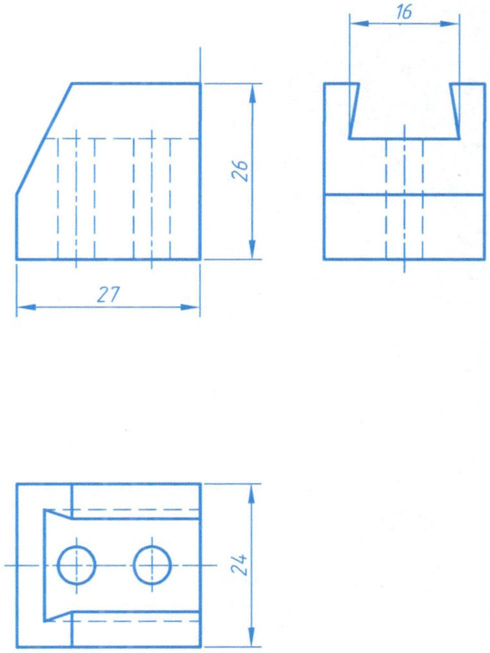

班级________ 姓名________ 学号________

四、标注尺寸（尺寸按1：1从图中量取整数）

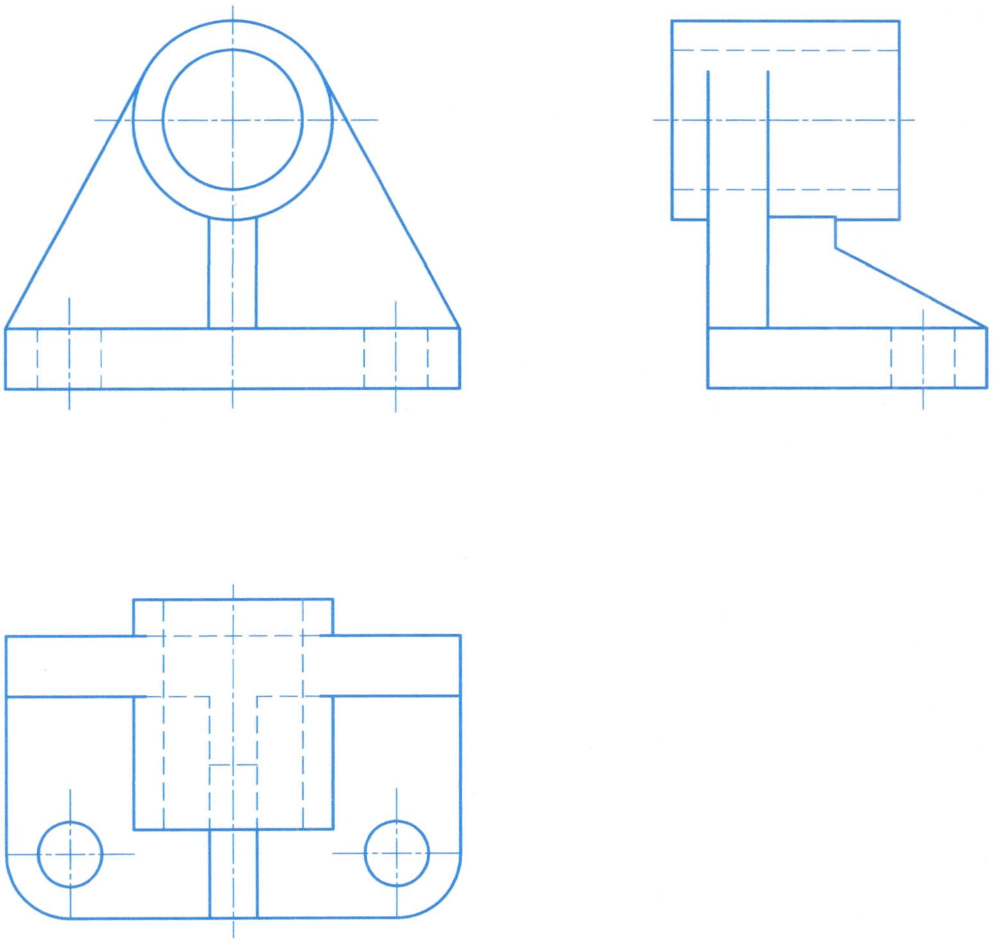

五、读懂组合体三视图，填空

（1）

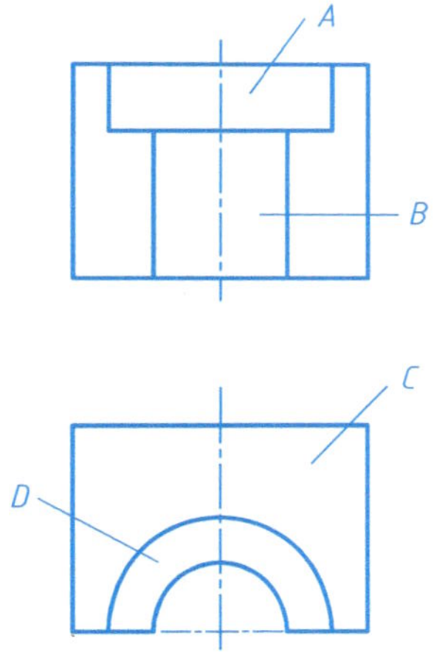

线框*A*表示______面
线框*D*表示______面
面*A*在面*B*之____（前、后）
面*C*在面*D*之____（上、下）

（2）

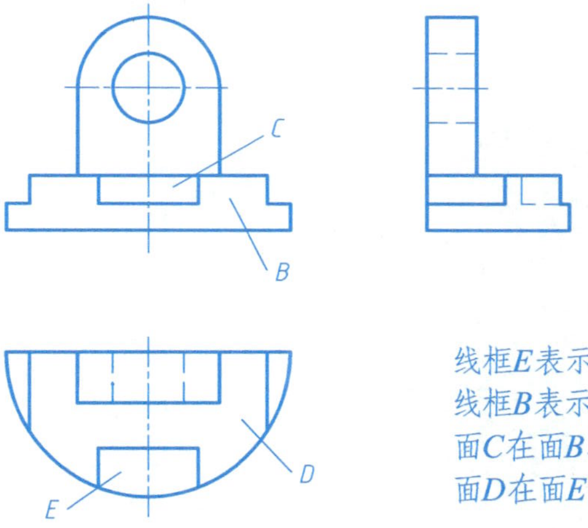

线框*E*表示______面
线框*B*表示______面
面*C*在面*B*之____（前、后）
面*D*在面*E*之____（上、下）

（3）

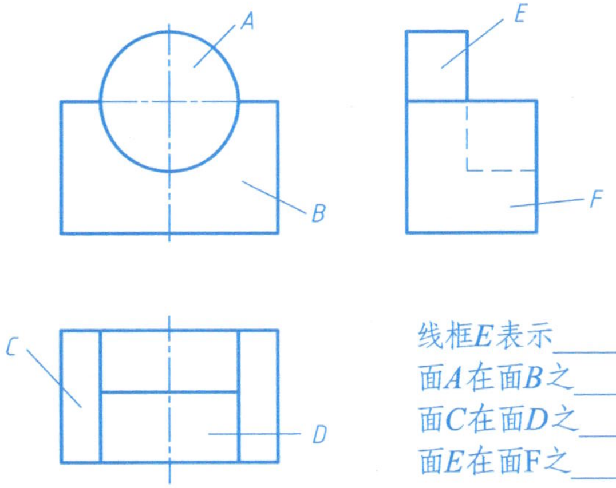

线框*E*表示______面
面*A*在面*B*之____（前、后）
面*C*在面*D*之____（上、下）
面*E*在面F之____（左、右）

（4）

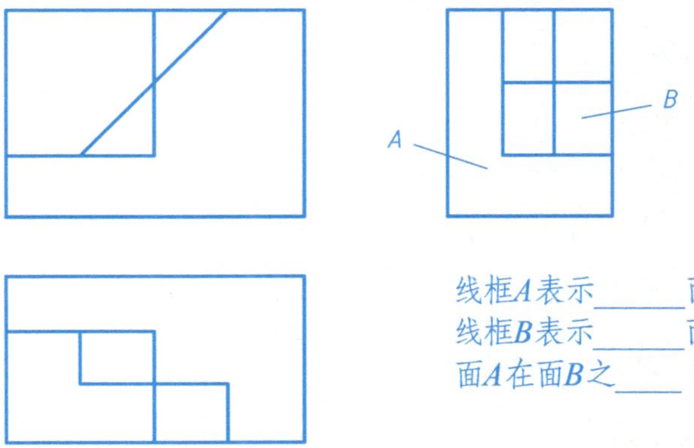

线框*A*表示______面
线框*B*表示______面
面*A*在面*B*之____（左、右）

班级________ 姓名________ 学号________

六、补齐视图中的漏线

（1）

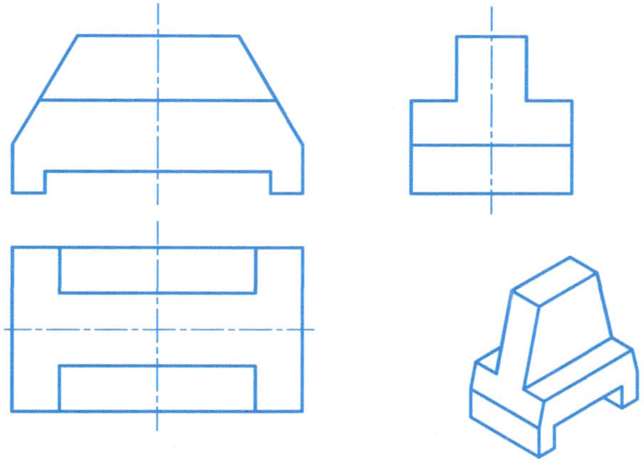

（2）

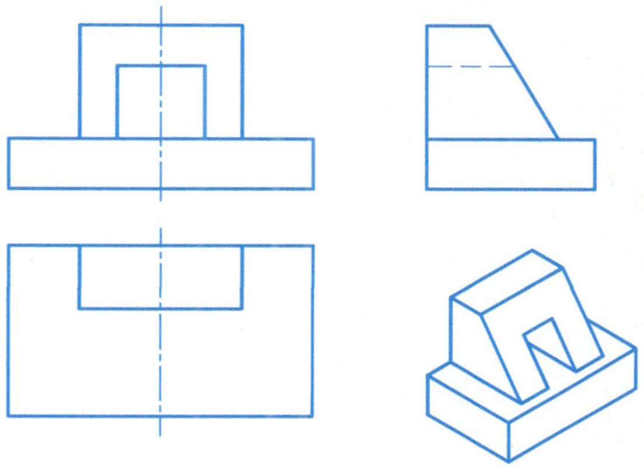

（3）

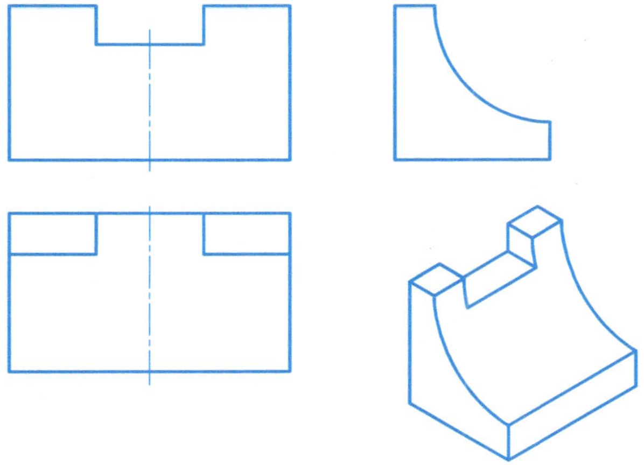

（4）

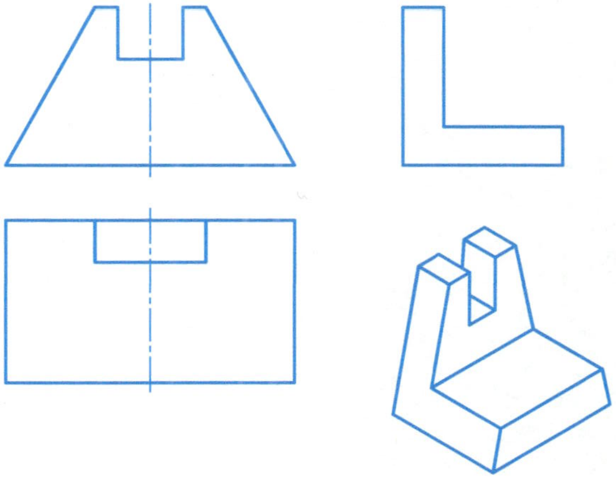

班级________ 姓名________ 学号________

七、根据已知视图，补画视图中的漏线

（1）

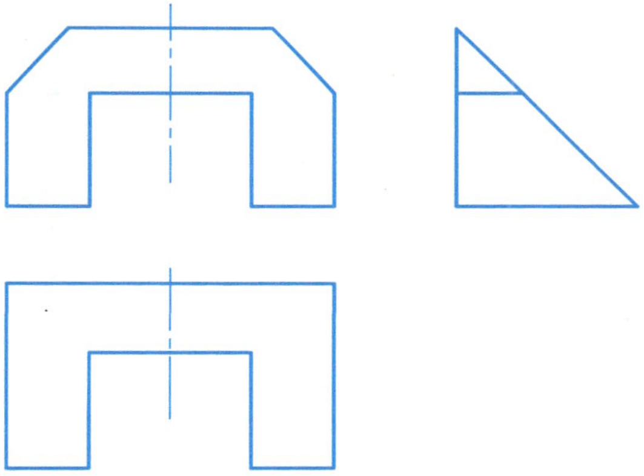

（2）

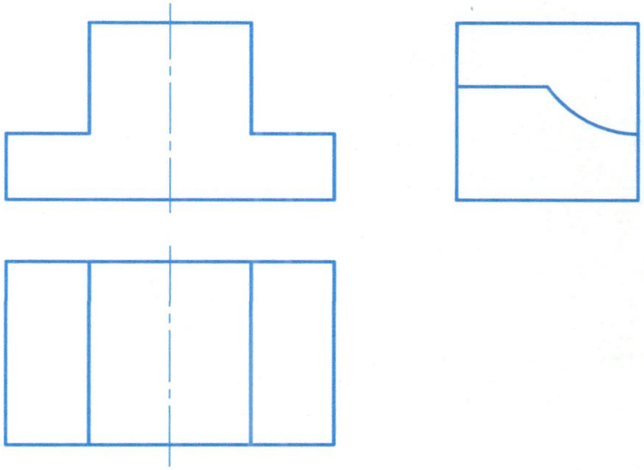

（3）

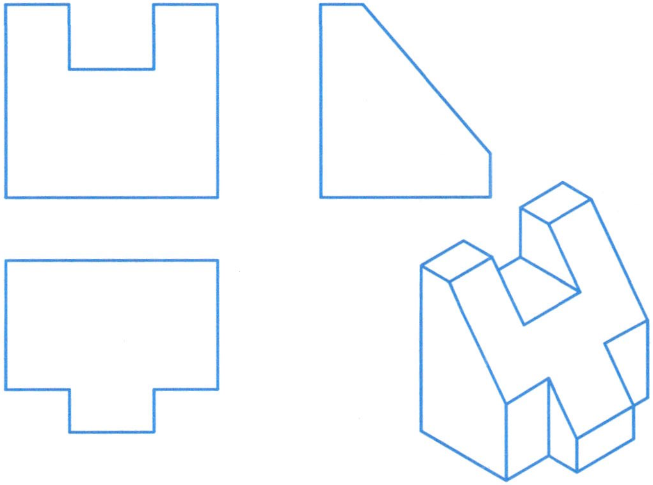

（4）

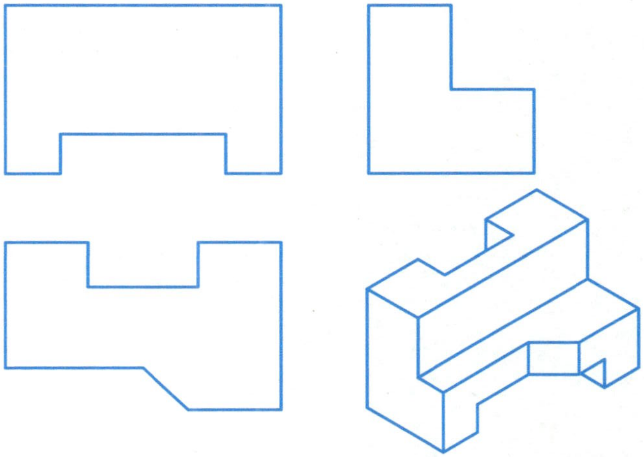

班级________ 姓名________ 学号________

八、已知两视图，补画第三视图

（1）

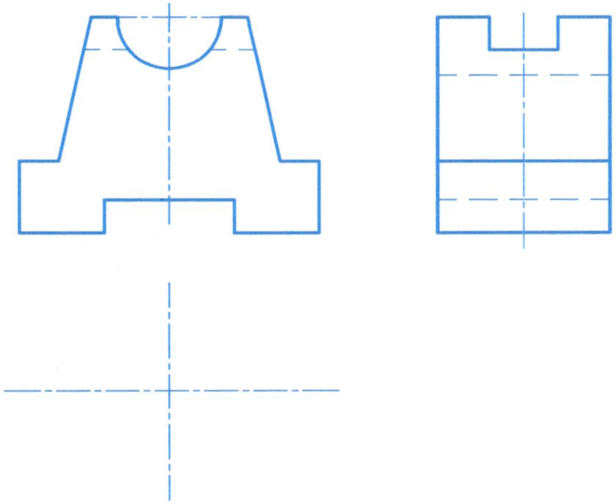

（2）

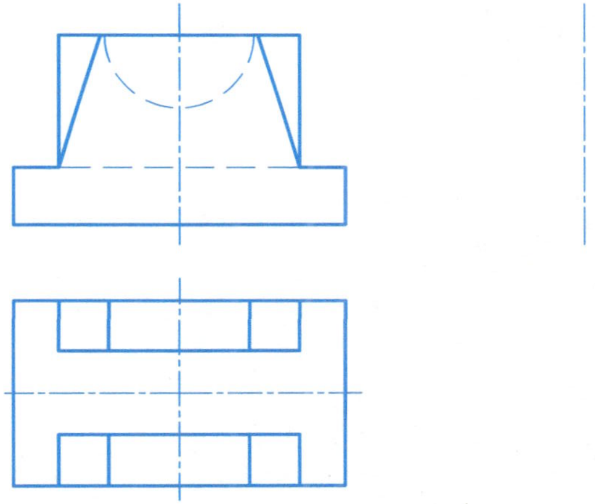

（3）

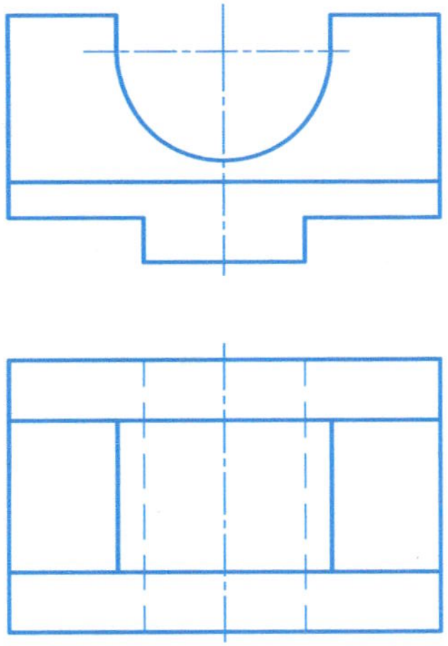

（4）

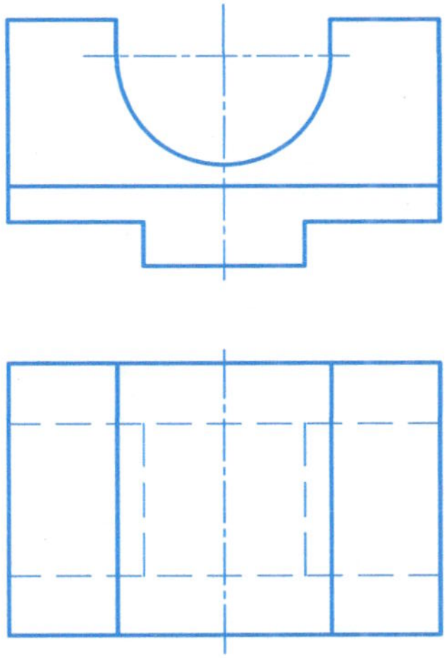

九、已知两视图，补画第三视图

（1）

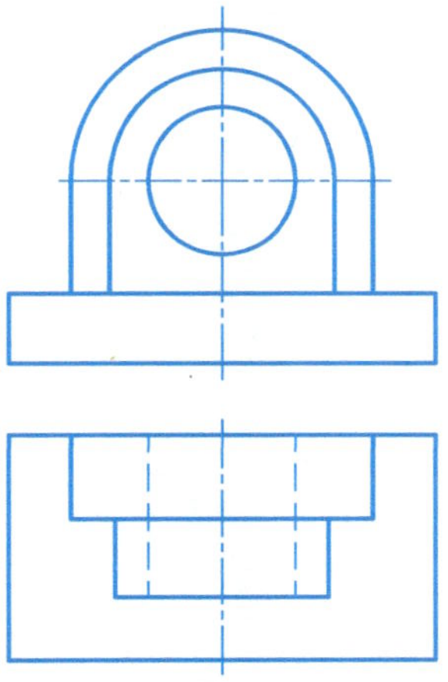

（2）

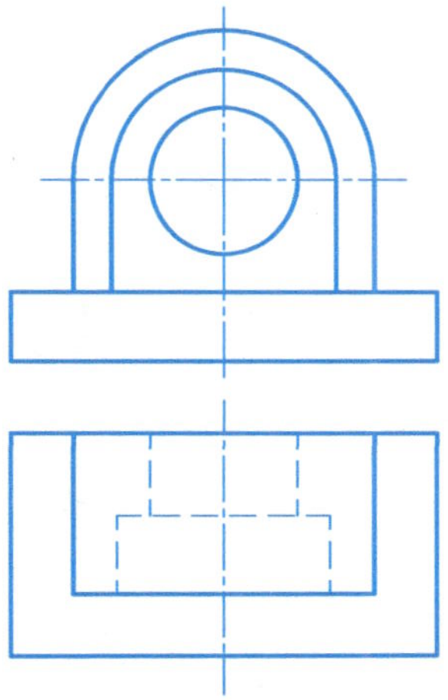

（3）

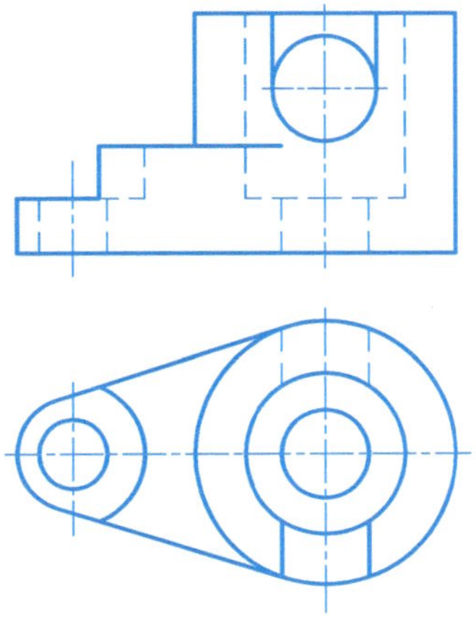

（4）

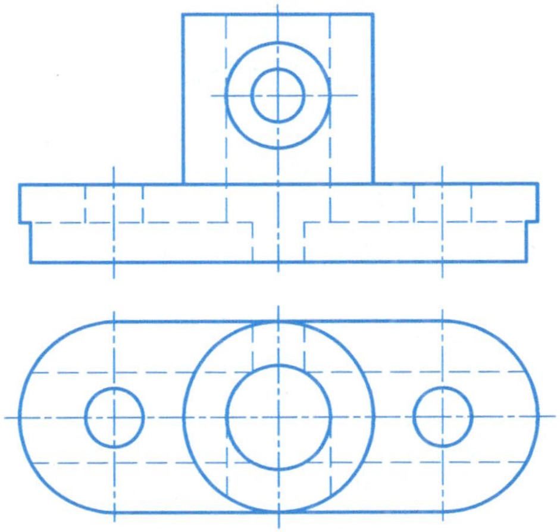

十、形体构思（一）

1. 根据给定的主、俯视图想象组合体的形状，并补画出左视图。

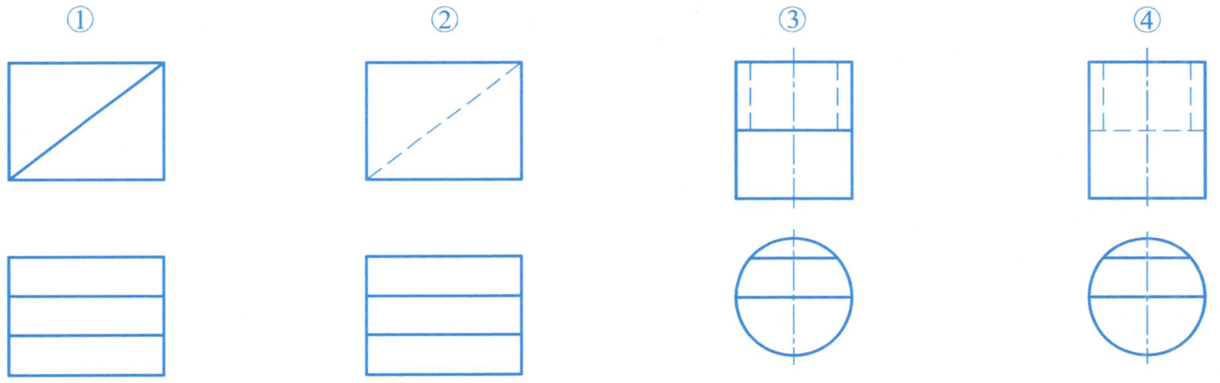

2. 根据给定的主、俯视图想象组合体的形状，并补画出左视图。

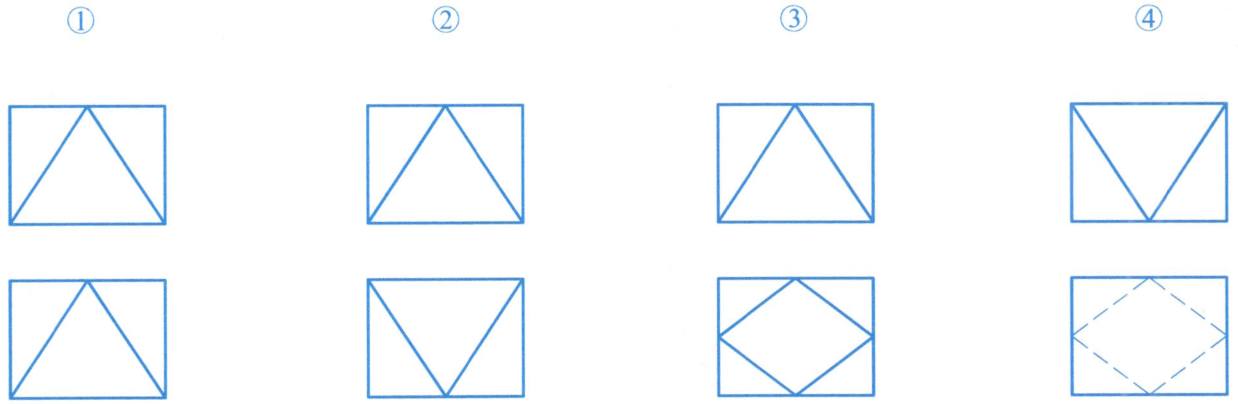

十一、形体构思（二）

根据给定的主、俯视图，构思出多种不同的形体，并画出左视图（至少画4个）。

（1）

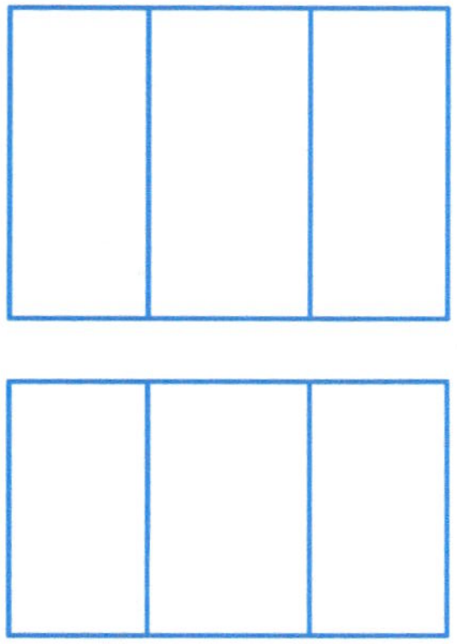

（2）

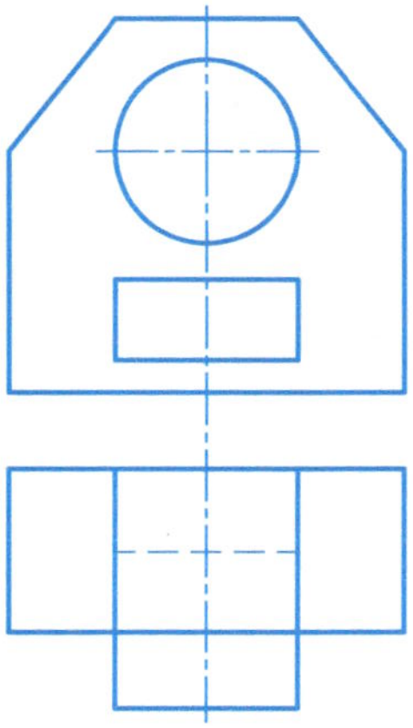

班级______ 姓名______ 学号______

一、基本视图和向视图

1. 根据已知视图，补画右视图和A向、B向视图。

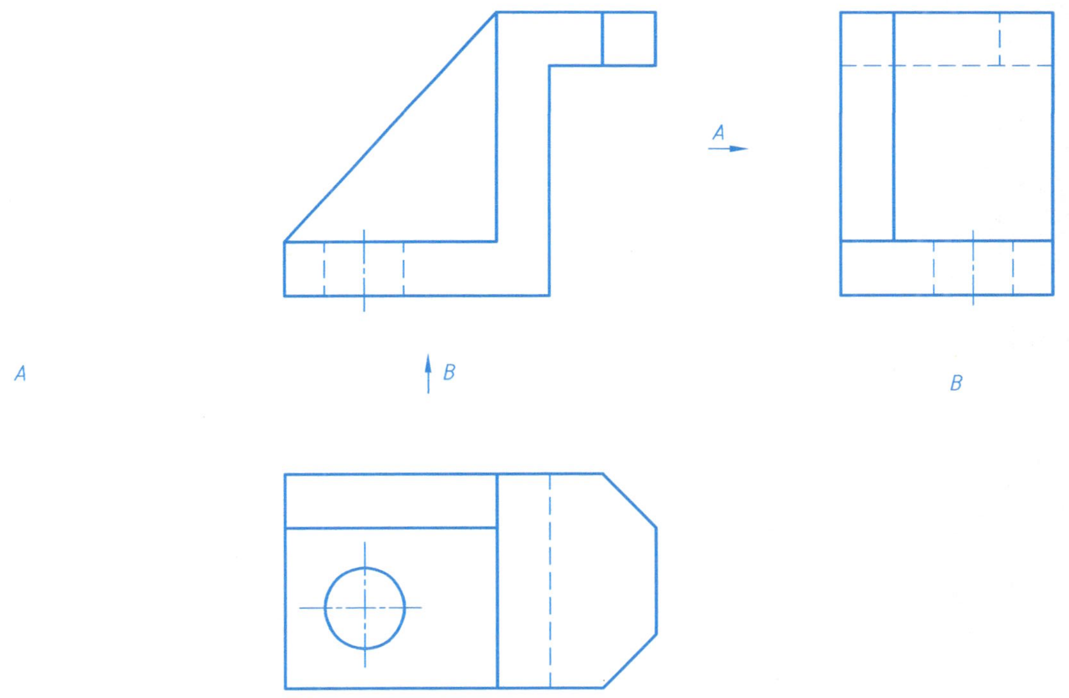

班级________ 姓名________ 学号________

二、局部视图和斜视图

1. 参照轴测图，作局部视图和斜视图，并按规定标注。

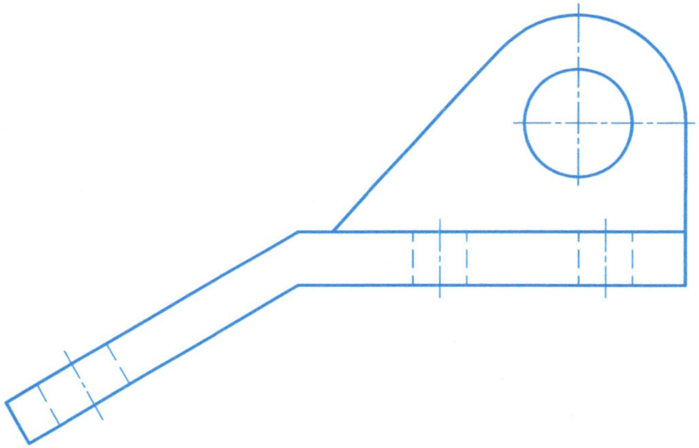

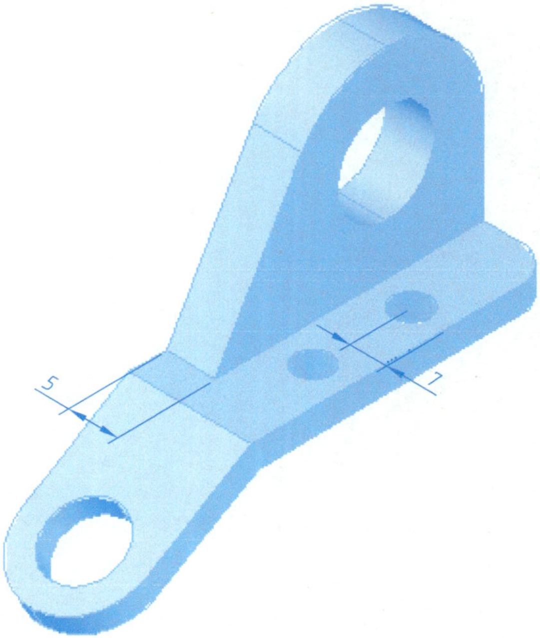

三、补画剖视图中所缺的图线

（1）

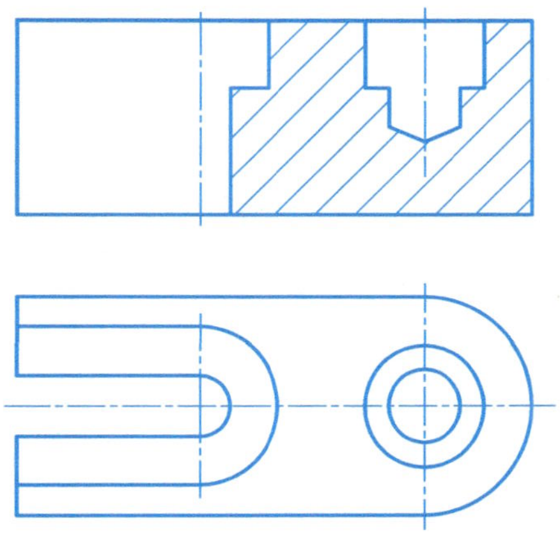

（2）

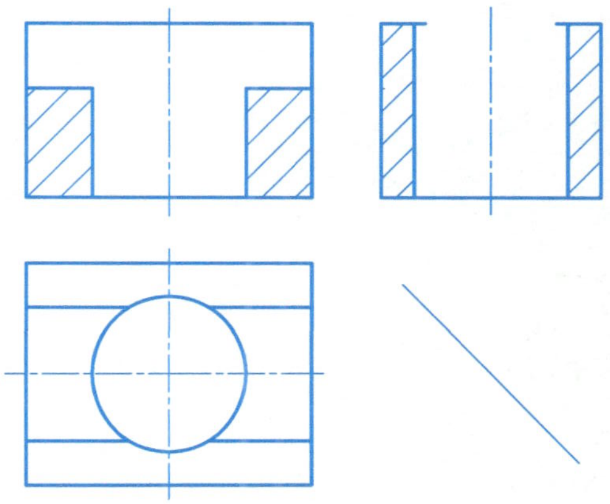

（3）

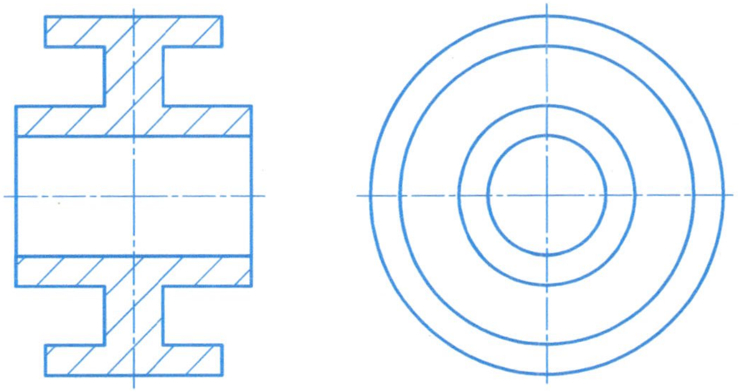

（4）

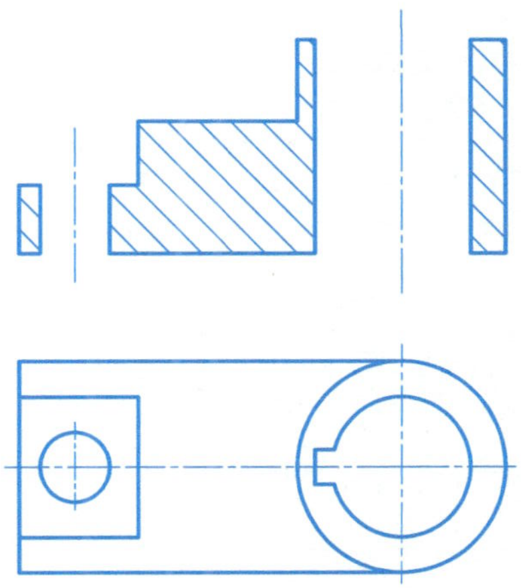

班级________ 姓名________ 学号________

四、在指定位置将主视图改画为全剖视图

（1）

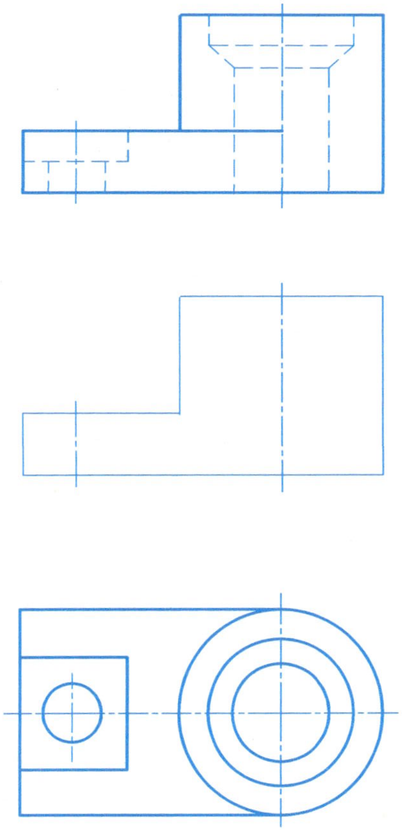

（2）

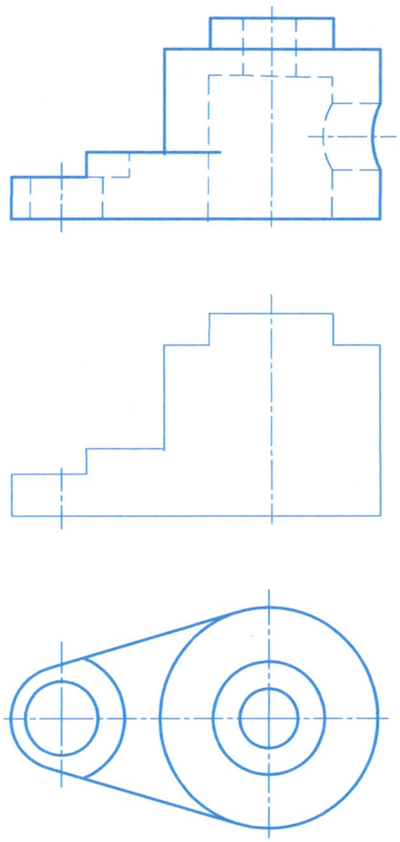

（3）

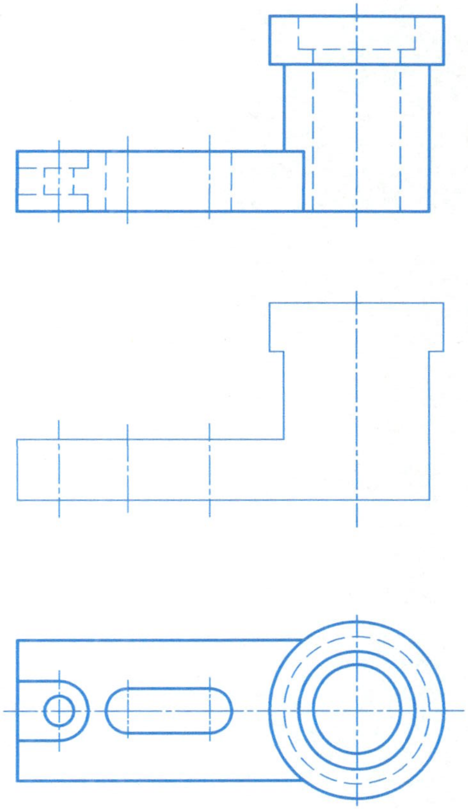

班级________ 姓名________ 学号________

五、用几个平行的剖切面将主视图画成全剖视图,并标注

(1)

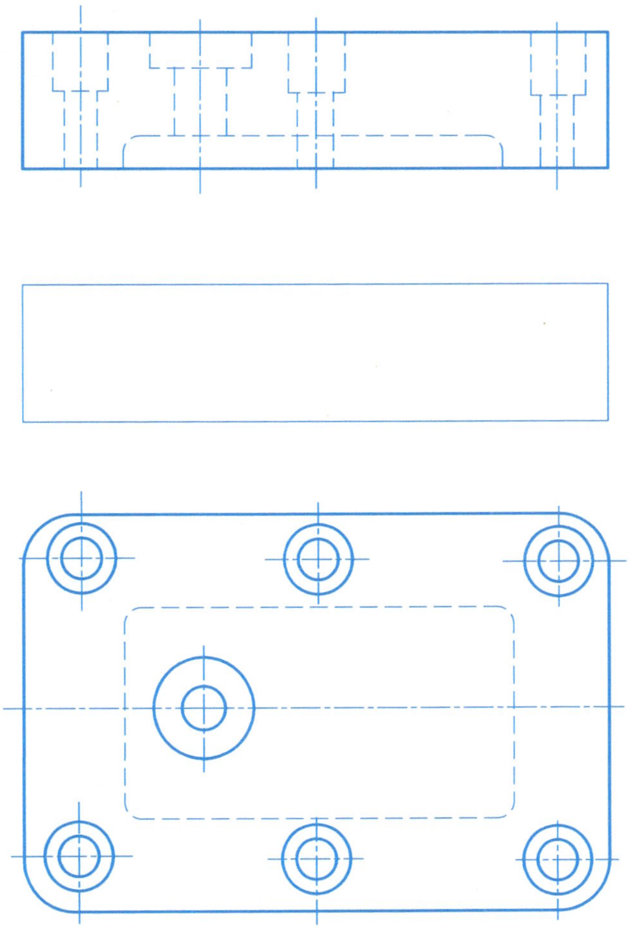

(2)

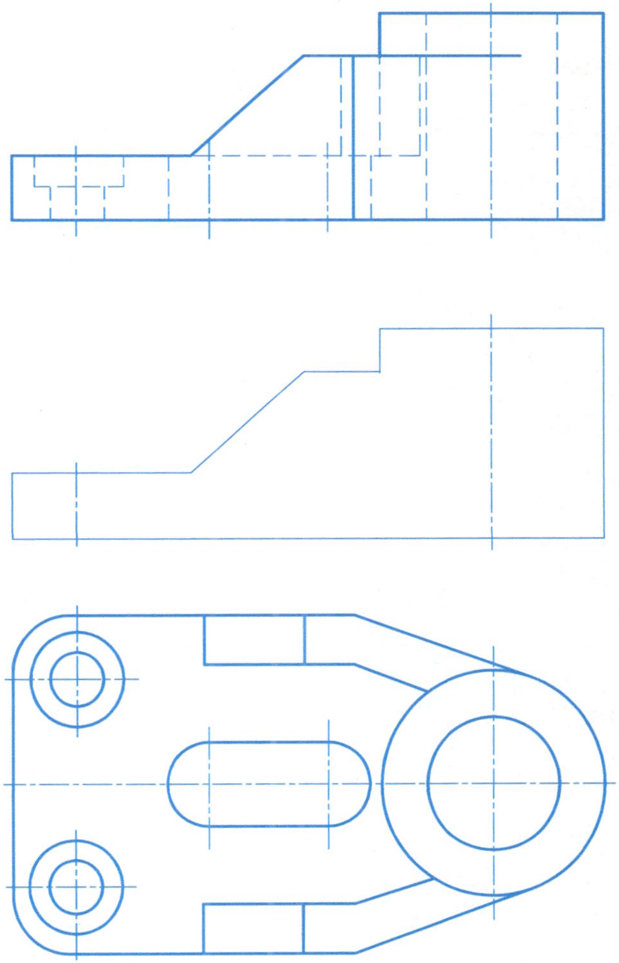

六、用相交的剖切面剖开机件，将主视图画成全剖视图，并标注

（1）

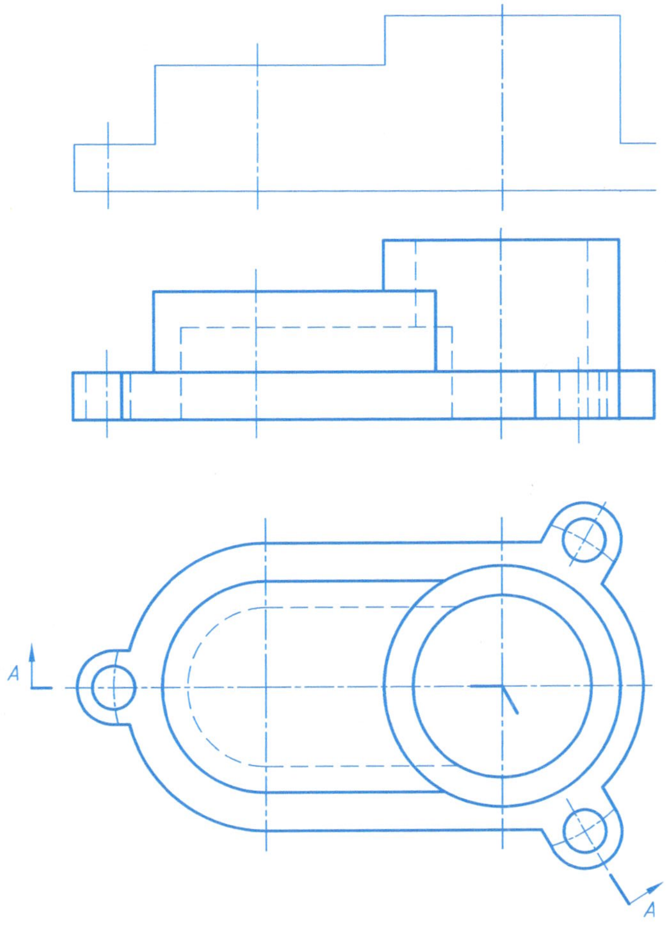

（2）

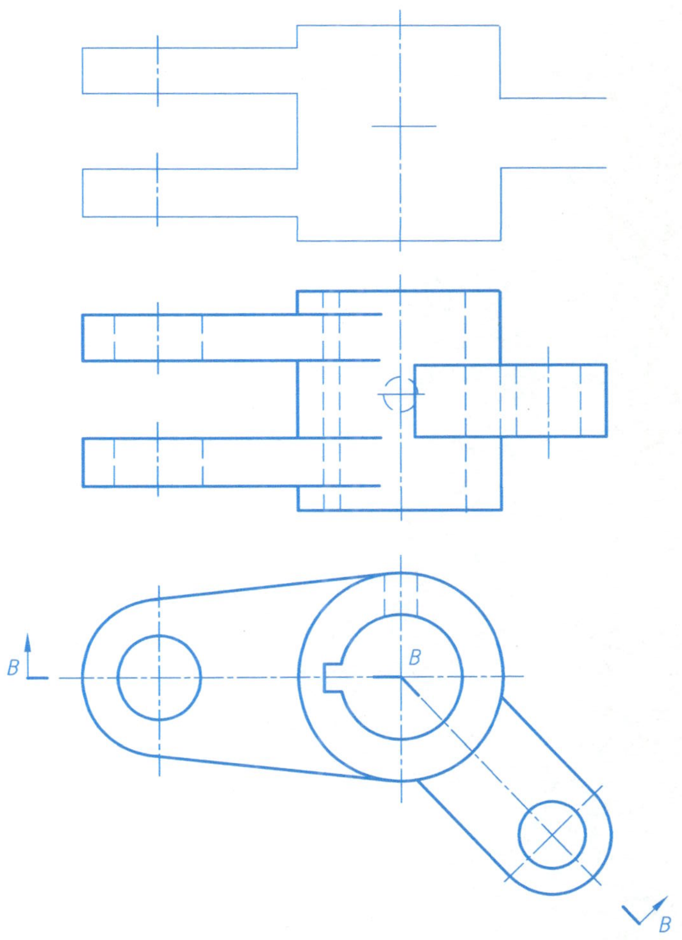

班级______ 姓名______ 学号______

七、在指定位置完成半剖视图

（1）

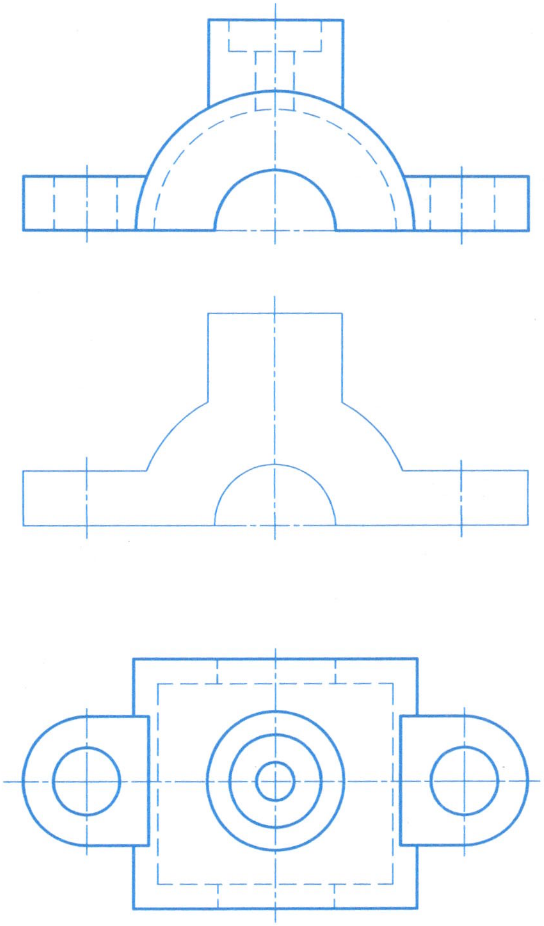

（2）

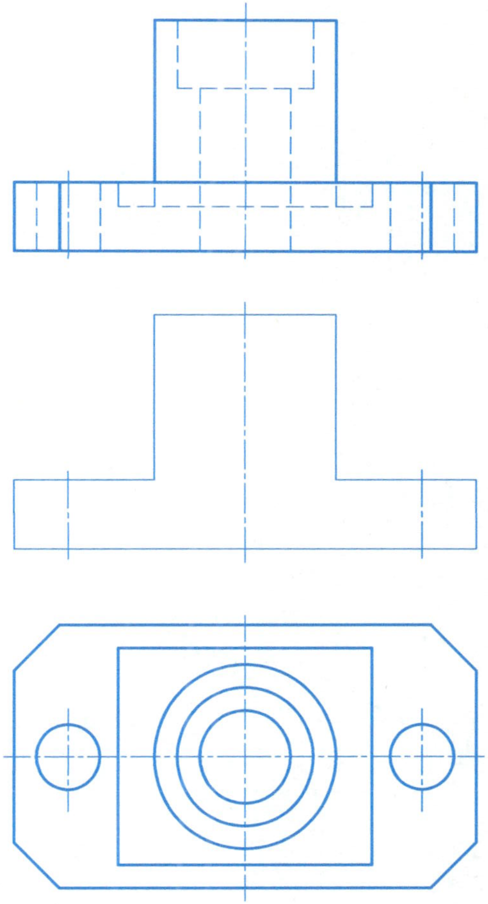

八、完成局部剖视图

（1）

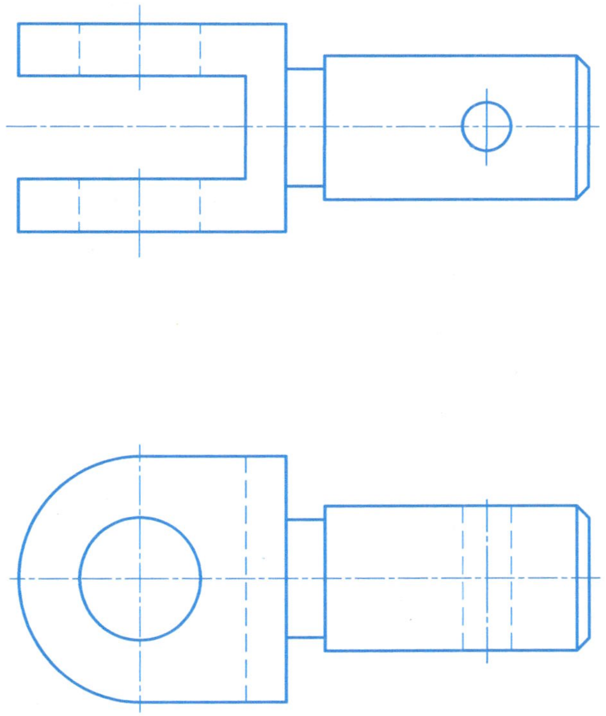

（2）

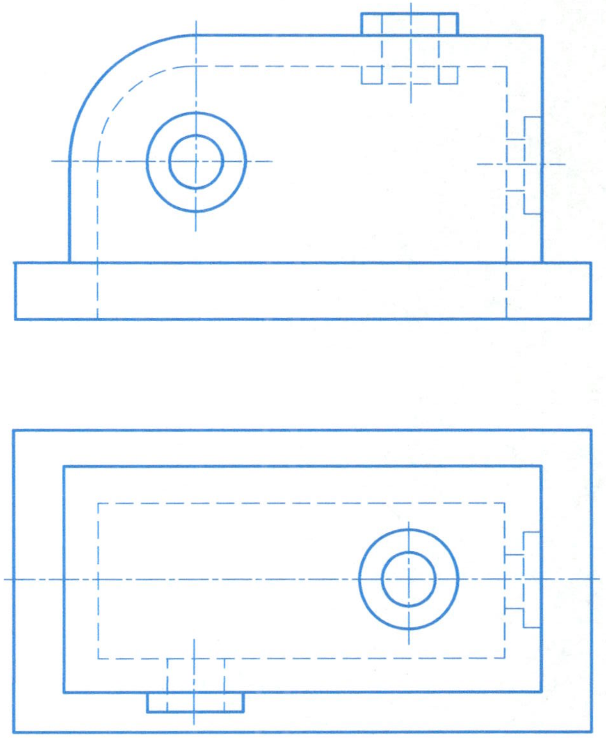

班级________ 姓名________ 学号________

九、在指定位置完成复合剖视图，并完成标注

（1）

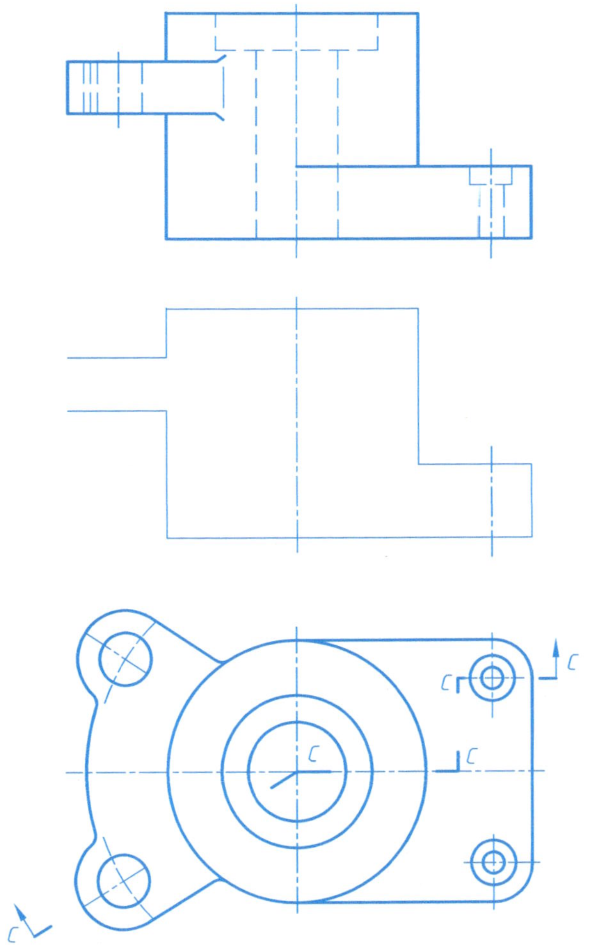

（2）

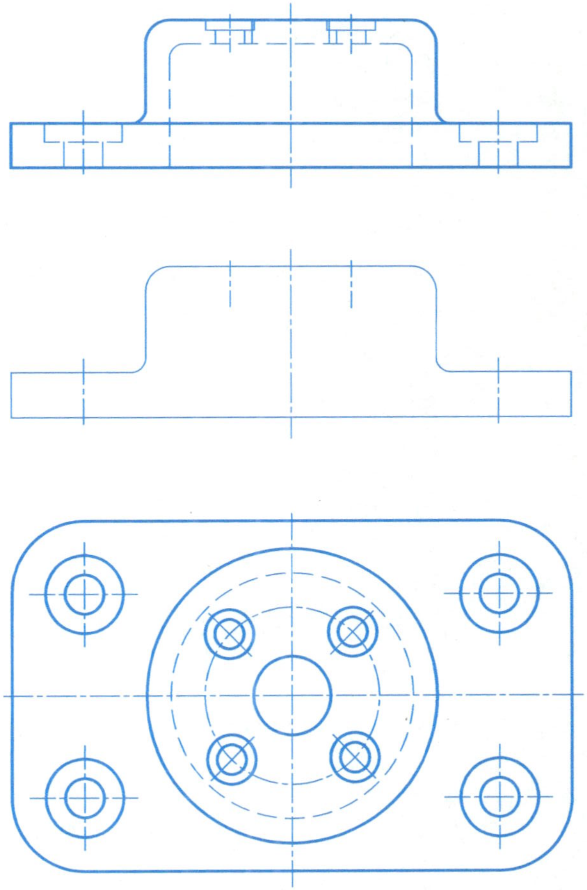

班级________ 姓名________ 学号________

十、断面图（一）

1. 在指定位置画断面图，左边键槽深4 mm，圆孔是通孔，并进行标注。

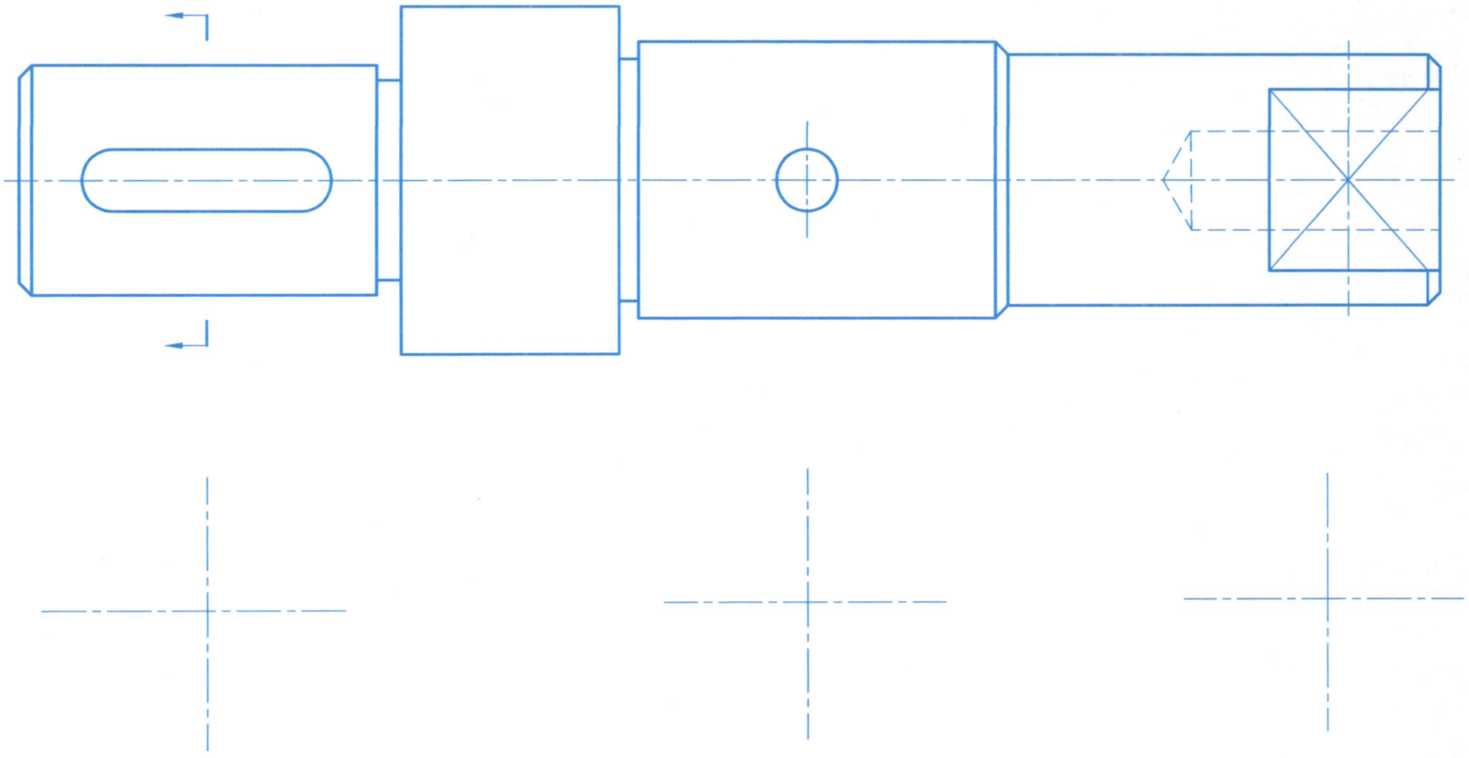

班级________ 姓名________ 学号________

十一、断面图（二）

1. 在给定位置画出移出断面图。

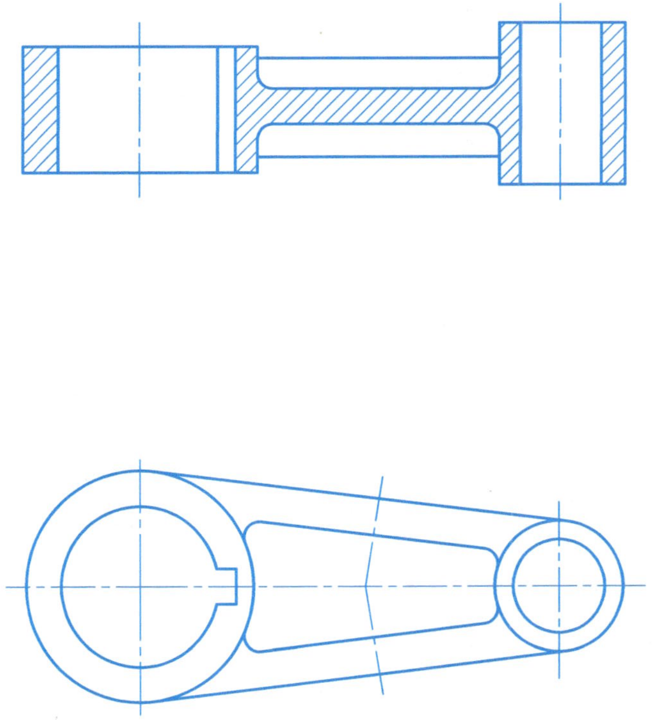

2. 在主视图上画出重合断面图。

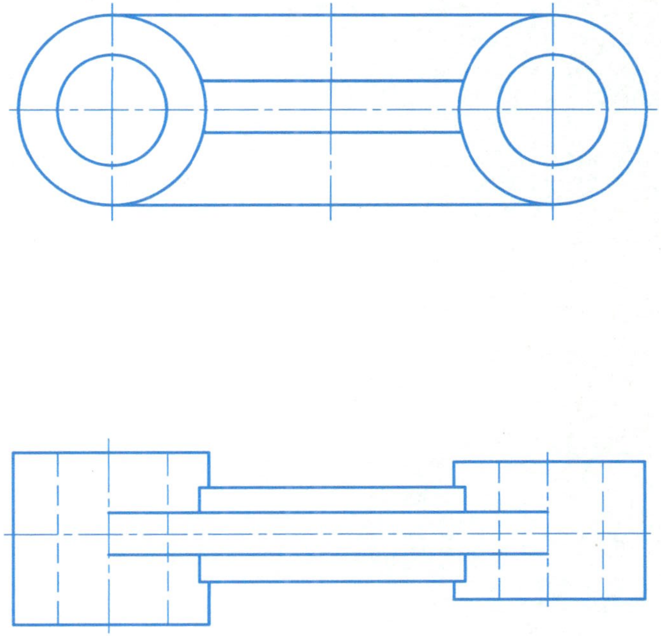

十二、绘图，并标注尺寸

1. 目的

（1）进一步理解剖视的概念，掌握剖视图的画法。

（2）训练选择物体表达方法的基本能力。

2. 作业要求

（1）根据视图题（1）、轴测图题（2），由教师指定其中一题，选择适当的表达方法，将机件的内外形状表达清楚，并标注尺寸。

（1）

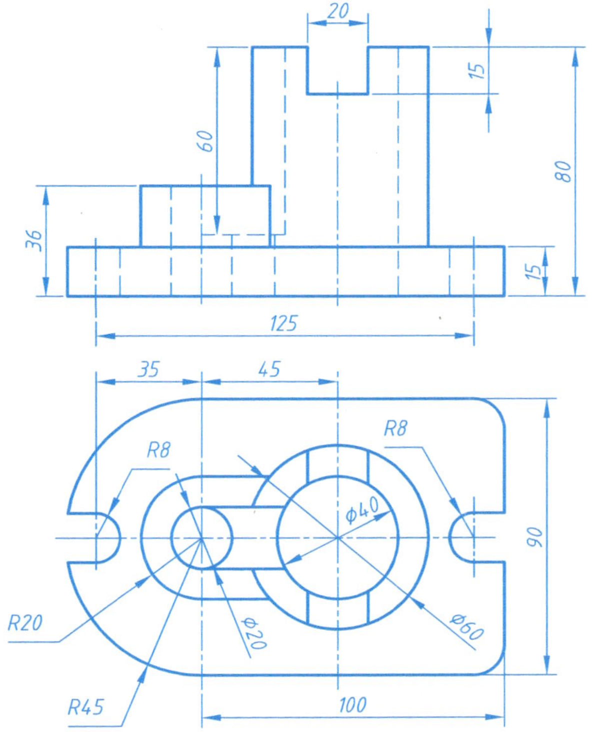

（2）

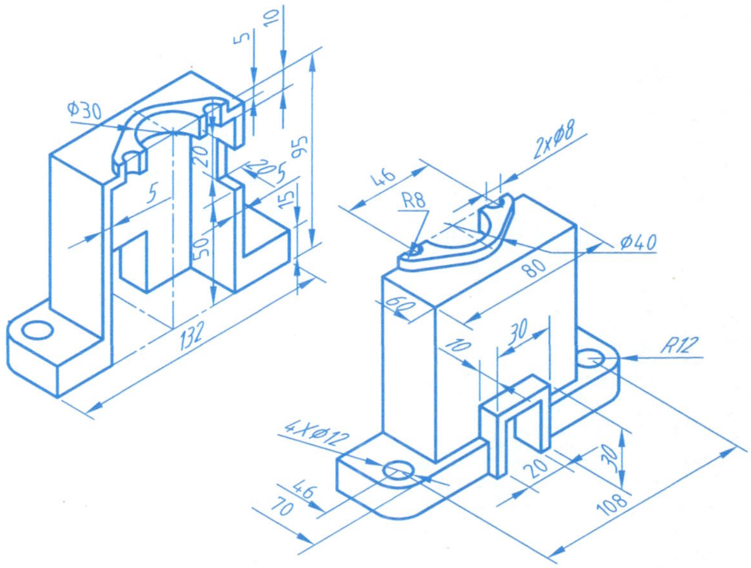

班级________ 姓名________ 学号________

一、螺纹画法（改错）

（1）

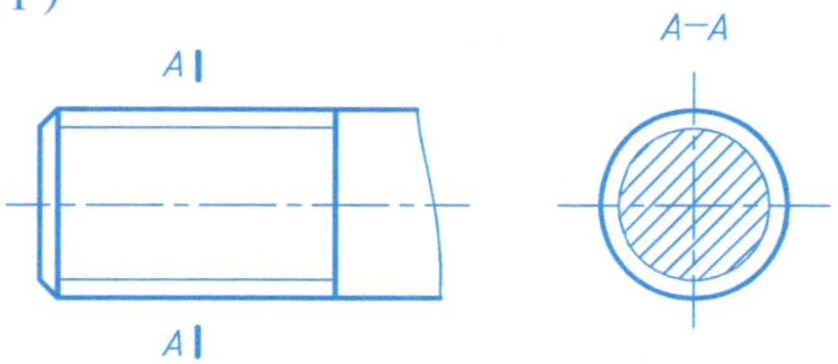

（2）

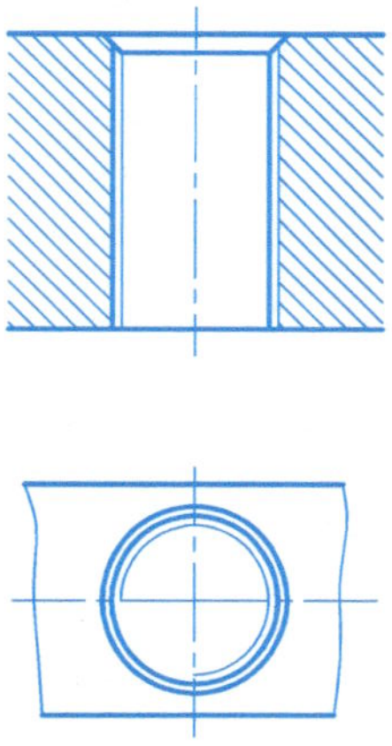

（3）

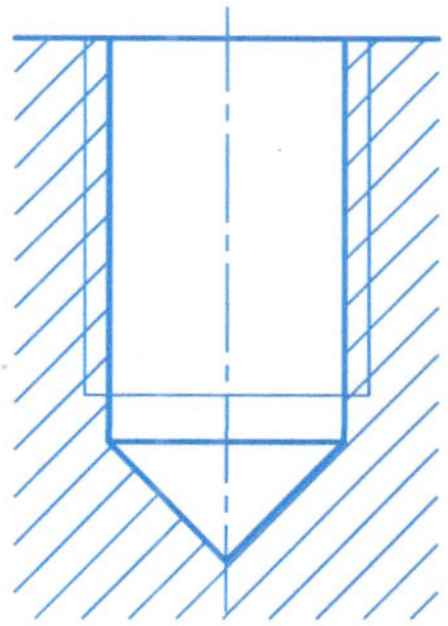

（4）

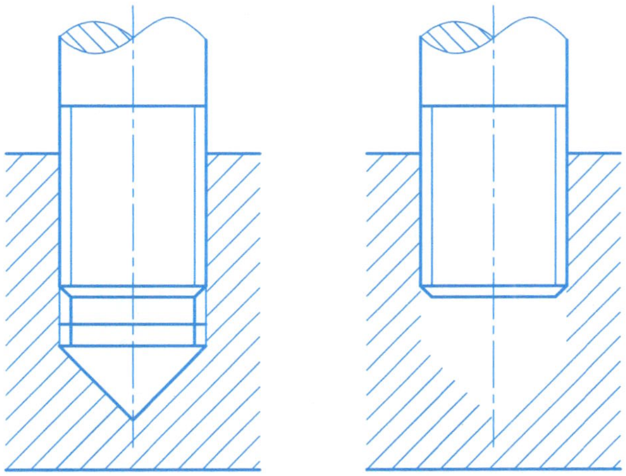

（5）

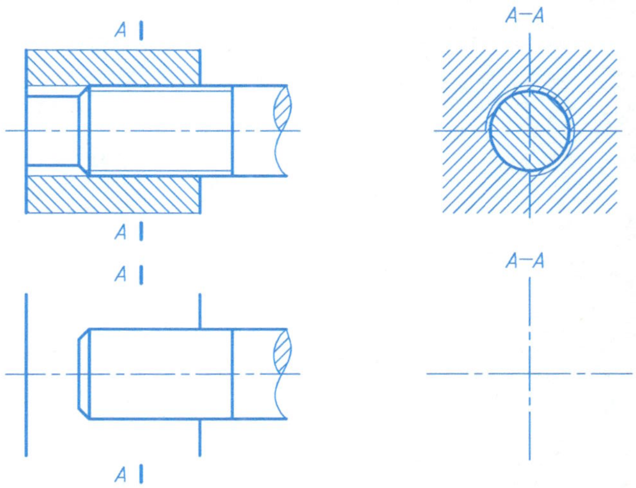

班级______ 姓名______ 学号______

二、螺纹的标注（一）

（1）粗牙普通螺纹，大径16 mm，右旋，中径、顶径公差带代号为6 g，中等旋合长度。

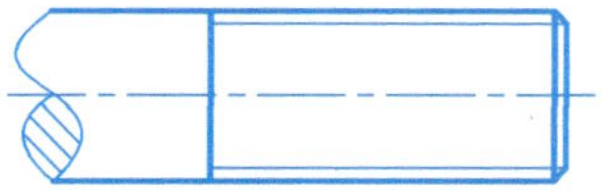

（2）细牙普通螺纹，大径18 mm，螺距1.5 mm，左旋，中径、顶径公差带代号为6 h，中等旋合长度。

（3）粗牙普通螺纹，大径16 mm，右旋，中径、顶径公差带代号为6 h，中等旋合长度。

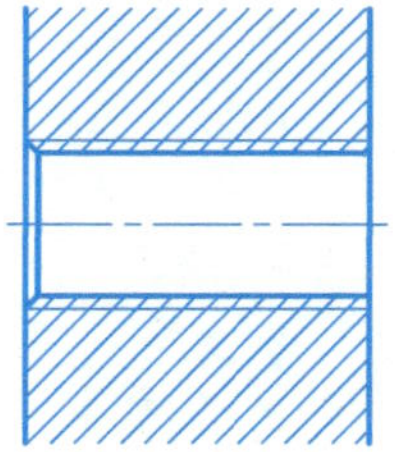

（4）55°非螺纹密封的圆柱管螺纹，尺寸代号为3/4，左旋，公差等级为A级。

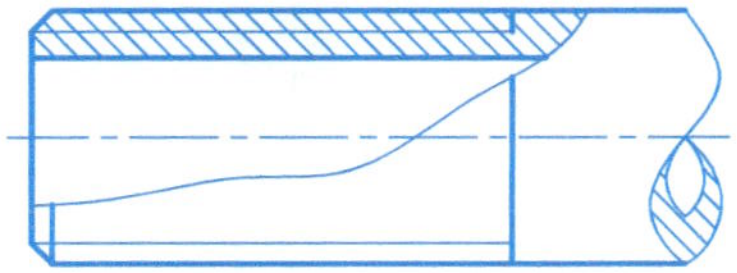

（5）梯形螺纹，公称直径20 mm，螺距7 mm，导程14 mm，双线，右旋，中径公差带代号为8e，中等旋合长度。

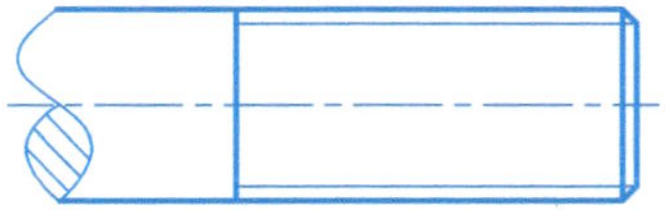

（6）锯齿形螺纹，公称直径38 mm，螺距5 mm，单线，左旋、中径公差带代号为7H，中等旋合长度。

三、螺纹的标注（二）

（1）六角头螺栓（C级）：M12，l=45 mm。

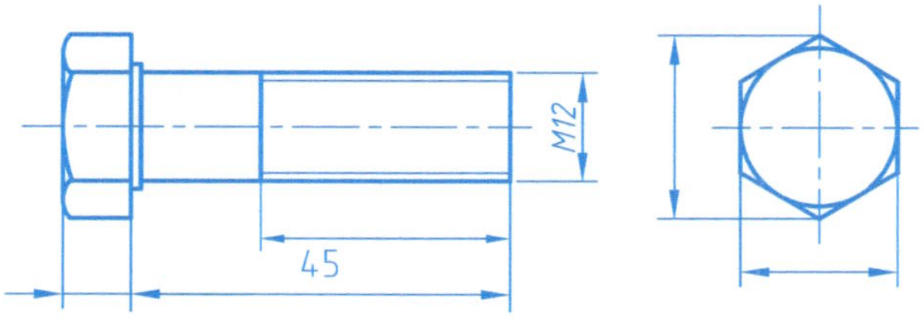

标记________________________

（2）I型六角螺母（A级）。

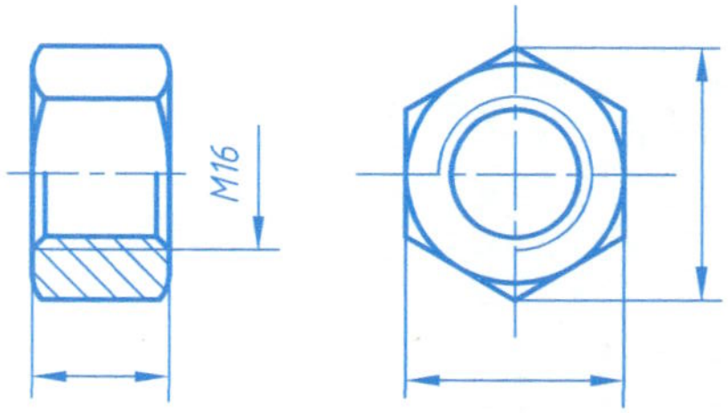

标记________________________

（3）螺柱（B型，b_m=1.25d）；M12，l=45 mm。

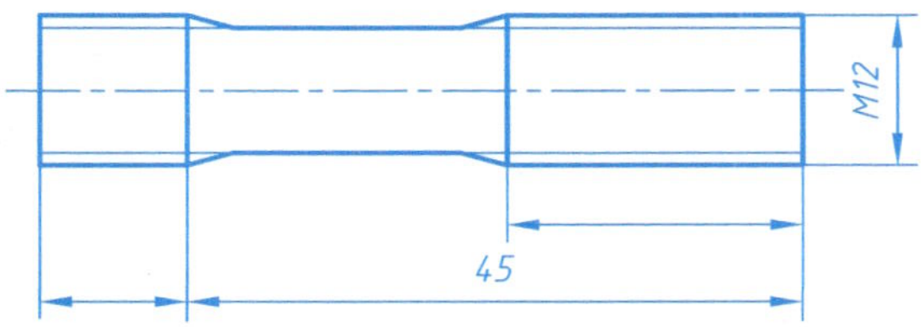

标记________________________

（4）垫圈（倒角型、A级）。

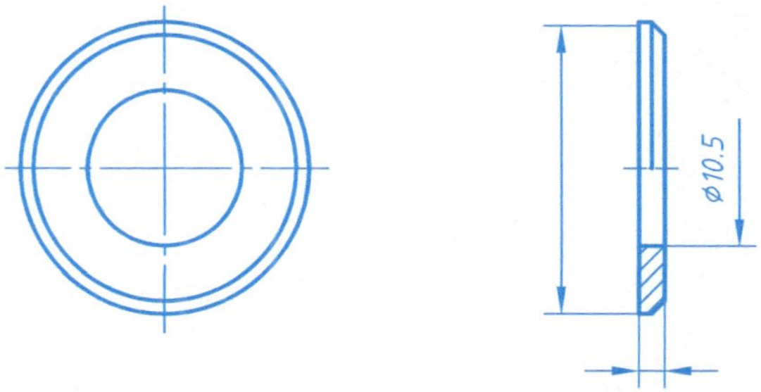

标记________________________

四、螺纹的标注（三）

（1）开槽沉头螺钉。

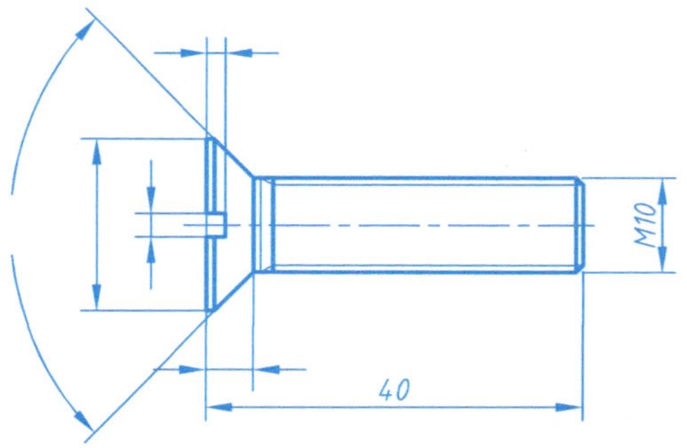

标记________________

（2）内六角圆柱头螺钉（A级）。

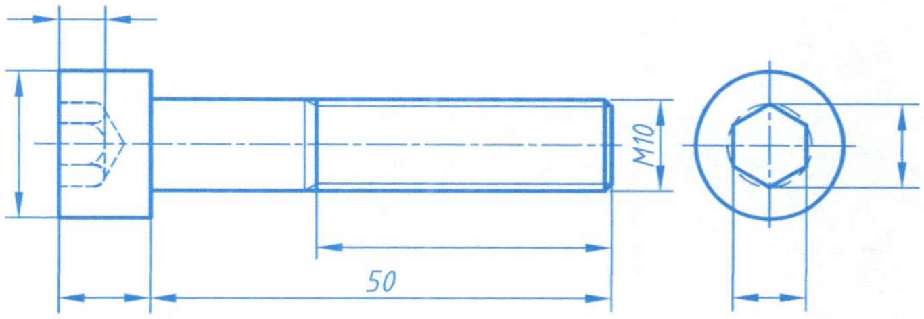

标记________________

（3）圆柱销（公称直径8 mm，长度40 mm，公差h8）。

标记________________

（4）圆锥销（A型，公称直径8 mm，长度40 mm）。

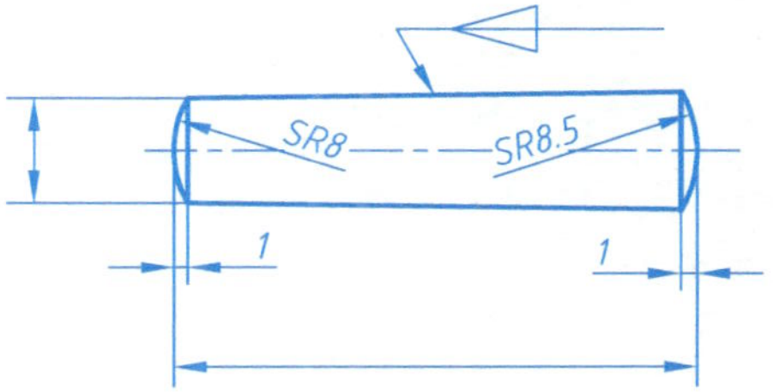

标记________________

五、螺栓连接及螺柱连接

（1）螺栓连接：螺栓GB/T 5782 M12×55。

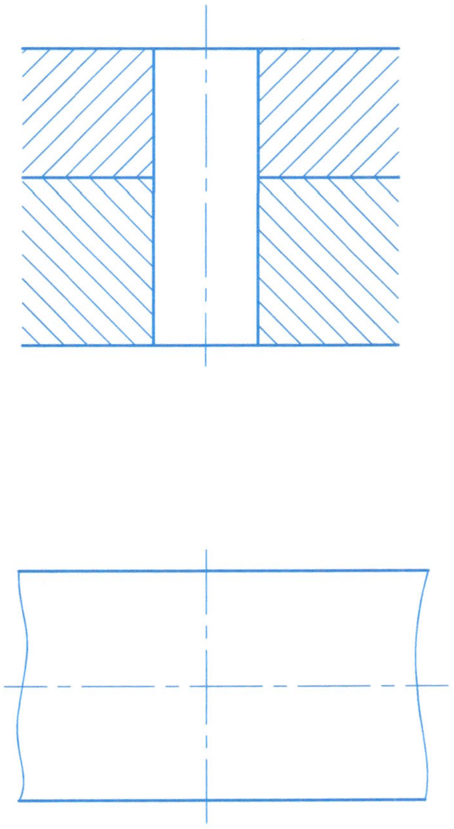

（2）螺柱连接：双头螺柱GB/T 898 M12×35。

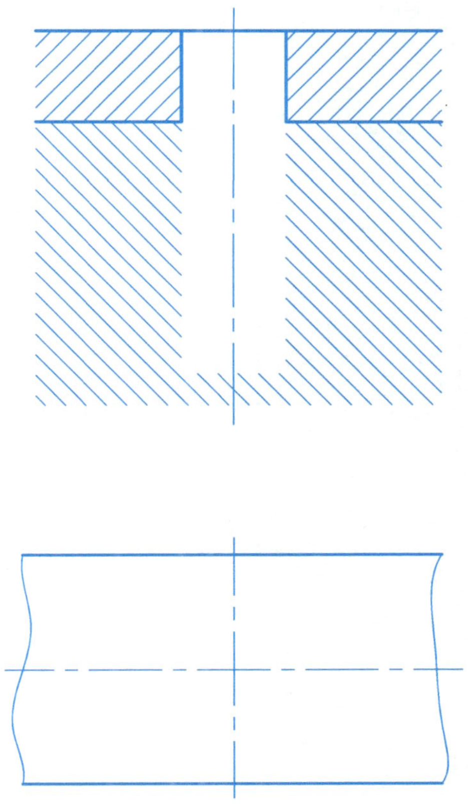

班级________ 姓名________ 学号________

六、直齿圆柱齿轮画法

已知直齿圆柱齿轮m=5、z=40，计算该齿轮的分度圆、齿顶圆和齿根圆的直径。用1∶2的比例补全下列两视图，并注尺寸（齿顶圆倒角$C2$）。

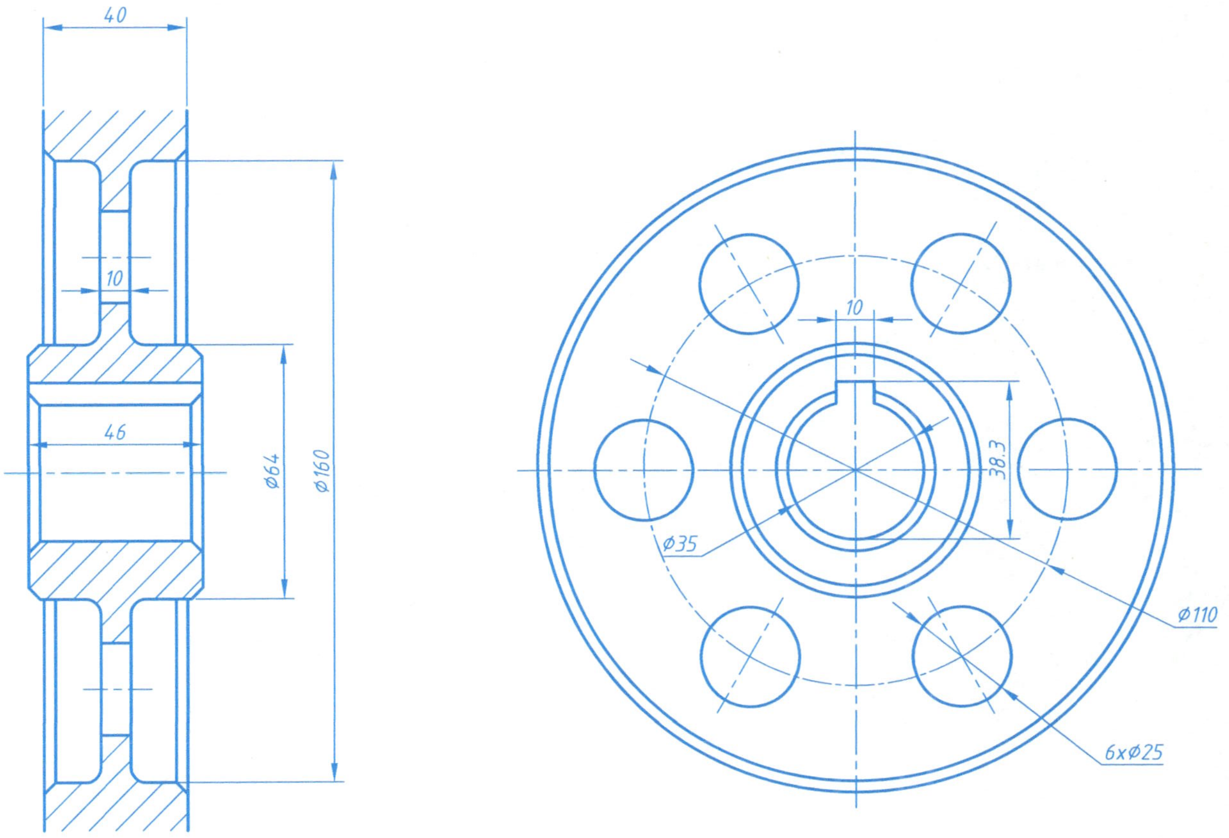

七、直齿圆柱齿轮啮合画法

已知直齿圆柱大齿轮z_1=28，小齿轮z_2=22，m=4 mm，两齿轮中心距a=100 mm。试计算大、小齿轮的基本尺寸，并用1∶2的比例完成齿轮啮合图。

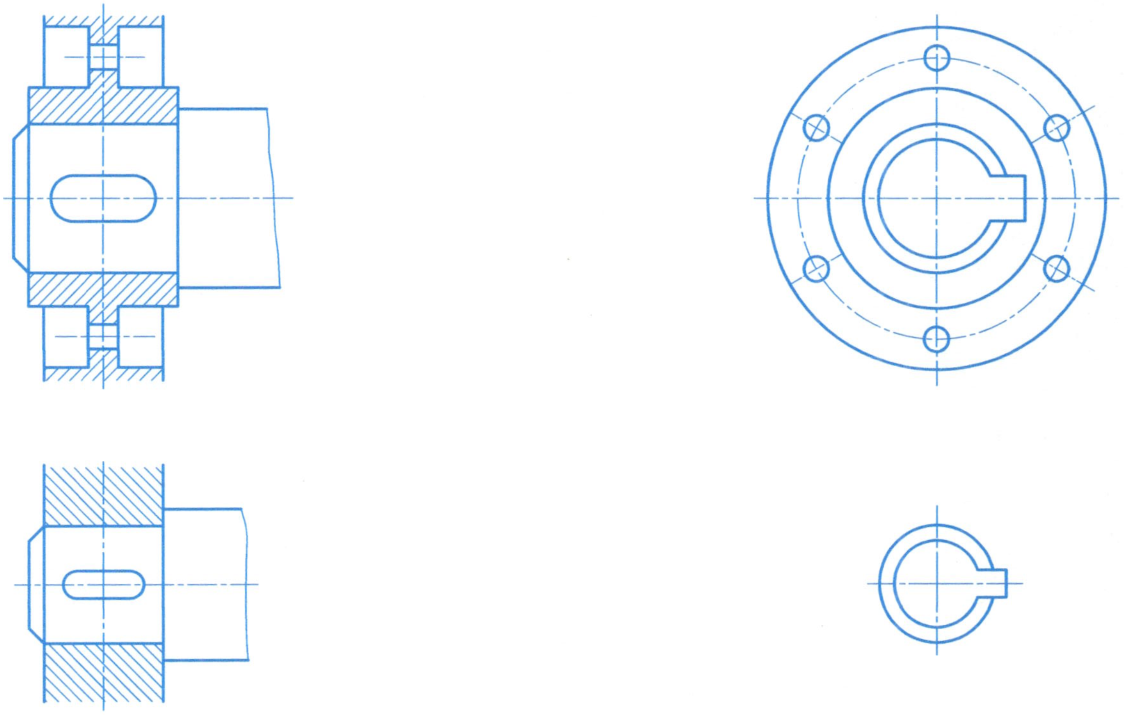

八、键及键连接（轴、孔直径ϕ 14 mm，用A型普通平键连接，查附录表找键的尺寸）

（1）按1∶1的比例完成轴和齿轮的图形，并标注轴和孔及键槽（查表）尺寸。

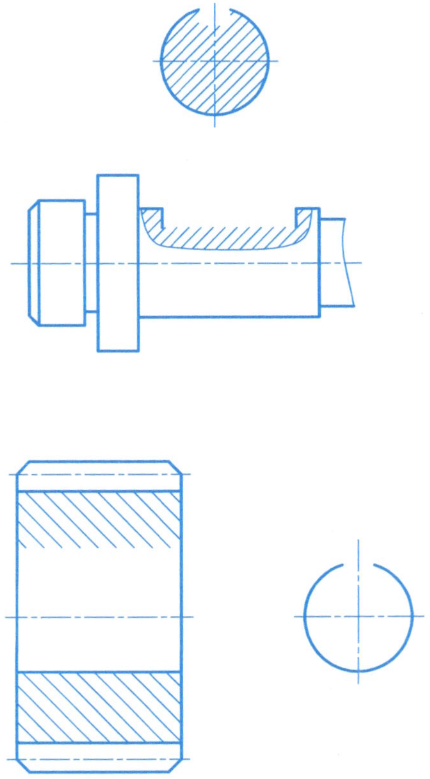

（2）完成轴和齿轮用键连接的图形。

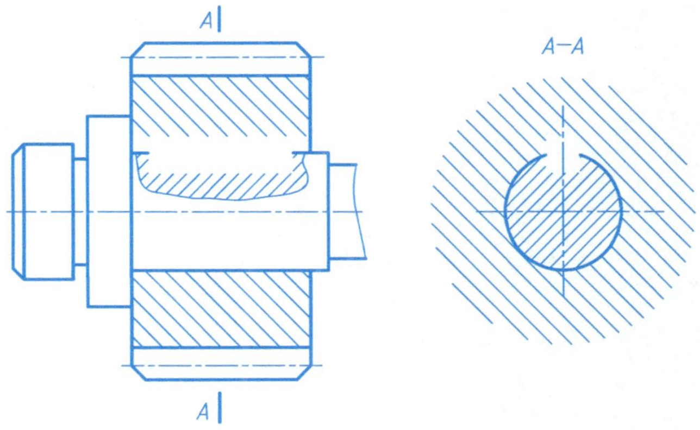

九、滚动轴承及弹簧

（1）已知阶梯轴两端支承轴肩处的直径为25 mm和15 mm，用1：1的比例画出支承处的滚动轴承（规定画法）。

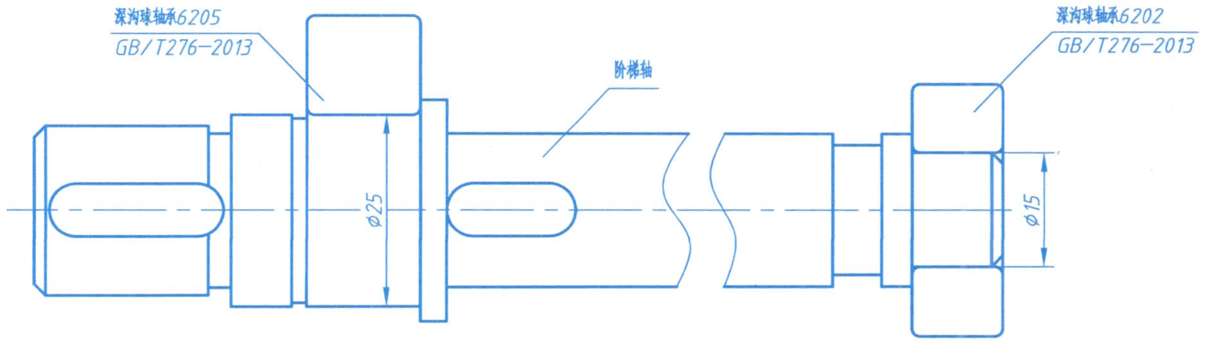

（2）已知圆柱螺旋压缩弹簧的簧丝直径d=5 mm，弹簧中径D=45 mm，节距t=10 mm，自由高度H_0=130 mm，有效圈数n=7.5，支撑圈数n_2=2.5，右旋。用1：1的比例画出弹簧的全剖视图（轴线水平放置）。

十、联轴节装配图

1. 目的

熟悉并掌握各种标准件的有关知识及其连接画法。

2. 作业要求

在A3图纸上，用比例1：1画出全联轴节装配图。

3. 注意事项

图中未注尺寸按比例1：1.5从图中量取（整数），装配图上不注尺寸，也不注零件序号。

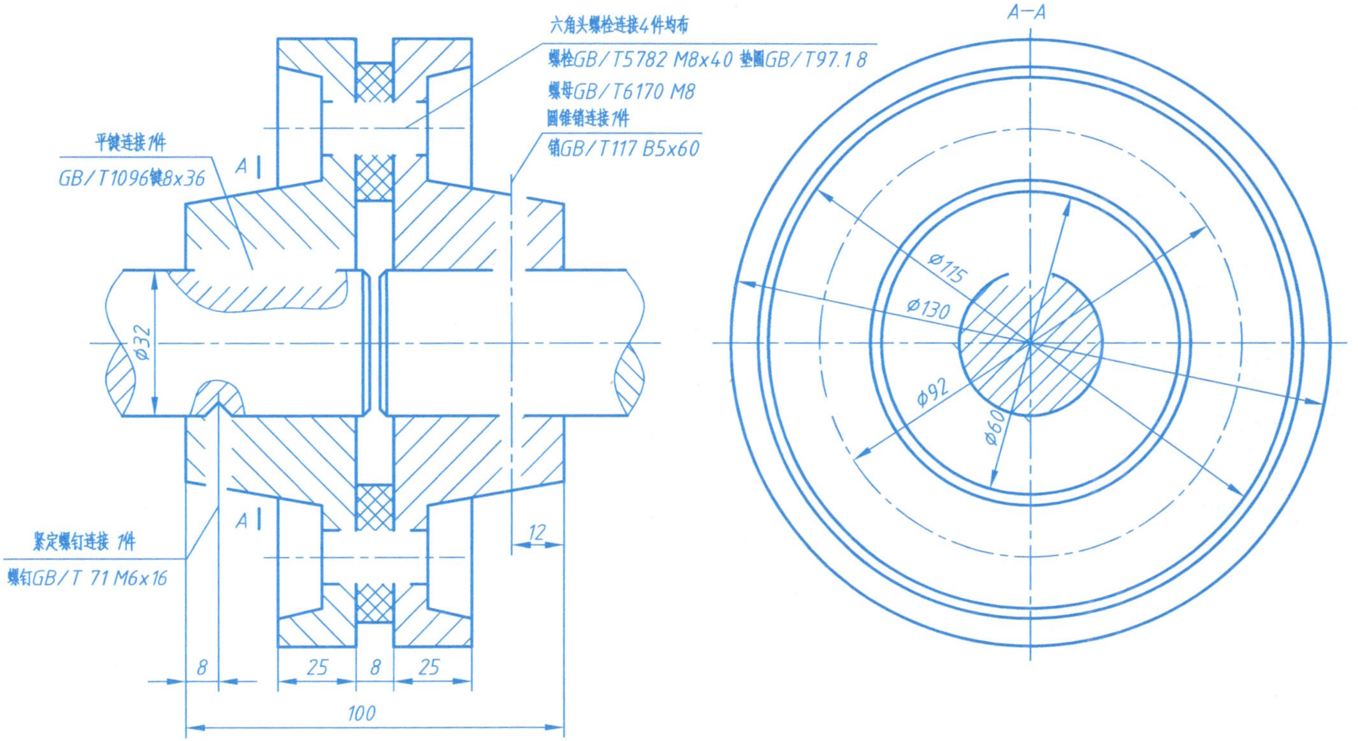

一、表面粗糙度、公差与配合的标注

（1）标注出零件中螺纹（*Ra*为3.2 μm）、小孔（*Ra*为6.3 μm）、大孔圆（*Ra*为12.5 μm）、两端面（*Ra*为6.3 μm）、其余（*Ra*为25 μm）的表面粗糙度。

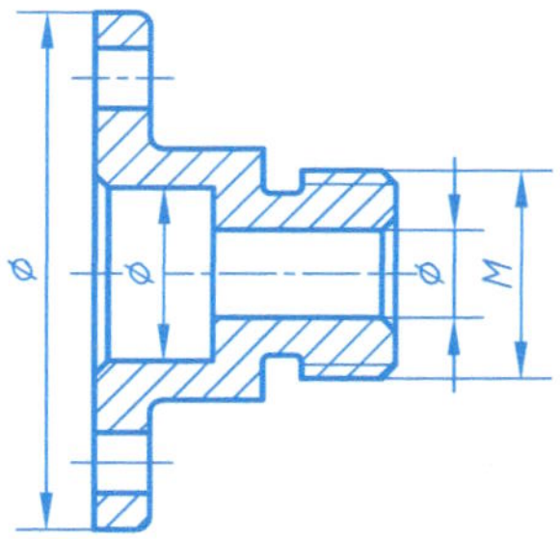

（2）标注出零件中孔和底面的表面粗糙度（*Ra*为3.2 μm），其余表面均为铸造表面的表面粗糙度。

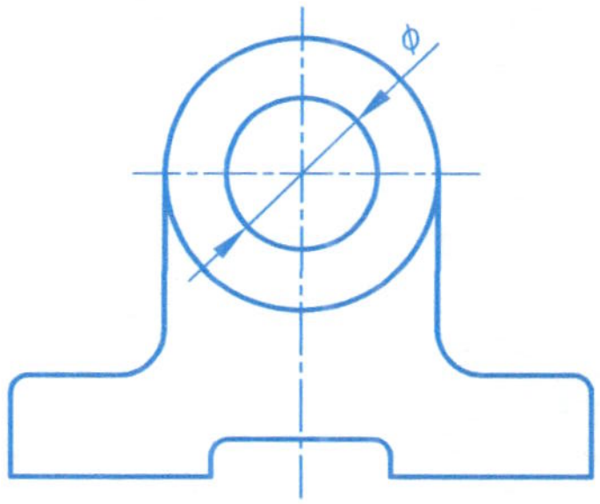

（3）标注出齿轮零件图中轮齿齿侧（工作表面*Ra*为0.8 μm）、键槽双侧（*Ra*为3.2 μm）、槽底（*Ra*为6.3 μm）、孔和两端面（*Ra*为3.2 μm）、其余（*Ra*为12.5 μm)的表面粗糙度。

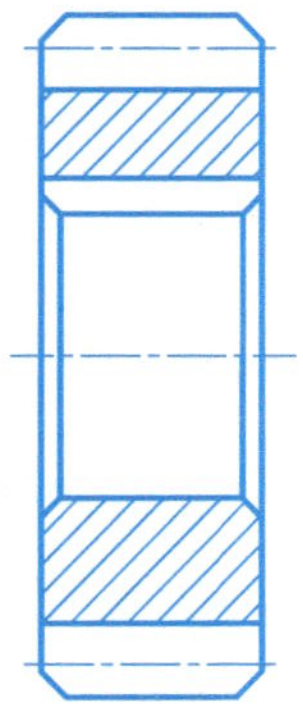

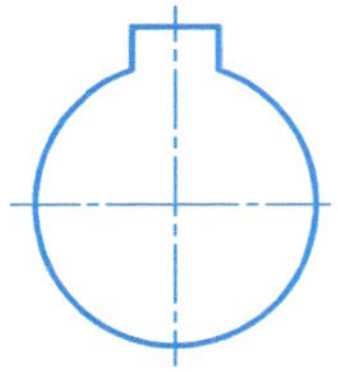

(4) 标注轴和孔的公称尺寸及上下偏差值，并填空。

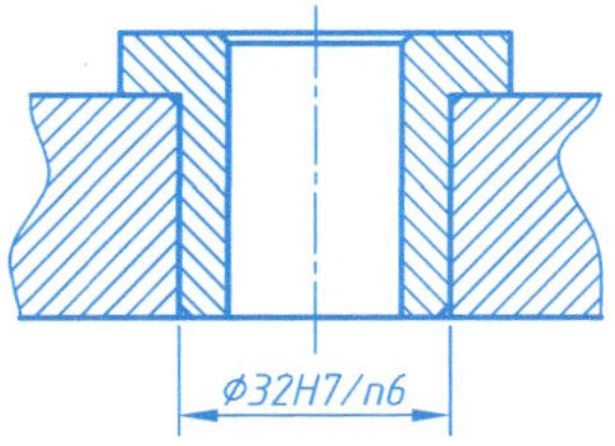

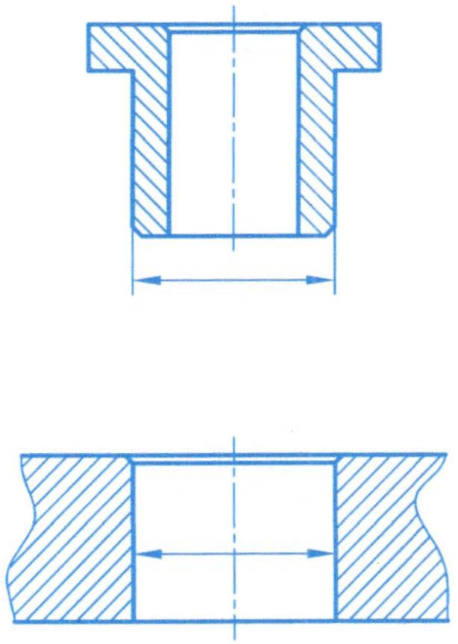

ϕ32表示____；H7表示____；n6表示____；
孔与轴的配合为____制的____配合。

(5) 标注轴和孔的公称尺寸及上下偏差值，并填空。

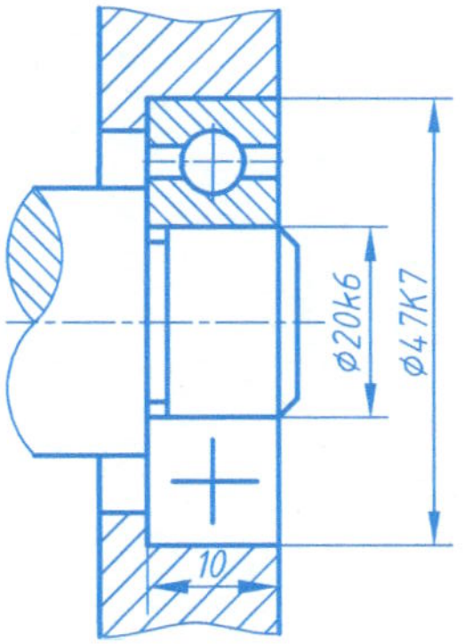

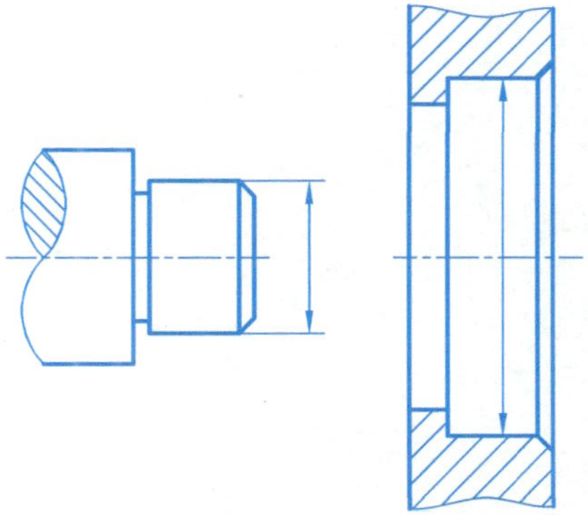

k6表示______；K7表示______；轴与轴承孔配合为______制；
基座孔（ϕ47K7)与轴承外圈配合为______制。

班级________ 姓名________ 学号________

二、读零件图(一)

（1）根据零件图中标注的相应尺寸和公差带代号，在装配图中分别标注出配合代号。

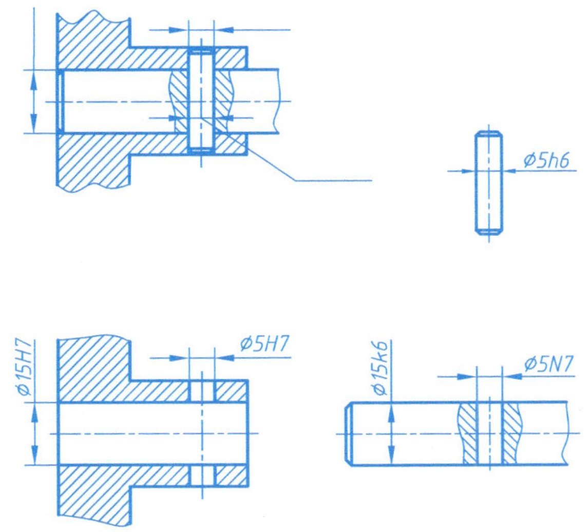

（2）标注轴的下列几何公差：①ϕ 30h7的圆柱度公差为0.02；②ϕ 30h7轴线对ϕ 15H6轴线的同轴度公差为ϕ 0.03；③ϕ 40h7圆柱面对ϕ 15H6与ϕ 20f6的公共轴线的圆跳动公差为0.04。

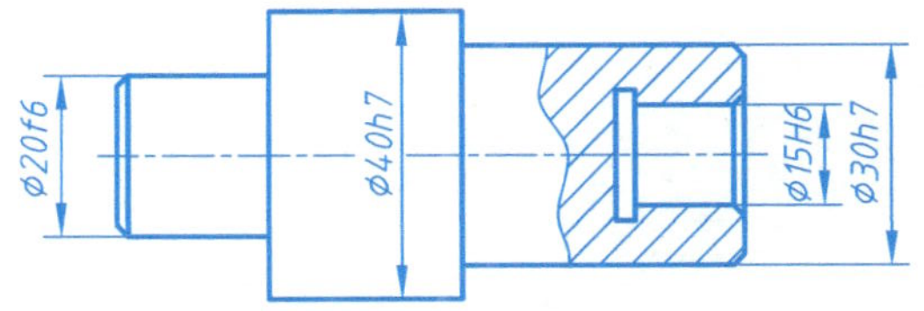

二、读零件图(一)

（3）读零件图，并填空。

①该零件的名称是______，材料是_____，采用的表达方法有：____。

②分别用指引线和文字指出轴向和径向两个方向的主要尺寸基准。

③试解释 |◎|ϕ0.035|A| 的含义：________________________。

④$\phi95^{+0.025}_{+0.003}$ 公称尺寸是_____，上极限尺寸是_______，下极限尺寸是______，尺寸公差是_______。

⑤表面质量要求最高的圆柱面是______圆柱面，其Ra值是_____。

⑥在指定位置画出B—B移出断面图。

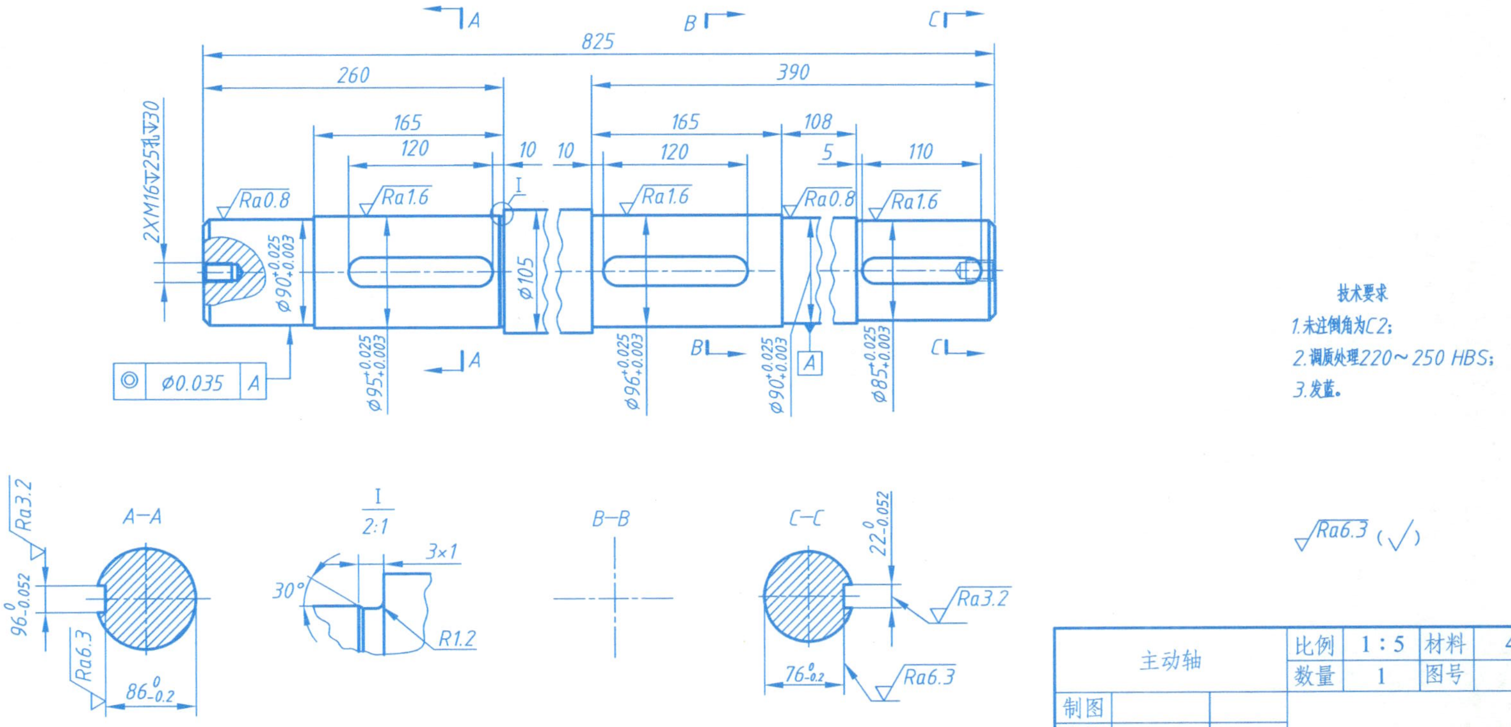

主动轴		比例	1∶5	材料	45
		数量	1	图号	
制图					
审核					

班级________ 姓名________ 学号________

三、读零件图(二)

读套筒零件图，并完成下列问题。

（1）图中标有①的部位，所指两条虚线间的距离为__________；图中标有②的部位，所指圆的直径是__________。

（2）图中标有③所指的线框，其定形尺寸为__________，定位尺寸为__________；图中标有④所指位置的表面粗糙度是__________。

（3）在图中用指引线和文字标出轴向和径向两个方向的主要尺寸基准。

（4）零件上16±0.1的这段长度，其上极限尺寸是__________，下极限尺寸是__________，其左端面的表面粗糙度*Ra*值为__________。

（5）试解释 ◎ ϕ0.04 C 的含义：______________________________。

（6）在指定位置画出*K*向局部视图和*B*—*B*断面图。

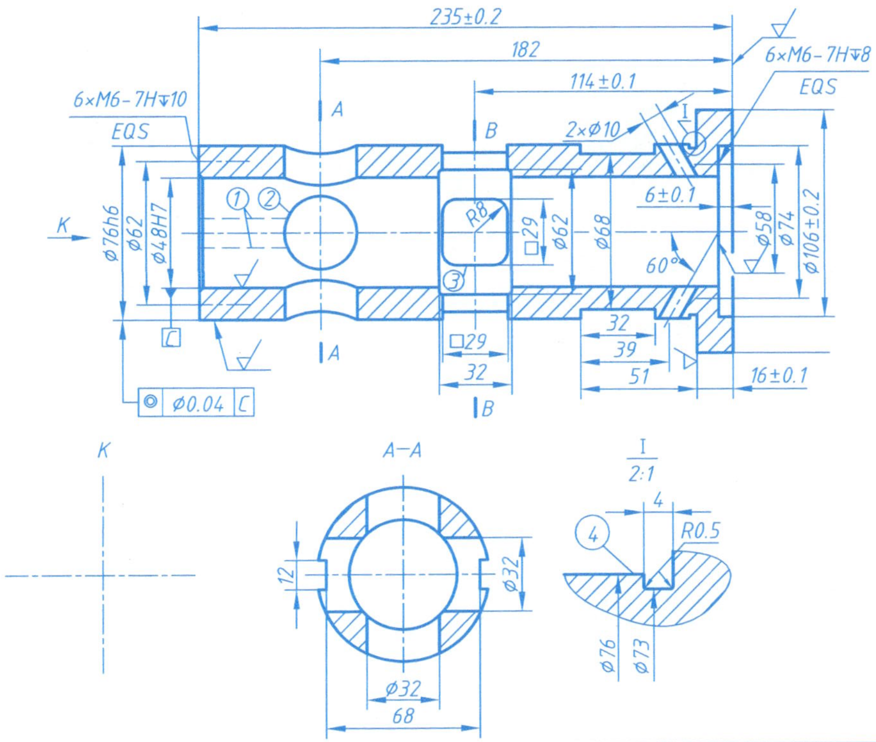

技术要求

1. 未注倒角C2；
2. 调质处理200～210 HBS；
3. √ = √Ra1.6 。 √Ra6.3 (√)

套筒		比例	1 : 2	材料	45
		数量	1	图号	
制图					
审核					

班级______ 姓名______ 学号______

四、读零件图(三)

读压盖零件图，并完成下列问题。

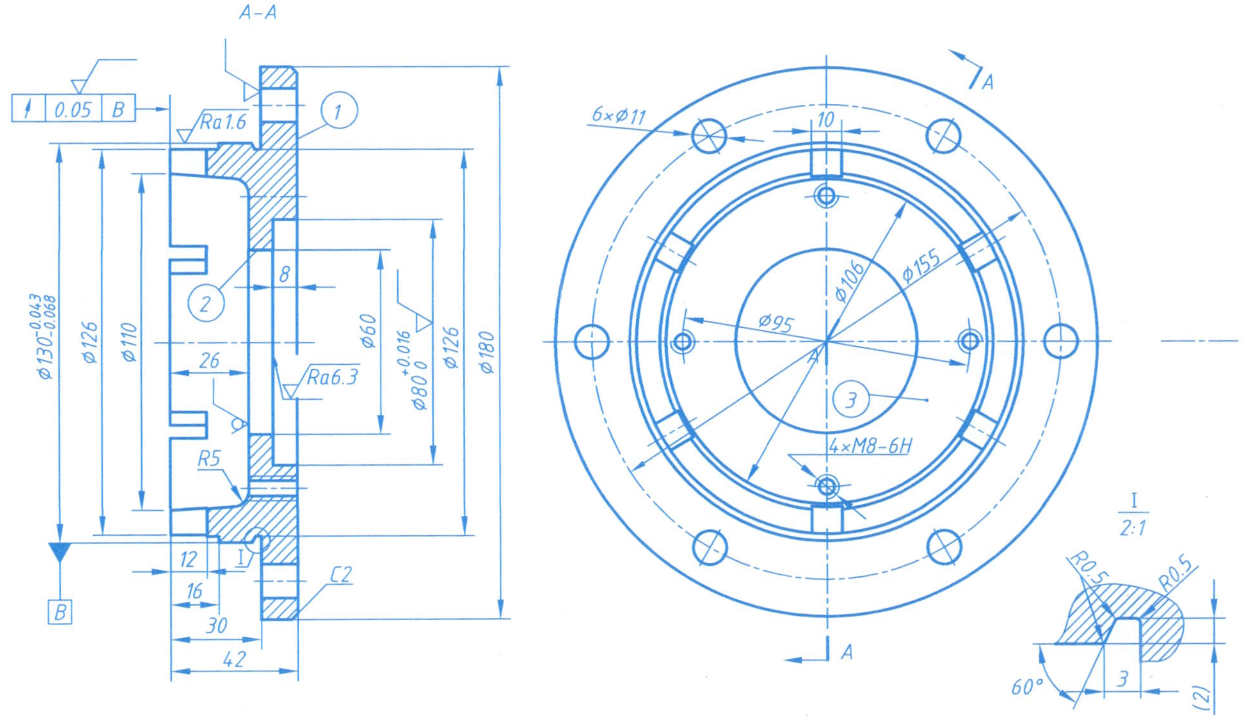

技术要求

1.未注倒角C1。

2. $\sqrt{\ }$ = $\sqrt{Ra3.2}$。

$\sqrt{Ra12.5}$ ($\sqrt{}$)

(1) ϕ130$^{-0.043}_{-0.068}$ 的公称尺寸为___，上极限尺寸为______，下极限尺寸为______，公差值为______。

(2) 图中标有①、②表面的表面粗糙度*Ra*值分别为①___、②___。标有③表面的表面粗糙度符号为_____。

(3) [↗ | 0.05 | B] 的含义是________________。

(4) 在图中用引线指出长、宽、高三个方向的主要尺寸基准。

(5) 图中标有6×ϕ11所指的孔的定形尺寸为____，定位尺寸为____。

(6) 在右边空白处画出主视图的外形图（不画虚线）。

压盖		比例	1∶1.5	材料	HT200
		数量	1	图号	
制图					
审核					

班级______ 姓名______ 学号______

五、读零件图(四)

读托架零件图，并完成下列问题。

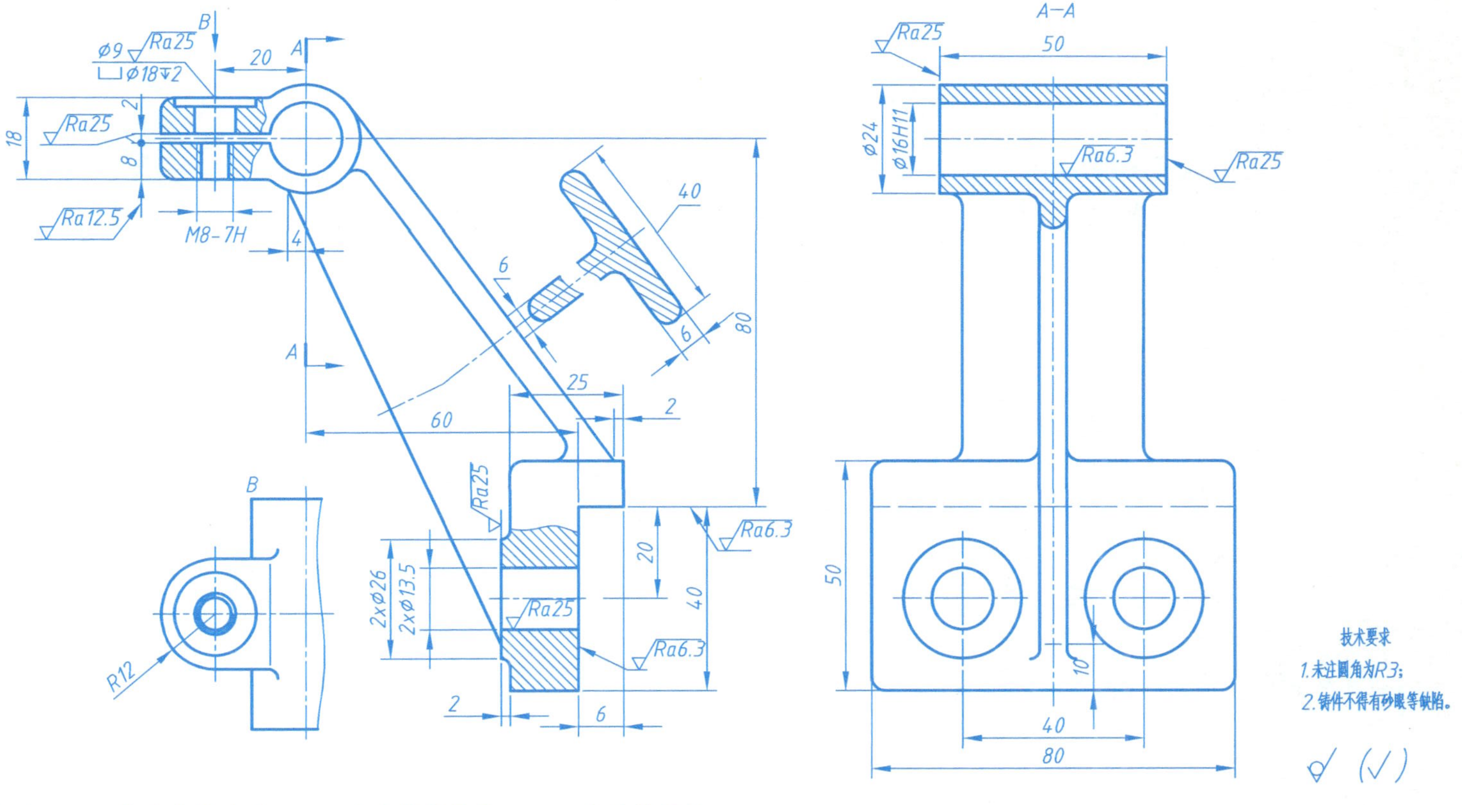

（1）ϕ16H11的公称尺寸是____，公差带代号是____，公差等级是____。

（2）M8-7H的含义是____。

（3）在图中用文字和引线指出长、宽、高三个方向的尺寸基准。

（4）试叙述托架零件图采用了哪些表达方法?

托架		比例	1:1	材料	HT150
		数量	1	图号	
制图					
审核					

六、读零件图(五)

读座体零件图，并完成下列问题。

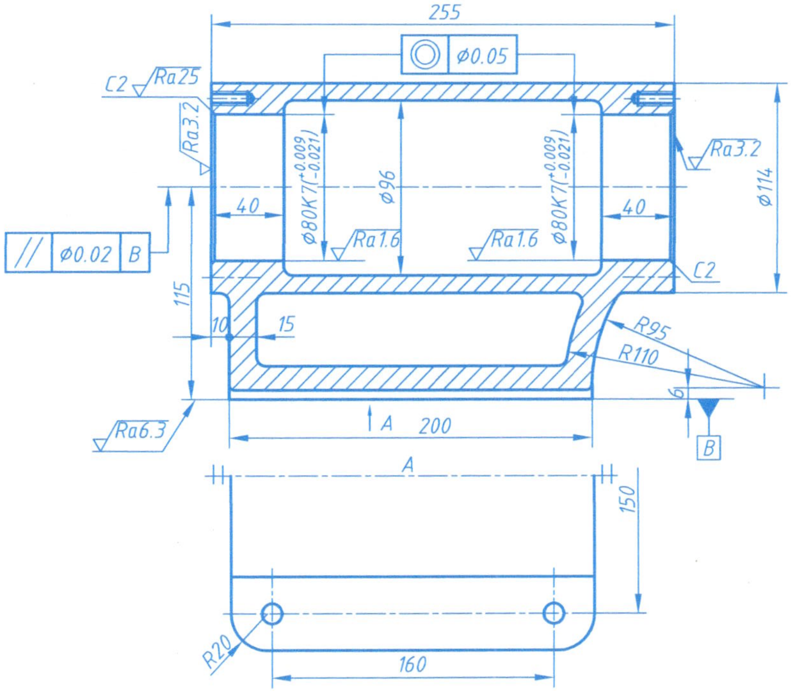

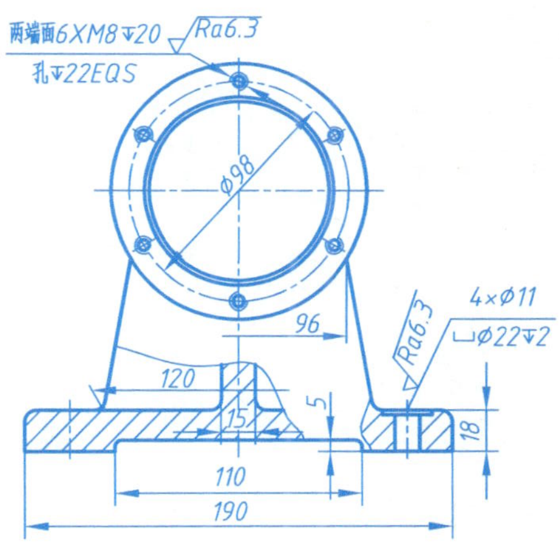

技术要求

1. 未注倒角C1，未注铸造圆角R3～R5；
2. 铸造毛坯不允许有砂眼、裂纹等缺陷。

（1）图中标有尺寸公差要求的有____个，ϕ 80K7的上极限尺寸为____，下极限尺寸为____，尺寸公差为____。

（2）$\frac{6\times M8↧20}{孔↧22EQS}$ 的含义是____。

（3）对于零件的加工表面，其最光滑表面的表面粗糙度*Ra*值为______，最粗糙表面的*Ra*值为________。

（4）在图中用引线指出长、宽、高三个方向的主要尺寸基准。

（5）图中内螺纹M8的定位尺寸为__________；4×ϕ 11的定位尺寸为__________。

（6）座体的总长度为__________，总宽度为__________，总高度为__________。

Ra50 (√)

座体		比例	1∶2	材料	HT200
		数量	1	图号	
制图					
审核					

七、选择恰当的表达方法绘制轴、盘类零件图

1. 传动轴

（1）图幅: A3；比例：2∶1；数量：1；材料：45。

（2）技术要求：

①零件上键槽的宽度和深度应查标准确定。

②ϕ 25h7轴线相对ϕ 30js6轴线的同轴度公差值为ϕ 0.05。

③键槽两侧面的表面粗糙度为去除材料方法得到的Ra3.2 μm。

④其余加工表面的表面粗糙度要求为Ra6.3 μm。

⑤调质处理220~250 HBW；去毛刺、锐边。

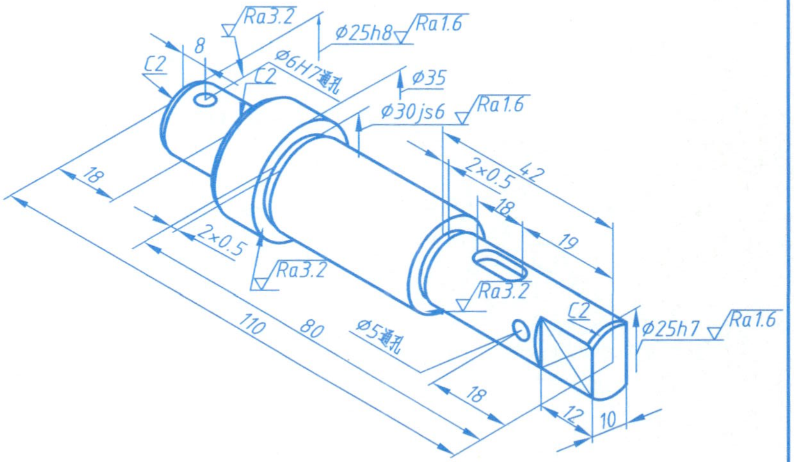

2. 右端盖

（1）图幅: A3；比例：2∶1；数量：1；材料：HT200。

（2）技术要求：

①盲孔ϕ 16H7轴线相对通孔ϕ 16H7轴线的平行度公差为ϕ 0.015。

②铸件应经时效处理。

③未注倒角C1；未注圆角R2；去毛刺、锐边。

④其余表面的表面结构要求为不去除材料方法获得。

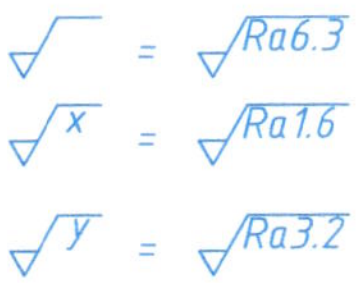

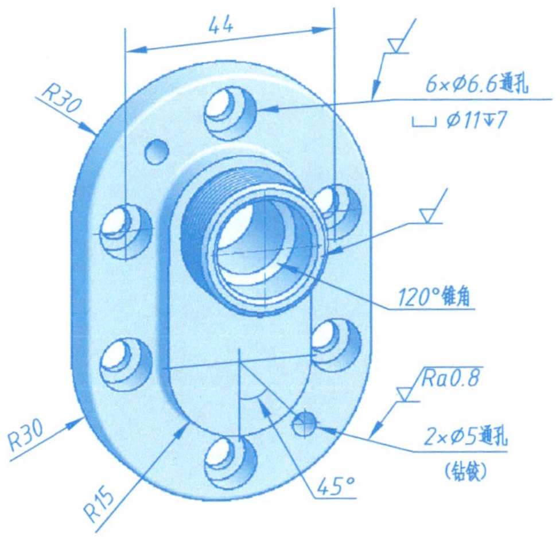

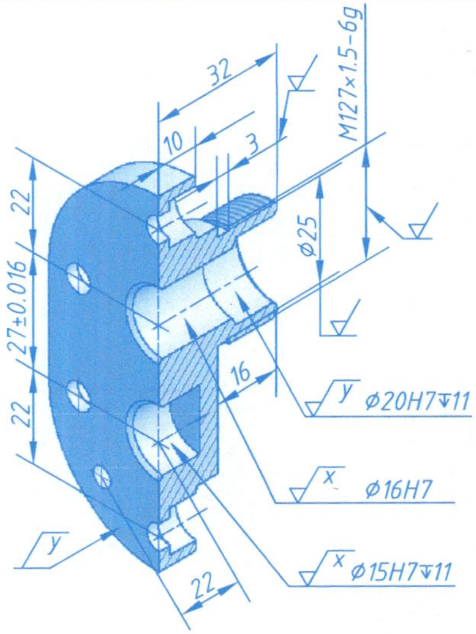

班级________ 姓名________ 学号________

八、选择恰当的表达方法绘制阀体零件图

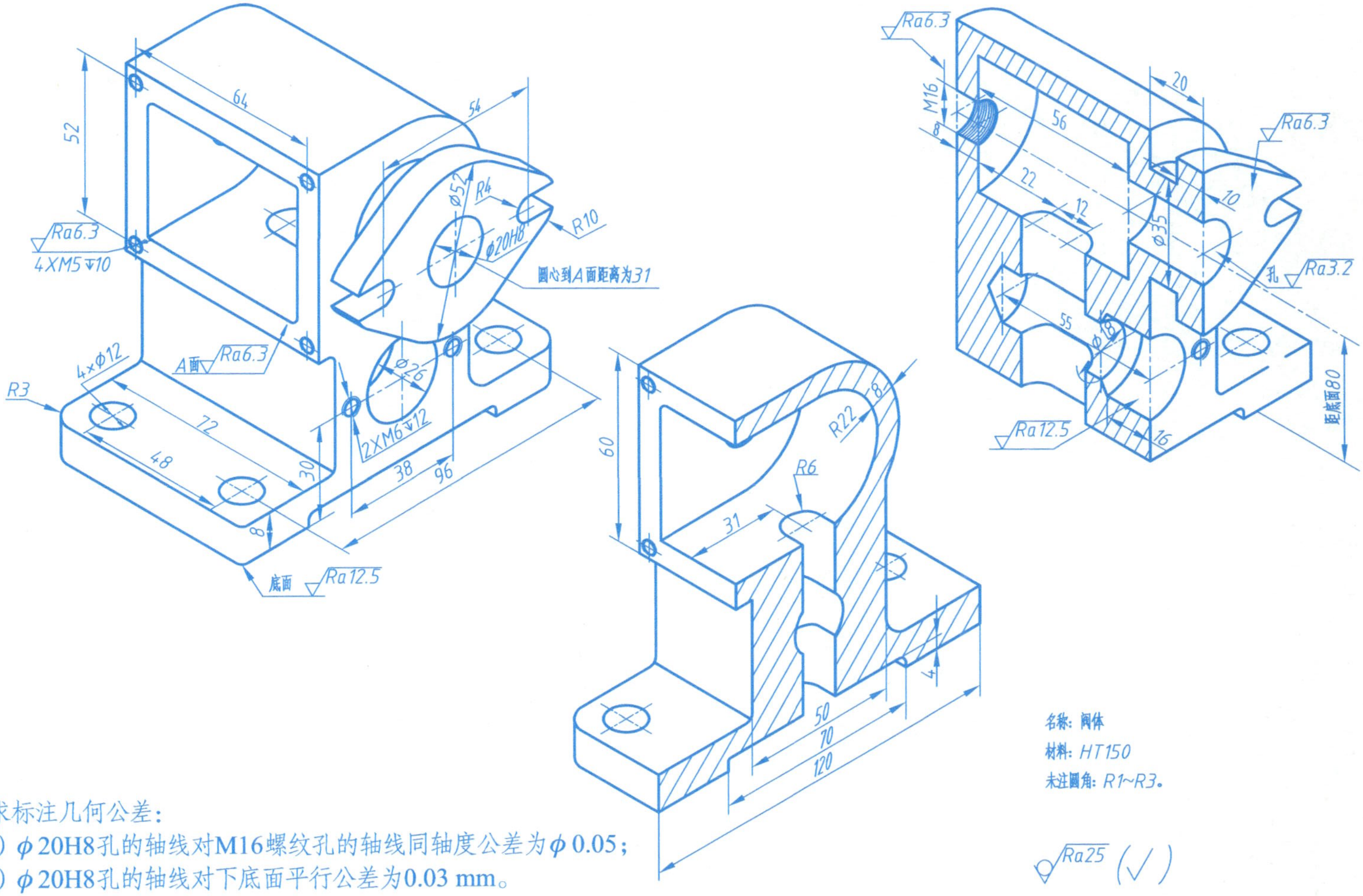

名称：阀体

材料：HT150

未注圆角：R1~R3。

$\sqrt{Ra25}$ (√)

要求标注几何公差：

（1）ϕ20H8孔的轴线对M16螺纹孔的轴线同轴度公差为ϕ0.05；

（2）ϕ20H8孔的轴线对下底面平行公差为0.03 mm。

一、读换向阀装配图

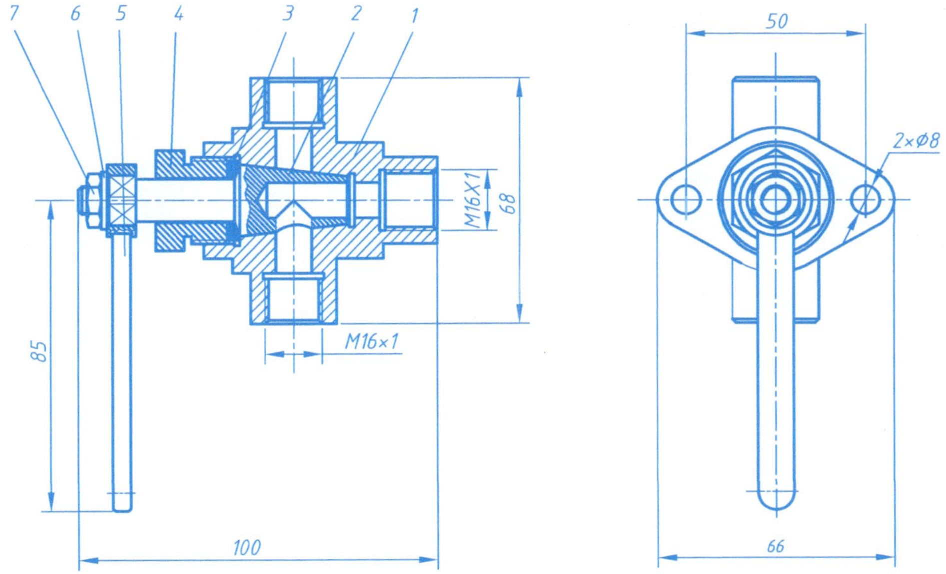

7	六角螺母	1	35	
6	垫圈	1	35	
5	扳手	1	HT200	
4	锁紧螺母	1	Q235	
3	填料	1	石棉	
2	阀杆	1	45	
1	阀体	1	HT200	
序号	名称	数量	材料	备注
换向阀		比例	1∶1	
		件数		
制图				
审核				

换向阀工作原理

换向阀是控制流体流向和流量的开关装置。右孔为流体的入口，图示为流体从下孔以最大的流量流出的状态。通过扳手带动阀杆旋转180°，流体就会从上孔以最大的流量流出。

读懂换向阀装配图并回答问题：

（1）该换向阀由______种、共______个零件组成。

（2）主视图采用了______剖和______剖。

（3）零件4的主要作用是____________。

（4）指出下列尺寸的类型：

M16×1：______；2×ϕ8：______；

85：______；100：______；50：______。

（5）分析各零件的拆装顺序。

班级________ 姓名________ 学号________

二、读折角阀装配图

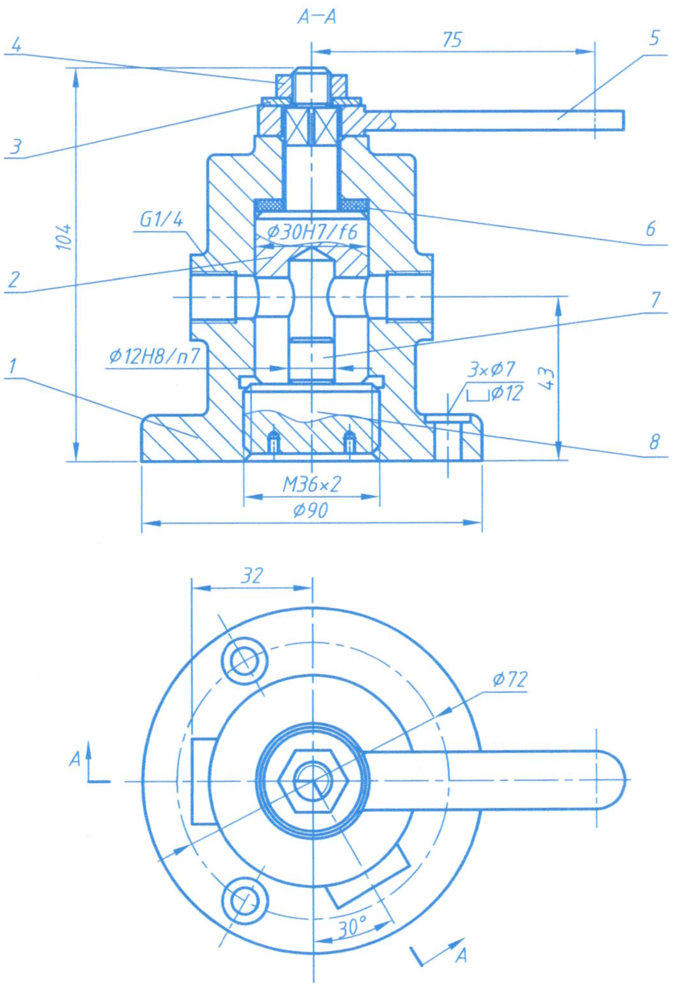

折角阀工作原理

折角阀是控制流体流量的装置。它的特点是进出管道为特定的角度（本例为120°）。通过扳手带动阀杆旋转，转至图示位置时流量最大，继续旋转时流量减少直至关闭管路。

序号	名称	数量	材料	备注
8	螺塞	1	Q235	
7	堵头	1	H62	
6	密封圈	1	橡胶	
5	扳手	1	HT200	
4	螺母	1	Q235	
3	垫圈	1	35	
2	阀杆	1	Q235	
1	阀体	1	HT200	

折角阀		比例	1 : 1	
		件数		
制图				
审核				

读懂折角阀装配图并回答问题：

（1）该折角阀由________种、共________个零件组成。

（2）主视图采用了________剖和________剖。

（3）$\frac{3\times\phi7}{\phi12}$表示什么含义________。

（4）φ12H8/n7是零件号____和零件号____的配合尺寸，属于______配合制度，属于______配合，H8表示________的公差带代号，n表示______代号，8和7表示________。

（5）分析各零件的拆装顺序。

班级______ 姓名______ 学号______

三、读固定尾架装配图

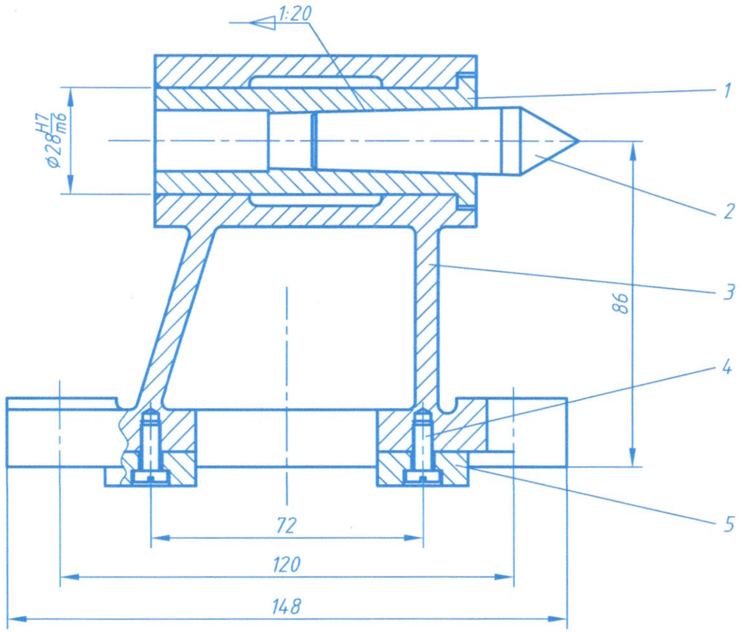

作业要求

读懂“固定尾架”装配图。

固定尾架工作原理

固定尾架是检验零件的工具。它与活动尾架共同支承被检验的工件。该部件通过定位键定位在检验工作台上，通过螺钉和工作台的T形槽固定。用螺钉将定位键与尾架体固定。顶尖套以过渡配合的关系装入尾架体。顶尖与顶尖套的锥孔以1∶20的锥度形成自锁。用工具从顶尖套左端的通孔轻轻击打顶尖的左端面，即可将其拆卸。

序号	名称	数量	材料	备注
5	定位键	2	T10A	
4	螺钉	2	Q235A	
3	尾架体	1	T10A	
2	顶尖	1	T10A	
1	顶尖套	1	T10A	

固定尾架		比例	1∶1	
		件数		
制图				
审核				

班级______ 姓名______ 学号______

四、读定滑轮装配图

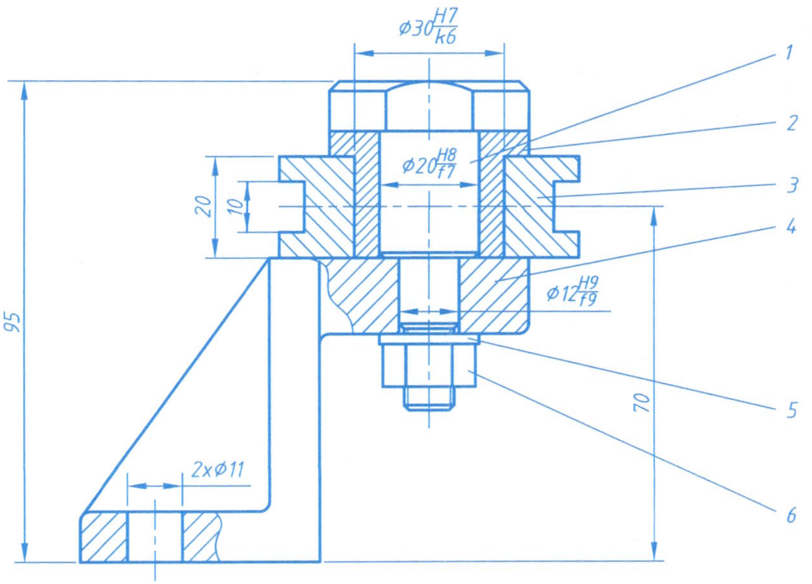

作业要求

读懂“定滑轮”装配图。

定滑轮工作原理

定滑轮的心轴固定不动。定滑轮的功能是改变力的方向，但不能省力。当牵拉重物时，可使用定滑轮将施力方向转变为容易出力的方向。使用定滑轮时，施力牵拉的距离等于物体上升的距离。

6	螺母	1	Q235	
5	垫圈	1	Q235	
4	托架	1	HT150	
3	滑轮	1	Ly13	
2	衬套	1	ZQA19-4	
1	心轴	1	45	
序号	名称	数量	材料	备注
定滑轮		比例	1 : 1	
		件数		
制图				
审核				

班级______ 姓名______ 学号______

五、画千斤顶装配图

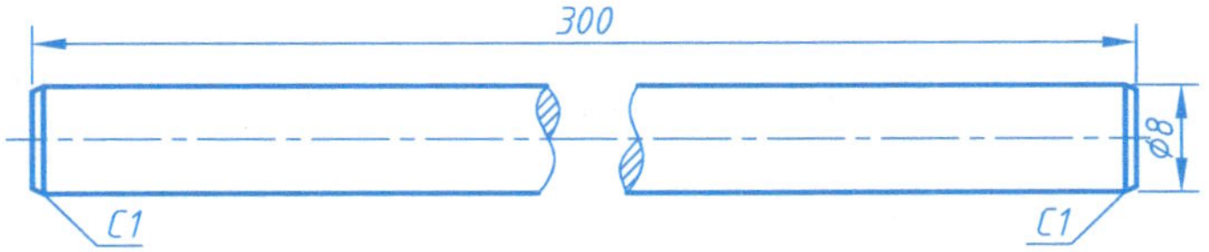

直杆		比例	1:1	5
		件数		
制图				
审核				

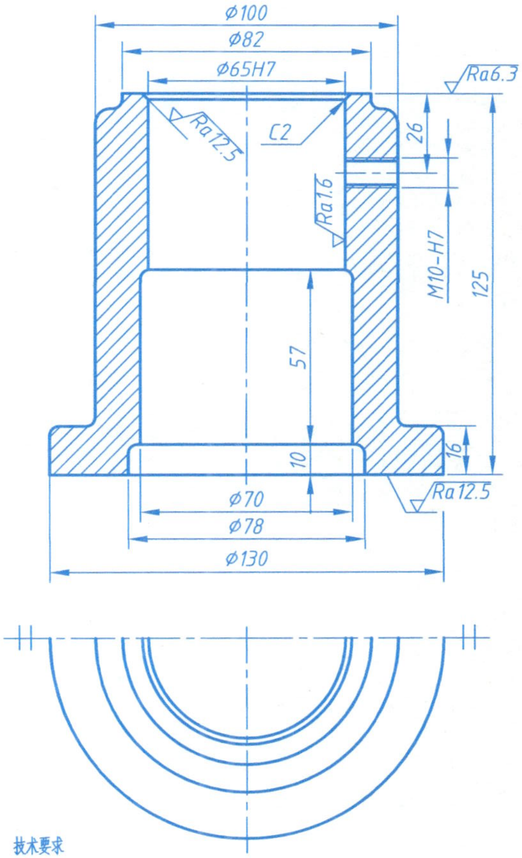

技术要求

1.未注圆角R3~R5；

2.人工时效处理。

√(√)

底座		比例	1:1	1
		件数		
制图				
审核				

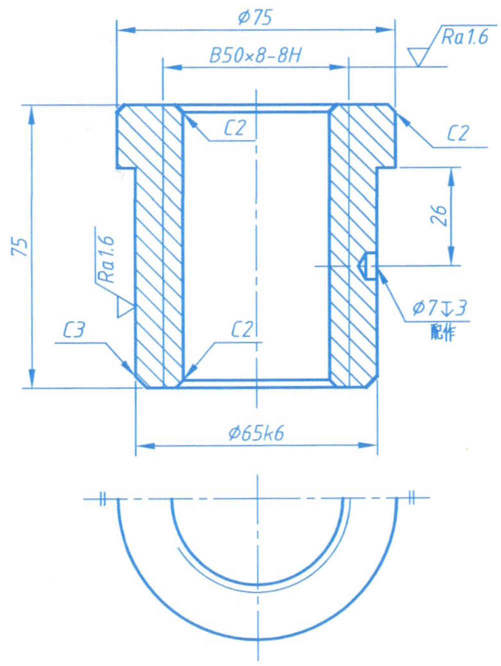

技术要求

人工时效处理。

$\sqrt{Ra6.3}$ (√)

螺母		比例	1∶1	3
		件数		
制图				
审核				

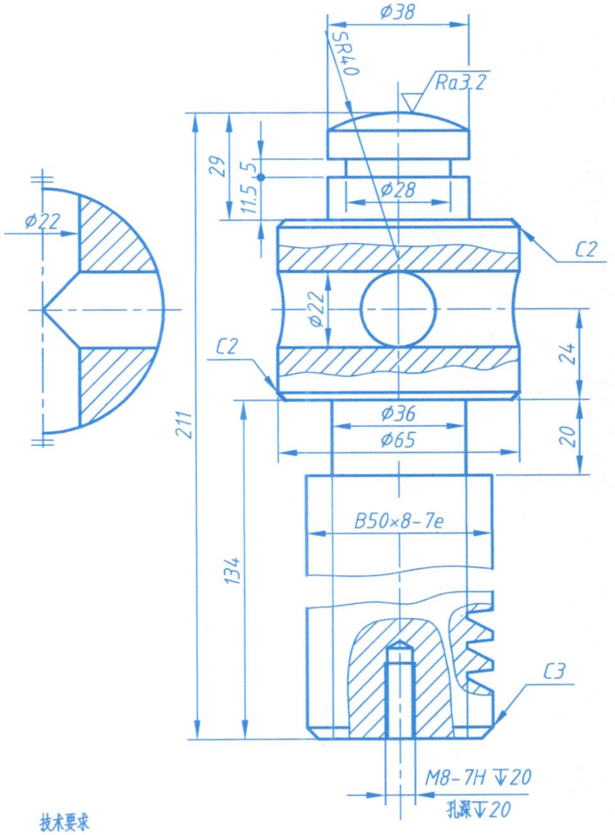

技术要求

1.未注圆角R3～R5；

2.热处理，调质220～230 HBW。

$\sqrt{Ra6.3}$ (√)

螺杆		比例	1∶1	4
		件数		
制图				
审核				

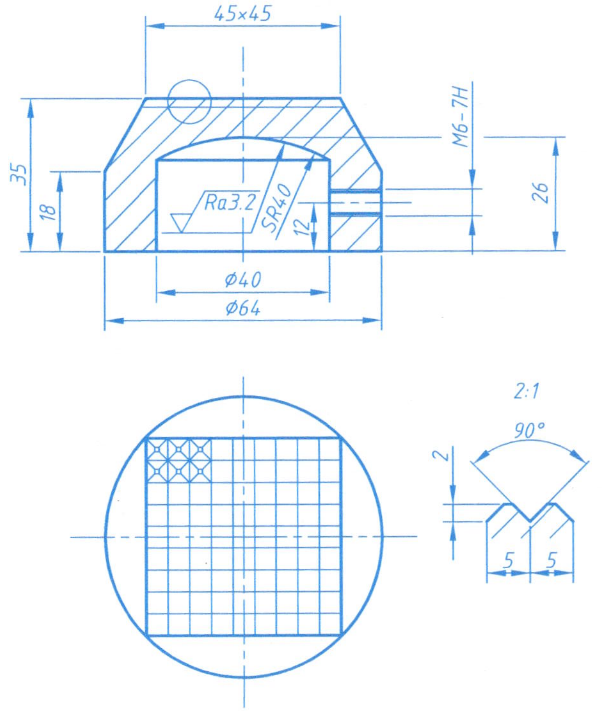

Ra6.3 (√)

顶垫		比例	1 : 1	6
		件数		
制图				
审核				

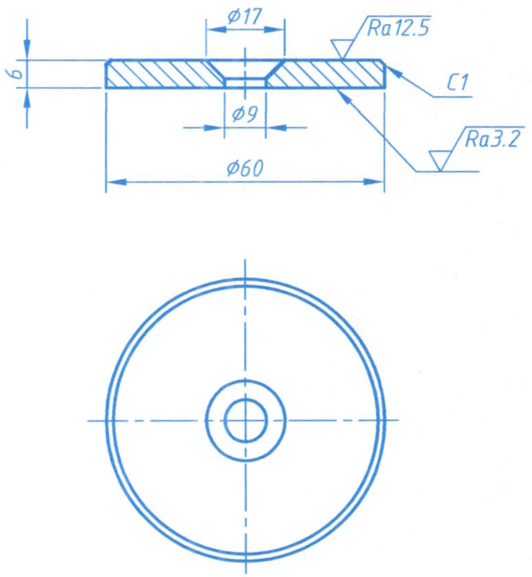

Ra6.3 (√)

挡圈		比例	1 : 1	2
		件数		
制图				
审核				

千斤顶工作原理

千斤顶是一种小型起重工具。当转动直杆5时，螺杆4随之转动，由于螺纹作用，因螺母3与底座1通过螺钉8连接在一起，故螺杆4上下移动，通过顶垫6将重物顶起或落下。螺钉7将顶垫与螺杆连接在一起。

作业要求

根据千斤顶装各零件图，用1：1的比例画出千斤顶装配图。要求读懂各组成零件的结构形状和它们之间的装配、连接关系。选择恰当的表达方案。

标准件

件号	名称	件数	标准
7	螺钉M6×14	1	GB/T 75—1985
8	螺钉M10×18	1	GB/T 75—1985
9	螺钉M8×16	1	GB/T 68—2000

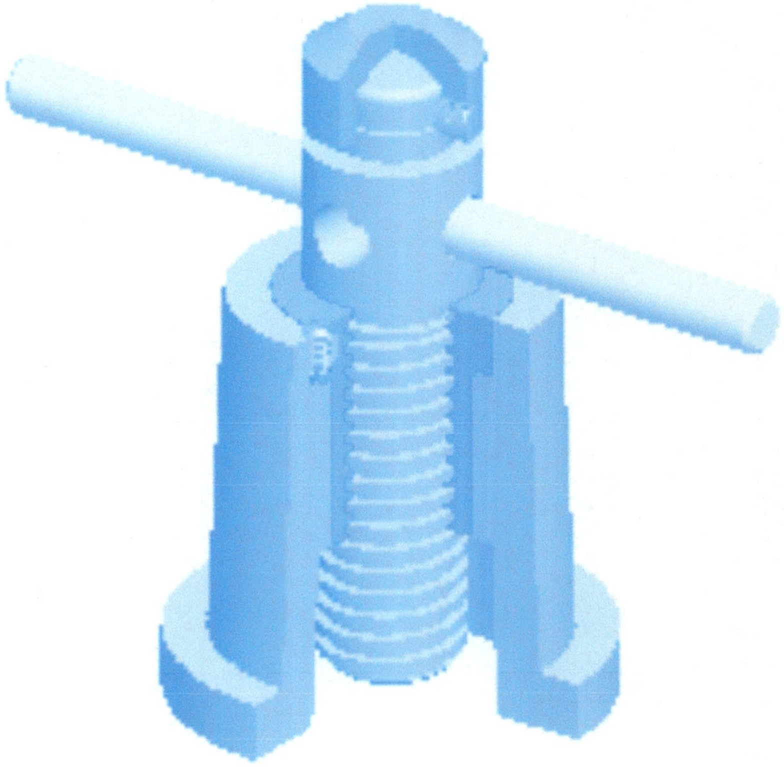

六、画机用虎钳装配图

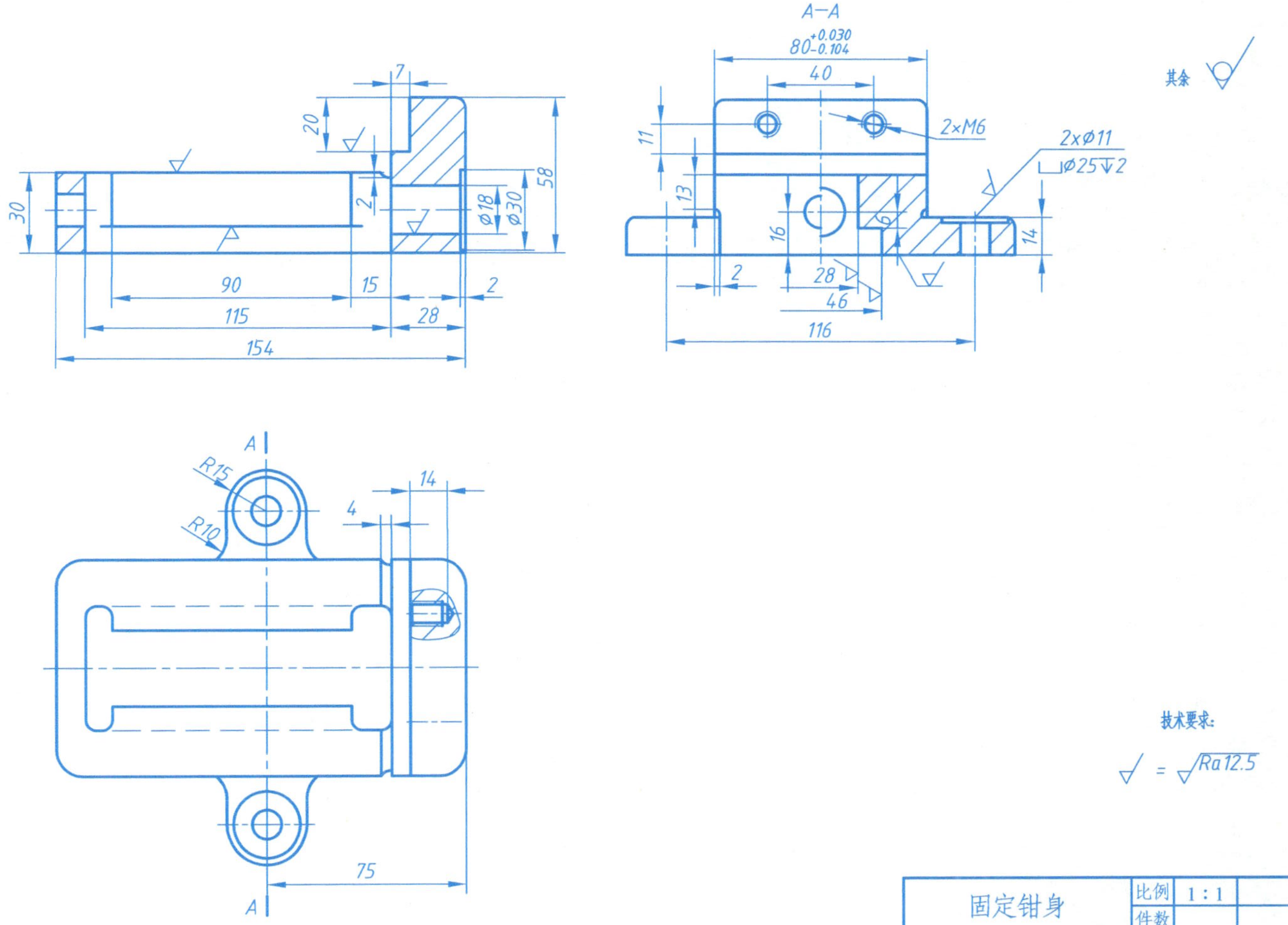

固定钳身		比例	1 : 1	1
		件数		
制图				
审核				

班级________ 姓名________ 学号________

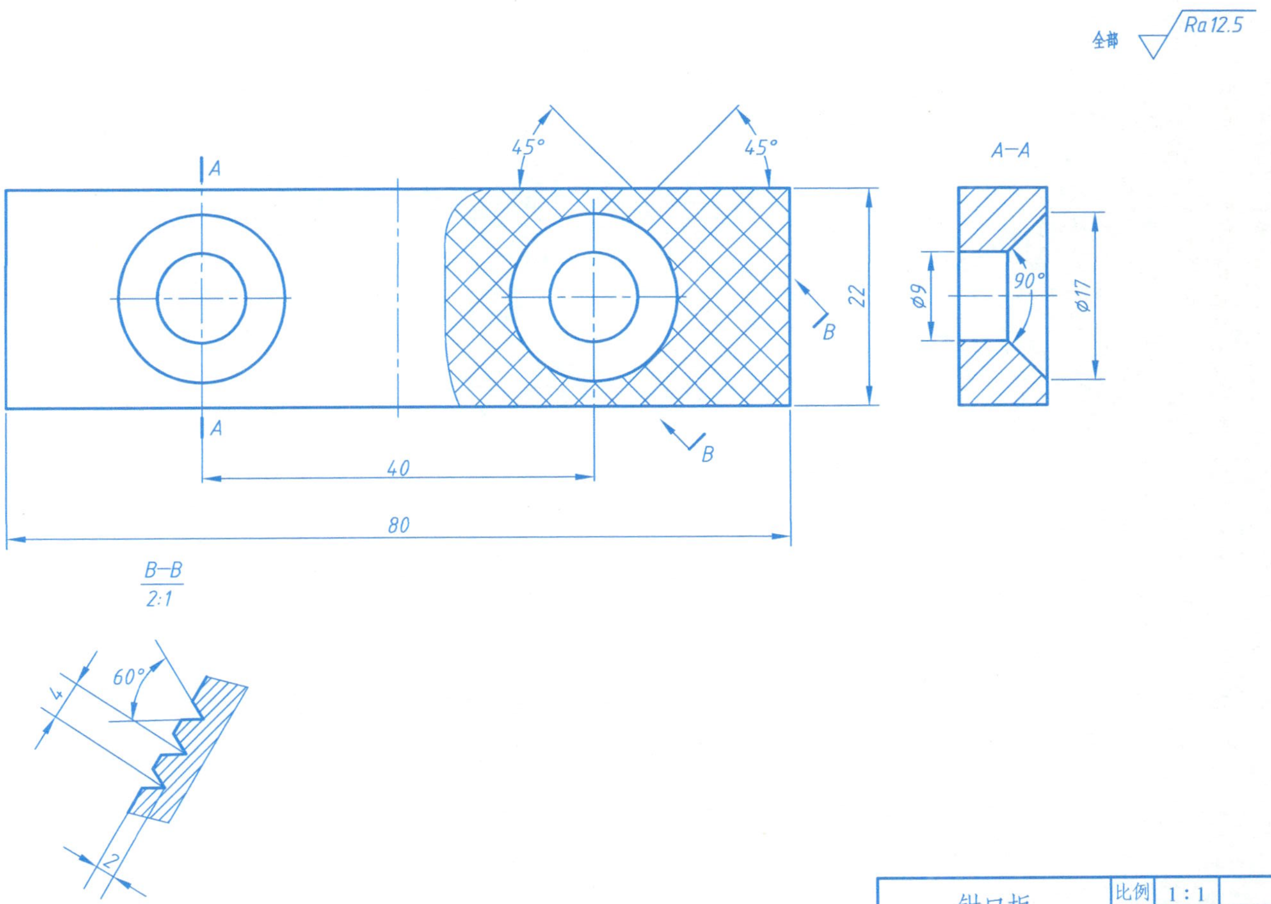

钳口板		比例	1:1	2
		件数		
制图				
审核				

班级______ 姓名______ 学号______

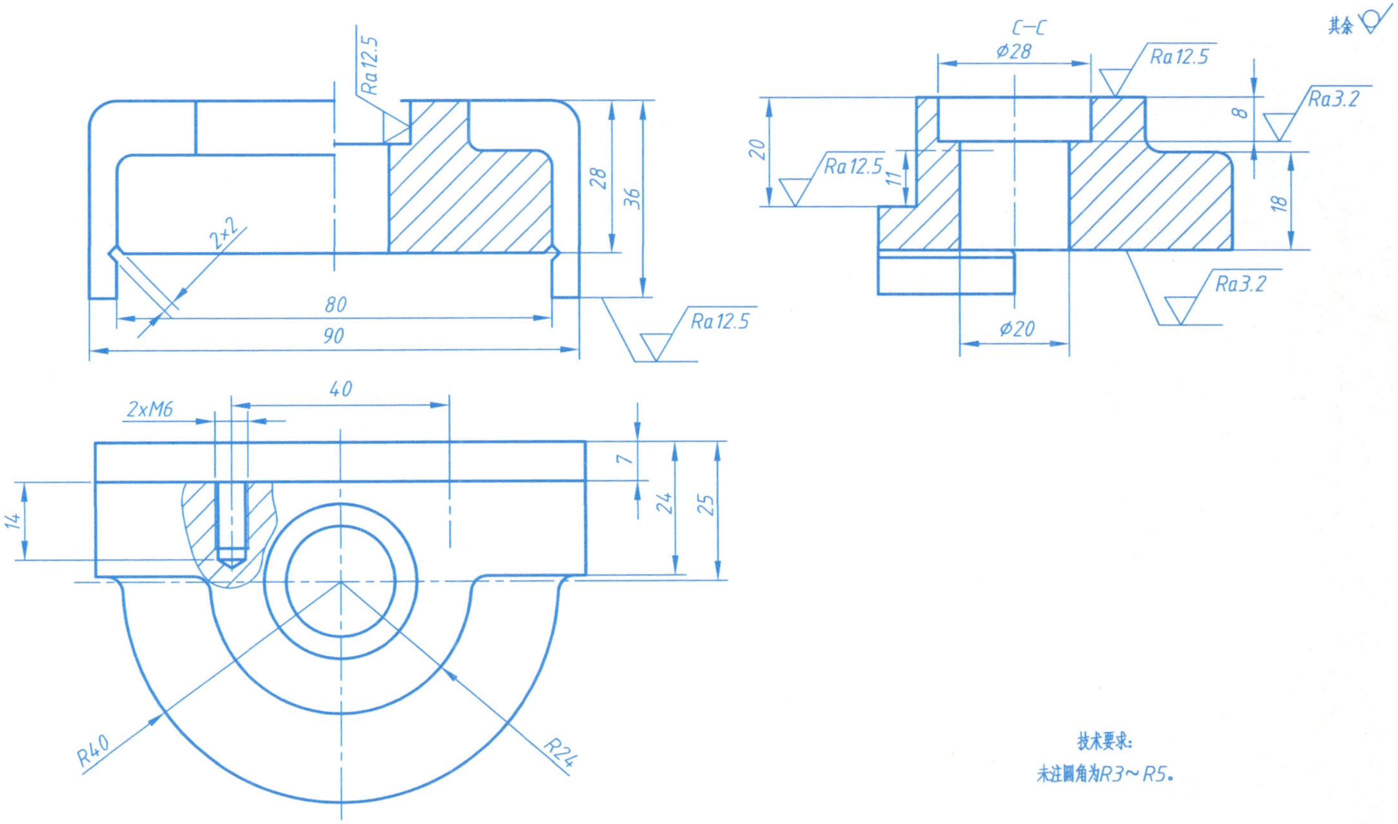

技术要求:

未注圆角为R3～R5。

活动钳身			比例	1:1	3
			件数		
制图					
审核					

班级______ 姓名______ 学号______

全部 Ra12.5

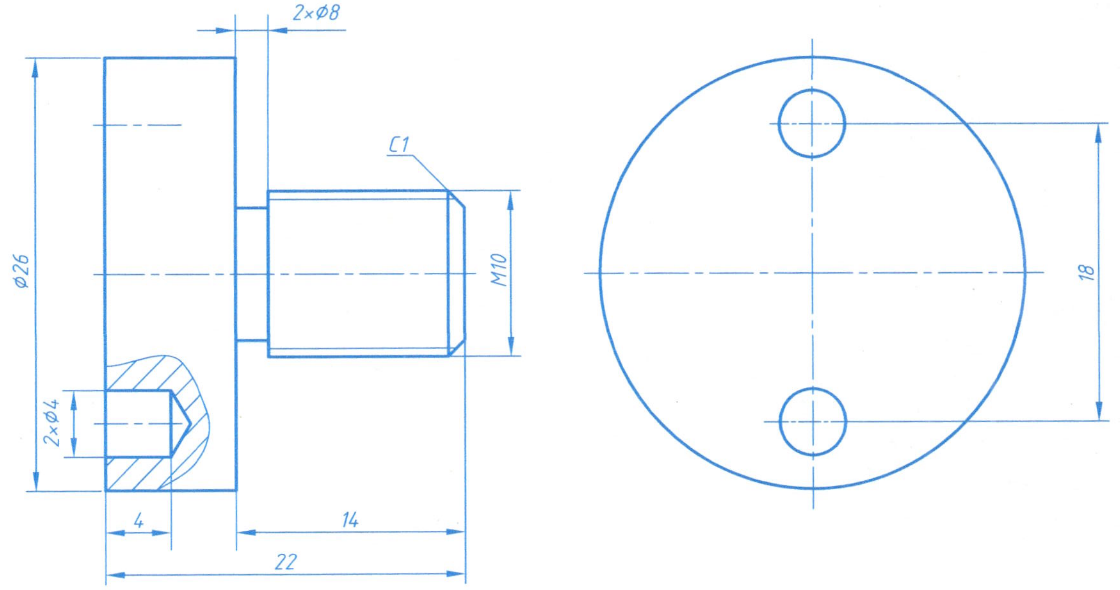

螺钉			比例	1∶1	4
			件数		
制图					
审核					

班级________ 姓名________ 学号________

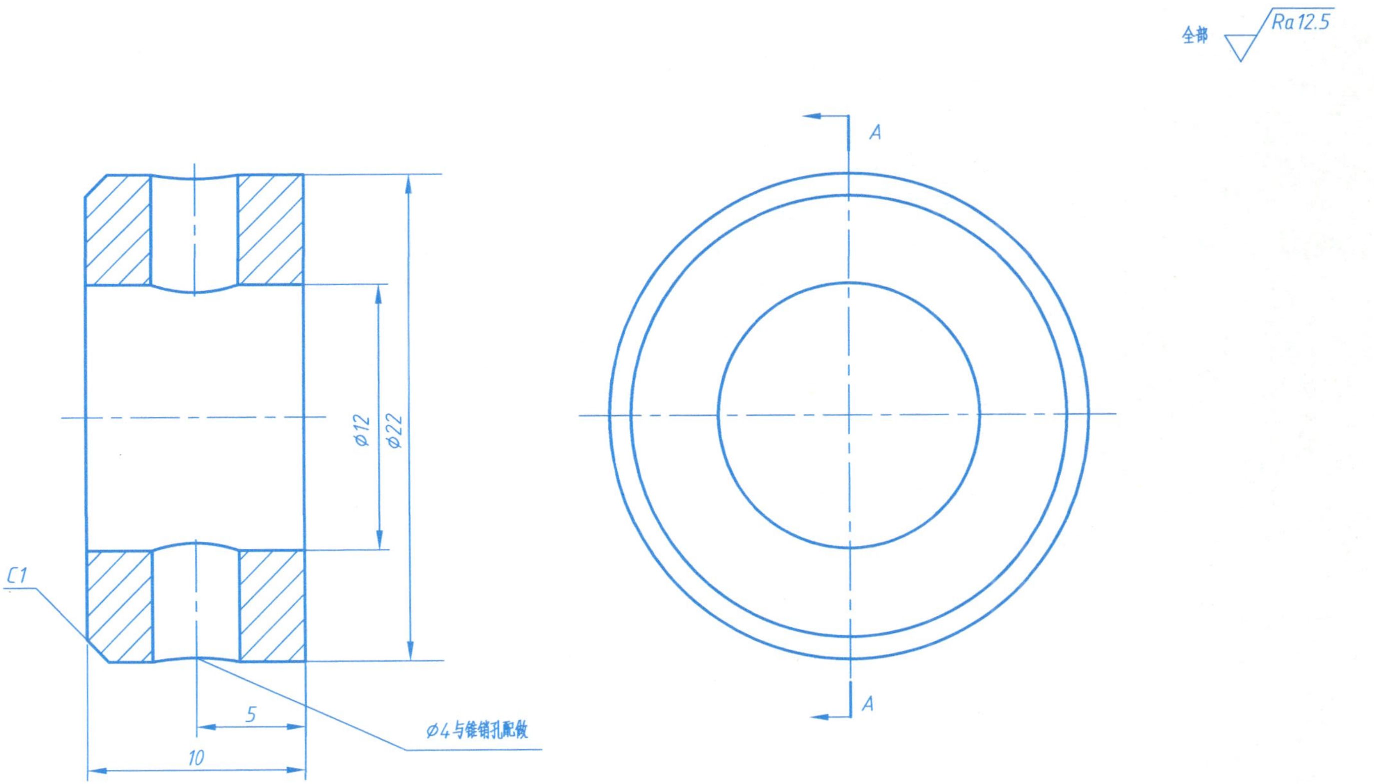

圆环		比例	1 : 1	5
		件数		
制图				
审核				

班级________ 姓名________ 学号________

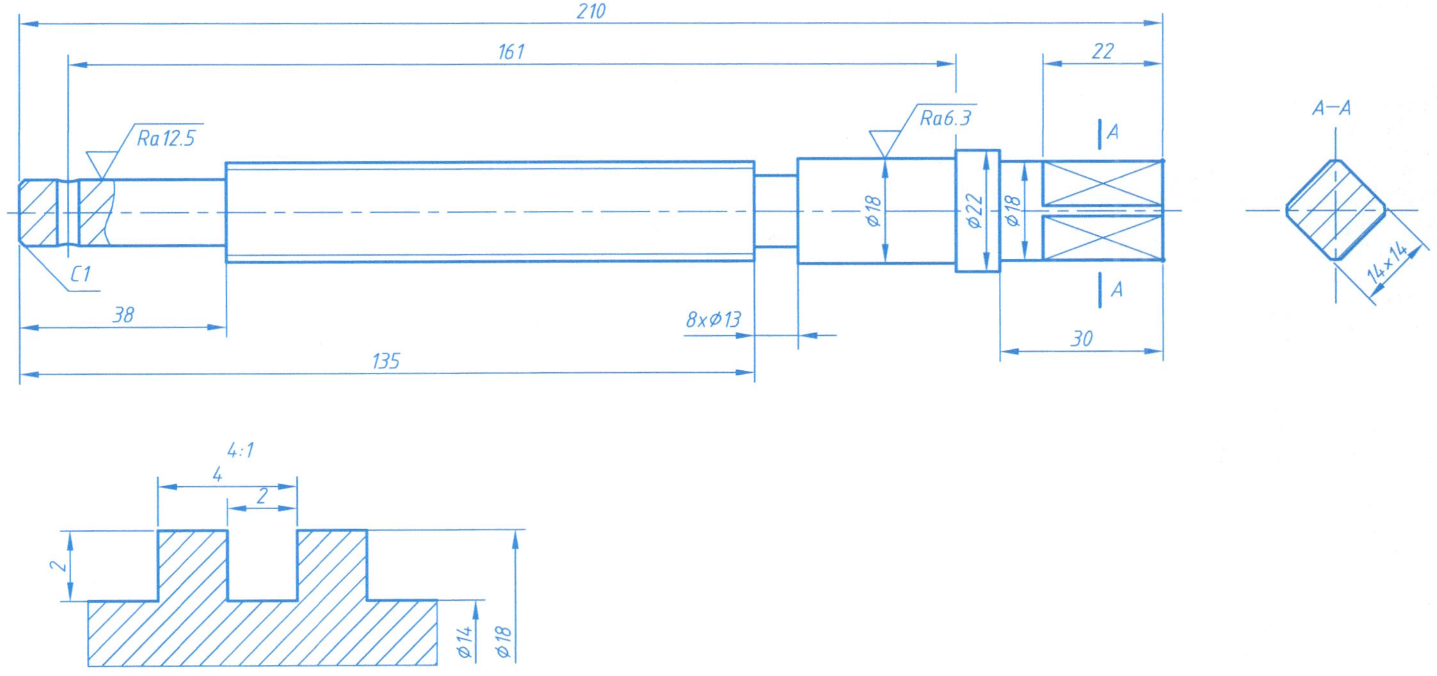

螺杆		比例	1 : 1	6
		件数		
制图				
审核				

班级______ 姓名______ 学号______

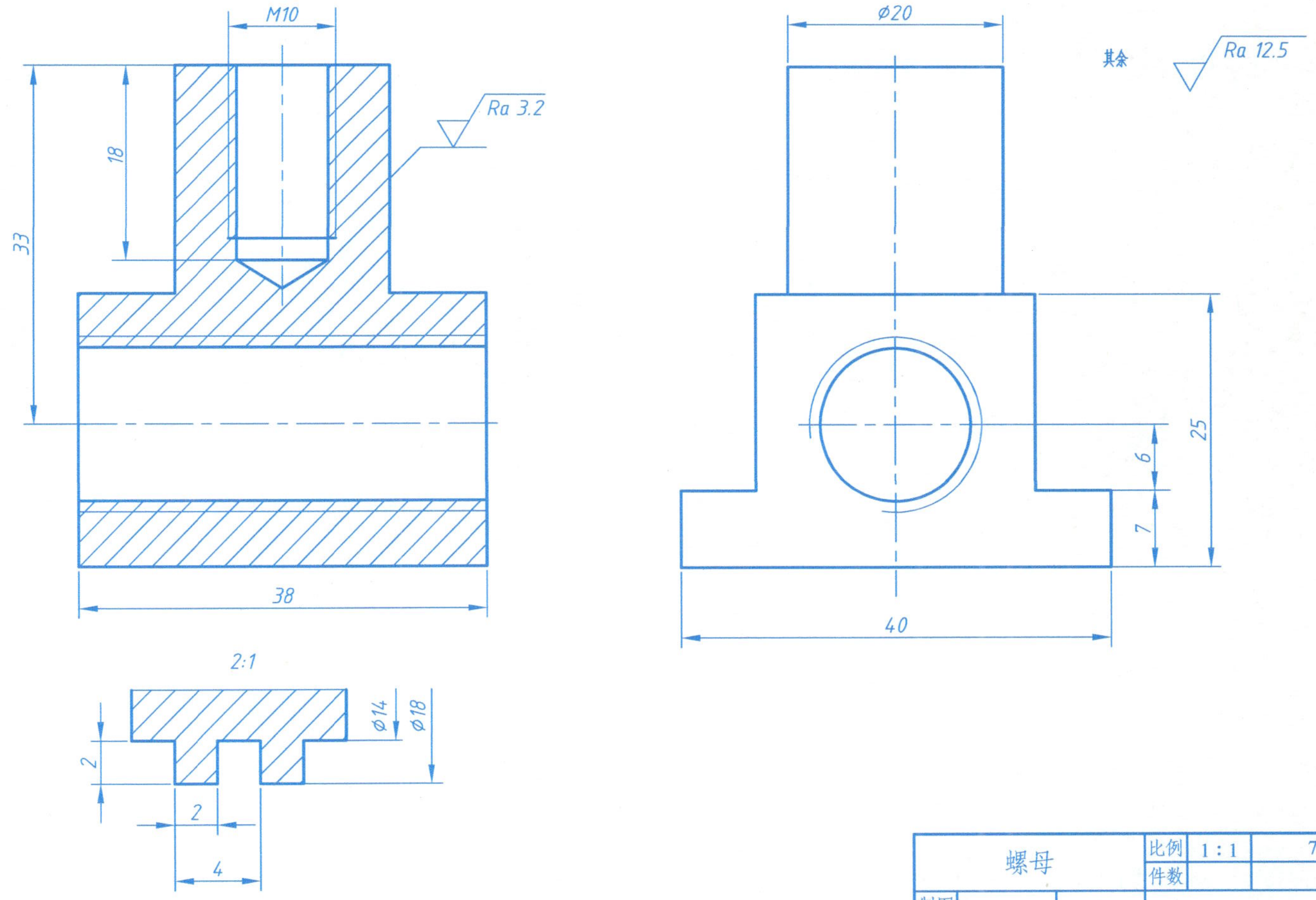

螺母	比例	1 : 1	7
	件数		
制图			
审核			

班级______ 姓名______ 学号______

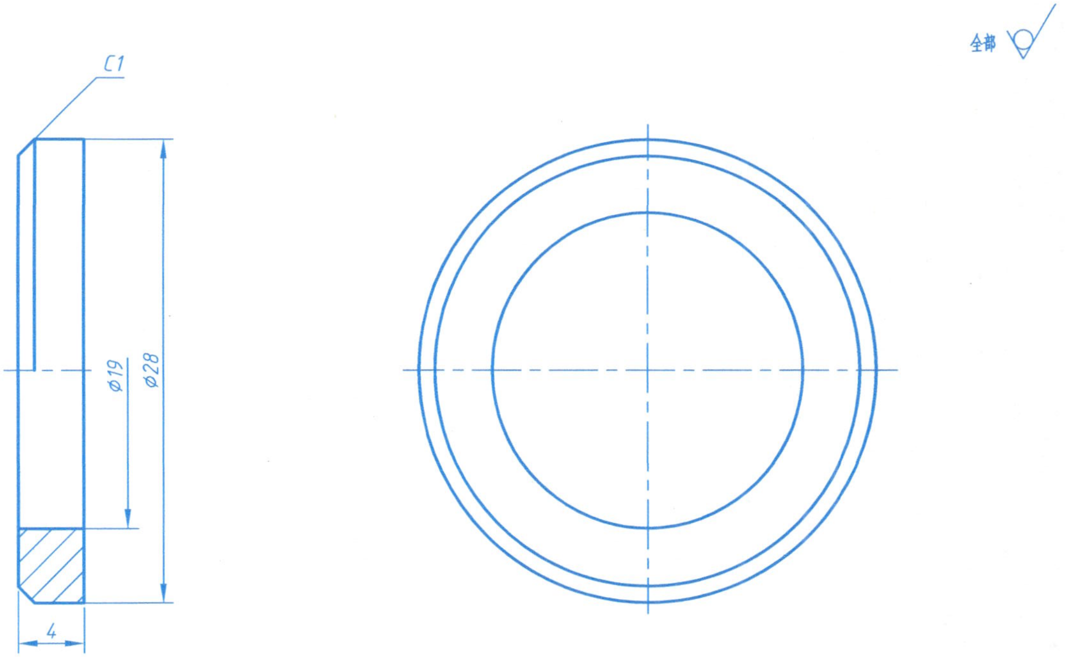

垫圈			比例	1 : 1	8
			件数		
制图					
审核					

机用虎钳工作原理

用扳手转动丝杠，通过丝杠螺母带动活动钳身移动，形成对工件的夹紧与松开。活动钳身的直线运动是由螺旋运动转变的，工作表面是螺旋副、导轨副及间隙配合的轴和孔的摩擦面。

作业要求

根据机用虎钳装配图及各零件图，用1：1的比例画出机用虎钳装配图。要求读懂各组成零件的结构形状和它们之间的装配、连接关系。选择恰当的表达方案。

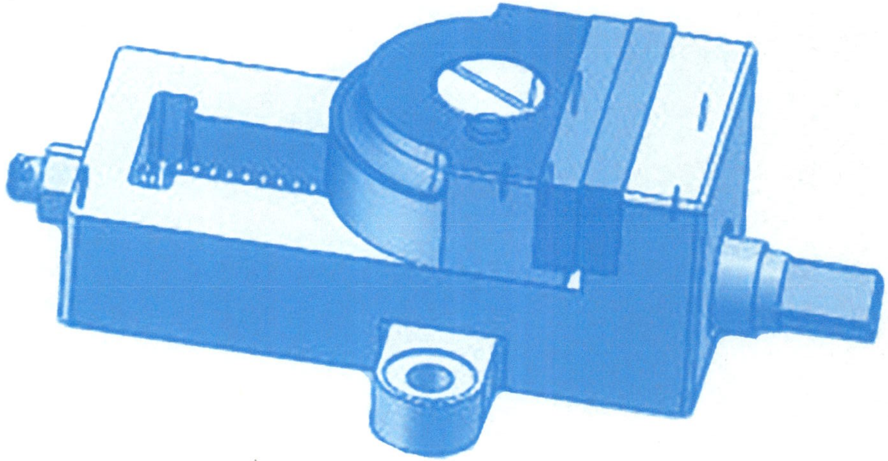

班级______ 姓名______ 学号______

一、焊接图的基本知识

1. 一张完整的焊接图应包括的内容有：

2. 请写出下面焊接图的焊接接头形式和焊缝形式。

（1）

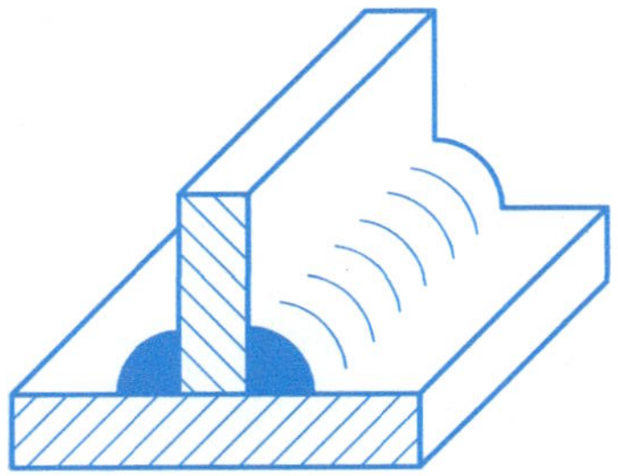

（2）

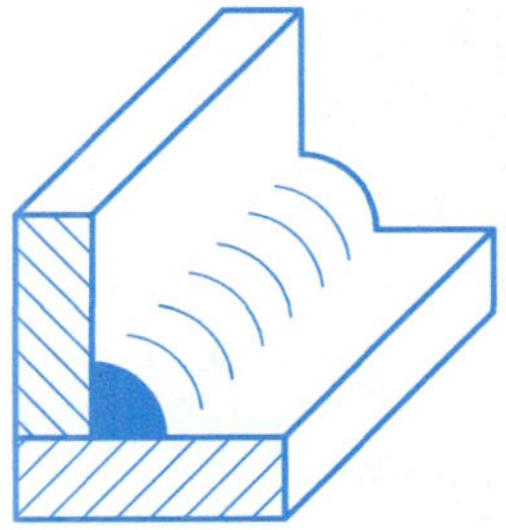

（3）

（4）

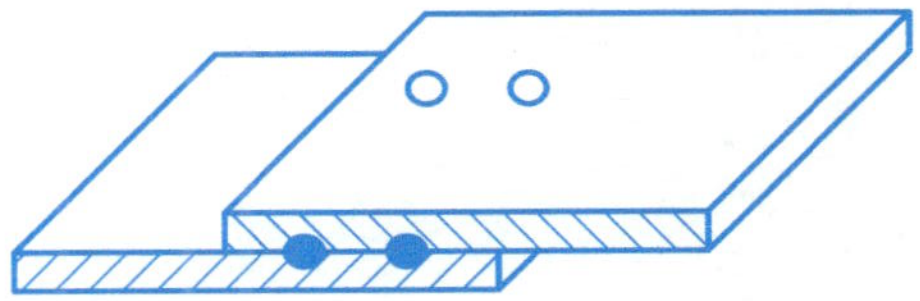

班级______ 姓名______ 学号______

3. 请画出下面各种焊缝的焊缝符号:

（1）I形焊缝
（2）V形焊缝
（3）单边V形焊缝
（4）带钝边单边V形焊缝
（5）角焊缝
（6）点焊缝
（7）塞焊缝或槽焊缝
（8）折叠连接（钎焊）
（9）双面V形焊缝
（10）双面U形焊缝
（11）带钝边的双面单V形焊缝

4. 请画出下面各种焊缝符号标注中常用的补充符号:

（1）平面符号
（2）凹面符号
（3）凸面符号
（4）圆滑过渡
（5）永久衬垫
（6）临时衬垫
（7）三面焊缝符号
（8）现场符号
（9）尾部符号
（10）周围焊缝符号

5. 请判断下面的焊缝符号标注是否正确，错误的请画“×”，并分析原因。

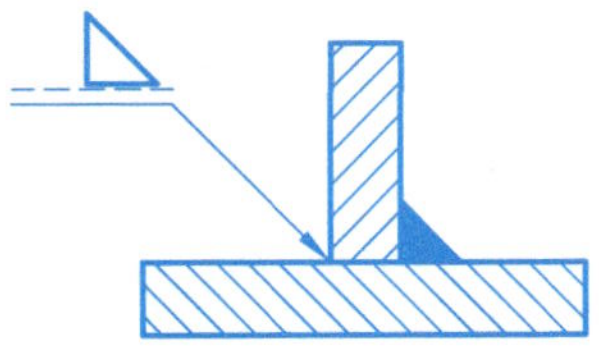

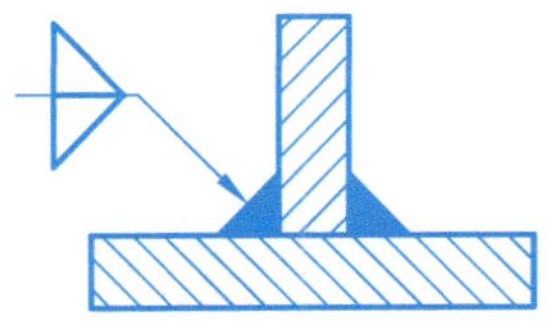

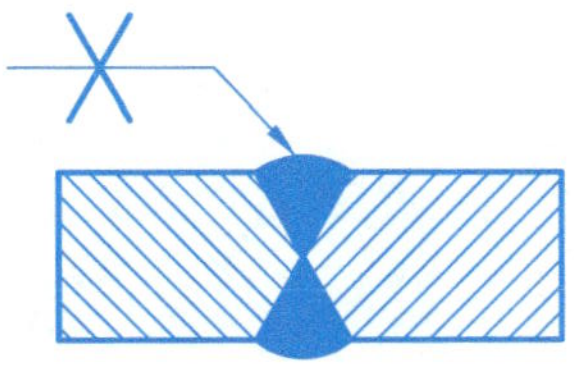

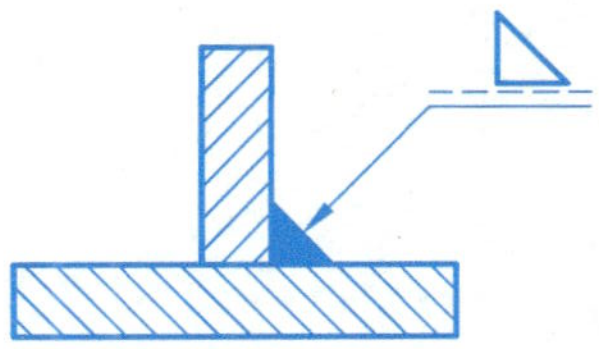

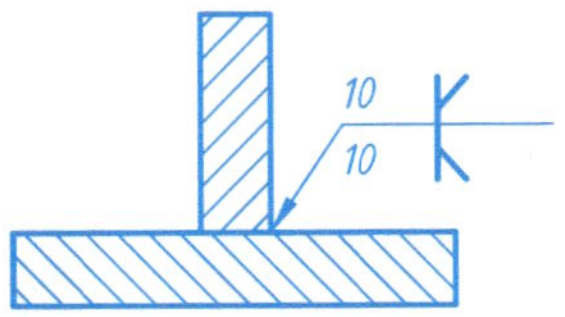

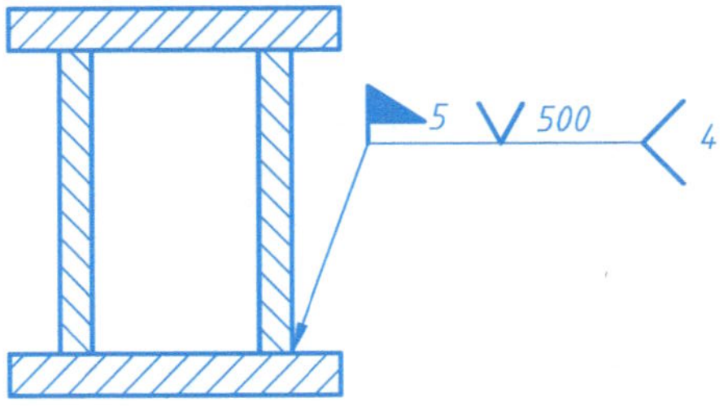

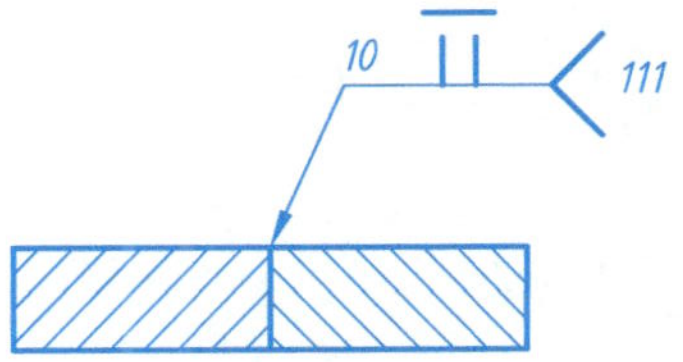

班级______ 姓名______ 学号______

二、焊接符号及其标注

1. 解释下列焊接符号的含义。

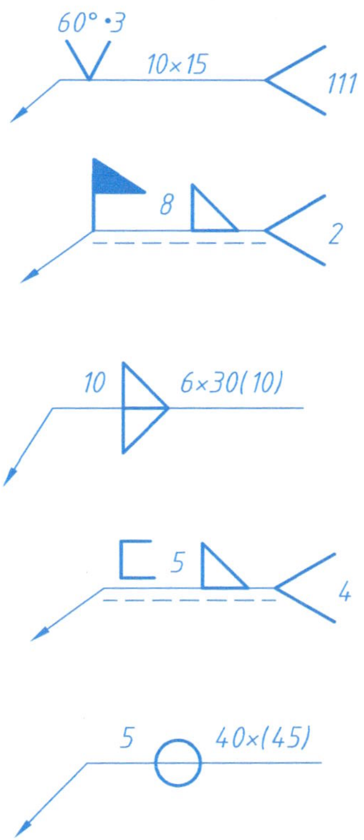

2. 已知焊缝尺寸为5 mm，试为下图标注焊接符号。

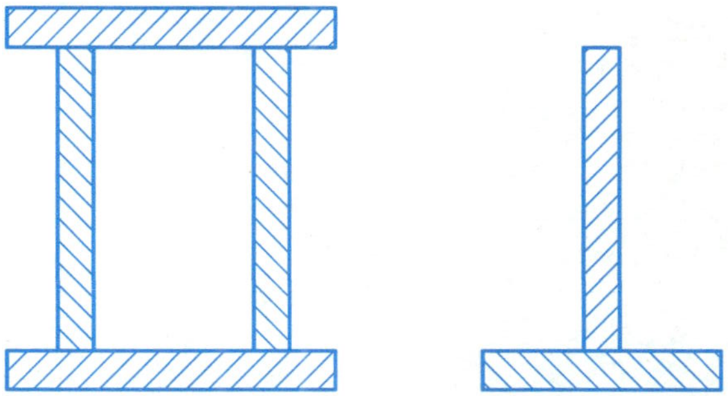

3. 根据左图中的焊缝形式和尺寸，在右图上标注出相应的焊接符号。

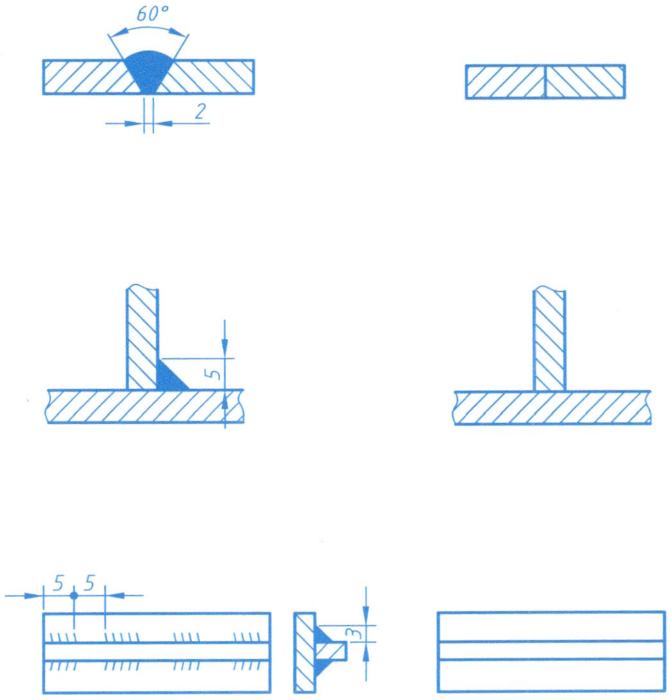

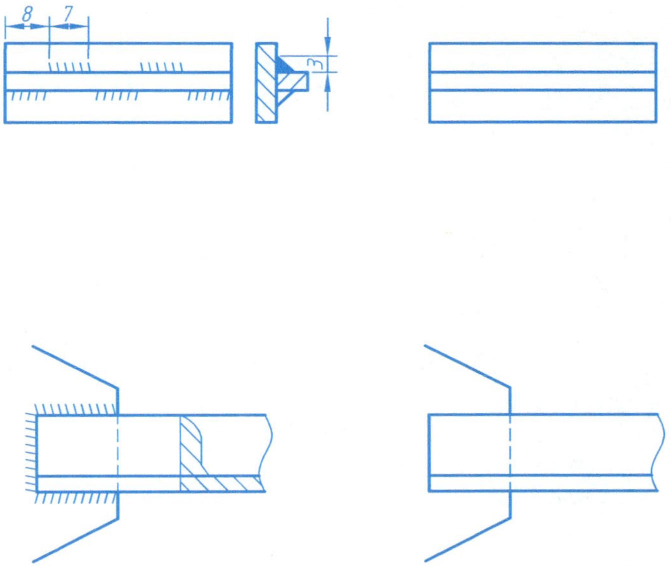

参考文献

[1] 史卫华. 机械制图与CAD习题集[M]. 北京：机械工业出版社，2019.

[2] 唐永艳. 机械制图习题集[M]. 北京：机械工业出版社，2019.

[3] 张慧. 机械制图与CAD习题集[M]. 成都：西南交通大学出版社，2018.

[4] 安增桂. 机械制图习题集[M]. 北京：中国铁道出版社，2014.

[5] 王兰美. 机械制图习题集[M]. 北京：高等教育出版社，2004.